2021年黄河秋汛洪水原型观测与分析

《2021年黄河秋汛洪水原型观测与分析》编写组 著

黄河水利出版社
·郑州·

内 容 提 要

2021年,黄河发生了新中国成立以来最严重的秋汛洪水。本书系统记录了本次秋汛洪水过程中天气形势与降雨情况、洪水预报预演、水库群联合调度、水库与河道冲淤、河势演变跟踪、工程安全防控、生态环境调查等天、空、地、水下全方位原型观测成果,分析了秋汛洪水成因、洪水泥沙演进规律和库区河道冲淤演变特征和水库群联合调控运用、重点河段河势调整、河道工程险情抢护、水生态水环境改善等效果。

本书可供从事黄河防洪减灾、治理保护、水沙联合调控等领域的管理和科研工作者、高等院校师生及水利相关专业人员参阅。

图书在版编目(CIP)数据

2021年黄河秋汛洪水原型观测与分析/《2021年黄河秋汛洪水原型观测与分析》编写组著. —郑州:黄河水利出版社,2021.12

ISBN 978-7-5509-3202-9

Ⅰ.①2… Ⅱ.①2… Ⅲ.①黄河-洪水-水文分析-研究 Ⅳ.①P338

中国版本图书馆CIP数据核字(2021)第268084号

出 版 社:黄河水利出版社　　网址:www.yrcp.com

地址:河南省郑州市顺河路黄委会综合楼14层　　邮政编码:450003

发行单位:黄河水利出版社

发行部电话:0371-66026940、66020550、66028024、66022620(传真)

E-mail:hhslcbs@126.com

承印单位:河南瑞之光印刷股份有限公司

开本:787 mm×1 092 mm　1/16

印张:30

字数:694千字　　印数:1—2 000

版次:2021年12月第1版　　印次:2021年12月第1次印刷

定价:198.00元

《2021年黄河秋汛洪水原型观测与分析》编写组

主　　编　汪安南

副 主 编　李文学　魏向阳　江恩慧

编写人员

黄委水旱灾害防御局

张　永　任　伟　杨会颖　赵咸榕　孔纯胜　田　勇

吴纪宏　张丙夺　赵　龙　谷少闯

黄委运行管理局

张喜泉　周景芍　陶　源

黄委水资源管理与调度局

可素娟　柴婧琦　崔　凯

黄河水利科学研究院

赵连军　张防修　李小平　夏修杰　马怀宝　王　婷

董其华　孙赞盈　王　明　陈融旭　于守兵　张春晋

黄委水文局

袁东良　李兰涛　狄艳艳　张剑亭　王　鹏　褚金镝

史玉品　刘　炜　姜凯轩　霍文博　靳莉君

黄委信息中心

寇怀忠　陈　亮　杨　阳　张香娟　申　源　冯　云

黄河勘测规划设计研究院有限公司

刘继祥　王　鹏　李阿龙　李荣容　刘宗仁　谢亚光

黄河水资源保护科学研究院

闫　莉　葛　雷　杨玉霞　余真真　黄玉芳

山东黄河河务局

李　群　王银山　何同溪　秦宏浩　曹玉鑫　王　强

河南黄河河务局

王晓东　鲁金锋　靳学东　张瑞锋　司　珂　王　刚

山西黄河河务局

潘正彬　郭贵丽　邱晓新　穆崇智

陕西黄河河务局

赵继红　魏　路　杨平东　王　锋

前　言

2021 年 8 月下旬至 10 月底,黄河流域遭遇罕见的“华西秋雨”,累计发生 7 次强降雨过程,发生新中国成立以来最严重的秋汛洪水。降雨主要集中在山陕南部、汾河、泾渭洛河及三门峡以下地区,累积平均面雨量均位列 1961 年有系统监测资料以来同期第一位。其中,10 月上旬全流域累积降水较常年同期偏多 6 倍,汾河、山陕南部、北洛河、泾河等地偏多达 6~10 倍。

受持续降雨影响,黄河干流共发生 3 场编号洪水,支流出现多场洪水过程,多个水文站达到建站以来秋汛洪水最大流量。潼关站 9 月 27 日、10 月 5 日分别形成 2021 年黄河第 1 号、第 3 号洪水;其中,第 3 号洪水 10 月 7 日 11 时洪峰流量 8 360 m^3/s,为 1979 年以来最大。9 月 27 日 21 时,黄河下游花园口站流量达到 4 020 m^3/s,为 2021 年黄河第 2 号洪水。黄河干流大堤最大偎水长度 24.31 km,生产堤最大偎水长度 176.55 km;205 处工程 1 552 道坝出险 3 505 次。

党中央、国务院高度重视黄河秋汛洪水防御工作,2021 年 10 月 20 日,习近平总书记亲临黄河河口,了解黄河防汛情况并做出重要指示。李克强总理、胡春华副总理多次对黄河秋汛洪水防御工作做出重要批示。国务委员、国家防总总指挥王勇两次深入黄河防汛一线检查指导工作。国家防总副总指挥、水利部部长李国英 4 次视频连线黄河水利委员会(以下简称黄委),会商研判秋汛洪水防御形势,并亲临黄河一线考察河势、水情,指导工程防守。黄河防总总指挥、河南省省长王凯主持召开晋、陕、豫、鲁四省防汛视频会商会,统筹安排防御工作,全力应对黄河秋汛洪水。

黄委认真贯彻落实习近平总书记关于防汛救灾工作的重要指示精神和李克强总理等中央领导同志关于黄河秋汛洪水防御的批示精神,按照水利部部署和防御大洪水工作机制,强化“预报、预警、预演、预案”措施,科学研判、精细调度、主动防御、全面防守,最大限度地减轻洪水灾害损失,实现了控制花园口站流量 4 800 m^3/s 左右、确保水库安全和下游不漫滩的调度目标,将花园口站两次还原洪峰流量超 10 000 m^3/s 洪水削减至 4 800 m^3/s 左右,避免了下游滩区 140 万人转移和 399 万亩[1]耕地受淹。截至 10 月 31 日,龙羊峡、刘家峡、小浪底等干支流 10 座大型水库总蓄水量 367.3 亿 m^3,为沿黄工农业用水、流域抗旱、调水调沙和生态用水储备了充足水源。

本次秋汛洪水系统性地检验了黄河洪水防御工作全流程,也为深入揭示水库与河道水沙输移、河道冲淤与河势演变、工程出险等规律与机制,系统研究水库群联合调度理论与技术,深入研发枢纽工程与河防工程的安全防护等技术与装备,进一步提升黄河洪水防御能力提供了一次难得的机遇。黄委各相关单位充分发挥各自技术优势,天、空、地、水下全方位开展了秋汛洪水过程中水文泥沙、水库调度、河势变化、工程出险及流场变化的原

[1] 1 亩 = 1/15 hm^2 ≈ 666.67 m^2。

型监测,系统分析了2021年秋汛洪水全过程的雨情、水情、工情、险情及河道变化等。黄委水文局(以下简称水文局)充分发挥日渐完善的水文测验站网和洪水预报模型的前哨作用,采用遥感、无人机、无人船、走航式ADCP、雷达在线测流、自动报汛系统等先进技术手段,实施水文泥沙全要素原型测验,确保汛情"测得出、测得准、报得快",超前预测降雨和洪水量级,跟踪预报降雨和洪水过程,为防汛指挥决策和水库调度提供基础的技术支撑。黄委信息中心(以下简称信息中心)加强网络通信和防汛信息系统的保障工作,利用卫星遥感影像动态跟踪监测评估河势变化和灾情损失。黄河水利科学研究院(以下简称黄科院)利用实体模型试验预演了不同量级洪水工程易出险部位,指导各级地方政府和河务部门提前预置防守力量,对可能出险的工程或部位实施"预加固""预抢险"。黄科院、黄河勘测规划设计研究院有限公司(以下简称设计院)发挥科研和技术优势,外派现场跟踪监测力量,追踪出险工程前流场变化过程,系统研判海量野外监测和水文观测数据,实时修订调度方案,会商洪水演进、河道过流能力变化、工程险情演化、漫滩风险评估等,为调度决策提供坚实的科技支撑。

为进一步贯彻落实水利部和黄委党组的工作部署,黄委组织精干力量,将2021年黄河秋汛洪水过程原型观测资料编撰成书,为洪水防御和后续研究积累宝贵的参考资料。本书主编汪安南,副主编李文学、魏向阳、江恩慧,黄委水旱灾害防御局(以下简称防御局)负责组织,各单位和部门根据职能分别撰写相关内容,黄科院负责统稿。全书共分8章。其中,第1章由水文局编写,第2章由水文局、设计院、水资源管理与调度局、防御局编写,第3章由防御局、设计院、水文局、黄科院编写,第4章由黄科院、水文局编写,第5章由信息中心、黄科院、河南黄河河务局、设计院编写,第6章由运行管理局、河南黄河河务局、山东黄河河务局、陕西黄河河务局、山西黄河河务局、黄科院等单位编写,第7章由水资源保护科学研究院、信息中心、黄科院等单位编写,第8章由汪安南、李文学编写。

鉴于黄河洪水防御工作的复杂性,编写时间的紧迫性,分析工作还不够深入,敬请各位专家和广大读者批评指正。

作　者

2021年12月

目　录

第1章　天气与降雨

2021年秋雨强度异常,雨区重叠度高。8月下旬以来,受短波槽频繁东移南下和副热带高压异常偏强、偏西共同影响,黄河流域遭遇罕见的秋雨,累计发生7次强降雨过程。8月下旬至10月上旬,全流域面平均雨量达282.5 mm,较常年同期偏多1.5倍,其中黄河中游累积面雨量330.2 mm,较常年同期偏多1.8倍,列1961年有系统资料以来同期第一位。中游的降水主要集中在山陕南部、汾河、泾渭洛河及三花(三门峡至花园口)区间等地,其中三花干流、伊洛河、沁河累积降水较常年同期偏多3~5倍。10月上旬,全流域累积降水较常年同期偏多6倍,其中汾河、山陕南部、北洛河、泾河等地偏多达6~10倍,主要降水过程发生在10月3—5日,黄河中游大部地区持续降中到大雨,局部暴雨。

1.1　天气形势

8月下旬,西北太平洋副热带高压整体偏北,并维持偏强态势,前期巴尔喀什湖至日本海地区上空呈宽阔的低压槽区,中高纬环流经向度明显,黄河中下游位于低压距平明显偏强的区域,短波槽活动频繁[见图1.1-1(a)],25日起,里海高压脊向贝加尔湖地区移动,巴尔喀什湖地区上空再次受高空槽控制,底部不断分裂短波槽东移南下,同时西北太平洋副热带高压西伸北抬,在黄河中下游地区与冷空气势力形成较大气压梯度的交汇[见图1.1-1(b)],造成8月28—31日连续强降水的大尺度天气形势。三花区间大部地区普降大到暴雨,个别站大暴雨,2 d最大日雨量均达120.0 mm以上(28日寨沟站121.0 mm,29日山张站123.0 mm),降水过程呈连续性强、累积量大的较强秋雨特征。从整层积分的水汽输送场上看,水汽主要来源于副热带高压外围明显的水汽输送。28—29日,副高脊线稳定在25°~30°N,西伸脊点偏西,其南侧偏东气流在100°~110°E顺转[见图1.1-4(a)],向东北方向输送水汽到达黄河中下游[见图1.1-4(b)]并形成水汽输送通量大值区,与此同时,水汽在该区明显辐合,辐合中心强度大于-5×10^{-5} kg/(s·m^2),充沛的水汽条件有利于该区域形成持续降水,伊洛河2 d累积面雨量达83.7 mm,累积最大点雨量寨沟站达226.0 mm。

9月中旬,受2021年第13、14号台风在我国东南近海活动影响,西北太平洋副热带高压主体位置前期有所调整,于17日开始明显加强;同时由于前期孟加拉湾至青藏高原南支槽系统活跃,17日起,高原低值系统与中纬度短波系统合并形成一支深厚的高空槽区并稳步东移(见图1.1-2),与西伸北抬的副热带高压产生正面的共同作用,导致从四川盆地到华北地区形成大范围的强降雨形势,其中黄河中游泾渭河、三花区间大部及山陕南部、汾河部分地区,位于副热带高压主体西北侧,500 hPa等压面气压梯度密集,700 hPa低空急流末端辐合、850 hPa低空切变明显,各高度层动力抬升条件一致有利,配合该地区200~300 kg/(s·m^2)的较强水汽输送量,上述地区17—18日普降大雨,其中18日部分地区降暴雨。

9月22—28日,副热带高压脊线维持在25°N以北的位置,北界一度抬至三花区间上

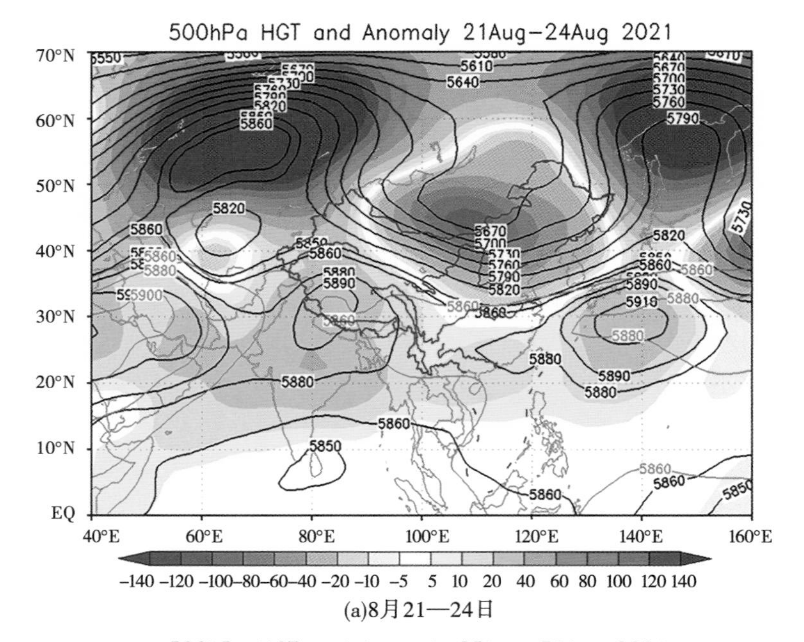

(a)8月21—24日

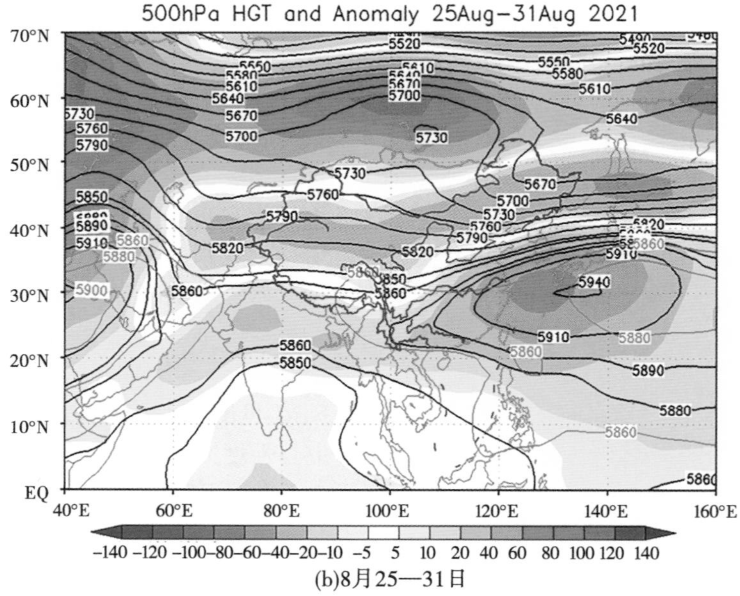

(b)8月25—31日

图 1.1-1　500 hPa 平均高度场[等值线,单位:gmp(位势米);红线表示副热带高压多年平均位置]及距平场(填色)

空,黄河中游整层积分水汽输送为异常辐合区,中心强度大于-4×10^{-5} kg/(s·m^2)[见图 1.1-5(a)];从图 1.1-5(b)可以看出,自我国东南沿海向北形成了一条水汽输送大值带,为黄河中游南部提供了持续的水汽供应,该区域降水持续性明显;但与 8 月下旬相比,9 月下旬水汽通量有所减弱,水汽辐合异常程度略低,强降水极端性不及 8 月下旬,伊洛河 7 d 累积面雨量 109.4 mm,累积最大点雨量张坪站 260.0 mm。

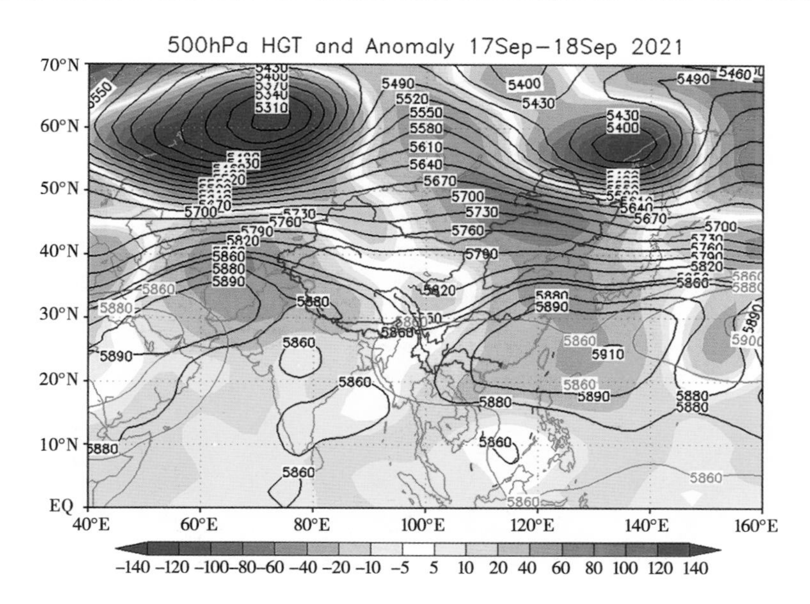

图 1.1-2　9 月 17—18 日 500 hPa 平均高度场
（等值线，单位：gmp；红线表示副热带高压多年平均位置）及距平场（填色）

10 月 3—5 日，副高西伸脊点维持在 100°E 左右，南亚地区为宽广的低值区（见图 1.1-3），有利于低槽前部的孟加拉湾暖湿气流沿着副高西侧向我国西南、西北地区东部输送，其间副高维持较强态势，5 920 gmp 等值线稳定在我国江南地区，5 880 gmp 等值线向北稳步推进，于 4 日 20 时在三花区间南部并维持至 5 日 20 时，与西风带短波环流的等高线密集挤压，在黄河中游南部形成与 9 月 17—18 日形势相似的较强气压梯度，为该地区连续 3 d 强降水提供了极为有利的能量条件。

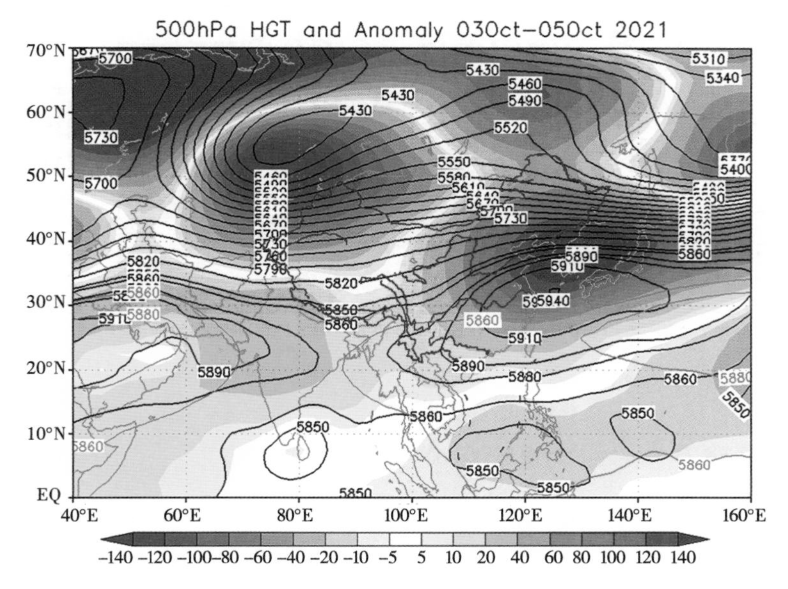

图 1.1-3　10 月 3—5 日 500 hPa 平均高度场
（等值线，单位：gmp；红线表示副热带高压多年平均位置）及距平场（填色）

8 月下旬至 10 月上旬,西北太平洋副热带高压偏强、孟加拉湾低值系统活跃,形成较强的西南暖湿气流,为黄河中下游秋雨提供了持续充沛的水汽输送。

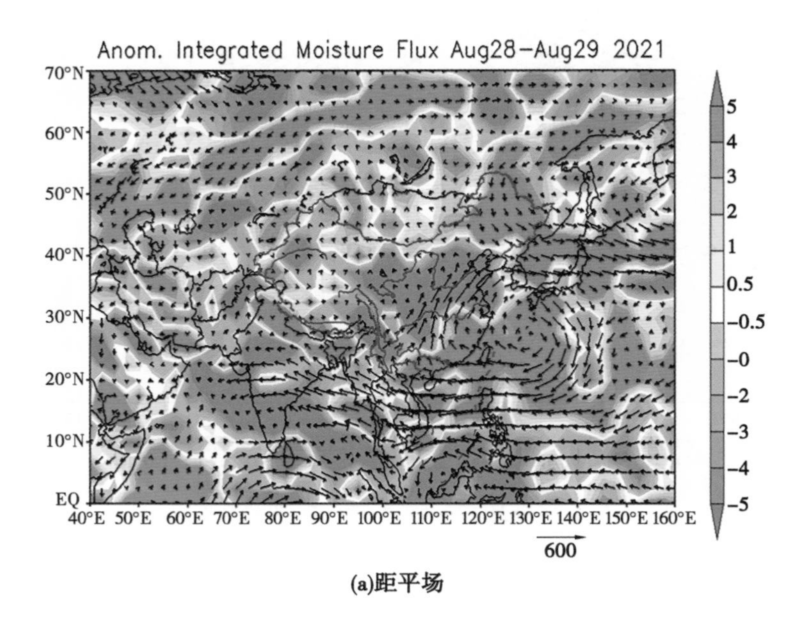

(a)距平场

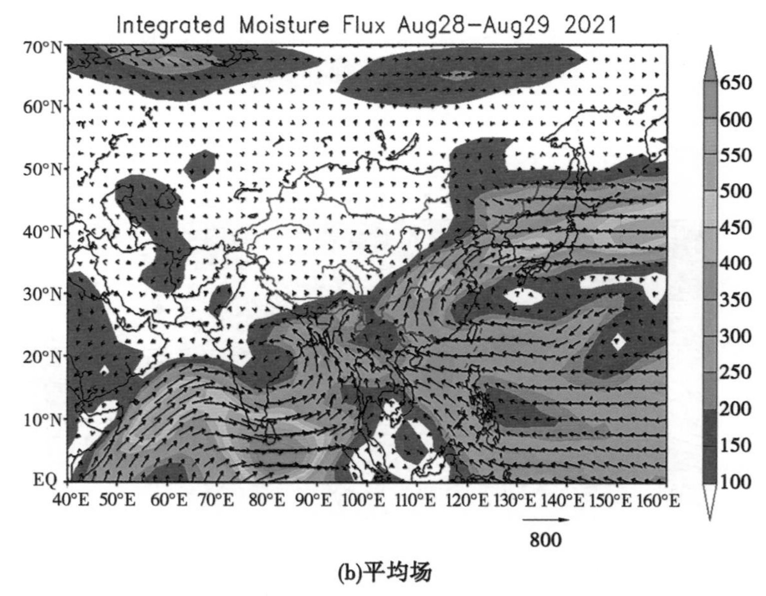

(b)平均场

图 1.1-4　8 月 28—29 日对流层(1 000~300 hPa)整层积分水汽输送及辐合辐散场

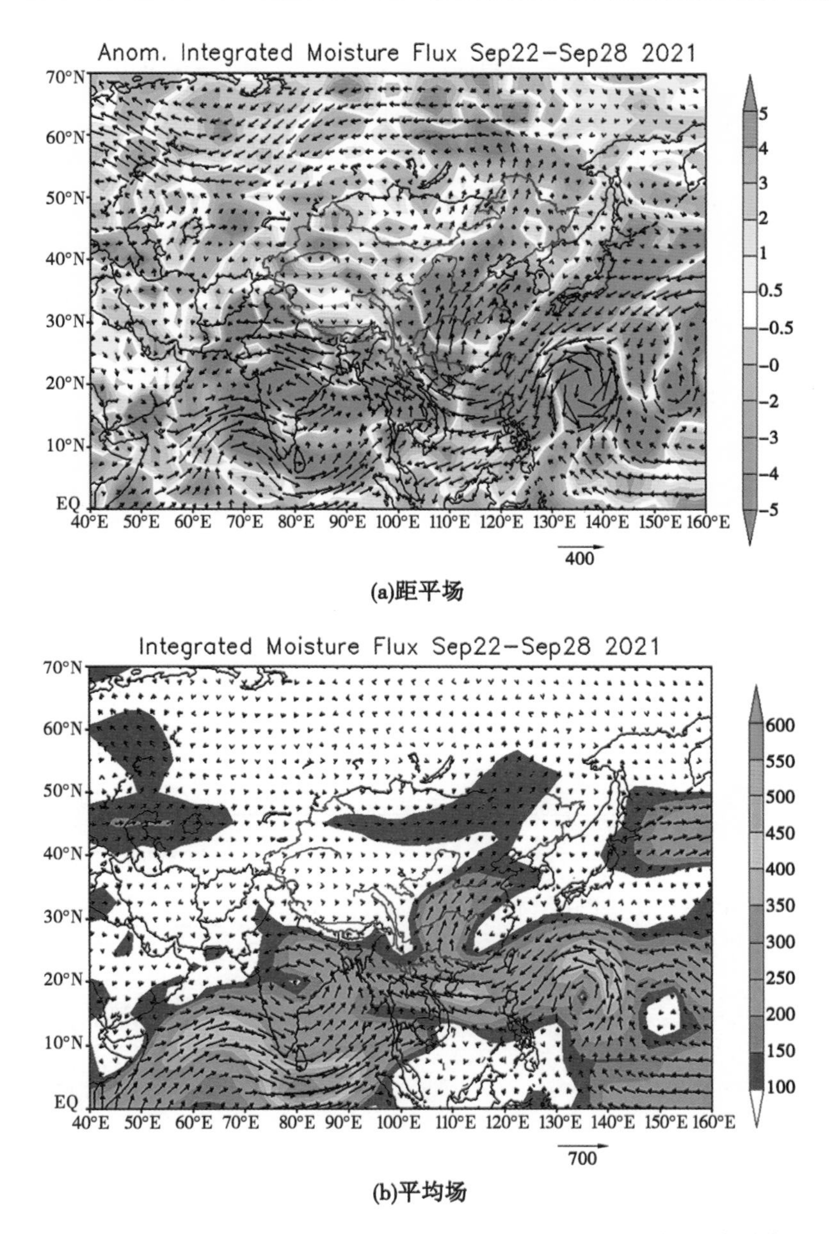

(a)距平场

(b)平均场

图1.1-5 9月22—28日对流层(1 000~300 hPa)整层积分水汽输送及辐合辐散场

1.2 降雨情况

1.2.1 降雨主要特征

8月下旬起,黄河中游地区受秋雨天气形势影响明显,并产生连续降水过程。8月下旬至10月上旬,黄河中游共发生7场中到大雨及以上的降水过程(见表1.2-1),其中8月下旬3场,9月上、中、下旬各1场,10月上旬1场,9月下旬的降水过程持续时间最长。全流域累积面雨量282.5 mm,较常年同期偏多1.5倍(见图1.2-1、图1.2-2),其中黄河中游累积面雨量330.2 mm,较常年同期偏多1.8倍,列1961年以来同期第一位。中游的降水主要集中在南部大部地区,三花干流、伊洛河、沁河累积降水较常年同期偏多3~5倍,北洛河、泾河、渭河下游、汾河偏多2倍左右,上述区间累积面雨量均列1961年以来同期第一位;山陕南部、渭河上中游偏多1~2倍,分别列1961年以来同期第一、二位。

表1.2-1　8月下旬至10月上旬黄河中游主要降水过程

序号	过程起止时间	主要影响区域	主要区间累积面雨量
1	8月21—22日	泾渭洛河、三花区间	伊洛河64.5 mm
			渭河下游58.7 mm
			北洛河31 mm
2	8月28—29日	三花区间	伊洛河83.7 mm
			三花干流66 mm
3	8月30—31日	山陕南部、泾渭洛河、汾河、三花区间	三花干流78.4 mm
			沁河76.7 mm
			渭河下游63.8 mm
4	9月3—5日	山陕区间、泾渭洛河、汾河、三花区间	北洛河57.4 mm
			渭河下游51.1 mm
			三花干流50.4 mm
			山陕南部45.3 mm
			汾河36.2 mm
5	9月17—18日	泾渭洛河、山陕南部、汾河、三花区间	伊洛河103.3 mm
			渭河下游86.5 mm
			沁河85.1 mm
			北洛河49.9 mm
			汾河43.6 mm
6	9月22—28日	泾渭洛河、山陕南部、汾河、三花区间	渭河下游146.9 mm
			三花干流144.4 mm
			沁河129.7 mm
			伊洛河109.4 mm
			泾河89.2 mm
			北洛河89 mm
			汾河66.2 mm
			山陕南部35.1 mm
7	10月3—5日	山陕区间、汾河、泾渭洛河、沁河	汾河118.7 mm
			北洛河105.2 mm
			山陕南部79.3 mm
			渭河上中游59 mm
			沁河47.1 mm
			山陕北部40.5 mm

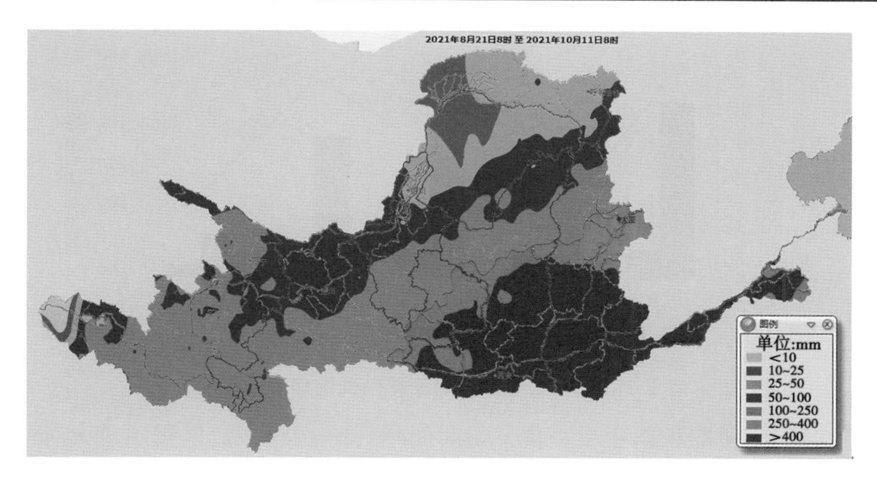

图1.2-1　8月下旬至10月上旬黄河流域累积降水量

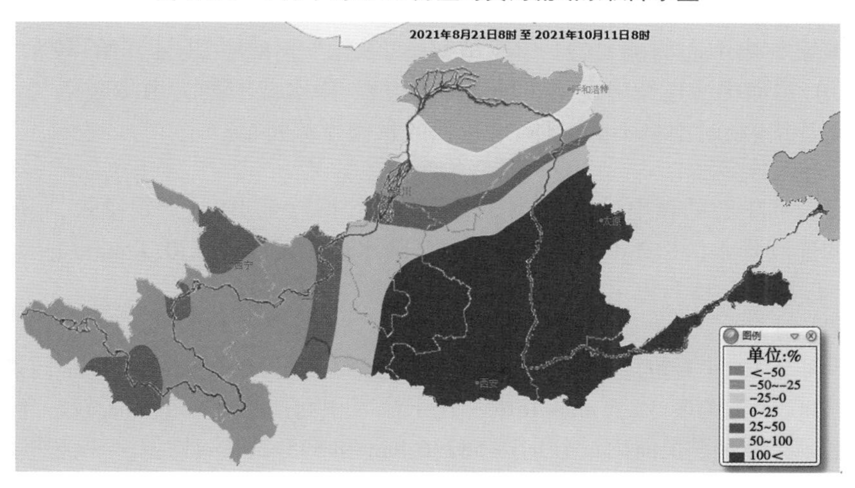

图1.2-2　8月下旬至10月上旬黄河流域累积降水距平

受连续降雨影响,8月下旬起,黄河中游部分地区累积面雨量明显偏多,其中泾渭河自9月中旬起异常偏多、距平持续增大(见图1.2-3),三花区间偏多最大程度也出现在9月下旬(见图1.2-4),以上两个主要来水区间持续偏多的秋雨,直接造成黄河中下游连续编号洪水,以及长历时、大流量的严峻秋汛形势。

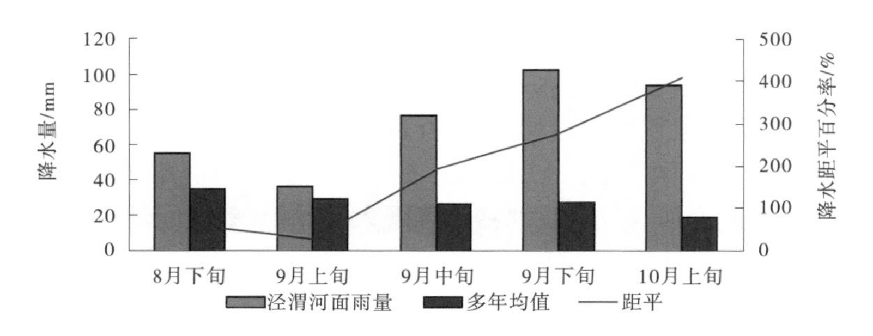

图1.2-3　2021年秋汛期泾渭河逐旬降水演变

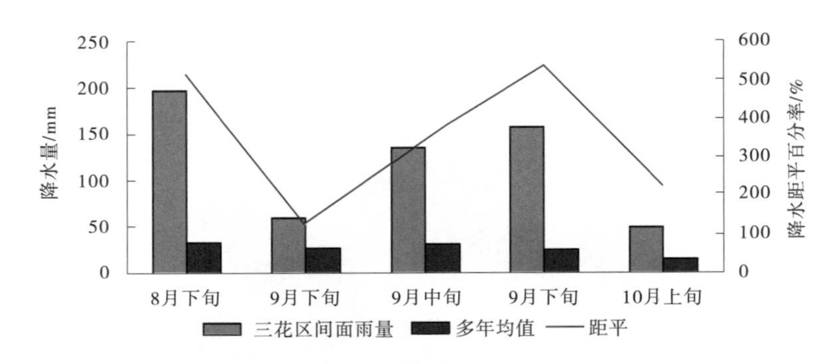

图 1.2-4　2021 年秋汛期三花区间逐旬降水演变

2021 年黄河中游的秋雨主要呈现开始时间早、降雨天数多、累积雨量大、雨区重叠度高、降水强度较大等特点,分述如下:

(1)开始时间早。

根据国家气候中心监测,2021 年我国“华西秋雨”于 8 月 23 日开始,较常年偏早 17 d。8 月下旬,黄河中游连续出现了 3 场强降水过程,降水成因均为由冷暖空气交汇产生,表现出阴雨连绵、小时雨量不大、日降水量强的秋雨形势特征。

(2)降雨天数多。

本年度黄河中游的秋雨过程,从 8 月下旬开始,持续至 10 月上旬结束,其间泾渭河、三花区间的连续降水(注:2 d 以上连续多日日降水量大于或等于 0.1 mm)总日数分别为 39 d 和 32 d,各占 8 月下旬至 10 月上旬总天数的 76%和 63%。

(3)累积雨量大。

8 月下旬至 10 月上旬,黄河中游累积面平均降水量 330.2 mm,列常年同期第一位,较第二位(2003 年)偏多 31.5 mm;其中三花干流累积面雨量 671.1 mm,较常年同期偏多 4.5 倍,伊洛河、沁河累积面雨量分别达 582.6 mm 和 535.2 mm,均偏多 3 倍左右,渭河下游及泾河累积面雨量分别为 424.7 mm 和 408.0 mm,均偏多 2 倍左右;上述区间累积面雨量均列常年同期第一位。

(4)雨区重叠度高。

8 月下旬至 10 月上旬,黄河中游共发生 7 场明显降水过程,主要集中在泾渭河、三花区间大部地区以及山陕南部、北洛河、汾河等地部分地区,其中泾渭河和三花区间均受 6 场降水过程直接影响,各场过程的主雨区在上述两区间高度重叠。

(5)降水强度较大。

8 月下旬,三花区间连续出现 3 场以大雨为主、局部暴雨的强降水过程,各次过程中,伊洛河、沁河、三花干流累积面雨量均达 50.0 mm 以上;9 月 17—18 日及 22—28 日,黄河中游两场降水过程的总面雨量达 117.6 mm,占 9 月中下旬黄河中游总面雨量的 91%;10 月 3—5 日,山陕南部、汾河、泾渭河、北洛河普降大到暴雨,各区间过程累积面雨量分别占 10 月上旬总面雨量的 86%、80%、75%、82%。

1.2.2　山陕区间降雨

10 月 2—6 日,山陕区间部分地区出现连续降水过程,其中 50.0~100.0 mm 降雨笼罩面积 3.78 万 km^2,100 mm 以上降雨笼罩面积 3.86 万 km^2。此次降雨主雨区位于吴堡—龙门区间,区间累积面雨量 110.9 mm,未控区累积面雨量 190.4 mm;最大点雨量昕水河大宁站 290.4 mm,最大日雨量延水白家川站 106.4 mm,主雨期 10 月 3—5 日 3 d 累积降雨前 10 位见表 1.2-2。

表 1.2-2　3 d 雨量前 10 位统计

河名	站名	10 月 3 日	10 月 4 日	10 月 5 日	3 d 累积
昕水河	大宁	76.8	77.4	91.2	245.4
清涧河	延川	73.4	85.2	69.8	228.4
	寺河	62.2	85.0	75.8	223.0
	稍道河	54.8	98.2	85.8	238.8
拓家川	交口	56.6	90.4	75.0	222.0
延水	白家川	43.2	106.4	81.0	230.6
	蝎子庙	45.2	103.4	78.8	227.4
南河沟	王家窑	58.4	82.0	96.4	236.8
汾川河	金盆湾	41.2	100	86.4	227.6
	金家屯	40.0	103.2	84.6	227.8

1.2.3　泾渭河降雨

8 月 19 日—10 月 10 日,泾渭河流域,尤其是渭河流域发生了持续的秋雨过程,其中,洪水主要来源区渭河林家村以下(集水面积 3.2 万 km^2)累积降雨量 507.9 mm。根据降雨时程分布,可分为 6 次降雨过程,总降雨量 503.6 mm(见表 1.2-3)。

表 1.2-3　2021 年秋汛渭河各次降雨量统计

序号	起止日期	次降雨量/mm
1	8 月 19—23 日	52.7
2	8 月 30 日—9 月 1 日	50.9
3	9 月 3—5 日	56.1
4	9 月 15—19 日	100.2
5	9 月 22—27 日	147.6
6	10 月 2—10 日	96.1
合计		503.6

以上 6 次降雨过程相应形成了渭河 6 次洪水过程。

主要产流区分为林家村至魏家堡、魏家堡至咸阳、咸阳和桃园至临潼 3 个区间。各次降雨简要分述如下:

(1)8 月 19—23 日降雨主雨区位于咸阳和桃园至临潼区间(面积为 5 099 km^2),面平均降雨量为 80.6 mm,最大点雨量为沣河的青岗树站 216.6 mm(见图 1.2-5)。

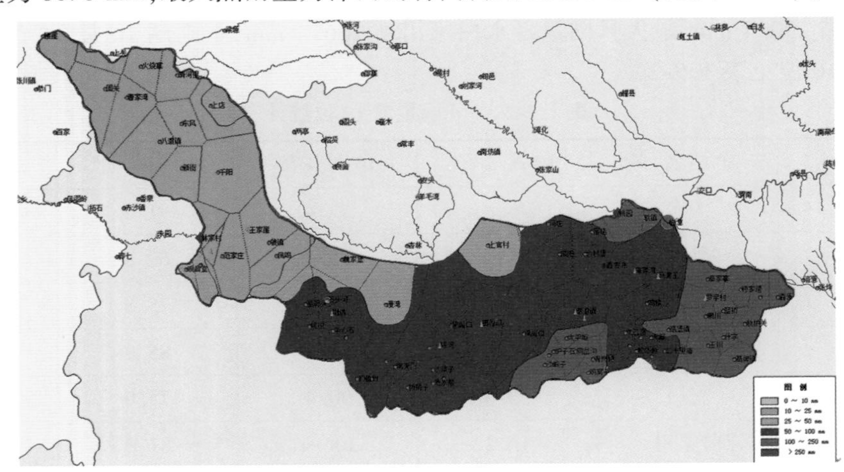

图 1.2-5　渭河流域林家村、桃园至临潼区间 8 月 19—23 日降雨等值面

(2)8 月 30 日—9 月 1 日降雨主雨区在魏家堡至咸阳区间,面平均降雨量为 80.2 mm,最大点雨量为涝河的八里坪站 133.2 mm(见图 1.2-6)。

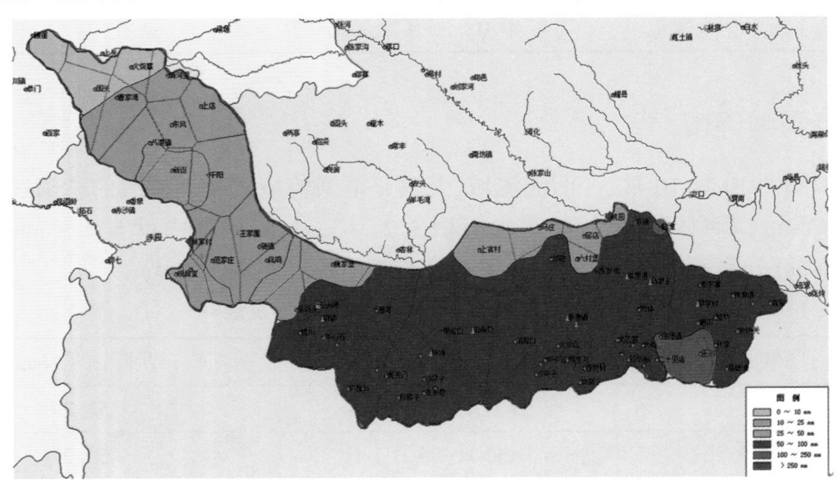

图 1.2-6　渭河流域林家村、桃园至临潼区间 8 月 30 日—9 月 1 日降雨等值面

(3)9 月 3—5 日降雨主雨区在林家村至魏家堡(面积为 6 351 km^2)、魏家堡至咸阳(面积为 5 911 km^2,不含漆水河,下同)区间,面平均降雨量分别为 62.0 mm、83.5 mm,最大点雨量仍在涝河八里坪站,为 126.6 mm,同时咸阳和桃园至临潼区间也出现局地强降雨,其中滈河大峪站降雨量达 129.0 mm(见图 1.2-7)。

(4)9 月 15—19 日降雨主雨区在林家村至魏家堡、魏家堡至咸阳、咸阳和桃园至临潼 3 个区间,面平均降雨量分别为 102.0 mm、160.2 mm、84.8 mm,最大点雨量分别为清姜河观音堂站 155.8 mm、黑河支流田峪河田峪口站 147.6 mm、灞河支流辋川河玉川站 175.0 mm(见图 1.2-8)。

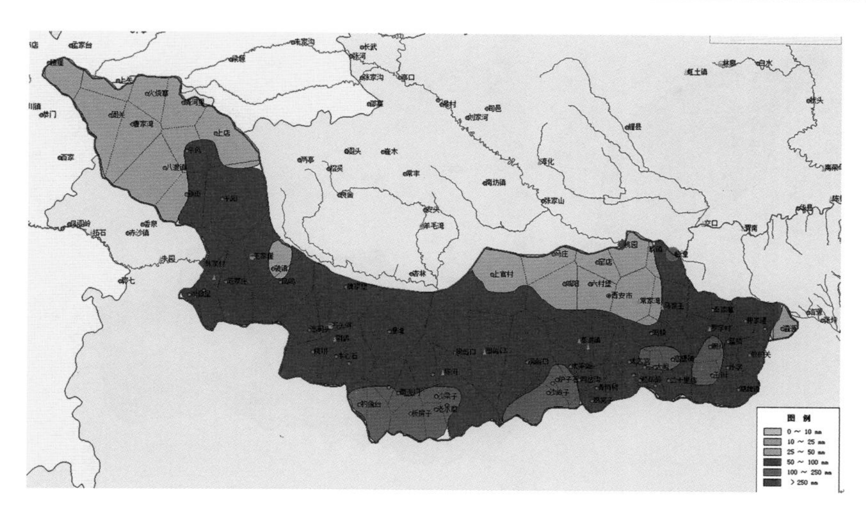

图 1.2-7　渭河流域林家村、桃园至临潼区间 9 月 3—5 日降雨等值面

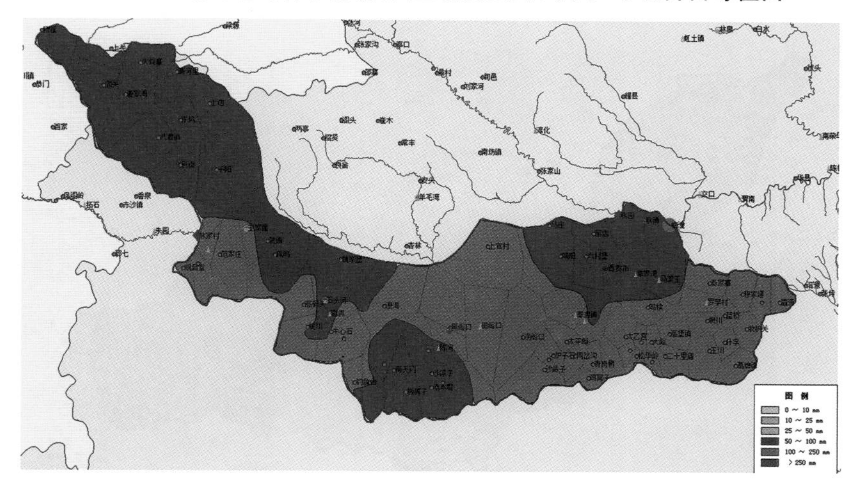

图 1.2-8　渭河流域林家村、桃园至临潼区间 9 月 15—19 日降雨等值面

(5)9 月 22—27 日降雨主雨区仍在林家村至魏家堡、魏家堡至咸阳、咸阳和桃园至临潼 3 个区间,面平均降雨量分别为 168.0 mm、174.5 mm、129.7 mm,为秋汛 6 次降雨过程中最大,最大点雨量分别为千河北湾站 209.4 mm、黑河支流田峪河田峪口站 256.6 mm、涌河大峪站 269.0 mm(见图 1.2-9)。

(6)10 月 2—10 日降雨与 9 月 22—27 日雨区基本重叠,量级有所减小,林家村至魏家堡、魏家堡至咸阳、咸阳和桃园至临潼 3 个区间面平均降雨量分别为 119.1 mm、86.2 mm、70.0 mm,最大点雨量分别为千河石庄子站 210.7 mm、黑河黑峪口站 135.0 mm、涌河大峪站 145.6 mm(见图 1.2-10)。

林家村至魏家堡、魏家堡至咸阳、咸阳和桃园至临潼 3 个区间 6 次降雨过程总降雨量分别为 546.1 mm、636.7 mm、458.4 mm(见表 1.2-4)。

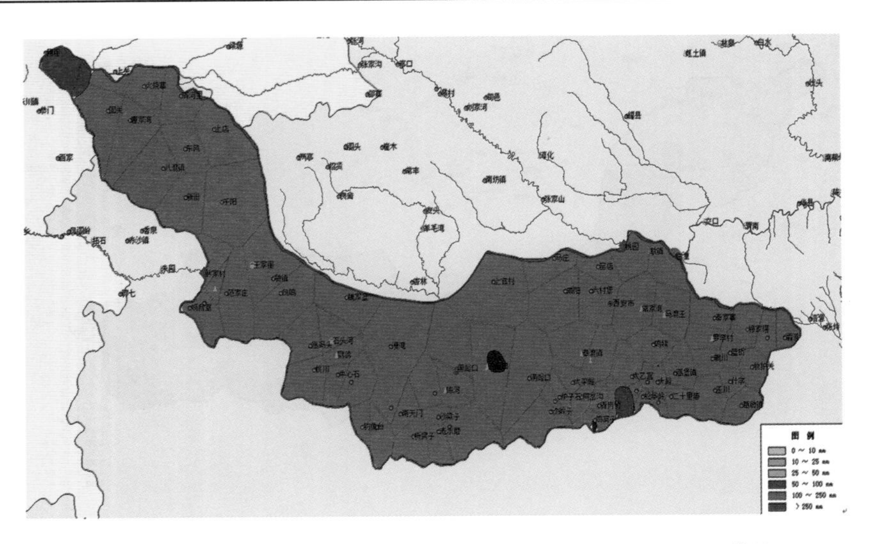

图 1.2-9　渭河流域林家村、桃园至临潼区间 9 月 22—27 日降雨等值面

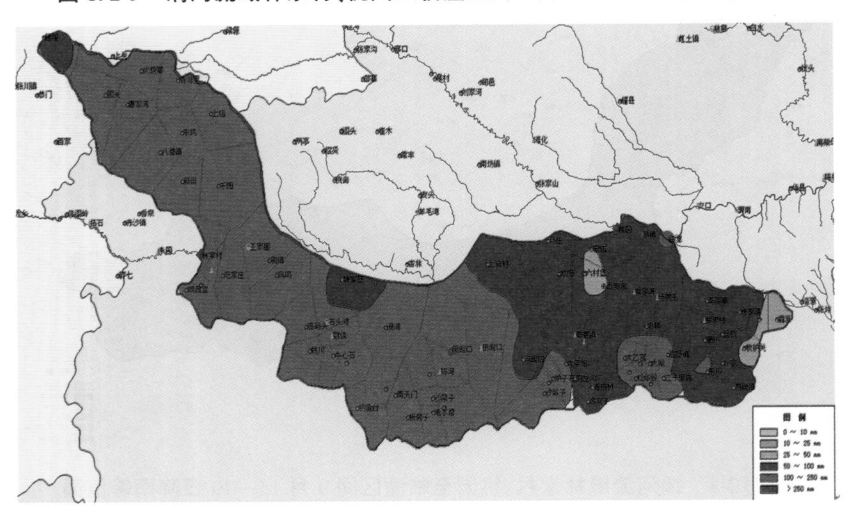

图 1.2-10　渭河流域林家村、桃园至临潼区间 10 月 2—10 日降雨等值面

表 1.2-4　渭河林家村以下主要区间降雨量

降雨场次	起止日期	林家村至魏家堡			魏家堡至咸阳			咸阳和桃园至临潼		
		面平均降雨量/mm	最大雨量/mm	地点	面平均降雨量/mm	最大雨量/mm	地点	面平均降雨量/mm	最大雨量/mm	地点
1	8 月 19—23 日	45.6	70	鹦鸽	52.1	90.8	杜家梁	80.6	216.6	青岗树
2	8 月 30 日—9 月 1 日	49.4	59.8	鹦鸽	80.2	133.2	八里坪	47.7	105.2	二十里庙
3	9 月 3—5 日	62.0	80.8	观音堂	83.5	126.6	八里坪	45.8	129.0	大峪
4	9 月 15—19 日	102.0	155.8	观音堂	160.2	147.6	田峪口	84.8	175.0	玉川
5	9 月 22—27 日	168.0	209.4	北湾	174.5	256.6	田峪口	129.7	269.0	大峪
6	10 月 2—10 日	119.1	210.7	石庄子	86.2	135.0	黑峪口	70.0	145.6	大峪
合计		546.1			636.7			458.6		

注：魏家堡至咸阳区间不含漆水河。

1.2.4　北洛河降雨

9 月 22—26 日,北洛河出现一次强降雨过程,累积面雨量 87.0 mm,此次降雨过程的主雨区位于交口河以下,最大点雨量为五里镇河五里镇站 185.9 mm。

10 月 2—6 日,北洛河再次出现强降雨过程,累积面雨量 129.4 mm,主雨区在刘家河至交口河区间,最大点雨量北洛河洛川站 236.6 mm;50 mm 以上降雨笼罩面积 2.58 万 km^2,其中 100 mm 以上面积 2.0 万 km^2;降雨主要集中在 3—5 日,3 d 累积面雨量为 111.7 mm,占总雨量的 86%;北洛河各区间此次洪水过程累积雨量见图 1.2-11、图 1.2-12。

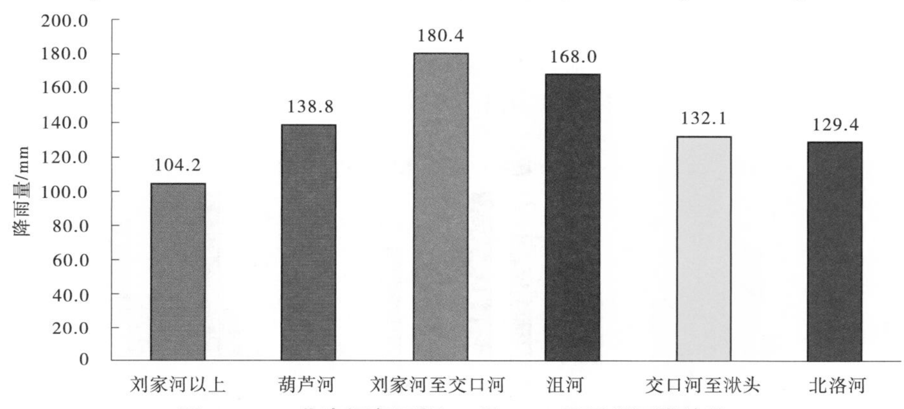

图 1.2-11　**北洛河各区间 10 月 2—6 日累积雨量统计**

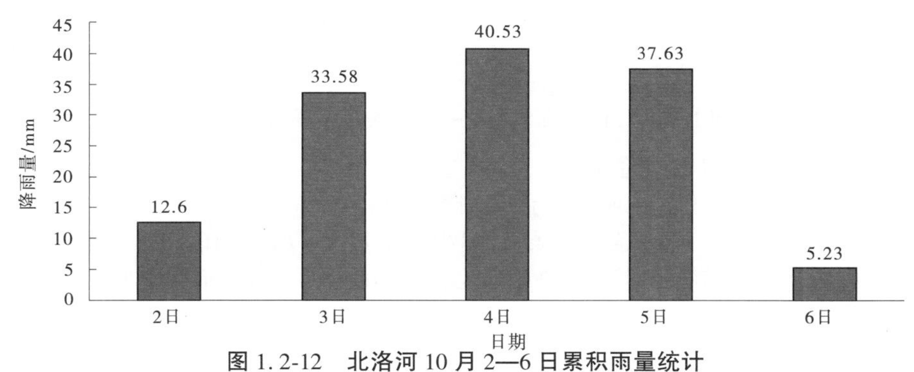

图 1.2-12　**北洛河 10 月 2—6 日累积雨量统计**

1.2.5　汾河降雨

10 月 2—6 日,汾河流域出现连续的中到大雨、局部暴雨的降雨过程,区域累积面雨量 131.7 mm,此降雨过程主雨区在汾河中上游。最大点雨量为中西河后戴家庄站 286.8 mm,50 mm 以上降雨笼罩面积 3.88 万 km^2,其中 100 mm 以上面积 3.3 万 km^2,降雨集中在 3—5 日,最大日雨量发生在龙门河平舒站,10 月 4 日降雨量 98.6 mm。

1.2.6　伊洛河降雨

8 月 21 日至 9 月 28 日,伊洛河流域发生了持续的秋雨过程,根据降雨时程分布,可分为 4 次降雨过程,总降雨量 449.6 mm,见表 1.2-5。

表 1.2-5　2021 年秋汛伊洛河各次降雨量统计

序号	时间	面平均雨量/mm	最大点雨量/mm	地点
1	8 月 21—22 日	64.5	128.5	铧尖嘴
2	8 月 28—29 日	83.7	121.0	阳坡
	8 月 30—31 日	57.0	120.0	宫前
	9 月 3—5 日	44.8	75.0	墁里
3	9 月 17—18 日	110.5	201.6	核桃坪
4	9 月 23—24 日	40.2	196.0	石庙
	9 月 27—28 日	48.9	140.0	长水

(1)8 月 21—22 日降雨。

伊洛河出现一次大到暴雨降水过程，累积面雨量 64.5 mm，50 mm 以上降雨笼罩面积 0.43 万 km^2，主雨区为洛河卢氏以上。伊洛河 8 月 21—22 日分区间逐日降雨量见图 1.2-13。

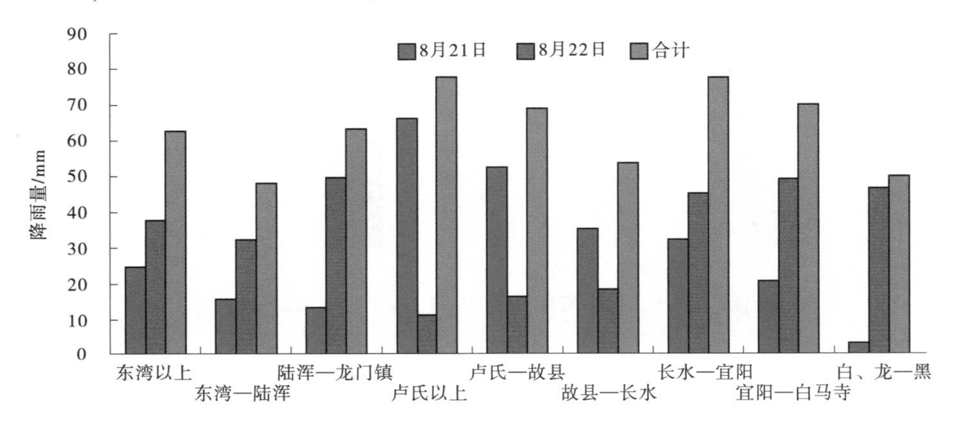

图 1.2-13　伊洛河 8 月 21—22 日分区间逐日降雨量

(2)8 月 28 日—9 月 5 日降雨。

8 月 28 日—9 月 5 日伊洛河出现了 3 次降雨过程：

8 月 28—29 日，伊洛河普降大到暴雨，累积面雨量 83.7 mm，100 mm 以上降雨笼罩面积 0.65 万 km^2，最大点雨量为伊河上游阳坡站 121.0 mm。伊洛河 8 月 28—29 日分区间逐日降雨量见图 1.2-14。

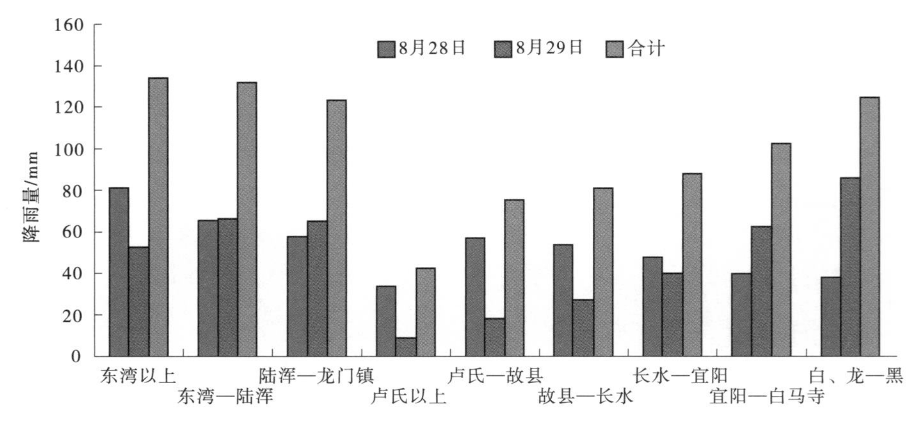

图 1.2-14　伊洛河 8 月 28—29 日分区间逐日降雨量

8 月 30—31 日，伊洛河出现一次大到暴雨的降雨过程，主雨区自西南向东北移动，累积面雨量 57.0 mm，50 mm 以上降雨笼罩面积 0.87 万 km^2，最大点雨量为洛河中游宫前站 120.0 mm。伊洛河 8 月 30—31 日分区间逐日降雨量见图 1.2-15。

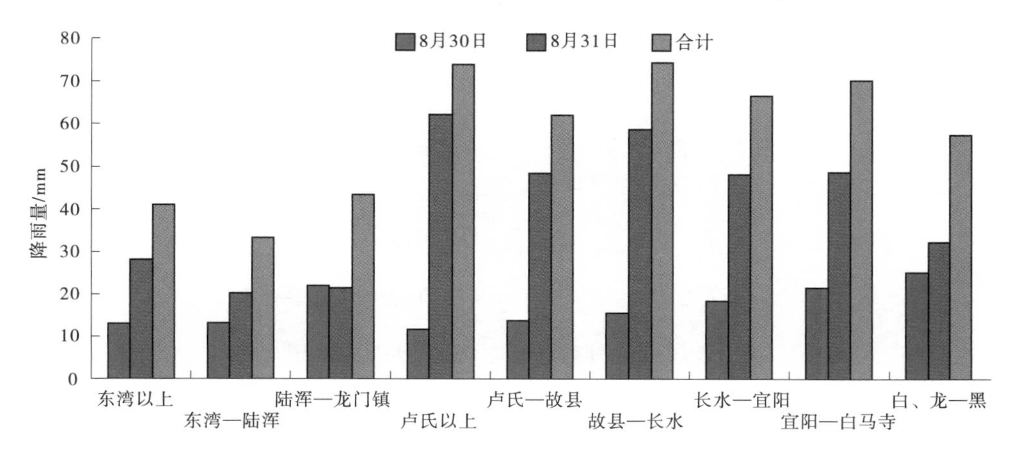

图 1.2-15　伊洛河 8 月 30—31 日分区间逐日降雨量

9 月 3—5 日，伊洛河普降中到大雨，个别站暴雨，累积面雨量 44.8 mm，最大点雨量为洛河上游墁里站 75.0 mm。伊洛河 9 月 3—5 日分区间逐日降雨量见图 1.2-16。

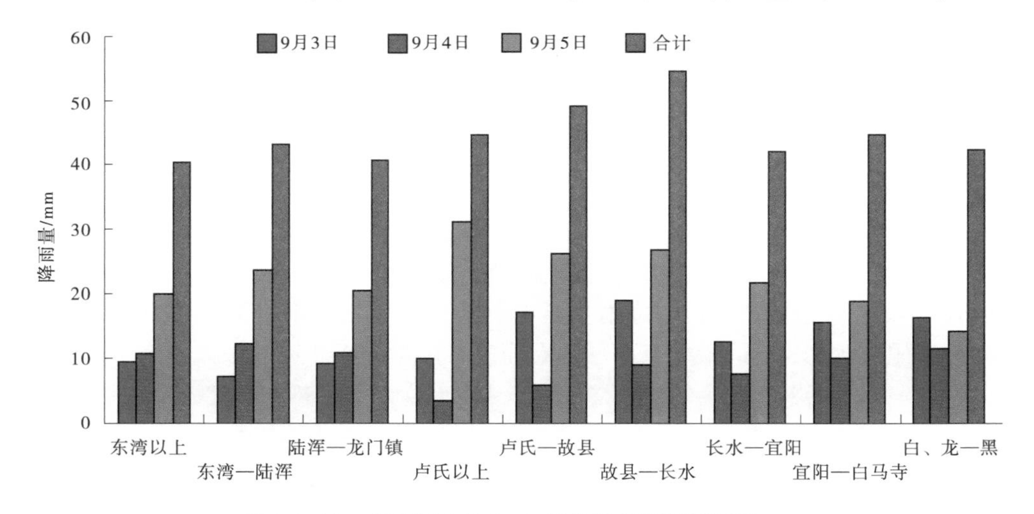

图 1.2-16　伊洛河 9 月 3—5 日分区间逐日降雨量

(3)9 月 17—18 日降雨。

伊洛河大部降大到暴雨，局部大暴雨，累积面雨量 110.5 mm，100 mm 以上降雨笼罩面积 1.18 万 km^2，本次降雨分布相对较均匀，最大点雨量为伊河上游核桃坪站 201.6 mm，最大雨强 35.0 mm/h(栾川站)，等值面见图 1.2-17。

伊洛河 9 月 17—18 日分区间逐日降雨量见图 1.2-18。

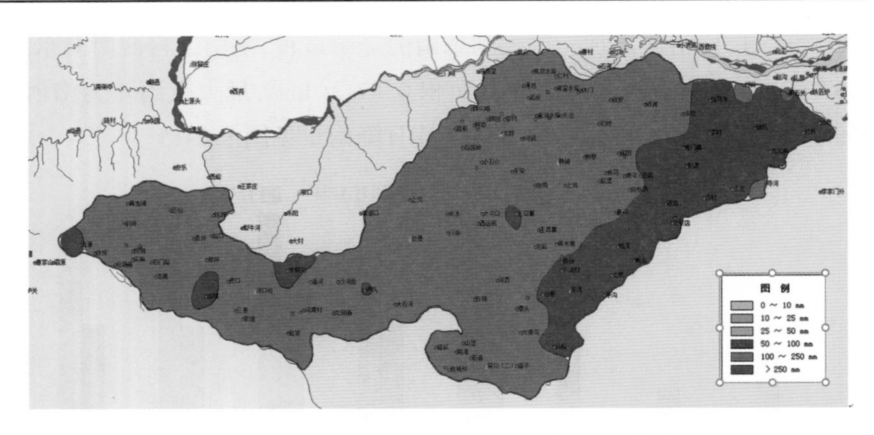

图 1.2-17　伊洛河 9 月 17—18 日累积雨量等值面

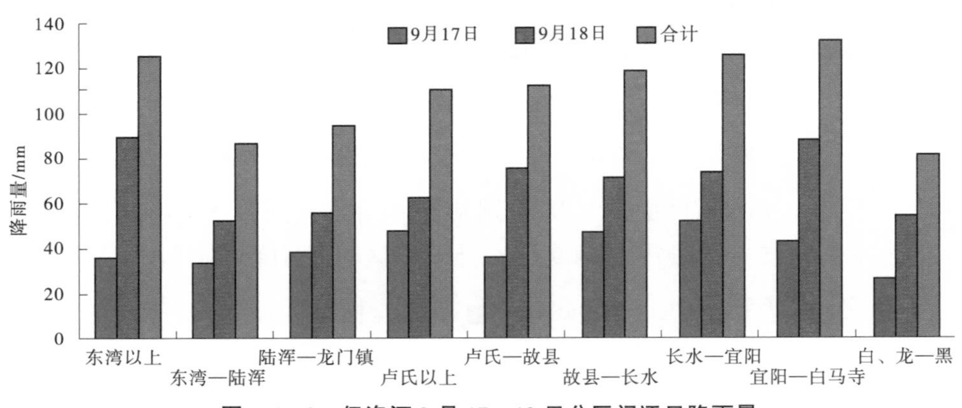

图 1.2-18　伊洛河 9 月 17—18 日分区间逐日降雨量

(4)9 月 23—28 日降雨。

9 月 23—28 日伊洛河出现 2 次降雨过程，9 月 23—24 日降雨过程自东北向西南，累积面雨量 40.2 mm，最大点雨量为伊河上游石庙站 196.0 mm，100.0 mm 以上降水笼罩面积 0.10 万 km^2（见图 1.2-19）。降雨主要集中在 24 日，伊洛河普降中到大雨，局部暴雨到大暴雨，面雨量 40.8 mm，最大点雨量为石庙站日雨量 166.2 mm，最大雨强 103.0 mm/h。

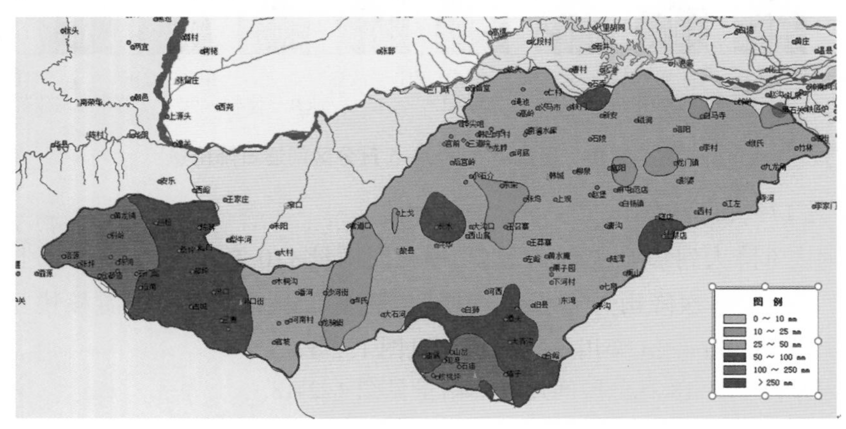

图 1.2-19　伊洛河 9 月 23—24 日累积雨量等值面

9 月 27—28 日，伊洛河大部降大到暴雨，个别站大暴雨，累积面雨量 48.9 mm，50 mm 以上降雨笼罩面积 1.49 万 km^2（见图 1.2-20），最大点雨量为洛河长水站 140.0 mm。

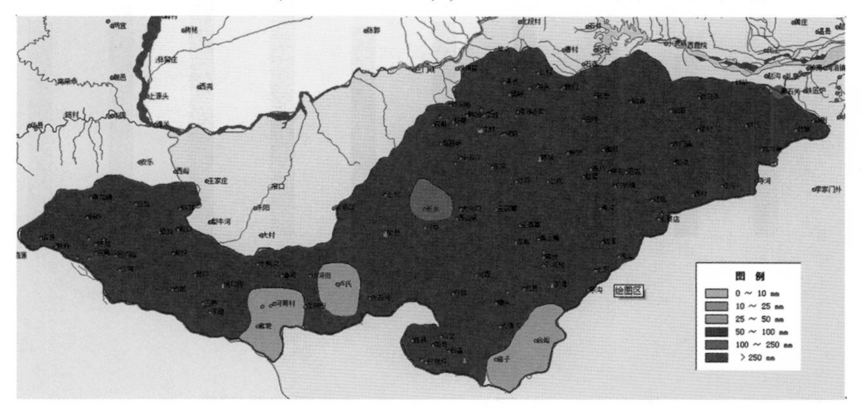

图 1.2-20　伊洛河 9 月 27—28 日累积雨量等值面

1.2.7　沁河降雨

秋汛期间，沁河流域发生多次降雨过程，形成较大洪水的降雨过程 3 次，面雨量分别为 92.0 mm、128.5 mm、66.4 mm，累积 287 mm。9 月中下旬两场降雨过程中主雨区在丹河青天河—山路平，山路平、五龙口—武陟区间，10 月初的一场降雨主雨区在沁河上游飞岭以上，见表 1.2-6。

表 1.2-6　2021 年秋汛期间沁河流域各区间降雨量统计　单位：mm

区间	区间面积/km^2	9 月 17—19 日	9 月 22—28 日	10 月 3—6 日	合计
孔家坡以上	1 358	64.0	77.4	134.0	275
孔家坡—飞岭	1 325	78.0	102.0	113.0	293
飞岭—张峰	2 307	91.0	138.0	76.3	305
张峰—润城	2 283	99.0	143.0	41.7	284
润城—河口村	1 950	92.0	142.0	30.2	264
丹河青天河以上	2 513	90.0	119.0	42.2	251
青天河—山路平	536	105.0	144.0	33.3	282
山路平、五龙口—武陟	586	106.0	150.0	17.6	274
武陟以下	652	98.0	110.0	6.5	215
沁河流域	13 532	92.0	128.5	66.4	287

1.2.7.1　9 月 17—19 日降雨

受槽线、低涡东移及副高北抬影响，沁河流域普降大到暴雨。本次降雨空间上分布较为均匀，累积面雨量 92.0 mm（见图 1.2-21），除上游飞岭以上略小外，其他区间均在 100 mm 左右。降雨量 50 mm 以上笼罩面积 1.15 万 km^2，100 mm 以上 0.67 万 km^2；时程分布上 17 日中雨、18 日大雨、19 日小雨。

1.2.7.2　9 月 22—28 日降雨

沁河流域持续明显降水。9 月 22—28 日累积面雨量 128.5 mm（见图 1.2-22），暴雨

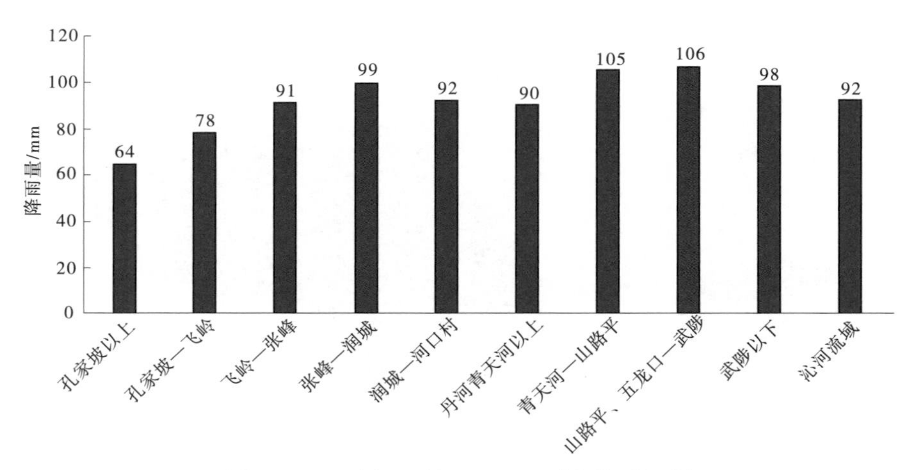

图 1.2-21　沁河 9 月 17—19 日分区间降雨量

中心在沁河润城—五龙口区间。其中 22—23 日,沁河普降小到中雨,24—25 日雨势加强,流域普降大到暴雨,个别地区大暴雨,沁河流域 2 d 累积面雨量 94.5 mm,其中 50 mm 以上笼罩面积 1.14 万 km^2,100 mm 以上 0.61 万 km^2;26 日雨势减弱,流域普降小雨;27—28 日普降小到中雨,局部大雨。

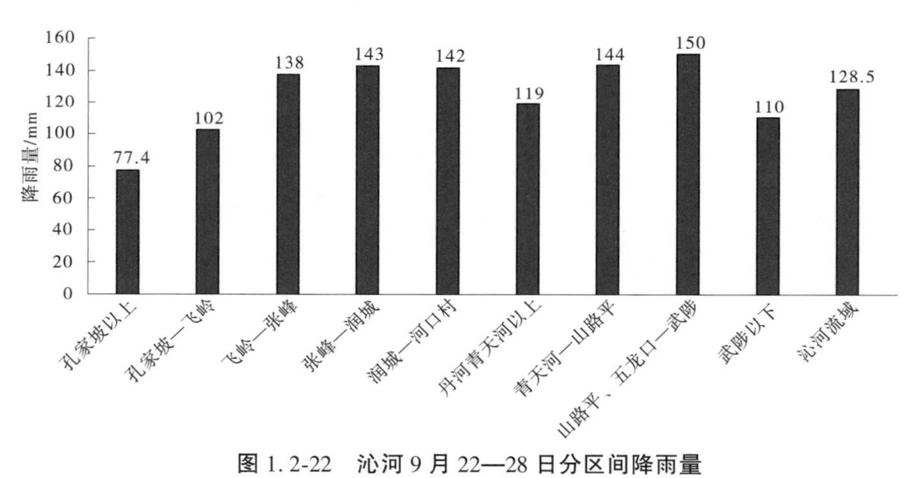

图 1.2-22　沁河 9 月 22—28 日分区间降雨量

1.2.7.3　10 月 3—6 日降雨

10 月 3—6 日沁河出现一场持续降雨过程。流域大部降中到大雨,部分暴雨到大暴雨,暴雨中心在飞岭以上。沁河累积面雨量 66.4 mm,50 mm 以上雨区笼罩面积 0.58 万 km^2,100 mm 以上 0.33 万 km^2。雪河、东村、蟠桃凹三站面雨量大于 200 mm,分别为 212 mm、210.2 mm、202 mm。孔家坡以上累积面雨量 134 mm,孔家坡至飞岭区间累积面雨量 113 mm,见图 1.2-23。

1.2.8　大汶河降雨

1.2.8.1　8 月 28—31 日降雨

8 月 28—31 日,黄河下游出现一次中到暴雨的降水过程,大汶河流域 4 d 累积面雨量

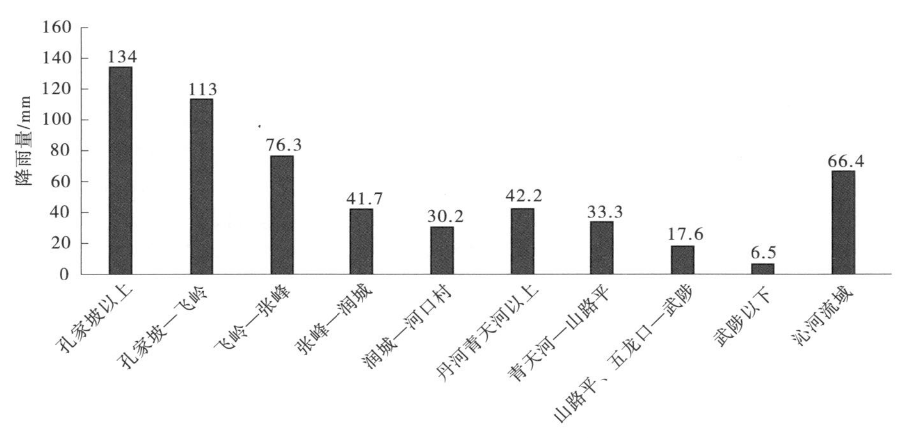

图 1.2-23　沁河 10 月 3—6 日分区间降雨量图

139.7 mm,其中北望以上 4 d 面雨量 129.5 mm,楼德以上 4 d 面雨量 153.1 mm。8 月 30 日戴村坝以上面雨量 62.2 mm,日最大点雨量为大汶河王大下站 121 mm,各区间面雨量见表 1.2-7,等雨量面分布情况见图 1.2-24。

表 1.2-7　大汶河 8 月 28—31 日面雨量统计

项目	区间	日期(月-日)				
		08-28	08-29	08-30	08-31	4 d 累积
面平均雨量/mm	戴村坝以上	21.3	25.5	62.2	30.7	139.7
	大汶口以上	21.2	25.8	58.0	32.2	137.2
	北望以上	20.3	22.4	62.9	23.9	129.5
	楼德以上	23.7	34.4	45.7	49.4	153.2
	北望—楼德—大汶口区间	20.9	27.8	53.9	41.6	144.2
	大汶口—戴村坝区间	21.3	23.8	80.6	25.4	151.1

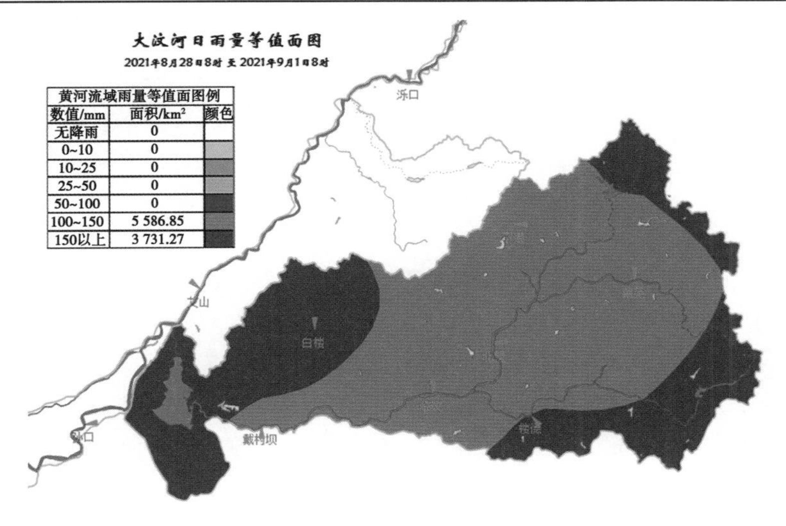

图 1.2-24　大汶河流域 8 月 28—31 日累积降雨等值面

1.2.8.2　9月3—6日降雨

大汶河流域9月3—6日出现一次明显降水过程,其中9月4日普降中到大雨、局部暴雨,戴村坝以上日面平均雨量40.6 mm,最大点雨量为石汶河西麻塔站121 mm,25 mm以上笼罩面积0.91万km^2,各区间面雨量见表1.2-8,大汶河本次降雨过程雨量等值面见图1.2-25。

表1.2-8　大汶河9月3—6日面雨量统计

项目	区间	日期(月-日)				
		09-03	09-04	09-05	09-06	4 d累积
面平均雨量/mm	戴村坝以上	3.9	40.6	1.1	3.3	48.9
	大汶口以上	3.7	42.5	1.1	3.7	51.0
	北望以上	4.4	46.2	1.3	4.8	56.7
	楼德以上	2.2	35.0	0.5	0.8	38.5
	北望—楼德—大汶口区间	3.1	38.3	0.6	0.5	42.4
	大汶口—戴村坝区间	4.7	29.4	1.3	0.5	35.9

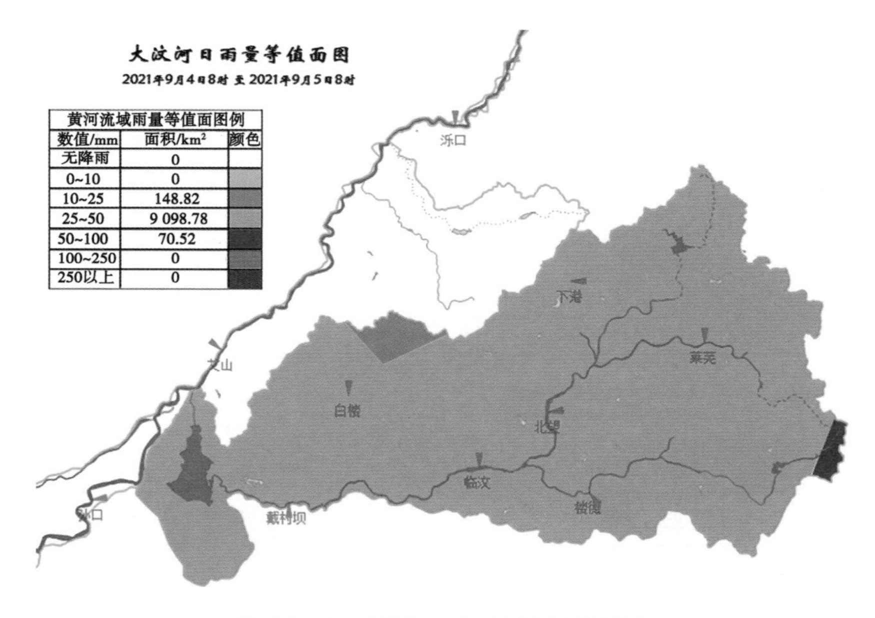

图1.2-25　**大汶河9月4日雨量等值面**

1.2.8.3　9月18—19日降雨

9月18—19日,大汶河流域降大到暴雨,局部大暴雨。2 d累积面雨量107.5 mm,其中戴村坝以上9月18日面雨量14.6 mm,19日面雨量93.0 mm,日最大点雨量为瀛汶河鹿野站195.5 mm,100 mm以上笼罩面积4 750 km^2。从各主要产流区来看,北望以上2 d累积面雨量134.3 mm,楼德以上面雨量53.1 mm,大汶口以上面雨量110.7 mm,见表1.2-9,大汶河本次降雨过程雨量等值面见图1.2-26。

表 1.2-9　大汶河 9 月 18—19 日面雨量统计

项目	区间	日期(月-日)		
		09-18	09-19	2 d 累积
面平均雨量/mm	戴村坝以上	14.6	93.0	107.6
	大汶口以上	14.5	96.3	110.8
	北望以上	19.1	115.2	134.3
	楼德以上	5.0	48.1	53.1
	北望—楼德—大汶口区间	7.9	88.6	96.5
	大汶口—戴村坝区间	14.1	72.8	86.9

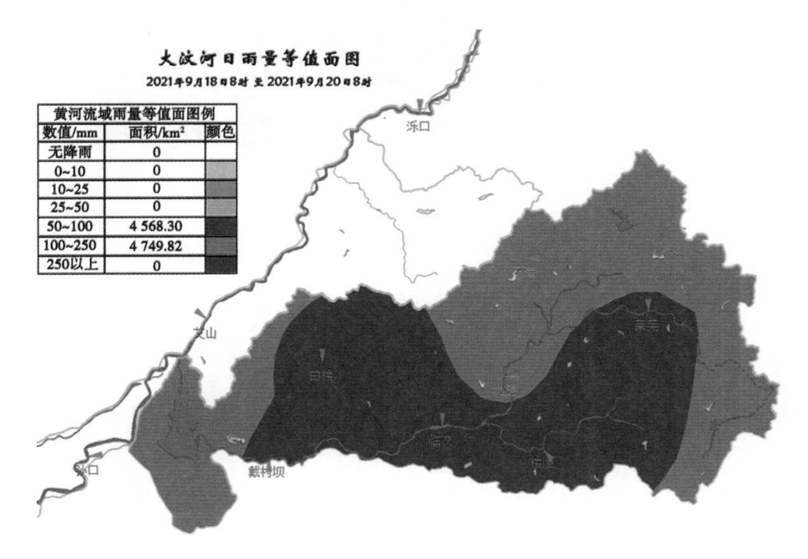

图 1.2-26　大汶河 9 月 18—19 日累积雨量等值面

1.2.8.4　9 月 23—26 日降雨

9 月 23—26 日,大汶河流域持续明显降水,戴村坝以上 4 d 累积面雨量 94.1 mm,50 mm 以上笼罩面积 9 318 km²,其中 9 月 25—26 日,大汶河累积面雨量 70.1 mm,莱芜以上面雨量 73.7 mm,北望以上面雨量 73.6 mm,楼德以上面雨量 65.2 mm,大汶口—戴村坝区间 70.3 mm,累积最大点雨量为石汶河西麻塔站 109.5 mm,各区间面雨量见表 1.2-10,大汶河本次降雨过程雨量等值面见图 1.2-27。

表 1.2-10　大汶河 9 月 18—19 日面雨量统计

项目	区间	日期(月-日)				
		09-23	09-24	09-25	09-26	4 d 累积
面平均雨量/mm	戴村坝以上	9.2	14.8	35.9	34.2	94.1
	大汶口以上	9.2	13.0	34.5	35.8	92.6
	北望以上	10.5	13.8	42.0	31.6	97.9
	楼德以上	3.7	8.9	17.5	47.7	75.0
	北望—楼德—大汶口区间	2.0	15.3	28.5	34.6	80.3
	大汶口—戴村坝区间	0	24.6	41.9	25.1	91.6

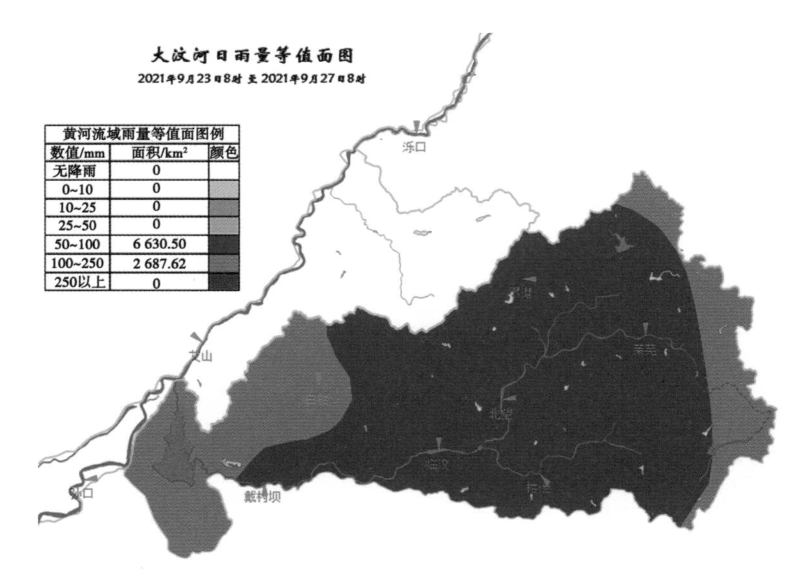

图 1.2-27　大汶河 9 月 23—26 日累积雨量等值面

1.3　小　结

本章阐明了 2021 年秋汛期黄河流域的天气形势，并分区域介绍了整个黄河流域的降雨情况，小结如下：

（1）2021 年秋汛的天气成因，主要是西北太平洋副热带高压偏强、中高纬短波槽活跃，同时孟加拉湾低值系统有利于形成较强的西南暖湿气流，为黄河中下游秋雨提供了持续充沛的水汽输送。

（2）8 月下旬至 10 月上旬累计发生 7 次强降雨过程，降雨主要集中在山陕南部、汾河、泾渭洛河及三门峡以下地区，流域面平均雨量达 282.5 mm，较常年同期偏多 1.5 倍，其中黄河中游部分地区偏多 3~5 倍，下游偏多近 3 倍，列 1961 年有系统资料以来同期第一位。

第 2 章　洪水预报预演及水情分析

2021 年黄河秋汛，中下游干流自 2021 年 9 月 27 日开始，9 d 内连续出现 3 场编号洪水。潼关站 2 次洪水历时共 28 d，总水量达 92.9 亿 m^3，10 月 7 日洪峰流量达 8 360 m^3/s，为 1979 年以来最大。重要支流多次发生较大洪水，多站出现建站以来最大洪峰流量，渭河、伊洛河、沁河发生 9 月同期最大洪水，汾河、北洛河发生 10 月同期最大洪水，河津站出现历史最高洪水位。

2.1　洪水情况

2.1.1　洪水主要特征

2021 年秋汛期间，黄河干支流多站出现建站以来同期最大流量（见表 2.1-1），黄河中下游干流连续出现了 3 场编号洪水。

表 2.1-1　2021 年秋汛期（8 月 20 日—10 月 31 日）主要水文站特征值及洪量统计

站点	最大流量/(m^3/s)	出现时间/(月-日)	位次	洪量/亿 m^3
龙门	3 230	10-06		62.86
华县	4 860	09-28	2011 年以来最大、建站以来 9 月同期最大	77.36
河津	985	10-09	1964 年以来最大	10.00
潼关	8 360	10-07	1979 年以来最大、1934 年以来 10 月同期最大	161.92
三门峡	8 210	10-08	1977 年以来最大	169.59
小浪底	4 460	09-30	—	106.59
黑石关	2 950	09-20	1982 年以来最大、1950 年以来 9 月同期最大	35.43
武陟	2 000	09-27	1982 年以来最大、1950 年以来 9 月同期最大	20.38
花园口	5 220	09-28		166.31
夹河滩	5 130	09-29		165.07
高村	5 200	09-29		164.97
孙口	5 050	10-04		162.76
艾山	5 300	10-04		176.01
泺口	5 270	10-06		174.85
利津	5 240	10-08		170.79

9月下旬,受渭河流域持续强降水影响,渭河出现了洪水过程,渭河洪水演进至潼关站,与黄河干流来水汇合,9月27日15时48分,潼关站出现5 020 m^3/s洪水,形成黄河2021年第1号洪水,其洪水组成以渭河来水为主;9月下旬,沁河、伊洛河流域同时出现强降水过程,沁河、伊洛河与小浪底水库下泄流量遭遇,花园口站于9月27日21时流量达到4 020 m^3/s,形成黄河2021年第2号洪水。10月初,受渭河、黄河小北干流来水共同影响,潼关站10月5日23时流量5 090 m^3/s,达到洪水编号标准,形成黄河干流2021年第3号洪水,10月7日达到8 360 m^3/s。

总体来看,2021年秋汛洪水主要呈现以下主要特点:

(1)1号洪水来源集中,演进复杂。洪水主要来自渭河,渭河华县以下河段发生严重漫滩,洪水过程在演进中发生明显变形,华县至潼关洪水传播时间28 h。3号洪水洪峰高、水量大,持续时间长。潼关站洪峰流量8 360 m^3/s,次洪水量达57.58亿m^3,为1979年以来最大洪水,也是1934年有实测资料以来10月历史同期最大洪水;本次洪水主要来源于北干流、泾渭河、北洛河、汾河4个区间,为近年来少见的同时来水情形。

(2)2号洪水持续时间长、水量大,洪水演进基本正常。通过小浪底、陆浑、故县、河口村4座水库调度,黄河2021年第1号洪水、第3号洪水与第2号洪水连在一起,造成黄河下游长时间持续大流量过程,黄河下游河段4 000 m^3/s以上流量历时27 d,其中花园口站流量在4 800 m^3/s左右历时近20 d。

(3)泾渭河洪水发生次数多且峰高量大,持续多日的降雨形成了渭河中下游6次明显的洪水过程,洪水主要来自于林家村至魏家堡、魏家堡至咸阳、咸阳和桃园至临潼3个区间,洪水总量占华县站的70.5%。第5次和第6次洪水期间,渭河下游出现严重漫滩,其中第5次洪水华县站出现建站以来最高水位。秋汛洪水期间,临潼至华县河段漫滩洪水传播时间基本正常,为22~27 h。

(4)伊洛河洪水峰高量大,持续时间长,多站出现建站以来最大洪水。在秋汛期主要洪水过程中,陆浑、故县水库调蓄作用明显,陆浑水库削减上游洪峰60%~70%,故县水库削减上游洪峰60%以上,避免了伊、洛河上游来水与中下游洪水遭遇,有效削减了黑石关站洪峰流量。本次洪水伊洛夹滩未发生明显的漫滩进水现象。

(5)秋汛期间,沁河共发生3次洪水,武陟站发生1982年以来最大洪水,洪峰流量2 000 m^3/s,9月、10月来水量均为建站以来同期最大。在洪水过程中,河口村水库有效拦蓄了上游来水,避免了沁河上中游来水与丹河洪水遭遇,最大限度地削减了武陟站洪峰。

2.1.2　黄河干流洪水及演进情况

2.1.2.1　黄河干流2021年第1号洪水

受渭河9月25—30日洪水及黄河北干流、汾河、北洛河等区间来水共同影响,黄河潼关站9月27日15时48分流量达到5 020 m^3/s,形成黄河2021年第1号洪水,9月29日22时洪峰流量7 480 m^3/s,为1988年以来最大流量(1988年8月7日为8 260 m^3/s),黄河2021年第1号洪水主要站流量过程线见图2.1-1。

该洪水主要来源于渭河,渭河华县站9月28日17时洪峰流量为4 860 m^3/s;同期,黄河北干流龙门站流量为1 000~1 600 m^3/s,汾河河津站9月29日7时30分最大流量

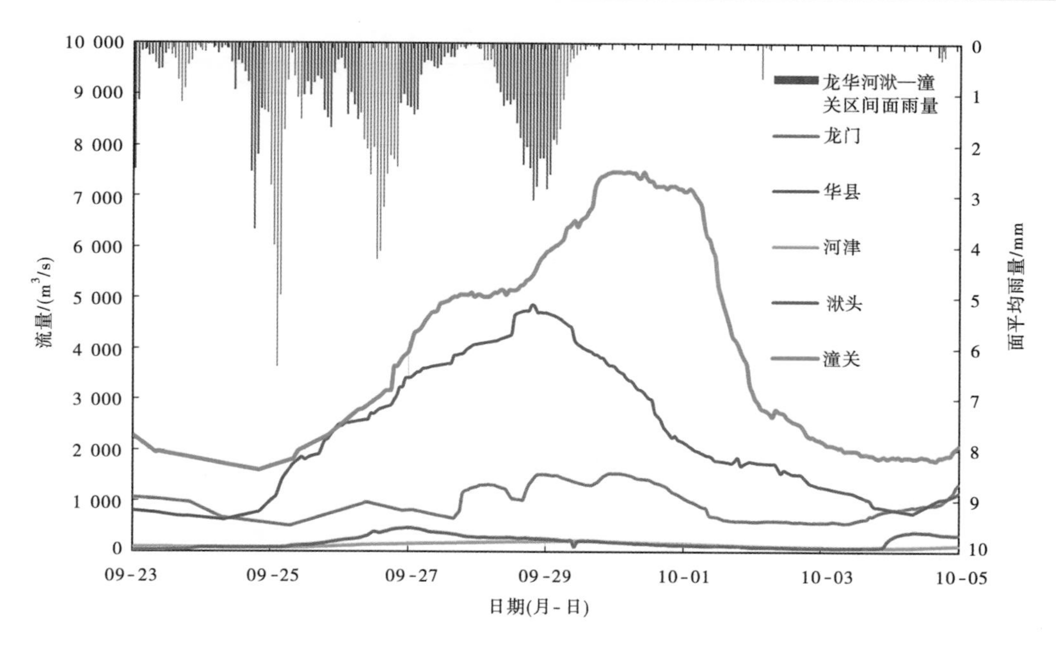

图 2.1-1　黄河 2021 年第 1 号洪水主要站流量过程线

219 m^3/s,北洛河南荣华站 9 月 28 日 4 时最大流量 280 m^3/s。黄河 2021 年第 1 号洪水潼关站次洪水量 34.53 亿 m^3,其中北干流来水 7.593 亿 m^3,占潼关水量的 22%,渭河来水 21.36 亿 m^3,占潼关水量的 61.9%,北洛河、汾河来水合计占潼关水量的 7.0%,龙门、华县、河津、南荣华至潼关区间来水占潼关水量的 9.1%,见表 2.1-2。

表 2.1-2　黄河 2021 年第 1 号洪水特征值统计

河名	站名	起始时间(月-日 T 时:分)	结束时间(月-日 T 时:分)	历时/h	径流量/亿 m^3	占潼关水量比例/%	流量/(m^3/s)	
							最大值	出现时间(月-日 T 时:分)
黄河	龙门	09-23T20:00	10-03T08:00	228	7.593	22.0	1 530	09-30T00:00
渭河	华县	09-24T08:00	10-03T20:00	228	21.36	61.9	4 860	09-28T17:00
北洛河	洑头	09-23T20:00	10-03T08:00	228	1.608	4.7	472	09-26T23:28
	南荣华	09-24T08:00	10-03T20:00	228	1.287	3.7	280	09-28T04:00
汾河	河津	09-23T20:00	10-03T08:00	228	1.148	3.3	219	09-29T07:30
黄河	龙门、华县、南荣华、河津合计				31.39	90.9		
黄河	潼关	09-24T20:00	10-04T08:00	228	34.53	100	7 480	09-29T22:00

按照龙门、华县、南荣华、河津 4 站相应流量级的一般洪水传播时间计算分析,不考虑洪水坦化的情况下潼关站合成流量为 6 020~6 870 m^3/s,如果再考虑到洪水的坦化变形,潼关站合成流量较实际洪峰流量明显偏小(见表 2.1-3)。

表 2.1-3 潼关合成流量计算分析

河名	站名	至潼关距离/km	至潼关传播时间/h	相应流量/(m^3/s)	实测流量/(m^3/s)	
					最大值	出现时间(月-日 T 时:分)
黄河	龙门	128	20~30	1 200~1 540	1 530	09-30T00:00
渭河	华县	74	18~30	4 400~4 840	4 860	09-28T17:00
汾河	河津	131	24~36	190~210	219	09-29T07:30
北洛河	南荣华	75	16~24	230~280	280	09-28T04:00
黄河	潼关	—	—	6 020~6 870	7 480	09-29T22:00

上述潼关站实测洪峰与合成洪峰不一致的原因较为复杂,其机制还有待深入研究,根据现有资料条件分析,推测可能影响因素主要有以下 2 个方面:

(1)龙华河洑至潼关区间降雨产流加水。

龙华河洑至潼关区间面积 1.37 万 km^2,较大支流有盘河、沮水、徐水河、金水河、涑水河以及渭河华县以下南山支流罗纹河、罗敷河等,见表 2.1-4。根据龙门、华县、河津、洑头及潼关站次洪水量计算,龙华河洑至潼关区间来水 2.82 亿 m^3,区间 9 月 22—28 日累积面平均雨量 174.8 mm,初步估算区间径流系数在 0.1~0.2,基本符合该区间的降雨径流特性。

表 2.1-4 龙华河洑至潼关区间主要支流及控制站洪水特征值统计

河名	流域面积/km^2	控制站	控制面积/km^2	最大流量/(m^3/s)	出现时间(月-日 T 时:分)
盘河	—	盘河水库	—	51.6(入库) 56.1(出库)	09-27T08:00
沮水	1 083	薛峰水库	529	392(入库) 442(出库)	09-26T08:00
芝水		清水	150	141	09-26T08:00
徐水河		桥头	99	18.0	09-26T06:00
金水河	521	—	—	—	—
涑水河	5 774	张留庄	5 545	14.9	09-28T13:00
罗敷河	190	罗敷堡	122	67.0	09-28T10:50
潼河	39.3	蒲峪水库	—	9.50(入库) 5.00(出库)	09-29T08:00

(2)洪水漫滩及顶托导致潼关河段的河道调蓄及河床冲刷。

本次洪水主要来源于渭河,渭河下游华县站 9 月 28 日 19 时最高水位 341.91 m,为建站以来最高水位,渭河下游河段发生严重漫滩,渭河最下游吊桥水位站 9 月 29 日 21 时最高水位 330.66 m,从最高水位表现来看,华县至吊桥洪峰传播时间为 26 h,渭河下游洪水演进缓慢,渭河前期进入滩区的洪水在退水段不断向主槽汇入。同时,潼关以上附近河段为黄河、渭河、北洛河 3 条河同时交汇,比降相对较小,洪水易发生相互顶托,使得该河段长时间处于较高水位状态,潼关站在洪峰水位 327.90 m 以上持续长达 13 h,潼关断面在洪水期间不断冲刷,过流能力加大,进而造成了潼关站实测洪峰流量与合成洪峰流量不一致。

2.1.2.2　黄河干流 2021 年第 2 号洪水

受 9 月 25—28 日 2 次降雨过程影响,黄河小花(小浪花—花园口)区间各支流出现较大洪水过程,伊洛河、沁河同时出现洪水,黄河花园口站 9 月 27 日 21 时流量达到 4 020 m^3/s,形成黄河 2021 年第 2 号洪水,小浪底、陆浑、故县、河口村 4 座水库联合调度,由于来水量大,黄河下游一直维持较大流量过程。黄河 2021 年第 2 号洪水主要站特征值及流量过程线见表 2.1-5、图 2.1-2。

表 2.1-5　黄河 2021 年第 2 号洪水特征值统计

河名	站名	实测流量/(m^3/s)	
		最大值	出现时间(月-日 T 时:分)
黄河	西霞院	1 700	09-27T22:12
伊洛河	黑石关	2 220	09-29T05:30
沁河	武陟	2 000	09-27T15:18
黄河	花园口	5 220	09-28T13:24

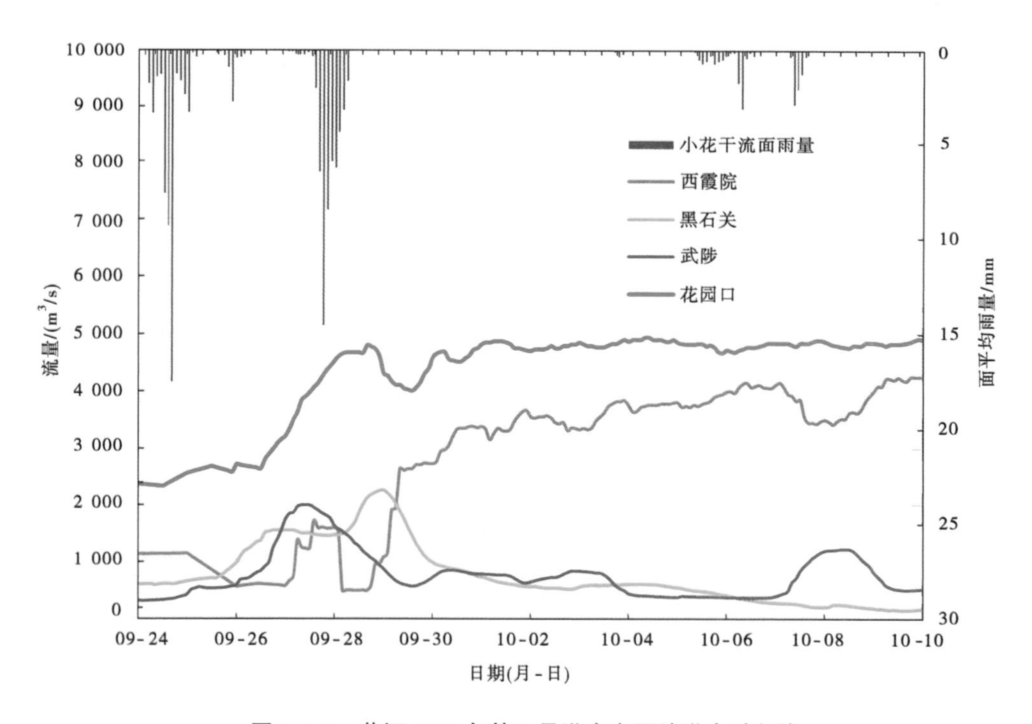

图 2.1-2　黄河 2021 年第 2 号洪水主要站洪水过程线

黄河 2021 年第 2 号洪水较为特殊。受小浪底、陆浑、故县、河口村 4 座水库调控作用,花园口站已没有明显的洪峰。干支流对第 2 号洪水的贡献分别为:伊洛河来水占

37.9%，沁河来水占 46.4%，西霞院出库及小花干流区间来水共占 15.7%（见表 2.1-6）。

表 2.1-6　花园口站 2 号洪水编号时流量组成

河名	站名	至花园口传播时间/h	花园口 2 号洪水洪峰流量组成(27 日 21 时)	相应时间(月-日 T 时:分)	实际流量/(m^3/s)	占花园口比例/%
黄河	西霞院	20	610	09-27T00:00	585	15.2
伊洛河	黑石关	16	1 520	09-27T04:00	1 550	37.9
沁河	武陟	10	1 860	09-27T10:00	1 850	46.4
黄河	小花干流区间	—	20.0			0.5
黄河	花园口	—	4 010	09-27T21:00	3 970	100

分析洪水过程，西霞院、黑石关、武陟到花园口传播时间基本正常。根据洪水过程对花园口以下河段进行模拟计算，按照拟合度最优原则，综合确定花园口以下各河段传播时间，见图 2.1-3、表 2.1-7。

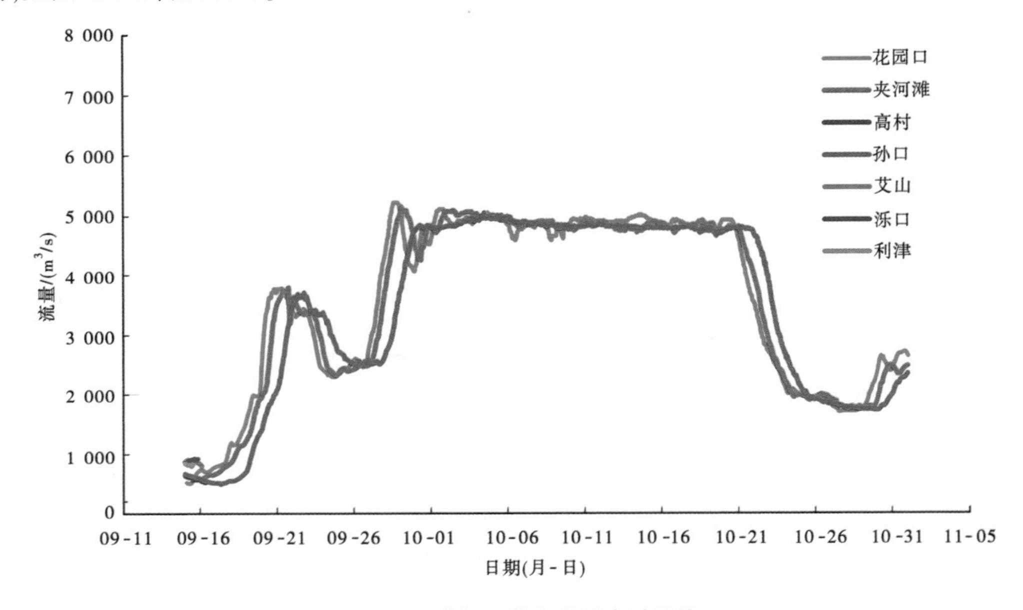

图 2.1-3　黄河下游各站洪水过程线

表 2.1-7　黄河 2021 年第 2 号洪水下游河段传播时间

序号	河段	距离/km	传播时间/h
1	花园口—夹河滩	96	10
2	夹河滩—高村	93	10
3	高村—孙口	130	12
4	孙口—艾山	63	8
5	艾山—泺口	108	8
6	泺口—利津	174	16
7	花园口—利津	664	64

2.1.2.3　黄河干流 2021 年第 3 号洪水

受 10 月 2—6 日降雨影响，黄河山陕区间南部、渭河、北洛河、汾河普遍涨水，多站出现 10 月历史同期最大洪水，各区间来水汇合后，黄河潼关站 10 月 5 日 23 时流量 5 090 m^3/s，形成黄河 2021 年第 3 号洪水，10 月 7 日 7 时 36 分洪峰流量 8 360 m^3/s，为 1979 年以来最大流量（1979 年 8 月 12 日为 11 100 m^3/s）。黄河 2021 年第 3 号洪水主要站流量过程线见图 2.1-4。

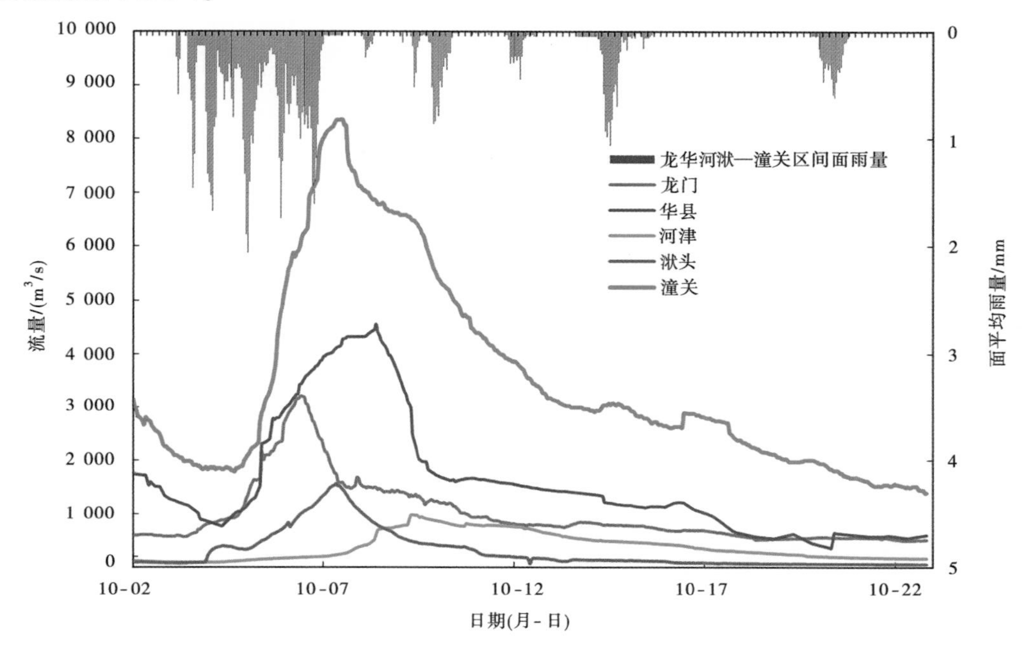

图 2.1-4　黄河 2021 年第 3 号洪水主要站洪水过程线

本次洪水由黄河北干流、泾渭河、北洛河、汾河 4 个区间同时来水形成，北干流龙门站 10 月 6 日 10 时洪峰流量 3 230 m^3/s，渭河华县站 10 月 8 日 8 时 30 分洪峰流量 4 540 m^3/s，北洛河洑头站 10 月 7 日 7 时洪峰流量 1 580 m^3/s，汾河河津站 10 月 9 日 8 时 24 分洪峰流量 985 m^3/s。

黄河 2021 年第 3 号洪水潼关站次洪水量 57.58 亿 m^3，其中黄河龙门站次洪水量 16.44 亿 m^3，渭河华县站 26.01 亿 m^3，汾河河津站 6.58 亿 m^3，北洛河南荣华站 3.76 亿 m^3，分别占潼关水量的 28.6%、45.2%、11.4%、6.5%，龙门、华县、河津、洑头至潼关区间来水占潼关水量的 8.3%，见表 2.1-8。

按照龙门、华县、河津、南荣华 4 站相应流量级的一般洪水传播时间计算分析，不考虑洪水坦化的情况下潼关站合成流量为 6 260~7 690 m^3/s，如果再考虑到洪水的坦化变形，同第 1 号洪水情况类似，潼关站合成流量仍较实际洪峰流量明显偏小（见表 2.1-9）。

根据龙门、华县、河津、南荣华及潼关站次洪水量计算，龙华河南至潼关区间来水 4.79 亿 m^3，区间 10 月 2—20 日累积面平均雨量 87.9 mm，区间径流系数为 0.4，区间主要支流来水情况见表 2.1-10。由于区间前期降雨较大，土壤蓄水基本饱和，因此产流量相对较大；同时还有第 1 号洪水的区间退水，故径流系数较大。

表2.1-8　黄河2021年第3号洪水特征值统计

河名	站名	起始时间（月-日 T时:分）	结束时间（月-日 T时:分）	历时（h）	径流量（亿 m^3）	占潼关水量比例/%	流量（m^3/s）	
							最大值	出现时间（月-日 T时:分）
黄河	龙门	10-03T20:00	10-21T20:00	432	16.44	28.6	3 230	10-06T10:00
渭河	华县	10-04T08:00	10-22T08:00	432	26.01	45.2	4 540	10-08T08:30
汾河	河津	10-03T20:00	10-21T20:00	432	6.577	11.4	985	10-09T08:24
北洛河	洑头	10-03T20:00	10-21T20:00	432	5.316	9.2	1 580	10-07T07:00
	南荣华	10-04T08:00	10-22T08:00	432	3.758	6.5	850	10-08T03:00
黄河	龙华河南				52.79	91.7		
黄河	潼关	10-04T20:00	10-22T20:00	432	57.58	100.0	8 360	10-07T07:36

表2.1-9　潼关合成流量计算分析

河名	站名	至潼关距离/km	至潼关一般传播时间/h	相应流量/（m^3/s）	实测流量（m^3/s）	
					最大值	出现时间（月-日 T时:分）
黄河	龙门	128	16~24	2 620~3 200	3 230	10-06T10:00
渭河	华县	74	18~30	3 170~3 710	4 540	10-08T08:30
汾河	河津	131	24~36	170~190	985	10-09T08:24
北洛河	南荣华	75	12~20	300~590	850	10-08T03:00
黄河	潼关	—	—	6 260~7 690	8 360	10-07T07:36

表2.1-10　龙华河洑至潼关区间主要支流及控制站洪水特征值统计

河名	流域面积/km^2	控制站	控制面积/km^2	最大流量/（m^3/s）	出现时间（月-日 T时:分）
盘河	—	盘河水库	—	29.3（入库） 20.3（出库）	10-07T08:00
涺水	1 083	薛峰水库	529	217（入库） 207（出库）	10-05T08:00
芝水		清水	150	49.4	10-06T19:00
徐水河		桥头	99	8.54	10-06T20:00
金水河	521	—	—	—	—
涑水河	5 774	张留庄	5 545	18.2	10-06T19:00
罗敷河	190	罗敷堡	122	32.5	10-05T08:00
潼河	39.3	蒲峪水库	—	4.00（入库） 2.00（出库）	10-07T08:00

2.1.3　黄河主要支流洪水及演进情况

2.1.3.1　泾渭河洪水

秋汛期间泾渭河流域共发生 6 次明显洪水过程,其中华县站洪峰流量超 1 000 m^3/s 的洪水过程共 6 次,相应洪峰流量依次为 8 月 23 日 6 时 1 200 m^3/s、9 月 2 日 16 时 40 分 1 930 m^3/s、7 日 12 时 2 380 m^3/s 、20 日 14 时 2 780 m^3/s、28 日 17 时 4 860 m^3/s、10 月 8 日 8 时 30 分 4 540 m^3/s。

1. 洪水概述

1)8 月 20—25 日洪水

受 8 月 19—22 日降雨过程影响,渭河下游发生一次小洪水过程,历时 8 d。渭河咸阳站 8 月 23 日 6 时 36 分洪峰流量 462 m^3/s,渭河临潼站 8 月 20 日 5 时 18 分洪峰流量 1 510 m^3/s、22 日 15 时洪峰流量 1 290 m^3/s,华县站 8 月 21 日 6 时 54 分洪峰流量 795 m^3/s、23 日 6 时洪峰流量 1 200 m^3/s。此为第 1 次洪水过程,见图 2.1-5。

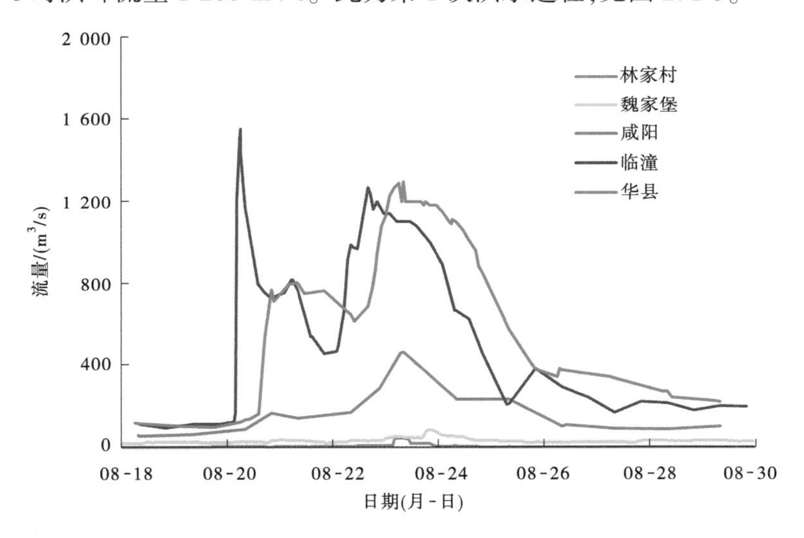

图 2.1-5　2021 年秋汛渭河干流主要站第 1 次洪水流量过程

2)9 月 1—3 日洪水

受 8 月 30 日—9 月 1 日降雨过程影响,渭河下游再次发生小洪水过程,历时 3.5 d。渭河咸阳站 9 月 1 日 20 时洪峰流量 1 170 m^3/s,渭河临潼站 2 日 1 时 30 分洪峰流量 2 100 m^3/s,华县站 2 日 16 时 40 分洪峰流量 1 930 m^3/s(见图 2.1-6)。

3)9 月 4—10 日洪水

受 9 月 3 日和 5 日降雨影响,渭河中下游出现第 3 次洪水过程,渭河主要干流站表现为复式洪水,历时 6 d。咸阳站 4 日 23 时 6 分洪峰流量 1 380 m^3/s、6 日 19 时 18 分洪峰流量 1 520 m^3/s,临潼站 5 日 7 时洪峰流量 1 990 m^3/s、6 日 19 时洪峰流量 2 860 m^3/s,华县站 5 日 21 时洪峰流量 1 810 m^3/s、7 日 12 时洪峰流量 2 380 m^3/s(见图 2.1-7)。

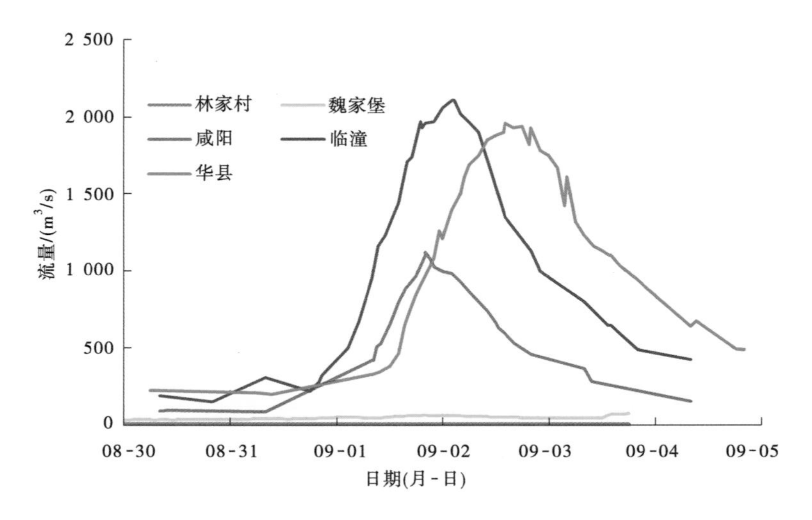

图 2.1-6　2021 年秋汛渭河干流主要站第 2 次洪水流量过程

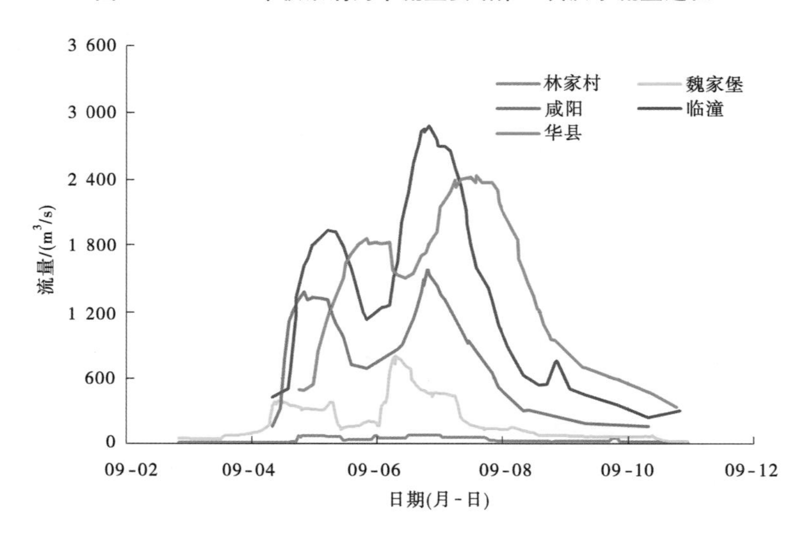

图 2.1-7　2021 年秋汛渭河干流主要站第 3 次洪水流量过程

4)9 月 18—21 日洪水

受 9 月 15—19 日降雨过程影响,渭河中下游发生第 4 次洪水过程,历时 6 d。渭河魏家堡站 19 日 2 时 30 分洪峰流量 1 260 m^3/s,咸阳站 19 日 15 时 24 分洪峰流量 2 060 m^3/s,加上区间沣河、浐河、灞河等洪水,临潼站 19 日 22 时洪峰流量达 3 810 m^3/s,华县站 20 日 14 时洪峰流量 2 780 m^3/s(见图 2.1-8)。此次洪水在渭河下游,特别是临潼以下河段形成部分漫滩,洪峰流量削减率 26.2%。

5)9 月 25—30 日洪水

受 9 月 22—27 日持续长时间降雨过程影响,泾渭河干支流普遍涨水,形成第 5 次洪水,历时长达 10 d。渭河林家村站 9 月 26 日 14 时洪峰流量 783 m^3/s,魏家堡站 26 日 23 时 12 分洪峰流量 3 060 m^3/s,咸阳站 27 日 5 时 54 分洪峰流量 5 600 m^3/s(为 1935 年有实测资料

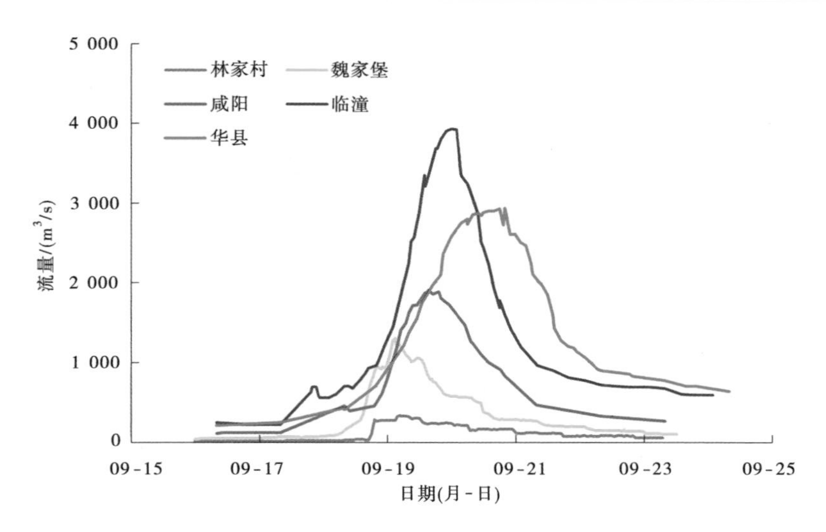

图 2.1-8　2021 年秋汛渭河干流主要站第 4 次洪水流量过程

以来 9 月同期最大洪水)。泾河张家山站 27 日 3 时 35 分最大流量 590 m^3/s,汇入渭河后,渭河临潼站 27 日 16 时洪峰流量 5 860 m^3/s。演进过程中渭河下游严重漫滩,华县站 28 日 17 时洪峰流量 4 860 m^3/s,临潼至华县洪峰流量削减率 16.6%(见图 2.1-9)。

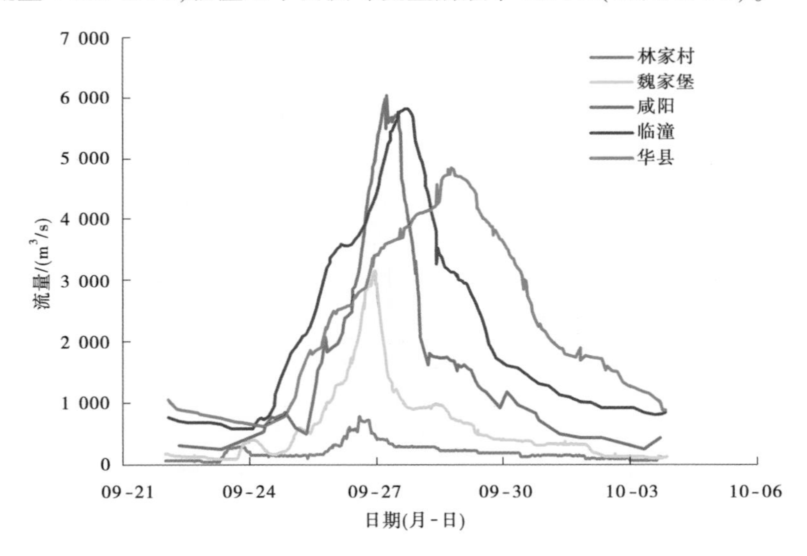

图 2.1-9　2021 年秋汛渭河干流主要站第 5 次洪水流量过程

6)10 月 3—10 日洪水

受 10 月 2—10 日降雨影响,泾渭河出现第 6 次洪水,历时长达 12.5 d。渭河林家村站 4 日 3 时 10 分最大洪峰流量 950 m^3/s,魏家堡站 10 月 5 日 1 时 42 分洪峰流量 3 020 m^3/s,咸阳站 5 日 12 时 42 分洪峰流量 4 020 m^3/s。泾河张家山站 6 日 8 时 45 分洪峰流量 1 150 m^3/s,桃园站 7 日 5 时洪峰流量 1 160 m^3/s。泾渭河洪水汇合后,渭河临潼站 7 日 8 时洪峰流量 4 810 m^3/s,华县站 8 日 8 时 30 分洪峰流量 4 540 m^3/s,临潼至华县洪峰流量削减率为5.2%(见图2.1-10)。2021年秋汛渭河干流主要站6次洪水流量总过程见图2.1-11。

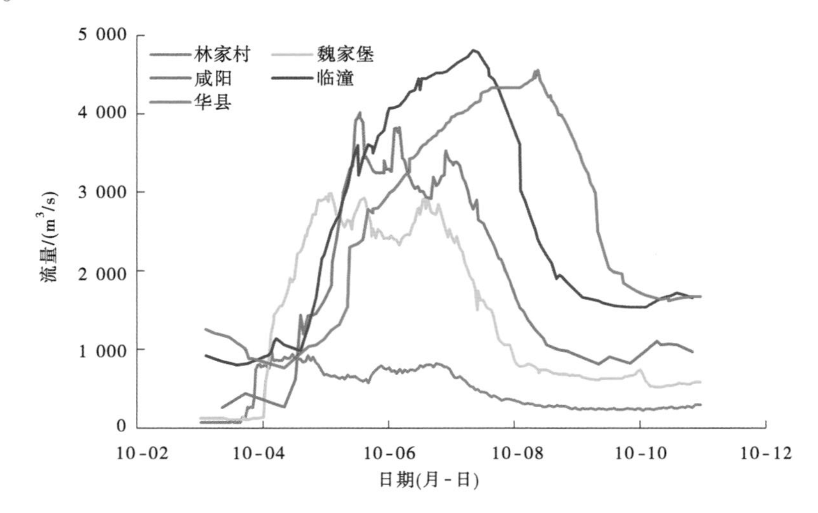

图2.1-10　2021年秋汛渭河干流主要站第6次洪水流量过程

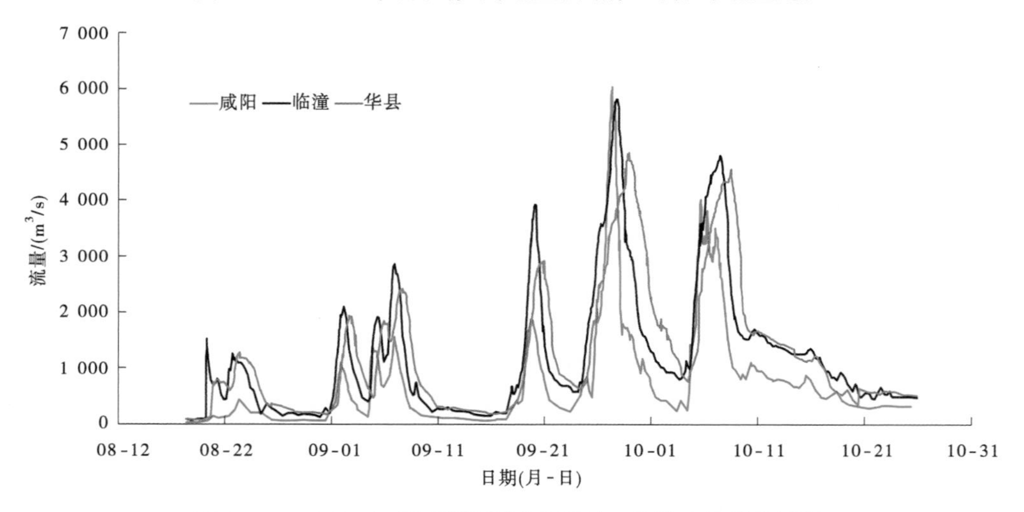

图2.1-11　2021年秋汛渭河干流主要站6次洪水流量总过程

2. 洪水来源与组成

6次洪水过程华县站总水量67.08亿m^3,林家村以上、林家村至魏家堡、魏家堡至咸阳、泾河桃园以上、咸阳和桃园至临潼、临潼至华县(含石川河)6个区间来水分别占华县站的10.5%、21.2%、24.7%、14.5%、24.7%和4.4%,其中林家村至魏家堡(面积6 351 km^2)、魏家堡至咸阳(含漆水河,面积9 815 km^2)、咸阳和桃园至临潼3个区间(面积5 099 km^2)为其最主要来源区,合计占华县站的70.5%,见表2.1-11、表2.1-12和图2.1-12。

表 2.1-11　2021 年秋汛渭河干流水文站洪水特征值统计

洪水场次	河流	站名	次洪水量				洪峰流量	
			起始时间（月-日 T 时:分）	结束时间（月-日 T 时:分）	历时/h	洪量/亿 m^3	流量/(m^3/s)	峰现时间（月-日 T 时:分）
1	渭河	林家村	08-18T08:00	08-26T08:00	192	0.06	—	—
	渭河	魏家堡	08-18T20:00	08-26T20:00	192	0.25	—	—
	渭河	咸阳	08-19T08:00	08-27T08:00	192	1.32	462	08-23T06:36
	泾河	桃园	08-19T08:00	08-27T08:00	192	0.48	—	—
	渭河	临潼	08-19T20:00	08-27T20:00	192	4.20	1 510	08-20T05:18
	渭河	华县	08-20T08:00	08-28T08:00	192	4.60	1 200	08-23T06:00
2	渭河	林家村	08-30T08:00	09-02T20:00	84	0.02	—	—
	渭河	魏家堡	08-30T20:00	09-03T08:00	84	0.15	—	—
	渭河	咸阳	08-31T08:00	09-03T20:00	84	1.53	1 170	09-01T20:00
	泾河	桃园	08-31T08:00	09-03T20:00	84	0.11	—	—
	渭河	临潼	08-31T20:00	09-04T08:00	84	3.24	2 100	09-02T01:30
	渭河	华县	09-01T08:00	09-04T20:00	84	3.42	1 930	09-02T16:40
3	渭河	林家村	09-02T20:00	09-08T20:00	144	0.18	—	—
	渭河	魏家堡	09-03T08:00	09-09T08:00	144	1.28	732	09-06T06:54
	渭河	咸阳	09-03T20:00	09-09T20:00	144	3.62	1 520	09-06T19:18
	泾河	桃园	09-03T20:00	09-09T20:00	144	0.41	—	—
	渭河	临潼	09-04T08:00	09-10T08:00	144	6.50	2 860	09-06T19:00
	渭河	华县	09-04T20:00	09-10T20:00	144	6.94	2 380	09-07T12:00
4	渭河	林家村	09-16T08:00	09-22T08:00	144	0.57	—	—
	渭河	魏家堡	09-16T20:00	09-22T20:00	144	1.87	1 260	09-19T02:30
	渭河	咸阳	09-17T08:00	09-23T08:00	144	3.64	2 060	09-19T15:24
	泾河	桃园	09-17T08:00	09-23T08:00	144	0.50	—	—
	渭河	临潼	09-17T20:00	09-23T20:00	144	7.27	3 810	09-19T22:00
	渭河	华县	09-18T08:00	09-24T08:00	144	7.36	2 780	09-20T14:00
5	渭河	林家村	09-22T08:00	10-02T08:00	240	1.96	783	09-26T14:00
	渭河	魏家堡	09-22T20:00	10-02T20:00	240	5.91	3 060	09-26T23:12
	渭河	咸阳	09-23T08:00	10-03T08:00	240	13.01	5 600	09-27T05:54
	泾河	桃园	09-23T08:00	10-03T08:00	240	2.72	—	—
	渭河	临潼	09-23T20:00	10-03T20:00	240	20.04	5 860	09-27T16:00
	渭河	华县	09-24T08:00	10-04T08:00	240	21.71	4 860	09-28T17:00

续表 2.1-11

洪水场次	河流	站名	次洪水量				洪峰流量	
			起始时间（月-日 T时:分）	结束时间（月-日 T时:分）	历时/h	洪量/亿 m^3	流量/（m^3/s）	峰现时间（月-日 T时:分）
6	渭河	林家村	10-02T08:00	10-14T20:00	300	4.25	950	10-04T03:10
	渭河	魏家堡	10-02T20:00	10-15T08:00	300	11.76	3 020	10-05T01:42
	渭河	咸阳	10-03T08:00	10-15T20:00	300	14.69	4 020	10-05T12:42
	泾河	桃园	10-03T08:00	10-15T20:00	300	5.49	1 160	10-07T05:00
	渭河	临潼	10-03T20:00	10-16T08:00	300	22.86	4 810	10-07T08:00
	渭河	华县	10-04T08:00	10-16T20:00	300	23.05	4 540	10-08T08:30

表 2.1-12　2021年秋汛渭河6次洪水各区间次洪水量统计

单位:水量/亿 m^3；占比/%

洪水序号	区间	林家村以上	林家村至魏家堡	魏家堡至咸阳	泾河桃园以上	咸阳、桃园至临潼	临潼至华县	华县站
1	次洪水量	0.06	0.19	1.07	0.48	2.40	0.40	4.60
	占比	1.3	4.1	23.3	10.4	52.2	8.7	
2	次洪水量	0.02	0.13	1.38	0.11	1.60	0.18	3.42
	占比	0.6	3.8	40.4	3.2	46.8	5.3	
3	次洪水量	0.18	1.10	2.34	0.41	2.47	0.44	6.94
	占比	2.6	15.9	33.7	5.9	35.6	6.2	
4	次洪水量	0.57	1.30	1.77	0.50	3.13	0.09	7.36
	占比	7.7	17.7	24.0	6.8	42.5	1.2	
5	次洪水量	1.96	3.95	7.10	2.72	4.31	1.67	21.71
	占比	9.0	18.2	32.7	12.5	19.9	7.7	
6	次洪水量	4.25	7.51	2.93	5.49	2.68	0.19	23.05
	占比	18.4	32.6	12.7	23.8	11.6	0.8	
合计	次洪水量	7.04	14.18	16.59	9.71	16.59	2.97	67.08
	占比	10.5	21.2	24.7	14.5	24.7	4.4	

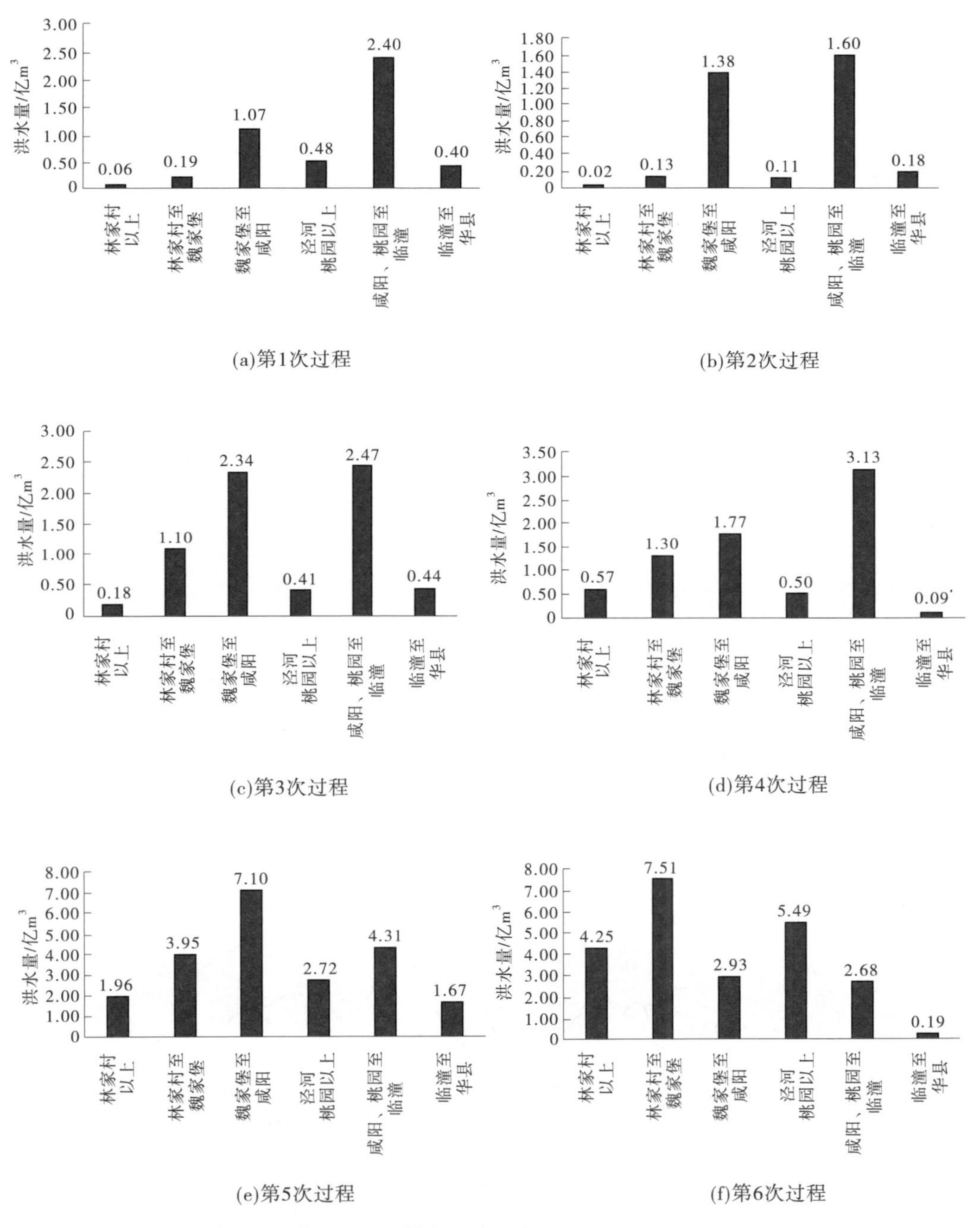

(a)第1次过程

(b)第2次过程

(c)第3次过程

(d)第4次过程

(e)第5次过程

(f)第6次过程

图2.1-12　渭河下游各次洪水过程组成　（单位：亿 m³）

3. 洪水演进情况

2021年秋汛6次洪水过程因量级不同，渭河咸阳以下各河段特性不同，演进的形态各不相同，洪峰传播时间有较大差异，见图2.1-13、图2.1-14、表2.1-13。

第1次洪水的洪峰主要由咸阳至临潼区间来水组成，洪水量级小，临潼站洪峰流量1 510 m^3/s，洪水在主槽内演进，水流速度较慢，临潼至华县84 km河段内洪峰水位传播时间为20 h。

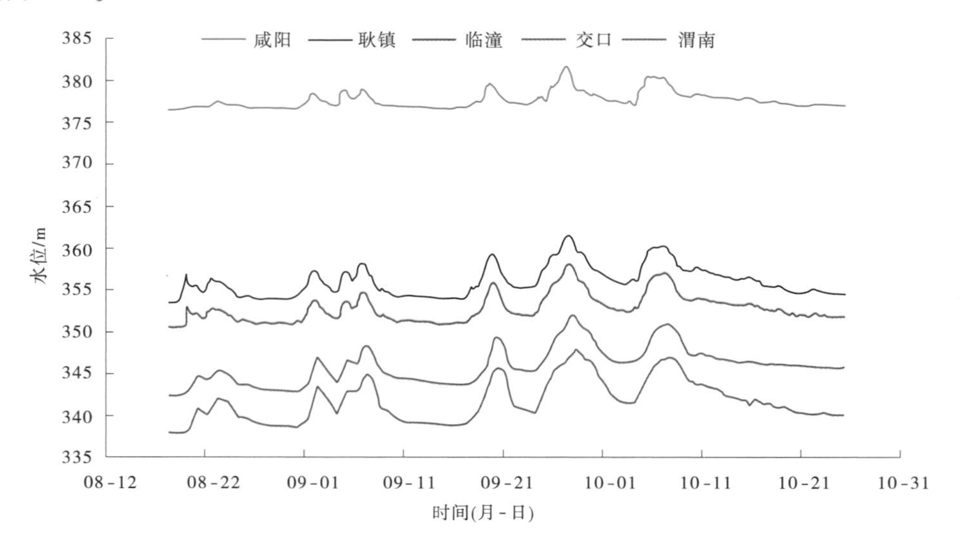

图2.1-13　2021年秋汛渭河下游咸阳至渭南河段各站水位过程

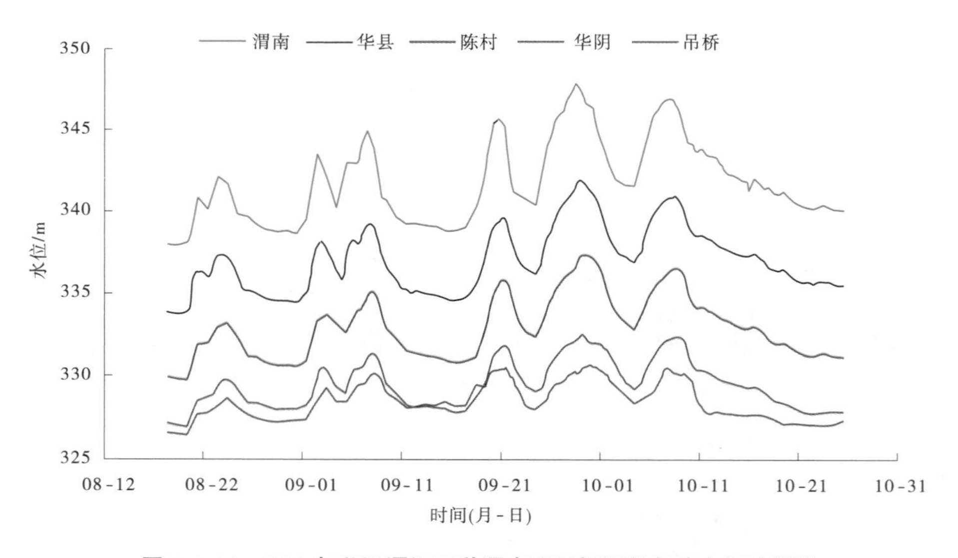

图2.1-14　2021年秋汛渭河下游渭南至吊桥河段各站水位过程线

表 2.1-13　2021 年秋汛渭河下游各站洪峰水位统计

洪水场次	站名	咸阳	耿镇	临潼	交口	渭南	华县	陈村	华阴	吊桥	咸阳—临潼	临潼—华县	咸阳—陈村
第 1 次洪水(临潼站相应洪峰流量 1 550 m^3/s)	峰现时间(月-日 T 时:分)	—	08-22 T15:30	08-22 T16:00	—	—	08-23 T12:00	—	08-23 T23:00	—			
	洪峰水位/m	—	356.27	352.75	—	—	337.34	—	329.76	—			
	距上站传播/h	—		0.5			20.0		11.0			20.0	
第 2 次洪水(临潼站相应洪峰流量 2 110 m^3/s)	峰现时间(月-日 T 时:分)	09-01 T20:06	09-02 T00:00	09-02 T02:00	—	—	09-02 T18:00	—	09-03 T3:00	—			
	洪峰水位/m	378.46	357.34	353.72	—	—	338.24	—	330.51	—			
	距上站传播/h		3.9	2.0			16.0		9.0		5.9	16.0	
第 3 次洪水(临潼站相应洪峰流量 2 880 m^3/s)	峰现时间(月-日 T 时:分)	09-06 T19:18	09-06 T20:00	09-07 T02:00	09-07 T08:00	09-07 T11:00	09-07 T14:00	09-07 T22:00	09-07 T20:00	09-08 T00:00			
	洪峰水位/m	378.92	358.26	354.6	348.26	344.88	339.23	335.15	331.37	330.14			
	距上站传播/h		0.7	6.0	6.0	3.0	3.0	8.0	-2.0	4.0	6.7	12.0	26.7
第 4 次洪水(临潼站相应洪峰流量 3 930 m^3/s)	峰现时间(月-日 T 时:分)	09-19 T15:24	09-19 T20:00	09-20 T00:00	09-20 T10:00	09-20 T12:00	09-20 T22:00	09-21 T04:00	09-21 T06:00	09-21 T08:00			
	洪峰水位/m	379.58	359.35	355.82	349.34	345.65	339.65	335.78	331.85	330.55			
	距上站传播/h		4.6	4.0	10.0	2.0	10.0	6.0	2.0	2.0	8.6	22.0	36.6
第 5 次洪水(临潼站相应洪峰流量 5 830 m^3/s)	峰现时间(月-日 T 时:分)	09-27 T12:30	09-27 T15:00	09-27 T06:00	09-28 T00:00	09-28 T11:00	09-28 T09:00	09-28 T22:00	09-29 T02:00	09-29 T21:00			
	洪峰水位/m	381.56	361.57	358.05	351.96	347.83	341.91	337.3	332.54	330.66			
	距上站传播/h		2.5	1.0	8.0	11.0	8.0	3.0	4.0	19.0	3.5	27.0	33.5
第 6 次洪水(临潼站相应洪峰流量 4 810 m^3/s)	峰现时间(月-日 T 时:分)	10-06 T21:48	10-07 T02:00	10-07 T06:00	10-07 T12:00	10-07 T20:00	10-08 T09:00	10-08 T12:00	10-08 T08:00	10-07 T12:00			
	洪峰水位/m	380.27	360.3	356.98	350.84	346.86	340.91	336.51	332.33	330.5			
	距上站传播/h		4.2	4.0	6.0	8.0	13.0	3.0	-4.0	-20.0	8.2	27.0	38.2
河段长/km			42	11	29	22	33	27	37	12	53	84	164

第 2 次和第 3 次洪水相应临潼站洪峰流量分别为 2 100 m^3/s 和 2 860 m^3/s,现行河道条件下,洪水演进过程中基本不漫滩,加之第 1 次洪水过后过水断面糙率有所减小,水流速度加快,临潼至华县河段传播时间分别为 16 h 和 12 h。

第 4 次洪水相应临潼站洪峰流量为 3 810 m^3/s,大于目前渭河下游河段平滩流量(2 700 m^3/s),由于大于平滩流量以上水量不大,主要在临潼至华县河段造成部分漫滩。临潼至华县传播时间达 22 h,符合漫滩洪水演进规律,华县站洪峰流量削减至 2 900 m^3/s 左右,削减率为 26.2%,也是漫滩洪水的基本特征;华县以下河段洪水基本不再漫滩,传播时间明显缩短,华县至吊桥河段传播时间为 10 h。

第 5 次和第 6 次洪水相应临潼站洪峰流量分别为 5 860 m^3/s 和 4 810 m^3/s,大大超过了目前渭河下游河段平滩流量,渭河下游洪水全线偎堤,加上植被和道路、田埂影响,漫滩部分的洪水演进速度远远小于主槽洪水,使得洪峰演进速度明显减缓,临潼至华县河段洪峰和水位传播时间均为 27 h,符合漫滩洪水演进规律,但受第 4 次漫滩洪水影响,洪峰削减率减小,第 5 次洪水华县站洪峰流量较临潼站减小 1 020 m^3/s,削减率为 16.6%,第 6 次洪水华县站洪峰流量较临潼站减小 250 m^3/s 左右,削减率仅为 5.2%。

从上述 6 次洪水来看,渭河下游临潼至华县河段,平滩流量级洪水传播时间为 12~16 h,1 000 m^3/s 量级洪水和部分漫滩洪水为 20~22 h,大漫滩洪水则为 27 h 左右。对于连续漫滩洪水,后续洪峰削减率与前次洪水相比有所减小。

2.1.3.2 北洛河洪水

受 9 月 22—26 日降雨影响,北洛河出现一次洪水过程,北洛河交口河站 25 日 2 时洪峰流量 40.2 m^3/s,沮河黄陵站 26 日 5 时洪峰流量 165 m^3/s;北洛河狱头站 26 日 23 时 28 分洪峰流量 403 m^3/s,南荣华站 28 日 4 时洪峰流量 280 m^3/s。

受 10 月 2—6 日持续降雨影响,北洛河干支流再次涨水,葫芦河张村驿站 6 日 15 时洪峰流量 462 m^3/s(排有实测资料以来年极值系列第三位);沮河黄陵站 6 日 17 时 8 分洪峰流量 422 m^3/s(排有实测资料以来年极值系列第二位);北洛河交口河站 6 日 14 时洪峰流量 499 m^3/s,狱头站 7 日 7 时洪峰流量 1 580 m^3/s,南荣华站 8 日 3 时洪峰流量 850 m^3/s。

10 月 2—6 日,降雨中心在北洛河中下游,交口河站次洪水量 1.41 亿 m^3,狱头站次洪水量 4.98 亿 m^3,交口河至狱头站区间加水 3.68 亿 m^3,占狱头水量的 73.8%。狱头以下河段出现严重漫滩,个别堤段发生决口,洪水演进至南荣华洪峰削减近 50%,水量减少 1.58 亿 m^3。北洛河主要水文站洪水特征值见表 2.1-14,洪水过程线见图 2.1-15。

表 2.1-14 北洛河主要水文站洪水特征值统计

河名	站名	起始时间(月-日 T 时:分)	结束时间(月-日 T 时:分)	历时	径流量/亿 m^3	洪峰流量/(m^3/s)	峰现时间(月-日 T 时:分)
葫芦河	张村驿	10-03T04:00	10-15T10:00	294	0.9	462	10-06T15:00
沮河	黄陵	10-03T06:00	10-15T14:00	294	1.44	422	10-06T17:08
北洛河	交口河	10-03T06:00	10-15T14:00	294	1.41	499	10-06T14:00
北洛河	狱头	10-03T20:00	10-16T02:00	294	4.98	1 580	10-07T07:00
北洛河	南荣华	10-04T08:00	10-16T14:00	294	3.4	850	10-08T03:00

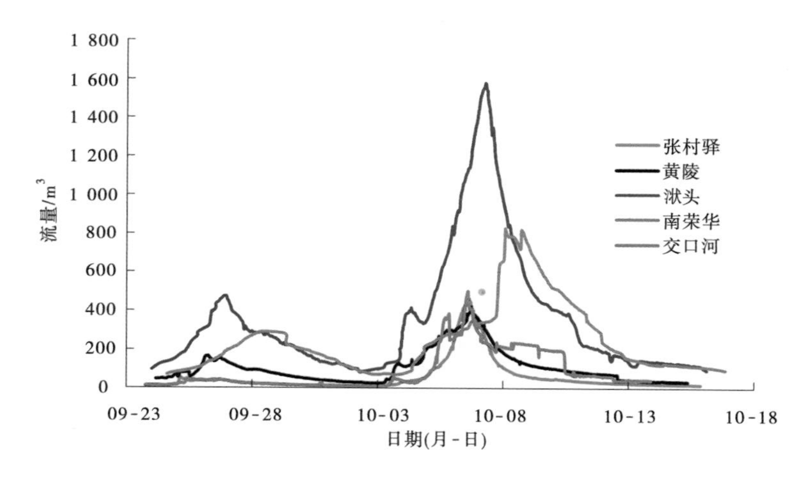

图 2.1-15　北洛河主要水文站洪水过程线

2.1.3.3　汾河洪水

10 月上旬,受持续降雨影响,汾河流域出现一次大流量长历时的洪水过程,汾河义棠站 7 日 20 时洪峰流量 883 m^3/s(1996 年以来最大流量),赵城站 6 日 6 时洪峰流量 1 120 m^3/s,柴庄站 7 日 2 时洪峰流量 1 400 m^3/s(1966 年以来最大流量),河津站洪峰流量 985 m^3/s(1964 年以来最大流量),水位 377.94 m(建站以来最高水位)。各站次洪水量见表 2.1-15,此次大流量高水位的洪水造成汾河严重漫滩和多处决堤。汾河流域主要水文站洪水特征值见表 2.1-15,洪水过程线见图 2.1-16。

表 2.1-15　汾河流域主要水文站洪水特征值

站名	起始时间(月-日 T时:分)	结束时间(月-日 T时:分)	历时	径流量/亿 m^3	洪峰流量/(m^3/s)	峰现时间(月-日 T时:分)
义棠	10-03T10:00	10-19T06:00	380	5.25	883	10-07T20:00
赵城	10-03T10:00	10-19T06:00	380	5.67	1 120	10-06T06:00
柴庄	10-03T16:00	10-19T12:00	380	6.55	1 400	10-07T02:00
河津	10-04T08:00	10-20T04:00	380	6.26	985	10-09T08:24

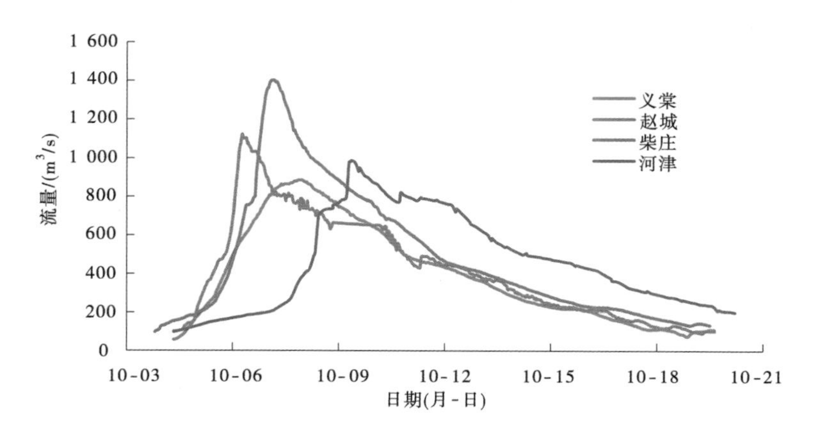

图 2.1-16　汾河流域主要水文站洪水过程线

2.1.3.4　伊洛河洪水

受秋汛持续降雨影响，伊洛河上游出现 7 次洪水过程，经陆浑、故县水库调蓄后，伊洛河中下游出现 4 次明显的洪水过程，其中洛河白马寺站 9 月 19 日 16 时洪峰流量 2 890 m^3/s，为 1982 年（5 380 m^3/s）以来最大洪水；黑石关站 9 月 20 日 9 时洪峰流量 2 950 m^3/s，为 1982 年（4 110 m^3/s）以来最大洪水，且是 1950 年有实测资料以来同期最大洪水。

1. 洪水概况

1）8 月 22—25 日洪水

受 8 月 21—22 日降雨影响，伊洛河出现明显洪水过程，洛河灵口站 22 日 12 时洪峰流量 1 090 m^3/s，卢氏站 22 日 19 时洪峰流量 1 390 m^3/s，经故县水库拦蓄后，宜阳站 22 日 21 时 54 分洪峰流量 523 m^3/s，白马寺站 23 日 11 时 30 分洪峰流量 548 m^3/s；伊河东湾站 23 日 4 时 24 分洪峰流量 295 m^3/s，经陆浑水库拦蓄后，龙门镇站 23 日 1 时 18 分洪峰流量 119 m^3/s；伊、洛河洪水汇合后，伊洛河黑石关站 23 日 23 时 36 分洪峰流量 490 m^3/s。主要水文站洪水特征值统计见表 2.1-16，流量过程线见图 2.1-17～图 2.1-21。

本次洪水历时 4 d 左右，洛河白马寺站次洪水量 0.73 亿 m^3，以故白区间来水为主，该区间加水 0.58 亿 m^3，占白马寺站次洪水量的 79.5%。黑石关站次洪水量 1.02 亿 m^3，洛河白马寺以上、伊河龙门镇以上及白龙黑区间来水分别占黑石关的 71.6%、13.7%、14.7%。

表 2.1-16　伊洛河 8 月 22—25 日主要水文站洪水特征值统计

河名	站名	洪峰流量/（m^3/s）	峰现时间（月-日 T 时:分）	开始时间（月-日 T 时:分）	结束时间（月-日 T 时:分）	次洪水量/亿 m^3
洛河	灵口	1 090	08-22T12:00	08-22T00:00	08-25T00:00	0.68
	河口街	1 240	08-22T10:30	08-22T02:00	08-25T02:00	0.82
	卢氏	1 390	08-22T19:00	08-22T08:00	08-25T08:00	0.93
	故县出库	108				0.15
	长水	120	08-22T15:00	08-20T06:00	08-24T06:00	0.15
	宜阳	523	08-22T21:54	08-21T00:00	08-25T00:00	0.62
	白马寺	548	08-23T11:30	08-21T16:00	08-25T16:00	0.73
伊河	东湾	295	08-23T04:24	08-22T06:00	08-25T08:00	0.19
	陆浑坝下	14.4				0.05
	龙门镇	119	08-23T01:18	08-21T18:00	08-25T18:00	0.14
合计						0.87
伊洛河	黑石关	490	08-23T23:36	08-22T06:00	08-26T06:00	1.02

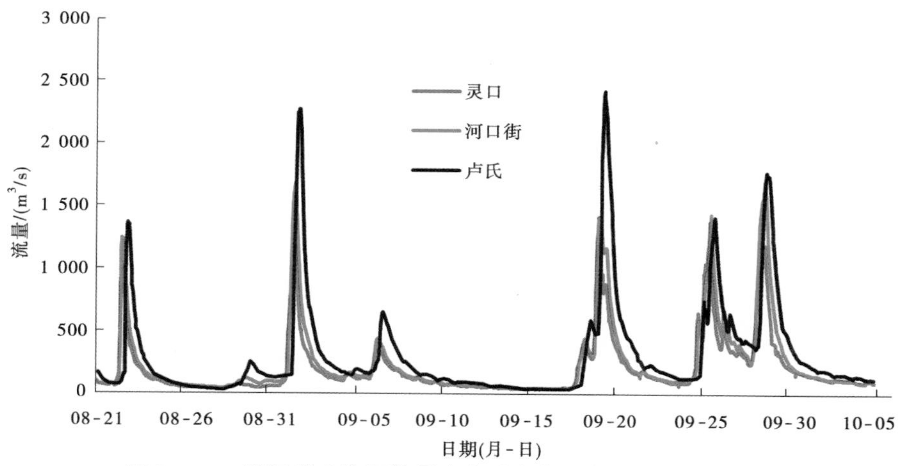

图 2.1-17　秋汛洪水洛河故县水库以上主要水文站流量过程线

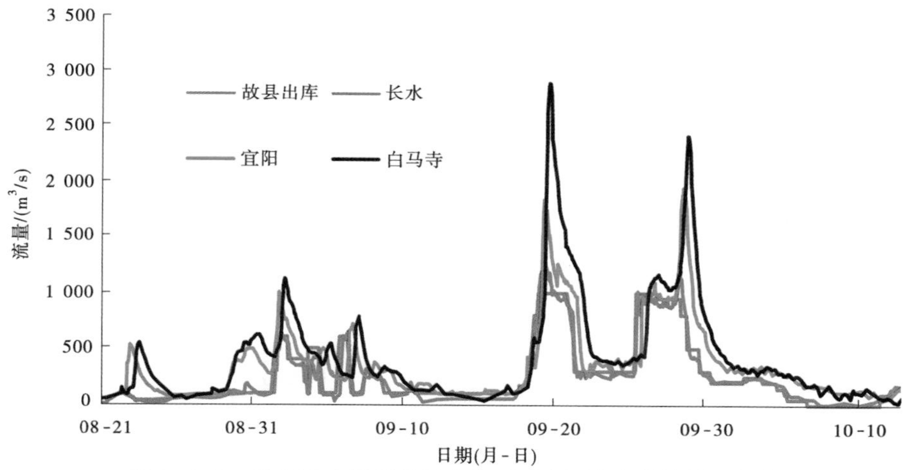

图 2.1-18　秋汛洪水洛河故县水库以下主要水文站流量过程线

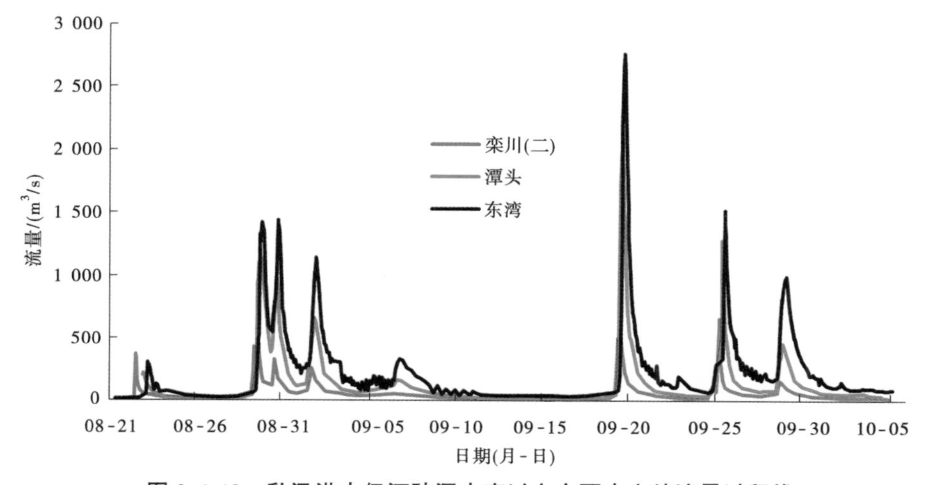

图 2.1-19　秋汛洪水伊河陆浑水库以上主要水文站流量过程线

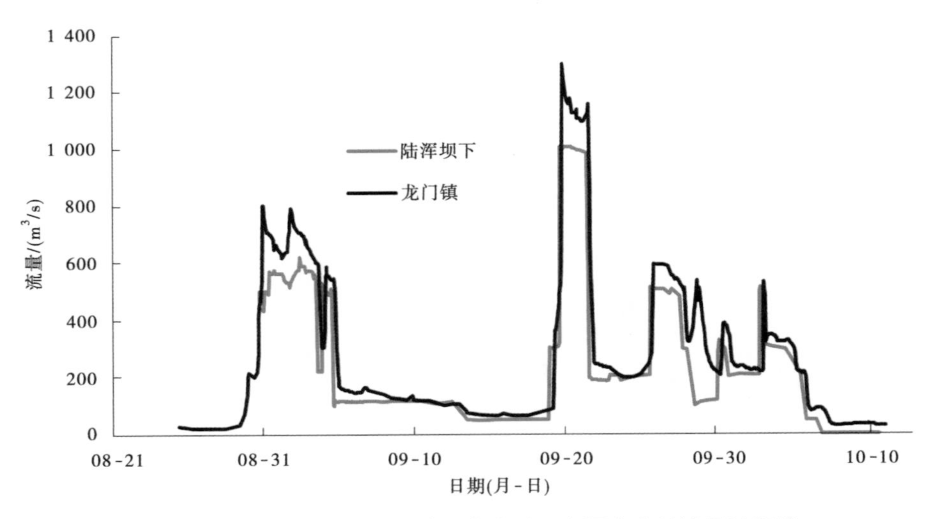

图 2.1-20 秋汛洪水伊河陆浑水库以下主要水文站流量过程线

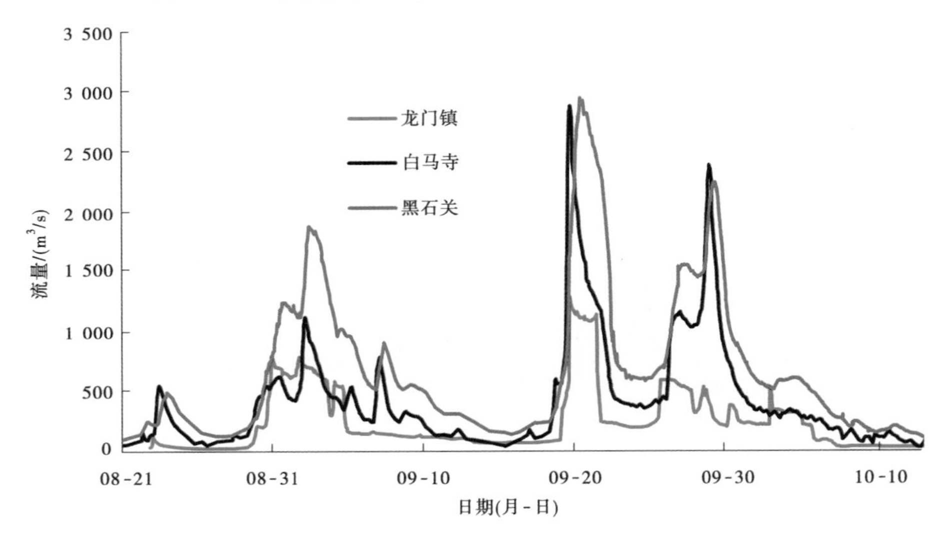

图 2.1-21 秋汛洪水伊洛河下游主要水文站流量过程线

2)8 月 28 日—9 月 7 日洪水

受持续降雨影响,8 月 31 日—9 月 7 日伊洛河黑石关站出现复式洪水过程,洪峰流量分别为 8 月 31 日 16 时 42 分 1 280 m^3/s、9 月 2 日 10 时 30 分 1 870 m^3/s 及 7 日 8 时 24 分 903 m^3/s。主要水文站洪水特征值统计见表 2.1-17,流量过程线见图 2.1-17~图 2.1-21。

受 8 月 28—30 日强降雨影响,伊洛河出现洪水过程,其中伊河为双峰,伊河潭头站 8 月 29 日 15 时 54 分洪峰流量 1 200 m^3/s、30 日 14 时 30 分洪峰流量 981 m^3/s,东湾站 29 日 17 时 30 分洪峰流量 1 500 m^3/s、30 日 15 时 54 分洪峰流量 1 430 m^3/s,经陆浑水库调蓄后,龙门镇站 30 日 21 时 12 分洪峰流量 788 m^3/s;洛河卢氏站 29 日 20 时洪峰流量 250 m^3/s,经故县水库调蓄后,宜阳站 30 日 17 时洪峰流量 490 m^3/s,白马寺站 31 日 8 时洪峰流量 621 m^3/s;伊洛河黑石关站 31 日 16 时 42 分洪峰流量 1 280 m^3/s。

表 2.1-17　伊洛河 8 月 28 日—9 月 7 日主要水文站洪水特征值统计

河名	站名	洪峰流量/(m^3/s)	峰现时间(月-日 T 时:分)	开始时间(月-日 T 时:分)	结束时间(月-日 T 时:分)	次洪水量/亿 m^3
洛河	灵口	1 230	09-01T10:35	08-31T12:00	09-04T08:00	1.04
		350	09-06T05:00	09-05T13:00	09-10T02:00	0.64
	河口街	1 680	09-01T11:00	08-31T14:00	09-04T10:00	1.36
		440	09-06T06:00	09-05T17:00	09-10T06:00	0.71
	卢氏	2 440	09-01T16:00	08-31T20:00	09-04T16:00	1.80
		653	09-06T12:00	09-06T01:00	09-10T14:00	0.99
	故县出库	600		08-28T00:00	09-13T02:00	2.87
	长水	193	08-30T16:42			
		637	09-01T22:30			
		644	09-06T08:18	08-28T02:00	09-13T04:00	2.55
	宜阳	490	08-30T17:00			
		1 010	09-01T19:30			
		696	09-06T16:06	08-28T10:00	09-13T12:00	4.47
	白马寺	621	08-31T08:00			
		1 150	09-02T03:00			
		777	09-07T00:00	08-28T20:00	09-13T22:00	5.24
伊河	栾川	469	08-29T12:48			
		325	08-30T10:54	08-28T22:00	08-31T08:00	0.37
		252	09-01T14:30	08-31T20:00	09-03T00:00	0.13
	潭头	1 200	08-29T15:54			
		981	08-30T14:30	08-29T04:00	08-31T14:00	1.12
		665	09-01T18:30	09-01T02:00	09-03T06:00	0.37
	东湾	1 500	08-29T17:30			
		1 430	08-30T15:54	08-29T08:00	08-31T18:00	1.51
		1 100	09-01T20:00	09-01T06:00	09-03T10:00	0.92
	陆浑坝下	498	08-30T15:30			
		618	09-02T08:00			
		520	09-03T18:48	08-28T10:00	09-13T12:00	3.06
	龙门镇	788	08-30T21:12			
		780	09-01T18:00	08-28T12:00	09-13T14:00	3.89
合计						9.13
伊洛河	黑石关	1 280	08-31T16:42			
		1 870	09-02T10:30			
		903	09-07T08:24	08-29T06:00	09-14T08:00	10.29

伊河东湾站 9 月 1 日 20 时洪峰流量 1 100 m^3/s,经陆浑水库调蓄后,龙门镇站 1 日 18 时洪峰流量 780 m^3/s。洛河卢氏站 9 月 1 日 16 时洪峰流量 2 440 m^3/s,经故县水库调蓄,最大出库流量 600 m^3/s,宜阳站 1 日 19 时 30 分洪峰流量 1 010 m^3/s,白马寺站 2 日 3 时洪峰流量 1 150 m^3/s;伊、洛河洪水汇合后,黑石关站 2 日 10 时 30 分洪峰流量 1 870 m^3/s。

洛河卢氏站 9 月 6 日 12 时洪峰流量 653 m^3/s,因故县水库调蓄,长水站 6 日 8 时 18 分洪峰流量 644 m^3/s;宜阳站 6 日 16 时 6 分洪峰流量 696 m^3/s,白马寺站 7 日 0 时洪峰流量 777 m^3/s,与伊河来水汇合后,伊洛河黑石关站 7 日 8 时 24 分洪峰流量 903 m^3/s。

洛河白马寺站次洪水量 5.24 亿 m^3,故县水库下泄水量 2.87 亿 m^3,占白马寺站水量的 54.8%;伊河陆浑坝下次洪水量 3.06 亿 m^3,占龙门镇站水量的 78.7%。

伊洛河黑石关站次洪水量 10.29 亿 m^3,洛河白马寺以上、伊河龙门镇以上及白龙黑区间来水分别占黑石关的 50.9%、37.8%、11.3%。

3)9 月 18—21 日洪水

伊河东湾站 9 月 19 日 12 时 42 分洪峰流量 2 800 m^3/s,为 2010 年以来最大洪水,排建站以来第 4 位,经陆浑水库调蓄后,龙门镇站 19 日 16 时 6 分洪峰流量 1 290 m^3/s。

洛河卢氏站 9 月 19 日 7 时洪峰流量 2 430 m^3/s,为 1951 年建站以来同期最大洪水;经故县水库调蓄,最大出库流量 1 000 m^3/s,长水站 19 日 9 时洪峰流量 1 370 m^3/s,宜阳站 19 日 9 时 48 分洪峰流量 1 840 m^3/s,白马寺站 19 日 16 时洪峰流量 2 890 m^3/s,为 1982 年(5 380 m^3/s)以来最大洪水。

伊河和洛河洪水汇合后,伊洛河黑石关站 20 日 9 时洪峰流量 2 950 m^3/s,为 1982 年(4 110 m^3/s)以来最大洪水,也是 1950 年有实测资料以来同期最大洪水。

主要水文站洪水特征值统计见表 2.1-18,流量过程线见图 2.1-17~图 2.1-21。

表 2.1-18　伊洛河 9 月 18—21 日主要水文站洪水特征值统计

河名	站名	洪峰流量/(m^3/s)	峰现时间(月-日 T 时:分)	开始时间(月-日 T 时:分)	结束时间(月-日 T 时:分)	次洪水量/亿 m^3
洛河	灵口	1 420	09-19T00:06	09-17T12:00	09-21T08:00	1.41
	河口街	1 410	09-19T00:00	09-17T13:00	09-21T09:00	1.64
	卢氏	2 430	09-19T07:00	09-17T20:00	09-21T16:00	2.38
	故县出库	1 000		09-17T04:00	09-23T04:00	2.92
	长水	1 370	09-19T09:00	09-17T08:00	09-23T08:00	2.99
	宜阳	1 840	09-19T09:48	09-17T17:00	09-23T17:00	3.68
	白马寺	2 890	09-19T16:00	09-18T00:00	09-24T00:00	5.06
伊河	栾川	532	09-19T07:24	09-18T14:00	09-22T02:00	0.31
	潭头	2 140	09-19T09:18	09-18T20:00	09-22T08:00	1.01
	东湾	2 800	09-19T12:42	09-19T00:00	09-22T12:00	1.55
	陆浑坝下	1 000	09-19T10:48	09-17T10:00	09-23T10:00	2.16
	龙门镇	1 290	09-19T16:06	09-17T16:00	09-23T16:00	2.50
合计						7.56
伊洛河	黑石关	2 950	09-20T09:00	09-18T08:00	09-24T08:00	7.49

洛河故县水库下泄水量 2.92 亿 m^3,占白马寺站水量的 57.7%;白马寺站次洪水量 5.06 亿 m^3,故白区间加水 2.14 亿 m^3,其中故县出库—长水、长水—宜阳、宜阳—白马寺区间分别加水 0.07 亿 m^3、0.69 亿 m^3、1.38 亿 m^3。白马寺站 19 日 16 时洪峰流量 2 890 m^3/s,故白区间加水约 2 000 m^3/s。

伊河洪水以陆浑水库以上来水为主,伊河陆浑坝下次洪水量 2.16 亿 m^3,占龙门镇站水量的 86.4%,龙门镇站次洪水量 2.5 亿 m^3。

白龙黑区间加水较少,加之河道调蓄损失,黑石关站次洪水量 7.49 亿 m^3。

4)9 月 25—30 日洪水

受 9 月 25—28 日 2 次降雨过程影响,伊河东湾站 25 日 7 时 24 分洪峰流量 1 560 m^3/s,28 日 18 时 36 分洪峰流量 1 040 m^3/s;经陆浑水库调蓄后,龙门镇站 25 日 17 时洪峰流量 576 m^3/s。

洛河卢氏站 9 月 25 日 17 时洪峰流量 1 380 m^3/s,28 日 16 时 48 分洪峰流量 1 750 m^3/s;经故县水库调蓄后,长水站 25 日 14 时洪峰流量 985 m^3/s,25—27 日流量维持在 800~1 000 m^3/s,28 日 9 时洪峰流量 1 160 m^3/s;宜阳站 25 日 23 时 12 分洪峰流量 970 m^3/s,26 日 18 时 42 分洪峰流量 1 050 m^3/s,28 日 15 时 24 分洪峰流量 1 950 m^3/s;白马寺站 26 日 18 时洪峰流量 1 200 m^3/s,28 日 21 时 30 分洪峰流量 2 390 m^3/s。

伊河和洛河洪水汇合后,伊洛河黑石关站呈复式洪水过程,27 日 6 时 30 分洪峰流量 1 570 m^3/s、29 日 5 时 30 分洪峰流量 2 220 m^3/s。主要水文站洪水特征值统计见表 2.1-19,流量过程线见图 2.1-17~图 2.1-21。

表 2.1-19　伊洛河 9 月 25—30 日主要水文站洪水特征值统计

河名	站名	洪峰流量/(m^3/s)	峰现时间(月-日 T 时:分)	开始时间(月-日 T 时:分)	结束时间(月-日 T 时:分)	次洪水量/亿 m^3
洛河	灵口	1 380	09-25T09:54	09-24T00:00	09-27T00:00	1.29
		1 200	09-28T13:00	09-27T18:00	09-30T10:00	1.18
	河口街	1 440	09-25T12:00	09-24T02:00	09-27T02:00	1.41
		1 710	09-28T14:00	09-27T20:00	09-30T12:00	1.60
	卢氏	1 380	09-25T17:00	09-24T08:00	09-27T08:00	1.60
		1 750	09-28T16:48	09-28T02:00	09-30T18:00	1.87
	故县出库	1 000		09-24T04:00	10-02T00:00	4.5
	长水	985	09-25T14:00			
		1 160	09-28T09:00	09-24T08:00	10-02T04:00	3.78
	宜阳	1 050	09-26T18:42			
		1 950	09-28T15:24	09-24T16:00	10-02T12:00	4.96
	白马寺	1 200	09-26T18:00			
		2 390	09-28T21:30	09-25T00:00	10-02T20:00	5.80
伊河	栾川	664	09-24T23:48	09-23T22:00	09-27T00:00	0.21
		152	09-28T11:42	09-27T16:00	09-29T18:00	0.10
	潭头	1 360	09-25T04:06	09-24T04:00	09-27T06:00	0.52
		465	09-28T16:00	09-27T22:00	09-30T00:00	0.34
	东湾	1 560	09-25T07:24	09-24T08:00	09-27T10:00	0.98
		1 040	09-28T18:36	09-28T02:00	09-30T04:00	0.89
	陆浑坝下	511	09-25T09:42	09-24T08:00	10-02T04:00	1.71
	龙门镇	576	09-25T17:00	09-24T14:00	10-02T10:00	2.40
合计						8.20
伊洛河	黑石关	1 570	09-27T06:30			
		2 220	09-29T05:30	09-25T08:00	10-03T04:00	7.80

本次洪水，洛河白马寺站 9 月 26 日洪峰以故县水库以上来水为主，28 日洪峰以故县水库以下来水为主；其中 28 日洪峰中故白区间相应最大流量 1 460 m^3/s。伊河洪水以陆浑水库以上来水为主，伊河陆浑坝下次洪水量 1.71 亿 m^3，占龙门镇站水量的 71.3%。

白马寺站次洪水量 5.8 亿 m^3，龙门镇站次洪水量 2.4 亿 m^3，白龙黑区间加水较少，加之河道调蓄损失，黑石关站次洪水量 7.8 亿 m^3。

2. 洪水演进分析

主要以现有水文站为节点，着重统计分析传播时间，因传播时间受水库调蓄影响，本次分为洛河故县水库以上、洛河长水至白马寺区间、伊河陆浑水库以上及白马寺、龙门镇到黑石关区间，传播时间由上、下游站峰现时间相减而得。

1）洛河故县水库以上

统计秋汛期灵口—卢氏河段 7 场洪水的传播时间，见表 2.1-20。从表 2.1-20 中可以看出，灵口站洪峰流量大于 1 000 m^3/s 的洪水传播为 3~8 h，小于 1 000 m^3/s 的洪水传播为 7~13 h，平均 7 h 左右。

表 2.1-20　洛河上游灵口—卢氏河段洪水传播时间统计

洪水	站名	洪峰流量/(m^3/s)	峰现时间(月-日 T 时:分)	传播时间/h
20210820	灵口	421	08-20T05:21	
	卢氏	466	08-20T17:36	12.25
20210822	灵口	1 090	08-22T12:00	
	卢氏	1 390	08-22T19:00	7
20210901	灵口	1 380	09-01T10:50	
	卢氏	2 440	09-01T16:00	5.17
20210906	灵口	350	09-06T05:00	
	卢氏	653	09-06T12:00	8.3
20210919	灵口	1 420	09-19T00:06	
	卢氏	2 430	09-19T07:00	6.9
20210925	灵口	1 380	09-25T09:54	
	卢氏	1 380	09-25T17:00	7.1
20210928	灵口	1 200	09-28T13:00	
	卢氏	1 750	09-28T16:48	3.8

统计河口街 8 月 22 日开始报汛后的 6 场洪水可知，灵口—河口街传播时间为 0.2~2 h。

2）洛河长水—白马寺区间

秋汛期洛河长水—白马寺河段 6 场洪水的传播时间见表 2.1-21。

表 2.1-21　洛河上游长水至白马寺站洪水传播时间统计

洪水	站名	洪峰流量/(m^3/s)	峰现时间(月-日 T 时:分)	传播时间/h
20210823	长水	120	08-22T15:00	
	宜阳	523	08-22T21:54	6.9
	白马寺	548	08-23T11:30	13.6
20210901	长水	637	09-01T22:30	
	宜阳	1 010	09-01T19:30	
	白马寺	1 150	09-02T03:00	7.5
20210906	长水	644	09-06T08:18	
	宜阳	696	09-06T16:06	7.8
	白马寺	777	09-07T00:00	7.9
20210919	长水	1 370	09-19T09:00	
	宜阳	1 840	09-19T09:48	0.8
	白马寺	2 890	09-19T16:00	6.2
20210926	长水	985	09-25T14:00	
	宜阳	1 050	09-26T18:42	28.7
	白马寺	1 200	09-26T18:00	
20210928	长水	1 160	09-28T09:00	
	宜阳	1 950	09-28T15:24	6.4
	白马寺	2 390	09-28T21:30	6.1

长水—宜阳河段:长水站洪峰流量受故县水库下泄流量影响,如果故县—长水区间加水较小,长水站流量会比较平,难以找到对应于宜阳站的洪峰流量,9 月 1 日洪水和 9 月 26 日洪水都是这种情况,其他几场洪水长水—宜阳平均传播时间 7 h 左右。

宜阳—白马寺河段:宜阳站洪峰流量大于 1 000 m^3/s 的洪水传播时间为 5~8 h,小于 1 000 m^3/s 的洪水传播时间为 7~14 h,平均 8 h 左右。

3)伊河陆浑水库以上

秋汛期栾川—东湾河段 6 场洪水的传播时间见表 2.1-22。从表 2.1-22 中可以看出,栾川—潭头洪水传播时间为 2~5 h,平均 4 h 左右;潭头—东湾洪水传播时间为 1~4 h,平均 2 h 左右;栾川—东湾洪水传播时间为 4~8 h,平均 6 h 左右。

表 2.1-22　伊河上游栾川至东湾站洪水传播时间统计

洪水	站名	洪峰流量/(m³/s)	峰现时间(月-日T时:分)	传播时间/h
20210829	栾川	469	08-29T12:48	
	潭头	1 200	08-29T15:54	3.1
	东湾	1 500	08-29T17:30	1.6
20210830	栾川	325	08-30T10:54	
	潭头	981	08-30T14:30	3.6
	东湾	1 430	08-30T15:54	1.4
20210901	栾川	252	09-01T14:30	
	潭头	665	09-01T18:30	4
	东湾	1 100	09-01T20:00	1.5
20210919	栾川	532	09-19T07:24	
	潭头	2 140	09-19T09:18	1.9
	东湾	2 800	09-19T12:42	3.4
20210925	栾川	664	09-24T23:48	
	潭头	1 360	09-25T04:06	4.3
	东湾	1 560	09-25T07:24	3.3
20210928	栾川	152	09-28T11:42	
	潭头	465	09-28T16:00	4.3
	东湾	1 040	09-28T18:36	2.6

4)白马寺、龙门镇至黑石关区间

秋汛期黑石关站4场洪水共出现8次洪峰,其中有6次洪峰流量大于或接近于1 000 m³/s,统计白马寺—黑石关、龙门镇—黑石关的洪峰传播时间及削峰率,见表2.1-23。

表 2.1-23　伊洛河白马寺、龙门镇—黑石关洪水传播时间及削峰率统计

龙门镇		白马寺		相应流量/(m³/s)	合成流量/(m³/s)	黑石关		削峰率/%	传播时间/h	
洪峰流量/(m³/s)	时间(月-日T时:分)	洪峰流量/(m³/s)	时间(月-日T时:分)			洪峰流量	时间(月-日T时:分)		白马寺—黑石关	龙门镇—黑石关
788	08-30T21:12	621	08-31T08:00	555	1 343	1 280	08-31T16:42	4.7	8.7	
780	09-01T18:00	1 150	09-02T03:00	704	1 854	1 870	09-02T10:30	-0.9	7.5	
		777	09-07T00:00	161	938	903	09-07T08:24	3.7	8.4	
1 290	09-19T16:06	2 890	09-19T16:00	1 240	4 130	2 950	09-20T09:00	28.6	15.8	
576	09-25T17:00	1 200	09-26T18:00	538	1 738	1 570	09-27T06:30	9.7	12.5	

白马寺—黑石关:6次有5次以洛河白马寺站来水为主,除9月20日洪水(以黑石关

站洪峰出现时间为洪号）时间较长，为15.8 h，其他4次传播时间均在7 h左右。9月20日洪水为伊、洛河同时来水，洛河白马寺站流量2 800 m^3/s以上持续4 h，伊河龙门镇站受陆浑水库下泄流量影响，1 200 m^3/s以上持续5 h，伊、洛河洪水汇合，洛河洪水顶托伊河洪水，使得黑石关站峰现时间推后，洪水传播时间延长。

2.1.3.5　沁河洪水

受秋汛降雨影响，沁河发生3次主要洪水过程，武陟站洪峰流量分别为9月20日518 m^3/s、9月27日2 000 m^3/s和10月8日1 260 m^3/s。其间多站发生建站以来较大洪水，见表2.1-24。

表2.1-24　沁河主要站建站以来排序统计

位置	站名	洪峰流量/(m^3/s)	峰现时间(月-日T时:分)	排位	建站时间(年)	说明
沁河上游	孔家坡	1 090	10-06T08:48	2	1958	1993年以来最大
	北崖底	1 320	10-06T11:42	1	2012	建站以来最大
	飞岭	1 130	10-06T16:24	2	1956	1993年以来最大
沁河中游	润城	1 520	09-26T12:00	7	1952	1993年以来最大
沁河下游	五龙口	1 760	09-27T09:15	3	1952	1982年以来最大
	武陟	2 000	09-27T20:00	4	1950	

1.洪水概况

1）9月18—20日洪水

受9月17—19日降雨影响，沁河润城站9月19日19时洪峰流量245 m^3/s，山里泉站19日22时54分洪峰流量615 m^3/s。河口村水库调蓄后，五龙口站流量维持在320 m^3/s左右；丹河山路平站19日18时洪峰流量166 m^3/s。沁河干支流洪水汇合后，沁河武陟站20日10时洪峰流量518 m^3/s。

润城以上来水0.38亿m^3，润城—山里泉区间来水0.58亿m^3，山里泉站水量0.96亿m^3；五龙口站次洪水量1.2亿m^3，占武陟站水量的76.4%；丹河山路平以上来水0.35亿m^3，占武陟站水量的22.3%。其他区间来水较少，仅占武陟站水量的1.3%（见表2.1-25、图2.1-22、图2.1-23）。

表2.1-25　沁河主要水文站9月18—20日洪水特征值统计

河名	站名	洪峰流量/(m^3/s)	峰现时间(月-日T时:分)	水量/亿m^3	开始时间(月-日T时:分)	结束时间(月-日T时:分)
沁河	润城	245	09-19T19:00	0.38	09-18T08:00	09-22T08:00
获泽河	坪头	152	09-19T12:06	0.32	09-18T08:00	09-22T08:00
润城+坪头				0.7		
沁河	山里泉	615	09-19T22:54	0.96	09-19T00:00	09-23T00:00
沁河	五龙口	320	平稳下泄	1.20	09-19T00:00	09-23T00:00
丹河	山路平	615	09-19T22:54	0.35	09-19T01:00	09-23T01:00
五龙口+山路平				1.55		
沁河	武陟	518	09-20T10:00	1.57	09-19T02:00	09-23T02:00

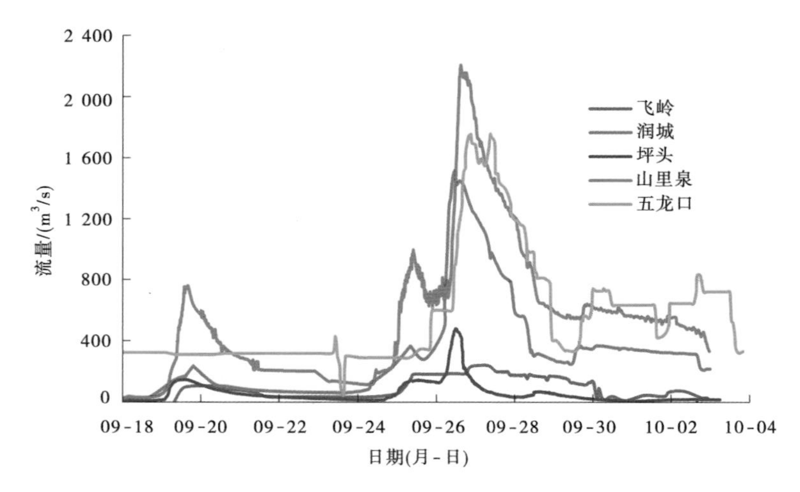

图 2.1-22　沁河 9 月下旬洪水上中游主要水文站流量过程线

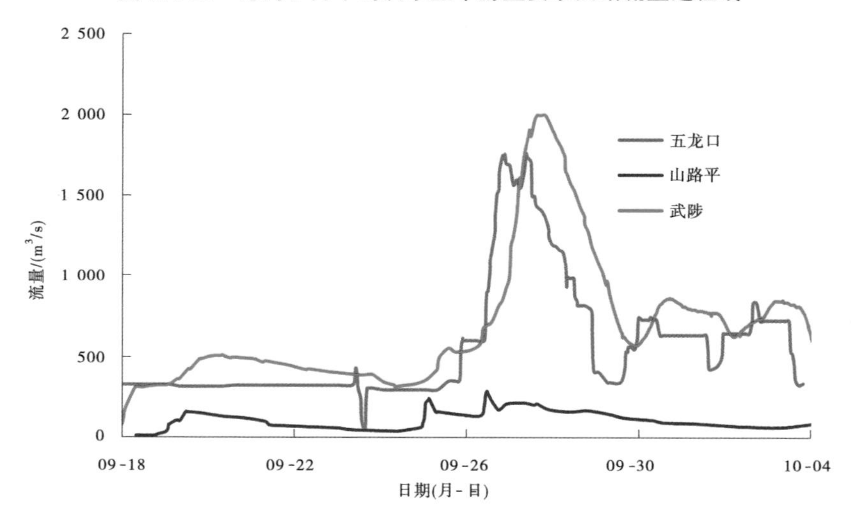

图 2.1-23　沁河 9 月下旬洪水下游主要站流量过程线

2)9 月 25—28 日洪水

受 9 月 22—28 日持续降雨影响,沁河上中游出现明显洪水过程,润城站发生 1993 年以来最大洪水,五龙口站、武陟站发生 1982 年以来最大洪水。

本次洪水主要来源为沁河上中游。沁河飞岭站 9 月 27 日 0 时洪峰流量 263 m^3/s,润城站 26 日 11 时洪峰流量 1 520 m^3/s,支流获泽河坪头站 26 日 12 时洪峰流量 483 m^3/s,沁河山里泉站 26 日 13 时 42 分洪峰流量 2 210 m^3/s。经河口村水库调蓄后,五龙口站 27 日 0 时洪峰流量 1 860 m^3/s,支流丹河山路平站 26 日 11 时 36 分洪峰流量 285 m^3/s。沁河干支流洪水汇合后,沁河武陟站 27 日 15 时 18 分洪峰流量 2 000 m^3/s,1 000 m^3/s 流量持续 54 h。

沁河飞岭站次洪水量 1.19 亿 m^3,润城站 3.71 m^3,山里泉站 5.97 亿 m^3,五龙口站 5.86 亿 m^3,丹河山路平站 1.01 亿 m^3,武陟站 7.23 亿 m^3(见表 2.1-26、图 2.1-22、图 2.1-23)。五龙口站、山路平站来水分别占武陟站来水的 81.1%、14%。

表 2.1-26　沁河主要水文站 9 月 25—28 日洪水特征值统计

河名	站名	洪峰流量/(m^3/s)	峰现时间(月-日 T 时:分)	水量/亿 m^3	开始时间(月-日 T 时:分)	结束时间(月-日 T 时:分)
沁河	飞岭	263	09-27T00:00	1.19	09-24T08:00	10-03T08:00
沁河	润城	1 520	09-26T11:00	3.71	09-24T06:00	10-03T06:00
获泽河	坪头	483	09-26T12:00	0.55	09-24T06:00	10-03T06:00
润城+坪头				4.26		
沁河	山里泉	2 210	09-26T13:42	5.97	09-24T08:00	10-03T08:00
沁河	五龙口	1 860	09-27T00:00	5.86	09-24T20:00	10-03T20:00
丹河	山路平	285	09-26T11:36	1.01	09-24T08:00	10-03T08:00
五龙口+山路平				6.87		
沁河	武陟	2 000	09-27T15:18	7.23	09-25T08:00	10-04T08:00

3)10 月 5—9 日洪水

受 10 月 3—6 日持续降雨影响，沁河上游出现明显洪水过程，北崖底站发生 2012 年建站以来最大洪水，孔家坡站、飞岭站均发生 1993 年以来最大洪水(均为建站以来排位第二)，武陟站次洪水量 4.09 亿 m^3。

本次洪水主要来源为沁河上游。沁河上游孔家坡站 10 月 6 日 8 时 48 分洪峰流量 1 090 m^3/s，北崖底站 6 日 11 时 42 分洪峰流量 1 320 m^3/s，飞岭站 6 日 16 时 5 分最大流量 1 190 m^3/s。经张峰水库调蓄后，润城站 8 日 6 时洪峰流量 996 m^3/s，山里泉站 8 日 6 时洪峰流量 1 190 m^3/s。经河口村水库调蓄后，五龙口站 7 日 19 时最大流量 1 040 m^3/s，武陟站 8 日 18 时洪峰流量 1 260 m^3/s。

本次洪水孔家坡站次洪水量 1.68 亿 m^3/s，飞岭站 2.13 亿 m^3，山里泉站 4.01 亿 m^3。河口村水库蓄水 0.24 亿 m^3，五龙口站水量 3.76 亿 m^3，占武陟站水量的 91.9%。丹河来水较少，山路平站水量仅 0.35 亿 m^3，占武陟站水量的 8.6%。五龙口、山路平—武陟区间加水较少，加之河道调蓄损失，武陟站水量 4.09 亿 m^3(见表 2.1-27、图 2.1-24、图 2.1-25)。

表 2.1-27　沁河主要水文站 2021 年 10 月 5—9 日洪水特征值统计

河名	站名	洪峰流量/(m^3/s)	峰现时间(月-日 T 时:分)	水量/亿 m^3	开始时间(月-日 T 时:分)	结束时间(月-日 T 时:分)
沁河	孔家坡	1 090	10-06T08:48	1.68	10-03T08:00	10-11T08:00
沁河	北崖底	1 320	10-06T11:42	2.03	10-03T08:00	10-11T08:00
沁河	飞岭	1 190	10-06T16:05	2.13	10-04T20:00	10-12T20:00
沁河	张峰入库	1 370	10-07T08:00	3.49	10-05T08:00	10-13T08:00
	张峰出库	1 130	10-07T08:00	3.29	10-05T08:00	10-13T08:00
沁河	润城	996	10-08T06:00	2.96	10-05T20:00	10-13T20:00
沁河	山里泉	1 190	10-08T06:00	4.01	10-06T00:00	10-14T00:00
沁河	五龙口	1 040	10-07T19:00	3.76	10-06T08:00	10-14T08:00
丹河	山路平	63.6	10-07T08:00	0.35	10-06T08:00	10-14T08:00
五龙口+山路平				4.11		
沁河	武陟	1 260	10-08T18:00	4.09	10-07T00:00	10-15T00:00

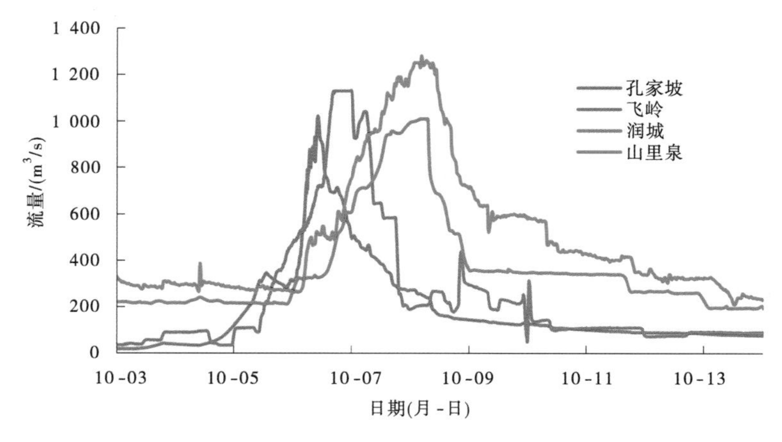

图2.1-24　2021年沁河10月5—9日洪水上中游主要站流量过程线

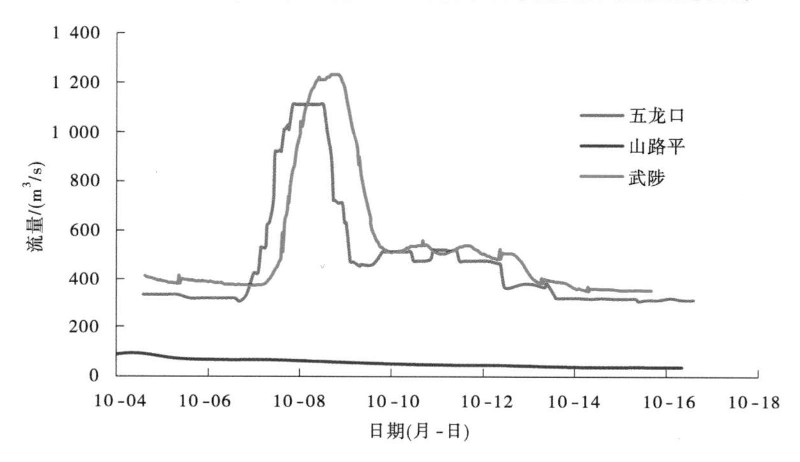

图2.1-25　2021年沁河10月5—9日洪水下游主要站流量过程线

2. 洪水演进分析

2021年秋汛期，沁河洪水多发生在润城—河口村，丹河青天河以下区间。河口村水库对洪水调蓄作用明显，五龙口—武陟、山路平—武陟河段经过2021年秋汛期几场大水之后，传播时间有不同程度的缩短。

1）河口村水库调蓄

从9月下旬开始，为减轻黄河下游防洪压力，河口村水库长期高水位运行，见图2.1-26，最高水位达到279.89 m（见表2.1-28），超汛限水位（275 m）4.89 m[河口村前汛期（7月1日—8月31日）汛限水位238 m，相应库容0.86亿 m^3；后汛期汛限水位275 m，相应库容2.5亿 m^3]。

表2.1-28　河口村水库削峰率统计

洪水场次	最大入库/(m^3/s)	最大出库/(m^3/s)	削峰率/%	最高水位/m	相应蓄量/亿 m^3
9月18—20日洪水	617	320	48.1	271.81	2.311 6
9月25—28日洪水	2 447	1 841	24.8	278.17	2.687 5
10月5—9日洪水	1 270	1 112	12.4	279.89	2.795 8

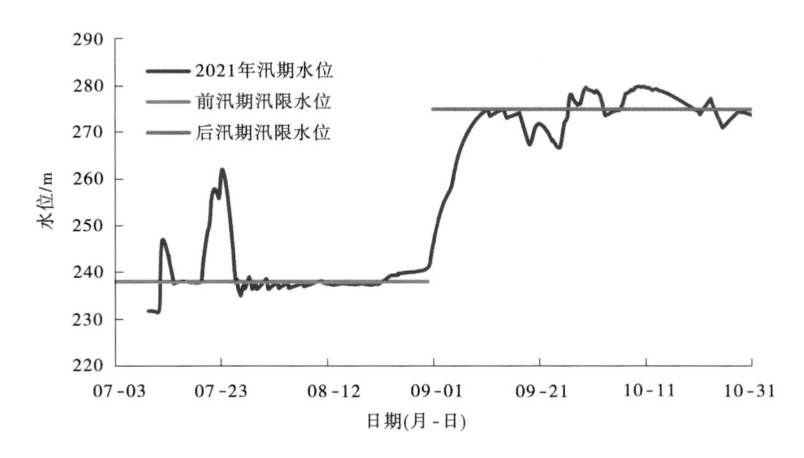

图 2.1-26　2021 年汛期河口村水库水位过程线

2）山路平—武陟区间

共选出山路平—武陟河段 2 场洪水对传播时间进行统计分析（见表 2.1-29），第一场洪水，山路平—武陟河段传播时间为 16 h 左右，之后缩短到 10 h 左右。主要是因为经过前期冲刷，河道条件变好。

表 2.1-29　山路平站洪峰传播时间统计

序号	山路平		武陟		传播时间/h
	洪峰流量/(m^3/s)	峰现时间(月-日 T时:分)	洪峰流量/(m^3/s)	峰现时间(月-日 T时:分)	
1	160	09-19T11:42	518	09-20T10:00	16
2	246	09-25T02:54	558	09-25T14:00	10.6

3）五龙口—武陟区间

与山路平—武陟站传播时间相似，五龙口—武陟河段传播时间也大大缩短，见表 2.1-30。

表 2.1-30　五龙口站洪峰传播时间统计

序号	五龙口		武陟		传播时间/h
	洪峰流量/(m^3/s)	峰现时间(月-日 T时:分)	洪峰流量/(m^3/s)	峰现时间(月-日 T时:分)	
1	1 860	09-27T00:00	2 000	09-27T15:18	15.3
2	1 040	10-08T08:00	1 260	10-08T18:00	10

2.1.3.6　大汶河洪水

2021 年秋汛期，大汶河流域先后发生 4 次戴村坝站流量超 500 m^3/s 的洪水过程，大汶口站本年度汛期最大洪峰流量为 2 130 m^3/s（9 月 20 日 12:00），戴村坝站本年汛期最大洪峰流量为 1 630 m³/s(9 月 20 日 22:10)。

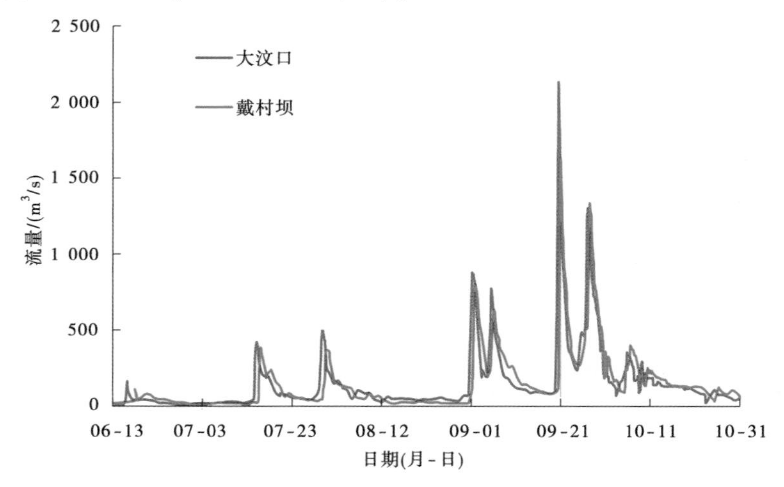

图 2.1-27 大汶河汛期各主要水文站洪水过程

1. 第 1 场洪水

受 8 月 28—31 日降雨影响,大汶河干支流出现一次明显洪水过程,牟汶河莱芜站 8 月 31 日 14 时 50 分出现最大流量 101 m³/s,大汶河北望站 9 月 1 日 12 时出现最大流量 569 m³/s,柴汶河楼德站 8 月 31 日 21 时 48 分出现最大流量 452 m³/s。干支流来水汇合后,大汶河大汶口站 9 月 1 日 5 时洪峰流量 875 m³/s,戴村坝站 9 月 1 日 17 时 50 分洪峰流量 797 m³/s。各主要水文站洪水过程如图 2.1-28 所示。

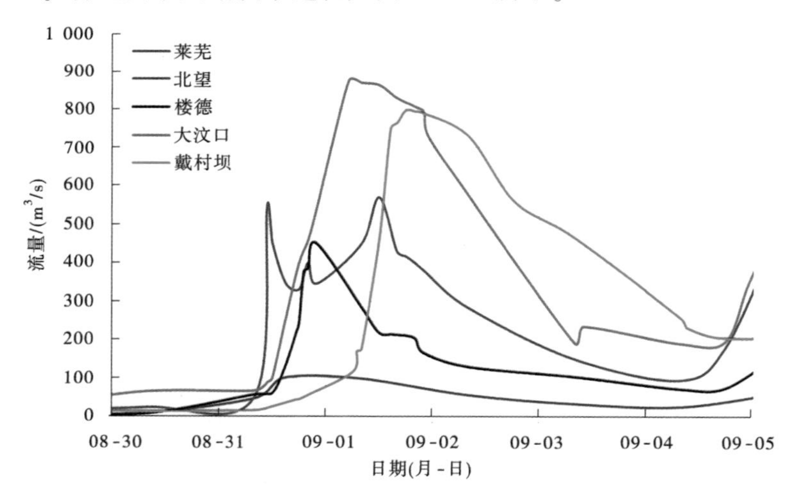

图 2.1-28 第 1 场大汶河各主要水文站洪水过程

本次洪水历时 96 h,戴村坝站次洪水量为 1.60 亿 m³,其中大汶口以上来水占比 98.8%,戴村坝—大汶口区间加水占比 1.2%,北支牟汶河北望以上来水占比 64.0%,南支柴汶河楼德以上来水占比 37.4%(见表 2.1-31)。本次洪水从大汶口站至戴村坝站传播时间 12.8 h。

表 2.1-31　第 1 场洪水特征值统计

站名	开始时间（月-日 T时:分）	结束时间（月-日 T时:分）	次洪水量/亿 m^3	占比/%	洪峰流量/（m^3/s）	峰现时间（月-日 T时:分）
莱芜	08-30T08:00	09-03T08:00	0.209	13.8	101	08-31T14:50
北望	08-31T08:00	09-04T08:00	0.973	64.0	569	09-01T12:00
楼德	08-31T08:00	09-04T08:00	0.568	37.4	452	08-31T21:48
大汶口	08-31T08:00	09-04T08:00	1.58	98.8	875	09-01T05:00
戴村坝	08-31T20:00	09-04T20:00	1.60	100	797	09-01T17:50

2. 第 2 场洪水

受 9 月 4 日降雨影响，大汶河流域干支流再次出现一次明显的洪水过程，大汶河北望站 9 月 5 日 8 时出现最大流量 510 m^3/s，柴汶河楼德站 9 月 5 日 10 时 27 分出现最大流量 170 m^3/s。干支流来水汇合后，大汶河大汶口站 9 月 5 日 13 时 8 分洪峰流量 771 m^3/s，戴村坝站 9 月 6 日 1 时 30 分洪峰流量 629 m^3/s。各主要水文站洪水过程如图 2.1-29 所示。

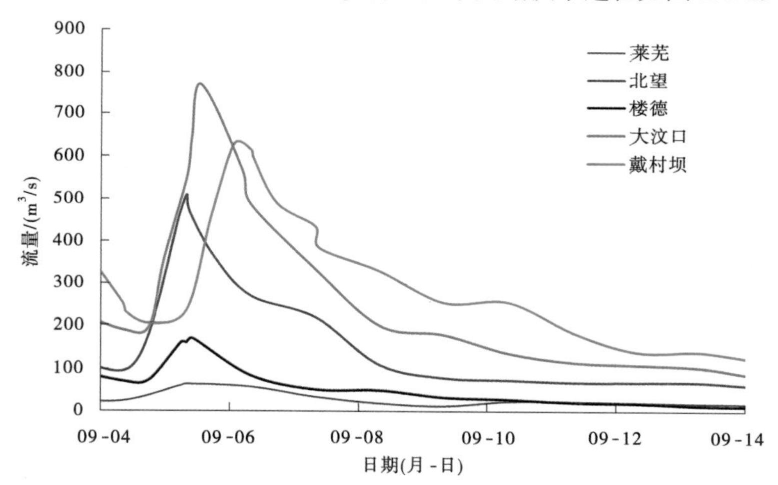

图 2.1-29　第 2 场洪水各主要水文站洪水过程

本次洪水历时 96 h，戴村坝站次洪水量为 3.97 亿 m^3，几乎全部来自大汶口以上，北支牟汶河北望以上来水占比 56.3%，南支柴汶河楼德以上来水占比 20.1%（见表 2.1-32）。本次洪水从大汶口站至戴村坝站传播时间 12.4 h。

表 2.1-32　第 2 场洪水特征值统计

站名	开始时间（月-日 T时:分）	结束时间（月-日 T时:分）	次洪水量/亿 m^3	占比/%	洪峰流量/（m^3/s）	峰现时间（月-日 T时:分）
莱芜	09-04T08:00	09-11T08:00	0.211	10.7	65	09-05T08:00
北望	09-04T08:00	09-11T08:00	3.11	56.3	510	09-05T08:00
楼德	09-04T08:00	09-11T08:00	0.396	20.1	170	09-05T10:27
大汶口	09-04T18:00	09-11T18:00	3.97	100	771	09-05T13:08
戴村坝	09-05T08:00	09-12T08:00	3.97	100	629	09-06T01:30

3. 第 3 场洪水

受 9 月 18—19 日降雨影响，牟汶河莱芜站 9 月 20 日 8 时最大流量 49.7 m^3/s，大汶河北望站 9 月 20 日 8 时洪峰流量 2 000 m^3/s，柴汶河楼德站 9 月 20 日 8 时最大流量 102 m^3/s。干支流来水汇合后，大汶河大汶口站 9 月 20 日 11 时 30 分洪峰流量 2 130 m^3/s，戴村坝站 9 月 20 日 22 时 10 分洪峰流量 1 630 m^3/s。各主要水文站洪水过程如图 2.1-30 所示。

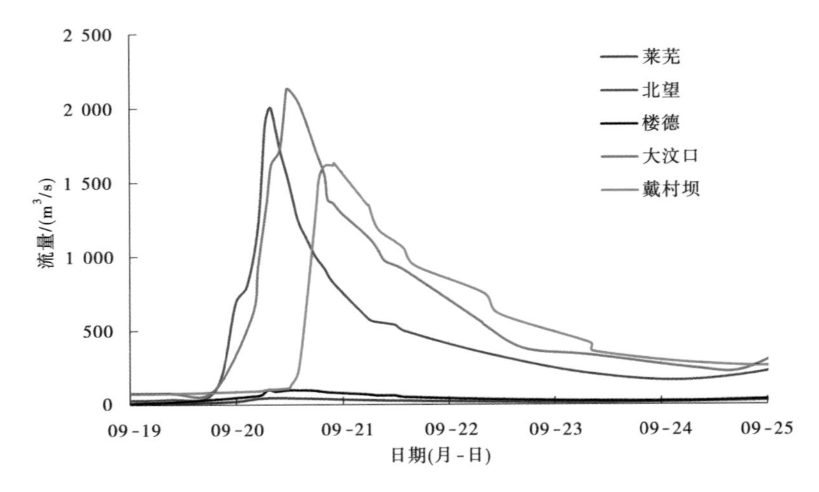

图 2.1-30　大汶河第 3 场洪水主要水文站洪水过程

本次洪水历时 96 h，戴村坝站次洪水量为 2.69 亿 m^3，大汶口以上来水占 99.6%，戴村坝—大汶口区间加水占比 0.4%；北支牟汶河北望以上来水占比 72.9%，南支柴汶河楼德以上来水占比 7.2%（见表 2.1-33）。本次洪水从大汶口站至戴村坝站传播时间 10.7 h。

表 2.1-33　大汶河第 3 场洪水特征值统计

站名	开始时间(月-日 T 时:分)	结束时间(月-日 T 时:分)	次洪水量/亿 m^3	占比/%	洪峰流量/(m^3/s)	峰现时间(月-日 T 时:分)
莱芜	09-18T08:00	09-22T08:00	0.090	3.3	50	09-20T08:00
北望	09-19T08:00	09-23T08:00	3.796	72.9	2 000	09-20T08:00
楼德	09-19T08:00	09-23T08:00	0.193	7.2	102	09-20T08:00
大汶口	09-19T08:00	09-23T08:00	2.68	99.6	2 130	09-20T11:30
戴村坝	09-20T08:00	09-24T08:00	2.69	100	1 630	09-20T22:10

4. 第 4 场洪水

受 9 月 23—26 日降雨影响，大汶河出现本年汛期第 4 次明显洪水过程，牟汶河莱芜站 9 月 26 日 17 时洪峰流量 148 m^3/s，大汶河北望站 9 月 26 日 18 时 44 分洪峰流量 1 130 m^3/s，柴汶河楼德站 9 月 26 日 22 时洪峰流量 301 m^3/s。干支流来水汇合后，大汶河大汶口站 9 月 27 日 0 时洪峰流量 1 300 m^3/s，戴村坝站 9 月 27 日 10 时 18 分洪峰流量 1 330

m^3/s。各主要水文站洪水过程如图 2. 1-31 所示。

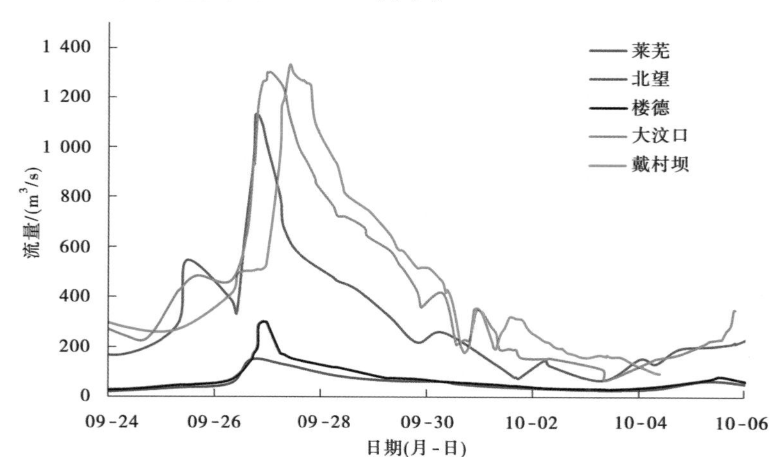

图 2. 1-31　大汶河第 4 场洪水主要水文站洪水过程

本次洪水历时 168 h,戴村坝站次洪水量为 3. 43 亿 m^3,其中大汶口以上来水占比 99. 1%,戴村坝—大汶口区间加水占比 0. 9%;北支牟汶河北望以上来水占比 72. 6%,南支柴汶河楼德以上来水占比 16. 2%(见表 2. 1-34)。本次洪水从大汶口站至戴村坝站传播时间 10. 3 h。

表 2. 1-34　大汶河第 4 场洪水特征值统计

站名	开始时间(月-日 T 时:分)	结束时间(月-日 T 时:分)	次洪水量/亿 m^3	占比/%	洪峰流量/(m^3/s)	峰现时间(月-日 T 时:分)
莱芜	09-24T08:00	10-01T08:00	0. 426	12. 4	148	09-26T17:00
北望	09-24T08:00	10-01T08:00	2. 49	72. 6	1 130	09-26T18:44
楼德	09-24T08:00	10-01T08:00	0. 554	16. 2	301	09-26T22:00
大汶口	09-25T08:00	10-02T08:00	3. 40	99. 1	1 300	09-27T00:00
戴村坝	09-25T08:00	10-02T08:00	3. 43	100	1 330	09-27T10:18

2. 1. 4　黄河主要支流降雨径流分析

2. 1. 4. 1　渭河

为了进一步分析主要产流区的产洪、汇流及其雨洪等特点,对 2021 年秋汛期间林家村至魏家堡、魏家堡至咸阳、咸阳和桃园至临潼 3 个区间的产洪和汇流特性进行初步分析,分析其流域产洪系数(次洪水量与相应流域/区域内降雨水量(面平均降雨量与流域面积之积)之比)和雨洪滞时(主雨结束至峰现时间的时差),并简要分析渭河流域主雨时空分布与华县站洪峰在时间上的相应关系。

1. 林家村至魏家堡区间

林家村至魏家堡区间面积 6 351 km^2,以渭河干流为界,左右侧为非对称型。左侧面积约 4 200 km^2,流域内大部为土石山区和渭北高塬,其中发源于六盘山区的千河流域占总面积的近 85%,产洪能力较强,汇流速度较快,为该区间的主要产洪区;右侧面积约 2 100 km^2,支流均发源于秦岭石山林区且直接汇入渭河,主要支流有清姜河、清水河、石头河等,属石山林区,植被覆盖度高,沟深坡陡,产洪能力强,汇流速度快。秋汛期间区间内大部地区属蓄满产流。

2021 年秋汛渭河 6 次洪水期间,该区间降雨水量共计 34.92 亿 m^3,产洪量 14.18 亿 m^3,产洪系数逐次增大。第 1 次和第 2 次洪水区间降雨水量分别为 2.90 亿 m^3 和 3.14 亿 m^3,但由于前期降雨少、土壤含水量小,加之植被截留和水库拦蓄等因素,相应次洪水量分别为 0.19 亿 m^3 和 0.13 亿 m^3,产洪系数分别仅为 0.07 和 0.04。第 3 次和第 4 次洪水区间降雨水量分别为 3.94 亿 m^3 和 6.48 亿 m^3,由于与前期 2 次降雨过程间隔时间较短、土壤含水量增大,产洪能力增强,但部分水库尚处于蓄洪阶段,相应次洪水量分别为 1.10 亿 m^3 和 1.30 亿 m^3,产洪系数分别为 0.28 和 0.20。第 5 次洪水该区间降雨水量为 10.67 亿 m^3,受前期 4 次持续降雨过程影响,土壤含水量进一步增大,加之流域植被截留损失减小等因素,产洪能力进一步增强,相应次洪水量为 3.95 亿 m^3,产洪系数增大至 0.37。第 6 次洪水区间降雨水量为 7.80 亿 m^3,受前期 5 次持续降雨过程影响,土壤含水量基本饱和,同时流域内千河的冯家山、石头河的石头河等水库大部分已蓄满且超过汛限水位,先后开始增大泄量,产洪能力进一步增强,相应次洪水量为 7.51 亿 m^3,产洪系数高达 0.96(见表 2.1-35)。

表 2.1-35　渭河中下游主要区间产洪能力统计

次洪序号	相应降雨起止日期(月-日)	林家村至魏家堡			魏家堡至咸阳			咸阳、桃园至临潼		
		次降雨水量/亿 m^3	次洪水量/亿 m^3	产洪系数	次降雨水量/亿 m^3	次洪水量/亿 m^3	产洪系数	次降雨水量/亿 m^3	次洪水量/亿 m^3	产洪系数
1	08-19—08-23	2.90	0.19	0.07	3.31	0.48	0.09	5.12	2.40	0.47
2	08-30—09-01	3.14	0.13	0.04	5.09	0.11	0.01	3.03	1.60	0.53
3	09-03—09-05	3.94	1.10	0.28	5.30	0.41	0.05	2.91	2.47	0.85
4	09-15—09-19	6.48	1.30	0.20	10.18	0.50	0.05	5.38	3.13	0.58
5	09-22—09-27	10.67	3.95	0.37	11.08	2.72	0.16	8.23	4.31	0.52
6	10-02—10-10	7.80	7.51	0.96	5.48	5.49	0.62	4.44	2.68	0.60
合计		34.93	14.18	0.41	40.44	9.71	0.24	29.11	16.59	0.57

注:魏家堡至咸阳区间不含漆水河。

2. 魏家堡至咸阳区间

魏家堡至咸阳区间(不含漆水河)面积 5 911 km^2,绝大部分位于渭河干流右侧。区间内大部为秦岭石林山区和秦岭与渭河谷地间山前阶地,所占面积分别为约 2 900 km^2 和 3 000 km^2。支流均发源于秦岭石林山区且直接汇入渭河,主要支流有黑河、涝河等,属石山林区,植被覆盖度高,沟深坡陡,产洪能力强,汇流速度快,为该区间的主要产流区;山前阶地地势平缓，属农业耕作区，下渗能力强、产洪能力较弱，汇流速度较慢，为该区间的低产流区。秋汛期间区间内大部地区属蓄满产流。

2021年秋汛渭河6次洪水期间，该区间降雨水量共计40.44亿m^3，产洪量9.71亿m^3，产洪系数基本呈逐次增大趋势。第1次至第4次洪水区间降雨水量分别为3.31亿m^3、5.09亿m^3、5.30亿m^3和10.18亿m^3，由于秋汛前期降雨少、土壤含水量小，加之植被截留和水库拦蓄等因素，相应次洪水量分别为0.48亿m^3、0.11亿m^3、0.41亿m^3和0.50亿m^3，产洪系数分别仅为0.09、0.01、0.05和0.05。第5次洪水该区间降雨水量为11.08亿m^3，受前期4次持续降雨过程影响，土壤含水量增大，同时流域植被截留损失减小等因素，产洪能力进一步增强，相应次洪水量为2.72亿m^3，产洪系数增大至0.16。第6次洪水该区间降雨水量为5.48亿m^3，受前期5次持续降雨过程影响，土壤含水量趋于饱和，流域内黑河的金盆等水库大部分已蓄满且超过汛限水位，先后开始增大泄量，同时北部漆水河流域经过长时间的持续性降雨，也有部分径流汇入渭河，使区间产洪能力进一步增强，相应次洪水量为5.49亿m^3，产洪系数达到0.62(见表2.1-35)。

3. 咸阳和桃园至临潼区间

咸阳和桃园至临潼区间面积5 099 km^2，绝大部分位于渭河干流右侧，分为下垫面条件和产汇流特性差异性较大的三部分，一是秦岭石山林区，面积约2 900 km^2，主要支流沣河、潏河、浐河、灞河等均发源于此，植被覆盖度高，沟深坡陡，产洪能力强，汇流速度快，为该区间的主要产流区；二是西安市区，面积约650 km^2，道路纵横交织、建筑物鳞次栉比，下渗能力弱，降雨即产流，加之地势南高北低，市区内形成的洪水可通过城市排水系统迅速进入渭河；三是秦岭与渭河谷地间山前阶地，面积约1 500 km^2，该区域地势平缓，属农业耕作区，下渗能力强、产洪能力较弱，汇流速度较慢，为该区间的低产流区。除西安市区外，秋汛期间区间内大部地区属蓄满产流。

2021年秋汛渭河6次洪水期间，该区间降雨水量共计29.11亿m^3，次洪水量16.59亿m^3。第1次洪水区间降雨水量为5.12亿m^3，由于该区为第1次降雨过程的主雨区，降雨量大，降雨时空分布较为集中，次洪水量为2.40亿m^3，产洪系数为0.47。第2次洪水区间降雨水量为3.03亿m^3，由于受第1次降雨影响，土壤含水量较大，有利于产流，次洪水量为1.60亿m^3，产洪系数为0.53。第3次洪水区间降雨水量为2.91亿m^3，次洪水量为2.47亿m^3，产洪系数达0.85。第4次至第6次洪水区间降雨水量分别为5.38亿m^3、8.23亿m^3和4.44亿m^3，相应3次降雨过程间隔仅2~4 d，土壤含水量进一步增大甚至处于饱和状态，加之植被截留减少和水库泄洪等因素，相应次洪水量分别为3.13亿m^3、4.31亿m^3和2.68亿m^3，产洪系数分别仅为0.52、0.60和0.57(见表2.1-35)。

上述三个区间6次洪水的平均产洪系数咸阳和桃园至临潼区间最大，这与西安市区产流能力强、汇流速度快之间有一定关系，有待进一步研究。

4. 渭河流域主雨时空分布与华县站洪峰相应关系

洪水过程是降雨过程在流域出口断面的反映，主雨是形成洪峰流量的主要因素，主雨区位置及发生日期与洪现时间有一定对应关系。根据现有报汛资料统计，2021年秋汛的6次降雨和洪水过程中，华县站洪峰流量发生在其相应降雨过程的主雨发生日期之后2~3 d(见表2.1-36)。

表 2.1-36　渭河流域主雨时空分布与华县站洪峰相应关系

洪水场次	最大日雨量发生日期(月-日)	主雨区位置	洪峰流量/(m^3/s)	峰现日期(月-日)	峰现日期与主雨日期滞后天数/d
1	08-21	咸阳、桃园至临潼	1 200	08-23	2
2	08-31	魏家堡至咸阳	1 940	09-02	2
3	09-05	林家村至魏家堡 魏家堡至咸阳	2 430	09-07	2
4	09-18	林家村至魏家堡 魏家堡至咸阳 咸阳和桃园至临潼	2 900	09-20	2
5	09-25	林家村至魏家堡 魏家堡至咸阳	4 860	09-28	3
6	10-05	林家村至魏家堡 魏家堡至咸阳	4 560	10-08	3

实际作业预报中,如主雨区在咸阳至临潼和(或)魏家堡至咸阳区间,可考虑 2 d,如主雨区在魏家堡至咸阳和(或)林家村至魏家堡区间,可考虑 3 d,如主雨区在林家村以上则可以考虑 4 d。至于降雨与洪峰、洪量之间的定量关系有待进一步分析。

2.1.4.2　伊洛河

伊洛河是黄河三花区间最大的支流,流域面积 18 881 km^2,河道长 447 km,流域平均宽 42 km,形状狭长,两岸支流众多,源短流急,多呈对称平行排列。按自然地理条件,伊洛河流域主要分为土石山区、黄土丘陵区和冲积平原区,土石山区主要分布在上中游地区,植被较好,利于产流。伊河陆浑水库、洛河故县水库,分别控制面积 3 492 km^2、5 370 km^2,占伊洛河流域面积的 44.6%。另外,还有众多中小水库,有作为水源地的小水库,也有兼顾发电、旅游、防洪、水产等综合利用的中型水库。

本次重点对洛河卢氏(故县水库入库)以上、伊河东湾(陆浑水库入库)以上及伊洛河黑石关以上流域进行降雨径流分析,主要分析次洪雨洪滞时及径流系数。3 个站位置示意图见图 2.1-32。

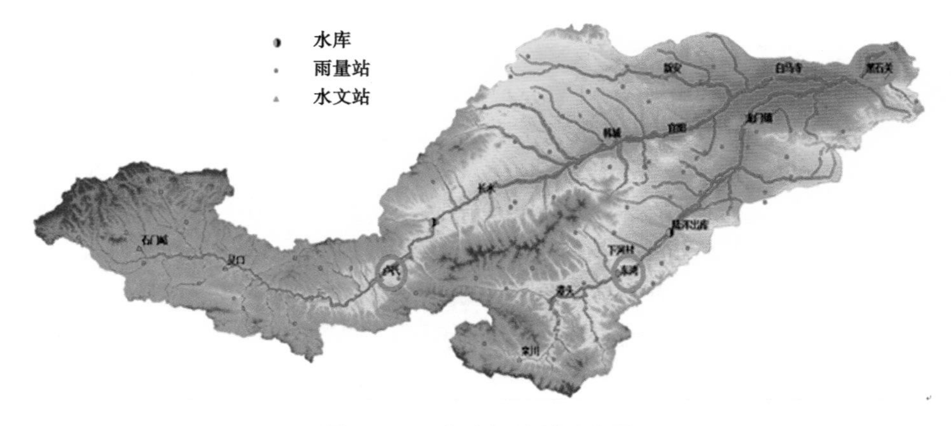

图 2.1-32　伊洛河流域示意图

1. 洛河卢氏以上流域

洛河上游卢氏以上流域面积 4 623 km^2,河道长 196. 3 km,形状狭长,有石门峪、西峪河等支流汇入。该区为典型的石山林区,上游以石山为主,下游有一部分土石山,地势高峻,河沟密集,坡陡石多,土层较薄,天然植被较好。

2021 年秋汛期间,该区共发生大于 1 000 m^3/s 的洪水 5 次,5 场洪水平均雨洪滞时 8. 4 h,径流系数 0. 354,雨洪滞时、径流系数与 2000 年以来洪水的平均值相当(2000—2020 年卢氏以上平均雨洪滞时 9 h,径流系数 0. 38)。5 场洪水径流系数最大为 0. 42,最小为 0. 21,与前期土壤含水量、降雨量、降雨强度等呈正相关关系(见表 2. 1-37)。

表 2. 1-37　卢氏站 2021 年次洪径流系数统计

序号	时间 (月-日 T 时:分)	洪峰流量/ (m^3/s)	前期土含/ mm	降雨量/ mm	雨洪滞时/ h	水量/ 亿 m^3	径流系数 (扣除基流)
1	08-22T19:56	1 390	49. 4	77	10. 0	0. 93	0. 21
2	09-01T16:00	2 440	82. 1	72	7. 0	1. 56	0. 39
3	09-19T07:00	2 430	53. 4	133	7. 2	2. 38	0. 35
4	09-25T17:00	1 380	61. 4	65. 3	10. 0	1. 60	0. 42
5	09-28T16:48	1 750	81. 8	60. 8	8. 0	1. 87	0. 40
平均					8. 4	1. 63	0. 354
2000—2020 年平均					9. 0		0. 38

注:前期土含指前期土壤含水量,为反映流域土壤湿度的指标,计算起始时间取暴雨洪水前 40 d,下同。

2. 伊河东湾以上流域

伊河东湾以上流域面积 2 623 km^2,河道全长 116. 3 km,流域西高东低,形状近于圆形,有小河、明白川等大小 10 余条支流汇入。该区有大面积的林地,植被良好,产汇流条件好。

2021 年秋汛期间,该区共发生大于 1 000 m^3/s 的洪水 5 次(有 1 次为双峰过程),5 场洪水平均雨洪滞时 5. 4 h,径流系数 0. 38,雨洪滞时、径流系数与 2000 年以来洪水的平均值接近(2000—2020 年东湾以上平均雨洪滞时 5. 6 h,径流系数 0. 40)。5 场洪水径流系数均在 0. 4 左右,最大 0. 41、最小 0. 31,与前期土壤含水量、降雨量、降雨强度等呈正相关关系,如 9 月 25 日洪水受局地强降雨影响,径流系数最大(见表 2. 1-38)。

表 2. 1-38　东湾站 2021 年次洪径流系数统计

序号	时间 (月-日 T 时:分)	洪峰流量/ (m^3/s)	前期土含/ mm	降雨量/ mm	雨洪滞时/ h	水量/ 亿 m^3	径流系数 (扣除基流)
1	08-29T17:30	1 500	53. 1		5. 0		
	08-30T15:54	1 430		143	5. 0	1. 51	0. 31
2	09-01T20:00	1 100	82. 1	51	6. 0	0. 92	0. 41
3	09-19T12:42	2 800	53. 4	136	4. 8	1. 55	0. 36
4	09-25T07:24	1 560	79. 4	65	5. 5	0. 98	0. 41
5	09-28T18:36	1 040	81. 1	57	6. 4	0. 89	0. 38
平均					5. 4	1. 17	0. 38
2000—2020 年平均					5. 6		0. 40

9 月 24 日，伊河东湾以上出现局地强降雨，100 mm 以上降水笼罩面积仅 175 km^2，最大点雨量石庙站日雨量 166 mm，最大雨强 103 mm/h，养子沟、寨沟小时雨强分别达 70 mm/h、63.5 mm/h。

受局地强降雨影响，东湾站 9 月 25 日 7 时 24 分洪峰流量 1 560 m^3/s，径流系数 0.41 为 2021 年 5 场洪水的最大值，但仍比 2010 年、2011 年洪水的径流系数 0.61、0.57 小。东湾站雨洪过程线见图 2.1-33。

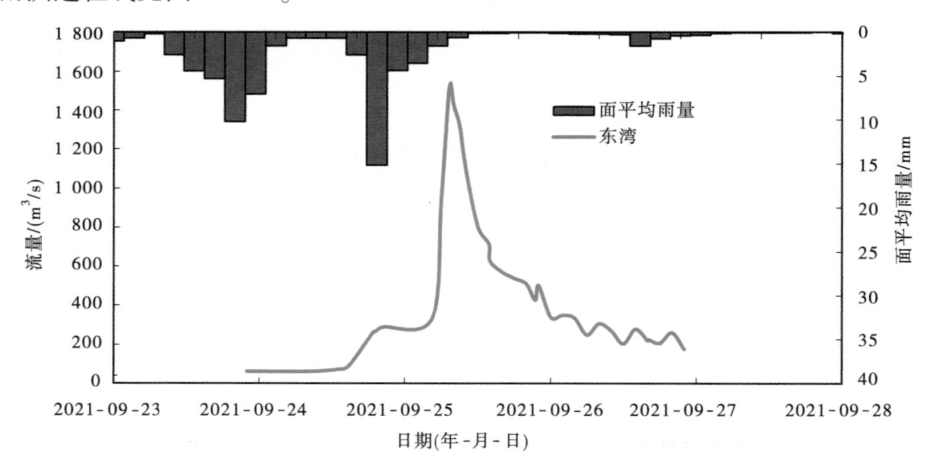

图 2.1-33　伊河东湾站雨洪过程线

3. *伊洛河黑石关以上流域*

对 2021 年伊洛河黑石站 3 场洪水进行分析，其中第 1 场洪水是多峰过程，第 3 场洪水为双峰过程，计算径流系数时还原故县水库和陆浑水库的拦蓄水量。3 场洪水平均径流系数 0.233，最大 0.27、最小 0.21（见表 2.1-39），比 1982—2010 年典型洪水平均径流系数 0.30 小。

表 2.1-39　黑石关以上流域 2021 年次洪径流系数统计

序号	时间（月-日 T 时:分）	洪峰流量/（m^3/s）	前期土含/mm	降雨量/mm	径流系数（不扣除基流）	径流系数（扣除基流）
1	08-31T16:42	1 280	44.8			
	09-02T10:30	1 870				
	09-07T08:24	903		209	0.33	0.27
2	09-20T09:00	2 950	30.5	115	0.33	0.22
3	09-29T05:30	2 220	58.6	116	0.41	0.21
平均					0.29	0.233

2.1.4.3　沁河

根据秋汛洪水来源，本次重点对沁河上游飞岭以上、中游润城—山里泉、丹河青天河—山路平、支流获泽河坪头以上等 4 个区间进行降雨径流分析，主要分析次洪雨洪滞时及径流系数。

1. 飞岭以上流域

沁河河源至飞岭，长 131 km，平均比降 8‰，河床多砂砾石，河谷宽 400～1 000 m，两岸山高 50～100 m，集水面积 2 683 km^2。历史上飞岭以上来水不多，2021 年汛期，飞岭站来水主要集中在 9 月中下旬至 10 月上旬。10 月 6 日 16 时 24 分，飞岭站洪峰流量 1 130 m^3/s，历史排位第二，为 1993 年（2 160 m^3/s，1993-08-05）以来最大。

经统计，飞岭站 3 场洪水随着前期土壤含水量增大及降雨强度的增大，其径流系数相应增大。3 场洪水平均径流系数为 0.273，平均雨洪滞时 14.3 h（见表 2.1-40）。

表 2.1-40　飞岭站 2021 年次洪径流系数统计

序号	洪峰流量/(m^3/s)	时间（月-日 T 时:分）	前期土含/mm	降雨量/mm	雨洪滞时/h	径流系数
1	109	09-19T18:30	16.9	77.5	10.5	0.08
2	243	09-27T00:00	48.6	98.5	20	0.29
3	1 130	10-06T16:24	51.5	154	12.4	0.45
平均					14.3	0.273

2. 润城—山里泉区间

润城—山里泉区间为沁河易产流区。该区间较大支流有获泽河、西冶河、长河、冶底河、梨川河。该区间在 9—10 月常出现连绵秋雨，加上流域中部有利的地形因素，往往形成南北向强度大、笼罩面积广的降雨带。暴雨的地区分布一般是由北向南递增，且基本上是由流域周围的山地向河谷递减。

对山里泉站 3 场洪水进行分析，雨洪滞时为 8 h 左右。3 场洪水径流系数都比较大，尤其是 9 月 20 日之后的两场，径流系数为 0.81（见表 2.1-41），主要是这段期间该区间秋雨连绵，前期影响雨量较大造成的。

表 2.1-41　润城—山里泉区间 2021 年次洪径流系数统计

序号	山里泉洪峰流量/(m^3/s)	时间（月-日 T 时:分）	前期土含/mm	降雨量/mm	雨洪滞时/h	径流系数
1	615	09-19T22:54	38.6	110	7	0.38
2	2 210	09-26T13:42	54.2	161	9	0.81
3	1 190	10-08T06:00	44.4	40.8		0.81
平均					8.0	0.667

3. 丹河青天河—山路平区间

丹河为沁河最大支流，发源于山西省高平市丹珠岭，由北向南流经晋城市郊，进入太行山峡谷，到山路平站以下约 8 km 出峡谷进入冲积平原，于河南省沁阳市北金村汇入沁河。丹河干流全长 169 km，落差 1 082 m，平均纵坡 6.4‰，流域面积 3 152 km^2，占沁河流域总面积的 23%。丹河较大的支流有许河、东丹河、白水河等。

青天河—山路平区间洪水主要来自支流白水河,白水河发源于山西省晋城市区北陈沟乡上寺河,河长 44.5 km,流域面积 385 km^2,河道平均比降 12.5‰,水系呈羽毛状,有 9 条支流分布于干流左右。流域内山岭连绵,沟壑纵横。对该区间进行产汇流分析,发现汇流时间较快,主雨结束后 3 h 左右,山路平站出现洪峰。洪峰流量跟雨强关系很大,面雨强大于 50 mm 以上,才容易出现较大洪峰。一般降雨,即使降水量大,洪峰也不大。2021 年秋汛 3 场洪水径流系数在 0.15~0.28,平均径流系数 0.203(见表 2.1-42)。

表 2.1-42　丹河青天河—山路平区间 2021 年次洪径流系数统计

序号	洪峰流量/(m^3/s)	时间(月-日 T 时:分)	前期土含/mm	降雨量/mm	雨洪滞时/h	径流系数
1	134	09-01T05:12	18.4	185	5.0	0.18
2	166	09-19T18:00	14.6	104	5.7	0.15
3	285	09-26T11:36	47.6	135	3.6	0.28
平均					3.78	0.203

4. 支流获泽河坪头站以上流域

获泽河是沁河润城至山里泉水文站之间的一条支流,发源于山西省沁水县土沃乡白华岭。流经白桑乡坪头庄入沁河。全长 75 km,流域面积 839 km^2。河床宽 100~300 m,属季节性河流。主要支流有获泽河、西小河等。流域西高东低,山岭连绵,沟壑纵横,植被良好。坪头站为获泽河最下游控制站,建于 2013 年,控制流域面积 682 km^2。

2021 年秋汛期间坪头站共有 2 场来水,其雨洪滞时为 1~4 h,径流系数为 0.37~0.49,平均 0.43(见表 2.1-43)。

表 2.1-43　支流获泽河坪头站 2021 年次洪径流系数统计

序号	洪峰流量/(m^3/s)	时间(月-日 T 时:分)	前期土含/mm	降雨量/mm	雨洪滞时/h	径流系数
1	152	09-19T12:06	46.9	94.3	1.1	0.37
2	483	09-26T12:00	75.9	125	4.0	0.49
平均					2.6	0.43

2.2　洪水监测

秋汛期间,干支流各水文站合理布置测次,完整控制洪水过程,科学布置水文测报工作,加密测报频次,分析总结洪水特性。黄河流域干支流各测站共施测流量 1 860 次,单沙 4 442 次,输沙率 57 次,水情报汛 38.27 万次。各站水位过程控制完整,流量过程控制良好,洪峰流量平均控制幅度在 98%以上;含沙量过程控制良好,输沙率测验满足输沙量计算要求。水情报汛方面,大部分站的报汛精度为 100%,全部测站的报汛精度都在 96%以上。水文局防汛预备队全线压上,驰援测站,共出动 286 人次,投入设备 71 台(套),抢测流量 62 次。

2.2.1　洪水测报总体情况

秋汛期间,各水文站洪峰流量平均控制幅度在 98%以上,水位、流量过程控制良好,干支流主要水文站测验情况统计见表 2.2-1。

表 2.2-1　秋汛洪水主要水文站测报情况统计

站名	洪水情况		测报情况							
	洪峰流量		实测最大			测次				洪峰控制幅度/%
	流量/(m^3/s)	相应水位/m	水位/m	流量/(m^3/s)	含沙量/(kg/m^3)	流速仪	ADCP	单沙	输沙率	
潼关	8 360	328.32	328.34	8 290	29.2	65	25	83	9	99.2
华县	4 860	341.90	341.91	4 840	35.2	72	11	82	4	99.6
黑石关	2 950	112.26	112.26	2 910	5.11	62	8	73	—	98.0
武陟	2 000	106.12	106.12	2 000	6.48	68	—	79	—	100
小浪底	4 460	136.25	136.27	4 380	29.8	7	38	94	—	96.3
西霞院	4 420	120.76	120.77	4 380	14.3	11	32	70	—	100
花园口	5 220	91.11	91.11	5 180	10.5	5	48	71	4	99.2
夹河滩	5 130	73.54	73.54	5 060	12.3	8	32	67	3	98.6
高村	5 200	60.23	60.23	5 120	12.2	26	21	63	2	98.5
孙口	5 050	46.48	46.48	4 960	10.5	29	30	69	2	98.2
艾山	5 300	40.50	40.59	5 300	12.8	31	15	64	1	100
泺口	5 250	29.23	29.23	5 200	11.3	21	32	67	1	99.0
利津	5 240	12.45	12.46	5 220	11.6	11	39	70	—	99.6

2.2.1.1　渭河

2021 年秋汛期,渭河发生 6 次明显的洪水过程,华县站相应洪峰流量依次为 8 月 23 日 6 时 1 200 m^3/s,9 月 2 日 16 时 40 分 1 930 m^3/s、7 日 12 时 2 380 m^3/s、20 日 14 时 2 780 m^3/s、28 日 17 时 4 860 m^3/s,10 月 8 日 8 时 30 分 4 540 m^3/s。其中,以泾渭河第 5 次和第 6 次洪水为主形成了黄河 2021 年第 1 号和第 3 号洪水。

1. 8 月 20—25 日洪水

8 月下旬,受渭河上游强降水影响,渭河华县站出现入汛以来较大洪水过程,洪水表现为复式峰,8 月 21 日 6 时洪峰流量 795 m^3/s,水位稍有回落后再次上涨,8 月 23 日 6 时洪峰流量 1 200 m^3/s,实测最大流量 1 200 m^3/s,洪峰控制幅度 100%。本次洪水华县站共开展流量测验 14 次,其中流速仪测流 13 次,ADCP 测流 1 次;开展输沙率测验 1 次。

2. 9 月 1—3 日洪水

9 月初,受渭河上游降水影响,渭河咸阳、华县均出现明显的洪水过程(见图 2.2-1),

咸阳站9月1日20时6分洪峰流量1 170 m³/s,实测最大流量1 070 m³/s,洪峰控制幅度91.5%,其间,咸阳站共实测流量5次,均为流速仪测流。华县站洪峰流量1 930 m³/s,最大实测流量1 900 m³/s,洪峰控制幅度98.4%,其间,华县站共实测流量10次,其中ADCP测流1次,流速仪测流9次。

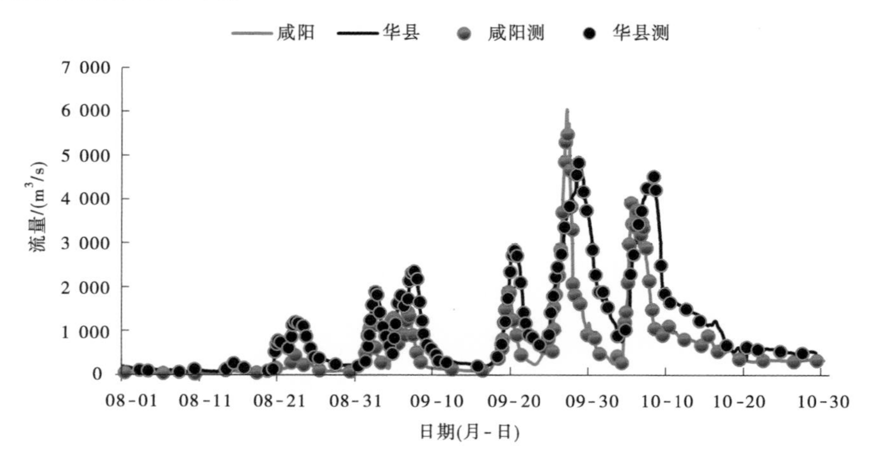

图 2.2-1 渭河咸阳、华县两站流量过程对照

3.9月4—10日洪水

9月上旬,渭河再次发生洪水过程,咸阳站9月4日23时6分洪峰流量1 380 m³/s,实测最大流量1 310 m³/s,洪峰控制幅度94.9%,其间咸阳站采用流速仪法测流14次。华县站洪水呈现逆时针绳套曲线,区间产汇流较缓慢,且下落很快。9月7日12时42分洪峰流量2 380 m³/s,最大实测流量2 370 m³/s,洪峰控制幅度99.6%,本次洪水华县站共施测流量19次,均采用流速仪施测。

4.9月18—21日洪水

9月下旬,渭河流域降水持续,咸阳、华县于9月18—21日出现一次明显的洪水过程,咸阳站洪水过程自9月18日18时6分开始起涨,起涨水位377.31 m,相应流量406 m³/s,至9月19日15时24分涨至峰顶,峰顶水位379.58 m,相应流量2 060 m³/s,最大实测流量1 890 m³/s,洪峰控制幅度91.7%,其间,咸阳站采用流速仪施测流量10次。

9月18日8时6分,华县站洪水起涨,起涨水位335.54 m,相应流量424 m³/s,于9月20日14时出现洪峰流量2 930 m³/s,相应水位339.35 m,9月20日21时42分出现最高水位339.65 m,相应流量2 540 m³/s。本次洪水过程中,华县站共实测流量8次,其中采用ADCP施测2次,采用流速仪施测6次,最大实测流量2 840 m³/s,洪峰控制幅度96.9%。

5.9月25—30日洪水

9月底,渭河再次出现洪水过程。咸阳站9月24日8时洪水起涨,于9月27日5时54分出现洪峰流量5 600 m³/s,水位381.49 m,水位峰值出现在9月27日12时30分,为381.56 m,相应流量5 500 m³/s。本次洪水过程,咸阳站最大实测流量5 500 m³/s,洪峰控制幅度98.2%,共测流量18次,均采用流速仪法施测。

洪水演进至华县站,9月24日21时54分,华县站洪水起涨,起涨水位336.98 m,相应流量860 m³/s,于9月28日19时到达峰顶,峰顶水位达341.91 m,相应流量4 860 m³/s,为建站以来同期第三大流量。本场洪水华县站最大实测流量4 840 m³/s,洪峰控制幅度99.6%,实测流量13次,均采用流速仪施测。由于水草较多,洪水上涨过程中,左右滩均漫滩,本次洪水水位流量关系线呈逆时针绳套曲线,区间产汇流较缓慢;泾河来水比例较小,导致含沙量变化不大,最大单沙仅8.82 kg/m³,且下落很快;漫滩以后测验较困难,河床冲淤变化较大。

该场洪水华县断面两岸发生漫滩,该段河道的反"S"形下部出现"裁弯取直",河势发生改变,原来在左岸的断面钢塔洪水期位于大河中间,且断面与主流角度发生变化,导致原来的测船无法在断面测验,无法控制整个断面。因此,华县站在原断面下游近700 m的河道上布设了临时断面进行测验工作。

在华县站9月28日洪峰施测过程中,各垂线均采用0.2一点法施测流速,其中,主槽各测点测速历时选择30 s,左滩及右滩各测点测速历时选择60 s。主槽部分流量为3 150 m³/s,主槽水面宽266 m,平均流速1.20 m/s,平均水深9.8 m,最大水深22.0 m,为华县站历史最大水深;左滩部分流量为1 310 m³/s,水面宽1 862 m,平均流速0.32 m/s,平均水深2.18 m,最大水深5.3 m;右滩部分流量380 m³/s,水面宽863 m,平均流速0.21 m/s,平均水深2.13 m,最大水深3.88 m。

6.10月3—10日洪水

10月5日12时42分,咸阳站又一次出现洪峰,洪峰流量4 020 m³/s,峰顶水位380.38 m,相应流量4 010 m³/s,最大实测流量3 920 m³/s,洪峰控制幅度97.5%,其间,咸阳站实测流量20次,均采用流速仪施测。

10月4日18时30分,华县站洪水起涨,相应水位337.40 m,流量965 m³/s,于10月8日9时到达峰顶,峰顶水位340.91 m,相应流量4 560 m³/s。本次洪水过程华县站最大实测流量4 540 m³/s,洪峰控制幅度99.6%,共实测流量12次,其中ADCP测流2次,流速仪测流10次。

渭河主要水文站水文特征统计见表2.2-2、表2.2-3。

表2.2-2 咸阳站水文特征统计

洪水要素	2021年秋汛			历史极值	
	最大值	出现时间(月-日)	历史位次	最大值	出现时间(年-月-日)
水位/m	381.56	09-27	—	386.94	2003-08-30
流量/(m³/s)	5 600	09-27	1935年以来9月同期最大	7 220	1954-08-18
含沙量/(kg/m³)	14.9	10-05	—	729	1968-08-03
流速/(m/s)	4.29	10-05	—	8.12	1973-08-26
水深/m	7.1	09-27	—	8.9	1957-07-18
水面宽/m	506	09-27	—		

表 2.2-3　华县站水文特征统计

洪水要素	2021 年秋汛			历史极值	
	最大值	出现时间（月-日）	历史位次	最大值	出现时间（年-月-日）
水位/m	341.91	09-28	建站以来最大	341.88	2003-09-01
流量/(m^3/s)	4 860	09-28	2011 年以来最大，建站以来 9 月同期最大	7 660	1954-08-19
含沙量/(kg/m^3)	35.2	10-06	—	905	1977-08-07
流速/(m/s)	3.35	09-26	—	4.31	1976-08-24
水深/m	22.0	09-28	建站以来最大	17.1	1975-10-03
水面宽/m	2 990	09-28	—		

2.2.1.2　汾河

2021 年 9 月中下旬—10 月上旬汾河中上游出现大范围降雨，河津站出现三次洪水过程。秋汛最高水位 377.94 m（10 月 9 日），最大洪峰流量 985 m^3/s（10 月 9 日），为河津站 1965 年以来最大洪水，超过本站实测最高水位（1996 年 8 月 11 日）2.08 m。其间，共实测流量 73 次，实测最大流量 977 m^3/s，相应水位 377.92 m，实测输沙率 3 次，实测单沙 75 次，最大单沙 4.75 kg/m^3（10 月 9 日），水情报汛 353 份，完整地控制了水沙变化过程。

9 月 18 日以来，汾河流域发生大面积降雨，河津站连续出现 3 次洪水过程。第一场洪水 9 月 19 日 11 时 30 分开始起涨，起涨水位 371.68 m，相应流量 52.0 m^3/s，9 月 21 日 4 时 54 分到达峰顶，峰顶流量 128 m^3/s，相应水位 373.57 m。其间，共施测流量 8 次，其中 ADCP 测流 5 次，流速仪测流 3 次，实测最大流量 131 m^3/s，洪峰控制幅度 100%。整个洪水过程上涨缓慢，上游无大面积漫滩，在河津测流断面略有出槽，水位-流量关系呈单一线。

9 月 22—27 日，汾河中下游出现强降水过程，受降雨影响，上游柴庄水文站 9 月 26 日 13 点出现 330 m^3/s 洪峰流量。河津站 9 月 25 日 11 时 12 分起涨，起涨水位 372.78 m，相应流量 89.1 m^3/s，29 日 7 时 30 分洪峰流量 219 m^3/s，相应水位 375.24 m。其间，共实测流量 17 次，其中 ADCP 测流 14 次，流速仪测流 3 次。实测最大流量 219 m^3/s，洪峰控制幅度 100%。此次洪水传播缓慢，断面上下游农田大面积种植玉米等作物，对洪水下泄造成阻滞，形成大面积漫滩。洪峰传播历时 72 h 左右，峰顶水位持续 7 h，水位-流量关系呈逆时针绳套线，断面冲淤变化不大。

10 月 3 日 23 时 48 分水位又开始起涨，起涨水位 372.84 m，相应流量 91.6 m^3/s；10 月 9 日 8 时 24 分洪峰流量 985 m^3/s，相应水位 377.94 m。本次洪水期间，河津站共实测流量 30 次，其中 ADCP 测流 19 次，流速仪测流 11 次，输沙率测验 1 次。实测最大流量 977 m^3/s，相应水位 377.92 m，洪峰控制幅度 99.6%。在 10 月 9 日洪峰流量施测过程中，采用流速仪法施测，根据水深大小，采取 0.2 或 0.6 一点法施测垂线平均流速，由于抢测洪峰以及水草影响，测速历时选择 30 s 或 60 s。本次洪水上涨较快，因下游决口，峰顶持续时间较短，回落缓慢,冲淤变化不大,本次洪水为 1965 年来最大洪水,最大含沙量 4.75 kg/m^3。

2.2.1.3　伊洛河

2021 年秋汛期,伊洛河流域受持续降雨影响,出现多次洪水过程,多站出现建站或近几十年以来最大洪水,经陆浑、故县水库调蓄后,伊洛河中下游出现 4 次明显的洪水过程,其中洛河 9 月 19 日 16 时洪峰流量 2 890 m^3/s,为 1982 年(5 380 m^3/s)以来最大洪水;黑石关站 9 月 20 日 9 时洪峰流量 2 950 m^3/s,为 1982 年(4 110 m^3/s)以来最大洪水,且是 1950 年有实测资料以来同期最大洪水(见图 2.2-2)。

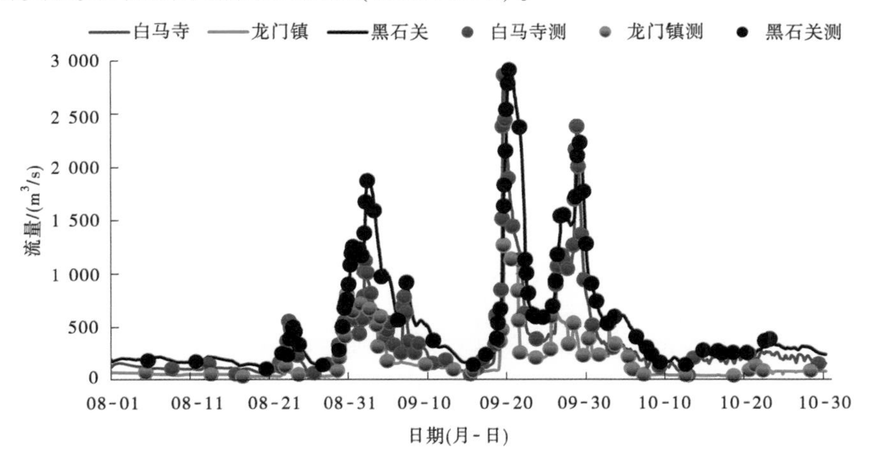

图 2.2-2　伊洛河三站流量过程对照

1. 8 月 29 日—9 月 14 日洪水

8 月 29 日—9 月 6 日,伊洛河遭遇强降雨过程。卢氏站出现建站以来第三大洪峰流量 2 440 m^3/s,最大实测流量 2 400 m^3/s,洪峰控制幅度 98.4%。本次洪水过程中,卢氏站在起涨时采用流速仪施测流量,实测流量 193 m^3/s,随后,峰顶及峰腰的 4 次实测流量数据均采用浮标法施测。宜阳站洪峰流量 1 010 m^3/s,最大实测流量 981 m^3/s,洪峰控制幅度 97.1%,实测流量均采用流速仪施测。白马寺站洪峰流量 1 150 m^3/s,最大实测流量 1 130 m^3/s,洪峰控制幅度 98.3%,实测流量均采用流速仪施测。

伊河陆浑以上雨强较大,栾川站、潭头站、东湾站相继发生洪水过程,潭头站洪峰流量 1 200 m^3/s,最大实测流量 1 170 m^3/s,洪峰控制幅度 97.5%。本次洪水过程,潭头站共实测流量 21 次,其中流速仪测流 15 次,浮标法测流 6 次,峰顶附近的实测数据均为浮标法施测。东湾站洪峰流量 1 500 m^3/s,最大实测流量 1 460 m^3/s,洪峰控制幅度 97.3%,其间除 8 月 29 日水位接近峰顶时采用浮标法施测流量 1 次,其余时间均采用流速仪施测流量。黑石关站洪峰流量 1 870 m^3/s,最大实测流量 1 870 m^3/s,洪峰控制幅度 100%,实测流量均采用流速仪施测。

2. 9 月 18—24 日洪水

9 月 17—19 日,伊洛河流域发生强降雨过程,伊河栾川、潭头、东湾站发生了历年第四大洪峰流量,洛河卢氏站发生了建站以来第二大洪峰流量;伊河栾川、潭头、东湾、龙门镇,洛河卢氏、白马寺站发生同期第一大洪峰流量,伊河陆浑、韩城河韩城站发生同期第二大洪峰流量,洛河宜阳、涧河新安站发生同期第三大洪峰流量。

卢氏站于 9 月 19 日 7 时出现了 2 430 m³/s 的洪峰流量,场次洪水持续时间短,涨落迅速。本次洪水过程卢氏站最大实测流量 2 400 m³/s,洪峰控制幅度 98.8%,实测流量 10 次,其中流速仪测流 8 次,浮标法测流 2 次。

伊河潭头站于 9 月 19 日 9 时 18 分出现 2 140 m³/s 的洪峰流量,为该站历年第四大洪峰流量。最大实测流量 2 080 m³/s,洪峰控制幅度 98.1%,实测流量 10 次,其中流速仪测流 8 次,浮标法测流 2 次。

黑石关站 9 月 20 日 9 时出现了 2 950 m³/s 的洪峰流量,最大实测流量 2 910 m³/s,洪峰控制幅度 98.0%,其间,黑石关站实测流量共 16 次,均采用吊箱牵引流速仪施测。

在本次黑石关水文站洪峰施测过程中,由于水面漂浮物较多,故采用水面一点法施测,测速历时选择 30 s,左岸滩地为玉米地,无法进行测速。受断面下游铁路桥影响,水面比降为 2.5‰。

3. 9 月 25 日—10 月 3 日洪水

9 月下旬,受洛河上游降雨影响,洛河出现一次明显的洪水过程。卢氏站 9 月 28 日 16 时 48 分洪峰流量 1 750 m³/s,最大实测流量为 1 740 m³/s,洪峰控制幅度 99.4%,其间流速仪测流 16 次。

受故县水库的调节作用,长水站洪峰流量有明显削减,9 月 28 日洪峰流量 1 160 m³/s,随着洪水向洛河下游演进,洪峰逐渐增大。

宜阳站 9 月 28 日 15 时 24 分出现 1 950 m³/s 的洪峰流量,最大实测流量 1 910 m³/s,洪峰控制幅度 97.9%,实测流量均采用流速仪施测。

白马寺站 9 月 28 日 21 时 30 分洪峰流量 2 390 m³/s,最大实测流量 2 380 m³/s,洪峰控制幅度 99.6%,其间,白马寺站实测流量共 15 次,其中流速仪测流 13 次,浮标法测流 2 次。

黑石关站 9 月 29 日 5 时 30 分洪峰流量为 2 220 m³/s,洪水主要由洛河洪水组成,同时段伊河水量较小。本次洪水过程黑石关站最大实测流量 2 230 m³/s,其间实测流量 14 次,均采用流速仪施测。

伊洛河主要水文站水文特征统计见表 2.2-4~表 2.2-10。

表 2.2-4　潭头站水文特征统计

洪水要素	2021 年秋汛			历史极值	
	最大值	出现时间(月-日)	历史位次	最大值	出现时间(年)
水位/m	472.91	09-19	—	571.33	1954
流量/(m³/s)	2 140	09-19	3(2010 年以来最大)	3 270	1975
含沙量/(kg/m³)	19.3	09-19	—	316	1977
流速/(m/s)	7.06	09-19	—		
水深/m	4.92	09-19	—		
水面宽/m	99.9	09-19	—		

表 2.2-5　东湾站水文特征统计

洪水要素	2021 年秋汛			历史极值	
	最大值	出现时间（月-日）	历史位次	最大值	出现时间（年）
水位/m	367.10	09-19	—	371.23	2010
流量/(m^3/s)	2 800	09-19	4（2010 年以来最大）	4 200	1975
含沙量/(kg/m^3)	14.4	09-19	—	306	1981
流速/(m/s)	6.18	09-19	—		
水深/m	6.2	09-19	—		
水面宽/m	119	09-19	—		

表 2.2-6　龙门镇站水文特征统计

洪水要素	2021 年秋汛			历史极值	
	最大值	出现时间（月-日）	历史位次	最大值	出现时间（年-月-日）
水位/m	150.55	09-27	—	153.43	1982-07-30
流量/(m^3/s)	1 290	09-19	—	7 180	1937-08-06
含沙量/(kg/m^3)	6.31	08-30	—	99.1	1977-07-25
流速/(m/s)	3.60	09-19	—	6.78	1958-07-17
水深/m	3.30	09-19	—	4.70	1975-08-08
水面宽/m	189	09-19	—		

表 2.2-7　卢氏站水文特征统计

洪水要素	2021 年秋汛			历史极值	
	最大值	出现时间（月-日）	历史位次	最大值	出现时间（年-月-日）
水位/m	553.09	09-01	—	554.76	1982-08-01
流量/(m^3/s)	2 440	09-01	2	2 390	2003-08-29
含沙量/(kg/m^3)	17.5	09-01	—	662	1981-06-20
流速/(m/s)	5.13	09-19	—	6.25	2003-08-29
水深/m	5.0	09-01	建站以来最大	5.0	1982-08-01
水面宽/m	198	09-01	—		

表 2.2-8　长水站水文特征统计

洪水要素	2021 年秋汛			历史极值	
	最大值	出现时间（月-日）	历史位次	最大值	出现时间（年-月-日）
水位/m	382.37	09-19	—	384.16	1954-08-04
流量/(m^3/s)	1 370	09-19	1984 年以来最大	3 360	1957-07-16
含沙量/(kg/m^3)	1.30	09-19	—	359	1977-06-26
流速/(m/s)	4.99	09-20	—	7.70	1957-07-16
水深/m	5.5	09-19	建站以来最大	5.3	2011-09-18
水面宽/m	152	09-19	—		

表 2.2-9　白马寺站水文特征统计

洪水要素	2021 年秋汛			历史极值	
	最大值	出现时间（月-日）	历史位次	最大值	出现时间（年-月-日）
水位/m	118.53	09-19	—	124.27	1982-08-01
流量/(m^3/s)	2 890	09-19	5（1982 年以来最大）	7 230	1958-07-17
含沙量/(kg/m^3)	6.16	09-19	—	125	1969-08-10
流速/(m/s)	5.15	09-19	—	6.25	1958-07-17
水深/m	8.8	09-28	—	12.2	1982-08-02
水面宽/m	145	09-19	—		

表 2.2-10　黑石关站水文特征统计

洪水要素	2021 年秋汛			历史极值	
	最大值	出现时间（月-日）	历史位次	最大值	出现时间（年-月-日）
水位/m	112.26	09-20	—	114.81	1982-08-02
流量/(m^3/s)	2 950	09-20	1982 年以来最大，1950 年以来 9 月同期最大	9 450	1958-07-17
含沙量/(kg/m^3)	5.11	09-20	—	103	1969-07-12
流速/(m/s)	3.02	09-20	—	5.56	1958-07-17
水深/m	14.7	09-29	建站以来最大	13.9	1982-08-18
水面宽/m	285	09-20	—		

2.2.1.4　沁河

2021 年秋汛期,沁河流域受持续性降雨影响,干支流洪水频发,多站出现建站或几十年以来最大洪水。经河口村水库拦洪削峰,下游五龙口、武陟站洪峰流量分别为 1 760 m^3/s 和 2 000 m^3/s,为 1982 年以来最大洪水。

1. 9 月 25 日—10 月 4 日洪水

9 月 26 日 3 时 0 分,润城站水位开始上涨,当日 6 时 0 分,张峰水库下泄流量增加至 500 m^3/s,润城站 9 月 26 日 12 时 6 分出现 1 450 m^3/s 的洪峰流量。经过河口村水库的调蓄,五龙口站洪峰出现于 27 日 9 时 15 分,洪峰流量 1 760 m^3/s,最大实测流量 1 760 m^3/s,洪峰控制幅度 100%,其间采用流速仪实测流量 9 次。

洪水演进至武陟站,9 月 27 日 20 时,洪水演进至武陟站,出现洪峰流量 2 000 m^3/s,为 1950 年以来同期最大洪峰流量(实测最大流量 4 130 m^3/s,1982 年 8 月 2 日;建站以来最大流量 4 130 m^3/s,1982 年 8 月 2 日)。本次洪水过程,武陟站最大实测流量 2 000 m^3/s(见图 2.2-3),洪峰控制幅度 100%,其间实测流量 17 次,均采用流速仪施测。

武陟站水位在 105.26 m 时,附近河道发生漫滩,主槽和滩区流量分别施测,滩区流量在断面下游沁河大桥施测。在洪峰施测的过程中,主槽水面宽 422 m,滩区水面宽 228 m。主槽部分由于水深较大,水深大于 4 m 的垂线,采用 0.2 一点法测速,其余垂线采用 0.6 一点法测速;滩区最大水深 2.70 m,按照规范要求,采用 0.2、0.8 两点法或 0.2 一点法、0.6 一点法施测。

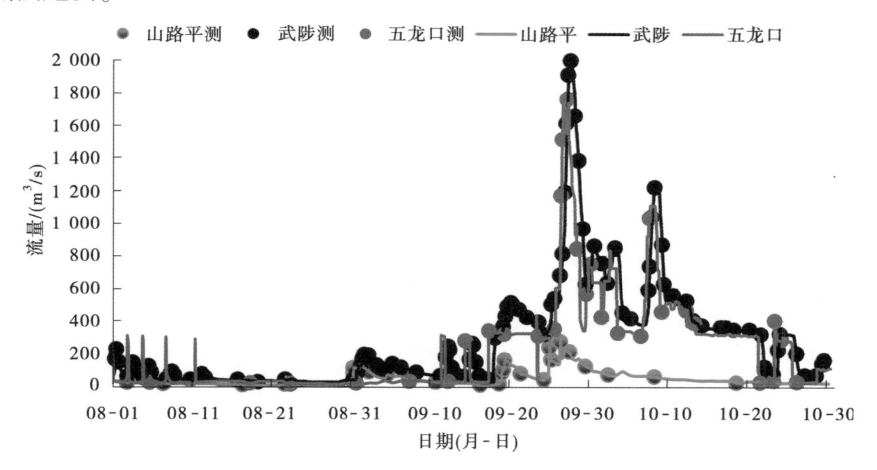

图 2.2-3　沁河三站流量过程对照

2. 10 月 7 日—10 月 15 日洪水

10 月中旬,受沁河上游降雨影响,沁河出现一次明显的洪水过程。润城站于 10 月 8 日 7 时出现 1 010 m^3/s 的洪峰流量,洪峰演进到山里泉站增大至 1 260 m^3/s,在河口村水库的调节作用下,五龙口站洪峰流量减至 1 110 m^3/s,最终,武陟站 10 月 8 日 16 时出现 1 230 m^3/s 的洪峰流量。

沁河主要水文站水文特征统计见表 2.2-11、表 2.2-12。

表 2.2-11　武陟站水文特征统计

洪水要素	2021 年秋汛			历史极值	
	最大值	出现时间（月-日）	历史位次	最大值	出现时间（年-月-日）
水位/m	106.12	09-27		107.50	1982-08-02
流量/(m^3/s)	2 000	09-27	4（1982 年以来最大，1950 年以来 9 月同期最大）	4 130	1982-08-02
含沙量/(kg/m^3)	6.48	09-27		128	1954-07-27
流速/(m/s)	2.61	09-27		4.82	2003-10-11
水深/m	8.3	09-27		10.3	1954-08-04
水面宽/m	650	09-27			

表 2.2-12　山路平站水文特征统计

洪水要素	2021 年秋汛			历史极值	
	最大值	出现时间（月-日）	历史位次	最大值	出现时间（年-月-日）
水位/m	202.29	09-26		206.17	1954-08-13
流量/(m^3/s)	285	09-26	—	1 880	1954-08-13
含沙量/(kg/m^3)	2.54	09-25		239	1955-07-01
流速/(m/s)	4.88	09-26		8.95	1956-07-30
水深/m	4.20	09-26	—	5.6	1957-07-25
水面宽/m	47.0	09-26			

2.2.1.5　黄河干流

1.9 月中下旬暴雨洪水

9 月 15—20 日，受上游来水及降雨影响，龙门站形成一次洪水过程。本次洪水期间，龙门站 9 月 15 日 23:12 水位开始起涨，起涨水位 378.05 m，相应流量 1 000 m^3/s。17 日 12 时 53 分洪峰流量 2 860 m^3/s，相应水位 379.17 m，实测最大流量 2 880 m^3/s，相应水位 379.12 m，洪水过程控制完整。截至 20 日 0 时，共实测流量 17 次，单沙测验 43 次，最大含沙量为 64.2 kg/m^3，输沙率测验 8 次，完整控制了水流沙变化过程。

9 月 20 日左右，受伊洛河、沁河流域降雨影响，黄河下游干流形成一次明显的洪水过程，由于前期土壤饱和，径流形成较快，洪水持续时间长，洪型偏胖、含沙量较小。花园口水文站 9 月 21 日出现洪水过程，洪峰流量 3 770 m^3/s，夹河滩水文站 9 月 21 日出现洪峰流量 3 730 m^3/s。高村站 9 月 21 日洪峰流量 3 690 m^3/s，受区间加水及降雨影响，洪水演进至利津站，洪峰流量有一定程度的增加，9 月 24 日洪峰流量为 4 150 m^3/s。

2. 黄河 2021 年第 1 号洪水

9 月下旬,受渭河流域持续强降水影响,渭河出现了洪水过程,渭河洪水演进至潼关站,与黄河干流来水汇合后,潼关站于 9 月 27 日 15 时 48 分,流量达到 5 020 m^3/s,根据《全国主要江河洪水编号规定》,定为黄河 2021 年第 1 号洪水,并于 9 月 29 日 23 时到达峰顶,峰顶水位 327.91 m,相应洪峰流量 7 480 m^3/s,实测最大流量 7 380 m^3/s。本次洪水潼关站共实测流量 24 次,其中流速仪测流 20 次,ADCP 测流 4 次,洪峰控制幅度 98.7%。

3. 黄河 2021 年第 2 号洪水

9 月下旬,沁河流域、伊洛河流域同时有强降水过程,在沁河、伊洛河与小浪底水库下泄流量一起影响下,花园口站于 9 月 27 日 21 时流量达到 4 020 m^3/s,形成黄河 2021 年第 2 号洪水。花园口站于 9 月 28 日 13 时 24 分到达峰顶,峰顶水位 91.11 m,相应流量 5 220 m^3/s,实测最大流量 5 180 m^3/s。本次洪水花园口站实测流量 12 次,均为 ADCP 测流,洪峰控制幅度 99.2%。

4. 黄河 2021 年第 3 号洪水

10 月上旬,受渭河、黄河北干流来水共同影响,黄河潼关站 10 月 5 日 23 时流量 5 090 m^3/s,形成黄河 2021 年第 3 号洪水。该场洪水潼关站共实测流量 22 次,其中流速仪测流 17 次,ADCP 测流 5 次,洪峰流量 8 360 m^3/s,实测最大流量 8 290 m^3/s,洪峰控制幅度 99.2%。

此次洪水过程中,潼关站涨水较快,流速大,水面漂浮物多,测验常伴随持续强降雨,洪水来源为黄河干流、渭河、北洛河和汾河来水,水势复杂,落水慢,含沙多,最大含沙量 29.2 kg/m^3,断面左岸受干流来水影响冲淤变化较大,右岸发生明显淤积,但水深仍较大,最大水深接近 10 m,在水深超过 7 m 的测速垂线采用 0.5 一点法施测,其余垂线按任务书要求施测,遇漂浮物较多的情况时,测速历时根据实际情况缩短至 30 s,漂浮物不影响正常施测时测速历时仍采用 100 s。

洪水期间,受小浪底、西霞院水库泄水影响,花园口及以下各水文站自 9 月 26 日起出现长时间大流量过程。水文局提前预置预备队,下沉支援力量,有序开展水文测报工作。

黄河干流主要水文站流量过程对照见图 2.2-4~图 2.2-6,水文特征统计见表 2.2-13~表 2.2-21。

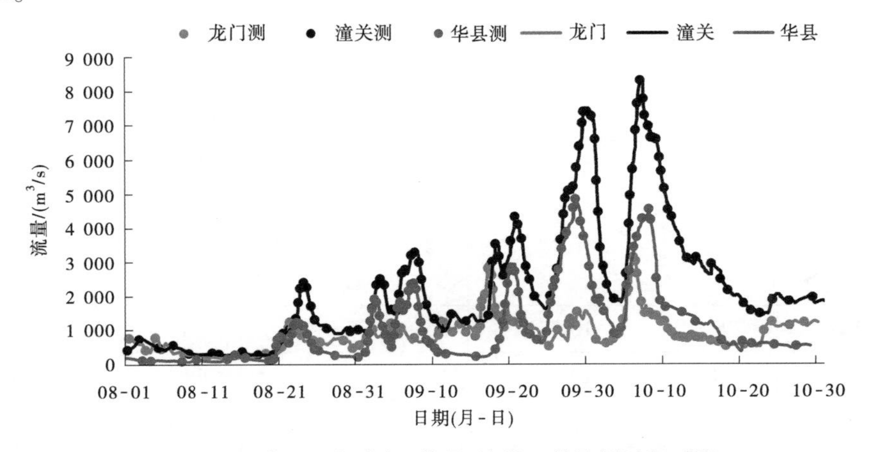

图 2.2-4　龙三区间龙门、华县、潼关三站流量过程对照

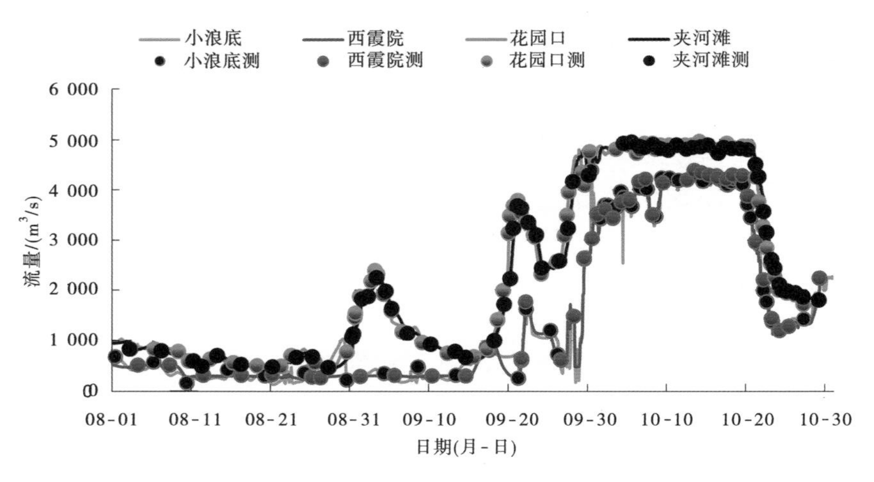

图 2.2-5　河南河段四站流量过程对照

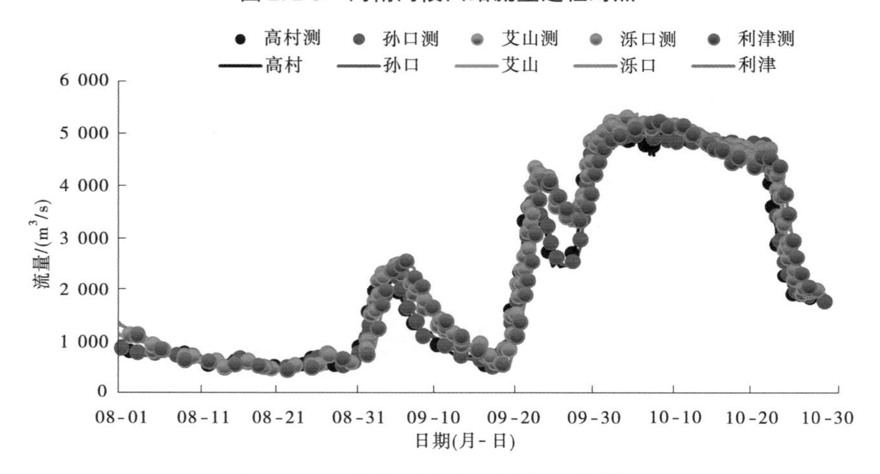

图 2.2-6　山东河段各站流量过程对照

表 2.2-13　潼关站水文特征统计

洪水要素	2021 年秋汛			历史极值	
	最大值	出现时间(月-日)	历史位次	最大值	出现时间(年-月-日)
水位/m	328.34	10-07	—	331.43	1961-10-21
流量/(m^3/s)	8 360	10-07	1979 年以来最大，1934 年以来 10 月同期最大	15 400	1977-08-06
含沙量/(kg/m^3)	29.2	10-07	—	911	1977-08-06
流速/(m/s)	4.14	10-06	—	6.60	1954-07-13
水深/m	9.8	09-29	—	13.0	1970-08-03
水面宽/m	405	10-07	—		

表 2.2-14　小浪底站水文特征统计

洪水要素	2021 年秋汛			水库运用以来极值	
	最大值	出现时间（月-日）	历史位次	最大值	出现时间（年-月-日）
水位/m	136.38	10-14	—	137.05	2020-06-28
流量/(m^3/s)	4 460	09-30	—	5 680	2020-06-28
含沙量/(kg/m^3)	69.9	08-25	—	452	2018-07-14
流速/(m/s)	3.69	10-13	—	5.84	2020-07-07
水深/m	8.6	10-10	—	9.9	2020-06-28
水面宽/m	372	10-19	—		

表 2.2-15　花园口站水文特征统计

洪水要素	2021 年秋汛			历史极值	
	最大值	出现时间（月-日）	历史位次	最大值	出现时间（年-月-日）
水位/m	91.11	09-28	—	93.35	1996-08-05
流量/(m^3/s)	5 220	09-28	—	22 300	1958-07-17
含沙量/(kg/m^3)	15.3	08-28	—	546	1977-07-10
流速/(m/s)	4.05	09-28	—	5.72	1977-08-17
水深/m	7.2	10-26	—	15.7	1963-10-04
水面宽/m	871	10-11	—		

表 2.2-16　夹河滩站水文特征统计

洪水要素	2021 年秋汛			历史极值	
	最大值	出现时间（月-日）	历史位次	最大值	出现时间（年-月-日）
水位/m	73.54	09-29	—	77.05	1996-08-06
流量/(m^3/s)	5 130	09-29	—	20 500	1958-07-18
含沙量/(kg/m^3)	11.7	10-01	—	456	1973-09-03
流速/(m/s)	3.78	10-16	—	5.30	1958-07-18
水深/m	7.8	09-20	—	13.6	2012-06-21
水面宽/m	676	09-26	—		

表 2.2-17　高村站水文特征统计

洪水要素	2021 年秋汛			历史极值	
	最大值	出现时间（月-日）	历史位次	最大值	出现时间（年-月-日）
水位/m	60.23	09-29	—	62.68	1982-08-04
流量/(m^3/s)	5 200	09-29	—	17 900	1958-07-19
含沙量/(kg/m^3)	12.2	10-13	—	405	1977-07-11
流速/(m/s)	3.21	09-21	—	5.33	1956-08-12
水深/m	14.7	10-07	—	12.0	1955-07-28
水面宽/m	580	09-21	—		

表 2.2-18　孙口站水文特征统计

洪水要素	2021 年秋汛			历史极值	
	最大值	出现时间（月-日）	历史位次	最大值	出现时间（年-月-日）
水位/m	46.48	10-04	—	47.69	1996-08-15
流量/(m^3/s)	5 050	10-04	—	15 900	1958-07-20
含沙量/(kg/m^3)	10.5	10-14	—	267	1973-09-05
流速/(m/s)	3.56	09-29	—	4.91	1959-08-24
水深/m	10.8	09-29	—	11.8	1976-09-05
水面宽/m	412	10-03	—		

表 2.2-19　艾山站水文特征统计

洪水要素	2021 年秋汛			历史极值	
	最大值	出现时间（月-日）	历史位次	最大值	出现时间（年-月-日）
水位/m	40.59	10-04	—	41.80	1958-07-22
流量/(m^3/s)	5 300	10-04	—	12 600	1958-07-21
含沙量/(kg/m^3)	12.2	10-12	—	246	1973-09-05
流速/(m/s)	3.51	09-23	—	5.54	1954-08-21
水深/m	13.3	09-30	—	17.5	1958-07-22
水面宽/m	378	10-04	—		

表 2.2-20　泺口站水文特征统计

洪水要素	2021 年秋汛			历史极值	
	最大值	出现时间（月-日）	历史位次	最大值	出现时间（年-月-日）
水位/m	29.29	10-04	—	30.60	1996-08-18
流量/(m^3/s)	5 270	10-04	—	11 900	1958-07-23
含沙量/(kg/m^3)	11.2	10-14	—	221	1973-09-06
流速/(m/s)	3.56	10-09	—	4.36	1966-08-03
水深/m	12.2	10-12	—	18.2	1958-07-24
水面宽/m	276	10-13	—		

表 2.2-21　利津站水文特征统计

洪水要素	2021 年秋汛			历史极值	
	最大值	出现时间（月-日）	历史位次	最大值	出现时间（年-月-日）
水位/m	12.46	10-08	—	13.51	1955-01-29
流量/(m^3/s)	5 240	10-08	—	10 400	1958-07-25
含沙量/(kg/m^3)	11.5	10-15	—	222	1973-09-07
流速/(m/s)	3.76	10-08	—	5.12	1959-08-25
水深/m	9.2	10-14	—	9.3	1976-09-09
水面宽/m	298	09-03	—		

2.2.2　测报手段及新技术应用

水文部门充分发挥日渐完善的水文测验站网前哨作用，在黄河干流站及主要支流把口站，采用遥感、无人机、无人船、走航式 ADCP、雷达在线测流、自动报汛系统等先进技术手段，实施水文泥沙全要素原型测验，确保汛情“测得出、测得准、报得快”，不仅大幅度提高了报汛频次，也大大降低了测验成本。

主要使用的先进仪器、软件及新技术如下。

2.2.2.1　流量测验仪器应用

1. 雷达在线测流系统

小浪底站已批复投产应用雷达在线测流系统（见图 2.2-7），该仪器采用雷达传感器实时在线监测河流表面流速，通过率定分析表面流速系数，以已知水位推算断面面积，从而实现水文站断面流量在线监测。该测流系统需结合测流断面、水流特性、精度要求和设施等条件，确定能够控制断面和流速沿河宽分布的代表垂线位置和传感器数量，分析代表垂线平均流速与断面平均流速关系稳定的垂线位置，选择在河段相对顺直、断面基本稳定、流速大于 0.5 m/s 的河道使用，宜选择桥梁安装，传感器发射方向朝向上游，传感器距水面垂直距离不宜大于 30 m。

图 2.2-7　雷达在线测流系统

2. 无人机雷达测流系统

水文部门研发了无人机载单波束雷达流速仪，该仪器可按规划自主飞行，在预置的断面起点距位置河面上空，以预定测速历时逐点测量水面流速，计算机测流系统软件采用已知水位和断面数据，推算水深、断面面积，以水面流速及表面流速系数计算断面流量。目前该仪器配备水文局应急监测总队，在秋汛洪水应急监测中得到了应用和检验（见图 2.2-8）。

图 2.2-8　无人机雷达测流系统

3. 侧扫雷达测流系统

花园口、三门峡站已使用侧扫雷达测流系统（见图 2.2-9），该系统采用非接触式雷达技术，利用多普勒原理测量河流表面多个单元流速，建立单元表面流速与断面平均流速的关系，经流速面积法计算得到流量。该系统要求测验河段顺直，一般顺直河段长为河宽的 3~5 倍；断面流态相对稳定，无回流、漩涡，远离水坝、水库，避开影响；表面流速不宜小于 0.1 m/s，且有一定水波纹。安装点雷达到水面开阔，雷达到河对岸左右 60°视角无船只、树木、建筑物等对雷达电磁波的遮挡；应与高压线、电站、电台、工业干扰源保持安全距离。

2.2.2.2　泥沙测验仪器应用

1. 同位素在线测沙仪

秋汛期间，在潼关站使用了同位素在线测沙仪（见图 2.2-10）。该仪器利用放射性同

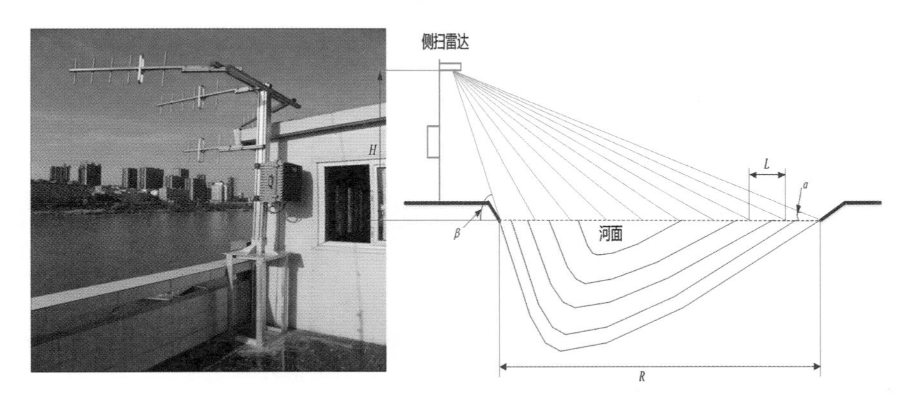

图 2.2-9　侧扫雷达

位素 241 Am 发出 γ 射线通过物质时的能量衰减原理测量被测物质的密度，从而测得含沙量。使用同位素进行含沙量测量时，当放射源发出的 γ 射线穿过浑水进入电离室内部，电离室把 γ 射线转变成电流信号。浑水中含沙量愈大，γ 射线被泥沙吸收的愈多，进入电离室的 γ 射线就愈少，转变成电流信号就愈小；反之亦然。测验断面应相对稳定，应具备牢固稳定的安装设施条件，固定测点需要有代表性。适宜安装在河道桩体或桥墩的背水位置，距桩体 1.5 m。应具有一定深度，根据水深变化，系统自动调整仪器上下位置，保持固定在相对水深 0.5（或 0.6）位置。该系统适用于河道、渠道、水库悬移质泥沙在线监测。应用水深：0.3 m 以上；测沙范围：0.10～1 200 kg/m^3；测沙精度：含沙量 3 kg/m^3 以下，误差不超过 10%，含沙量 3 kg/m^3 以上，误差不超过 3%。

图 2.2-10　同位素在线测沙仪

2. 光电式测沙仪

秋汛期间，小浪底、花园口站使用了光电式测沙仪（见图 2.2-11）。光电式测沙仪根据消光原理，利用固体颗粒阻拦光线通过数量的差异，通过测量与入射光多个角度的散射光强度，与内置于系统内部的标定值比对分析，经过算法处理，计算出水样悬移质泥沙含量。①固定安装。适合水位变幅小的监测点。②缆道安装。适合安装在缆道上的铅鱼上，或搭载吊箱下部。③柱体立式安装。适合在桥梁柱体等入水柱体上，结合自动升降系统，可根据水位自动升降。适合在水位变化大的地方安装。④浮标安装。适合安装在专用浮标上，适合水深的地方。不受水位涨落的影响。应用条件：含沙量应用范围为 0～50 kg/m^3。技术指标：测沙仪使用温度：0～50 ℃；工作水深：20 m；测沙范围：0.001～700 kg/m^3；系统误差：<±1%；随机误差：<±10%；标准差：<2%。

图 2.2-11　光电式测沙仪

3. 振动式测沙仪

目前，小浪底水文站已正式应用振动式测沙仪(见图 2.2-12)。经过比测分析，振动式测沙仪适用于小浪底水文站含沙量 100 kg/m^3 以下报汛。根据振动力学方程，利用特殊材料制成的振动管，随着流经振动管的液体密度发生变化其振动频率也在变化。振动式测沙仪就是采用高精密的振动管密度传感器将采集到的周期(频率)，以及水温传感器采集到的水体温度和压力传感器采集到的水体压力等数字信号，通过标准串行口进入到计算机，利用计算机上所建立的数学模型进行分析计算，得到含沙量。进行含沙量测验时，将测沙仪放入水中一定深度(如相对水深 0.6)。振动式测沙仪需提前置于水中热平衡。测沙仪入水前，进行大气压校正和清水调零，根据调试结果设置测沙仪参数。当含沙量在 100 kg/m^3 以上时，振动式测沙仪进水口堵塞的情况较为常见，易造成监测数据异常。该仪器适用于流速大于 0.5 m/s。

图 2.2-12　振动式测沙仪

4. 激光粒度仪

水文局 2004 年进口并普及应用激光粒度仪开展泥沙级配测验。目前国产化仪器(见图 2.2-13)已有 7 台。仪器发出光束,光束穿越浑水过程中发生散射现象,散射光与光束初始传播方向形成一个夹角(散射角),散射角的大小与颗粒的粒径相关,粒径越大产生的散射角就越小;粒径越小产生的散射角就越大。测量不同角度上的散射光的强度从而得到泥沙的粒度分布。激光粒度仪应根据使用率和出现问题的频率进行定期检定或校准,应在使用场地变动、故障维修排除后、可疑现象发生时进行检定或校准(如用标准物质校准或对存留样品进行再检测等)。技术指标:测量范围 0.02~2 800 μm;重复性误差≤0.05%,准确性误差≤0.05%(国标样 D50 偏差)。

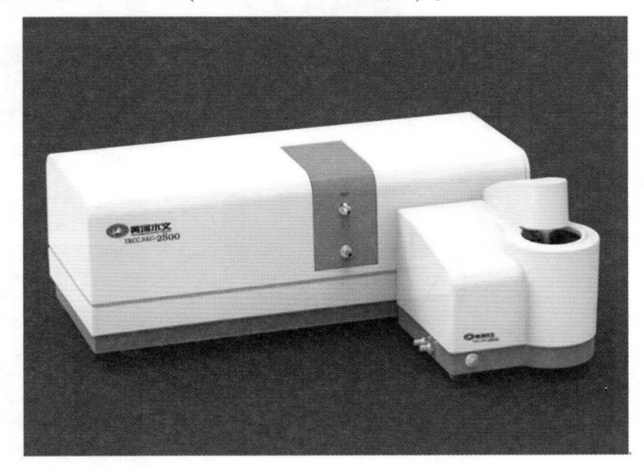

图 2.2-13　国产激光粒度仪

2.2.2.3　自动报汛软件

水文局自 2017 年起研究开发自动报汛系统,通过水位-流量关系拟合或数字化处理和人机交互实测,适时修正水位-流量关系线,根据水位过程实现自动推流拟报、发报。在秋汛洪水中三门峡、高村、泺口站已成熟应用,避免了在报汛过程中错报、漏报的情况,大大降低了职工劳动强度,为水库精细调度提供了强有力的信息支撑。自动报汛软件工作界面如图 2.2-14 所示。自动报汛系统结构如图 2.2-15 所示。

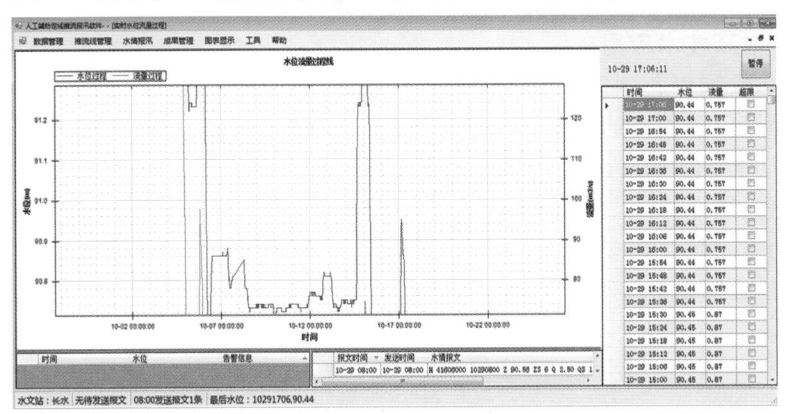

图 2.2-14　自动报汛软件工作界面

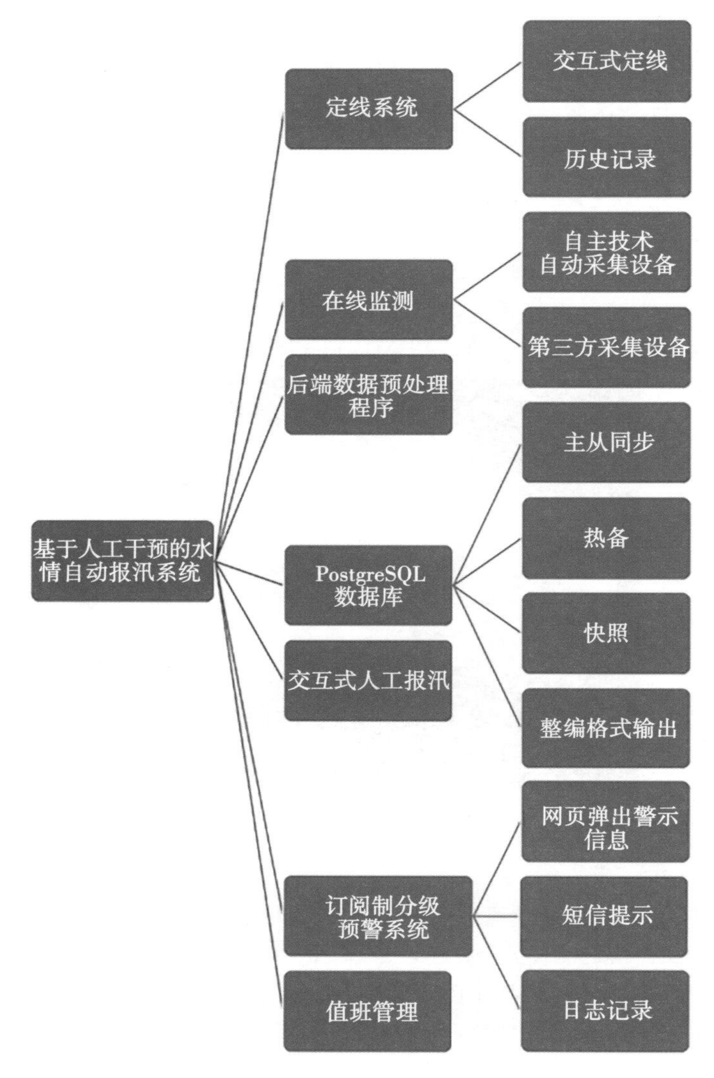

图 2.2-15　自动报汛系统结构

2.2.2.4　其他新技术应用

本年度水文局以花园口水文站作为试点开展了多船联测软件研发工作，实现 GPS、测深、流速信号等仪器设备的接入和测验数据的传输以及流量计算、存储、成果输出、流速、断面套绘等功能，提升花园口站流量测验自动化水平；开发平台软件，动态展示测验过程中的测船位置、测点流速、水深、流量等，直观反映测验场景，该项目成果在花园口站已成熟应用；自动报汛软件在多站应用，在 2021 年长时间持续洪水、高频次报汛任务要求下，自动报汛软件在降低职工劳动强度方面发挥了重要作用。

2.3　洪水预报

秋汛期间，水文局逐日开展雨水情滚动会商研判，洪水期间加密会商，提升天气形势、洪水过程和洪量预测预报的精度，下好水文预警预报“先手棋”。首次发布黄河中下游重大水情预警，超常规对未来 10 d 小浪底以上及小花区间来水形势进行预估，准确预报了黄河干流 9 d 内相继出现的 3 场编号洪水，伊洛河、沁河等多条支流出现的历史同期最大洪水，为黄河防汛科学决策，以及实现“不伤亡、不漫滩、不跑坝”的秋汛防御目标提供了有力的技术支撑。

2.3.1　洪水预报工作情况

2021 年黄河流域气象年景异常，早在汛前就有所显现。4 月黄河支流渭河、伊洛河就出现洪水过程，较正常年份提前了 2~3 个月；在汛前多次长期预测中，均预测 2021 年汛期黄河流域降水较常年偏多 1~2 成。这些信息为黄河防汛提前敲响了警钟，汛前系统分析了历史典型暴雨洪水形成天气系统、产汇流规律，开展了现状下垫面条件下洪水反演，为汛期洪水预报提前做好各项技术准备。

8 月 20 日前后，黄河山陕区间南部、泾渭洛河、三花区间持续降雨，多地降大到暴雨，黄河 2021 年秋汛拉开序幕。自 8 月 17 日开始连续 6 d 发布重要天气预报通报，准确预报了降雨量级及落区。持续降雨使得渭河、伊洛河出现明显洪水过程，其间每日估算黄河北干流、渭河来水，并据此预报潼关站未来 7 d 日均流量；8 月 22 日发布洛河卢氏站洪水预报，预报洪峰流量 1 500 m^3/s，实况为 1 390 m^3/s，据此黄委调度，故县水库提前按最大发电流量下泄，拦蓄洪水，有效削减了洪峰。

8 月 28—31 日，黄河中下游再次迎来持续性降雨过程，雨区仍位于山陕区间南部、泾渭洛河、三花区间等地，针对本次降雨过程，8 月 27 日发布重要天气预报通报，密切跟踪降水形势演变，之后每天滚动预报流域降雨。由于雨区位于副热带高压边缘，移动跳跃频繁，强降雨落区的预报不确定性很大，为此水文局严密监视天气和降雨，实时滚动修正，缜密研判洪水情势，8 月 29 日、30 日及 9 月 1 日密集发布伊河东湾站、陆浑水库，洛河卢氏站、故县水库，渭河华县站、大汶河戴村坝站洪水预报。本次过程中，预报伊河东湾站 3 次洪峰流量 1 600 m^3/s、1 300 m^3/s 和 1 000 m^3/s，实况分别为 1 500 m^3/s、1 430 m^3/s 和 1 100 m^3/s；预报洛河卢氏站洪峰流量 2 500 m^3/s，实况为 2 440 m^3/s；预报渭河华县站洪峰流量 1 700 m^3/s，实况为 1 930 m^3/s；整个过程中预报的峰现时间和次洪水量也与实况基本吻合。

9 月 3—5 日，一直持续的秋雨形势再次加强，9 月 6 日连续发布洛河故县水库，渭河临潼站、华县站，黄河潼关站洪水预报以及渭河下游河段洪水蓝色预警。本次洪水过程中，预报渭河临潼站洪峰流量 3 000 m^3/s，实况为 2 880 m^3/s；预报渭河华县站洪峰流量 2 500 m^3/s，实况为 2 380 m^3/s；预报黄河潼关站洪峰流量 3 300 m^3/s，实况为 3 300 m^3/s，本次洪水主要来源于渭河，被小浪底水库拦蓄。

9 月 17—19 日，黄河中下游自西向东再次出现强降水过程，雨区移动缓慢、累积雨量大、降水范围广，受此影响，渭河、伊洛河、沁河、大汶河均发生明显洪水过程。9 月 19 日 0 时 20 分发布洛河卢氏站洪水预报，19 日，伊河东湾站、洛河卢氏站出现建站以来同期最大洪水，伊河陆浑水库超汛限水位 0.48 m，洛河故县水库水位距汛限水位仅剩 0.14 m，防汛形势极其严峻。为配合黄河中下游水库群开展精细化联合调度，密集发布降水预报、洪水预报，其中 19 日连续发布各类预报预警 13 期，为水库精准调度提供了坚实的水文支撑。本次洪水中，预报伊河东湾站洪峰流量 3 000 m^3/s，实况为 2 800 m^3/s；预报伊洛河黑石关站洪峰流量 3 000 m^3/s，实况为 2 970 m^3/s；预报渭河华县站洪峰流量 2 600 m^3/s，实况为 2 780 m^3/s；预报大汶河大汶口站洪峰流量 2 200 m^3/s，实况为 2 130 m^3/s。

9 月 22—28 日，黄河中游山陕南部、汾河、泾渭洛河、三花区间及黄河下游等地区连续多日出现大到暴雨的降水过程，本次降水过程为秋汛期持续时间最久的一场，连续性强、覆盖面广、重叠度高、累积量大，导致形成了黄河 2021 年第 1 号、第 2 号洪水。自 9 月 22 日开始，连续滚动发布重要天气预报通报，精细预报黄河中下游逐日降水强度、落区、暴雨笼罩面积，加密会商研判雨水情变化及洪水演进过程，连续发布黄河潼关、花园口站及渭河、伊洛河、沁河、大汶河洪水预报，黄河水情预警发布管理办法实施以来首次发布洪水橙色预警。为满足黄河水库精细化调度要求，滚动发布黄河潼关站以及陆浑、故县、河口村 3 座水库未来 7 d 流量过程预报，根据水库调度方案滚动计算花园口、黑石关、武陟 3 站流量过程。本次洪水中，预报渭河华县站洪峰流量 5 100 m^3/s，实况为 4 860 m^3/s；预报伊洛河白马寺站、黑石关站洪峰流量 2 600 m^3/s，实况分别为 2 410 m^3/s、2 260 m^3/s；预报沁河武陟站洪峰流量 1 800 m^3/s，实况为 2 000 m^3/s；预报黄河潼关站洪峰流量 6 500 m^3/s，因洪水漫滩后演进异常及未控区间加水等影响，实况为 7 480 m^3/s。

10 月 2—8 日，黄河中游再次迎来大范围的连续降水天气，本次降水日数多，过程较强，累积雨量大，山陕区间南部、渭河、北洛河、汾河、沁河同时涨水，其中北洛河、汾河、昕水河以及黄河潼关站发生同期最大洪水。在此次洪水过程中，每 2 h 分析一次雨水情形势，滚动制作黄河潼关站、潼关至小浪底区间、小浪底至花园口区间以及陆浑、故县、河口村 3 座水库未来 7 d 流量过程预报，同时根据水库调度方案实时演算预报黑石关、武陟及花园口站可能出现的流量过程，每 1 h 报告一次黄河重点水文站和水库最新水情；10 月 1 日，首次发布了黄河中下游重大水情预警，提前 14 d 预报了此次洪水水量，预估花园口以上 10 月 5—14 日来水量将达到 40 亿 m^3 以上，与实况基本吻合，强力支撑了这一最艰难、最凶险时期的防汛部署；在第 3 号洪水中，提前 20 h 预报潼关水文站将于 10 月 7 日 10 时前后出现 8 000 m^3/s 左右的洪峰流量，实况为 7 日 11 时洪峰流量 8 360 m^3/s，峰现时间预报误差 1 h，洪峰流量预报误差 4.3%。在渭河下游严重漫滩的情况下，提前 1 d 预报华县水文站将于 10 月 7 日 12 时前后出现 4 300 m^3/s 左右的洪峰流量，实况为 7 日 15 时洪峰流量 4 330 m^3/s，洪峰流量预报误差小于 1%。

2021 年秋汛洪水期间（8 月 20 日至 10 月 31 日），制作发布重要天气预报通报 23 期、降水预报 74 期、洪水预报 132 期、水情通报简报 10 期、洪水预警 14 期、径流预报 6 期、水情日报 71 期，开展洪水常态化预报 1 633 站次，提供未来 7 d 洪水过程预报成果 280 余份，编制防汛会商材料 80 余份，通过短信发布各类实时雨水情信息、预警预报信息 1 万余人次。

2.3.2 洪水预报方法手段

目前,黄河流域主要的预报手段为黄河洪水预报系统,该系统在本次秋汛期间发挥了重要的作用,在降雨预报耦合分析、降雨实况统计计算、洪水过程模拟预测、水库调度预演、暴雨移植、洪水过程还原等方面均以该系统为计算工具,完成了绝大多数场次的洪水预报。

黄河洪水预报系统为基于中国洪水预报系统平台定制,并结合黄河洪水作业预报的实际情况开发了相关专用软件。定制内容主要包括黄河流域边界、河流水系、报汛站网等地理信息图层的生成,以水文站为控制点的预报区域划分等。开发的相关软件包括前期影响雨量计算软件、中尺度模式预报结果入库软件、洪水预报结果分析统计软件、洪水仿真计算数据处理软件等。该系统2007年11月于国家防汛抗旱指挥系统一期工程中开始建设,2010年正式投入运行,2014年11月国家防汛抗旱指挥系统二期工程中再次进行了改进完善,并于2017年通过验收。

黄河洪水预报系统范围覆盖了黄河流域,可为流域内任一水文断面、水库等构建预报方案并开展作业预报。系统功能主要包括定制预报方案、历史数据处理、模型参数率定、建立预报方案、数据等时段化处理、实时预报、模拟预测计算、预报结果综合分析与发布、人机交互修正、中长期径流预测、抗暴雨能力预测、GIS应用、系统管理等13项。目前该系统中共建设有黄河干支流72个重要控制断面的93个预报方案,覆盖了黄河干流全部防洪重点河段和18条重要一级支流,其中黄河龙门以下干流和重要一级支流基本实现了全覆盖。

在黄河洪水预报系统中,集成大量常用的水文模型,主要包括:三水源新安江模型、陕北模型、垂向混合产流模型、综合瞬时单位线模型、河北雨洪模型、宁夏暴雨洪水模型、地貌单位线模型等。此外,黄河水文工作者经过几十年的努力,针对黄河三花区间暴雨洪水特点,研制出了适用于该区间的三花区间降雨径流模型;针对黄河小北干流、渭河下游以及黄河下游等滩区面积较大的河段,研制了漫滩洪水演算模型。2021年秋汛洪水过程中,三花区间降雨径流模型和漫滩洪水演算模型起到了最主要的作用。

2.3.3 洪水预报精度分析

2021年秋汛期间,发布黄河中下游洪水预报52站次,按照《水文情报预报规范》(GB/T 22482—2008)评定,其中洪峰流量预报合格率为86.5%,峰现时间预报合格率为73.1%。秋汛关键期提供未来7 d洪水过程预报成果280余份,潼关站7 d水量预报合格率84.4%,预报平均误差10.2%。总体预报精度较好,有效支撑了2021年秋汛超常规的防御要求。

但在超常规的要求下,现有预报能力仍明显不足,部分长预见期情况下的预报误差较为明显。9月29日,黄河潼关站出现7 480 m^3/s的洪峰流量,小浪底等水库高水位运行,防汛形势严峻。根据降水预报,10月2—8日黄河中游将有持续大范围强降雨过程,其降雨产洪过程将进一步增大小浪底等水库防洪压力。为此对潼关站10月5—14日来水量进行了预估,9月30日结果为31.39亿m^3,10月1日降雨预报较前1日略有减小,水量预估结果修正为 30.23 亿 m^3,10 月 2 日降雨预报变化不大,考虑流域下垫面状况和北干流来水,结果修正为 30.70 亿 m^3,10 月 3 日预报降雨加强,结果为 32.18 亿 m^3,10 月 4 日预报降雨进一步加大,结果为 32.59 亿 m^3,10 月 5 日部分降雨已经落地,黄河北干流、渭河、北洛河、汾河洪水均在上涨,预计华县站可能出现 4 000 m^3/s 以上的洪水,北洛河、汾河可能出现 800 m^3/s 左右的洪水,龙门站将出现 3 000 m^3/s 的洪峰流量,各站实际洪水较之前预计结果偏大,同时根据最新降雨预报,后续降雨还将持续,据此预报潼关站 10 月 5—14 日水量将达 37.27 亿 m^3。以上水量预估、预报结果均在 30 亿~40 亿 m^3,实况为 42.58 亿 m^3。此次洪水过程中降雨落地之前的预报误差在 25%左右,降雨落地之后的预报误差逐步降低至 20%以内。造成误差较大的原因主要包括降雨预报不确定性、未控区间加水以及部分干支流中小水库、淤地坝泄水影响等。

随着降雨过程的结束及洪水过程的演进,预报精度开始明显提高。10 月 6 日预报潼关未来 7 d(6—12 日)来水量为 33.95 亿 m^3,实况为 34.47 亿 m^3,10 月 7 日预报潼关未来 7 d(7—13 日)来水量为 31.90 亿 m^3,实况为 31.39 亿 m^3,预报误差分别仅有 1.5%和 1.6%。

产生洪水预报误差的主要因素有以下 3 个方面:

(1)降水预报存在不确定性。

2021 年秋汛形势异常严峻,水库调度对洪水预报提出了超常规的要求,预见期 3 d 以上的洪水预警预报精度主要受降水预报影响,而降水落区预报具有不确定性,有时与实际降水时空分布误差较大,从而制约了洪水预报精度。秋汛期间,对降雨过程的预报较为准确,但是降雨落区和强度会有一定的偏差,尤其是 2021 年这种极端的秋汛天气形势,降水预报难度大,多次出现实际降雨较预报降雨偏大的情况,因此洪水预报需要随着降水预报进行实时滚动修正。

(2)水利水保工程影响较大。

目前流域内中小水库、淤地坝、橡胶坝等水利水保工程众多,改变了流域产汇流规律,影响洪水预报精度。2021 年秋汛洪水历时长、水量大,中小型水库前期对洪水进行了拦蓄,后期考虑水库安全进行泄水。由于水库数量较多,工程实时运行信息难以获取,给洪水预报带来较大的困难。

(3)未控区间加水及漫滩洪水演进复杂。

黄河龙华河洑区间、潼小区间、小黑武花区间等未控区集水面积较大,支流较多,产汇流规律复杂,加水难以准确估算。黄河小北干流及渭河、汾河、北洛河下游为宽浅河道,大洪水期间易发生漫滩,洪水漫滩后出现滩槽水量交换及河床冲淤变化,漫滩洪水演进规律复杂,增加了洪水预报难度。秋汛期间,黄河第 1 号洪水时渭河下游出现历史最高水位,河道出现严重漫滩,渭河退水阶段滩地洪水在河槽水位下降后归槽,使得潼关附近河段长时间持续高水位,同时在该时期潼关河段冲刷、河床下切,过流能力加大,进而造成潼关站洪峰流量增大,使得漫滩洪水预报难以把握。

2.4　洪水预演

2021 年 7 月 30 日,黄科院利用小浪底至陶城铺河段动床河道模型,以 2020 年汛后地形为初始边界条件,选用本年度防洪演练中“58·7”型洪水(演进至花园口时流量大于10 000 m^3/s 持续时间为40 h,花园口超万洪量为5.87亿 m^3),开展了小浪底至陶城铺河段洪水预演实体模型试验。试验主要研究了小浪底至陶城铺河段洪水演进过程和大洪水期工险情分析,包括洪水沿程水位变化、含沙量沿程传播过程、洪峰演进过程等,并根据实体模型试验成果,分析大洪水时黄河下游河道冲淤变形、工程险情、顺堤行洪、漫滩、河势等。根据实体模型试验成果,分析了不同量级洪水河势变化、河道整治工程可能发生的险情和其他异常情况。分析成果为2021年秋汛洪水防御期间防洪工程防守及抢险提供了技术支持,为黄河下游防洪决策提供了科学依据。

2.4.1　工程可能出险情况预演结果

基于黄河下游洪水预演实体模型试验成果,本次秋汛洪水过程黄河下游需重点关注的工程坝号及对应河势情况见表2.4-1。

表2.4-1　洪水期需要重点关注工程统计

河段	工程名称	河势变化情况	重点关注坝段
白鹤至花园口河段	赵沟控导工程	受主流顶冲入流角度较大,洪水后工程前形成较大冲刷坑,特别是受到新修的黄河大桥的影响,1~10号坝段易出现坝头根石走失的情况	1~10号坝段
	化工控导工程	10~25号坝段,受主流冲刷较为严重,形成较大冲刷坑,汛期若遭遇设计洪水,易出现坝头根石走失、坦石墩蛰的情况	10~25号坝段
	神堤控导工程	下首5道坝同时受黄河和伊洛河来流冲刷,工程腹背受敌,根据模型试验结果,工程前后冲刷坑较深,若遭遇设计洪水,极易出现工程跑坝或溃坝险情	24~28号坝段
	驾部控导工程	由于工程长时间不靠河,工程的根石稳定性减弱,若出现大范围靠河情况,极易出现工程根石走失甚至跑坝的风险	10号坝以下坝段
	枣树沟控导工程	主流顶冲13号下延潜坝坝段,形成较大冲刷坑,由于下延潜坝工程根基较浅,若遭遇洪水极易出险,甚至出现跑坝的重大险情	13号坝下延潜坝坝段
	东安控导工程	该工程位于沁河口,为透水桩结构。受大河、沁河“两面夹击”,易发生险情	36~40号坝段
	桃花峪控导工程	洪水过程中,河势逐渐右移,河湾变直,桃花峪工程的靠河位置明显上提,在大桥上下形成冲刷坑,若遇设计洪水,河势可能发生大范围上提,新靠河的工程易出现根石走失、坦石墩蛰等险情	20号坝以下坝段

续表 2.4-1

河段	工程名称	河势变化情况	重点关注坝段
花园口至夹河滩河段	东大坝下延工程	洪水后在 1 号坝以下形成较大冲刷坑,若遭遇设计洪水,工程易出现根石走失、坦石墩蛰等险情	1 号坝以下坝段
	双井控导工程	双井控导工程的 25~33 号坝段形成较大冲刷坑,若遭遇设计洪水,工程易出现根石走失、坦石墩蛰等险情	25~33 号坝段
	马渡险工	工位靠河位置上提,主流顶冲刘江黄河大桥以上坝段位置,形成较大冲刷坑,危及工程安全	刘江黄河大桥以上坝段
	赵口险工	主流与工程的夹角接近 90°,危及工程安全	7~16 号垛
	韦滩控导工程	韦滩控导工程是透水桩坝结构,所在河段河势极不稳定,模型试验结果显示洪水后工程藏头段以下全部靠河,工程背后滩地坍塌后退,形成冲刷沟。若遭遇设计洪水,工程靠河后极易出现漫水塌滩险情	工程全线
	大张庄控导工程	河势调整幅度较大,试验后主流顶冲	4~9 号坝段
	黑岗口险工	主流顶冲黑岗口险工 30~39 号坝段,形成较大冲刷坑,若遭遇设计洪水,主流顶冲位置极易出现根石走失、坦石墩蛰等险情	30~39 号坝段
	柳园口险工	柳园口险工靠河位置变化不大,但主流的入流角度较大,对工程的冲刷较为严重,在工程下首支坝尾部形成较深的冲刷坑,同时下游浮桥路堤也遭受主流顶冲。若遭遇设计洪水,主流顶冲位置极易出现根石走失、坦石墩蛰等险情	31~36 号坝段
	王庵控导工程	王庵控导工程 28~35 号坝段主流顶冲严重,形成较大冲刷坑,若遭遇设计洪水,主流顶冲位置极易出现根石走失、坦石墩蛰等险情	28~35 号坝段
	欧坦控导工程	欧坦控导工程洪水初期靠河位置较为靠上,工程出险概率较大,洪水后期在工程尾部形成较大冲刷坑,危及工程安全,若遭遇设计洪水,主流顶冲位置极易出现根石走失、坦石墩蛰等险情	18 号坝以下坝段
夹河滩至高村河段	东坝头险工	东坝头险工是河道流向发生剧烈变化的河段,主流顶冲严重,险工前冲刷坑很深,危及工程安全	全部坝段
	大留寺控导工程	大留寺控导工程 27~40 号坝段洪水期受主流顶冲严重,形成较大冲刷坑,危及工程安全,若遭遇设计洪水,主流顶冲位置极易出现根石走失、坦石墩蛰等险情	27~40 号坝段
	堡城险工	河势流向变化较大	1~10 号坝段
	青庄险工	由于青庄险工长度较短,若遭遇设计洪水,河势有可能下挫,影响高村险工的靠河稳定,造成工程出险	全部坝段

续表 2.4-1

河段	工程名称	河势变化情况	重点关注坝段
高村至孙口河段	南小堤上延控导工程	主流顶冲位置上提明显,存在抄后路的风险	-6~4 号坝段
	连山寺控导工程	连山寺控导工程的迎流段入流角较小,工程上首极易出现抄后路现象。试验大洪水期,在南小堤至连山寺沿线大范围漫滩上水,连山寺工程上首形成冲刷较为严重	全部坝段
	苏泗庄险工	主流基本垂直工程坝头连线,洪水期主流顶冲严重,在苏泗庄闸附近形成较大冲刷坑,危及工程安全	6 号坝以下坝段
	李桥险工	李桥险工上首迎流段受主流冲刷较为严重,同时受滩区汇流的影响,给工程造成的威胁较大	28~39 号坝段
	吴老家控导工程	吴老家控导工程洪水期出现主流顶冲工程首坝的情况,部分洪水抄工程后路,对工程威胁较大	全部坝段
	孙楼控导工程	洪水期孙楼控导工程河势上提明显,工程上首 1 号坝直接遭受大溜顶冲,工程首部形成较大的冲刷坑,危及孙楼工程安全	全部坝段
	杨集险工	洪水期主流顶冲在杨集险工和杨集上延工程之间的杨集闸附近,并在杨集上延工程前形成较大冲刷坑,上延工程和险工之间空当为滩区的退水口,工程防护相对薄弱	险工坝段
	韩胡同控导工程	韩胡同控导工程洪水期工程靠河位置上提,主流顶冲在工程的藏头段,并形成较大冲刷坑,若遭遇洪水,存在根石走失、坦石墩蛰等风险	上首坝段
	枣包楼控导工程	枣包楼控导工程洪水期出现抄工程后路的情况,在工程首部形成冲刷坑,若遭遇洪水,可能会出现抄工程后路的险情	上首坝段

其中出险概率较大的有以下工程:神堤控导工程、东安控导工程、韦滩控导工程、黑岗口险工、顺河街控导工程、柳园口险工、欧坦控导工程。

2.4.2　应重点关注的生产堤和滩区

本次秋汛洪水沁河入黄流量较大,受大河顶托,沁河口滩地已发生漫滩,寨子峪、吴小营断面之间北岸生产堤偎水;孙口河段过洪能力相对较小,本次洪水演进至该河段时,嫩滩可能上水,造成生产堤偎水,应特别关注,具体见表 2.4-2。

表 2.4-2　黄河下游洪水期需要重点关注滩地及生产堤统计

河段	可能出险位置	偎水长度/m
沁河口附近	寨子峪、吴小营断面之间北岸生产堤及附近滩地	约 500
孙口河段	清河滩陈楼断面以下生产堤及滩地	约 700
	蔡楼工程对岸梁集滩的生产堤及滩地	约 700
	梁集滩的生产堤及滩地及滩地	约 850
	大田楼断面附近生产堤及滩地	约 460
	雷口断面下游生产堤及滩地	约 250

2.5　洪水还原及重现期分析

2.5.1　洪水过程还原

2.5.1.1　还原计算方法

1. 潼关站洪水还原

①根据唐乃亥站及龙羊峡—刘家峡区间、刘家峡—兰州区间来水对兰州站的日均流量进行还原;②兰州—吴堡河段考虑宁蒙灌区引退水、区间加水及河道沿程损耗,按 13 d 传播时间将兰州站日均流量过程作为吴堡站日均流量还原值,并计算其与实测值之间的差值;③依据此差值按 2 d 传播时间与潼关站实际洪水过程进行合成,得到潼关站还原洪水过程。

2. 潼关—花园口区间洪水还原

在潼关站洪水还原基础上,利用黄河洪水预报系统进行模拟,并与实测资料对比校正,计算三门峡、小浪底、陆浑、故县、河口村水库作用前三花区间主要站的洪水过程。其中,产流模型采用黄河三花区间降雨径流模型(产流模式为超渗产流与蓄满产流相结合)、流域汇流采用纳希瞬时单位线,河道汇流采用变参数马斯京根演算。

2.5.1.2　洪水还原结果

1. 9 月 29 日洪水还原

经还原计算,黄河吴堡站同期流量 1 500~2 000 m^3/s,潼关站 9 月 29 日 23 时洪峰流量 7 950 m^3/s,实测、还原流量过程线见图 2.5-1。

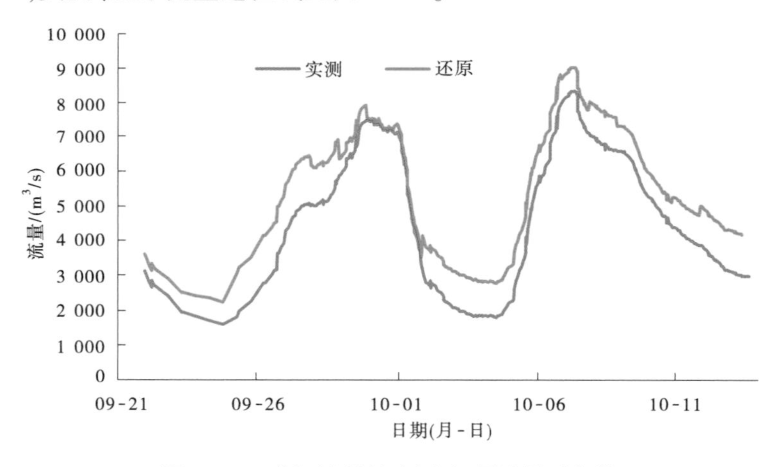

图 2.5-1　黄河潼关站实测、还原流量过程线

黄河小浪底水库 9 月 30 日 14 时最大入库流量为 8 390 m^3/s。洛河故县水库 25 日 20 时、28 日 20 时最大入库流量分别为 1 390 m^3/s、1 910 m^3/s,伊河陆浑水库 25 日 10 时、28 日 16 时最大入库流量分别为 1 590 m^3/s、1 270 m^3/s;伊洛河水库以下各站还原后均为双峰洪水过程,相应黑石关站 26 日 16 时、29 日 18 时洪峰流量分别为 1 700 m^3/s、3 360 m^3/s。沁河润城站 26 日 14 时洪峰流量 1 570 m^3/s,河口村水库 26 日 16 时最大入库流量

2 450 m^3/s,武陟站还原后27日6时洪峰流量2 320 m^3/s。

通过上述还原计算,黄河花园口站9月29日20时洪峰流量12 500 m^3/s,其中小浪底、黑石关、武陟三站相应流量分别占花园口站洪峰流量的63.9%、25.8%、6.8%,小花干流未控区间占3.5%。三花间主要站还原后洪峰流量见表2.5-1,花园口站洪水组成见表2.5-2、图2.5-2。

表2.5-1　三花间主要站9月29日洪水还原结果

河名	站名	还原计算值		实测值	
		洪峰流量/(m^3/s)	出现时间(月-日T时:分)	洪峰流量/(m^3/s)	出现时间(月-日T时:分)
黄河	潼关	7 950	09-29T23:00	7 480	09-29T22:00
	小浪底	8 390	09-30T14:00		
洛河	故县入库	1 390	09-25T20:00		
		1 910	09-28T20:00		
	长水	1 380	09-25T22:00	990	09-25T15:06
		2 130	09-28T22:00	1 160	09-28T09:00
	宜阳	1 340	09-26T06:00	1 090	09-26T18:42
		2 600	09-28T04:00	1 950	09-28T15:12
	白马寺	1 350	09-26T12:00	1 200	09-26T18:00
		2 920	09-29T10:00	2 390	09-28T21:30
伊河	陆浑入库	1 590	09-25T10:00		
		1 270	09-28T16:00		
	龙门镇	1 340	09-25T22:00	576	09-25T17:00
		1 400	09-29T04:00		
伊洛河	黑石关	1 700	09-26T16:00	1 570	09-27T06:30
		3 360	09-29T18:00	2 220	09-29T05:30
沁河	润城	1 570	09-26T14:00	1 520	09-26T11:00
	河口村入库	2 450	09-26T16:00	1 830	09-27T00:00
	山路平	300	09-26T12:00	285	09-26T11:36
	武陟	2 320	09-27T06:00	2 000	09-27T15:18

表2.5-2　花园口站9月29日洪峰流量组成

站名	小浪底	黑石关	武陟	小花干流	花园口
流量/(m^3/s)	7 980	3 230	850	440	12 500
占比/%	63.9	25.8	6.8	3.5	100

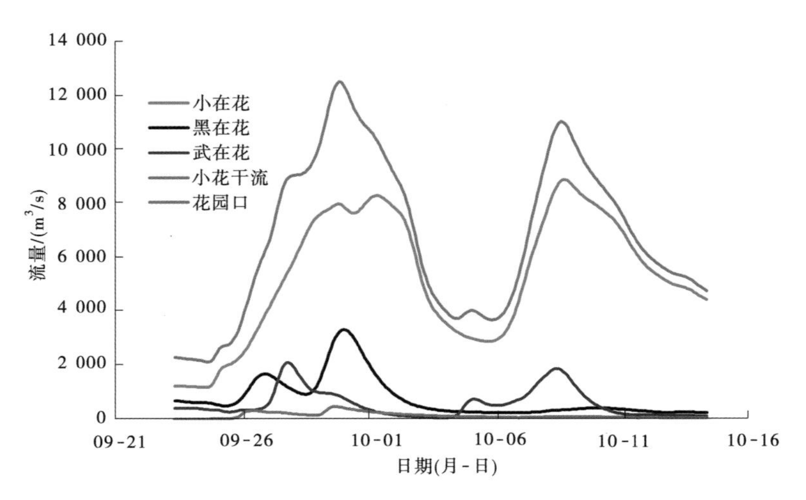

图 2.5-2　花园口站洪水组成过程线

2.10 月 8 日洪水还原

经还原计算,黄河潼关站 10 月 7 日 7 时 36 分洪峰流量 9 060 m^3/s;小浪底水库 8 日 2 时最大入库流量 9 030 m^3/s。三花区间洪水主要来源于沁河,伊洛河黑石关站还原后流量 200~400 m^3/s;沁河飞岭站 6 日 20 时洪峰流量 1 460 m^3/s,润城站 7 日 6 时洪峰流量 1 860 m^3/s,河口村水库 7 日 12 时最大入库流量 1 950 m^3/s,武陟站还原后 7 日 22 时洪峰流量 1 950 m^3/s。

通过上述还原计算,黄河花园口站 10 月 8 日 14 时洪峰流量 11 000 m^3/s,其中小浪底、黑石关、武陟三站相应流量分别占花园口站洪峰流量的 80.5%、3.0%、16%,小花干流未控区间占 0.5%。三花间主要站还原后洪峰流量见表 2.5-3,花园口站洪水组成见表 2.5-4。

表 2.5-3　三花间主要站 10 月 8 日洪水还原结果

河名	站名	还原计算值		实测值	
		洪峰流量/(m^3/s)	出现时间(月-日 T 时:分)	洪峰流量/(m^3/s)	出现时间(月-日 T 时:分)
黄河	潼关	9 060	10-07T07:36	8 360	10-07T07:36
	小浪底	9 030	10-08T02:00		
伊洛河	黑石关	396	10-09T22:00	245	10-08T14:06
沁河	飞岭	1 460	10-06T20:00	1 190	10-06T16:05
	润城	1 860	10-07T06:00	996	10-08T06:00
	河口村入库	1 950	10-07T12:00	1 110	10-07T20:00
	山路平	70	10-07T08:00	63.6	10-07T08:00
	武陟	1 950	10-07T22:00	1 260	10-08T18:00

表 2.5-4　花园口站 10 月 8 日洪峰流量组成

站名	小浪底	黑石关	武陟	小花干流	花园口
流量/(m^3/s)	8 860	320	1 760	60	11 000
占比/%	80.5	3.0	16.0	0.5	100.0

2.5.2　水量还原计算

对 2021 年汛期黑石关、武陟、花园口三站的场次洪水进行水量还原计算,计算中只考虑水库调蓄对次洪水量的影响。

2.5.2.1　黑石关站次洪水量还原

对黑石关站 4 场洪水进行水量还原计算,计算中考虑故县和陆浑两座水库调蓄对黑石关站洪水水量的影响。4 场洪水的起止时间分别为:8 月 22 日 6 时—8 月 26 日 6 时,8 月 29 日 6 时—9 月 14 日 8 时,9 月 18 日 8 时—9 月 24 日 8 时,9 月 25 日 8 时—10 月 3 日 4 时,还原计算结果见表 2.5-5(表中水库蓄变量正值表示水库蓄水,负值表示水库放水)。4 场洪水实测流量过程线见图 2.5-5。

表 2.5-5　黑石关站次洪水量还原计算结果　单位:亿 m^3

次洪序号	开始时间(月-日 T 时:分)	结束时间(月-日 T 时:分)	实测水量	水库蓄变量		还原水量
				故县	陆浑	
1	08-22T06:00	08-26T06:00	1.02	0.90	0.19	2.11
2	08-29T06:00	09-14T08:00	10.29	1.45	1.17	12.91
3	09-18T08:00	09-24T08:00	7.49	-0.17	-0.36	6.96
4	09-25T08:00	10-03T04:00	7.80	0.42	0.72	8.94

对于 9 月 18 日 8 时至 9 月 24 日 8 时场次洪水(序号 3),黑石关站实测水量 7.49 亿 m^3,故县水库至黑石关站洪水传播时间为 30 h,水库相应时段(9 月 17 日 2 时—9 月 23 日 2 时)泄水量 0.17 亿 m^3;陆浑水库至黑石关站洪水传播时间为 20 h,水库相应时段(9 月 17 日 12 时—9 月 23 日 12 时)泄水量 0.36 亿 m^3,经还原计算后该场洪水水量为 6.96 亿 m^3。

黑石关站 4 场洪水实测水量分别为 1.02 亿 m^3、10.29 亿 m^3、7.49 亿 m^3 和 7.80 亿 m^3,经还原计算后水量分别为 2.11 亿 m^3、12.91 亿 m^3、6.96 亿 m^3 和 8.94 亿 m^3,还原结果见图 2.5-3。

本次计算的 4 场洪水中,仅有第 3 场洪水实测水量中包含了故县、陆浑两座水库泄水量,还原水量值小于实测水量值,其余 3 场洪水均被两座水库拦蓄掉部分水量,还原水量值大于实测水量值。

2.5.2.2　武陟站次洪水量还原

对武陟站 3 场洪水进行水量还原计算,计算中考虑河口村水库调蓄对武陟站洪水水量的影响。3 场洪水的起止时间分别为:9 月 17 日 8 时—9 月 24 日 8 时,9 月 24 日 8

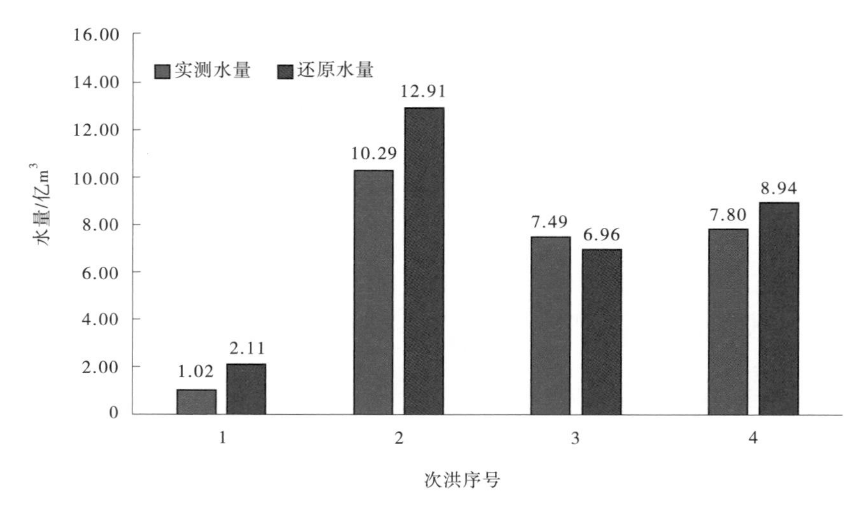

图 2.5-3　**黑石关站 4 场洪水水量还原结果**

时—10 月 4 日 14 时,10 月 6 日 23 时—10 月 14 日 6 时。还原计算结果见表 2.5-6。3 场洪水实测流量过程线见图 2.5-6。

以 9 月 17 日 8 时—9 月 24 日 8 时场次洪水(序号 1)为例分析,武陟站实测水量 2.27 亿 m^3,考虑河口村水库至武陟站洪水传播时间,水库相应时段泄水量 0.28 亿 m^3,经还原计算后该场洪水水量为 1.99 亿 m^3。

武陟站 3 场洪水实测水量分别为 2.27 亿 m^3、7.62 亿 m^3 和 3.88 亿 m^3,经还原计算后水量分别为 1.99 亿 m^3、7.93 亿 m^3 和 4.15 亿 m^3,还原结果见图 2.5-4。

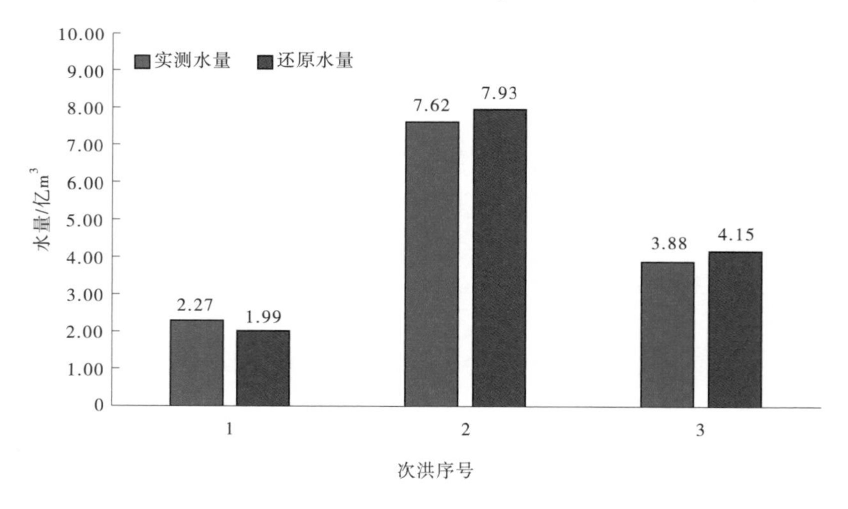

图 2.5-4　**武陟站 3 场洪水水量还原结果**

由表 2.5-6 和图 2.5-4 可以看出,武陟站 3 场洪水还原前后水量差别不大,相对于武陟站来水量,河口村水库蓄泄量较小。

表 2.5-6　武陵站次洪水量还原计算结果　单位:亿 m^3

次洪序号	开始时间(月-日 T 时:分)	结束时间(月-日 T 时:分)	实测水量	水库蓄变量河口村	还原水量
1	09-17T08:00	09-24T08:00	2.27	−0.28	1.99
2	09-24T08:00	10-04T14:00	7.62	0.31	7.93
3	10-06T23:00	10-14T06:00	3.88	0.27	4.15

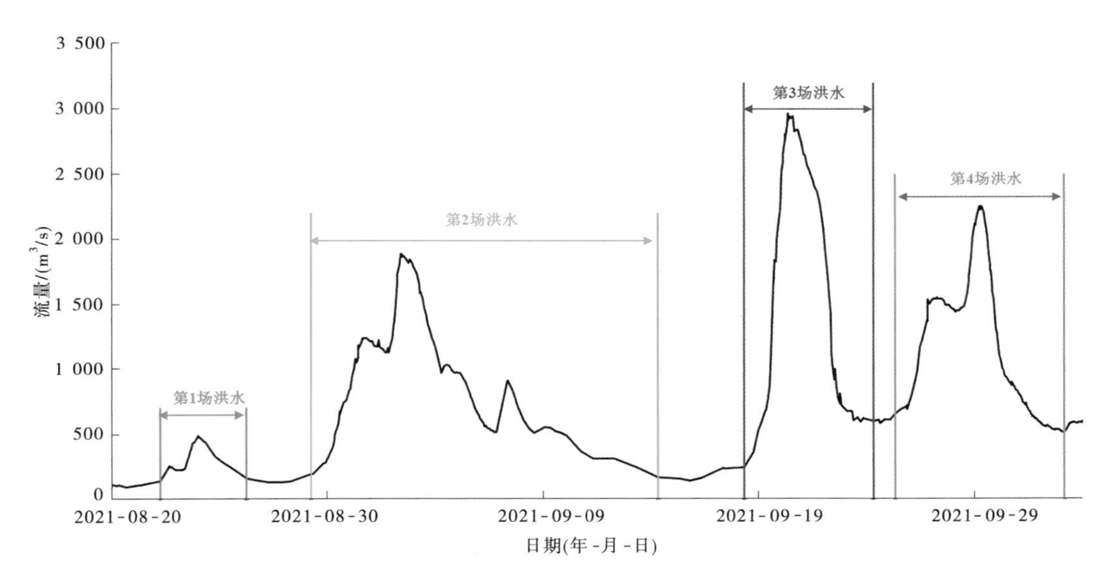

图 2.5-5　黑石关站 2021 年 4 场洪水实测流量过程线

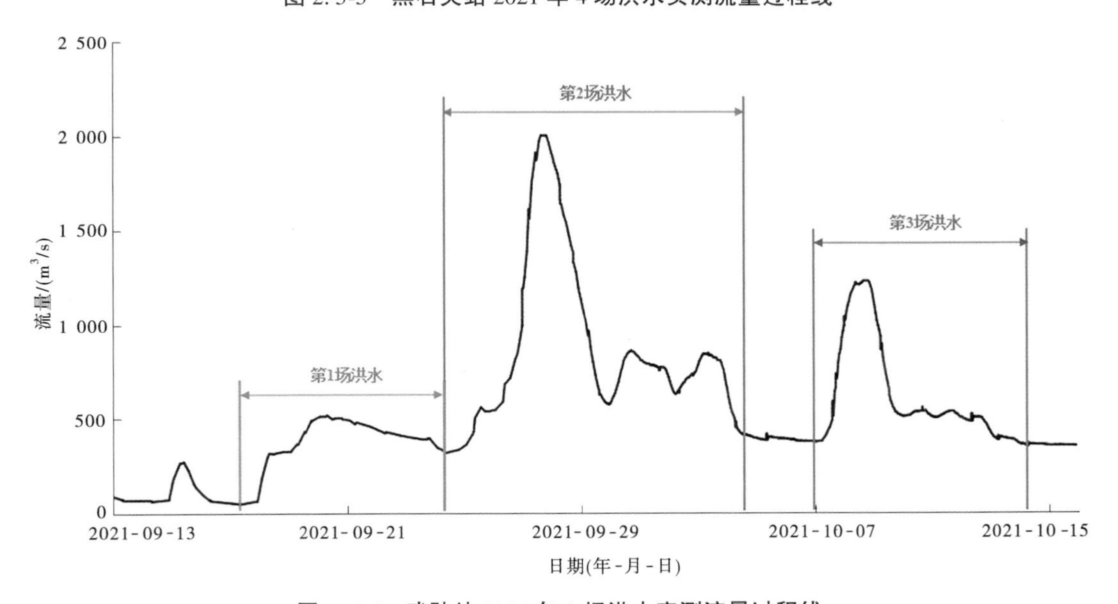

图 2.5-6　武陵站 2021 年 3 场洪水实测流量过程线

2.5.2.3　花园口站次洪水量还原

对花园口站 3 场洪水进行水量还原计算,计算中考虑小浪底、故县、陆浑和河口村 4 座水库调蓄对花园口站洪水水量的影响。3 场洪水的起止时间分别为:8 月 28 日 8 时—9 月 15 日 8 时,9 月 17 日 8 时—9 月 24 日 20 时,9 月 26 日 20 时—10 月 24 日 4 时,还原计算结果见表 2.5-7。3 场洪水实测流量过程线见图 2.5-7。

表 2.5-7　花园口站次洪水量还原计算结果　　单位:亿 m^3

次洪序号	开始时间(月-日 T 时:分)	结束时间(月-日 T 时:分)	实测水量	水库蓄变量				还原水量
				小浪底	故县	陆浑	河口村	
1	08-28T08:00	09-15T08:00	18.40	25.22	1.39	1.17	1.55	47.73
2	09-17T08:00	09-24T20:00	16.56	17.64	-0.20	-0.39	-0.25	33.36
3	09-26T20:00	10-24T04:00	107.07	15.50	0.73	0.65	0.46	124.41

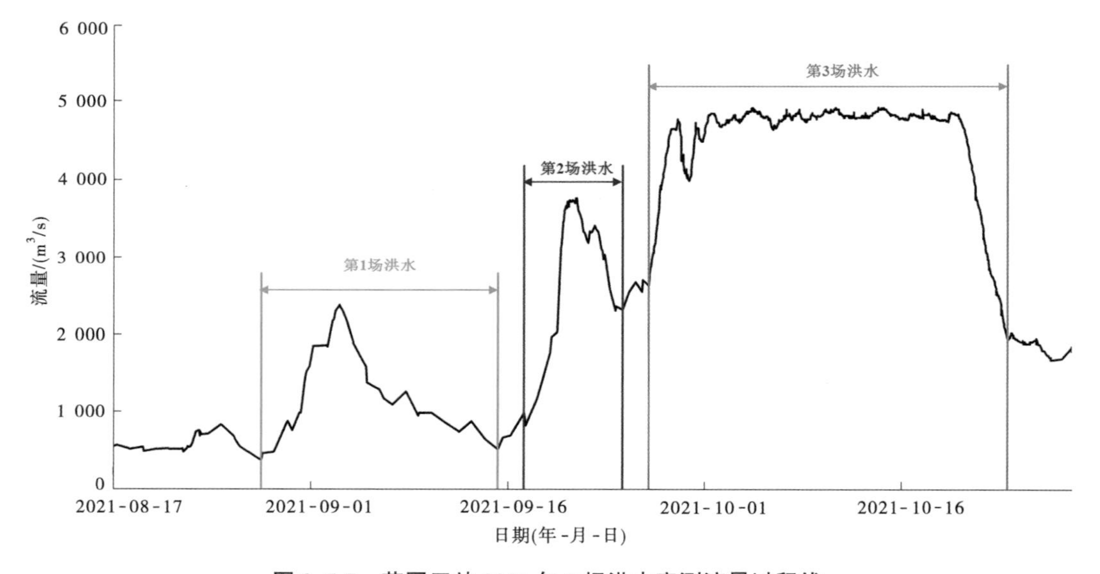

图 2.5-7　花园口站 2021 年 3 场洪水实测流量过程线

以 9 月 17 日 8 时—9 月 24 日 20 时场次洪水(序号 2)为例分析,花园口站实测水量 16.56 亿 m^3,考虑 4 座水库至花园口站洪水传播时间,小浪底水库相应时段蓄水量 17.64 亿 m^3,故县、陆浑和河口村水库相应时段泄水量分别为 0.20 亿 m^3、0.39 亿 m^3 和 0.25 亿 m^3,经还原计算后该场洪水水量为 33.36 亿 m^3。

花园口站 3 场洪水实测水量分别为 18.40 亿 m^3、16.56 亿 m^3 和 107.07 亿 m^3,经还原计算后水量分别为 47.73 亿 m^3、33.36 亿 m^3 和 124.41 亿 m^3,还原结果见图 2.5-8。

由表 2.5-7 和图 2.5-8 可以看出,花园口站洪水水量受水库调蓄影响较大,如 8 月 28 日 8 时—9 月 15 日 8 时场次洪水(序号 1),该场洪水实测水量为 18.40 亿 m^3,还原水量为 47.73 亿 m^3,实测水量仅占还原水量的 38.6%,其中小浪底水库蓄水量 25.22 亿 m^3,占还原水量的 52.8%;故县水库蓄水量 1.39 亿 m^3,占还原水量的 2.9%;陆浑水库蓄水量

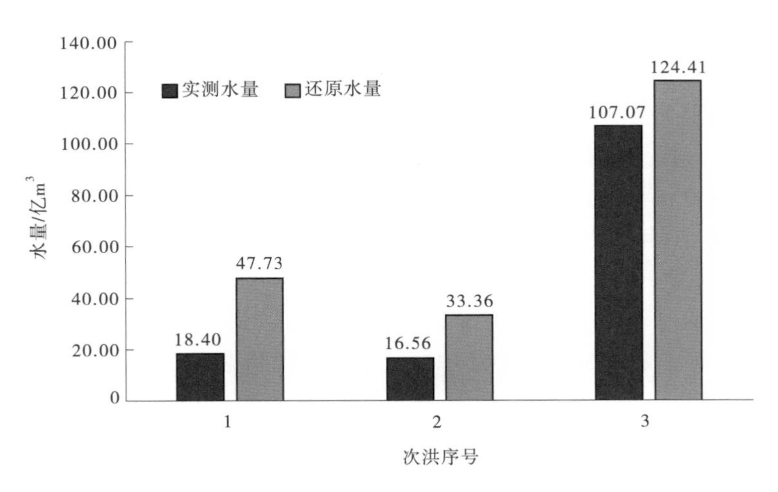

图 2.5-8　花园口站 3 场洪水水量还原结果

1.17 亿 m^3，占还原水量的 2.5%；河口村水库蓄水量 1.55 亿 m^3，占还原水量的 3.2%。

2.5.3　洪水重现期分析

2.5.3.1　干流洪水重现期

潼关站 9 月、10 月先后出现 4 次洪水量级超过 3 000 m^3/s 的实测洪水过程，9 月 7 日、9 月 20 日实测洪峰流量分别为 3 300 m^3/s、4 320 m^3/s，重现期不超过 5 年一遇。9 月底至 10 月初，黄河中游相继发生 3 场编号洪水，9 月 29 日、10 月 7 日潼关站相应实测洪峰流量分别为 7 480 m^3/s、8 360 m^3/s，还原龙羊峡、刘家峡等水库影响后，洪峰流量分别为 7 950 m^3/s、9 060 m^3/s，最大 5 d 洪量分别为 28.4 亿 m^3、31.5 亿 m^3。按照年最大设计洪水分析，9 月 29 日、10 月 7 日洪水潼关站洪峰流量 7 950 m^3/s、9 060 m^3/s 的重现期均小于 5 年一遇，最大 5 d 洪量 28.4 亿 m^3、31.5 亿 m^3 的重现期分别为近 5 年一遇、5~10 年一遇。按照后汛期设计洪水分析，9 月 29 日、10 月 7 日潼关站洪峰流量 7 950 m^3/s、9 060 m^3/s 的重现期分别为 10~20 年一遇、20~30 年一遇，最大 5 d 洪量 28.4 亿 m^3、31.5 亿 m^3 的重现期分别为 10~20 年一遇、近 20 年一遇，见表 2.5-8。

表 2.5-8　潼关站还原后洪水的重现期分析

项目		洪峰发生时间	
		9 月 29 日	10 月 7 日
洪峰	洪峰流量/(m^3/s)	7 950	9 060
	重现期(年最大)	不足 5 年一遇	不足 5 年一遇
	重现期(后汛期)	10~20 年一遇	20~30 年一遇
洪量	5 d 洪量/亿 m^3	28.4	31.5
	重现期(年最大)	近 5 年一遇	5~10 年一遇
	重现期(后汛期)	10~20 年一遇	近 20 年一遇

花园口站受水库影响较大，经洪水还原计算，花园口站 9 月、10 月先后出现 4 次洪水量级超过 6 000 m^3/s 的还原洪水过程。9 月 3 日、9 月 20 日还原洪峰流量分别为 6 180 m^3/s、

8 560 m³/s,按照年最大设计洪水分析,重现期均不超过 5 年一遇,按照后汛期设计洪水分析,重现期分别为不足 5 年一遇、5~10 年一遇。黄河干流发生编号洪水时,花园口站 9 月 29 日、10 月 8 日相应还原洪峰流量分别为 12 500 m³/s、11 000 m³/s,最大 5 d 洪量分别为 44.1 亿 m³、37.1 亿 m³。按照年最大设计洪水分析,9 月 29 日、10 月 8 日花园口站洪峰流量为 12 500 m³/s、11 000 m³/s 的重现期均小于 5 年一遇,最大 5 d 洪量 44.1 亿 m³、37.1 亿 m³ 的重现期分别为 10~20 年一遇、5~10 年一遇。按照后汛期设计洪水分析,9 月 29 日、10 月 8 日花园口站洪峰流量 12 500 m³/s、11 000 m³/s 的重现期分别为 20~30 年一遇、10~20 年一遇,最大 5 d 洪量 44.1 亿 m³、37.1 亿 m³ 的重现期分别为近 50 年一遇、20~30 年一遇。黄河发生编号洪水时潼关、花园口站相应还原后洪水的重现期见表 2.5-9。

表 2.5-9　花园口站还原后洪水的重现期分析

项目		洪峰发生时间	
		9 月 29 日	10 月 8 日
洪峰	洪峰流量/(m³/s)	12 500	11 000
	重现期(年最大)	近 5 年一遇	不足 5 年一遇
	重现期(后汛期)	20~30 年一遇	10~20 年一遇
洪量	5 d 洪量/亿 m³	44.1	37.1
	重现期(年最大)	10~20 年一遇	5~10 年一遇
	重现期(后汛期)	近 50 年一遇	20~30 年一遇

2.5.3.2　支流洪水重现期

按照年最大设计洪水作为标准,对渭河咸阳、华县站,北洛河洑头站,伊洛河卢氏、东湾、黑石关站以及沁河武陟站秋汛期间出现的最大洪峰流量进行了重现期分析,上述支流的重现期范围为近 5~20 年一遇。

9 月 27 日、28 日,渭河咸阳、华县站分别出现 5 600 m³/s、4 860 m³/s 洪峰流量,重现期分别为 10~20 年一遇、5 年一遇。10 月 7 日,北洛河洑头站出现 1 580 m³/s 洪峰流量,按照年最大设计洪水分析,重现期不足 5 年一遇。9 月 19 日,伊洛河卢氏、东湾站分别出现 2 440 m³/s、2 800 m³/s 洪峰流量,重现期均为 10~20 年一遇,9 月 2 日伊洛河黑石关站水库还原后的洪峰流量为 3 750 m³/s,重现期为近 5 年一遇。9 月 27 日沁河武陟站水库还原后的洪峰流量为 2 320 m³/s,重现期为 10 年一遇,见表 2.5-10。

表 2.5-10　主要支流洪水重现期分析

河名	站名	洪峰/(m³/s)	峰现时间(年-月-日 T 时:分)	重现期
渭河	咸阳	5 600	2021-09-27T05:54	10~20 年一遇
	华县	4 860	2021-09-28T17:00	5 年一遇
北洛河	洑头	1 580	2021-10-07T07:56	不足 5 年一遇
伊洛河	卢氏	2 440	2021-09-01T16:00	10~20 年一遇
	东湾	2 800	2021-09-19T12:42	10~20 年一遇
	黑石关(还原)	3 750	2021-09-02T18:00	近 5 年一遇
沁河	武陟(还原)	2 320	2021-09-27T06:00	10 年一遇

2.6　下游涵闸引退水

2.6.1　分河段引水引沙

2021 年 8 月 20 日—10 月 31 日,黄河小浪底以下总引水量为 10.30 亿 m^3,总引沙量为 419.71 万 t,见表 2.6-1。高村以上引水量 2.61 亿 m^3,占总引水量的 25.37%;高村至利津引水量 6.22 亿 m^3,占总引水量的 60.36%;利津以下引水量为 1.47 亿 m^3,占总引水量的 14.28%。

表 2.6-1　黄河下游 2021 年秋汛(8 月 20 日—10 月 31 日)引水引沙统计

单位:水量/亿 m^3;沙量/万 t

河段	8 月下旬		9 月		10 月		合计	
	引水量	引沙量	引水量	引沙量	引水量	引沙量	引水量	引沙量
小浪底—花园口	0.02	0.85	0.07	1.89	0.17	6.34	0.26	9.08
花园口—夹河滩	0.15	0.88	0.57	4.55	0.47	7.26	1.19	12.69
夹河滩—高村	0.02	0	0.75	11.42	0.39	14.08	1.16	25.50
高村以上	0.19	1.73	1.39	17.86	1.03	27.68	2.61	47.27
高村—孙口	0.06	0.57	0.14	1.62	0.09	1.91	0.29	4.10
孙口—艾山	0	0	0	0	0.89	60.65	0.89	60.65
艾山—泺口	0.11	1.24	0.46	16.62	0.49	29.82	1.06	47.68
泺口—利津	0.35	4.66	1.20	50.98	2.43	152.98	3.98	208.62
高村—利津	0.52	6.47	1.80	69.22	3.90	245.36	6.22	321.05
小浪底—利津	0.71	8.20	3.19	87.08	4.93	273.04	8.83	368.32
利津以下	0.13	0.45	0.26	9.21	1.08	41.73	1.47	51.39
总计	0.85	8.65	3.45	96.29	6.01	314.77	10.30	419.71

引沙量主要集中在孙口以下河道,其中泺口至利津河段引沙量为 208.62 万 t,占总引沙量的 49.71%。

从时间分布上来看,引水引沙主要发生在 10 月,单月引水、引沙量分别占秋汛期总引水、引沙量的 58.32%、75.00%。

2.6.2　东平湖分水

秋汛洪水防御期间,紧紧围绕确保艾山以下黄河滩区安全及东平湖防洪安全“双目标”,精准调度陈山口、清河门闸门,精细调控泄洪流量,尽最大可能向黄河泄洪,降低老湖水位。9 月 29 日 2 时,泄洪闸北排入黄最大下泄流量达 693 m^3/s。9 月 1 日至 10 月 25 日,北排累计下泄水量 14.5 亿 m^3。同时,通过与其他有关各方沟通协调,实现多渠道分泄东平湖洪水,其他渠道共分洪 3.1 亿 m^3。

2.6.2.1　陈山口、清河门出湖闸泄洪情况

为积极做好秋汛洪水防御工作,掌握防汛主动权,根据大汶河流域降雨预报,9 月 18 日开启出湖闸提前泄洪、腾库迎汛,至 10 月 25 日关闭陈山口出湖闸、庞口防倒灌闸停止

泄洪,其间累计调度陈山口、清河门出湖闸79次,调整闸门184孔次。陈山口、清河门出湖闸向黄河泄洪水量合计7.5亿 m^3,最大出湖流量为9月29日2时693 m^3/s。

2.6.2.2　南排分洪情况

10月4日7时,东平湖开启八里湾泄洪闸经流长河向南分泄东平湖洪水,此次为八里湾泄洪闸建成后首次分洪运用。10月20日12时,东平湖关闭八里湾泄洪闸,停止向南分泄东平湖洪水。累计调度八里湾泄洪闸5次,调整闸门12孔次。分洪水量0.62亿 m^3,最大流量49.4 m^3/s(10月13日15时)。

10月2日14时开启八里湾船闸分泄东平湖洪水,10月20日12时关闭闸门,停止向南分泄东平湖洪水。分洪水量1.1亿 m^3,最大流量为88 m^3/s(10月8日9时)。八里湾泄洪闸与八里湾船闸合计分洪水量1.72亿 m^3。

2.6.2.3　南水北调分洪情况

10月1日开启南水北调济平干渠渠首闸和玉斑堤魏河闸分泄东平湖洪水,至10月25日12时关闭闸门。济平干渠渠首闸分洪水量0.694亿 m^3,最大流量36.5 m^3/s(10月2日9时);玉斑堤魏河闸分洪水量0.661亿 m^3,最大流量40 m^3/s(10月10日9时)。合计分洪水量1.355亿 m^3。

2.6.3　金堤河退水

受强降雨影响,9月以来,金堤河范县水文站流量维持在100 m^3/s 以上。9月24—25日,金堤河流域发生强降雨过程,范县水文站9月28日4时出现最大流量280 m^3/s,为2010年以来最大值(2010年最大流量359 m^3/s)。9月28日8时最高水位46.0 m,超警戒水位1.0 m(警戒水位45.0 m,1985国家高程基准),10月4日12时降至警戒水位。

经统计,9月19日—10月26日期间,张庄闸约泄水1.39亿 m^3,张庄提排站约泄水1.99亿 m^3(见表2.6-2),道口、仲子庙、明堤、赵升白、八里庙、张秋6座涵闸约泄水0.35亿 m^3,合计泄水约3.73亿 m^3。

表2.6-2　2021年张庄闸排涝情况统计(截至10月31日)

序号	开启时间(月-日T时:分)	落闸时间(月-日T时:分)	运行时间/h	最大流量/(m^3/s)	排水量/万 m^3	累积排水量/万 m^3
1	07-17T06:00	07-22T03:13	117.05	96.4	2 273.99	
2	07-26T11:20	08-13T21:00	429.67	186.9	9 935.99	12 209.98
3	08-22T14:00	08-23T16:00	26	158	1 184.04	13 394.02
4	08-29T18:00	09-15T10:00	396	292	14 531.13	27 925.15
5	09-19T12:30	09-21T08:00	43.5	178	2 034.72	29 959.87
6	09-23T16:20	09-30T08:00	159.67	307.5	7 446.35	37 406.22
7	09-30T15:00	10-02T10:00	43	240	2 304.72	39 710.94
8	10-03T14:00	10-03T18:00	4	49.7	71.57	39 782.51
9	10-04T02:00	10-04T06:00	4	49.6	71.42	39 853.93
10	10-04T14:00	10-04T18:00	4	49.5	71.28	39 925.21
11	10-05T02:00	10-05T06:00	4	49.7	71.57	39 996.78
12	10-06T19:00	10-09T11:00	64	30	327.78	40 324.56
13	10-24T11:00	10-31T16:00	172.6	66	2 722.07	43 046.63

2.6.4　引黄涵闸引水引沙

2.6.4.1　河南河段

秋汛期间河南河段共有 30 处引水工程，引水 24 626.79 万 m^3，引沙 30.76 万 t（见表 2.6-3）。

表 2.6-3　2021 年秋汛河南引黄涵闸引水、引沙统计(8 月 20 日—10 月 31 日)

序号	河务局	引水工程名称	引水量/万 m^3	引沙量/t
1	郑州	邙山提灌站	766.57	27 441.8
2		花园口闸	843.08	32 478.69
3		河洛闸	324.63	18 743.61
4		牛口峪引黄闸	174.21	12 120
5		东大坝闸	724.25	26 034.39
6		马渡闸	46.61	1 772.72
7		赵口闸	2 059.38	52 931.09
8	开封	黑岗口闸	1 545.76	854.78
9		柳园口闸	1 935.64	1 444.52
10		三义寨闸	2 380.79	2 223.21
11	新乡	韩董庄闸	300	374.49
12		柳园闸	2 151	6 754.02
13		祥符朱闸	2 719	29 951.7
14		红旗闸	137	1 093.11
15		于店闸	410	4 753.58
16		周营水厂	378	0
17		石头庄闸	384	0
18	焦作	逯村泵站	69.02	0
19		共产主义闸	205.53	0
20		大玉兰	81.14	0
21		白马泉	80.85	0
22	濮阳	渠村闸	4 898.22	65 575
23		彭楼闸	1 017.55	17 189.07
24		邢庙闸	40.53	402.29
25		王集闸	147.92	4 291.46
26		影堂闸	84.11	1 134.02
27	豫西	新安提黄管理所	463	0
28		槐扒提黄	123	0
29		第三水厂一级站	5	0
30		白坡取水工程	131	0
合计			24 626.79	307 563.55

2.6.4.2　山东河段

2021 年 8 月 20 日(含当日)至 10 月 31 日(含当日)，共有 45 处引水工程(含涵闸及河道外取水的泵站)，引水 78 337 万 m^3，引沙 384.47 万 t(见表 2.6-4)。

表 2.6-4　2021 年秋汛洪水期间山东省引水引沙数据统计

序号	市	引水工程名称	引水量/万 m^3	引沙量/t
1	菏泽市	闫潭引黄水闸	1 307	55 289
2		老谢寨引黄水闸	1 227	72 061
3		谢寨闸	39	612
4		高村引黄闸	312	15 061
5		刘庄引黄闸	1 279	15 783
6		苏阁闸	210	2 581
7	济宁市	田山	120	
8		国那里闸	912	43 039
9	聊城市	位山闸西渠	7 528	541 719
10		位山闸东渠	423	21 706
11	德州市	潘庄引黄闸	3 694	239 927
12		豆腐窝	56	783
13		李家岸引黄闸	829	45 606
14	济南市	大王庙引黄闸	3 955	134 059
15		杨庄闸	18	208
16		北店子引黄闸	1 941	56 275
17		邢家渡引黄闸	621	37 611
18		葛店引黄闸	871	41 606
19		沟杨引黄闸	9	765
20		张辛引黄闸	12	815
21	淄博市	刘春家引黄闸	4 197	142 369
22	滨州市	胡楼闸	6 154	356 043
23		簸箕李闸	2 512	109 583
24		归仁闸	580	18 234
25		白龙湾闸	663	48 561
26		小开河闸	4 589	343 078
27		张肖堂闸	1 170	68 236
28		韩墩闸	7 502	309 294

续表 2.6-4

序号	市	引水工程名称	引水量/万 m^3	引沙量/t
29	滨州市	大道王闸	231	8 089
30		道旭闸	431	29 150
31		自来水泵站	207	
32		打渔张闸	2 932	167 823
33	东营市	麻湾引黄闸	2 788	145 069
34		曹店引黄闸	861	31 604
35		胜利引黄闸	740	52 122
36		路庄引黄闸	2 999	188 349
37		丁字路船	788	
38		一号坝引黄闸	587	34 880
39		十八户引黄闸	1 531	136 620
40		宫家引黄闸	2 709	176 001
41		垦东闸	399	
42		王庄引黄闸	2 156	154 103
43		崔家节制闸	3 982	
44		一号扬水	23	
45		神仙沟引黄闸	2 243	
合计			78 337	3 844 714

注:1. 统计的引水工程含涵闸及河道外取水的泵站等工程。

2. 统计时段为 8 月 20 日(含当日)至 10 月 31 日(含当日),含秋汛洪水防御期间的分流引水及批复的应急分洪等各类引水。

3. 地方建设的泵站若没有引沙数据,仅填报引水数据。

2.7 小　结

(1)2021 年秋汛洪水期间共形成 3 场编号洪水。9 月下旬,渭河流域持续强降水形成的潼关站洪水过程,与黄河干流来水汇合后,形成黄河 2021 年第 1 号洪水;伊洛河流域、沁河流域同时有强降水过程,叠加小浪底下泄流量,形成黄河 2021 年第 2 号洪水。10 月上旬,受渭河、黄河北干流来水共同影响,潼关站形成黄河 2021 年第 3 号洪水。

(2)水文部门较好地完成了水文泥沙全要素原型测验。黄河流域干支流各测站共施测流量 1 860 次,单沙 4 442 次,输沙率 57 次,水情报汛 38.27 万次。各站水位过程控制完整,流量过程控制良好,洪峰流量平均控制幅度在 98%以上;含沙量过程控制良好,输沙率测验满足输沙量计算要求。

(3)首次发布黄河中下游重大水情预警,超常规对未来10 d小浪底以上及小花区间来水形势进行预估,准确预报了黄河干流9 d内相继出现的3场编号洪水。发布黄河中下游洪水预报52站次;大部分站的报汛精度为100%,全部测站的报汛精度都在96%以上,预报预警精度较好,有力支撑了2021年秋汛洪水防御。

(4)对本次秋汛过程进行还原分析,结果表明如果没有水库的调蓄作用,黄河花园口站将出现2次洪峰流量超过10 000 m^3/s的洪水过程,分别为9月29日12 500 m^3/s、10月8日11 000 m^3/s。干支流水库调蓄作用显著,有效避免了下游洪水漫滩。

(5)新技术、新仪器、新设备在秋汛洪水测报中发挥了重要作用。ADCP、雷达在线测流系统等仪器设备,极大提高了水文测验工作的效率;自动报汛软件等在线系统,改变了传统报汛手段下测站职工的工作方式,大大减轻了工作压力,为测好、报准每一场洪水提供了技术支撑。

(6)2021年8月20日—10月31日,黄河小浪底以下总引水量为10.25亿m^3,总引沙量为419.08万t。高村以上引水量2.61亿m^3,占总引水量的25.46%;高村到利津引水量6.17亿m^3,占总引水量的60.20%;利津以下引水量为1.47亿m^3,占总引水量的14.34%。

第 3 章　水库群联合调度

在应对 2021 年黄河秋汛洪水中,充分发挥现有水沙调控工程体系整体合力,利用上中游水库群(龙羊峡、刘家峡、海勃湾、万家寨、龙口)调控限制基流过程,精细调度中下游干支流水库群(三门峡、小浪底、西霞院、故县、陆浑、河口村)发挥滞洪、削峰、错峰作用,实现对下游洪水过程的精准时空对接,确保不漫滩。本章在系统整理秋汛前水库河道边界条件的基础上,梳理了水库群联合调度过程,总结了水库调度实用技术,评价了水库调度取得的显著效益,既客观量化了水库调度在此次秋汛洪水中发挥的巨大作用,也为今后水库群调度积累了科学认知和实践经验。

3.1　水库河道边界条件

根据秋汛洪水影响范围,本节重点给出了 2021 年秋汛前黄河干流水库龙羊峡、刘家峡、海勃湾、万家寨(龙口)、三门峡、小浪底(西霞院),以及支流水库陆浑、故县和河口村的蓄水条件以及运用要求,同时给出了黄河上游和下游河道防洪能力及限制条件。

3.1.1　水库边界条件

3.1.1.1　龙羊峡水库

龙羊峡水库以发电为主,并与刘家峡水库联合运用,承担下游河段的灌溉、防洪和防凌等综合任务。水库正常蓄水位 2 600 m,相应库容 242.9 亿 m^3(2017 年实测,下同);设计汛限水位 2 594 m,相应库容为 218.5 亿 m^3;设计洪水位 2 602.25 m,相应库容 252.3 亿 m^3,校核洪水位 2 607 m,相应库容 272.6 亿 m^3,具有多年调节性能。发电系统安装有 4 台 32 万 kW 机组,最大发电流量 1 240 m^3/s,发电流量随蓄水位升高而逐渐减小,当库水位达到 2 588 m 以上时,发电流量仅有 1 000 m^3/s 左右。

汛期为 7 月 1 日—9 月 30 日,汛限水位为 2 594 m,相应库容为 218.5 亿 m^3。9 月 16 日起水库水位可视来水及水库蓄水运用情况向正常蓄水位过渡。

3.1.1.2　刘家峡水库

刘家峡水库以发电为主,兼有防洪、灌溉、防凌、养殖、供水等综合任务,为不完全年调节水库。设计洪水位 1 735 m,相应库容 39.93 亿 m^3(2018 年实测,下同);校核洪水位 1 738 m,相应库容 44.01 亿 m^3。正常蓄水位 1 735 m,设计汛限水位 1 726 m,相应库容 28.55 亿 m^3。发电系统安装有 7 台机组,现状最大发电流量约 1 860 m^3/s。

汛期为 7 月 1 日—9 月 30 日,汛限水位 1 726 m,相应库容 28.55 亿 m^3。9 月 16 日起水库水位可以视来水及水库蓄水运用情况向正常蓄水位过渡。

3.1.1.3　海勃湾水库

海勃湾水库设计任务为防凌、发电等综合利用。100 年一遇设计洪水位 1 071.49 m,

相应库容0.67亿m^3(2019年3月实测,下同),2 000年一遇校核洪水位1 073.46 m;设计正常蓄水位1 076 m,相应库容为3.37亿m^3,排沙运行水位1 069~1 074 m,死水位1 069 m,相应库容为0.18亿m^3。发电系统装有4台机组,最大发电流量为1 270 m^3/s,设计最低发电水位为1 071 m。

汛期7月1日—9月30日。正常情况下,水库最高运行水位1 074.5 m,如水库下游遇紧急情况,可短期蓄水运用至1 076 m。

3.1.1.4 万家寨水库

万家寨水库的主要任务是供水结合发电调峰,同时兼有防洪防凌作用。设计最高蓄水位980 m,相应库容5.61亿m^3(2021年5月实测值,下同);正常蓄水位977 m,相应库容4.78亿m^3;原设计死库容4.51亿m^3,目前已淤积3.54亿m^3。发电系统装有6台发电机组,最大发电流量1 800 m^3/s。

汛期7月1日—10月31日,汛限水位966 m,相应库容2.56亿m^3。10月21日起水库水位可以向正常蓄水位过渡。8月、9月排沙期运行水位952~957 m,冲沙水位948 m。

龙口水库是万家寨水库的反调节工程。水库千年一遇校核洪水位898.52 m,正常蓄水位898.0 m,相应库容1.504亿m^3(2019年10月实测值,下同),汛限水位893.0 m,相应库容0.992亿m^3。8月、9月排沙期运行水位888.0~892.0 m,冲沙水位885.0 m。电站装有5台发电机组,总装机容量420 MW。

3.1.1.5 三门峡水库

三门峡水库的任务是防洪、防凌、灌溉、供水和发电。防洪运用水位333.65 m,相应库容58.61亿m^3(2020年10月库容,下同)。发电系统安装有7台机组,总发电流量1 550 m^3/s,其中1~5号机组最低发电水位301.65 m,6号、7号机组最低发电水位311.65 m。

汛期7月1日—10月31日,汛限水位305 m,相应库容0.35亿m^3。10月21日起水库水位可以向非汛期水位318 m过渡。

目前,水库防洪运用水位333.65 m以下有11.3万居民(2020年5月统计)。水库运用水位超过318 m将涉及人员紧急转移。

3.1.1.6 小浪底水库

小浪底水库的开发任务是以防洪(防凌)、减淤为主,兼顾供水、灌溉、发电。水库千年一遇设计洪水位274 m,可能最大洪水(同万年一遇)校核洪水位、正常蓄水位均为275 m,相应库容95.53亿m^3(2021年4月库容,下同)。鉴于小浪底水库库区周围当前存在地质灾害等安全隐患,2021年汛期,正常情况下控制小浪底水库防洪运用水位不超过270 m,相应库容82.52亿m^3,如黄河发生特大洪水,或黄河下游防洪出现紧急突发情况,防洪运用水位可以超过270 m,直至达到275 m。设计汛限水位254 m。截至2021年汛前,水库已淤积泥沙32.01亿m^3,处于拦沙后期第一阶段(淤积量为22.0亿~42.0亿m^3)。发电系统装有6台机组,单机满发流量296 m^3/s,最低发电水位1~4号为210 m,5~6号为205 m。小浪底水库1999年10月下闸蓄水以来历史最高蓄水位270.11 m(2012年11月20日)。

汛期7月1日—10月31日,前汛期(7月1日—8月31日)汛限水位235 m,相应库容 15.93 亿 m^3,后汛期(9 月 1 日—10 月 31 日)汛限水位 248 m,相应库容 35.47 亿 m^3。8 月 21 日起水库水位可以向后汛期汛限水位过渡,10 月 21 日起可以向正常蓄水位过渡。

西霞院工程是小浪底水库的配套工程,其开发任务是以反调节为主,结合发电,兼顾灌溉和供水综合利用。水库百年一遇设计洪水位 132.56 m,相应库容 0.541 亿 m^3(2021 年汛前,下同),5 000 年一遇校核洪水位 134.75 m,正常蓄水位 134 m,相应库容 0.85 亿 m^3。发电系统安装有 4 台机组,单机满发流量为 345 m^3/s,最低发电水位为 128.5 m。

汛期 7 月 1 日—10 月 31 日,汛限水位 131 m,相应库容 0.25 亿 m^3。

3.1.1.7　陆浑水库

陆浑水库的开发任务是以防洪为主,兼顾灌溉、发电、供水等综合利用。万年一遇校核洪水位 331.8 m(黄海高程),相应库容 12.45 亿 m^3(1992 年实测值,下同),水库千年一遇设计洪水位 327.5 m,蓄洪限制水位 323 m,相应库容 8.14 亿 m^3,正常蓄水位 319.5 m,相应库容 6.63 亿 m^3,移民水位(百年一遇)325 m,征地水位 319.5 m。

汛期 7 月 1 日—10 月 31 日,前汛期(7 月 1 日—8 月 31 日)汛限水位 317 m,相应库容 5.68 亿 m^3;后汛期(9 月 1 日—10 月 31 日)汛限水位 317.5 m,相应库容为 5.87 亿 m^3。8 月 21 日起水库水位可以向后汛期汛限水位过渡,10 月 21 日起可以向正常蓄水位过渡。

发电系统安装 6 台发电机组,总装机容量为 12.2 MW,总设计发电流量 58.1 m^3/s。其中输水洞装机 3 台 1.4 MW,单机设计发电流量 4.4 m^3/s;灌溉洞装机 1 台 0.8 MW,单机设计发电流量 5.7 m^3/s,2 台 3.6 MW,单机设计发电流量 19.6 m^3/s。水库自 1965 年 8 月竣工以来,历史最高蓄水位 320.91 m(2010 年 7 月 25 日)。

水库设计洪水位以下居住有约 10.2 万人(2018 年 6 月统计),水库运用水位超过 319.5 m 将涉及人员紧急转移。

3.1.1.8　故县水库

故县水库的开发任务是以防洪为主,兼顾灌溉、供水、发电等综合利用。水库万年一遇校核洪水位 551.02 m(大沽高程),千年一遇设计洪水位 548.55 m,蓄洪限制水位 548 m,相应库容 9.84 亿 m^3(2015 年 5 月实测值,下同),正常蓄水位 534.8 m,相应库容为 6.26 亿 m^3,移民水位 544.2 m,征地水位 534.8 m。

汛期 7 月 1 日—10 月 31 日,前汛期(7 月 1 日—8 月 31 日)汛限水位 527.3 m,相应库容 4.90 亿 m^3;后汛期(9 月 1 日—10 月 31 日)汛限水位 534.3 m,相应库容 6.16 亿 m^3。8 月 21 日起水库水位可以向后汛期汛限水位过渡,10 月 21 日起可以向正常蓄水位过渡。发电系统安装 3 台 20 MW 发电机组,总装机容量 60 MW,单机设计发电流量 36 m^3/s。水库历史最高蓄水位 536.57 m(2014 年 9 月 20 日)。

水库设计洪水位以下居住有约 1.57 万人(2019 年 5 月统计),其中 534.8~544.2 m 无常住人口。水库运用水位超过 544.2 m 将涉及人员紧急转移。

3.1.1.9　河口村水库

河口村水库的开发任务是以防洪、供水为主,兼顾灌溉、发电、改善河道基流等综合利用。水库 2 000 年一遇校核洪水位、500 年一遇设计洪水位和蓄洪限制水位均为 285.43 m,相应库容 3.17 亿 m^3(原始库容,下同),正常蓄水位 275 m,相应库容 2.50 亿 m^3。

汛期 7 月 1 日—10 月 31 日，前汛期（7 月 1 日—8 月 31 日）汛限水位 238 m，相应库容 0.86 亿 m^3；后汛期（9 月 1 日—10 月 31 日）汛限水位 275 m，相应库容为 2.50 亿 m^3。8 月 21 日起水库水位可以向后汛期汛限水位过渡。水库自 2014 年 9 月蓄水运用以来最高蓄水位 262.65 m（2016 年 11 月 26 日）。

发电系统安装 4 台机组，其中大机组 10 MW，小机组 1.6 MW。总装机容量 11.6 MW，设计总发电流量为 20 m^3/s。

3.1.1.10　主要水库初始水位

黄河干支流主要水库 8 月 21 日 8 时蓄水情况见表 3.1-1。可以看出，各水库水位均未超汛限水位。

表 3.1-1　黄河干流主要水库 2021 年 8 月 21 日 8 时蓄水情况

水库	龙羊峡	刘家峡	海勃湾	万家寨	龙口	三门峡	小浪底	西霞院	陆浑	故县	河口村
水位/m	2 589.42	1 722.50	1 074.26	952.50	890.89	303.34	229.12	131.01	314.49	520.14	237.51
蓄水量/亿 m^3	200.58	24.82	3.42	1.01	0.83	0.21	10.01	0.26	4.77	3.93	0.84

3.1.2　河道边界条件

3.1.2.1　黄河上游河道

黄河干流龙羊峡以下青海河段建有少量堤防，县城、乡镇、村庄农田段设防标准分别为 30 年一遇、20 年一遇、10 年一遇，已基本达到设计防洪标准，河道安全过洪流量基本达到或超过 10 年一遇 3 660 m^3/s。

兰州市城区河段堤防设防标准为百年一遇，设计洪峰流量为兰州站 6 500 m^3/s；其他农防河段设防标准为 10 年一遇，现状安全过流能力约为 3 700 m^3/s。

宁夏河段设防标准为 20~50 年一遇，堤防已全面达到设计防洪标准，下河沿站设计防洪流量为 5 600 m^3/s，石嘴山站设计防洪流量为 5 630 m^3/s。

内蒙古河段设防标准为 20~50 年一遇，堤防已达到设计防洪标准，三湖河口站设计防洪流量为 5 710~5 900 m^3/s。

3.1.2.2　黄河下游河道

随着 1999 年 10 月小浪底水库下闸蓄水运用，黄河下游河道发生了持续冲刷，截至 2021 年汛前，下游主槽累计冲刷 21.12 亿 m^3（29.57 亿 t）。下游河道主槽过洪能力也得到一定恢复，不考虑生产堤的挡水作用，目前下游各河段平滩流量为：花园口站以上河段一般大于 7 200 m^3/s，花园口—夹河滩河段 7 200~7 100 m^3/s，夹河滩—高村河段 7 100~6 500 m^3/s，高村—利津河段绝大部分河段在 4 600 m^3/s 以上。随着冲刷的发展，卡口河段绝大多数断面的平滩流量均有不同程度的增大，最小平滩流量的位置在陈楼—北店子附近河段，平滩流量最小的断面为陈楼、梁集、路那里和王坡断面，平滩流量的最小值为 4 600 m^3/s。

各主要控制站的警戒水位、设计防洪水位等特征值详见表 3.1-2。

表 3.1-2　2021 年黄河下游主要控制站水位特征值

项目	花园口	夹河滩	高村	孙口	艾山	泺口	利津
设防流量/(m^3/s)	22 000	21 500	20 000	17 500	11 000	11 000	11 000
设防流量相应水位/m	93.79	77.71	63.71	49.97	44.09	33.43	14.96
警戒水位/m	92.47	75.56	61.76	46.69	40.32	29.76	12.44
警戒水位相应流量/(m^3/s)	7 200	7 100	6 500	4 800	4 700	4 800	4 650

3.2　调度指导思想及目标

3.2.1　指导思想

坚持“人民至上、生命至上”，强化“预报、预警、预演、预案”措施，以水工程科学精细调度为核心，紧盯下游滩区防洪安全和小花间无控区洪水防御，有效实施防洪预泄，充分利用干支流水库拦蓄洪水，削峰错峰，确保水库安全和黄河下游不漫滩，充分发挥水工程防洪减灾效益，保障黄河防洪安全。

3.2.2　调度目标与思路

3.2.2.1　调度目标

确保水库河道标准内洪水防洪安全，尽量控制黄河下游河道不漫滩；在保证防洪安全前提下，兼顾减淤、供水、生态、发电等综合效益，实现洪水资源利用，汛末水库尽可能多蓄水；继续探索上中游水库群联合水沙调控模式，为今后水库群调度运用积累经验。

3.2.2.2　调度思路

8 月 20 日—9 月 17 日秋汛前期，科学调度干支流水库群，在确保水库安全前提下，充分发挥干支流水库拦洪、削峰、错峰作用，减轻下游防洪压力。

9 月 18 日—10 月 19 日秋汛关键期，按照水利部提出的“系统、统筹、科学、安全”的黄河秋汛洪水调度原则和要求，联合调度黄河中游干支流水库群防洪运用，在确保防洪安全前提下，最大限度挖掘伊河陆浑水库、洛河故县水库、沁河河口村水库的防洪运用潜力，最高运用可至移民水位或蓄洪限制水位；调整小浪底水库下泄流量，凑泄花园口站流量 2 600~4 800 m^3/s，尽量缩短小浪底水库 270 m 水位以上运用时间。三门峡水库视情况投入滞洪运用。必要时利用刘家峡、万家寨以及支流沁河张峰等水库拦蓄上游基流。为有效应对大汶河洪水，实施东平湖滞洪区与金堤河补偿泄洪调度，并采取“拦”“蓄”“送”

“排”等综合措施分泄东平湖洪水，尽可能降低老湖区水位，保证东平湖防洪安全。

10 月 20—31 日秋汛退水期，综合考虑落水期河南、山东河段水位变化、工程出险和河势变化等因素，小浪底水库逐步压减流量至发电流量下泄，控制落水期下游河道水位平稳下降，降低工程出险概率，控制小浪底水库水位不超 270 m。万家寨、三门峡、陆浑、故县、河口村水库水位逐步向非汛期运用水位和正常蓄水位过渡。

3.3　实时调度方案制订

8 月下旬，小浪底水库水位远低于后汛期汛限水位，水库按照 300 m^3/s 控泄。伊洛河流域经历了两场降雨过程，陆浑、故县以拦蓄洪水为主，后期适当加大下泄流量，控制库水位不超过汛限水位。河口村水库按照发电流量下泄，控制库水位不超汛限水位。

为应对洛河流域 9 月 6—7 日洪水过程，故县水库最高按 600 m^3/s 下泄，控制水位不超征地水位；为应对 18—21 日洪水过程，陆浑、故县水库预泄腾库迎洪，洪水到来后全力拦洪，最高按 1 000 m^3/s 下泄，尽量控制库水位不超过征地水位。沁河流域 8 月 31 日—9 月 8 日洪水过程中，河口村水库按发电流量全力拦洪，洪水过后按不超汛限水位 275 m 控制运用；9 月 18—20 日洪水过程中，河口村水库按照 300 m^3/s 下泄，控制库水位不超汛限水位 275 m 运用。

9 月上中旬，小浪底水库先维持 300 m^3/s 下泄，9 月 15—18 日，为减缓库水位上涨速度，适当加大下泄流量。9 月 18—20 日，小浪底水库与陆浑、故县、河口村水库联合调度，控制花园口站流量不超 4 000 m^3/s。

9 月 21—22 日，结合伊洛河洪水过程，塑造最有利于下游河道冲刷的安全流量，开展干支流水库联合调度，陆浑、故县水库最大下泄流量按不超 1 000 m^3/s 控制，控制陆浑水库不超征地水位，故县水库不超汛限水位，河口村水库视上游来水逐级加大下泄流量，控制水位不超 275 m，小浪底水库 21 日 14 时起逐渐加大下泄流量，控制花园口站流量达到 2 600 m^3/s 量级，9 月 22 日 8 时起，为有利于东平湖泄洪入黄，降低东平湖老湖水位，为后续洪水防御腾出库容，支流水库维持原调度方式，小浪底水库调度方案调整为：压减下泄流量至 1 200 m^3/s，维持艾山站 2 300 m^3/s 以上、利津站 2 100 m^3/s 以上的下游河道冲刷过程。

9 月 22 日 20 时—26 日，继续塑造最有利于下游河道冲刷的安全流量，干支流水库联合调度，陆浑、故县水库最大下泄流量不超 1 000 m^3/s，小浪底水库适当压减流量拦洪，控制花园口站流量不超 4 000 m^3/s。

9 月 27 日—10 月 4 日，为黄河 2021 年第 1 号洪水防御期。9 月 27 日 15 时，潼关站形成黄河 2021 年第 1 号洪水，9 月 27 日 21 时花园口站形成黄河 2021 年第 2 号洪水，为减缓水位上涨速度，小浪底水库加大下泄流量，9 月 28 日 12 时，为应对小花间洪水过程，小浪底水库又调整为与小花间洪水错峰的调度方案。9 月 28 日晚明确了凑泄花园口站流量不超 4 700 m^3/s 的实时调度方案。9 月 29 日 2 时起，小浪底水库逐级加大下泄流量，与支流水库联合调度，按控制花园口站流量不超 4 700 m^3/s 凑泄运用。10 月 2 日起，根据下游洪水演进水位实际表现，为防御后续中游洪水预留调度空间，干支流水库联合调度凑泄目标由控制花园口站不超4 700 m^3/s提高至4 800 m^3/s左右。为迎战1号洪水，给小浪底水库加大下泄流量、减缓水库水位上涨速度创造条件，陆浑、故县水库逐渐压减下泄流量，河口村水库逐步调整流量，控制库水位不超280 m。

为缓解黄河中下游严峻的防汛形势，10月1日起，刘家峡水库适当减小水库泄量，9月28日起，万家寨水库适当拦蓄，控制水库水位不超980 m，以拦蓄河道基流、减轻中下游防洪压力。

9月下旬，黄河下游出现干流洪水与金堤河、大汶河洪水遭遇的不利情况，统筹下游干支流防洪形势，金堤河通过张庄闸和张庄提排站有序泄洪入黄，尽可能控制金堤河不超保证水位；东平湖按控制艾山站以下河段不超漫滩流量进行补偿泄洪入黄调度。由于大汶河持续来水，东平湖老湖水位持续上升，为确保东平湖防洪安全，自10月3日起，在补偿泄洪运用的基础上，进一步利用引调水工程分泄入湖洪水，尽可能降低湖区水位，确保东平湖防洪安全。

10月5日23时，潼关站形成黄河2021年第3号洪水，小浪底水库与支流水库联合调度，继续以控制花园口站4 800 m^3/s左右为目标凑泄，尽力挖掘支流水库的防洪潜力，缩短小浪底水库高水位运行时间。为迎战3号洪水，尽力为小浪底水库加大下泄流量创造条件，陆浑、故县水库逐步压减下泄流量直至关闭闸门，分别控制库水位不超过319.5 m、544.2 m，河口村水库控制库水位不超280 m。考虑中下游防洪压力趋缓，为缩短故县水库高水位运行时间，故县水库于11日18时起适当加大下泄流量；陆浑水库于12日12时起按5 m^3/s下泄，保证河道不断流。为应对10月19—20日伊洛河降雨过程，陆浑、故县水库加大下泄流量，控制水位不超征地水位。

10月20日4时，小浪底水库水位降至270 m，黄河秋汛正式进入退水期。陆浑、故县、河口村水库根据上游来水实时调整下泄流量，逐步向正常蓄水位过渡。小浪底水库按照花园口站流量24 h变幅不超过1 000 m^3/s、下游河道水位日变幅不超过1 m控制，将下泄流量由4 200 m^3/s逐级降低到1 200 m^3/s，确保下游河道退水安全。10月23日10时，小浪底水库下泄流量降至1 200 m^3/s，之后控制水位不超过270 m运用。

秋汛洪水期间，三门峡水库洪水期按敞泄运用，平水期按控制库水位不超305 m运用。10月9日，小浪底水库拦洪运用接近设计洪水位274 m，为控制小浪底水库水位上涨，保证水库防洪安全，经深入研究并与水利部多次会商，按照有关规定，三门峡水库在小浪底库水位在273.0~273.5 m适时参与滞洪运用，按照小浪底水库泄量进行下泄，控制库水位不超315 m。根据上游来水预报，考虑洪水资源利用，10月21日起，三门峡水库向非汛期水位318 m过渡。西霞院水库按配合小浪底水库泄洪排沙运用。

针对秋汛洪水严峻的防洪局面，山东河段根据花园口站、高村站和孙口站流量，统筹考虑金堤河来水情况，实时动态调控东平湖向黄河泄水流量，控制艾山站流量在5 200 m^3/s量级，确保下游不漫滩。同时，控制东平湖老湖水位不超过42.72 m(达到42.72 m，金山坝以西群众需转移)，多措并举加快降低老湖水位，避免了金山坝以西群众迁安转移。

3.4　调度过程

3.4.1　刘家峡水库

10 月上旬,刘家峡水库已经进入非汛期。鉴于黄河中下游严峻的防洪形势,为减小进入黄河中游的基流量,10 月上旬,刘家峡水库日均出库流量由 900 m^3/s 压减至 600 m^3/s,10 月中旬日均出库流量调整为 700 m^3/s。

考虑黄河中下游防洪形势趋缓,为做好防汛防凌衔接,根据上游来水及下游引水情况,刘家峡水库自 10 月 15 日 12 时起,日均出库流量加大至按 1 400 m^3/s 控制,结束配合中下游防洪调度运用。10 月上中旬刘家峡水库详细调度过程见图 3.4-1。

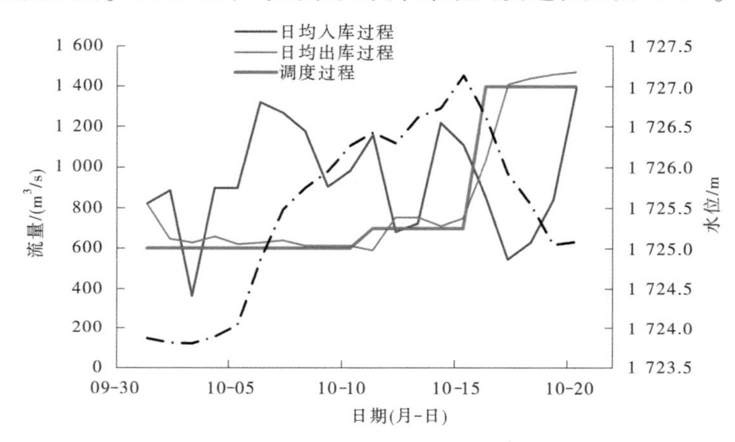

图 3.4-1　10 月上中旬刘家峡水库调度过程

3.4.2　万家寨水库

(1)冲沙运用阶段。9 月 14 日 20 时 40 分,万家寨水库加大下泄流量,库水位逐步降低。9 月 15 日 5 时降至 948 m 以下,开始冲沙运用,至 16 日 4 时 30 分,开始敞泄运用,库水位最低降至 921.38 m。22 日 13 时 30 分,万家寨水库按照 180 m^3/s 控泄,水库回蓄。26 日 8 时水库水位回到 964.73 m。

(2)防洪运用阶段。鉴于 9 月下旬以来黄河中下游严峻的防洪形势,为减小进入中游的基流量,减轻中下游防洪压力,万家寨、龙口水库联合调度,自 9 月 28 日 12 时起按 500 m^3/s 下泄,待水库水位蓄至 975 m 时,按进出库平衡运用;受 10 月 2—5 日黄河中下游降雨影响,黄河形成 2021 年第 3 号洪水,为减轻下游防汛压力,自 10 月 4 日 0 时起出库流量继续按 500 m^3/s 控制,适当拦蓄来水,待水库水位蓄至 977 m 时,按进出库平衡运用,10 月 7 日 20 时起,又调整为按控制库水位不超 980 m 运用。10 月 20 日起,黄河中下游汛情趋于稳定后,万家寨水库恢复按正常蓄水位 977 m 运用,加大下泄流量,库水位逐步回落。整个秋汛防洪运用期间,万家寨水库最高蓄水位为 978.94 m(10 月 10 日 15 时 55 分),为建库以来汛期最高运用水位,最大拦蓄洪水 3.09 亿 m^3,发挥了较好的防洪效益。

9月中旬以来万家寨水库详细调度过程见图3.4-2。

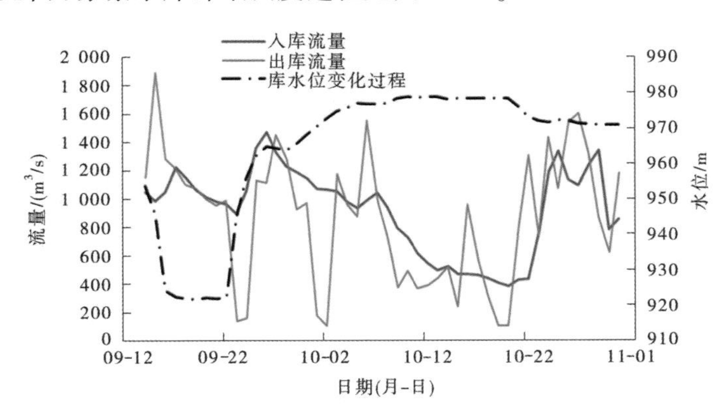

图3.4-2　9月中旬以来万家寨水库调度过程

3.4.3　三门峡水库

汛期三门峡水库水位控制在305 m以下，进出库平衡运用。8月下旬至10月底秋汛洪水防御期间，三门峡水库根据上游来水来沙情况，进行了5次敞泄运用，具体见表3.4-1。

表3.4-1　三门峡水库敞泄情况统计

敞泄次数	开始时间（月-日T时）	潼关流量/（m^3/s）	结束时间（月-日T时）	潼关流量/（m^3/s）	历时/h
1	08-23T12	1 530	08-25T08	1 570	44
2	09-06T20	2 660	09-08T18	2 400	46
3	09-18T10	3 510	09-21T20	3 500	82
4	09-27T09	4 720	10-03T00	2 180	135
5	10-05T15	3 420	10-09T17:10（转入滞洪运用）	5 980	98
合计					405

8月下旬上游来水流量较大，8月23日12时潼关站流量大于1 500 m^3/s，水库开始敞泄运用，25日8时停止敞泄，按不超305 m控制运用。

9月6日，潼关站再次发生较大洪水过程，6日20时潼关站流量达到2 660 m^3/s，三门峡水库开始敞泄运用，洪水过后，于8日18时停止敞泄，逐步回蓄至305 m，保持进出库平衡运用。9月18日，受渭河来水影响，潼关站洪水起涨，10时潼关站流量达到3 510 m^3/s，三门峡水库开始按敞泄运用，9月21日20时，水库停止敞泄运用，控制库水位不超305 m运用。9月27日，潼关站正在形成黄河2021年第1号洪水，三门峡水库于9时起再次敞泄运用，10月3日，潼关站流量回落，三门峡水库停止敞泄，0时起按控制库水位不超 305 m 运用。

10 月 5 日 15 时,为应对 3 号洪水过程,三门峡水库再次实施了敞泄运用。10 月 9 日 8 时,小浪底水库水位超过 273 m,接近设计洪水位。为控制小浪底水库水位上涨,保证水库防洪安全,并确保下游不漫滩,经深入研究并与水利部多次会商,三门峡水库于 10 月 9 日 17 时 10 分投入滞洪运用,按照小浪底水库出库流量 4 200 m^3/s 控泄。10 月 10 日 20 时、11 日 10 时分别根据小浪底水库水库出库流量同步调整下泄流量至 4 100 m^3/s、4 150 m^3/s。考虑到上游来水减小,小浪底水库水位开始缓慢回落,三门峡水库于 10 月 11 日 18 时起,按回蓄到 315 m 后,进出库平衡运用。

10 月 21 日 0 时起,三门峡水库按满发流量逐步回蓄至非汛期水位 318 m 运用。三门峡水库调度过程见图 3.4-3。

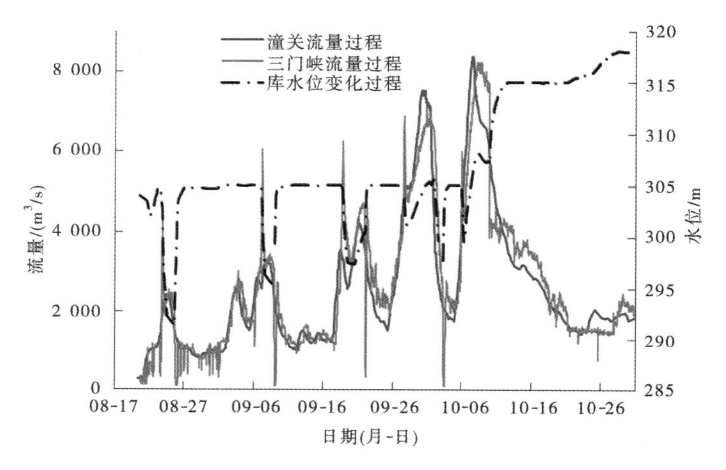

图 3.4-3　三门峡水库调度过程

5 次敞泄期间,因入库流量较大,水库水位较低,有利于库区冲沙、排沙,其中以 8 月 22—25 日的敞泄排沙效果最好,8 月 23 日 16 时—24 日 20 时出库含沙量超过 50 kg/m^3,23 日 20 时达到 410 kg/m^3,为 2021 年秋汛洪水期间三门峡水库最大出库含沙量。三门峡水库进出库含沙量过程见图 3.4-4。

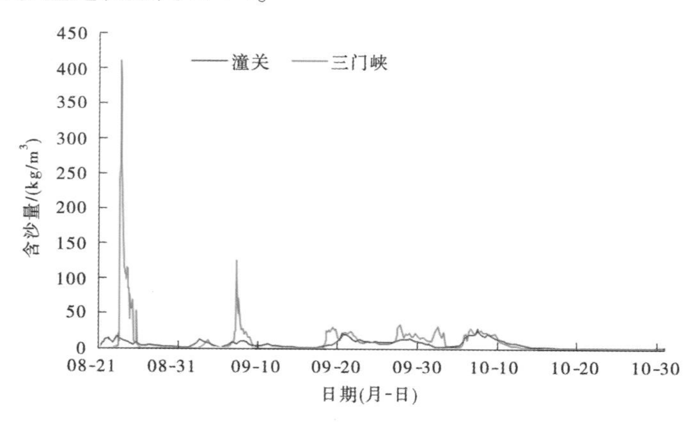

图 3.4-4　三门峡水库进出库含沙量过程

3.4.4 小浪底与西霞院水库

8月,小浪底水库水位较低,自8月9日8时起按照300 m³/s控泄。小浪底水库具体调度过程见图3.4-5。8月21日8时,小浪底水库水位为229.12 m,远低于后汛期汛限水位248 m。

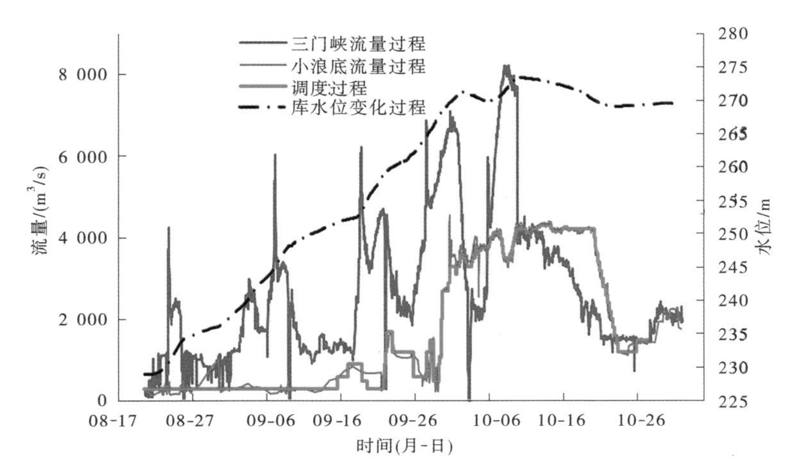

图3.4-5 小浪底水库调度过程

8月下旬至9月15日,小浪底水库连续对中游两场洪水进行拦蓄,9月15日8时库水位251.66 m,上涨较快,为控制水位上涨速度,9月15日10时,小浪底水库加大至600 m³/s下泄,9月16日20时,进一步加大至900 m³/s。

为与小花间洪水错峰,控制花园口站流量不超4 000 m³/s,9月18日18时,小浪底水库压减至500 m³/s下泄。9月19日11时,进一步压减至300 m³/s。根据上游来水和伊洛河洪水过程,小浪底水库于9月21日14时起,按控制花园口站2 600 m³/s量级进行调度运用,14时、20时、22时分别下泄600 m³/s、900 m³/s、1 200 m³/s,9月22日2时按1 700 m³/s下泄。为有利于东平湖泄洪入黄,降低老湖水位运用,9月22日20时起,小浪底水库适当压减流量,按1 200 m³/s下泄,控制艾山站流量2 300 m³/s以上、利津站流量2 100 m³/s以上。25日16时,小浪底水库进一步压减下泄流量至600 m³/s。

9月27日,上游来水持续增大,潼关站形成黄河2021年第1号洪水,8时库水位达264.34 m,为减缓水位上涨速度,12时、21时,小浪底水库分别加大至1 200 m³/s、1 500 m³/s下泄。9月28日10时,为与小花间洪水过程错峰,小浪底水库压减至500 m³/s下泄,随着小花间洪水回落,9月29日2时起加大至900 m³/s下泄,29日6时至30日16时,由1 100 m³/s逐级加大至3 300 m³/s下泄,与支流水库联合调度,控制花园口站流量不超4 700 m³/s。

10月1日10时,根据支流水库泄流及无控区间加水情况,调整下泄流量至3 100 m³/s,1日14时—2日2时,逐时段加大下泄至3 600 m³/s。2日8时—3日0时,根据花园口站流量超过4 800 m³/s的控制目标,逐级压减下泄流量至3 300 m³/s。2日16时,小浪底水位达到271.18 m,为1号洪水期间的最高水位,之后小浪底水库按照控制花园口站流量不超 4 800 m^3/s 的目标,继续以最大流量下泄,尽力降低库水位,为迎接下一场洪水争取更大库容。3 日 14 时—4 日 0 时,根据支流来水消落过程,小浪底水库逐级加大下泄流量至 3 800 m^3/s。4 日 7 时—5 日 18 时,小浪底水库下泄流量在 3 600~3 800 m^3/s 范围内微调。10 月 5 日 18 时,小浪底水库水位降低至 269.75 m,为 1 号、3 号两场洪水间隙的最低水位;5 日 23 时,潼关站流量达到 5 090 m^3/s,形成黄河 2021 年第 3 号洪水。5 日 22 时—7 日 7 时 30 分,小浪底水库由 3 850 m^3/s 逐级加大至 4 150 m^3/s 下泄。7 日 11 时—8 日 10 时,由于沁河上游发生洪水,入黄流量加大,小浪底水库下泄流量由 4 050 m^3/s 减小至 3 400 m^3/s。支流水库全力压减下泄流量,给小浪底水库加大下泄流量创造了条件,8 日 10 时—10 日 1 时,小浪底水库下泄流量由 3 400 m^3/s 逐级加大至 4 250 m^3/s。10 月 9 日 20 时,小浪底水库达到本次秋汛洪水拦蓄过程的最高蓄水位 273.5 m,创历史新高。10 日 9 时 30 分—16 日 11 时,根据支流水库泄流变化,小浪底水库下泄流量在 4 100~4 300 m^3/s 微调,最大下泄流量为 4 300 m^3/s(12 日 19 时—14 日 8 时)。

10 月 20 日 4 时,小浪底水库水位降至 270 m,黄河秋汛洪水正式进入退水期。小浪底水库下泄流量由 4 200 m^3/s 减小至 4 000 m^3/s,20 日 8 时、12 时、16 时分别连续压减至 3 800 m^3/s、3 600 m^3/s、3 400 m^3/s 下泄,之后每 6 h 压减 200 m^3/s,于 23 日 10 时压减至 1 200 m^3/s 下泄。10 月 25 日 21 时,考虑上游来水加大,小浪底水库加大至 1 400 m^3/s 下泄。10 月 27 日起,小浪底水库按控制库水位不超过 270 m 正常运用,至此,小浪底水库秋汛洪水调度过程结束。

秋汛洪水期间,小浪底水库在 270 m 水位以上运行时间约为 18 d。其中,1 号洪水期间,小浪底水库 270 m 以上运行时间约为 4 d(10 月 1 日 0 时—10 月 5 日 2 时),最高水位为 271.18 m(10 月 2 日 16 时);3 号洪水期间,小浪底水库 270 m 以上运行时间约为 14 d(10 月 6 日 11 时—10 月 20 日 4 时),最高水位为 273.5 m(10 月 9 日 20 时),为建库以来历史最高蓄水位。

西霞院水库与小浪底水库联合调度,配合小浪底水库泄洪排沙,在库水位 129.69~133.99 m 运行,小浪底水库进出库含沙量过程见图 3.4-6。

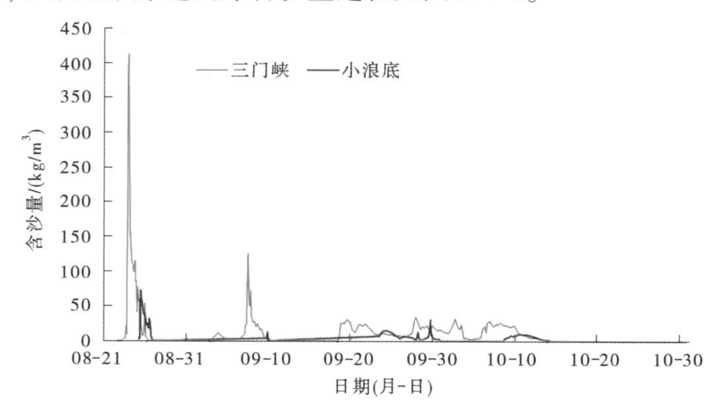

图 3.4-6　小浪底水库进出库含沙量过程

3.4.5　陆浑和故县水库

8月22—25日，伊洛河出现明显洪水过程，洛河卢氏站22日18时洪峰流量1 370 m^3/s，伊河东湾站23日4时6分洪峰流量299 m^3/s，为有效减轻黄河下游河道和防洪压力，陆浑水库按照14.4 m^3/s下泄，故县水库按照36~108 m^3/s下泄，控制水库不超汛限水位运用，水库发挥拦洪削峰作用。洪水过后，水库向后汛期汛限水位过渡。

8月28日—9月3日，伊洛河流域再次发生一场洪水过程，伊河东湾站8月29日17时24分洪峰流量1 440 m^3/s、8月30日16时12分洪峰流量1 440 m^3/s，9月1日20时洪峰流量1 160 m^3/s，洛河卢氏站9月1日16时洪峰流量2 280 m^3/s，陆浑、故县水库继续发挥拦洪、削峰、错峰作用，减轻下游龙门石窟景区和河道防洪压力。陆浑水库按照14.4~29 m^3/s下泄，故县水库按照108 m^3/s下泄，水位达到汛限水位后，根据入库流量变化过程调整下泄流量。陆浑水库分别于8月30日13时、30日15时、9月3日10时、3日18时、4日11时按200 m^3/s、500 m^3/s、200 m^3/s、500 m^3/s、100 m^3/s下泄，洪水过后按58 m^3/s下泄；故县水库分别于9月1日13时、1日18时、2日10时、3日10时、3日18时按300 m^3/s、600 m^3/s、400 m^3/s、200 m^3/s、500 m^3/s下泄，洪水过后按108 m^3/s下泄。

9月6—7日，洛河发生一场洪水过程，洛河卢氏站9月6日13时18分洪峰流量651 m^3/s，为应对该场洪水，故县水库9月5日19时按600 m^3/s下泄，6日9时起按最大发电流量108 m^3/s下泄，控制库水位不超过征地水位534.8 m。

9月18—21日，伊洛河流域发生较大洪水过程，洛河卢氏站9月19日7时12分洪峰流量2 430 m^3/s，伊河东湾站19日12时48分洪峰流量2 810 m^3/s，为应对本次洪水过程，陆浑、故县水库预泄腾库，洪水到达后全力拦洪运用，控制库水位尽量不超过征地水位。陆浑水库分别于18日16时、19日10时、21日7时按照300 m^3/s、1 000 m^3/s、500 m^3/s下泄，洪水过后按200 m^3/s下泄；故县水库分别于17日9时，18日10时、17时、23时，21日7时按照200 m^3/s、600 m^3/s、800 m^3/s、1 000 m^3/s、600 m^3/s下泄，洪水过后按300 m^3/s下泄。

9月25—30日，伊洛河流域发生一场洪水过程，洛河卢氏站9月25日17时洪峰流量1 420 m^3/s，伊河东湾站9月25日7时30分洪峰流量1 540 m^3/s，为应对此次洪水，陆浑、故县水库持续降水位运用，为后续洪水防御腾出库容。陆浑水库于25日9时加大至500 m^3/s下泄。故县水库25日9时加大至500 m^3/s下泄，11时加大至1 000 m^3/s下泄。为迎战1号、2号洪水，充分发挥支流水库拦洪错峰作用，陆浑水库分别于27日12时、28日6时、29日21时、30日11时按照300 m^3/s、100 m^3/s、300 m^3/s、200 m^3/s下泄。故县水库持续压减下泄流量，分别于28日12时、29日17时、30日11时按照800 m^3/s、300 m^3/s、200 m^3/s下泄。10月1—4日，本场洪水进入退水期，为给小浪底水库争取更大的调度空间，陆浑水库分别于10月2日19时、4日18时按照300 m^3/s、200 m^3/s下泄；故县水库分别于10月2日15时、3日21时、4日21时按照250 m^3/s、200 m^3/s、150 m^3/s下泄。

10月5—12日，考虑伊洛河流域未来几天无明显降雨，为给小浪底水库争取更大的调度空间，同时迎战黄河2021年第3号洪水，陆浑、故县水库持续压减下泄流量直至关闭闸门。陆浑水库分别于10月5日9时、6日12时按照50 m^3/s、0 m^3/s下泄；故县水库分别于 5 日 12 时、6 日 22 时按照 50 m^3/s、0 m^3/s 下泄。10 月 9 日 20 时小浪底水库水位达到 273.50 m 极值后逐步回落。陆浑水库 12 日 12 时按照 5 m^3/s 下泄；故县水库分别于 11 日 18 时、12 日 10 时按照 100 m^3/s、150 m^3/s 下泄，故县水库 10 月 12 日 10 时出现最高水位 537.75 m。

受 10 月 19—20 日降雨影响，陆浑、故县水库水位缓慢上涨。为控制水位不超征地水位，陆浑水库分别于 19 日 20 时、20 日 20 时起按照 50 m^3/s、100 m^3/s 下泄，故县水库于 20 日 20 时按照 200 m^3/s 下泄。洪水过后，陆浑水库于 21 日 16 时按 50 m^3/s 下泄，向正常蓄水位过渡，10 月 24 日 14 时出现最高水位 319.39 m；故县水库分别于 23 日 10 时、23 日 19 时按 150 m^3/s、200 m^3/s 下泄，向正常蓄水位过渡。

10 月 26 日，黄河下游各站基本降至 2 000 m^3/s 以下，10 月 26 日起故县水库继续降水位运用，待库水位降至正常蓄水位 534.8 m 后，按控制库水位不超过 534.8 m 运用，10 月 27 日起陆浑水库按控制库水位不超过正常蓄水位 319.5 m 运用。陆浑水库和故县水库具体调度过程见图 3.4-7、图 3.4-8。

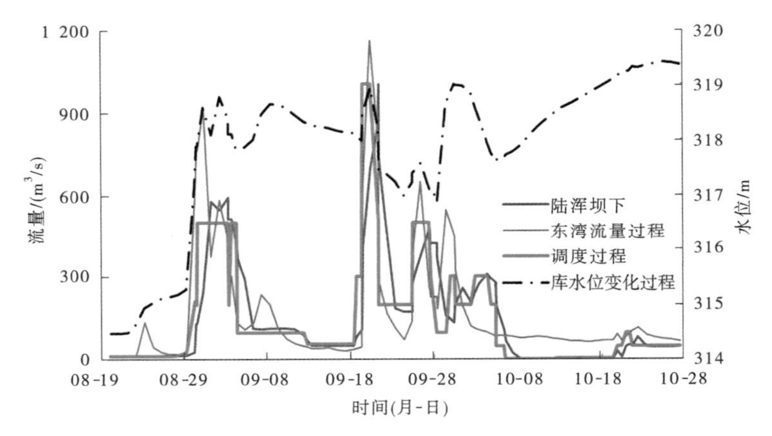

图 3.4-7　陆浑水库调度过程

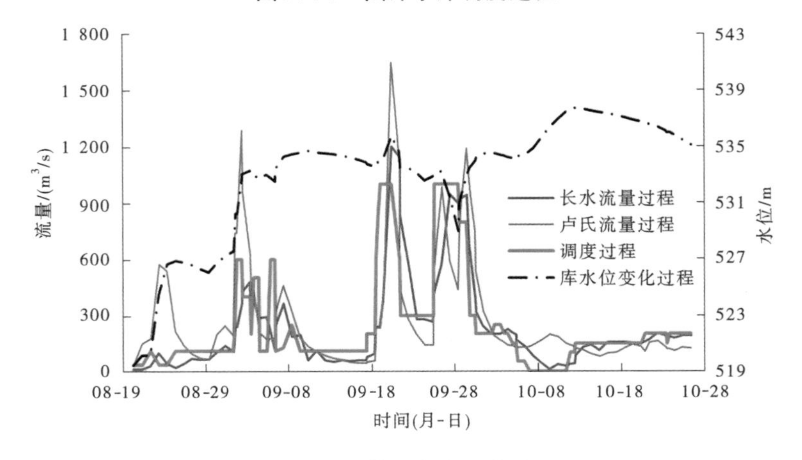

图 3.4-8　故县水库调度过程

3.4.6　河口村水库

8 月 31 日—9 月 8 日,沁河发生多场洪水过程,河口村水库按发电流量 2~20 m^3/s 控泄,拦蓄洪水,发挥拦洪削峰作用,洪水过后按库水位不超过 275 m 控制运用。

9 月 18—20 日,沁河发生一次洪水过程,山里泉站 19 日 16 时 15 分洪峰流量 765 m^3/s,为应对此次洪水,河口村水库于 17 日 9 时按 300 m^3/s 下泄,提前预泄腾库,拦蓄洪水。

9 月 25—28 日,沁河流域发生较大洪水过程,河口村水库 26 日最大入库流量 2 360 m^3/s,为应对本次洪水过程,统筹下游和库区防洪安全,河口村水库下泄流量于 25 日 20 时起由 600 m^3/s 逐级加大至 26 日 18 时 1 800 m^3/s 下泄,尽力控制库水位。9 月 27 日黄河 2021 年第 1 号、第 2 号洪水先后形成,为应对 1 号、2 号洪水,统筹考虑水库运行安全、库区安全及下游河道行洪安全,河口村水库于 27 日 12 时—28 日 21 时下泄流量逐渐由 1 500 m^3/s 压减至 300 m^3/s,为小浪底水库加大泄量腾出空间。

9 月 29 日—10 月 6 日,按控制水库水位不超过 280 m 和溱泄花园口站 4 800 m^3/s 流量左右两个目标,水库下泄流量基本控制在 300~700 m^3/s。

10 月 5—9 日,沁河上游出现一次明显的洪水过程,沁河飞岭站 6 日 16 时 24 分最大流量 1 130 m^3/s,为应对此次洪水,溱泄花园口站 4 800 m^3/s,控制河口村水库水位不超过 280 m,河口村水库分别于 10 月 6 日 22 时、7 日 2 时、7 日 6 时、7 日 9 时、7 日 10 时、7 日 14 时、7 日 18 时按照 400 m^3/s、500 m^3/s、600 m^3/s、800 m^3/s、900 m^3/s、1 000 m^3/s、1 100 m^3/s 下泄。退水阶段,为小浪底水库增加下泄流量创造条件,水库逐步压减下泄流量,并控制库水位不超过 280 m,水库于 8 日 12 时—13 日 12 时逐渐由 1 000 m^3/s 压减至 300 m^3/s,10 月 9 日 18 时水库出现最高水位 279.89 m。

10 月 20 日 9 时,河口村水库水位降至 275 m,10 月 21 日 16 时起按照最大发电流量下泄。考虑下游汛情趋缓,为使库水位尽快降低至正常蓄水位以下,水库于 23 日 10 时、23 日 12 时分别按照 300 m^3/s、260 m^3/s 下泄。10 月 25 日 17 时起按最大发电流量下泄,向正常蓄水位 275 m 过渡。10 月 25 日 17 时 30 分水库水位最低降至 271 m,之后逐步回蓄,向正常蓄水位 275 m 过渡。

10 月 26 日,黄河下游各站基本降至 2 000 m^3/s 以下,支流水库按正常运用,10 月 27 日起河口村水库按控制库水位不超过 275 m 正常运用。河口村水库具体调度过程见图 3.4-9。

3.4.7　东平湖水库

(1)补偿泄洪入黄阶段。根据孙口站、庞口闸、艾山站洪水演进情况,考虑金堤河加水,根据实时水情调度出湖闸闸门,在全力泄洪的同时,确保艾山站以下河段不漫滩,自 9 月 29 日起,东平湖滞洪区进行补偿泄洪入黄。其间东平湖老湖最高水位 10 月 2 日 16 时 42.47 m,超警戒水位 0.75 m,最大分洪流量 693 m^3/s(9 月 29 日 2 时)。

(2)“泄、送、排”全力泄洪阶段。受大汶河持续来水和泄洪入黄受限影响,东平湖水位持续上升,为确保东平湖防洪安全,自 10 月 3 日起,在补偿泄洪入黄运用的基础上,利用南水北调东线工程加大向胶东地区和华北地区的送水(利用南水北调济平干渠向小清

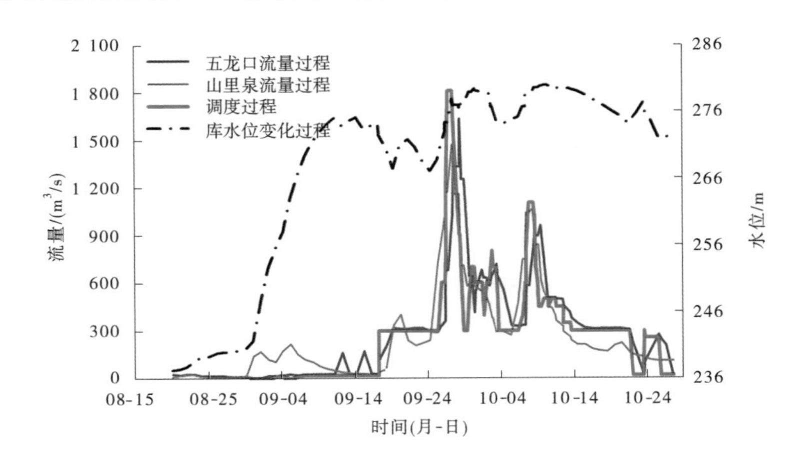

图 3.4-9　河口村水库调度过程

河送水，最大流量 36 m^3/s；利用南水北调穿黄河工程送水，最大流量 40 m^3/s），相机向南四湖排水（利用八里湾船闸、八里湾泄洪闸通过柳长河、梁济运河向南四湖分泄东平湖洪水，八里湾船闸最大流量 88 m^3/s，八里湾泄洪闸最大流量 49.4 m^3/s），尽可能降低湖区水位。

（3）退水阶段：10 月 11 日 1 时，东平湖老湖水位降至 42.20 m，防洪形势趋缓，为减轻黄河干流艾山站以下河段防守压力，自 10 月 11 日起，压减东平湖水库排入黄河的水量，继续利用引调水工程分泄洪水，降低湖区水位，确保东平湖防洪安全；10 月 18 日 23 时，东平湖老湖水位降至 41.72 m，为防止庞口闸闸前淤积，清河门闸按 30～80 m^3/s 下泄。10 月 19 日 12 时，由于设备出现故障，关闭清河门闸，改开陈山口入黄闸。10 月 20 日 12 时关闭八里湾船闸和八里湾泄洪闸，停止向南四湖分泄东平湖洪水。考虑山东省雨季已结束，降水明显减少，10 月 25 日 20 时关闭东平湖出湖闸，停止向黄河干流泄洪，转入后汛期运用。东平湖水库调度过程见图 3.4-10。

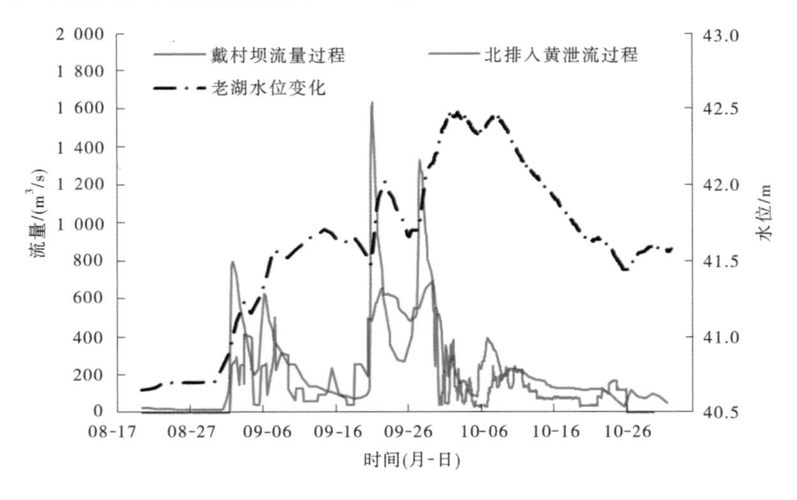

图 3.4-10　东平湖水库调度过程

3.4.8　金堤河张庄闸和提排站

自 9 月 19 日起，受降雨来水影响，金堤河持续高水位运行，9 月 26 日濮阳县站出现最大流量 140 m³/s，最高水位 50.98 m，超警戒水位(50.13 m)0.85 m；9 月 28 日范县站出现最大流量 280 m³/s，最高水位 47.37 m，超警戒水位(45.00 m)2.37 m；10 月 3 日台前站出现高水位 44.30 m，超警戒水位(42.40 m)1.9 m。

(1)张庄闸。10 月 1 日，金堤河张庄闸最大下泄入黄流量 162 m³/s。为控制艾山站以下河段不超漫滩流量，10 月 2 日 10 时至 3 日 14 时关闭张庄闸；为降低金堤河南关桥水位，10 月 3—9 日张庄闸开闸共 5 次，入黄水量总计 613.62 万 m³，持续放水 80 h。由于 10 月中旬金堤河上游来水减少，水位降低，不具备排水条件，自 10 月 10 日起关闭。

(2)张庄提排站。由于金堤河上游来水增大，10 月 2 日 21 时，金堤河南关桥水位已达 44.19 m，并快速上涨，接近保证水位 44.97 m，张庄提排站从 10 月 2 日 23 时 30 分起所有机组全开排泄洪水，日均外排流量控制在 100 m³/s 左右；考虑金堤河上游来水减少，水位降低，10 月 18 日 8 时，金堤河张庄提排站流量压减至 64 m³/s，10 月 19 日 8 时，关闭金堤河张庄提排站。10 月 2—19 日通过张庄提排站累计排洪量 1.4 亿 m³。

3.5　水库调控运用效果

2021 年秋汛洪水期间，干流洪水经三门峡、小浪底水库调蓄后最大削峰率 85%，故县、陆浑、河口村水库最大削峰率在 59%～91%。经干支流水库群联合防洪运用，花园口站洪峰流量由最大 12 500 m³/s 削减至 5 220 m³/s 左右，削峰率 58%，花园口站流量在 4 800 m³/s 左右历时约 470 h。经沿黄各级全力防守，黄河堤防、河道工程等没有出现重大险情，确保了河道行洪安全和下游滩区安全。

3.5.1　伊洛河与沁河

伊洛河陆浑水库、故县水库均相继出现 5 次洪水量级超过 1 000 m³/s 入库洪水过程，陆浑水库、故县水库平均削峰率分别为 67%、54%，最大削峰率分别为 89%、91%。陆浑水库入库水文站东湾站 9 月 19 日出现最大洪峰 2 800 m³/s，陆浑水库削减洪峰 1 800 m³/s，相应削峰率 64%。故县水库入库水文站卢氏站 9 月 19 日出现最大洪峰 2 430 m³/s，故县水库削减洪峰 1 060 m³/s，相应削峰率 44%(见表 3.5-1、表 3.5-2)。

陆浑水库 8 月 30 日突破后汛期汛限水位 317.5 m，最高运用水位达 319.39 m，故县水库 8 月 30 日突破后汛期汛限水位 527.3 m，最高运用水位达到 537.75 m，创历史最高水位。

表 3.5-1　陆浑水库削峰率统计

项目	洪峰发生时间				
	8 月 29 日	9 月 1 日	9 月 19 日	9 月 25 日	9 月 28 日
东湾洪峰流量/(m^3/s)	1 500	1 100	2 800	1 560	1 040
陆浑洪峰流量/(m^3/s)	497	572	1 000	511	111
削减洪峰/(m^3/s)	1 003	528	1 800	1 049	929
削峰率/%	67	48	64	67	89
平均削峰率/%	67				

表 3.5-2　故县水库削峰率统计

项目	洪峰发生时间				
	8 月 22 日	9 月 1 日	9 月 19 日	9 月 25 日	9 月 28 日
卢氏洪峰流量/(m^3/s)	1 390	2 410	2 430	1 380	1 750
长水洪峰流量/(m^3/s)	122	644	1 370	990	1 160
削减洪峰/(m^3/s)	1 268	1 766	1 060	390	590
削峰率/%	91	73	44	28	34
平均削峰率/%	54				

伊洛河黑石关站秋汛洪峰期间出现 3 次较大的洪水过程，经陆浑、故县水库联合作用，将黑石关站 3 360～3 750 m^3/s 的洪峰削减为 1 870～2 950 m^3/s，最大削峰率 50%（见表 3.5-3）。

表 3.5-3　黑石关站削峰率统计

还原计算值		实测值		削峰率/%
洪峰流量/(m^3/s)	出现时间	洪峰流量/(m^3/s)	出现时间	
3 750	2021-09-02T18:00	1 870	2021-09-02T10:30	50
3 630	2021-09-20T12:00	2 950	2021-09-20T09:00	19
3 360	2021-09-29T18:00	2 220	2021-09-29T08:00	34

沁河河口村水库相继出现 3 次洪水量级超过 500 m^3/s 的入库洪水过程，河口村水库平均削峰率为 31%，最大削峰率 59%。河口村水库入库水文站山里泉站 9 月 26 日出现最大洪峰 2 210 m^3/s，河口村水库削减洪峰 450 m^3/s，相应削峰率 20%（见表 3.5-4）。河口村水库 9 月 26 日突破后汛期汛限水位 275 m，最高运用水位达 279.89 m，创历史最高水位。

表 3.5-4　河口村水库削峰率统计

项目	9 月 19 日	9 月 26 日	10 月 8 日
山里泉洪峰流量/(m^3/s)	765	2 210	1 280
五龙口洪峰流量/(m^3/s)	315	1 760	1 110
削减洪峰/(m^3/s)	450	450	170
削峰率/%	59	20	13
平均削峰率/%	31		

沁河武陟站秋汛洪峰期间出现 3 次较大的洪水过程,经河口村水库作用,将武陟站 760~2 320 m^3/s 的洪峰削减为 518~2 000 m^3/s,最大削峰率 50%(见表 3.5-5)。

表 3.5-5　武陟站削峰率统计

还原计算值		实测值		削峰率/%
洪峰流量/(m^3/s)	出现时间(年-月-日 T 时:分)	洪峰流量/(m^3/s)	出现时间(年-月-日 T 时:分)	
760	2021-09-20T06:00	518	2021-09-20T10:00	32
2 320	2021-09-27T06:00	2 000	2021-09-27T20:00	14
1 950	2021-10-07T02:00	977	2021-10-07T23:00	50

3.5.2　黄河干流

为控制小浪底水库水位上涨速度,保证水库防洪安全,三门峡水库于 10 月 9 日 17 时 10 分投入滞洪运用,后期上游来水减小,小浪底水库水位开始缓慢回落,三门峡水库回蓄到 315 m 后,进出库平衡运用。三门峡水库 10 月 9 日投入滞洪运用时潼关站流量 5 980 m^3/s,三门峡站流量 4 320 m^3/s,三门峡水库削减洪峰 1 660 m^3/s,相应削峰率为 28%。

潼关站出现 4 次洪水量级超过 3 000 m^3/s 以上洪水过程,经三门峡、小浪底水库调蓄后,平均削峰率为 62%,最大削峰率为 85%。潼关站 10 月 7 日出现最大洪峰 8 360 m^3/s,小浪底、三门峡水库共同削减洪峰 4 130 m^3/s,相应削峰率 49%(见表 3.5-6)。

表 3.5-6　小浪底、三门峡水库削峰率统计

项目	9 月 7 日	9 月 20 日	9 月 30 日	10 月 7 日
潼关洪峰流量/(m^3/s)	3 300	4 320	7 480	8 360
小浪底洪峰流量/(m^3/s)	486	1 150	4 460	4 230
削减洪峰/(m^3/s)	2 814	3 170	3 020	4 130
削峰率/%	85	73	40	49
平均削峰率/%	62			

花园口站秋汛期间出现 4 次较大的洪水过程，经三门峡、小浪底、陆浑、故县、河口村等水库作用，将花园口站 6 180～12 500 m^3/s 的洪峰削减为 2 390～5 220 m^3/s，最大削峰率 61%（见表 3.5-7）。

表 3.5-7　花园口站削峰率统计

还原计算值		实测值		削峰率/%
洪峰流量/(m^3/s)	出现时间（年-月-日 T 时:分）	洪峰流量/(m^3/s)	出现时间（年-月-日 T 时:分）	
6 180	2021-09-03T04:00	2 390	2021-09-03T06:24	61
8 560	2021-09-20T22:00	3 770	2021-09-21T02:00	56
12 500	2021-09-29T20:00	5 220	2021-09-28T13:24	58
11 000	2021-10-08T14:00	4 920	2021-10-08T04:00	55

3.5.3　东平湖

通过精细调度，同时实现了东平湖湖区安全和下游河段不漫滩的调度目标，一方面，东平湖实时动态调度北排泄洪闸陈山口、清河门泄洪闸 79 次，调整闸门 244 孔次，错峰下泄，精准控制下游艾山站流量在 5 200 m^3/s 左右。两闸合计最大下泄流量 693 m^3/s，为 2007 年以来最大值，下泄水量 7.5 亿 m^3。另一方面，实现多渠道分泄东平湖洪水。10 月 4 日 7 时，开启八里湾泄洪闸经流长河向南分泄东平湖洪水，此次为八里湾泄洪闸建成后首次分洪运用。另外，通过南水北调济平干渠渠首闸向小清河分泄洪水，通过南水北调穿黄河工程玉斑堤魏河闸经徒骇河分泄洪水，通过八里湾船闸、八里湾泄洪闸经流长河梁济运河向南四湖分泄洪水，发挥大汶河拦河闸坝拦蓄洪水作用和大汶河琵琶山引汶闸分水作用，通过采取“拦”“蓄”“送”“排”等综合措施，尽快降低老湖水位。其间，多渠道分洪流量最大达 236 m^3/s，下泄水量 3.1 亿 m^3。10 月 2 日 16 时，老湖达到最高水位 42.47 m，超警戒水位(41.72 m)0.75 m，相应蓄量 6.91 亿 m^3，为 2001 年以来最高值。10 月 18 日 23 时，东平湖水位安全回落至警戒水位，超警戒水位安全运用 25 d。金山坝没有发生重大险情，保护了金山坝以西 2.7 万名群众免于搬迁。如果没有北排泄洪和多渠道分洪，老湖水位将会超过 2021 年防洪运用水位 43.22 m。

3.6　小　结

本章重点介绍为应对此次秋汛洪水开展的黄河干支流水库群的联合调度情况，小结如下：

(1)按照水利部提出的“系统、统筹、科学、安全”的黄河秋汛洪水调度原则和要求，以及“人员不伤亡、滩区不漫滩、工程不跑坝”的防御目标，黄委以“预报、预警、预演、预案”为抓手，精细调度干支流水库，充分利用干支流水库拦蓄洪水，削峰错峰，确保黄河防洪安全,充分发挥水工程防洪减灾效益。

(2)秋汛过程中,黄委根据水库蓄水、河道来水实况和天气降雨洪水预报,实时调整调度方案和调度指令。秋汛前期,充分发挥干支流水库拦洪、削峰、错峰作用,减轻下游防洪压力。秋汛关键期,联合调度上中游水库群压减基流;在确保防洪安全的前提下,最大限度挖掘伊河陆浑水库、洛河故县水库、沁河河口村水库的防洪运用潜力;精准调度小浪底水库,凑泄花园口站流量 2 600~4 800 m^3/s,尽量缩短小浪底水库 270 m 水位以上运用时间;实施东平湖补偿泄洪调度,利用穿湖引调水工程分泄洪水,尽可能降低老湖区水位。秋汛退水期,小浪底水库以下游河道平稳退水为目标,逐步压减流量,控制库水位不超 270 m。干支流水库水位逐步向非汛期运用水位和正常蓄水位过渡。

(3)2021 年秋汛干流洪水经三门峡、小浪底水库调蓄后最大削峰率 85%,故县、陆浑、河口村水库最大削峰率在 59%~91%。经干支流水库群联合防洪运用,伊洛河黑石关站洪峰流量由最大 3 750 m^3/s 削减至 1 870 m^3/s,削峰率 50%,黄河花园口站洪峰流量由最大 12 500 m^3/s 削减至 5 220 m^3/s,削峰率 58%。东平湖滞洪区通过科学精准调度,实现了保障黄河艾山以下河道滩区安全和东平湖防洪安全“两个安全”目标。

(4)小浪底、故县、河口村水库最高运用水位分别达到 273.5 m、537.75 m、279.89 m,均创历史最高水位,陆浑水库最高运用水位达到 319.39 m。

第 4 章　水库与河道冲淤演变

2021 年秋汛洪水，不仅流量大，而且持续历时长，黄河中游水库群联合调控确保了秋汛洪水的安全，黄河干流龙潼区间的小北干流、渭河下游、汾河及下游河道均发生了较大的冲淤变化。本章重点分析秋汛洪水期干流万家寨、三门峡、小浪底、西霞院等水库的冲淤变化，以及龙潼区间和黄河下游河道的沿程冲淤及分布、典型断面形态调整、同流量水位表现、平滩流量变化等。

4.1　水库冲淤

4.1.1　万家寨水库与龙口水库

2021 年秋汛，万家寨水库和龙口水库主要采用低水位排沙运用和蓄水运用，库区以冲刷为主。8 月 20 日—10 月 31 日，万家寨入库水量 53.40 亿 m^3，入库沙量 0.144 亿 t；出库水量 52.41 亿 m^3，出库沙量 0.547 亿 t，库区冲刷 0.403 亿 t。同期，龙口水库出库水量 50.41 亿 m^3，出库沙量为 0.566 亿 t，库区冲刷 0.019 亿 t。

4.1.2　三门峡水库

2021 年秋汛，三门峡水库进行多次敞泄运用，库区发生明显冲刷。8 月 20 日—10 月 31 日，三门峡水库入库水量 162.52 亿 m^3，入库沙量 1.402 亿 t；出库水量 169.61 亿 m^3，出库沙量 2.288 亿 t，库区冲刷 0.886 亿 t。表 4.1-1 给出了各场洪水期间进出库水沙量统计。前 4 场洪水三门峡水库库区均发生不同程度的冲刷，其中第 1、4 场洪水冲刷量较大，分别为 0.429 亿 t、0.240 亿 t，第 2、3 场洪水冲刷量相对较小，分别为 0.135 亿 t、0.146 亿 t。第 5 场洪水期间，三门峡水库蓄水运用，库区发生少量淤积，淤积量为 0.011 亿 t（见图 4.1-1）。

表 4.1-1　三门峡水库 2021 年 8 月 20 日—10 月 31 日进出库水沙量及冲淤量

时段（月-日）	水量/亿 m^3		沙量/亿 t		冲淤量/亿 t
	入库	出库	入库	出库	
08-21—08-26	7.25	6.85	0.068	0.497	−0.429
09-01—09-10	17.68	19.09	0.115	0.250	−0.135
09-17—09-24	19.18	22.08	0.204	0.350	−0.146
09-25—10-03	33.92	34.52	0.315	0.555	−0.240
10-04—10-20	56.76	59.82	0.646	0.634	0.012
08-20—10-31	162.52	169.61	1.402	2.288	−0.886

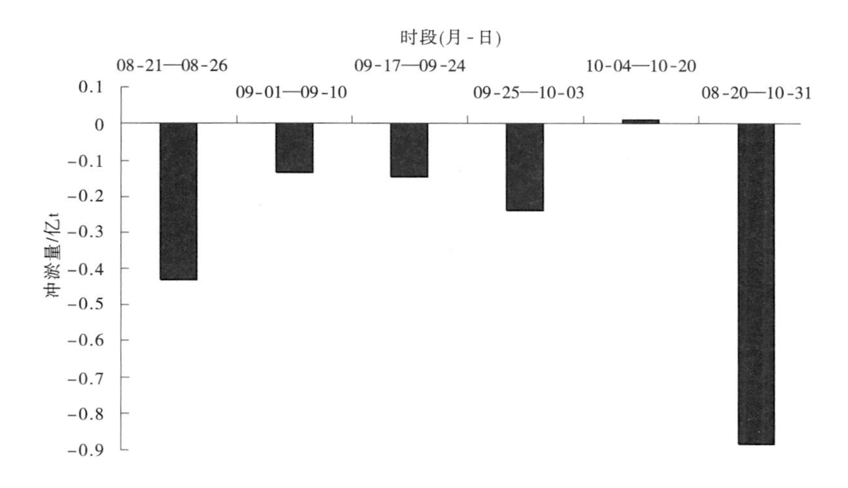

图4.1-1　2021年秋汛三门峡水库各场洪水冲淤量对比

4.1.3　小浪底水库

2021年秋汛,小浪底水库主要采用蓄水运用和高水位运用,库区以淤积为主。8月20日—10月31日,小浪底入库水量169.61亿m^3,入库沙量2.288亿t;出库水量106.51亿m^3,出库沙量0.198亿t,库区淤积2.090亿t。表4.1-2给出了各场洪水期间进出库水沙量统计。可以得到,5场洪水小浪底库区均发生不同程度的淤积,其中第1、4、5场洪水淤积量较大,分别为0.483亿t、0.514亿t、0.510亿t,第2、3场洪水淤积量相对减小,分别为0.250亿t、0.333亿t(见图4.1-2)。

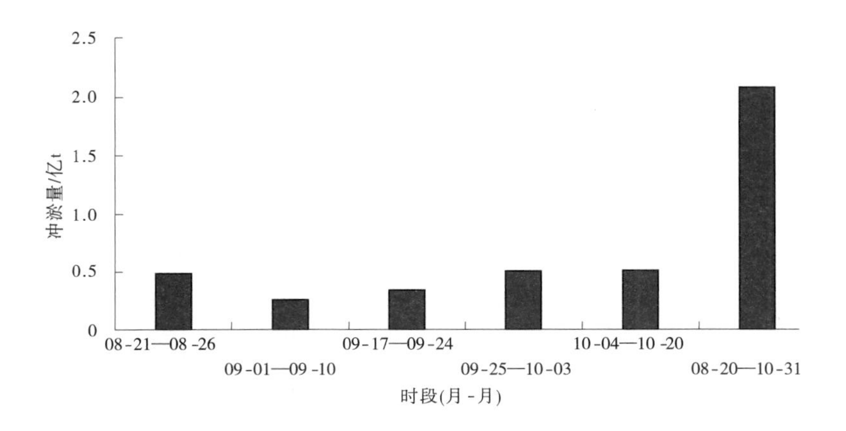

图4.1-2　2021年秋汛小浪底水库各场洪水冲淤量对比

表 4.1-2　小浪底水库 8 月 21 日—10 月 31 日进出库水沙量及冲淤量

时段(月-日)	水量/亿 m^3		沙量/亿 t		冲淤量/亿 t
	入库	出库	入库	出库	
08-21—08-26	6.85	1.43	0.497	0.014	0.483
09-01—09-10	19.09	2.63	0.250	0	0.250
09-17—09-24	22.08	6.26	0.350	0.017	0.333
09-25—10-03	34.52	16.17	0.555	0.041	0.514
10-04—10-20	59.82	59.42	0.634	0.124	0.510

4.1.4　西霞院水库

2021 年秋汛，西霞院库区以淤积为主。8 月 20 日—10 月 31 日，西霞院入库水量 106.51 亿 m^3，入库沙量 0.198 亿 t；出库水量 106.73 亿 m^3，出库沙量 0.167 亿 t，库区淤积 0.031 亿 t。表 4.1-3 给出了各场洪水期间进出库水沙量统计。可以得到，5 场洪水中只有第 5 场洪水淤积量较大，为 0.021 亿 t，其他场次洪水冲淤变化不大(见图 4.1-3)。

表 4.1-3　西霞院水库 8 月 20 日—10 月 31 日进出库水沙量及冲淤量

时段(月-日)	水量/亿 m^3		沙量/亿 t		冲淤量/亿 t
	入库	出库	入库	出库	
08-21—08-26	1.43	1.58	0.014	0.011	0.003
09-01—09-10	2.63	2.59	0	0	0
09-17—09-24	6.26	6.02	0.017	0.011	0.006
09-25—10-03	16.17	16.32	0.041	0.042	-0.001
10-04—10-20	59.42	59.96	0.124	0.103	0.021
08-20—10-31	106.51	106.73	0.198	0.167	0.031

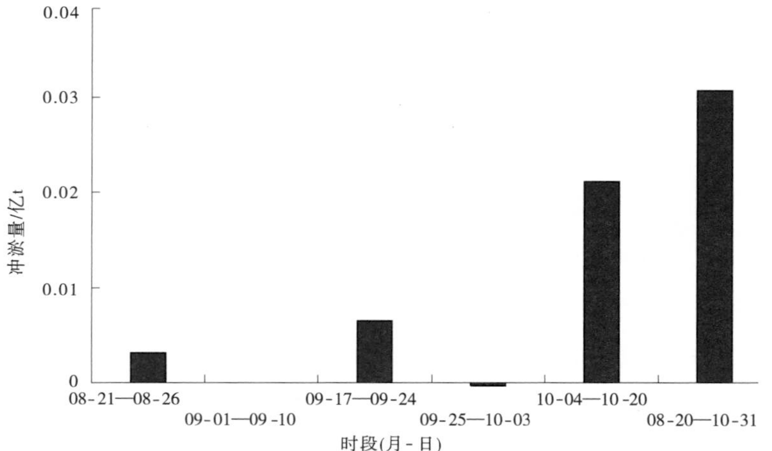

图 4.1-3　2021 年秋汛西霞院水库各场洪水冲淤量对比

4.2 龙潼区间

4.2.1 龙门、华县、河津、潼关四站水沙过程

2021年秋汛期间,龙门、华县、河津、潼关最大流量分别为3 230 m^3/s、4 860 m^3/s、985 m^3/s和8 360 m^3/s,洪量分别为62.86亿m^3、77.36亿m^3、10.00亿m^3和161.92亿m^3,其中潼关流量为1979年以来最大,洪水过程见图4.2-1,含沙量过程见图4.2-2。

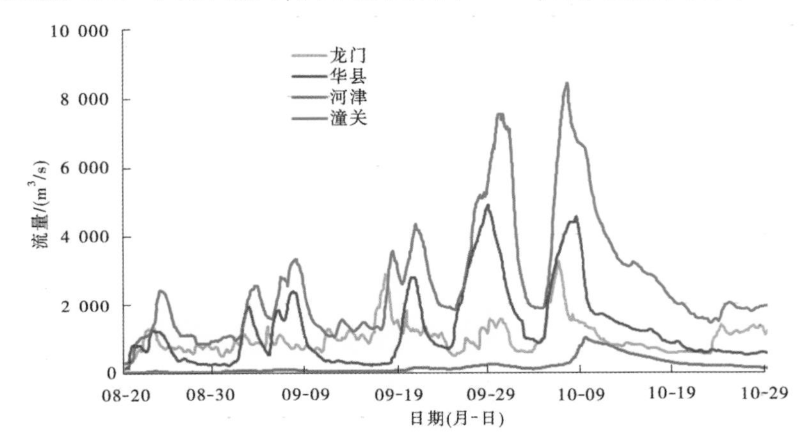

图4.2-1 2021年黄河秋汛洪水中游洪水过程

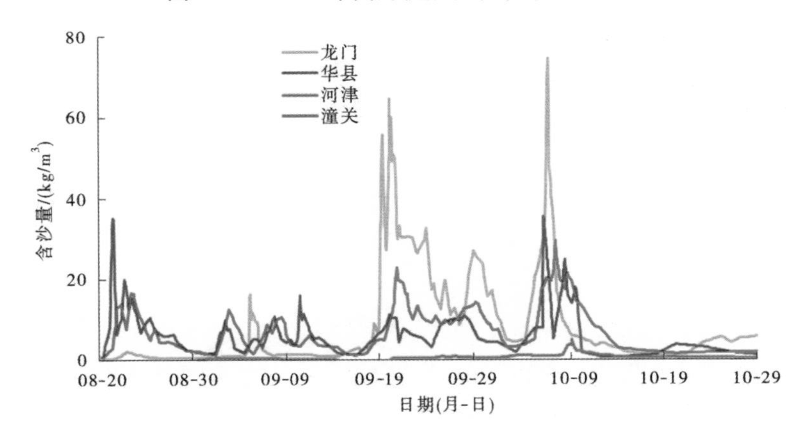

图4.2-2 2021年黄河秋汛洪水中游含沙量过程

4.2.2 河道冲淤与断面形态调整

(1)潼关断面。

2021年黄河汛期,潼关站选取基下165 m测流断面。套绘2002年、2012年及2018—2020年汛前同一断面观测资料,并结合潼关河段部分年份河势图分析断面形态调整过程。

从潼关河段河势图(图 4.2-3)可以看出,2011 年 4 月潼关断面主槽位于右岸,左岸仅有一个小沟汊;2011 年 4 月到 2014 年 8 月期间左岸沟汊逐步发育,河道变为双河槽;至 2019 年 10 月主槽偏于左岸,右岸河道萎缩成为沟汊;至 2021 年 2 月潼关断面演变为单股河。

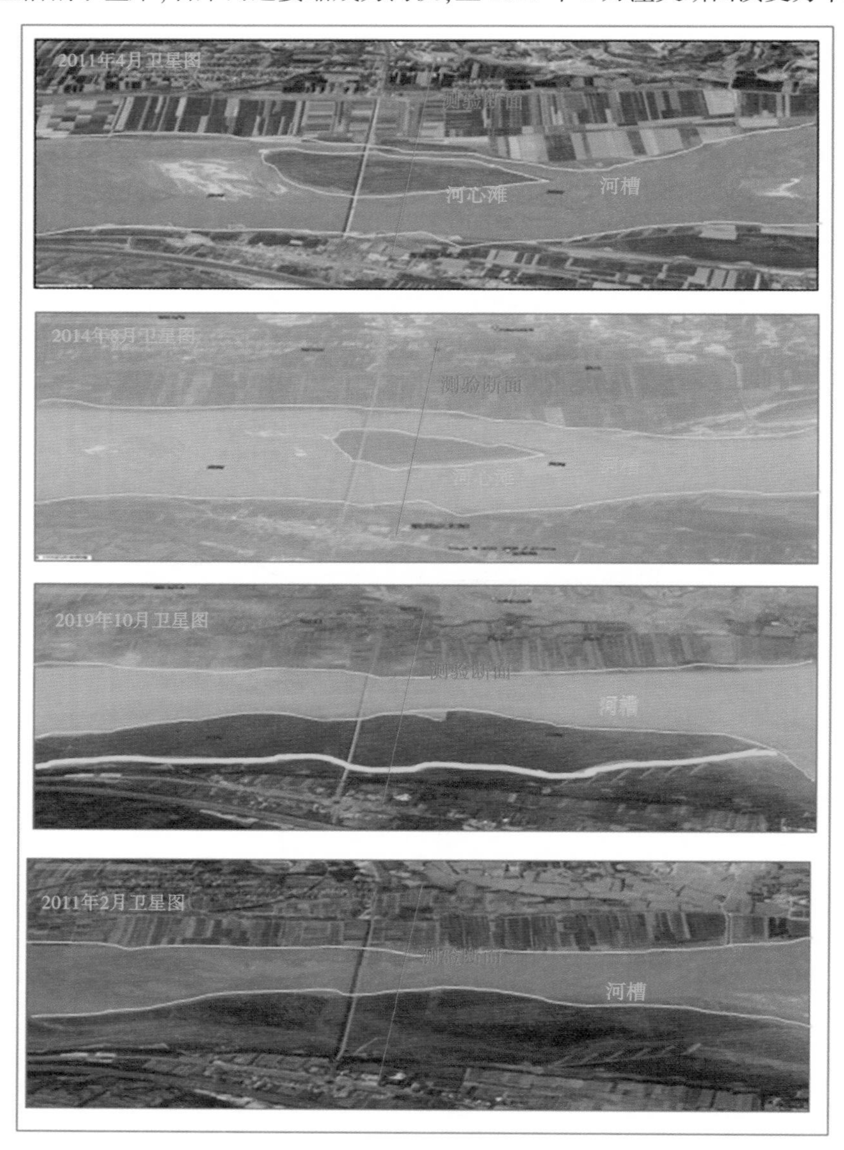

图 4.2-3　潼关河段河势变化

潼关站不同年份实测大断面套绘见图 4.2-4。图 4.2-4 中显示,从 2002 年到 2018 年河道横断面形态变化较大,主河槽位置从起点距 1 000~1 350 m 摆动到 370~770 m,断面形状也有较大变化。统计历次横断面测验断面面积及河底高程变化,见表 4.2-1、表 4.2-2。2018 年汛前至 2021 年汛后,河道处于冲刷状态,河槽平均冲刷 5.39 m,过流面积增加 2 103 m^2。仅 2021 年汛期,断面平均冲刷 1.87 m,过流面积增加 730 m^2。

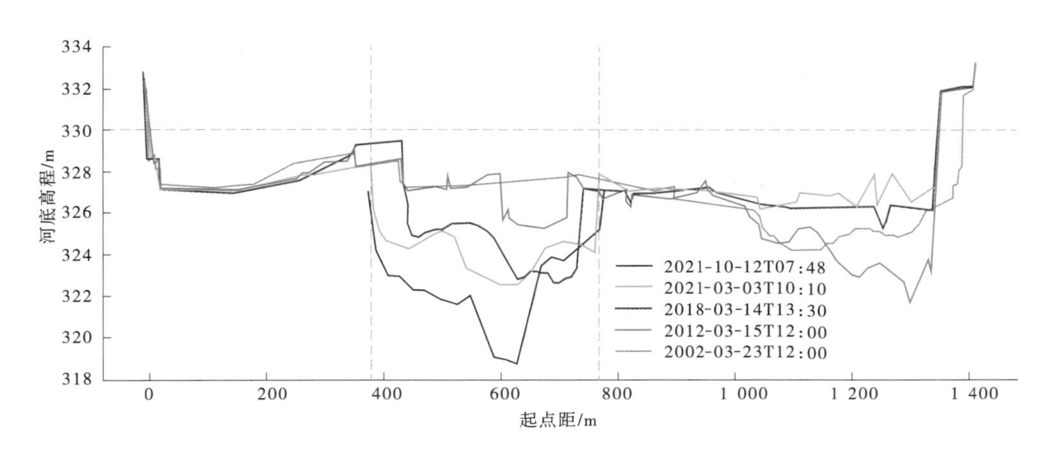

图 4.2-4　潼关站基下 165 m 断面套绘(历年)

表 4.2-1　潼关站基下 165 m 断面面积及河底高程变化统计(历年)

序号	时间 (年-月-日 T 时:分)	标准 水位/m	平均河底 高程/m	冲淤 厚度/m	面积/m^2	冲淤 面积/m^2
1	2002-03-23T12:00	330.00	327.56	—	951	—
2	2012-03-15T12:00	330.00	326.93	-0.63	1 200	-249
3	2018-03-14T13:30	330.00	325.18	-2.38	1 880	-929
4	2021-03-03T10:10	330.00	324.04	-3.52	2 320	-1 370
5	2021-10-12T07:48	330.00	322.17	-5.39	3 050	-2 100

注:表中冲淤厚度与冲淤面积,负值表示冲刷,正值表示淤积,下同。

表 4.2-2　潼关站基下 165 m 断面面积及河底高程变化统计(2021 年)

序号	时间 (年-月-日 T 时:分)	标准 水位/m	平均河底 高程/m	冲淤 厚度/m	面积/m^2	冲淤 面积/m^2
1	2021-03-03T10:10	330.00	324.04	—	2 320	—
2	2021-09-25T10:30	330.00	323.63	-0.41	2 480	-160
3	2021-09-30T07:00	330.00	321.64	-2.40	3 260	-940
4	2021-10-12T07:48	330.00	322.17	-1.87	3 050	-730

潼关站 2021 年汛期套绘图(图 4.2-5)显示,汛期受黄河 1 号和 3 号洪水影响,断面经历先冲刷后回淤过程。受黄河 1 号洪水影响,潼关站断面发生猛烈冲刷,9 月 30 日断面面积相比于汛前增大 940 m^2。进入 10 月,随着流量的减少断面有所回淤。总体来看,潼关断面汛期河槽冲刷显著,特别是在起点距 600 m 附近河床下切显著。

(2)华县断面。

从图 4.2-6 中可以看出,华县站河段 2021 年汛前由“1 号弯道”“2 号弯道”两个反向的弯道相连,至 9 月 20 日“2 号弯道”被自然裁弯,至 10 月 28 日,河段演变为顺直河道。

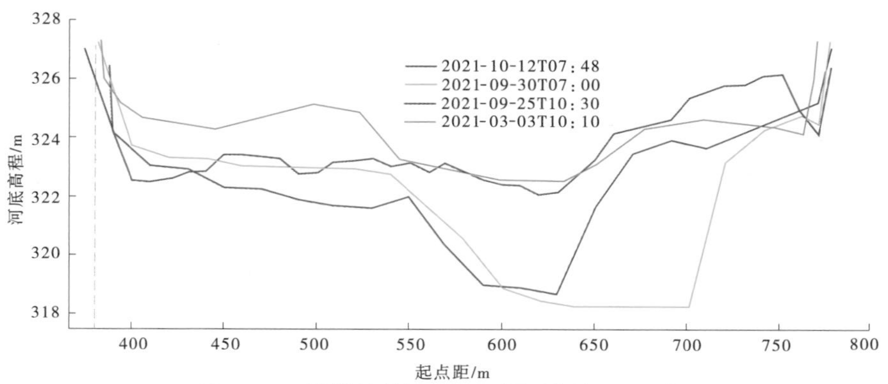

图 4.2-5　潼关站基下 165 m 断面套绘(2021 年)

图 4.2-6　华县站河段 2021 年汛期河势变化

2021 年汛期,华县站分别在基下 745 m、基下 810 m 和基下 1 500 m 断面测流,选取整体反映汛期冲淤变化的基下 810 m 断面进行套绘并比较分析。分别套绘 2019 年汛前至 2021 年汛后 4 个断面(见图 4.2-7)和 2021 年汛前到汛后 6 个断面(见图 4.2-8)。

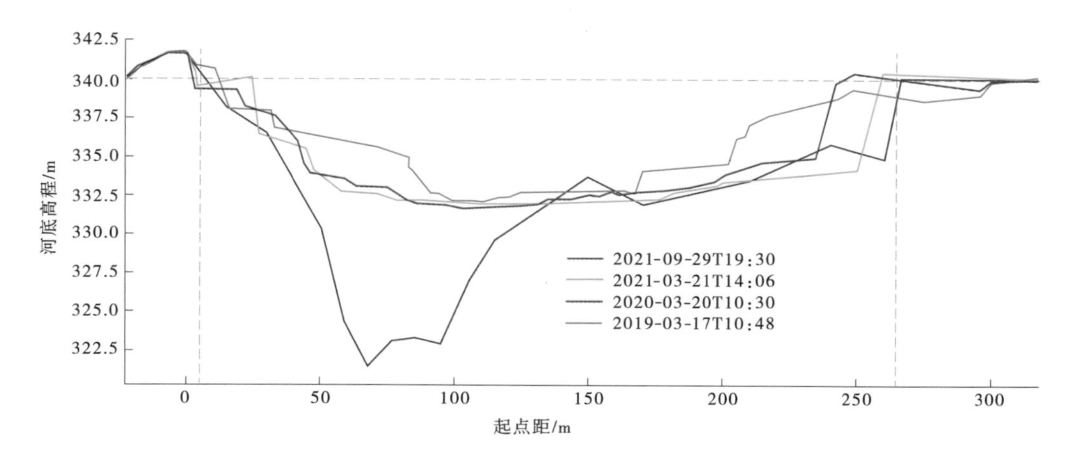

图 4.2-7　华县站基下 810 m 断面套绘(历年)

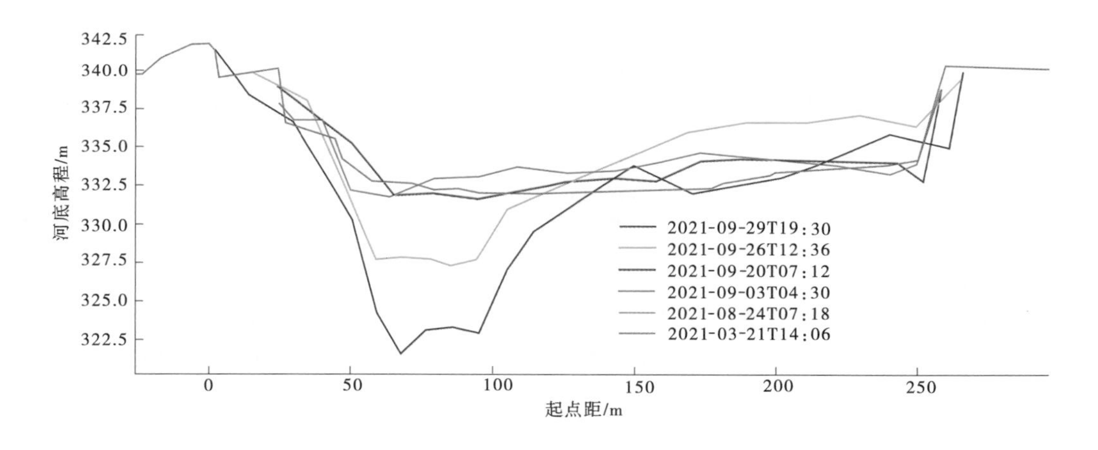

图 4.2-8　华县站基下 810 m 断面套绘(2021 年)

图 4.2-7 及表 4.2-3 显示,2019 年汛前至 2021 年汛后,历次观测显示河道均处于冲刷状态,其间断面平均冲刷 3.81 m,过流面积增加 1 000 m^2。其中,2019 年汛前至 2020 年汛前,断面平均冲刷 1.37 m,过流面积增加 260 m^2;2020 年汛前至 2021 年汛前,断面平均冲刷 0.37 m,过流面积增加 170 m^2;2021 年汛前至 2021 年汛后,断面平均冲刷 2.07 m,过流面积增加 570 m^2。从横断面形态变化看,2019 年汛前至 2021 年汛前未发生较大的调整,2021 年汛期河道横断面形态变化较大,在起点距 50~120 m 范围内河床下切显著,最大冲刷深度达 10 余 m。

表 4.2-3　华县站基下 810 m 断面面积及河底高程变化统计(历年)

序号	时间 (年-月-日 T 时:分)	标准水位/m	平均河底 高程/m	冲淤厚度/m	面积/m²	冲淤面积/m²
1	2019-03-17T10:48	340.00	335.34	—	1 180	—
2	2020-03-20T10:30	340.00	333.97	-1.37	1 440	-260
3	2021-03-21T14:06	340.00	333.60	-1.74	1 610	-430
4	2021-09-29T19:30	340.00	331.53	-3.81	2 180	-1 000

华县站 2021 年汛期横断面套绘图 4.2-8 与断面面积及河底高程变化统计表 4.2-4 显示,9 月 26 日之前,河床处于抬升趋势,调整幅度不大;受 9 月底洪水影响,河床冲刷明显,9 月 26—29 日期间,断面平均冲刷 2.80 m,过流面积增加 710 m^2。9 月底与汛前相比,断面平均冲刷 2.07 m,过流面积增加 570 m^2。

表 4.2-4　华县站基下 810 m 断面面积及河底高程变化统计(2021 年)

序号	时间 (年-月-日 T 时:分)	标准水 位/m	平均河底 高程/m	冲淤厚 度/m	面积/m²	冲淤面 积/m²
1	2021-03-21T14:06	340.00	333.60	—	1 610	—
2	2021-08-24T07:18	340.00	333.82	0.22	1 560	50
3	2021-09-03T04:30	340.00	334.19	0.59	1 480	130
4	2021-09-20T07:12	340.00	334.05	0.45	1 510	100
5	2021-09-26T12:36	340.00	334.33	0.73	1 470	140
6	2021-09-29T19:30	340.00	331.53	-2.07	2 180	-570

(3)河津断面。

2021 年黄河汛期,河津站在基下 390 m 断面测流,套绘历次断面测验资料并比较分析冲淤变化。分别套绘 2019 年汛前至 2021 年汛后 4 个断面(见图 4.2-9)、2021 年汛期 3 个断面(见图 4.2-10)。

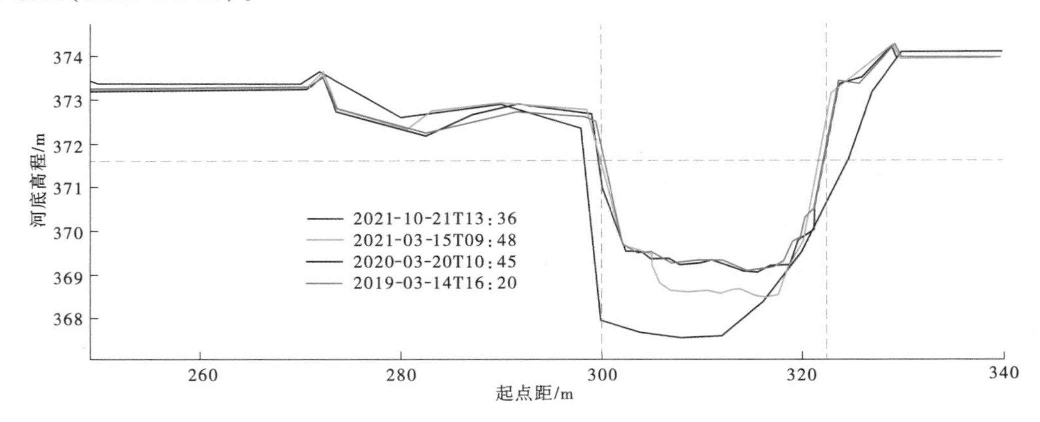

图 4.2-9　河津站基下 390 m 断面套绘(历年)

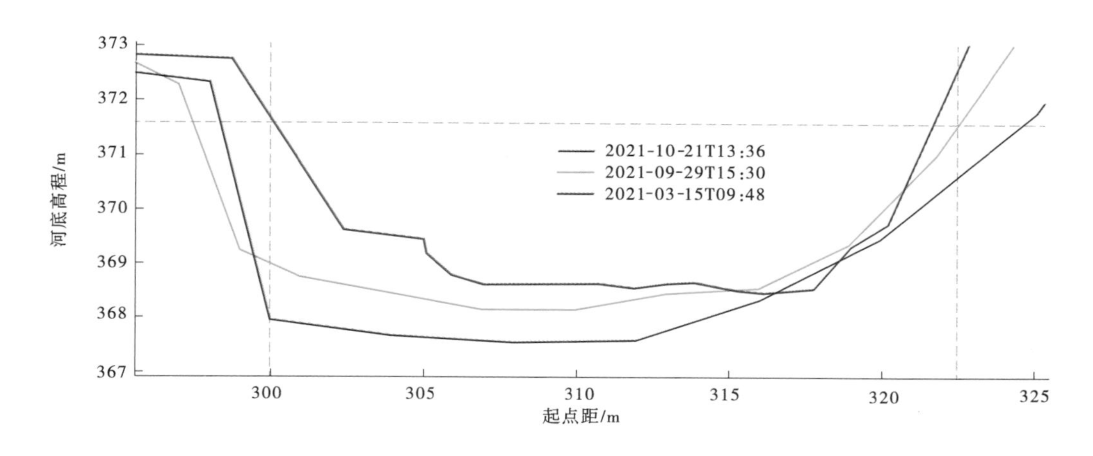

图 4.2-10　河津站基下 390 m 断面套绘(2021 年)

历次测验断面套绘图(图 4.2-9)与断面特征值变化统计表(表 4.2-5)显示,2019 年汛前至 2020 年汛前,河道冲淤变化不大;2020 年汛前至 2021 年汛前,河道处于冲刷状态,断面平均冲刷 0.35 m,过流面积增加 6.50 m^2;2021 年汛前至 2021 年汛后,河道冲刷相对明显,断面平均冲刷 0.95 m,过流面积增加 23.5 m^2。总体看,河津站 2019 年汛前至 2021 年汛后河道整体表现为冲刷,平均冲刷 1.36 m,过流面积增加 32.2 m^2。从河道横断面形态变化看,2019 年汛前到 2020 年汛前,断面形态基本无变化,2021 年汛前与 2020 年汛前相比,河槽有所下切,2021 年汛后与汛前相比,河槽下切并展宽。

表 4.2-5　河津站基下 390 m 断面面积及河底高程变化统计(历年)

序号	时间 (年-月-日 T 时:分)	标准水位/m	平均河底 高程/m	冲淤厚度/m	面积/m^2	冲淤面积/m^2
1	2019-03-14T16:20	371.60	369.56	—	44.4	0
2	2020-03-20T10:45	371.60	369.50	-0.06	46.6	-2.2
3	2021-03-15T09:48	371.60	369.15	-0.41	53.1	-8.7
4	2021-10-21T13:36	371.60	368.20	-1.36	76.6	-32.2

河津站 2021 年汛期横断面套绘图(图 4.2-10)与断面特征值变化统计表(表 4.2-6)显示,河道处于持续冲刷状态。从汛前到 9 月 29 日,断面平均冲刷 0.36 m,过流面积增加 10.1 m^2;从 9 月 29 日到 10 月 21 日,断面平均冲刷 0.60 m,过流面积增加 13.4 m^2。整个汛期,断面平均冲刷 0.96 m,过流面积增加 23.5 m^2。

表 4.2-6　河津站基下 390 m 断面面积及河底高程变化统计(2021 年)

序号	时间 (年-月-日 T 时:分)	标准水位/m	平均河底高程/m	冲淤厚度/m	面积/m^2	冲淤面积/m^2
1	2021-03-15T09:48	371.60	369.15	—	53.1	0
2	2021-09-29T15:30	371.60	368.79	-0.36	63.2	-10.1
3	2021-10-21T13:36	371.60	368.20	-0.96	76.6	-23.5

4.2.3　水位表现与过流能力变化

龙潼区间各站本年度洪水期间及历年汛后水位-流量关系曲线见图 4.2-11～图 4.2-13，过流能力变化情况见表 4.2-7～表 4.2-9。

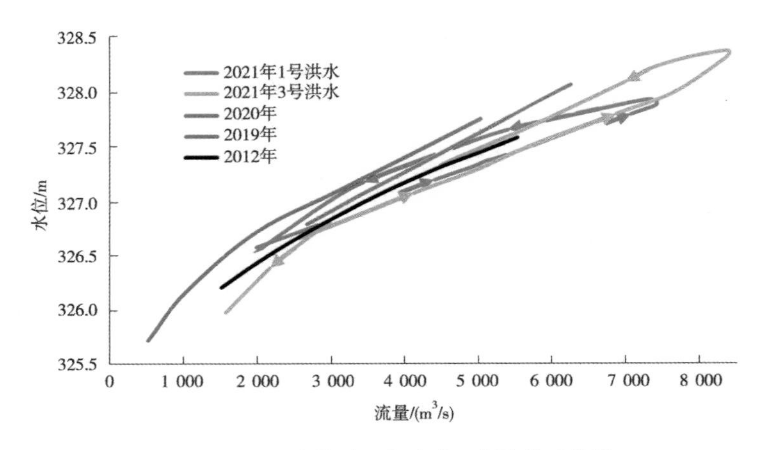

图 4.2-11　潼关站历年水位-流量关系曲线

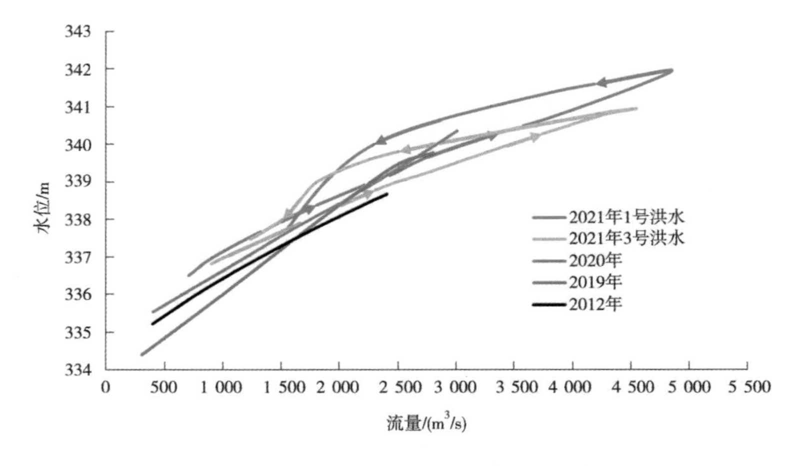

图 4.2-12　华县站历年水位-流量关系曲线

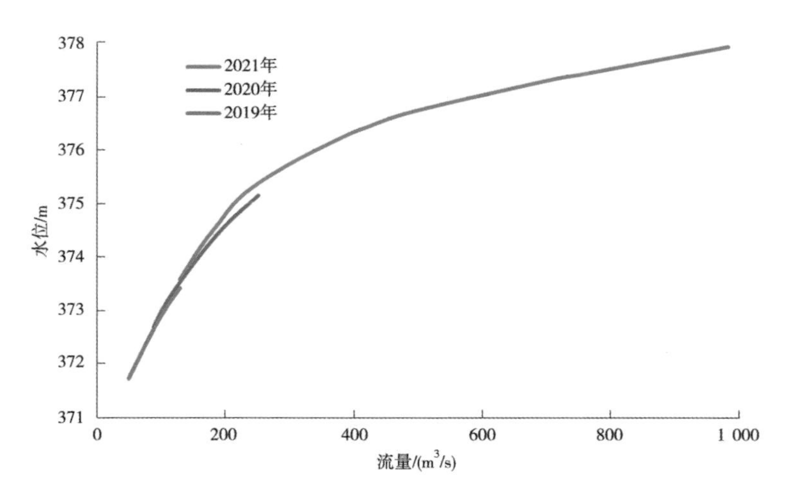

图 4.2-13　河津站历年水位-流量关系曲线

表 4.2-7　潼关站过流能力统计

站名	年份	不同流量级相应水位/m			平滩流量/(m^3/s)（平滩水位 328.95 m）
		2 000 m^3/s	4 000 m^3/s	6 000 m^3/s	
潼关	2021 年（3 号洪水落水）	326.29	327.18	327.75	9 700
	2020 年	326.62	327.28	327.98	9 100
	2019 年	326.74	327.40	328.06	8 900
	2012 年	326.95	327.18	327.70	9 500

表 4.2-8　华县站过流能力统计

站名	年份	不同流量级相应水位/m			平滩流量/(m^3/s)（平滩水位 339.57 m）
		2 000 m^3/s	4 000 m^3/s	6 000 m^3/s	
华县	2021 年（3 号洪水落水）	337.00	339.15	340.06	2 300
	2020 年	336.65	338.43	340.39	2 700
	2019 年	336.00	338.41	339.95	2 800
	2012 年	336.42	338.10	—	—

表 4.2-9　河津站过流能力统计

站名	年份	不同流量级相应水位/m			平滩流量/(m^3/s)（平滩水位 374.61 m）
		100 m^3/s	200 m^3/s	300 m^3/s	
河津	2021 年	373.00	374.85	375.75	180
	2020 年	373.00	374.60	375.55	200
	2019 年	373.00	374.30	—	330

(1)潼关站。

2021 年潼关两次编号洪水的水量均主要来自于渭河流域，两次洪水过程均表现为逆时针绳套曲线，流量大于 3 000 m^3/s 后，涨、落水期的水位-流量关系分化明显，退水期流量小于 2 000 m^3/s 之后，同流量级相应水位变化不大。2021 年汛后与 2019 年汛后、2020 年汛后相比，平滩流量增大。

(2)华县站。

在水位-流量关系方面，华县站与潼关站表现出明显的相似性，两次洪水过程均为逆时针绳套曲线，退水期(流量小于 1 500 m^3/s)后，同流量级相应水位变化不大。由于洪水期华县站漫滩严重，因此在退水过程中，滩区过水时的水位-流量关系曲线斜率较小，仅主槽过水时水位-流量关系曲线斜率较大，落水曲线先缓后陡，与潼关站先陡后缓的落水曲线相异。

(3)河津站。

河津站的大流量过程主要出现在 3 号洪水期间，洪水持续时间短，水位-流量关系呈单一线，低水(流量小于 100 m^3/s)情况下与 2019 年汛后、2020 年汛后基本一致；流量大于 100 m^3/s 时，各流量级的相应水位有所抬高。

4.3　伊洛河和沁河

4.3.1　黑石关—武陟水沙过程

伊洛河黑石关站最大流量为 2 950 m^3/s，为 1982 年以来最大流量，秋汛期洪量为 35.68 亿 m^3，沙量为 0.036 亿 t；沁河武陟站秋汛洪水期间出现最大流量 2 000 m^3/s，为 1982 年以来最大流量，秋汛期间洪量为 20.49 亿 m^3，沙量为 0.026 亿 t(见图 4.3-1)。

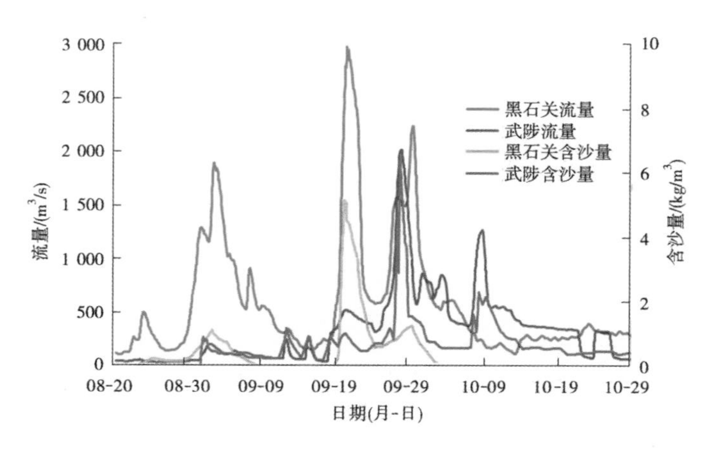

图 4.3-1　黑石关、武陟水文站日均流量、含沙量过程

4.3.2　河道冲淤与断面形态调整

(1)黑石关断面。

2021 年黄河汛期,黑石关站在基本断面测流。黑石关站 2021 年汛期历次横断面测验资料套绘图(图 4.3-2)与断面特征值变化统计表(表 4.3-1)显示,汛末与汛前相比,河道处于冲刷状态,断面平均冲刷 0.87 m,过流面积增加 240 m²。汛期场次洪水对断面冲刷作用较大的是 9 月底发生的洪水过程,断面平均冲刷 0.78 m,过流面积增加了 220 m²;其他场次洪水对横断面冲淤调整作用不大。从断面形态上来看,断面略向左岸位移。

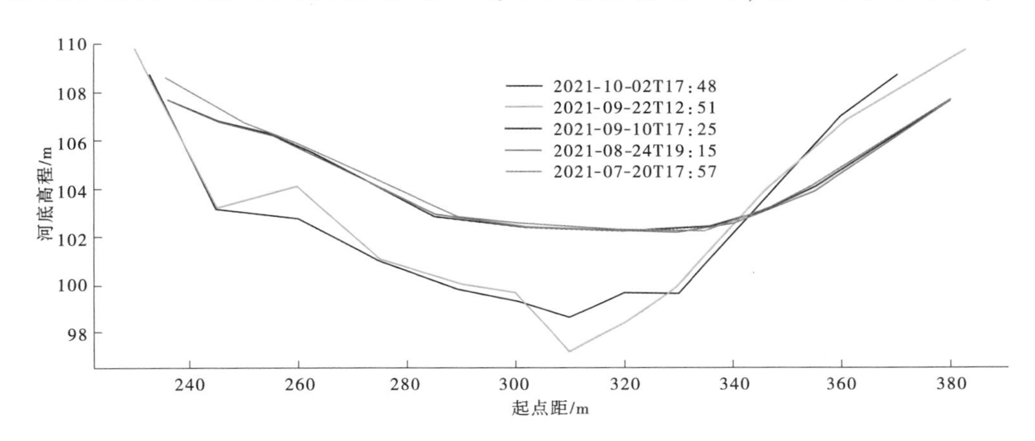

图 4.3-2　黑石关站基本断面套绘

表 4.3-1　黑石关站基本断面面积及河底高程变化统计

序号	时间 (年-月-日 T 时:分)	标准水位/m	平均河底高程/m	冲淤厚度/m	面积/m²	冲淤面积/m²
1	2021-07-20T17:57	111.00	107.54	—	1 350	—
2	2021-08-24T19:15	111.00	107.44	-0.10	1 370	-20
3	2021-09-10T17:25	111.00	107.45	-0.09	1 370	-20
4	2021-09-22T12:51	111.00	106.67	-0.87	1 590	-240
5	2021-10-02T17:48	111.00	106.67	-0.87	1 590	-240

(2)白马寺断面。

2021 年黄河汛期,白马寺站在基本断面测流。白马寺站 2021 年汛期套绘图(图 4.3-3)与断面特征值变化统计表(表 4.3-2)显示,从汛前到 7 月 21 日,河道处于冲刷状态,断面平均冲刷 0.29 m,过流面积增加 21 m²;从 7 月 21 日到 9 月 20 日,断面平均冲刷 0.49 m,过流面积增加 35 m²;从 9 月 20 日到 10 月 13 日,断面平均冲刷 0.48 m,过流面积增加 34 m²。从整体上看,汛末与汛前相比,断面平均冲刷 1.26 m,过流面积增加 90 m²。从断面形态上来看,断面整体冲刷,形态为“U”形断面。

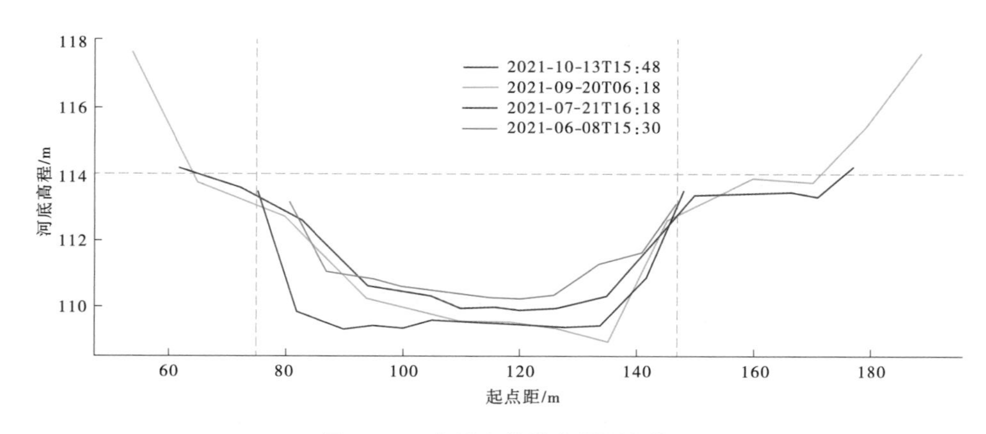

图 4.3-3　白马寺站基本断面套绘

表 4.3-2　白马寺站基本断面面积及河底高程变化统计

序号	时间 (年-月-日 T 时:分)	标准水位/m	平均河底高程/m	冲淤厚度/m	面积/m²	冲淤面积/m²
1	2021-06-08T15:30	114.00	111.19	—	203	—
2	2021-07-21T16:18	114.00	110.90	-0.29	224	-21
3	2021-09-20T06:18	114.00	110.41	-0.78	259	-56
4	2021-10-13T15:48	114.00	109.93	-1.26	293	-90

(3)卢氏断面。

2021 年黄河汛期,卢氏站在基本断面测流。卢氏站 2021 年汛期套绘图(图 4.3-4)与断面特征值变化统计表(表 4.3-3)显示,从汛前到 7 月 19 日,河道处于冲刷状态,断面平均冲刷 0.11 m,过流面积增加 21 m²;从 7 月 19 日到 7 月 24 日,受"7·20"洪水影响河道处于冲刷状态,断面平均冲刷 0.49 m,过流面积增加 90 m²;从 7 月 24 日到 10 月 15 日,河道处于冲刷状态,断面平均冲刷 0.37 m,过流面积增加 69 m²。从整体上看,汛末与汛前相比,断面平均冲刷 0.97 m,过流面积增加 180 m²。

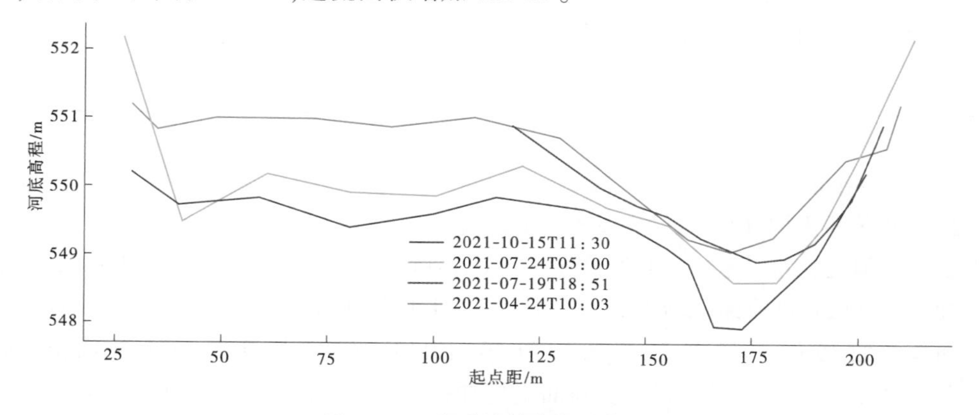

图 4.3-4　卢氏站基本断面套绘

表 4.3-3　卢氏站基本断面面积及河底高程变化统计

序号	时间(年-月-日 T 时:分)	标准水位/m	平均河底高程/m	冲淤厚度/m	面积/m^2	冲淤面积/m^2
1	2021-04-24T10:03	552.20	550.48	—	313	—
2	2021-07-19T18:51	552.20	550.37	-0.11	334	-21
3	2021-07-24T05:00	552.20	549.88	-0.60	424	-111
4	2021-10-15T11:30	552.20	549.51	-0.97	493	-180

(4)长水断面。

2021 年黄河汛期,长水站在基本断面测流。长水站断面基本无冲淤变化,断面形态变化不大,断面整体冲刷(见图 4.3-5、表 4.3-4)。

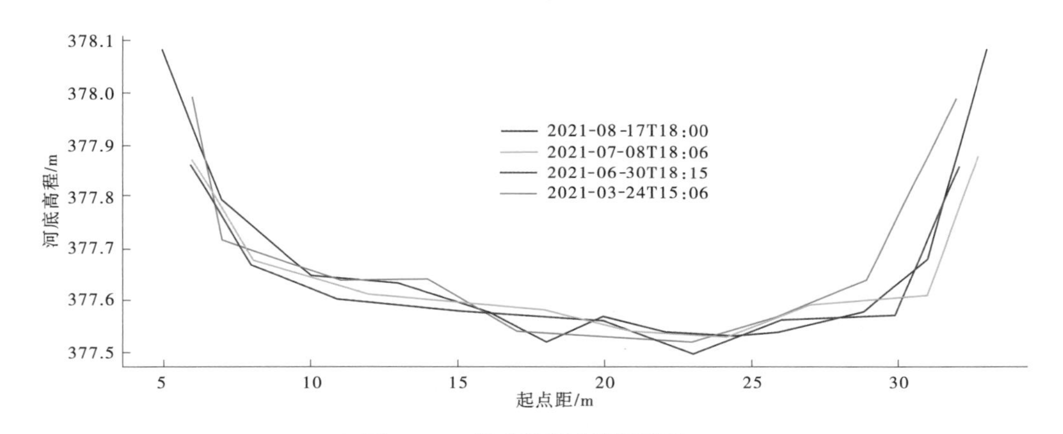

图 4.3-5　长水站基本断面套绘

表 4.3-4　长水站基本断面面积及河底高程变化统计

序号	时间(年-月-日 T 时:分)	标准水位/m	平均河底高程/m	冲淤厚度/m	面积/m^2	冲淤面积/m^2
1	2021-03-24T15:06	378.10	377.65	—	12.0	—
2	2021-06-30T18:15	378.10	377.62	-0.03	12.9	-0.9
3	2021-07-08T18:06	378.10	377.63	-0.02	12.7	-0.7
4	2021-08-17T18:00	378.10	377.64	-0.01	12.3	-0.3

(5)龙门镇断面。

2021 年黄河汛期,龙门镇站在基本断面测流。龙门镇站 2021 年汛期历次横断面测验资料套绘图(图 4.3-6)与断面特征值变化统计表(表 4.3-5)显示,7 月 20 日—9 月 1 日,河道处于冲刷状态,断面平均冲刷 0.36 m,过流面积增加 62 m^2;9 月 1 日—9 月 25 日,断面处于微冲状态;9 月 25 日—10 月 3 日,河道处于淤积状态,断面平均淤积厚度 1.00 m,过流面积减少 174 m^2。从整体上看,汛末与汛前相比,河道处于淤积状态,断面平均淤积厚度 0.62 m,过流面积减少 109 m^2。

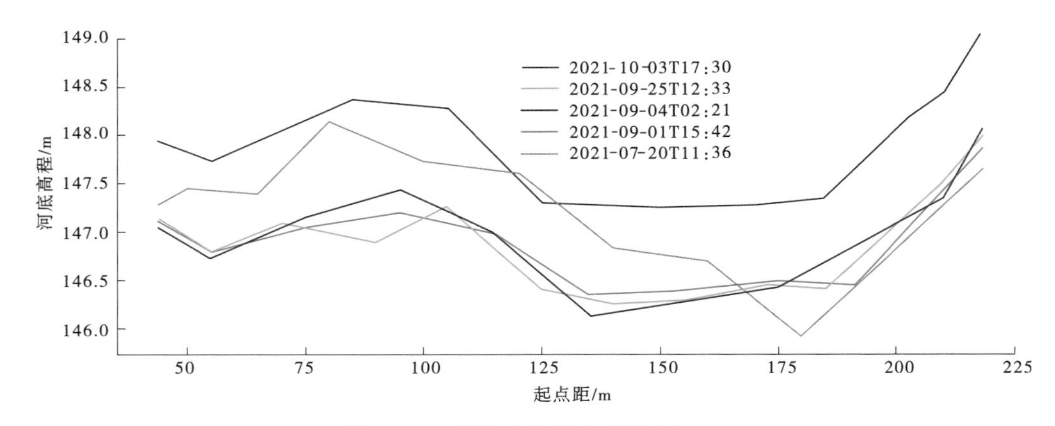

图 4.3-6　龙门镇站基本断面套绘

表 4.3-5　龙门镇站基本断面面积及河底高程变化统计

序号	时间(年-月-日 T 时:分)	标准水位/m	平均河底高程/m	冲淤厚度/m	面积/m^2	冲淤面积/m^2
1	2021-07-20T11:36	148.50	147.16	—	326	—
2	2021-09-01T15:42	148.50	146.80	-0.36	388	-62
3	2021-09-04T02:21	148.50	146.83	-0.33	382	-56
4	2021-09-25T12:33	148.50	146.78	-0.38	391	-65
5	2021-10-03T17:30	148.50	147.78	0.62	217	109

(6)东湾断面。

2021 年黄河汛期,东湾站在基本断面测流。东湾站 2021 年汛期历次横断面测验资料套绘图(图 4.3-7)与断面特征值变化统计表(表 4.3-6)显示,7 月 22 日—9 月 1 日,河道处于冲刷状态,断面平均冲刷 0.63 m,过流面积增加 71 m^2;9 月 1 日—10 月 29 日,断面平均淤积厚度 0.18 m,过流面积减少 20 m^2。汛末与汛前相比,河道处于冲刷状态,断面平均冲刷 0.45 m,过流面积增加 51 m^2。断面形态变化不大。

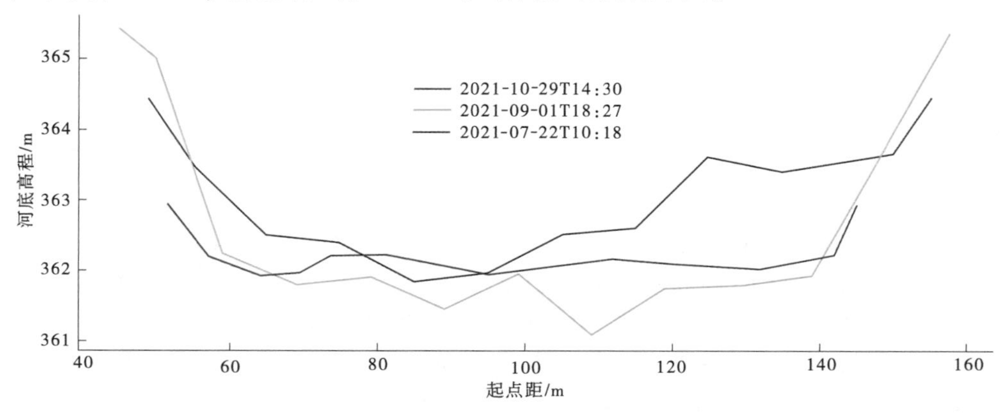

图 4.3-7　东湾站基本断面套绘

表 4. 3-6　东湾站基本断面面积及河底高程变化统计

序号	时间 (年-月-日 T 时:分)	标准水位/m	平均河底 高程/m	冲淤厚度/m	面积/m^2	冲淤面积/m^2
1	2021-07-22T10:18	365.50	362.97	—	275	—
2	2021-09-01T18:27	365.50	362.34	-0.63	346	-71
3	2021-10-29T14:30	365.50	362.52	-0.46	326	-51

(7)武陟断面。

2021 年黄河汛期,武陟站在基本断面测流。武陟站 2021 年汛期历次横断面测验资料套绘图(图 4.3-8)与断面特征值变化统计表(表 4.3-7)显示,在整个汛期对断面冲刷较大的洪水为 9 月底的洪水,河道处于冲刷状态,断面平均冲刷 3.05 m,过流面积增加了 360 m^2;其他场次洪水对断面的冲淤变化不大。从整体来看,汛末与汛前相比,河道处于冲刷状态,断面平均冲刷 3.30 m,过流面积增加了 1 090 m^2。从断面形态上来看,断面右侧冲刷剧烈,由“U”形断面冲刷成为“W”形断面。

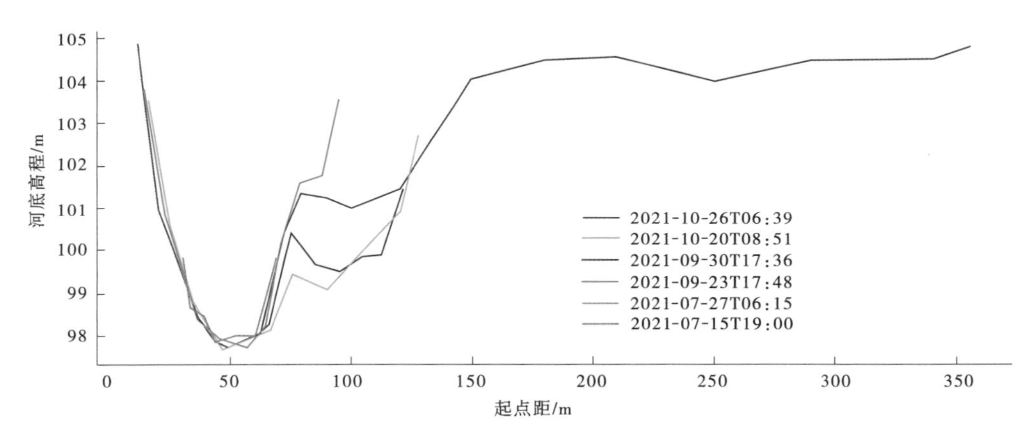

图 4.3-8　武陟站基本断面套绘

表 4.3-7　武陟站基本断面面积及河底高程变化统计

序号	时间 (年-月-日 T 时:分)	标准水位/m	平均河底 高程/m	冲淤厚度/m	面积/m^2	冲淤面积/m^2
1	2021-07-15T19:00	104.00	102.32	—	1 310	—
2	2021-07-27T06:15	104.00	102.25	-0.07	1 320	-10
3	2021-09-23T17:48	104.00	102.19	-0.13	1 330	-20
4	2021-09-30T17:36	104.00	100.61	-1.71	1 650	-340
5	2021-10-20T08:51	104.00	100.59	-1.73	1 690	-380
6	2021-10-26T06:39	104.00	100.60	-1.72	1 670	-360

(8)山路平断面。

2021 年黄河汛期,山路平站在基本断面测流。山路平站 2021 年汛期历次横断面测验资料套绘图(图 4.3-9)与断面特征值变化统计表(表 4.3-8)显示,7 月 11 日—7 月 20 日,河道处于冲刷状态,断面平均冲刷 0.17 m,过流面积增加 5.90 m^2;7 月 20 日—9 月 1 日,断面冲刷幅度相对较大,平均冲刷 0.81 m,过流面积增加 24.5 m^2;9 月 1 日—11 月 2 日,河道处于淤积状态,断面平均淤积厚度 0.45 m,过流面积减小 13.2 m^2。从整体上看,汛末与汛前相比河道处于冲刷状态,断面平均冲刷 0.53 m,过流面积增加 17.2 m^2。断面形态变化不大。

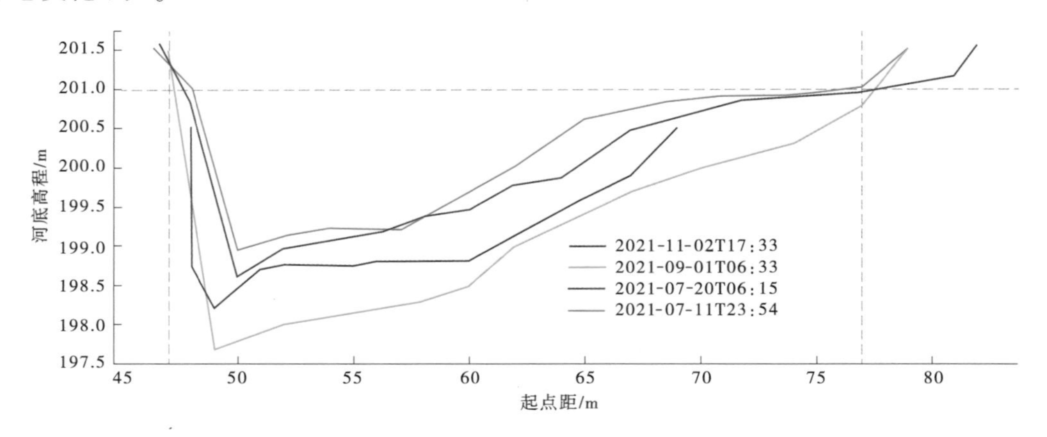

图 4.3-9　山路平站基本断面套绘

表 4.3-8　山路平站基本断面面积及河底高程变化统计

序号	时间(年-月-日 T 时:分)	标准水位/m	平均河底高程/m	冲淤厚度/m	面积/m^2	冲淤面积/m^2
1	2021-07-11T23:54	201.00	200.11	—	25.4	—
2	2021-07-20T06:15	201.00	199.94	-0.17	31.3	-5.90
3	2021-09-01T06:33	201.00	199.13	-0.98	55.8	-30.4
4	2021-11-02T17:33	201.00	199.58	-0.53	42.6	-17.2

4.3.3　水位表现与过流能力变化

2021 年,伊洛河、沁河洪水在 7 月中旬、9 月下旬出现两次,伊河陆浑水库、洛河故县水库、沁河河口村水库均未排沙。各站本年度洪水期间及代表年汛后水位-流量关系曲线见图 4.3-10~图 4.3-17,过流能力统计见表 4.3-9~表 4.3-16。

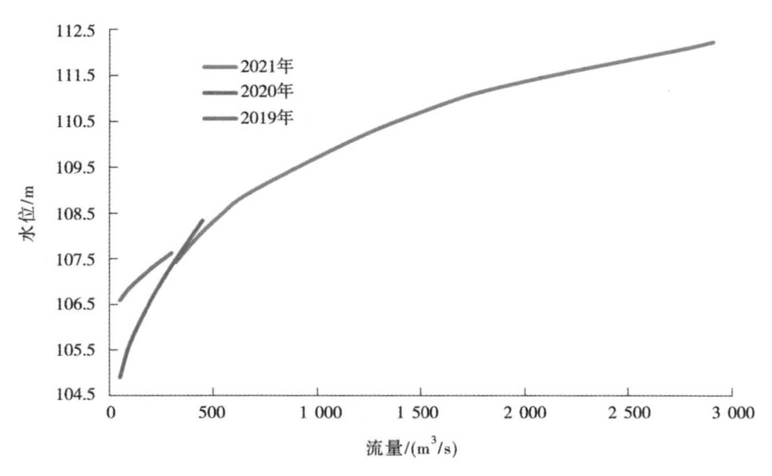

图4.3-10　黑石关站水位-流量关系曲线

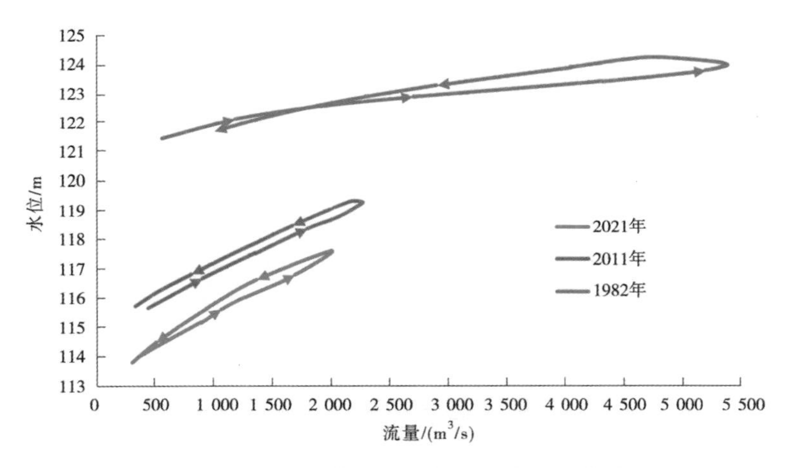

图4.3-11　白马寺站历年水位-流量关系曲线

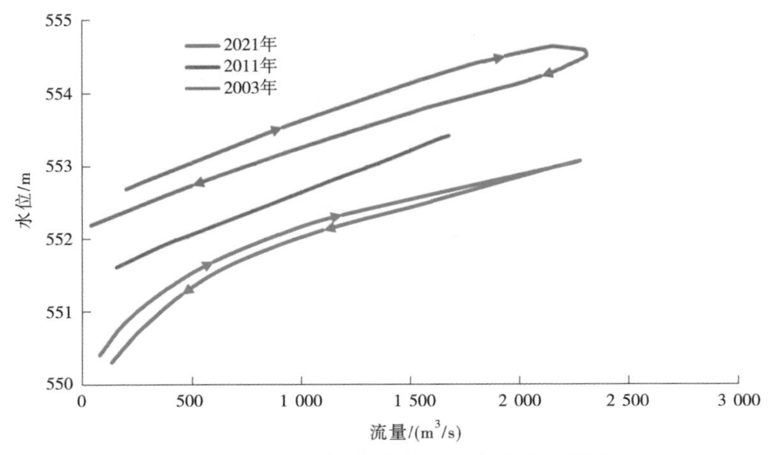

图4.3-12　卢氏站历年水位-流量关系曲线

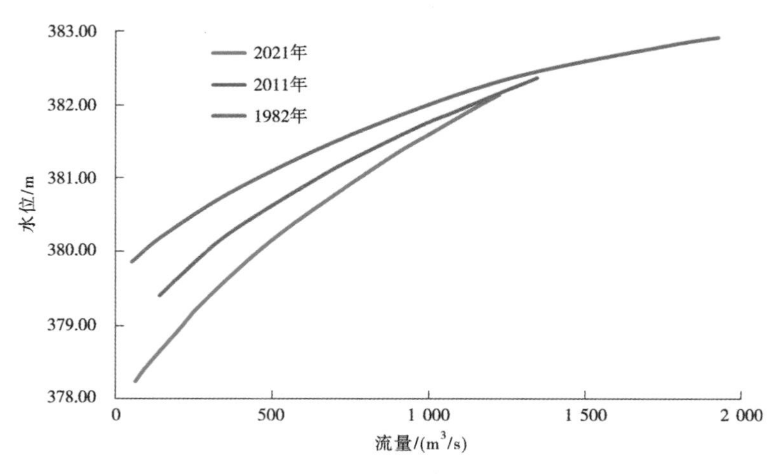

图 4.3-13　长水站历年水位-流量关系曲线

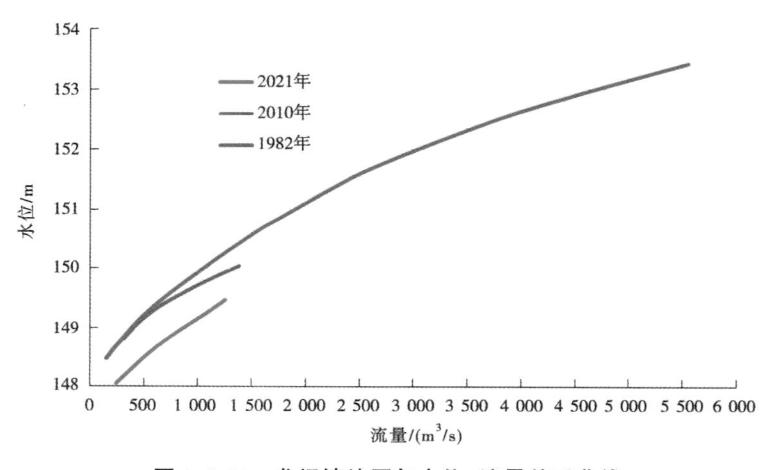

图 4.3-14　龙门镇站历年水位-流量关系曲线

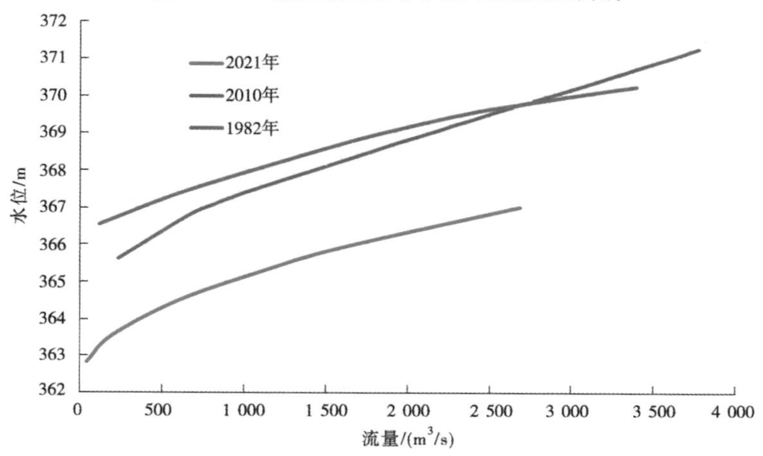

图 4.3-15　东湾站历年水位-流量关系曲线

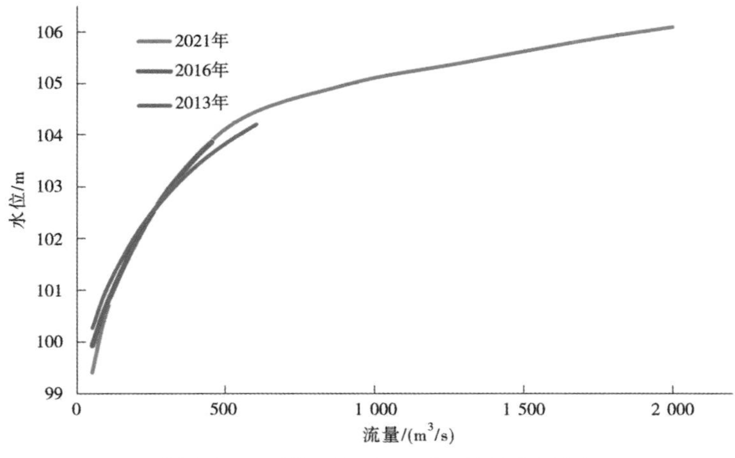

图 4.3-16　武陟站历年水位-流量关系曲线

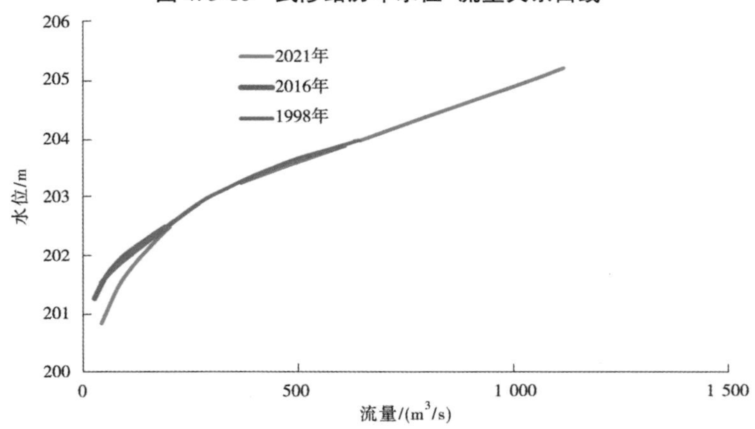

图 4.3-17　山路平站历年水位-流量关系曲线

表 4.3-9　黑石关站过流能力统计

站名	年份	不同流量级相应水位/m			平滩流量/(m^3/s)（平滩水位 111.98 m）
		500 m^3/s	1 000 m^3/s	2 000 m^3/s	
黑石关	2021	108.33	109.75	111.40	2 650
	2020	108.59	110.42	—	2 100
	2019	108.29	—	—	2 000

表 4.3-10　白马寺站过流能力统计

站名	年份	不同流量级相应水位/m		
		500 m^3/s	1 000 m^3/s	2 000 m^3/s
白马寺	2021（落水）	114.40	115.77	117.56
	2011（落水）	116.22	117.25	119.07
	1982（落水）	120.85	121.69	122.70

表 4.3-11　卢氏站过流能力统计

站名	年份	不同流量级相应水位(m)		
		500 m^3/s	1 000 m^3/s	2 000 m^3/s
卢氏	2021	551.32	552.03	552.85
	2011	552.07	552.63	553.75
	2003	552.72	553.28	554.15

表 4.3-12　长水站过流能力统计

站名	年份	不同流量级相应水位/m		
		500 m^3/s	1 000 m^3/s	1 500 m^3/s
长水	2021	380.16	381.58	328.59
	2011	380.62	381.77	328.50
	1982	381.10	382.00	328.59

表 4.3-13　龙门镇站过流能力统计

站名	年份	不同流量级相应水位/m		
		500 m^3/s	1 000 m^3/s	1 500 m^3/s
龙门镇	2021	148.50	149.17	149.77
	2010	149.08	149.70	150.10
	1982	149.11	149.93	150.56

表 4.3-14　东湾站过流能力统计

站名	年份	不同流量级相应水位/m		
		500 m^3/s	1 500 m^3/s	2 500 m^3/s
东湾	2021	364.32	365.13	366.82
	2010	366.27	368.10	369.48
	1982	367.23	368.58	369.65

表 4.3-15　武陟站过流能力统计

站名	年份	不同流量级相应水位/m			平滩流量/(m^3/s)(平滩水位 104.33 m)
		500 m^3/s	1 000 m^3/s	1 500 m^3/s	
武陟	2021	104.15	105.12	105.66	550
	2016	104.11	—	—	550
	2013	103.87	—	—	650

表 4.3-16　山路平站过流能力统计

站名	年份	不同流量级相应水位/m		
		300 m^3/s	500 m^3/s	1 000 m^3/s
山路平	2021	202.97	203.60	204.88
	2016	202.92	—	—
	1998	203.02	203.68	—

(1)黑石关站。

在 7 月中旬和 9 月下旬两次洪水过程中，黑石关站均未发生漫滩，水位-流量关系曲线表现为单一线，低水情况下较 2019 年汛后有所冲刷，水位-流量关系与 2020 年汛后基本一致；中高水情况下较 2020 年汛后有所冲刷，水位-流量关系与 2019 年汛后基本一致。

(2)白马寺站。

2021 年洪水期间白马寺站的水位-流量关系表现为逆时针绳套曲线，流量大于 500 m^3/s 之后，涨、落水水位分化较明显。与伊洛河沿程各水文站相比，洪水对白马寺站主河槽的冲刷作用最为明显，各流量级的相应水位较 1982 年平均下降 5.84 m，较 2011 年平均下降 1.60 m。

(3)卢氏站。

2021 年卢氏站与典型能年大洪水时期相比呈现较明显的冲刷状态。洪水期间，卢氏站水位-流量关系为顺时针绳套线，高水位部分涨、落水阶段关系相对一致。

(4)长水站。

2021 年两次洪水过程长水站水位-流量关系均表现为单一线，该站在伊洛河沿程各站中冲刷变幅最小，2021 年水位-流量关系曲线显示：流量 500 m^3/s 时相应水位较 1982 年下降 0.94 m，较 2011 年平均下降 0.46 m；随着流量增大，各年份水位差值逐渐减小，流量大于 1 400 m^3/s 左右时水位基本接近。

(5)龙门镇站、东湾站。

2021 年伊河龙门镇、东湾两站的水位-流量关系变化趋势较为一致，龙门镇站最大实测流量为 1 290 m^3/s，东湾站最大实测流量为 2 810 m^3/s，均低于 2010 年和 1982 年最大流量，洪水期间水位-流量关系表现为单值函数关系，且与 1982 年关系曲线基本平行，各流量级水位均低于历年洪水相应水位。

(6)武陟站、山路平站。

沁河武陟、山路平两站的水位-流量关系变化趋势较为一致，在两次洪水期间水位-流量关系表现为单值函数关系。流量小于 200 m^3/s 时，同流量 2021 年水位偏低。

4.4　黄河下游

4.4.1　各水文断面水沙过程

2021 年 8 月 20 日—10 月 31 日秋汛期，进入下游河道(小浪底、黑石关、武陟三站之和)的水量为 162.69 亿 m^3，沙量为 0.260 亿 t，利津站水量 176.87 亿 m^3，沙量 1.122 亿 t(见表 4.4-1)，伊洛河来水量 35.68 亿 m^3，沁河来水量 20.49 亿 m^3，东平湖加水 10.62 亿 m^3。2021 年秋汛期小浪底下泄水沙量 106.51 亿 m^3 和 0.197 亿 t，平均流量为 1 689 m^3/s，平均含沙量为 1.9 kg/m^3；西霞院水沙量分别为 106.73 亿 m^3 和 0.167 亿 t，平均流量为 1 692 m^3/s，平均含沙量为 1.6 kg/m^3。花园口水沙量分别为 168.21 亿 m^3 和 0.699 亿 t，平均流量为 2 667 m^3/s，平均含沙量为 4.2 kg/m^3；高村站水沙量分别为 168.83 亿 m^3 和 1.095 亿 t，平均流量为 2 677 m^3/s，平均含沙量为 6.5 kg/m^3。从沿程沙量变化来看，高村站以上沿程增加比较明显。

表 4.4-1　2021 年秋汛期黄河下游各主要站水沙量统计

站名	水量/亿 m^3	沙量/亿 t	平均流量/(m^3/s)	平均含沙量/(kg/m^3)
小浪底	106.51	0.197	1 689	1.9
西霞院	106.73	0.167	1 692	1.6
黑石关	35.68	0.036	566	1.0
武陟	20.49	0.026	325	1.3
小黑武	162.69	0.260	2 579	1.6
花园口	168.21	0.698	2 667	4.2
夹河滩	166.84	0.910	2 645	5.5
高村	168.83	1.095	2 677	6.5
孙口	165.86	0.948	2 630	5.7
艾山	180.46	1.114	2 861	6.2
泺口	179.86	1.156	2 852	6.4
利津	176.87	1.122	2 804	6.3

注：此表各站统计时间均为 8 月 20 日—10 月 31 日。4.3 节中计算汛期或秋汛期进入黄河下游水沙量时采用的时间为 6 月 1 日—10 月 31 日及 8 月 20 日—10 月 31 日，计算河段冲淤量时考虑洪水传播时间，各站计算的时间会不一致。

2021 年秋汛期间，下游共发生了 4 场洪水(见图 4.4-1)，其中第二场洪水和第三场洪水相隔很近，第二场洪水没有完全落下来就进入到第三场洪水。根据下游各站的流量和含沙量过程(见图 4.4-2)，将秋汛期划分为 6 个过程，开始几天为小流量过程，接着 3 场洪水过程，间隔几天小流量，最后为一场小洪水过程，4 场洪水水沙量统计见表 4.4-2。

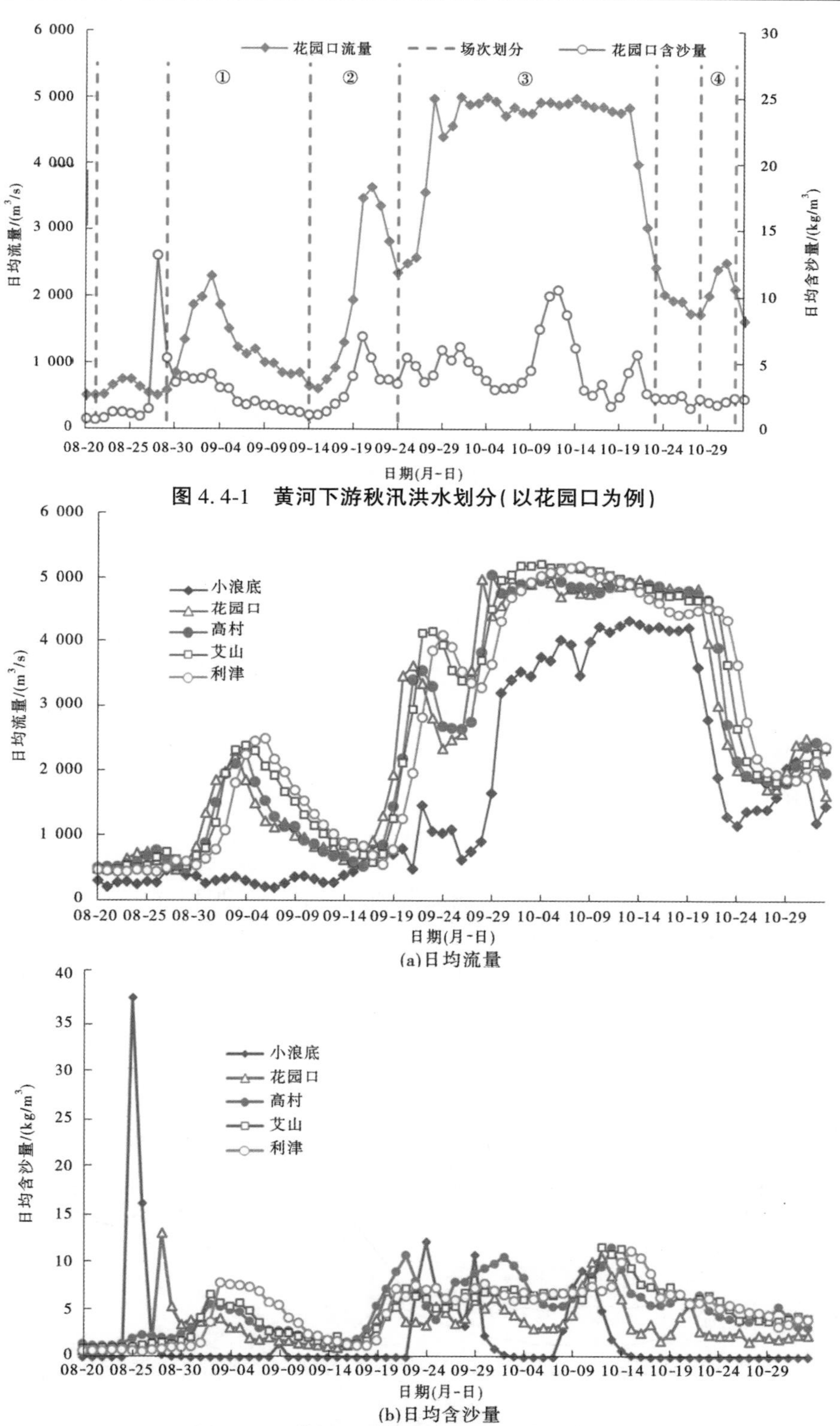

图 4.4-1　黄河下游秋汛洪水划分(以花园口为例)

图 4.4-2　黄河下游典型水文站日均水沙过程

表 4.4-2　黄河下游分时段各主要站水沙量统计

单位:水量/亿 m^3,沙量/亿 t

序号	小浪底时间(月-日)	天数/d	小黑武		花园口		艾山		利津	
			水量	沙量	水量	沙量	水量	沙量	水量	沙量
1	08-29—09-13	16	16.04	0.006	17.52	0.048	20.88	0.082	20.99	0.112
2	09-14—09-23	10	17.27	0.032	18.23	0.076	23.18	0.126	22.64	0.146
3	09-24—10-22	29	108.97	0.207	111.95	0.529	115.83	0.837	112.73	0.796
4	10-28—10-31	4	8.09	0	7.81	0.016	7.51	0.030	7.78	0.030
合计		59	150.36	0.245	155.51	0.669	167.39	1.075	164.13	1.084

注:考虑洪水从小浪底演进至利津时间为 4 d,小浪底站统计时间为 2021 年 8 月 20 日至 10 月 31 日。

4 场洪水花园口站的平均流量分别为 1 268 m^3/s、2 110 m^3/s、4 468 m^3/s 和 2 260 m^3/s,平均含沙量分别为 2.7 kg/m^3、4.2 kg/m^3、4.7 kg/m^3 和 2.1 kg/m^3;高村站的平均流量分别为 1 263 m^3/s、2 129 m^3/s、4 490 m^3/s 和 2 228 m^3/s,平均含沙量分别为 3.8 kg/m^3、7.0 kg/m^3、7.4 kg/m^3 和 4.0 kg/m^3;艾山站的平均流量分别为 1 511 m^3/s、2 683 m^3/s、4 623 m^3/s 和 2 173 m^3/s,平均含沙量分别为 3.9 kg/m^3、5.0 kg/m^3、7.2 kg/m^3 和 4.1 kg/m^3;利津站的平均流量分别为 1 519 m^3/s、2 620 m^3/s、4 499 m^3/s 和 2 250 m^3/s,平均含沙量分别为 5.3 kg/m^3、6.5 kg/m^3、7.1 kg/m^3 和 3.8 kg/m^3。在秋汛期间,大汶河来水较大,4 场洪水期间东平湖加入黄河的平均流量分别为 186 m^3/s、440 m^3/s、159 m^3/s 和 31 m^3/s。

4.4.2　断面形态调整

(1)花园口断面。

花园口河床属于游荡性河床,因此测流断面选取较多。2021 年黄河汛期,选取能反映汛期场次洪水冲淤变化的 C50 和基下 5 300 m 断面进行套绘比较分析。分别套绘 2021 年调水调沙期间 C50 的 3 个断面(见图 4.4-3)和 2021 年 9 月下旬期间基下 5 300 m 的 3 个断面(见图 4.4-4)。

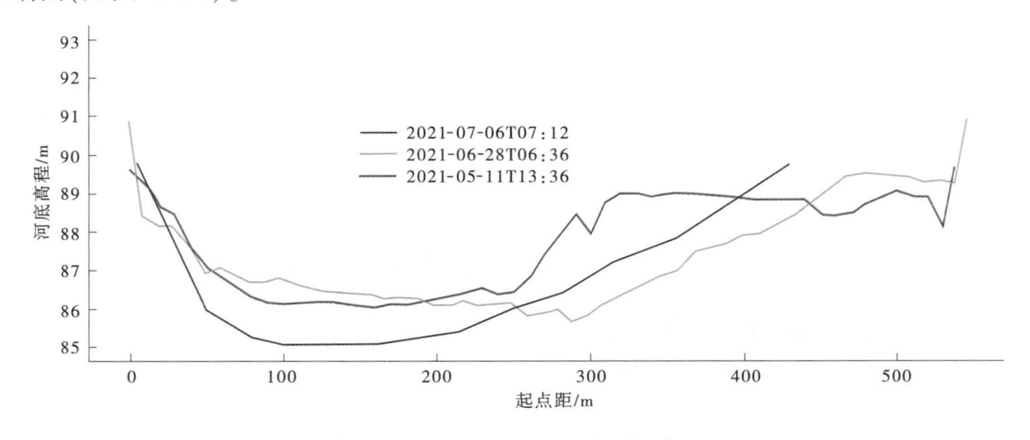

图 4.4-3　花园口站 C50 断面套绘

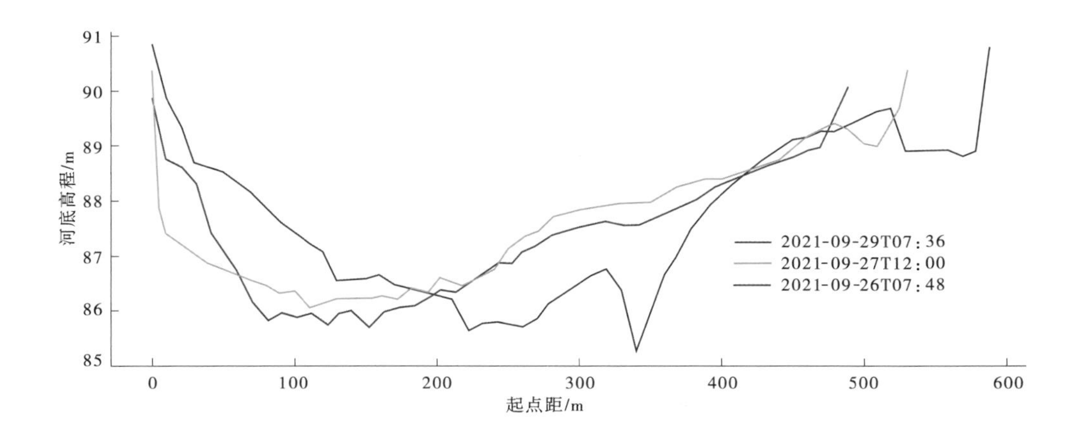

图 4.4-4　花园口站基下 5 300 m 断面套绘

花园口站 2021 年调水调沙期间套绘图(图 4.4-3)显示,汛前到 6 月 28 日受调水调沙影响,河道处于冲刷状态,断面平均冲刷 0.67 m,过流面积增加了 270 m^2;6 月 28 日—7 月 6 日,河道处于冲刷状态,断面平均冲刷 0.18 m,过流面积增加了 110 m^2。

从调水调沙整个过程看,河道处于持续冲刷状态,断面平均冲刷 0.95 m,过流面积增加了 380 m^2(见表 4.4-3)。从河槽形态上来看没有发生大幅度调整。

花园口站 9 月下旬洪水期间套绘图(图 4.4-4)显示,9 月 26 日—9 月 29 日,河槽微淤(见表 4.4-4)。从河槽形态上来看,左侧淤积,右侧冲刷。

表 4.4-3　花园口站 C50 断面面积及河底高程变化统计

序号	时间(年-月-日 T 时:分)	标准水位/m	平均河底高程/m	冲淤厚度/m	面积/m^2	冲淤面积/m^2
1	2021-05-11T13:36	93.00	87.33	—	2 260	—
2	2021-06-28T06:36	93.00	86.66	-0.67	2 530	-270
3	2021-07-06T07:12	93.00	86.38	-0.95	2 640	-380

表 4.4-4　花园口站基下 5 300 m 断面面积及河底高程变化统计

序号	时间(年-月-日 T 时:分)	标准水位/m	平均河底高程/m	冲淤厚度/m	面积/m^2	冲淤面积/m^2
1	2021-09-26T07:48	90.80	87.74	—	1 950	—
2	2021-09-27T12:00	90.80	87.82	0.08	1 900	50
3	2021-09-29T07:36	90.80	87.77	0.03	1 940	10

(2)夹河滩断面。

2021 年黄河汛期,夹河滩站选取基下 810 m 断面套绘并比较分析。分别套绘 2021 年调水调沙期间的 3 个断面(见图 4.4-5)和 2021 年 9 月底洪水期间的 3 个断面(见图 4.4-6)。

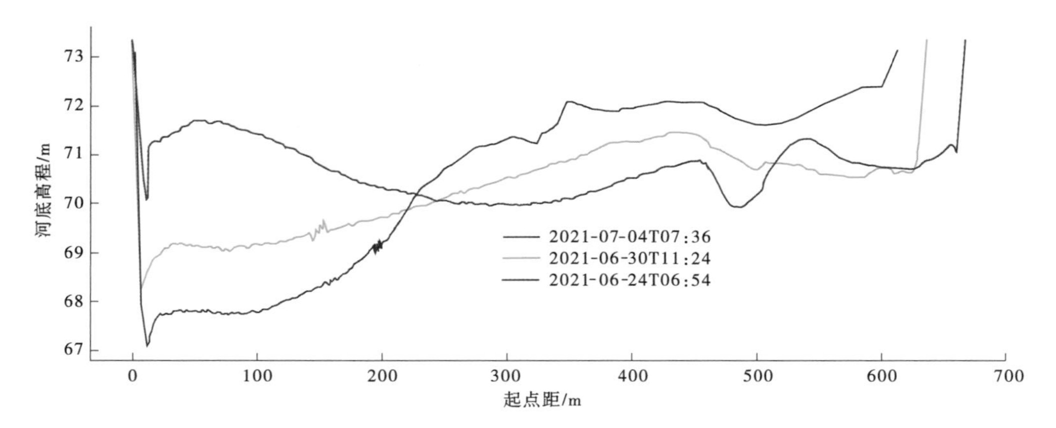

图 4.4-5　夹河滩站基下 850 m 断面套绘(2021 年秋汛前)

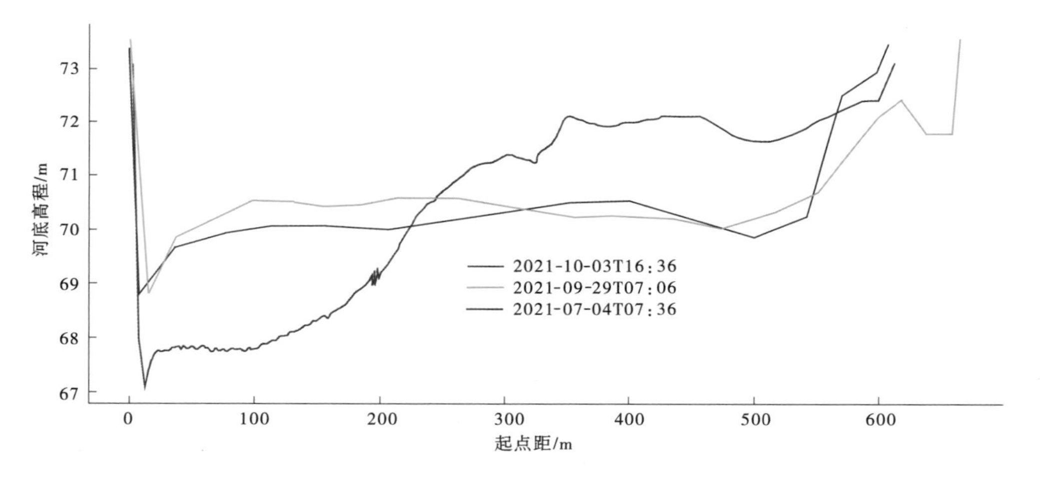

图 4.4-6　夹河滩站基下 850 m 断面套绘(2021 年秋汛)

夹河滩站 2021 年调水调沙期间套绘图(图 4.4-5)显示,6 月 24—6 月 30 日受调水调沙影响,河道处于冲刷状态,断面平均冲刷 0.32 m,过流面积增加 220 m^2;6 月 30 日到 7 月 4 日,河道处于淤积状态,断面平均淤积 0.20 m,过流面积减少 130 m^2。从调水调沙整体来看,河道处于冲刷状态,断面平均冲刷 0.12 m,过流面积增加了 90 m^2(见表 4.4-5)。从断面形态上来看,断面右岸冲刷,左岸淤积。

夹河滩站 9 月底洪水期间套绘图(图 4.4-6)显示,7 月 4 日至 9 月 29 日期间,河槽左侧淤积,右侧冲刷,河槽平均河底高程与断面面积无变化;9 月 29 日至 10 月 3 日,河道处于微冲状态,断面平均冲刷 0.09 m,过流面积增加 60 m^2(见表 4.4-6)。从整体来看,黄河 1 号洪水期间河道处于微冲状态,断面平均冲刷 0.09 m,断面面积增加了 60 m^2。

表 4.4-5　夹河滩站基下 850 m 断面面积及河底高程变化统计(2021 年秋汛前)

序号	时间 (年-月-日 T 时:分)	标准水位/m	平均河底高程/m	冲淤厚度/m	面积/m^2	冲淤面积/m^2
1	2021-06-24T06:54	73.30	70.71	—	1 860	—
2	2021-06-30T11:24	73.30	70.39	-0.32	2 080	-220
3	2021-07-04T07:36	73.30	70.59	-0.12	1 950	-90

表 4.4-6　夹河滩站基下 850 m 断面面积及河底高程变化统计(2021 年秋汛)

序号	时间 (年-月-日 T 时:分)	标准水位/m	平均河底高程/m	冲淤厚度/m	面积/m^2	冲淤面积/m^2
1	2021-07-04T07:36	73.30	70.59	—	1 950	—
2	2021-09-29T07:06	73.30	70.59	0	1 950	0
3	2021-10-03T16:36	73.30	70.50	-0.09	2 010	-60

(3)高村断面。

2021 年黄河汛期,高村站分别在基上 254 m 和基下 346 m 断面测流,选取基下 346 m 断面进行套绘,对汛期断面进行了比较分析。从图 4.4-7 中可以看出,汛前到调水调沙期间河道处于微冲状态,平均冲刷深度 0.37 m,过流面积增加了 180 m^2;9 月下旬河道断面发生剧烈冲刷,断面平均冲刷 0.97 m,过流面积增加了 450 m^2;10 月上旬河道发生冲刷,断面平均冲刷 0.54 m,过流面积变化较大,增加了 260 m^2。总体来看,高村站 2021 年汛期河道整体表现为冲刷,平均冲刷深度 1.88 m,过流面积变化较大,增加了 890 m^2,河道右岸冲刷幅度较大(见表 4.4-7)。

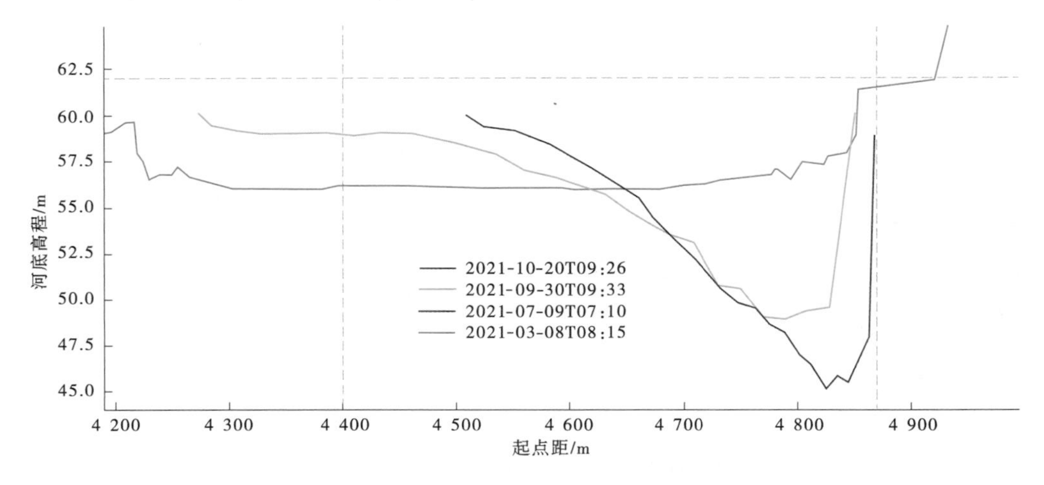

图 4.4-7　高村站基下 346 m 断面套绘

表 4. 4-7 高村站基下 346 m 断面面积及河底高程变化统计

序号	时间 (年-月-日 T时:分)	标准水位/m	平均河底高程/m	冲淤厚度/m	面积/m^2	冲淤面积/m^2
1	2021-03-08T08:15	62. 00	56. 53	—	2 570	—
2	2021-07-09T07:10	62. 00	56. 16	-0. 37	2 750	-180
3	2021-09-30T09:33	62. 00	55. 19	-1. 34	3 200	-630
4	2021-10-20T09:26	62. 00	54. 65	-1. 88	3 460	-890

(4)孙口断面。

2021 年黄河汛期,孙口站分别在基上 145 m 和基上 476 m 断面测流,选取基上 145 m 断面同时调用 2002 年、2012 年及 2018~2020 年汛前同一大断面进行套绘并比较分析。从图 4. 4-8 中整体可以看出,孙口站 2002 年汛前至 2021 年汛后各统计时段间河道均表现为冲刷,断面平均冲刷 2. 93 m,过流面积增加 1 240 m^2。其中:2002 年汛前至 2012 年汛前,断面平均冲刷 2. 37 m,过流面积增加 1 010 m^2;2012 年汛前至 2018 年汛前,断面平均冲刷 0. 28 m,过流面积增加 110 m^2;2018 年汛前至 2021 年汛前断面表现为微冲状态,平均冲刷 0. 01 m,过流面积增加 10 m^2(见表 4. 4-8)。

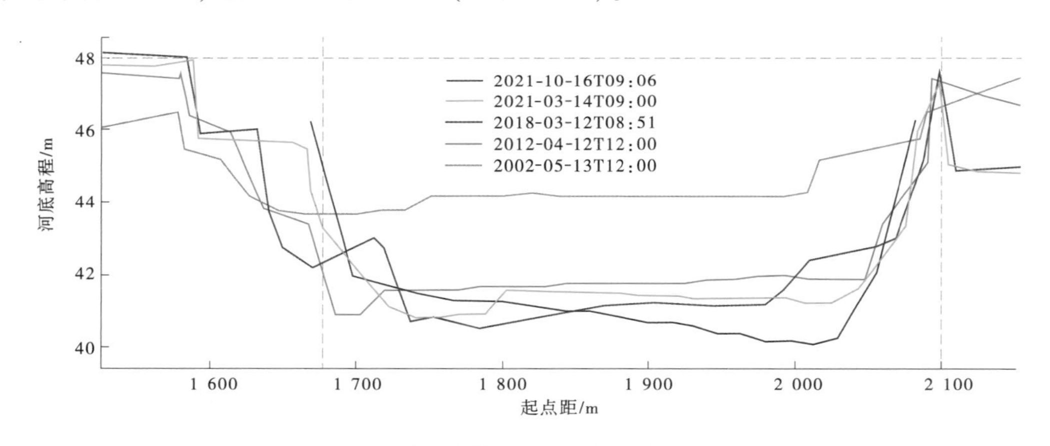

图 4. 4-8 孙口站基上 145 m 断面套绘(历年)

表 4. 4-8 孙口站基上 145 m 断面面积及河底高程变化统计(历年)

序号	时间 (年-月-日 T时:分)	标准水位/m	平均河底高程/m	冲淤厚度/m	面积/m^2	冲淤面积/m^2
1	2002-05-13T12:00	48. 00	44. 37	—	1 530	—
2	2012-04-12T12:00	48. 00	42. 00	-2. 37	2 540	-1 010
3	2018-03-12T08:51	48. 00	41. 72	-2. 65	2 650	-1 120
4	2021-03-14T09:00	48. 00	41. 71	-2. 66	2 660	-1 130
5	2021-10-16T09:06	48. 00	41. 44	-2. 93	2 770	-1 240

孙口站 2021 年汛期历次测验断面套绘图(图 4.3-8)及特征值变化表(表 4.4-9)显示,汛末与汛前相比,断面平均冲刷 0.27 m,过流面积增加 110 m^2。受调水调沙和秋汛洪水影响,河床调整过程表现为冲刷—淤积—冲刷过程,断面形态变化不大。

表 4.4-9　孙口站基上 145 m 断面面积及河底高程变化统计(2021 年)

序号	时间 (年-月-日 T 时:分)	标准水位/m	平均河底高程/m	冲淤厚度/m	面积/m^2	冲淤面积/m^2
1	2021-03-14T09:00	48.00	41.72	—	2 660	—
2	2021-07-09T09:06	48.00	41.53	-0.19	2 740	-80
3	2021-09-30T06:45	48.00	42.07	0.36	2 510	150
4	2021-10-16T09:06	48.00	41.45	-0.27	2 770	-110

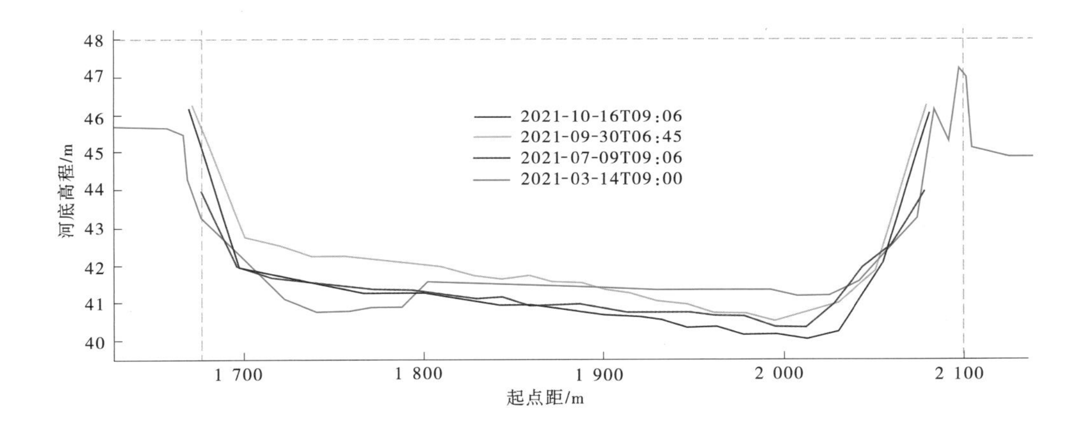

图 4.4-9　孙口站基上 145 m 断面套绘(2021 年)

(5)艾山断面。

2021 年黄河汛期,艾山站分别在基上 50 m 和基上 126 m 断面测流,选取基上 50 m 断面以及 2002 年、2012 年及 2018—2020 年汛前同一大断面进行套绘并比较分析。从图 4.4-10 中整体可以看出,艾山站 2002—2021 年汛前各时段期间均表现为冲刷,平均冲刷 2.86 m,过流面积增加 1 020 m^2(见表 4.4-10)。其中:2002 年汛前至 2012 年汛前,断面平均冲刷 1.84 m,过流面积增加 660 m^2; 2012 年汛前至 2018 年汛前,断面平均冲刷 0.67 m,过流面积增加 240 m^2;2018 年汛前至 2021 年汛前,断面平均冲刷 0.35 m,过流面积增加 120 m^2。

艾山站 2021 年汛期套绘图(图 4.4-11)显示,汛末与汛前相比,河道表现为冲刷,断面平均冲刷 1.12 m,过流面积增加 410 m^2(见表 4.4-11)。在调水调沙时段断面表现为冲刷,秋汛洪水过程,断面平均冲淤厚度及冲淤面积基本无变化,只是断面形态发生了调整。

表 4.4-10　艾山站基上 50 m 断面面积及河底高程变化统计(历年)

序号	时间 (年-月-日 T 时:分)	标准水位/m	平均河底高程/m	冲淤厚度/m	面积/m^2	冲淤面积/m^2
1	2002-05-13T12:00	42.00	37.25	—	1 700	—
2	2012-04-12T12:00	42.00	35.41	-1.84	2 360	-660
3	2018-03-06T12:00	42.00	34.75	-2.51	2 600	-900
4	2021-03-12T09:33	42.00	34.39	-2.86	2 720	-1 020
5	2021-10-21T06:49	42.00	33.27	-3.98	3 130	-1 430

表 4.4-11　艾山站基上 50 m 断面面积及河底高程变化统计(2021 年)

序号	时间 (年-月-日 T 时:分)	标准水位/m	平均河底高程/m	冲淤厚度/m	面积/m^2	冲淤面积/m^2
1	2021-03-12T09:33	42.00	34.39	—	2 720	—
2	2021-07-09T17:20	42.00	33.29	-1.10	3 120	-400
3	2021-09-29T18:05	42.00	33.27	-1.12	3 120	-400
4	2021-10-21T06:49	42.00	33.27	-1.12	3 130	-410

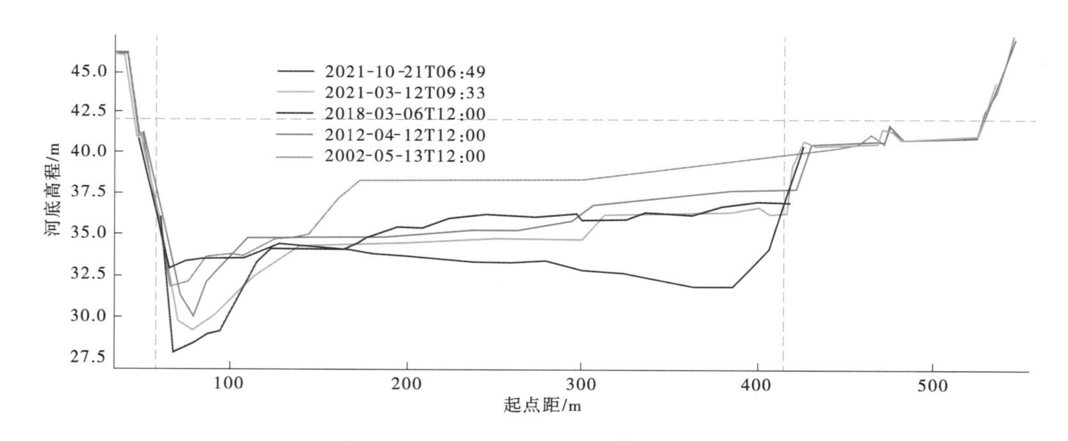

图 4.4-10　艾山站基上 50 m 断面套绘(历年)

(6)泺口断面。

2021 年黄河汛期,泺口站分别在基本断面和基上 40 m 断面测流,选取基本断面以及 2002 年、2012 年及 2018—2020 年汛前同一大断面进行套绘并比较分析。从图 4.4-12 中整体可以看出,泺口站 2002 年汛前至 2021 年汛前河道断面整体表现为冲刷,平均冲刷 3.35 m,过流面积增加 860 m^2(见表 4.4-12)。其中:2002 年汛前至 2012 年汛前平均冲刷 1.96 m,过流面积增加 500 m^2;2012 年汛前至 2018 年汛前,断面平均冲刷深度 0.65 m,过流面积增加 170 m^2;2018 年汛前至 2021 年汛前,断面平均冲刷深度 0.74 m,过流面积增

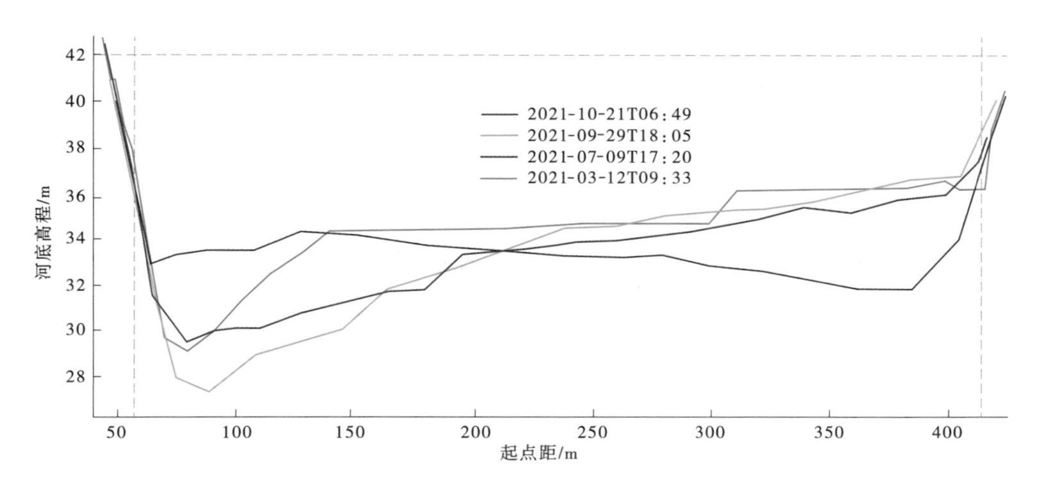

图 4.4-11　艾山站基上 50 m 断面套绘(2021 年)

加 190 m^2。

泺口站 2021 年汛期套绘图(图 4.4-13)显示,汛末与汛前相比,河道处于冲刷状态,断面平均冲刷 1.63 m,过流面积增加 410 m^2(见表 4.4-13)。从断面形态上来看,断面左岸冲刷较大(V 形)。

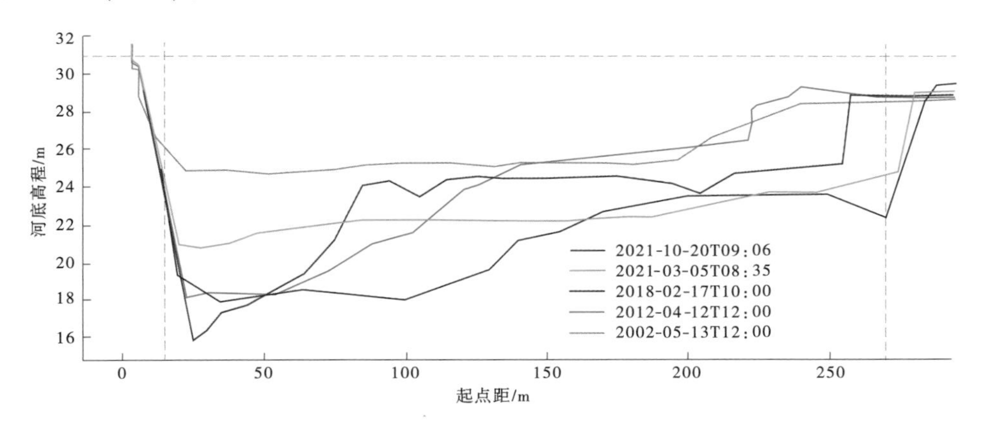

图 4.4-12　泺口站基本断面套绘(历年)

表 4.4-12　泺口站基本断面面积及河底高程变化统计(历年)

序号	时间 (年-月-日 T 时:分)	标准水位/m	平均河底高程/m	冲淤厚度/m	面积/m^2	冲淤面积/m^2
1	2002-05-13T12:00	31.00	25.81	—	1 320	—
2	2012-04-12T12:00	31.00	23.85	-1.96	1 820	-500
3	2018-02-17T10:00	31.00	23.20	-2.61	1 990	-670
4	2021-03-05T08:35	31.00	22.46	-3.35	2 180	-860
5	2021-10-20T09:06	31.00	20.83	-4.98	2 590	-1 270

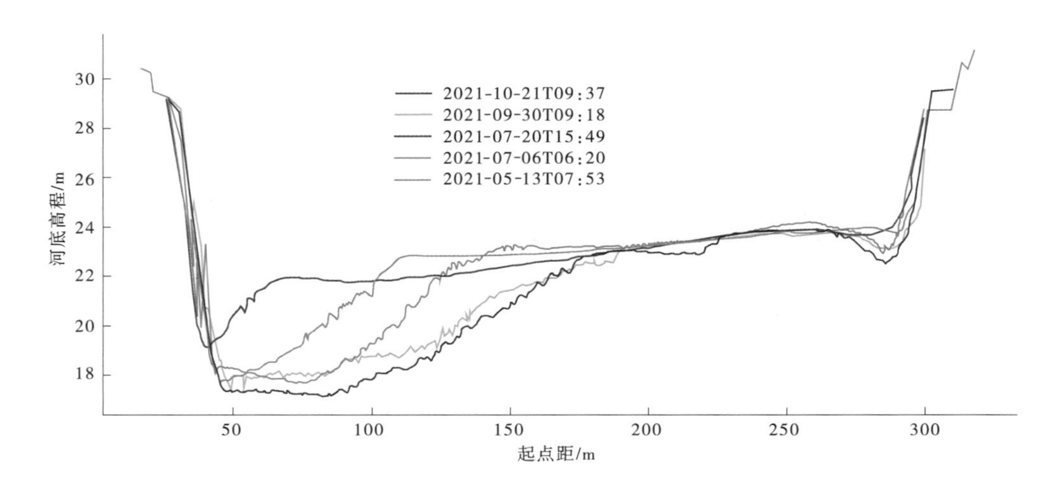

图 4.4-13　泺口站基上 40 m 断面套绘(2021 年)

表 4.4-13　泺口站基上 40 m 断面面积及河底高程变化统计(2021 年)

序号	时间 (年-月-日 T 时:分)	标准水位/m	平均河底高程/m	冲淤厚度/m	面积/m^2	冲淤面积/m^2
1	2021-05-13T07:53	31.00	27.69	—	6 910	—
2	2021-07-06T06:20	31.00	27.43	-0.27	7 280	-370
3	2021-07-20T15:49	31.00	27.55	-0.14	7 110	-200
4	2021-09-30T09:18	31.00	27.32	-0.37	7 420	-510
5	2021-10-21T09:37	31.00	27.26	-0.43	7 510	-600

(7)利津断面。

2021 年汛期,利津站分别在基上 55 m 和基下 70 m 断面测流,选取基下 70 m 断面以及 2002 年、2012 年及 2018—2020 年汛前同一大断面进行套绘并比较分析。从图 4.4-14 中整体可以看出,2002 年汛前至 2021 年汛前河道断面整体表现为冲刷,平均冲刷 2.71 m,过流面积增加 717 m^2(见表 4.4-14)。其中:2002 年汛前至 2012 年汛前,平均冲刷 2.22 m,过流面积增加 587 m^2;2012 年汛前至 2018 年汛前,断面平均冲刷 0.35 m,过流面积增加 90 m^2;2018 年汛前到 2021 断面平均冲刷 0.14 m,过流面积增加 40 m^2。

利津站 2021 年汛期套绘图(图 4.4-15)显示,7 月上旬受调水调沙影响,河道处于冲刷状态,断面平均冲刷 0.04 m,过流面积增加 10 m^2;10 月上旬断面平均冲刷 0.73 m,过流面积增加 200 m^2;10 月中旬断面平均冲刷 0.24 m,过流面积增加 260 m^2(见表 4.4-15)。从断面形态上来看,断面整体冲刷,形态不变。

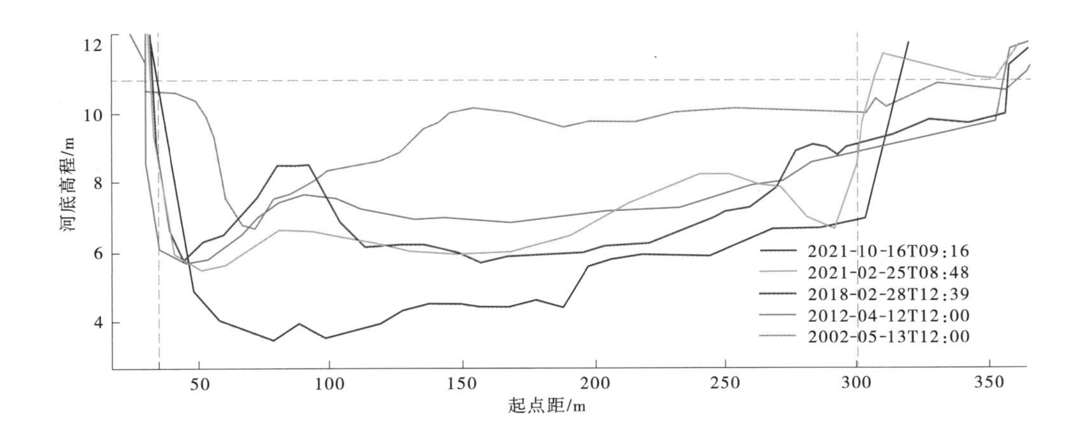

图 4.4-14　利津站基下 70 m 断面套绘(历年)

表 4.4-14　利津站基下 70 m 断面面积及河底高程变化统计(历年)

序号	时间 (年-月-日 T 时:分)	标准水位/m	平均河底高程/m	冲淤厚度/m	面积/m²	冲淤面积/m²
1	2002-05-13T12:00	11.00	9.44	—	413	—
2	2012-04-12T12:00	11.00	7.22	-2.22	1 000	-587
3	2018-02-28T12:39	11.00	6.87	-2.57	1 090	-677
4	2021-02-25T08:48	11.00	6.73	-2.71	1 130	-717
5	2021-10-16T09:16	11.00	5.12	-4.32	1 560	-1 150

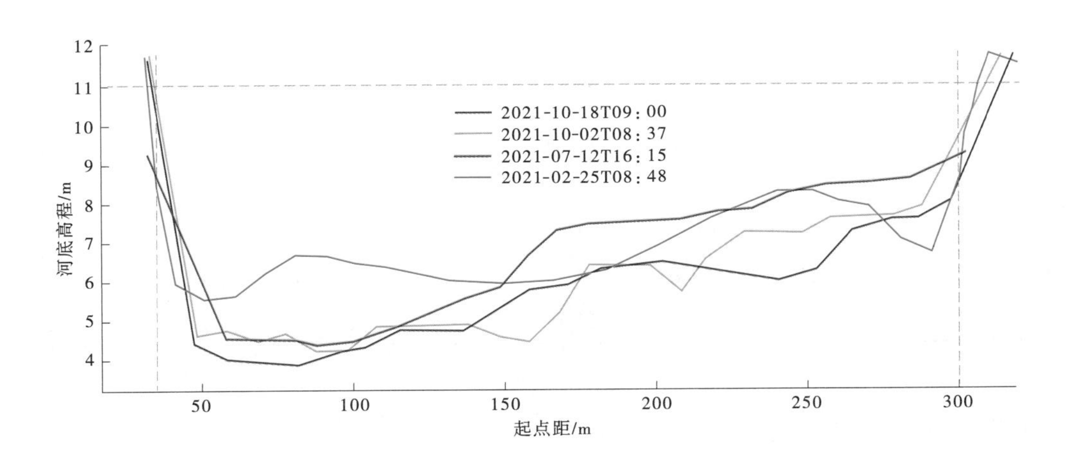

图 4.4-15　利津站基下 70 m 断面套绘(2021 年)

表 4.4-15　利津站基下 70 m 断面面积及河底高程变化统计(2021 年)

序号	时间 (年-月-日 T 时:分)	标准水位/m	平均河底高程/m	冲淤厚度/m	面积/m^2	冲淤面积/m^2
1	2021-02-25T08:48	11.00	6.73	—	1 130	—
2	2021-07-12T16:15	11.00	6.69	-0.04	1 140	-10
3	2021-10-02T08:37	11.00	5.96	-0.77	1 340	-210
4	2021-10-18T09:00	11.00	5.72	-1.01	1 400	-270

自 2002 年调水调沙以来,黄河下游河道冲刷剧烈。表 4.4-16 为黄河下游 4 站 2002 年汛前、2021 年汛前及 2021 年汛后的断面冲刷数据。从整体上看,2002 年汛前与 2021 年汛前相比,4 站河道均处于冲刷状态,断面平均冲刷深度均在 2.66 m 以上,过流面积增加均在 700 m^2 以上,其中冲刷深度最大的是泺口站,深度为 3.35 m,冲刷面积最大的为孙口站,面积为 1 120 m^2;2002 年汛前与 2021 年汛后相比,4 站河道均处于冲刷状态,断面平均冲刷深度均在 2.93 m 以上,过流面积增加均在 1 100 m^2 以上,其中冲刷深度最大的是泺口站,深度为 4.98 m,冲刷面积最大的为艾山站,面积为 1 430 m^2。

表 4.4-16　调水调沙以来黄河下游断面面积及河底高程变化统计

站名	断面名	时间 (年-月-日 T 时:分)	标准水位/m	平均河底高程/m	冲淤厚度/m	面积/m^2	冲淤面积/m^2
孙口	基上 145 m	2002-05-13T12:00	48.00	44.37	—	1 530	—
		2021-03-14T09:00	48.00	41.72	-2.65	2 660	-1 130
		2021-10-16T09:06	48.00	41.44	-2.93	2 770	-1 240
艾山	基上 50 m	2002-05-13T12:00	42.00	37.25	—	1 700	—
		2021-03-12T09:33	42.00	34.39	-2.86	2 720	-1 020
		2021-10-21T06:49	42.00	33.27	-3.98	3 130	-1 430
泺口	基本	2002-05-13T12:00	31.00	25.81	—	1 320	—
		2021-03-05T08:35	31.00	22.46	-3.35	2 180	-860
		2021-10-20T09:06	31.00	20.83	-4.98	2 590	-1 270
利津	基下 70 m	2002-05-13T12:00	11.00	9.44	—	413	—
		2021-02-25T08:48	11.00	6.73	-2.71	1 130	-717
		2021-10-16T09:16	11.00	5.12	-4.32	1 563	-1 150

4.4.3　河道冲淤演变

由于进入下游的水流含沙量较低,秋汛期下游河道发生了显著冲刷。利用下游各站日均流量和含沙量及东平湖加水资料,考虑沿程引水、洪水演进时间等因素,采用沙量平衡法,计算秋汛期分河段冲淤量。

4.4.3.1　全沙沿程调整

计算 2021 年秋汛期全下游共冲刷泥沙 0.913 亿 t(见表 4.4-17)。从沿程分布来看,冲刷主要集中在高村以上河段,冲刷 0.841 亿 t,占小浪底—利津冲刷量的 92.1%。其中,花园口以上河段冲刷量最大,为 0.439 亿 t;花园口—高村河段次之,冲刷量为 0.402 亿 t;高村—艾山和艾山—利津河段冲刷量较小,冲刷量均为 0.036 亿 t。从时间上来看,第二场洪水的水量略大于第一场洪水,平均流量也大于第一场,因此产生冲刷量也略大一些。冲刷最多是第三场洪水,主要由于洪水平均流量大、洪水历时长。4 场洪水的冲刷量分别为 0.109 亿 t、0.129 亿 t、0.617 亿 t 和 0.032 亿 t,整个秋汛期下游河道共冲刷 0.913 亿 t。

表 4.4-17　2021 年秋汛期黄河下游各河段冲淤量　单位:亿 t

河段	时间(月-日)						
	08-20—08-28	08-29—09-13	09-14—09-23	09-24—10-22	10-23—10-27	10-28—10-30	08-20—10-31
小浪底—花园口	0.002 6	-0.042 0	-0.043 5	-0.322 3	-0.017 3	-0.016 2	-0.439
花园口—夹河滩	0.004 0	-0.011 8	-0.019 8	-0.162 5	-0.014 1	-0.013 0	-0.217
夹河滩—高村	-0.001 4	-0.007 3	-0.036 3	-0.137 3	-0.000 8	-0.001 8	-0.185
高村—孙口	0.002 3	0.000 6	0.029 8	0.092 3	0.005 5	-0.000 2	0.130
孙口—艾山	-0.000 4	-0.017 9	-0.033 5	-0.107 6	-0.005 9	-0.000 7	-0.166
艾山—泺口	0.000 4	-0.011 3	-0.009 9	-0.027 1	-0.001 0	-0.001 4	-0.050
泺口—利津	0.001 5	-0.019 3	-0.015 6	0.047 2	-0.001 7	0.001 8	0.014
小浪底—利津	0.009	-0.109	-0.128 8	-0.617 3	-0.035	-0.032	-0.913

注:表中时段为小浪底站的,考虑洪水演进,利津站推后 4 d。

2021 年汛期(6—10 月),进入下游的水沙量分别为 289.55 亿 m^3 和 0.863 亿 t,全下游冲刷量为 1.197 亿 t。秋汛期进入下游的水沙量分别占汛期的 56.2%和 30.1%,冲刷量占汛期的 76.3%(见表 4.4-18),秋汛期流量大、含沙量小,是秋汛期冲刷比例较大的主要原因。

表 4.4-18　2021 年汛期不同时段水沙量和冲淤量占汛期的比例

时段	小黑武				小浪底—利津	
	水量/亿 m^3	占比/%	沙量/亿 t	占比/%	冲淤量/亿 t	占比/%
2021-06-01—08-19	126.86	43.8	0.603	69.9	-0.284	23.7
2021-08-20—10-31	162.69	56.2	0.260	30.1	-0.913	76.3
2021-06-01—10-31	289.55	100.0	0.863	100.0	-1.197	100.0

4.4.3.2　分组泥沙沿程调整

2021 年秋汛期小浪底共下泄泥沙 0.197 亿 t(见表 4.4-19),其中细颗粒泥沙(粒径小于 0.025 mm)0.180 亿 t,占全沙的 91.4%;中颗粒泥沙(粒径为 0.025~0.05 mm)为 0.012 亿 t,占 6.1%;粗颗粒泥沙(粒径为 0.05~0.1 mm)和特粗颗粒泥沙(粒径大于 0.1 mm)很少。

表 4.4-19　2021 年秋汛期黄河下游分组泥沙量及比例

分类	站名	<0.025	0.025~0.05	0.05~0.1	>0.1	全沙
沙量/亿 t	小浪底	0.180	0.012	0.004	0.001	0.197
	花园口	0.407	0.119	0.109	0.063	0.698
	高村	0.545	0.234	0.211	0.105	1.095
	艾山	0.457	0.236	0.269	0.152	1.114
	利津	0.569	0.250	0.217	0.086	1.122
小于某粒径的百分比/%	小浪底	91.4	6.1	2.0	0.5	100
	花园口	58.3	17.0	15.6	9.0	100
	高村	49.8	21.4	19.3	9.6	100
	艾山	41.0	21.2	24.1	13.6	100
	利津	50.7	22.3	19.3	7.7	100

花园口、高村、艾山和利津站沙量分别为 0.698 亿 t、1.095 亿 t、1.114 亿 t 和 1.122 亿 t，细颗粒泥沙占比分别为 58.3%、49.8%、41.0%和 50.7%。从各水文站分组泥沙量来看，由于河道的冲刷作用，各组泥沙均显著增加，其中细颗粒、中颗粒泥沙直到利津站才达到最大，表明这两组泥沙沿程一直在冲刷增加；而粗颗粒和特粗颗粒泥沙在艾山站达到最大，之后又有所减小，表明这两组泥沙在艾山以上河段一直冲刷增加，艾山以下河段有所淤积减少。

秋汛期伊洛河和沁河共来沙 0.062 亿 t，考虑沿程引水的影响，利用沙量平衡法计算出小浪底—利津河段共冲刷 0.913 亿 t，其中细、中、粗和特粗泥沙的沙量分别为 0.355 亿 t、0.244 亿 t、0.224 亿 t 和 0.090 亿 t，分别占全沙冲刷量的 38.9%、26.7%、24.5%和 9.9%。可见，秋汛期下游河道的冲刷主要为细泥沙，其次为中泥沙和粗泥沙，特粗泥沙较少。

秋汛期下游河道冲刷主要集中在高村以上河段，高村以上河段全沙冲刷量占全下游的 92.1%，细、中、粗、特粗颗粒泥沙的冲刷量分别占全下游相应粒径组冲刷量的 87.6%、89.8%、92.9%和 114.4%。

表 4.4-20　2021 年秋汛期黄河下游分组泥沙沿程冲淤分布

河段	粒径/mm				
	<0.025	0.025~0.05	0.05~0.1	>0.1	全沙
小浪底—花园口	−0.170	−0.103	−0.104	−0.062	−0.439
花园口—夹河滩	0.024	−0.060	−0.101	−0.080	−0.217
夹河滩—高村	−0.165	−0.056	−0.003	0.039	−0.185
高村—孙口	0.099	0.027	0.003	0.001	0.130
孙口—艾山	−0.018	−0.032	−0.065	−0.051	−0.166
艾山—泺口	−0.050	−0.027	0.003	0.024	−0.050
泺口—利津	−0.075	0.007	0.043	0.039	0.014
小浪底—利津	−0.355	−0.244	−0.224	−0.090	−0.913

综上所述,2021 年秋汛期,黄河下游河道发生了显著冲刷。从冲刷的纵向分布来看,冲刷主要集中在高村以上河段,占全下游冲刷量的 92. 1%,高村以下河段冲刷较少,仅占 7. 9%。从分组泥沙的冲刷来看,细颗粒泥沙是冲刷的主体,中粗颗粒泥沙也发生明显冲刷,特粗颗粒泥沙的冲刷较少。

4. 4. 4 沿程水位表现

4. 4. 4. 1 水位-流量关系

同流量水位变化在一定程度上可以反映河道的冲淤表现。图 4. 4-16~图 4. 4-22 为黄河下游河道水文站的水位-流量关系图,水位-流量关系包括 2020 年汛初实战演练的涨水过程(2020 年 6 月 23 日—6 月 29 日)、2021 年调水调沙的涨水过程(2021 年 6 月 10 日—6 月 26 日)、2021 年秋汛期的 3 次涨水过程(2021 年 8 月 27 日—9 月 2 日、9 月 14 日—9 月 20 日、9 月 23 日—9 月 28 日)及最后一次落水过程(2021 年 10 月 19 日—10 月 28 日),共计 6 个水位-流量过程。此小节洪水的涨水、落水过程时间采用花园口站的时间,考虑洪水传播时间及洪水来源不同,其他站的涨水、落水时间会有所不同。

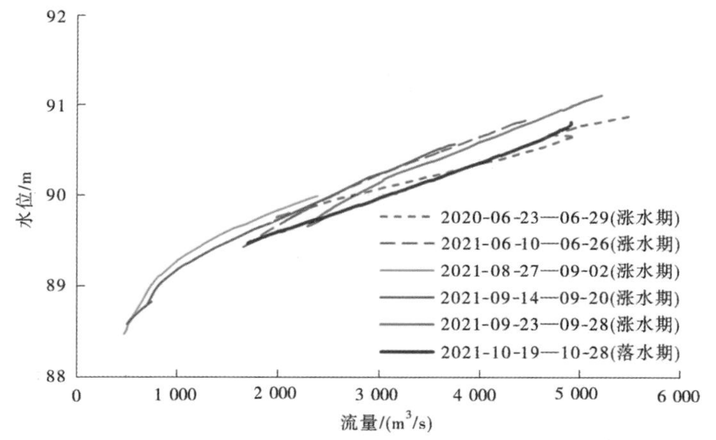

图 4. 4-16 花园口站的水位-流量关系

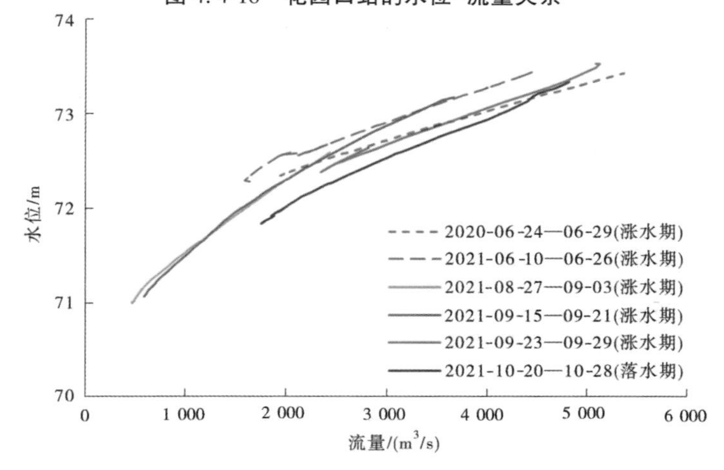

图 4. 4-17 夹河滩站的水位-流量关系

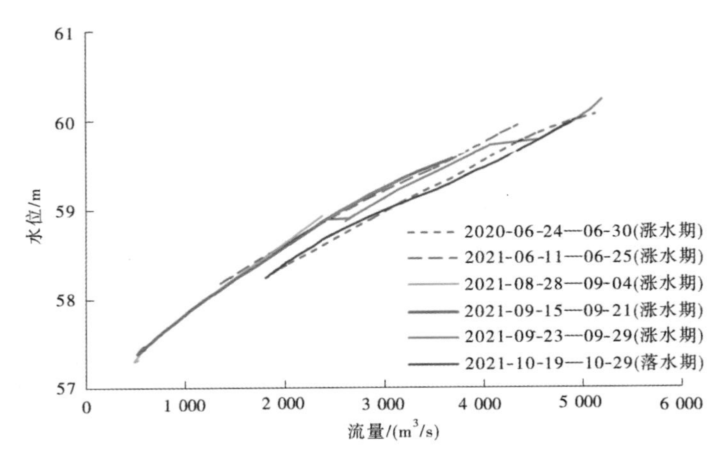

图 4.4-18　高村站的水位-流量关系

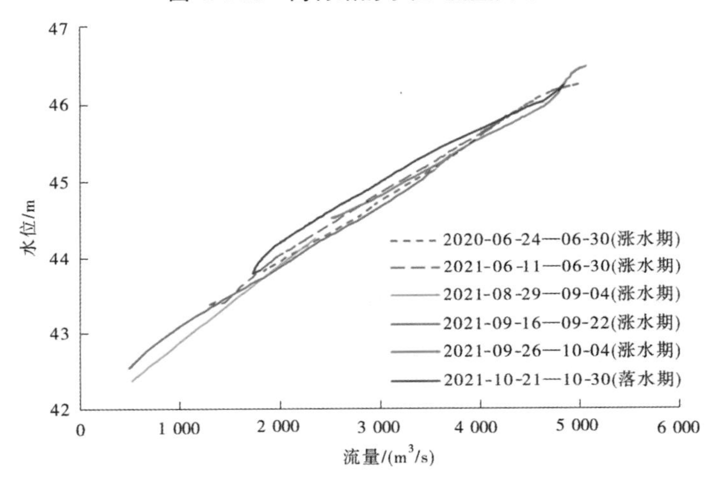

图 4.4-19　孙口站的水位-流量关系

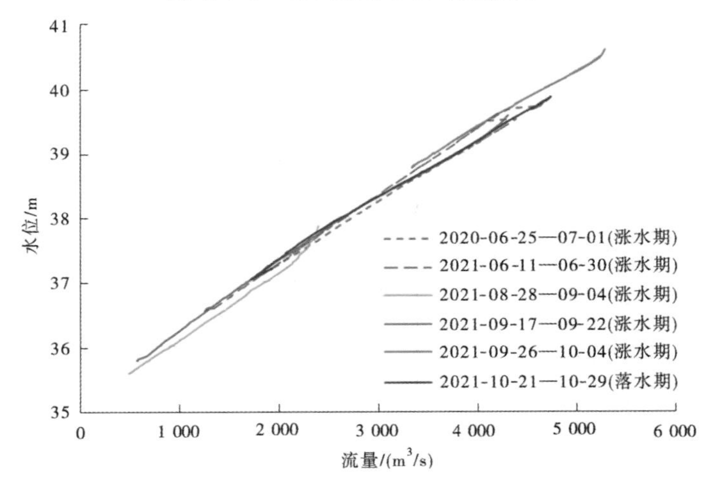

图 4.4-20　艾山站的水位-流量关系

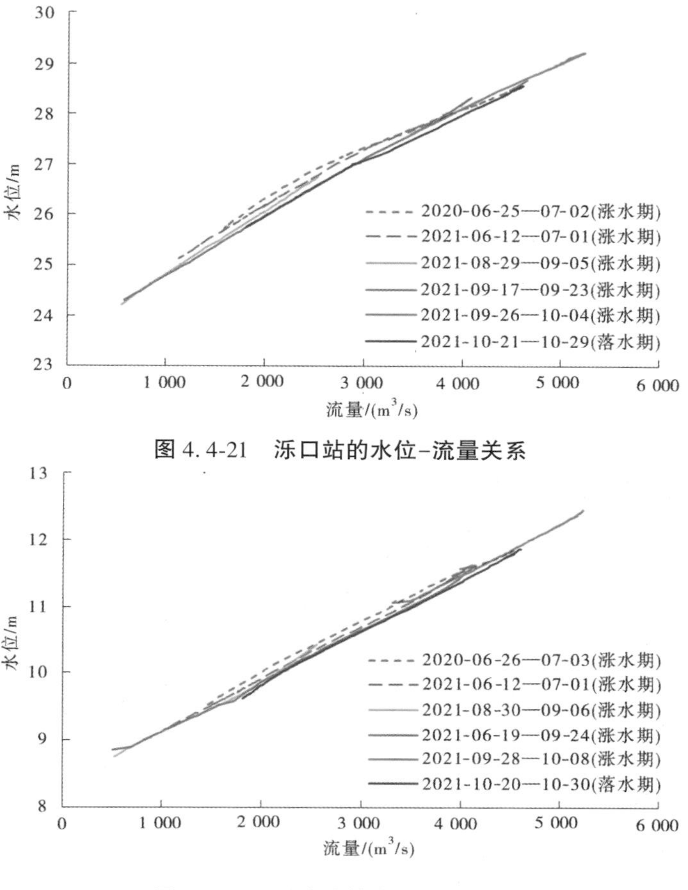

图 4.4-21　泺口站的水位-流量关系

图 4.4-22　利津站的水位-流量关系

花园口站,2021 年秋汛期的 3 次涨水过程同流量水位依次降低。当流量大于 2 500 m^3/s 时,秋汛期的最后一次落水过程同流量水位较秋汛期的涨水过程明显下降,下降范围在 0.3 m 左右。秋汛期的落水过程与 2020 年汛初实战演练涨水过程的同流量水位相近,均低于 2021 年调水调沙涨水过程的同流量水位。

夹河滩站,秋汛的第三次涨水过程与前两次涨水过程相比,同流量水位略有降低。当流量小于 4 250 m^3/s 时,秋汛期后期的落水过程与第三次涨水过程相比,同流量水位明显下降,流量大于 4 250 m^3/s 时,两个过程的同流量水位相当。秋汛期落水过程同流量水位明显低于 2021 年调水调沙涨水过程。秋汛期落水过程与 2020 年汛初实战演练涨水过程相比,流量小于 4 500 m^3/s 时,同流量水位前者低于后者,而流量大于 4 500 m^3/s 时,前者高于后者。

高村站,秋汛第三次涨水过程较前两次涨水过程相比,同流量水位变化不大或略低。当流量小于 4 100 m^3/s 时,秋汛期的落水过程同流量水位较秋汛期的涨水过程明显下降,流量大于 4 100 m^3/s 时,秋汛期后期落水过程与第三次涨水过程的同流量水位相近。秋汛期的落水过程与 2020 年汛初实战演练涨水过程的同流量水位相近,均低于 2021 年调水调沙期涨水过程的同流量水位。

孙口站,2021 年秋汛期第二次涨水过程与第一次涨水过程相比,当流量小于 1 800 m^3/s 时,同流量水位偏高,流量大于 1 800 m^3/s 时两者相近。秋汛期第三次涨水过程与第二次涨水过程相比,同流量水位略有增加。秋汛期后期落水过程与涨水过程相比,同流量水位略有增加。当流量小于 3 800 m^3/s 时,秋汛期后期落水过程较 2020 年汛初实战演练及 2021 年调水调沙涨水过程的同流量水位略有增加,流量大于 3 800 m^3/s 时,三个过程的同流量水位相近。

艾山站,2021 年秋汛期第二次涨水过程比第一次涨水过程同流量水位略高。秋汛期第三次涨水过程较第二次涨水过程的同流量水位略有增加。秋汛期后期落水过程较秋汛期涨水过程的同流量水位略有增加。秋汛期后期落水过程较第三次涨水过程同流量水位略有增加,而与 2020 年汛初实战演练涨水过程同流量水位相近。秋汛期后期落水过程与 2021 年调水调沙同流量水位相比,流量大于 3 400 m^3/s 时偏低,流量小于 3 400 m^3/s 时,两者相近。

泺口站,秋汛期 3 次涨水过程及落水过程同流量水位均相近。当流量小于 4 100 m^3/s 时,秋汛落水过程较 2020 年汛初实战演练及 2021 年调水调沙同流量水位均有所降低,流量大于 4 100 m^3/s 时,与 2020 年汛初实战演练同流量水位相近。

利津站,同泺口站秋汛期 3 次涨水过程及落水过程同流量水位变化趋势均相近。秋汛落水过程较 2020 年汛初实战演练及 2021 年调水调沙同流量水位均略有降低。

4.4.4.2　同流量水位表现

1. 秋汛期各水文站洪峰流量

秋洪水过程,小浪底水库下泄洪峰流量为 4 550 m^3/s。卡口河段孙口站 10 月 4 日 11 时 52 分洪峰流量为 5 050 m^3/s。秋汛期黄河下游各水文站的洪峰流量见表 4.4-21。

表 4.4-21　秋汛期黄河下游各水文站的洪峰流量

水文断面	洪峰流量/(m^3/s)	洪峰出现时间(月-日 T 时:分)
小浪底	4 550	09-30T14:00
西霞院	4 380	10-13T16:01
花园口	5 220	09-28T13:24
夹河滩	5 130	09-29T03:00
高村	5 200	09-29T20:42
孙口	5 050	10-04T11:52
艾山	5 300	10-04T06:55
泺口	5 270	10-06T14:39
利津	5 240	10-08T09:27

2. 秋汛洪水过程同流量水位变化

为反映 2021 年秋汛期间黄河下游沿程水位变化特征,选择黄河下游不同部位及不同流量级水流,以及秋汛期第一场洪水涨峰期和秋汛后期落水过程同流量水位进行对比分析。选取控制点为花园口以下 7 个水文站及杨集以下 10 个水位站,以及 2 000 m^3/s、2 500 m^3/s、3 000 m^3/s、3 500 m^3/s、4 000 m^3/s、4 500 m^3/s、5 000 m^3/s 等 7 个流量级相应的水位(见表 4.4-22)。

表 4.4-22　秋汛期同流量水位及其变化

单位:m

流量/(m^3/s)	项目	花园口	夹河滩	高村	杨集	孙口	国那里	黄庄	南桥	艾山	韩刘	北店子	泺口	刘家园	清河镇	张肖堂	麻湾	利津
2000	秋汛始	89.82	72.29	58.63	46.59	43.90	42.43	40.43	38.32	37.12	32.48	28.04	26.04	21.83	16.75	14.34	11.45	9.84
	秋汛末	89.59	72.01	58.40	46.91	44.20	42.69	40.44	38.53	37.34	32.30	28.01	25.94	22.03	16.87	14.30	11.41	9.79
	水位升降	-0.23	-0.28	-0.23	0.32	0.30	0.26	0.01	0.21	0.22	-0.18	-0.03	-0.10	0.20	0.12	-0.04	-0.04	-0.05
	均值	-0.25			0.31		0.13		0.21	0.22	-0.10			0.16		-0.04		
2 500	秋汛始	89.97	72.61	58.95	47.00	44.28	42.93	40.91	38.84	37.83	33.10	28.61	26.68	22.44	17.27	14.95	11.98	10.34
	秋汛末	89.77	72.30	58.74	47.30	44.61	43.12	40.91	39.00	37.87	32.93	28.63	26.53	22.51	17.35	14.90	11.89	10.22
	水位升降	-0.20	-0.31	-0.21	0.30	0.33	0.19	0	0.16	0.04	-0.17	0.02	-0.15	0.07	0.08	-0.05	-0.09	-0.12
	均值	-0.24			0.31		0.19		0.16	0.04	-0.10			0.08		-0.09		
3 000	秋汛始	90.24	72.87	59.24	47.42	44.66	43.37	41.36	39.27	38.30	33.71	29.11	27.09	22.62	17.55	15.32	12.33	10.64
	秋汛末	89.96	72.53	58.99	47.68	44.98	43.44	41.27	39.30	38.30	33.50	29.18	27.05	22.99	17.76	15.38	12.28	10.61
	水位升降	-0.28	-0.34	-0.25	0.26	0.32	0.07	-0.09	0.03	0	-0.21	0.07	-0.04	0.37	0.21	0.06	-0.05	-0.03
	均值	-0.29			0.29		-0.01		0.03	0	-0.06			0.29		-0.01		
3 500	秋汛始	90.47	73.11	59.49	47.78	45.10	43.79	41.85	39.68	38.71	34.31	29.68	27.60	23.11	17.98	15.89	12.75	11.01
	秋汛末	90.15	72.74	59.22	48.03	45.36	43.68	41.69	39.76	38.73	34.00	29.58	27.48	23.35	18.15	15.74	12.69	10.99
	水位升降	-0.32	-0.37	-0.27	0.25	0.26	-0.11	-0.16	0.08	0.02	-0.31	-0.10	-0.12	0.24	0.17	-0.15	-0.06	-0.02
	均值	-0.32			0.25		-0.14		0.08	0.02	-0.18			0.21		-0.08		
4 000	秋汛始	90.59	73.06	59.68	48.20	45.54	44.28	42.39	40.06	39.16	34.84	30.25	28.10	23.46	18.44	16.37	13.17	11.44
	秋汛末	90.36	72.94	59.47	48.33	45.66	44.10	42.04	40.19	39.17	34.54	30.14	27.97	23.81	18.57	16.24	13.05	11.37
	水位升降	-0.23	-0.12	-0.21	0.13	0.12	-0.18	-0.35	0.13	0.01	-0.30	-0.11	-0.13	0.35	0.13	-0.13	-0.12	-0.07
	均值	-0.19			0.12		-0.27		0.13	0.01	-0.18			0.24		-0.11		
4 500	秋汛始	90.80	73.24	59.77	48.63	45.87	44.64	42.77	40.61	39.83	35.39	30.73	28.58	23.97	18.91	16.76	13.50	11.84
	秋汛末	90.56	73.20	59.74	48.69	45.97	44.60	42.56	40.67	39.63	35.04	30.55	28.45	24.17	18.97	16.67	13.46	11.77
	水位升降	-0.24	-0.04	-0.03	0.06	0.1	-0.04	-0.21	0.06	-0.20	-0.35	-0.18	-0.13	0.20	0.06	-0.09	-0.04	-0.07
	均值	-0.10			0.08		-0.13		0.06	0.20	-0.22			0.13		-0.07		
5 000	秋汛始	91.02	73.45	60.06	49.14	46.45	45.03	43.13	40.93	40.24	35.82	31.15	29.02	24.35	19.37	17.19	13.93	12.23
	秋汛末	90.94	73.45	60.05	49.16	46.46	45.15	43.19	41.06	40.20	35.68	31.12	29.02	24.48	19.42	17.13	13.89	12.27
	水位升降	-0.08	0	-0.01	0.02	0.01	0.12	0.06	0.13	-0.04	-0.14	-0.03	0	0.13	0.05	-0.06	-0.04	0.04
	均值	-0.03			0.01		0.09		0.13	-0.04	-0.06			0.09		-0.02		

流量为 2 000 m^3/s、2 500 m^3/s 时，花园口、夹河滩、高村三站同流量水位均降低，平均降低 0.25 m、0.24 m；杨集—艾山各站，除黄庄站同流量水位基本不变，其他各站同流量水位均抬升，抬升幅度为 0.04～0.33 m；韩刘—泺口同流量水位平均降低 0.10 m；刘家园、清河镇两站同流量水位均抬升，平均抬升 0.16 m、0.08 m；张肖堂、麻湾、利津站同流量水位均降低，平均降低 0.04 m、0.09 m。

流量为 3 000 m^3/s、3 500 m^3/s、4 000 m^3/s、4 500 m^3/s 时，花园口、夹河滩、高村三站同流量水位均降低，平均降低 0.29 m、0.32 m、0.19 m、0.10 m；杨集、孙口站同流量水位均抬升，平均抬升 0.08～0.29 m；国那里、黄庄站除 3 000 m^3/s 流量同流量水位变化不大外，其他流量同流量水位均降低，平均降低 0.13～0.27 m；南桥站同流量水位均抬升，抬升 0.03～0.13 m；艾山在流量为 4 500 m^3/s 时，同流量水位降低 0.2 m，其他流量级水位抬升 0～0.02 m；韩刘、北店子、泺口三站同流量水位平均降低 0.06～0.22 m；刘家园、清河镇同流量水位平均抬升 0.13～0.29 m；张肖堂、麻湾、利津站同流量水位平均降低 0.01～0.11 m。

流量为 5 000 m^3/s 时，国那里、南桥、韩刘、刘家园四个站同流量水位变化值分别为 0.12 m、0.13 m、-0.14 m、0.13 m，其他各站同流量水位变化都不大，变化幅度为 0～0.08 m。花园口—高村水位降低、杨集—南桥各站同流量水位抬升、艾山—泺口水位降低，刘家园、清河镇水位抬升，张肖堂、麻湾水位略有降低，利津水位略有抬升。

秋汛期各水文站之间水位表现整体上与各河段输沙量计算结果定性一致。花园口—高村河段发生冲刷，秋汛前后同流量水位降低；高村—孙口河段发生淤积，同流量水位抬升；孙口—艾山、艾山—泺口河段整体发生冲刷，同流量水位降低；泺口—利津河段整体发生微淤，同流量水位略有抬升。

3. 秋汛期与调水调沙期及 2020 年实战演练期水位变化

2021 年秋汛与同年调水调沙期水位及其变化见表 4.4-23。流量为 3 000 m^3/s 时，国那里、黄庄秋汛期水位较调水调沙期分别抬升 0.07 m、0.27 m，其他各站同流量水位均降低，其中孙口、南桥、艾山、利津水位变化幅度均在 0.05 m 以内，变幅较小；当流量为 3 500 m^3/s 时，花园口—孙口秋汛水位较调水调沙期均降低，水位变幅为 0.06～0.22 m，国那里水位无变化，黄庄、刘家园、清河镇站水位抬升 0.14～0.15 m，韩刘、麻湾、利津站同流量水位抬升 0.01～0.03 m，南桥、艾山、北店子、泺口、张肖堂同流量水位均下降；流量为 4 000 m^3/s 时，黄庄、南桥、艾山同流量水位均抬升，清河镇站同流量水位无变化，其他各站同流量水位均降低，其中国那里—韩刘、刘家园—利津之间各站同流量水位变化不大，水位变幅均在 0～0.06 m。

2021 年秋汛与 2020 年实战演练同流量水位比较见表 4.4-23。流量为 3 000 m^3/s 时，花园口水位抬升 0.07 m，夹河滩水位降低 0.05 m，高村—艾山水位抬升（其中杨集水位无变化），韩刘—利津各站水位均下降（其中刘家园水位抬升 0.01 m，水位基本不变）；流量为 3 500 m^3/s 时，杨集、北店子、泺口、麻湾、利津站水位下降，夹河滩水位无变化，其他各站同流量水位均抬升；流量为 4 000 m^3/s 时，花园口、夹河滩、高村站水位均抬升，杨集、孙口、国那里水位降低，黄庄、南桥、艾山、韩刘水位抬升，抬升范围为 0.12～0.26 m，北店子站下降 0.13 m，泺口、张肖堂站水位变化不大，刘家园、清河镇水位抬升，麻湾、利津水位下降。

表 4.4-23　2020 年实战演练、2021 年调水调沙、2021 年秋汛同流量水位及其变化

单位:m

流量/(m³/s)	项目	花园口	夹河滩	高村	杨集	孙口	国那里	黄庄	南桥	艾山	韩刘	北店子	泺口	刘家园	清河镇	张肖堂	麻湾	利津
3 000	2020 年实战演练①	90.06	72.72	58.98	47.42	44.73	43.42	41.24	39.22	38.23	33.80	29.49	27.31	22.61	17.72	15.49	12.43	10.77
	2021 年调水调沙②	90.22	72.91	59.21	47.57	44.84	43.46	41.40	39.29	38.32	33.89	29.38	27.27	22.73	17.68	15.51	12.39	10.69
	2021 年秋汛③	90.13	72.67	59.13	47.42	44.80	43.53	41.67	39.27	38.30	33.71	29.11	27.09	22.62	17.55	15.32	12.33	10.64
	差值③-①	0.07	-0.05	0.15	0	0.07	0.11	0.43	0.05	0.07	-0.09	-0.38	-0.22	0.01	-0.17	-0.17	-0.10	-0.13
	差值③-②	-0.09	-0.24	-0.08	-0.15	-0.04	0.07	0.27	-0.02	-0.02	-0.18	-0.27	-0.18	-0.11	-0.13	-0.19	-0.06	-0.05
3 500	2020 年实战演练①	90.20	72.87	59.27	47.85	45.13	43.86	41.80	39.61	38.69	34.31	29.95	27.70	22.98	18.11	15.90	12.78	11.16
	2021 年调水调沙②	90.44	73.09	59.47	47.92	45.22	43.92	41.90	39.72	38.84	34.41	29.89	27.66	23.10	18.08	15.95	12.75	11.06
	2021 年秋汛③	90.36	72.87	59.41	47.81	45.16	43.92	42.05	39.65	38.71	34.42	29.82	27.60	23.24	18.22	15.91	12.76	11.09
	差值③-①	0.16	0	0.14	-0.04	0.03	0.06	0.25	0.04	0.02	0.11	-0.13	-0.10	0.26	0.11	0.01	-0.02	-0.07
	差值③-②	-0.08	-0.22	-0.06	-0.11	-0.06	0	0.15	-0.07	-0.13	0.01	-0.07	-0.06	0.14	0.14	-0.04	0.01	0.03
4 000	2020 年实战演练①	90.34	73.02	59.55	48.29	45.58	44.29	42.26	39.95	39.13	34.75	30.39	28.09	23.32	18.46	16.32	13.24	11.52
	2021 年调水调沙②	90.65	73.28	59.75	48.33	45.61	44.30	42.34	40.11	39.37	34.91	30.44	28.20	23.59	18.56	16.35	13.20	11.51
	2021 年秋汛③	90.59	73.06	59.68	48.20	45.54	44.28	42.39	40.16	39.39	34.87	30.26	28.10	23.58	18.56	16.32	13.14	11.46
	差值③-①	0.25	0.04	0.13	-0.09	-0.04	-0.01	0.13	0.21	0.26	0.12	-0.13	0.01	0.26	0.10	0	-0.10	-0.06
	差值③-②	-0.06	-0.22	-0.07	-0.13	-0.07	-0.02	0.05	0.05	0.02	-0.04	-0.18	-0.10	-0.01	0	-0.03	-0.06	-0.05

注:表中均为涨水期流量水位。

4.4.5　平滩流量变化

4.4.5.1　黄河下游河道平滩流量推求方法

黄河下游西霞院至汊三河道长 832 km,设有花园口、夹河滩、高村、孙口、艾山、泺口和利津 7 个水文站,还有至少 81 处险工水尺或水位站。这些险工水尺或水位站的绝大部分站有较完整的水位过程观测资料。在推算黄河下游险工水尺或水位站的流量过程时,首先考虑了不同场次洪水的传播时间的不同;而后视峰型沿程变化的差异大小,多数站同时考虑了上下游水文站的流量过程,部分站考虑就近的水文站。

目前,黄河下游还设有人工水位观测点和自计水位点,其中河南河务局管辖河段的险工水尺从最上游的白鹤,到最下游的张庄闸,有系统水位观测资料的站共 80 处,山东河务局管辖河段的险工水尺从最上游的王家堤到最下游的王庄共 47 处。黄河下游共有险工水尺 127 处。

结合上下游水文站的流量过程资料,考虑洪水沿程坦化,通过计算,可以得到 127 处险工水尺的流量过程,这样,加上水文站,共有 134 处,平均间距 6.3 km。

以下给出平滩流量推算方法和步骤:

(1)统计大断面的测时水位。统计每个断面的 2021 年汛后大断面施测时的水位,即测时水位。

(2)推算大断面的洪水位。

①统计 2021 年汛后大断面统测时间的水文站、水位站及险工水尺的水位。

②大断面施测时间往往在枯水期,当年洪水最高水位与其差值,称为洪枯差;统计黄河下游沿程水文站、水位站及险工水尺的洪枯差。

③粗略地认为同一时间段的洪枯差从上游到下游是线性过渡的,由每个大断面的距坝里程,推算每个断面的洪枯差。

④将测时水位加上洪枯差,得到洪水位。

(3)计算大断面洪峰流量。

①统计沿程水文站的汛期最大流量。

②粗略地认为,受沿程引水、洪水自然坦化、蒸发和下渗影响,洪峰流量从上游到下游是线性过渡的。根据水文站的最大流量及每个断面距坝里程,推算得到该断面的洪峰流量。

(4)计算大断面的洪水期滩面的出水高度。

统计每个大断面的滩唇高程;根据步骤(2)得到的洪水位,计算二者差值,即滩唇高程比洪水位高多少,称之为断面的洪水期滩面的出水高度。

(5)计算 3 000~4 000 m^3/s 附近的流量涨率

流量涨率即水位每抬升 1 m 引起的流量增幅。根据上年或当年水位表现,在流量 3 000~4 000 m^3/s 附近,计算每个水文站的水位变化 1 m 的流量涨幅,即为流量涨率。

考虑到黄河下游沿程河槽宽度呈缩窄趋势,比降呈减小趋势,假定流量涨率沿程线性变化,根据每个大断面的距坝里程,计算得到该断面的流量涨率。

(6)计算大断面的平滩流量。

大断面的洪水位和洪峰流量为大断面水位流量关系曲线上的一个点。根据上述计算,得到每个断面的洪水位及相应流量,加上流量涨率和洪水出水高度的乘积,即为该大断面的平滩流量。

经综合分析论证,在不考虑生产堤的挡水作用情况下,2021年汛后各河段平滩流量分别为:花园口以上河段一般大于7 200 m^3/s;花园口—夹河滩河段为7 100~7 200 m^3/s;夹河滩—高村河段为6 500~7 100 m^3/s;高村—利津河段绝大部分在4 600 m^3/s以上。随着冲刷发展,卡口河段绝大多数断面的平滩流量均有不同程度的增大,平滩流量的最小断面为陈楼、梁集、路那里和王坡断面,平滩流量的最小值为4 600 m^3/s(见图4.4-23、图4.4-24)。

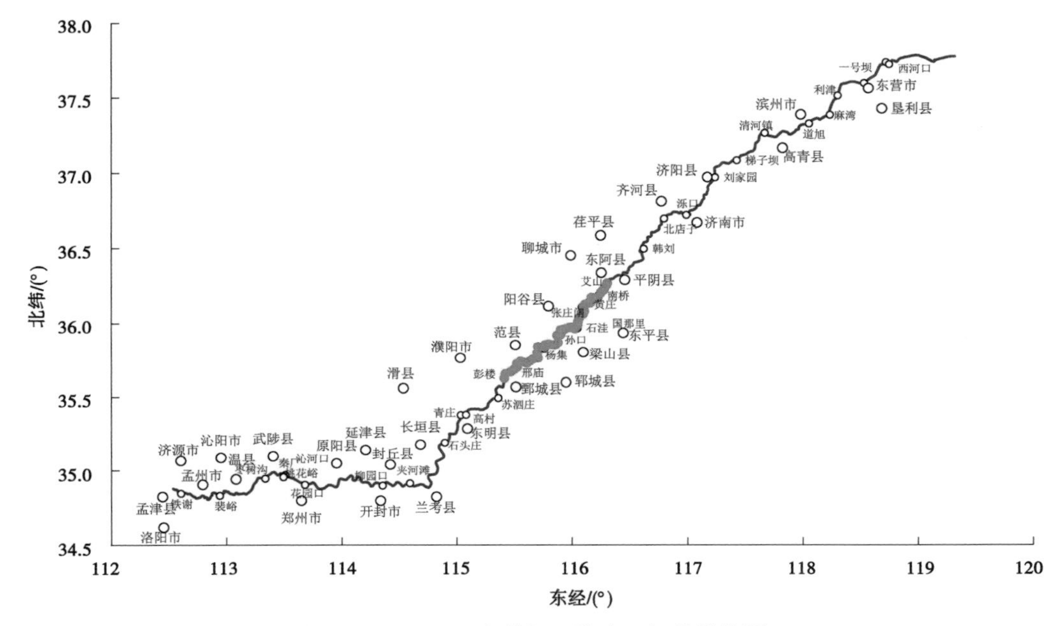

图4.4-23　2021年黄河下游卡口河段的位置

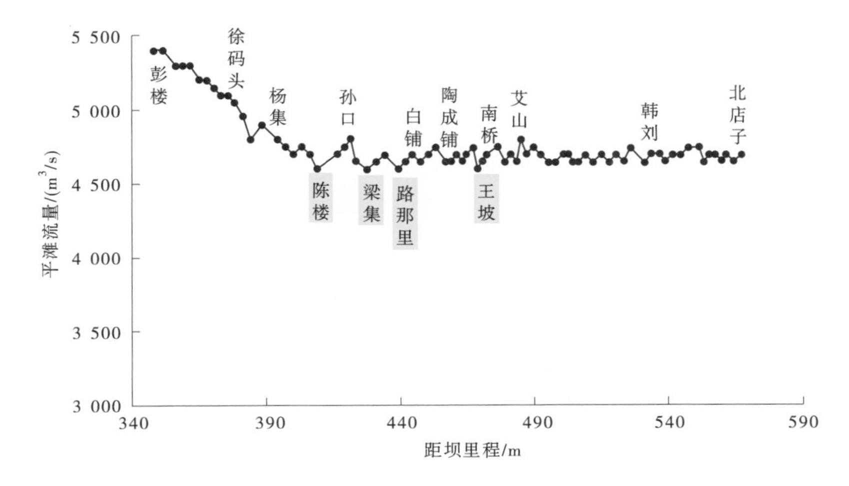

图4.4-24　2021年汛初彭楼—北店子河段大断面的平滩流量沿程变化

4.4.5.2　2021 年汛前平滩流量预测结果的检验

为跟踪观测秋汛洪水期间黄河下游平滩流量较小的高村至利津河段过流能力，黄科院于 9 月 29 日至 10 月 10 日派出 5 人组成 2 个野外工作小组，采用 RTK、无人机、GPS、水尺等量测设备对黄河下游高村至利津河段过流能力较小断面的水位表现、滩唇出水高度、漫滩情况、生产堤偎水和大堤偎水等情况进行跟踪监测。

1. 孙口至艾山河段

在该河段选取过流较小的 10 个典型断面（见表 4.4-24），分别在 9 月 29 日漫滩前和 9 月 30 日部分生产堤发生偎水之时开展两次跟踪观测。9 月 29 日观测时段对应高村站流量 4 790 m^3/s、孙口站流量 4 470 m^3/s、艾山站流量 4 630 m^3/s、泺口站流量 3 670 m^3/s，陈楼左岸断面出水高度最小，约 0.1 m，梁集左岸、大田楼左岸及路那里左岸等 3 个断面次之，出水高度在 0.12~0.15 m，孙口左岸断面出水高度最大，约 1.1 m，其他断面出水高度约在 0.20~0.35 m。

表 4.4-24　陈楼至娄集河段出水高度和偎水深度观测结果

测量断面	测次 1(9 月 29 日)	测次 2(9 月 30 日)
流量	高村站 4 790 m^3/s 孙口站 4 470 m^3/s 艾山站 4 630 m^3/s 泺口站 3 670 m^3/s	高村站 4 800 m^3/s 孙口站 4 760 m^3/s 艾山站 5 000 m^3/s 泺口站 4 830 m^3/s
陈楼左岸	出水高度 0.10 m	生产堤偎水 0.10 m
孙口左岸	出水高度 1.10 m	出水高度 0.70 m
梁集左岸	出水高度 0.12 m	生产堤偎水 0.15 m
大田楼左岸	出水高度 0.15 m	生产堤偎水 0.10 m
雷口左岸	出水高度 0.20 m	出水高度 0.10 m
路那里左岸	出水高度 0.15 m	生产堤偎水 0.10 m
陶城铺左岸	出水高度 0.30 m	出水高度 0.20 m
王坡左岸	出水高度 0.35 m	出水高度 0.15 m
艾山左岸	出水高度 0.35 m	出水高度 0.25 m
娄集左岸	出水高度 0.25 m	生产堤偎水 0.10 m

9 月 30 日观测时对应孙口流量 4 760 m^3/s、艾山流量 5 000 m^3/s，陈楼、梁集、大田楼、路那里和娄集等 5 个断面左岸生产堤发生偎水，偎水深度较小，约为 0.10~0.15 m，其他 5 个断面仍有一定出水高度，见图 4.4-25~图 4.4-28。

出水高度 0.10 m(9 月 29 日)

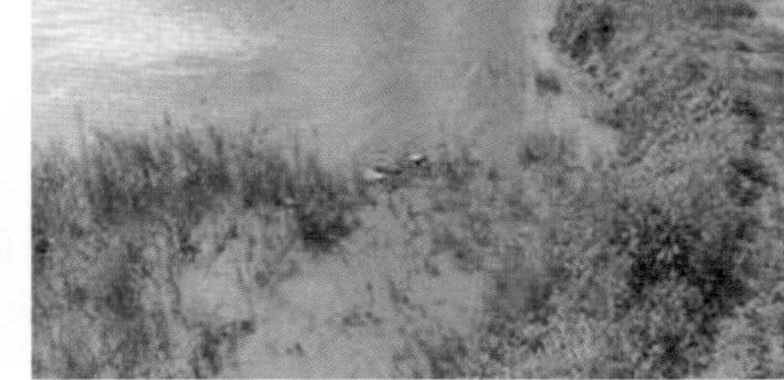

生产堤偎水 0.10 m(9 月 30 日)

图 4.4-25　陈楼左岸

出水高度 1.10 m(9 月 29 日)

出水高度 0.70 m(9 月 30 日)

图 4.4-26　孙口左岸

出水高度 0.12 m(9 月 29 日)

生产堤偎水 0.15 m(9 月 30 日)

图 4.4-27　梁集左岸

出水高度 0.15 m(9 月 29 日)

生产堤偎水 0.10 m(9 月 30 日)

图 4.4-28　大田楼左岸

2. 艾山至泺口长平滩区河段

在该河段选取 9 个典型断面，开展了两次跟踪观测（见表 4.4-25），分别为 10 月 1 日漫滩前和 10 月 7 日部分生产堤发生偎水之时。10 月 1 日观测时段对应艾山站流量为 5 060 m^3/s、泺口站流量为 5 120 m^3/s，娄集左岸生产堤偎水 0.10 m，小张庄右岸嫩滩滩坎出水高度最小，为 0.10 m；董桥右岸和东袁左岸断面次之，出水高度为 0.15 m；大庞庄右岸嫩滩出水高度最大，为 2.20 m，其他断面为 0.30～1.10 m。

表 4.4-25　小张庄至大庞庄河段出水高度和偎水深度观测结果

测量断面	测次 1（10 月 1 日）	测次 2（10 月 7 日）
流量	艾山站 5 060 m^3/s 泺口站 5 120 m^3/s	艾山站 5 180 m^3/s 泺口站 5 140 m^3/s
小张庄右岸	出水高度 0.10 m	出水高度 0.02 m
娄集左岸	生产堤偎水 0.10 m	生产堤偎水 0.15 m
董桥右岸	出水高度 0.15 m	生产堤偎水 0.20 m
边庄右岸	出水高度 0.80 m	出水高度 0.50 m
张村右岸	出水高度 0.30 m	出水高度 0.20 m
水牛赵右岸	出水高度 0.40 m	出水高度 0.20 m
东袁左岸	出水高度 0.15 m	出水高度 0.05 m
东袁右岸	出水高度 1.10 m	出水高度 0.80 m
大庞庄右岸	出水高度 2.20 m	出水高度 1.80 m

10 月 7 日观测时对应艾山站流量为 5 180 m^3/s、泺口站流量 5 140 m^3/s，娄集左岸、董桥右岸 2 处生产堤发生偎水，偎水高度较小，分别为 0.15 m、0.20 m，其他 7 处仍有一定出水高度，见图 4.4-29～图 4.4-32。

出水高度 0.15 m（10 月 1 日）

生产堤偎水 0.20 m（10 月 7 日）

图 4.4-29　董桥右岸

出水高度0.80 m(10月1日)

出水高度0.50 m(10月7日)

图4.4-30 边庄右岸

出水高度0.30 m(10月1日)

出水高度0.20 m(10月7日)

图4.4-31 张村右岸

出水高度2.20 m(10月1日)

出水高度1.80 m(10月7日)

图4.4-32 大庞庄右岸

3. 曹家圈至大刘家河段左岸

在该河段选取14个典型断面,开展了两次跟踪观测(见表4.4-26),分别为10月2日和10月8日。10月2日观测时段对应艾山站流量5 160 m^3/s、泺口站流量5 110 m^3/s、利津站流量4 850 m^3/s,已有3处出现生产堤偎水,王家圈左岸、南段王左岸和大刘家左岸,偎水深度为0.1~0.2 m。曹家圈、泺口、王家梨行和梯子坝4处嫩滩滩坎出水高度最小,为0.10 m,其他断面的滩坎出水高度均较小,为0.15~0.25 m。

表 4.4-26　曹家圈至大刘家河段出水高度和偎水深度观测结果

测量断面	测次 1(10 月 2 日)	测次 2(10 月 8 日)
流量	艾山站 5 160 m^3/s 泺口站 5 110 m^3/s 利津站 4 850 m^3/s	艾山站 5 120 m^3/s 泺口站 5 140 m^3/s 利津站 5 190 m^3/s
曹家圈左岸	出水高度 0.10 m	出水高度 0.02 m
鲁唐庄左岸	出水高度 0.15 m	出水高度 0.10 m
泺口左岸	出水高度 0.10 m	出水高度 0.05 m
邢家渡左岸	工程堤顶出水高度 1.35 m	工程堤顶出水高度 1.30 m
史家坞左岸	出水高度 0.15 m	出水高度 0.05 m
王家梨行左岸	出水高度 0.10 m	出水高度 0.08 m
土城子左岸	出水高度 0.15 m	出水高度 0.10 m
刘家园左岸	出水高度 0.25 m	出水高度 0.20 m
王家圈左岸	生产堤偎水 0.10 m	生产堤偎水 0.15 m
梯子坝左岸	出水高度 0.10 m	出水高度 0.05 m
岸头寺左岸	出水高度 0.15 m	出水高度 0.10 m
刘旺庄左岸	工程堤顶出水高度 1.5 m	工程堤顶出水高度 1.20 m
南段王左岸	生产堤偎水 0.20 m	生产堤偎水 0.10 m
大刘家左岸	生产堤偎水 0.20 m	生产堤偎水 0.10 m

10 月 8 日观测时对应艾山站流量 5 120 m^3/s、泺口站流量 5 140 m^3/s、利津站流量 5 190 m^3/s，由于流量变化不大，出水高度和生产堤偎水深度变化不大，见图 4.4-33～图 4.4-36。

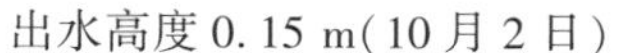

出水高度 0.15 m(10 月 2 日)

出水高度 0.05 m(10 月 8 日)

图 4.4-33　史家坞左岸

出水高度 0.10 m(10 月 2 日)

出水高度 0.08 m(10 月 8 日)

图 4.4-34　王家梨行左岸

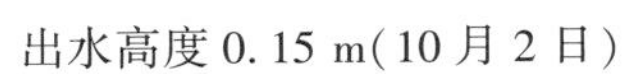

出水高度 0.15 m(10 月 2 日)

出水高度 0.10 m(10 月 8 日)

图 4.4-35　土城子左岸

出水高度 0.25 m(10 月 2 日)

出水高度 0.20 m(10 月 8 日)

图 4.4-36　刘家园左岸

4. 贾家至王旺庄河段左岸

选取 9 个典型断面,开展了两次跟踪观测(见表 4.4-27),分别为 10 月 4 日和 10 月 9 日。10 月 4 日观测时段对应泺口站流量 5 220 m^3/s、利津站流量 5 000 m^3/s,除 3 处工程靠河外,仅大道王左岸断面 1 处未发生漫滩,滩坎出水高度为 0.20 m,其他 5 处生产堤均发生偎水,偎水深度大多为 0.20~0.30 m,王旺庄左岸最大,达到 0.60 m。

表 4.4-27　贾家至王旺庄河段出水高度和偎水深度观测结果

测量断面	测次 1(10 月 4 日)	测次 2(10 月 9 日)
流量	泺口站 5 220 m³/s 利津站 5 000 m³/s	泺口站 5 050 m³/s 利津站 5 080 m³/s
贾家左岸	生产堤偎水 0.20 m	生产堤偎水 0.10 m
马头左岸	生产堤偎水 0.25 m	生产堤偎水 0.15 m
张肖堂左岸	生产堤偎水 0.30 m	生产堤偎水 0.20 m
大道王左岸	出水高度 0.20 m	出水高度 0.30 m
杨家左岸	工程顶出水高度 1.20 m	工程顶出水高度 1.30 m
沪家左岸	工程顶出水高度 1.10 m	工程顶出水高度 1.25 m
崔家左岸	生产堤偎水 0.30 m	生产堤偎水 0.15 m
西韩墩左岸	工程顶出水高度 0.20 m	工程顶出水高度 0.40 m
王旺庄左岸	生产堤偎水 0.60 m	生产堤偎水 0.40 m

10 月 9 日观测时对应泺口站流量 5 050 m^3/s、利津站流量 5 080 m^3/s，由于流量有所减小，出水高度有所增大和生产堤偎水深度有所减小，见图 4.4-37～图 4.4-45。

生产堤偎水 0.20 m(10 月 4 日)

生产堤偎水 0.10 m(10 月 9 日)

图 4.4-37　贾家左岸

生产堤偎水 0.25 m(10 月 4 日)

生产堤偎水 0.15 m(10 月 9 日)

图 4.4-38　马头左岸

生产堤偎水 0. 30 m(10 月 4 日)

生产堤偎水 0. 20 m(10 月 9 日)

图 4. 4-39　张肖堂左岸

出水高度 0. 20 m(10 月 4 日)

出水高度 0. 30 m(10 月 9 日)

图 4. 4-40　大道王左岸

工程顶出水高度 1. 20 m(10 月 4 日)

工程顶出水高度 1. 30 m(10 月 9 日)

图 4. 4-41　杨家左岸

工程顶出水高度 1. 10 m(10 月 4 日)

工程顶出水高度 1. 25 m(10 月 9 日)

图 4. 4-42　沪家左岸

工程顶出水高度0.20 m(10月4日)

工程顶出水高度0.40 m(10月9日)

图4.4-43　西韩墩左岸

生产堤偎水0.60 m(10月4日)

生产堤偎水0.40 m(10月9日)

图4.4-44　王旺庄左岸

图4.4-45　西韩墩左岸河段出水高度情况

5. 张潘马至CS6河段左岸

在该河段选取8个典型断面,开展了两次跟踪观测(见表4.4-28),分别为10月5日和10月9日。10月5日观测时段对应泺口站流量5 150 m^3/s、利津站流量5 110 m^3/s,有4处为工程靠河,曹店左岸断面和西冯村左岸断面滩坎出水高度为0.20 m和0.30 m,麻湾左岸断面和宋庄左岸断面生产堤发生偎水,偎水深度为0.30 m和0.20 m。

表 4.4-28　张潘马至 CS6 河段出水高度和偎水深度观测结果

测量断面	测次 1(10 月 5 日)	测次 2(10 月 9 日)
流量	泺口站 5 150 m^3/s 利津站 5 110 m^3/s	泺口站 5 080 m^3/s 利津站 5 090 m^3/s
张潘马左岸	工程顶出水高度 0.30 m	工程顶出水高度 0.40 m
麻湾左岸	生产堤偎水 0.30 m	生产堤偎水 0.15 m
曹店左岸	出水高度 0.20 m	出水高度 0.30 m
綦家左岸	工程顶出水高度 4.50 m	工程堤顶出水高度 5.00 m
利津左岸	工程顶出水高度 0.50 m	工程堤出水高度 0.90 m
宋庄左岸	生产堤偎水 0.20 m	生产堤偎水 0.10 m
西冯村左岸	出水高度 0.30 m	出水高度 0.45 m
CS6 左岸	工程顶出水高度 0.80 m	工程顶出水高度 0.30 m

10 月 9 日观测时对应泺口站流量 5 080 m^3/s、利津站流量 5 090 m^3/s，由于流量明显减小，出水高度有所增大和生产堤偎水深度有所减小，见图 4.4-46～图 4.4-53。

工程顶出水高度 0.30 m(10 月 5 日)

工程顶出水高度 0.40 m(10 月 9 日)

图 4.4-46　张潘马左岸

生产堤偎水 0.30 m(10 月 5 日)

生产堤偎水 0.15 m(10 月 9 日)

图 4.4-47　麻湾左岸

出水高度 0.20 m(10 月 5 日)

出水高度 0.30 m(10 月 9 日)

图 4.4-48　曹店左岸

工程顶出水高度 4.50 m(10 月 5 日)

工程顶出水高度 5.00 m(10 月 9 日)

图 4.4-49　綦家左岸

工程顶出水高度 0.50 m(10 月 5 日)

工程顶出水高度 0.90 m(10 月 9 日)

图 4.4-50　利津左岸

生产堤偎水 0.20 m(10 月 5 日)

生产堤偎水 0.10 m(10 月 9 日)

图 4.4-51　宋庄左岸

出水高度 0.30 m(10 月 5 日)

出水高度 0.45 m(10 月 9 日)

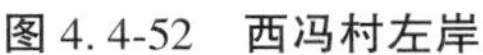

图 4.4-52　西冯村左岸

工程顶出水高度 0.80 m(10 月 5 日)

工程顶出水高度 0.30 m(10 月 9 日)

图 4.4-53　CS6 左岸

6. 黄河下游秋汛汛初平滩流量观测值与预测值对比

基于同一观测时刻主要水文站流量情况,根据测量断面与前后主要水文站的距离,计算观测时刻测量断面的瞬时流量,并结合前后两次观测的出水高度或生产堤偎水基本情况,从而估算测量断面的平滩流量值。

表 4.4-29 为陈楼至娄集河段平滩流量观测结果,从中可看出陈楼左岸、梁集左岸、大田楼左岸、路那里左岸及王坡左岸等断面平滩流量较小,均小于 4 700 m^3/s。雷口左岸、陶城铺左岸及娄集左岸等断面平滩流量为 4 700~4 800 m^3/s。孙口左岸及艾山左岸等断面平滩流量较大,均大于 4 800 m^3/s。

表 4.4-29　陈楼至娄集河段平滩流量观测结果

测量断面	测次 1	观测流量/(m^3/s)	测次 2	观测流量/(m^3/s)	平滩流量/(m^3/s)
陈楼左岸	出水高度 0.10 m	4 504	生产堤偎水 0.10 m	4 764	4 634
孙口左岸	出水高度 1.10 m	4 470	出水高度 0.70 m	4 760	4 865
梁集左岸	出水高度 0.12 m	4 454	生产堤偎水 0.15 m	4 758	4 671
大田楼左岸	出水高度 0.15 m	4 443	生产堤偎水 0.10 m	4 757	4 694
雷口左岸	出水高度 0.20 m	4 435	出水高度 0.10 m	4 756	4 710
路那里左岸	出水高度 0.15 m	4 422	生产堤偎水 0.10 m	4 754	4 621
陶城铺左岸	出水高度 0.30 m	4 374	出水高度 0.20 m	4 748	4 701

续表 4.4-29

测量断面	测次 1	观测流量/(m^3/s)	测次 2	观测流量/(m^3/s)	平滩流量/(m^3/s)
王坡左岸	出水高度 0.35 m	4 340	出水高度 0.15 m	4 744	4 682
艾山左岸	出水高度 0.35 m	4 630	出水高度 0.25 m	5 000	4 871
娄集左岸	出水高度 0.25 m	4 266	生产堤偎水 0.10 m	4 935	4 744

表 4.4-30 为小张庄至大庞庄河段平滩流量观测结果，从中可看出小张庄右岸平滩流量小于 4 800 m^3/s，董桥右岸、水牛赵右岸及东袁左岸平滩流量较小，均小于 5 000 m^3/s。边庄右岸、张村右岸、东袁右岸及大庞庄右岸平滩流量较大，为 5 200~5 400 m^3/s。

表 4.4-30　小张庄至大庞庄河段平滩流量观测结果

测量断面	测次 1	观测流量/(m^3/s)	测次 2	观测流量/(m^3/s)	平滩流量/(m^3/s)
小张庄右岸	出水高度 0.10 m	5 068	出水高度 0.02 m	5 175	4 745
董桥右岸	生产堤偎水 0.15 m	5 084	生产堤偎水 0.20 m	5 164	4 845
边庄右岸	出水高度 0.80 m	5 097	出水高度 0.50 m	5 156	5 254
张村右岸	出水高度 0.30 m	5 101	出水高度 0.20 m	5 152	5 255
水牛赵右岸	出水高度 0.40 m	5 104	出水高度 0.20 m	5 151	4 964
东袁左岸	出水高度 0.15 m	5 105	出水高度 0.05 m	5 150	4 926
东袁右岸	出水高度 1.10 m	5 105	出水高度 0.80 m	5 149	5 269
大庞庄右岸	出水高度 2.20 m	5 107	出水高度 1.80 m	5 175	5 339

表 4.4-31 为曹家圈至大刘家河段平滩流量观测结果，从中可看出王家圈左岸平滩流量较小，约为 4 788 m^3/s，其余断面平滩流量均大于 5 000 m^3/s，其中邢家渡左岸平滩流量最大，达到 6 500 m^3/s。

表 4.4-32 为贾家至王旺庄河段平滩流量观测结果，从中可看出杨家左岸及沪家左岸平滩流量较小，均小于 5 000 m^3/s，其余断面平滩流量均大于 5 000 m^3/s，其中张肖堂左岸平滩流量最大，达到 5 100 m^3/s。

表 4.4-33 为张潘马至 CS6 河段平滩流量观测结果，从中可看出张潘马至 CS6 河段平滩流量均大于 5 000 m^3/s，其中麻湾左岸平滩流量最小，约为 5 070 m^3/s，而綦家左岸平滩流量最大，约为 5 300 m^3/s。

表 4. 4-31　曹家圈至大刘家河段平滩流量观测结果

测量断面	测次 1	观测流量/(m^3/s)	测次 2	观测流量/(m^3/s)	平滩流量/(m^3/s)
曹家圈左岸	出水高度 0. 10 m	5 119	出水高度 0. 02 m	5 137	5 141
鲁唐庄左岸	出水高度 0. 15 m	5 116	出水高度 0. 10 m	5 138	5 181
泺口左岸	出水高度 0. 10 m	5 110	出水高度 0. 05 m	5 140	5 170
邢家渡左岸	工程堤顶出水高度 1. 35 m	5 092	工程堤顶出水高度 1. 30 m	5 144	6 493
史家坞左岸	出水高度 0. 15 m	5 081	出水高度 0. 05 m	5 146	5 178
王家梨行左岸	出水高度 0. 10 m	5 072	出水高度 0. 08 m	5 147	5 448
土城子左岸	出水高度 0. 15 m	5 053	出水高度 0. 10 m	5 151	5 346
刘家园左岸	出水高度 0. 25 m	5 050	出水高度 0. 20 m	5 152	5 558
王家圈左岸	生产堤偎水 0. 10 m	5 033	生产堤偎水 0. 15 m	5 155	4 788
梯子坝左岸	出水高度 0. 10 m	5 009	出水高度 0. 05 m	5 159	5 309
岸头寺左岸	出水高度 0. 15 m	5 002	出水高度 0. 10 m	5 161	5 479
刘旺庄左岸	工程堤顶出水高度 1. 5 m	4 992	工程堤顶出水高度 1. 20 m	5 163	5 845
南段王左岸	生产堤偎水 0. 20 m	4 981	生产堤偎水 0. 10 m	5 165	5 349
大刘家左岸	生产堤偎水 0. 20 m	4 958	生产堤偎水 0. 10 m	5 169	5 380

表 4. 4-32　贾家至王旺庄河段平滩流量观测结果

测量断面	测次 1	观测流量/(m^3/s)	测次 2	观测流量/(m^3/s)	平滩流量/(m^3/s)
贾家左岸	生产堤偎水 0. 20 m	5 065	生产堤偎水 0. 10 m	5 071	5 077
马头左岸	生产堤偎水 0. 25 m	5 063	生产堤偎水 0. 15 m	5 071	5 084
张肖堂左岸	生产堤偎水 0. 30 m	5 059	生产堤偎水 0. 20 m	5 072	5 097
大道王左岸	出水高度 0. 20 m	5 057	出水高度 0. 30 m	5 072	5 026
杨家左岸	工程堤顶出水高度 1. 20 m	5 055	工程堤顶出水高度 1. 30 m	5 072	4 845
沪家左岸	工程堤顶出水高度 1. 10 m	5 053	工程堤顶出水高度 1. 25 m	5 073	4 906
崔家左岸	生产堤偎水 0. 30 m	5 050	生产堤偎水 0. 15 m	5 073	5 097
西韩墩左岸	工程堤顶出水高度 0. 20 m	5 038	工程堤顶出水高度 0. 40 m	5 075	5 002
王旺庄左岸	生产堤偎水 0. 60 m	5 030	生产堤偎水 0. 40 m	5 076	5 168

表 4.4-33　张潘马至 CS6 河段平滩流量观测结果

测量断面	测次 1	观测流量/(m^3/s)	测次 2	观测流量/(m^3/s)	平滩流量/(m^3/s)
张潘马左岸	工程堤顶出水高度 0.30 m	5 114	工程堤顶出水高度 0.40 m	5 089	5 191
麻湾左岸	生产堤偎水 0.30 m	5 114	生产堤偎水 0.15 m	5 089	5 064
曹店左岸	出水高度 0.20 m	5 112	出水高度 0.30 m	5 089	5 158
綦家左岸	工程堤顶出水高度 4.50 m	5 111	工程堤顶出水高度 5.00 m	5 090	5 298
利津左岸	工程堤顶出水高度 0.50 m	5 110	工程堤顶出水高度 0.90 m	5 090	5 135
宋庄左岸	生产堤偎水 0.20 m	5 108	生产堤偎水 0.10 m	5 090	5 073
西冯村左岸	出水高度 0.30 m	5 104	出水高度 0.45 m	5 091	5 130
CS6 左岸	工程堤顶出水高度 0.80 m	5 099	工程堤顶出水高度 0.30 m	5 093	5 089

表 4.4-34 为黄河下游秋汛汛初陈楼至东袁河段平滩流量观测值与预测值对比情况，从中可看出黄河下游秋汛汛初陈楼至东袁河段平滩流量观测值将高于预测值 1%~10%，预估值略偏安全，并且与观测结果非常接近。

表 4.4-34　黄河下游秋汛汛初陈楼至东袁河段平滩流量观测值与预测值对比情况

测量断面	观测值①	预测值②	相对误差[(①-②)/①]/%
陈楼左岸	4 634	4 600	0.74
孙口左岸	4 865	4 800	1.35
梁集左岸	4 671	4 600	1.54
大田楼左岸	4 694	4 650	0.95
雷口左岸	4 710	4 700	0.21
路那里左岸	4 621	4 600	0.46
陶城铺左岸	4 701	4 670	0.66
王坡左岸	4 682	4 600	1.75
艾山左岸	4 871	4 800	1.46
小张庄右岸	4 745	4 650	2.00
娄集左岸	4 744	4 690	1.14
董桥右岸	4 845	4 790	1.14
边庄右岸	5 254	4 790	9.69
张村右岸	5 255	4 760	9.42
水牛赵右岸	4 964	4 710	5.39
东袁左岸	4 926	4 760	3.37

4.4.5.3　秋汛期平滩流量变化

根据 4.4.3 节沙量法冲淤量计算结果,并结合 4.4.4 节对水位站及险工水尺的同流量水位变化的分析结果,至 2021 年汛后,各水文站的平滩流量:花园口站 7 300 m^3/s、夹河滩站 7 400 m^3/s、高村站 6 600 m^3/s、艾山站和孙口站 4 800 m^3/s、泺口站 4 900 m^3/s、利津站 4 700 m^3/s,与 2021 年汛初相比,花园口站增加了 100 m^3/s,夹河滩站增加了 300 m^3/s,高村站增加了 100 m^3/s,孙口站不变,艾山站和泺口站增加了 100 m^3/s,利津站增加了 50 m^3/s。其中 2021 年汛末和秋汛初相比,花园口站平滩流量增加了 60 m^3/s,夹河滩站增加了 180 m^3/s,高村站、艾山站和泺口站增加了 60 m^3/s,利津站增加了 30 m^3/s,孙口站不变。利津站以上河段最小平滩流量为 4 600 m^3/s,位于孙口至艾山水文站之间的陈楼至王坡断面之间河段。详见表 4.4-35。

表 4.4-35　2021 年水文站断面平滩流量及其变化　　单位:m^3/s

时间	花园口	夹河滩	高村	孙口	艾山	泺口	利津
汛初	7 200	7 100	6 500	4 800	4 700	4 800	4 650
秋汛初	7 240	7 220	6 540	4 800	4 740	4 840	4 670
汛末	7 300	7 400	6 600	4 800	4 800	4 900	4 700
秋汛期变化	60	180	60	0	60	60	30

4.5　小　结

本章重点介绍为此次秋汛洪水期间河道冲淤、断面形态变化、水位表现及平滩流量变化等,小结如下:

(1)2021 年秋汛万家寨、龙口水库分别冲刷 0.403 亿 t、0.019 亿 t。三门峡水库进行多次敞泄运用,库区发生明显冲刷,库区冲刷 0.886 亿 t;小浪底水库主要是高水位蓄水运用,库区以淤积为主,库区淤积 2.090 亿 t;西霞院水库库区淤积 0.031 亿 t 。

(2)进入黄河下游河道的水量为 162.69 亿 m^3,沙量 0.260 亿 t,利津站水量 176.87 亿 m^3,沙量 1.122 亿 t。伊洛河来水量 35.68 亿 m^3,沁河来水量 20.49 亿 m^3,东平湖加水 10.62 亿 m^3。

(3)考虑洪水演进时间和沿程引水引沙,沙量平衡法计算表明 2021 年秋汛期黄河下游共冲刷泥沙 0.913 亿 t。从沿程分布来看,冲刷主要集中在高村以上河段,占小浪底—利津冲刷量的 92.1%。花园口以上河段冲刷量最大,为 0.439 亿 t;花园口—高村河段次之,为 0.402 亿 t;高村—艾山和艾山—利津河段冲刷量较小,均为 0.036 亿 t。

(4)小浪底共下泄泥沙 0.197 亿 t,其中细颗粒泥沙 0.180 亿 t,占全沙的 91.4%;利津站沙量 1.122 亿 t,其中细颗粒泥沙 0.569 亿 t,占 50.7%,中、粗颗粒泥沙 0.250 亿 t 和 0.217 亿 t,分别占 22.3%和 19.3%,特粗颗粒泥沙较少,仅占 7.7%。

(5)下游河道的冲刷主要为细颗粒泥沙,其次为中颗粒泥沙和粗颗粒泥沙,特粗颗粒泥沙很少。在不考虑伊洛河和沁河来沙的分组沙量情况,以及沿程分组沙引沙情况,小浪底—利津河段共冲刷0.913亿t,其中细、中、粗和特粗颗粒泥沙的冲刷量分别为0.355亿t、0.244亿t、0.224亿t和0.090亿t,分别占全沙的38.9%、26.7%、24.5%和9.9%。

(6)黄河下游水文站同流量水位表现,当流量在2 000~4 500 m^3/s时,花园口、夹河滩、高村三个水文站在整个秋汛期同流量水位均下降,下降幅度为0.1~0.32 m,孙口站同流量水位均抬升,水位抬升幅度为0.1~0.33 m,艾山站除4 500 m^3/s流量水位降低了0.2 m外,其他同流量水位均抬升,抬升幅度为0.01~0.22 m,泺口站、利津站同流量水位均下降,下降幅度为0.02~0.15 m;当流量为5 000 m^3/s时,花园口站同流量水位降低0.08 m,其他水文站同流量水位变幅在0~0.04 m,水位变化不大。

(7)秋汛末黄河下游各水文站的平滩流量,花园口站和夹河滩站为7 300 m^3/s、高村站6 600 m^3/s、艾山和孙口站4 800 m^3/s、泺口站4 800 m^3/s、利津站4 700 m^3/s,和秋汛初相比,花园口站平滩流量增加了60 m^3/s,夹河滩站增加了180 m^3/s,高村站、艾山站和泺口站增加了60 m^3/s,利津站增加了30 m^3/s,孙口站的不变。利津站以上河段最小平滩流量为4 600 m^3/s,位于陈楼至王坡断面之间河段。

第 5 章　下游河势变化及跟踪监测

在本次秋汛洪水过程中,多年来按照微弯型整治方案修建的河道整治工程为河势稳定发挥了关键作用,也进一步检验了黄委在小浪底水库运用后黄河下游游荡性河段新一轮河道整治过程中,开展的基础研究和大量的模型试验研究成果的可靠性和工程布置方案的合理性。本章重点介绍秋汛洪水期间黄河下游河道的河势变化、工程出险及抢护情况、入海流路的调整情况等,详细记录了重点河段河势演变和重点部位工程出险过程中局部流场的监测结果,为今后进一步开展科学研究和工程设计优化获取了第一手资料。

5.1　水面特征

根据秋汛洪水水面遥感跟踪监测解译成果,选取黄河下游各河段汛前(4 月 8 日)、秋汛关键期(9 月 18 日—10 月 19 日)、秋汛退水期(10 月 20—31 日)等不同时期典型流量级数据,分析各河段水面特征。本次洪水期间,西霞院至东坝头游荡性河道水面宽变化最为显著,东坝头至陶城铺过渡性河道次之,陶城铺以下弯曲性河道变化最小,下游河道整体过流能力增强,京广铁路桥至东坝头河段最为明显。

通过与 2020 年防御大洪水实战演练期间最大流量靠溜情况相比,靠河工程数量、坝段及靠水长度均有所增加。

5.1.1　水面空间分布

综合考虑黄河西霞院至河口河段流量和卫星遥感影像覆盖情况,根据卫星遥感水面监测结果,选取汛前 1 000 m^3/s 流量级(汛前 4 月 8 日)和秋汛关键期 4 800 m^3/s 流量级(10 月 2 日西霞院至桃花峪河段及陶城铺至泺口河段、10 月 3 日泺口以下河段、10 月 7 日桃花峪至陶城铺河段)的水面面积数据进行对比分析,详细数据如表 5.1-1 所示。

表 5.1-1　不同流量级各河段水面面积统计　单位:km^2

流量级	西霞院至京广铁路桥河段	京广铁路桥至东坝头河段	东坝头至陶城铺河段	陶城铺以下河段
汛前 1 000 m^3/s	70.05	84.83	113.59	142.01
秋汛关键期 4 800 m^3/s	113.69	185.18	172.44	177.80

与汛前 1 000 m^3/s 流量级相比,秋汛洪水关键期 4 800 m^3/s 流量级时,西霞院以下河段水面均有所展宽。具体分析如下:

(1)从水面展宽来看,与汛前相比,洪水期京广铁路桥至东坝头河段水面展宽最为明显,水面面积由 84.83 km^2 展宽到 185.18 km^2,水面展宽了 118.3%;其次是西霞院至京广铁路桥河段,水面面积由 70.05 km^2 展宽到 113.69 km^2,水面展宽了 62.3%;再次是东坝头至陶城铺河段，水面面积由 113.59 km² 展宽到 172.44 km²，水面展宽了 51.8%；陶城铺以下河段水面展宽最小，水面面积由 142.01 km² 展宽到 177.80 km²，水面展宽了 25.2%。

(2)从水面面积占比来看，与汛前相比，洪水期东坝头以上河段水面面积占西霞院以下河道面积比例增加，其中西霞院至京广铁路桥河段、京广铁路桥至东坝头河段面积占比分别由 17%提高到 17.5%、由 20.7%提高到 28.5%；东坝头以下河段水面面积占西霞院以下河道面积比例减小，其中东坝头至陶城铺河段、陶城铺以下河段面积占比分别由 27.7%下降到 26.6%、由 34.6%下降到 27.4%。

总体来看，该河段洪水期水面展宽变化与河道特性基本一致。西霞院至东坝头河段是典型的游荡性河道，河道宽浅，洪水期水面展宽明显；东坝头至陶城铺河段为游荡性河道与弯曲性河道之间的过渡性河段，洪水期水面展宽较游荡性河道小；陶城铺以下河段为弯曲性河道，河槽窄深，洪水期水面展宽最小。

5.1.2　水面展宽过程

综合考虑黄河西霞院至河口河段洪水流量变化过程和卫星遥感影像覆盖情况，根据卫星遥感水面监测结果对西霞院以下各河段水面展宽过程进行对比分析。

(1)西霞院至京广铁路桥河段。

西霞院至京广铁路桥河段主要来水分为黄河干流和伊洛河两部分，进行水面展宽过程分析时将该河段细分为西霞院至伊洛河入黄口和伊洛河入黄口至京广铁路桥两段，并选取汛前(4 月 8 日)、秋汛洪水关键期(9 月 29 日、10 月 2 日、10 月 12 日和 10 月 16 日)、退水期(10 月 22 日和 10 月 24 日)监测结果进行分析。

秋汛洪水关键期，西霞院至伊洛河入黄口河段水面面积逐渐增大，10 月 12 日(西霞院站流量 4 220 m³/s)水面面积最大，为 43.19 km²，与汛前 4 月 8 日(西霞院站 1 000 m³/s 流量级)相比增加 12.93 km²，至 10 月 20 日前水面变化不大。退水期，水面面积逐渐减小，与 10 月 12 日相比，10 月 22 日(西霞院站流量 2 170 m³/s)水面面积减少 3.82 km²，10 月 24 日(西霞院站流量 1 160 m³/s)水面面积减少 10.2 km²。该河段水面面积变化过程与流量变化过程基本一致(见图 5.1-1)。

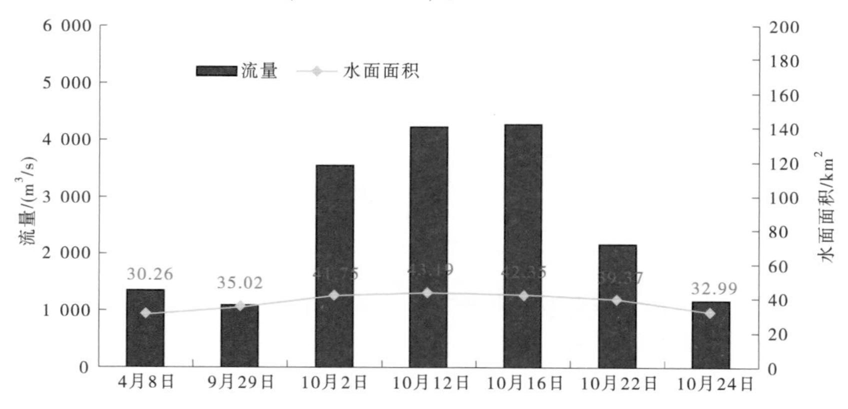

图 5.1-1　西霞院至伊洛河入黄口河段水面面积与西霞院站流量变化过程

秋汛洪水关键期，伊洛河入黄口至京广铁路桥河段水面面积呈先增大后减小趋势，10 月 12 日（西霞院站与黑石关站合计流量 4 363 m^3/s）水面面积达到最大，为 73.87 km^2；至 10 月 16 日（西霞院站与黑石关站合计流量 4 515 m^3/s）水面面积减少了 6.56 km^2。退水期水面面积随流量减小而减小，10 月 24 日（西霞院站与黑石关站合计流量 1 489 m^3/s）水面面积为 42.47 km^2。分析洪水水面面积和流量变化过程发现，10 月 12—16 日期间，流量增加而水面面积减小，表明该河段河道受洪水过程持续作用，过流能力增强（见图 5.1-2）。

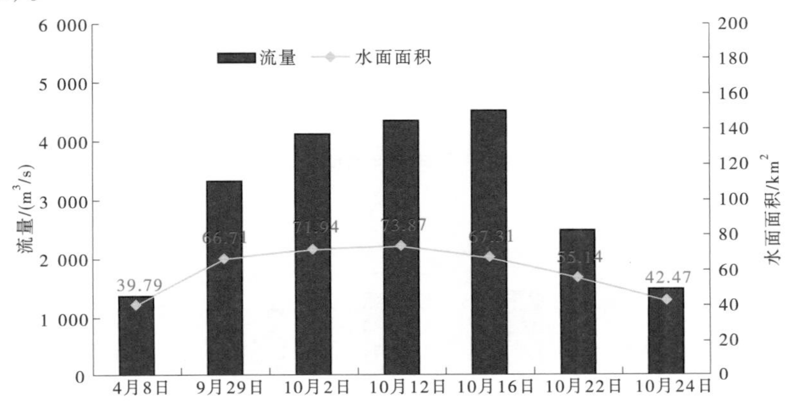

图 5.1-2　伊洛河入黄口至京广铁路桥河段水面面积与西霞院站+黑石关站合计流量变化过程

（2）京广铁路桥至东坝头河段。

秋汛洪水关键期，京广铁路桥至东坝头河段水面面积呈先增加后减小的变化趋势，10 月 7 日（花园口站流量 4 840 m^3/s）水面面积达到最大，为 185.18 km^2；至 10 月 19 日（花园口站流量 4 790 m^3/s），其间花园口站流量一直维持在 4 800 m^3/s 左右，但水面面积呈小幅减小，为 158.78 km^2，与 10 月 7 日相比水面减少了 26.4 km^2。退水期，该河段水面面积随着流量减小持续减小，10 月 22 日（花园口站流量 3 300 m^3/s）和 10 月 24 日（花园口站流量 1 980 m^3/s）水面面积分别为 120.23 km^2 和 95.23 km^2。分析洪水水面面积和流量变化过程发现，10 月 7—19 日期间，流量基本不变而水面面积明显减小，水位下降，表明该河段河道受洪水过程持续作用，过流能力增强（见图 5.1-3）。

（3）东坝头至陶城铺河段。

秋汛洪水关键期，东坝头至陶城铺河段水面面积呈先增加后减小的变化趋势，10 月 7 日（孙口站流量 4 830 m^3/s）水面面积达到最大，为 172.44 km^2；至 10 月 19 日（孙口站流量 4 790 m^3/s），其间孙口站流量一直维持在 4 800 m^3/s 左右，但水面面积稍有下降，减小为 167.44 km^2，与 10 月 7 日相比水面面积减少了 5.00 km^2。退水期，该河段水面面积随着流量减小持续减小，10 月 22 日（孙口站流量 4 530 m^3/s）和 10 月 30 日（孙口站流量 1 720 m^3/s）水面面积分别为 155.31 km^2 和 134.27 km^2。通过分析此次洪水水面面积和流量变化过程发现，10 月 7—19 日期间，该河段流量基本相当而水面面积有所减小，水位下降，表明该河段河道受洪水过程持续作用，过流能力增强（见图 5.1-4）。

（4）陶城铺下游河段。

将陶城铺下游河段以泺口为界分陶城铺至泺口河段和泺口至河口以下河段两段进行

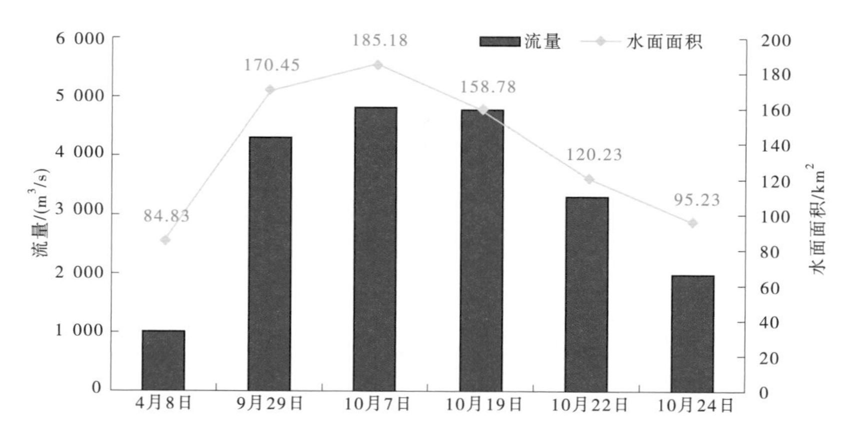

图 5.1-3　京广铁路桥至东坝头河段水面面积与花园口站流量变化过程

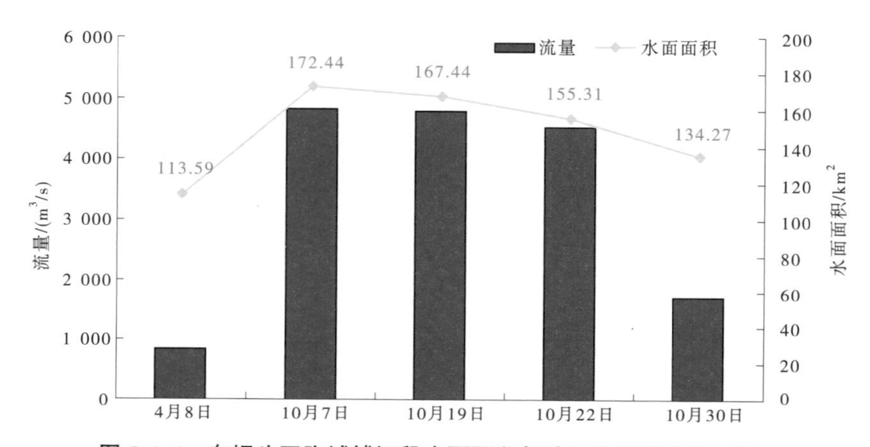

图 5.1-4　东坝头至陶城铺河段水面面积与孙口站流量变化过程

分析。

秋汛洪水关键期,陶城铺至泺口河段整体呈先增大后减小的趋势,10月4日河道流量为本次秋汛遥感监测期内最大值(泺口站流量5 140 m³/s),同期监测水面面积达到最大值67.85 km²,与汛前相比,水面面积增加22.10 km²;此后水面面积减小,至10月17日(泺口站流量4 620 m³/s),水面面积为57.93 km²。退水期,该河段水面面积随着流量减小而减小,至10月27日(泺口站流量1 990 m³/s),水面面积减少为53.19 km²(见图5.1-5)。

与陶城铺至泺口河段情况相似,该河段水面面积与流量变化过程一致。秋汛洪水关键期10月9日(利津站流量5 090 m³/s)水面面积最大,水面面积为131.32 km²,与汛前相比增加了35.06 km²。退水期水面面积随流量减小而减小,10月27日(利津站流量2 050 m³/s)水面面积减少为112.14 km²(见图5.1-6)。

5.1.3　主流线变化

通过与2021年汛前主流线做对比,各个河段主流线变化情况如下:

(1)白鹤至花园口河段

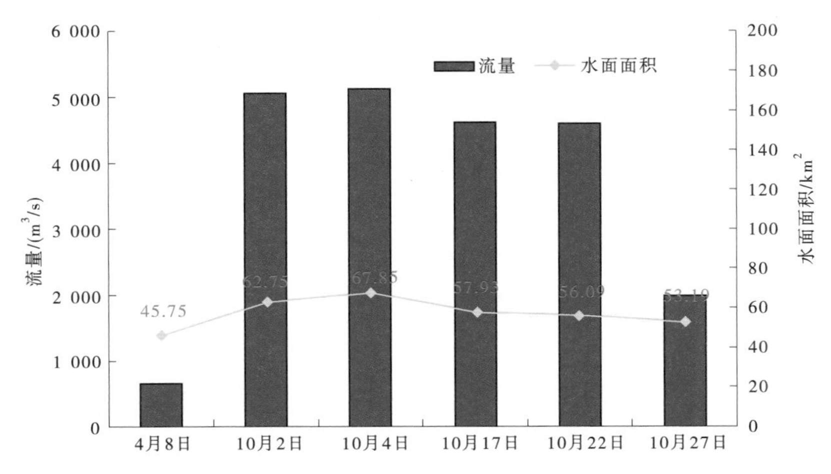

图 5.1-5　陶城铺至泺口河段水面面积与泺口站流量变化过程

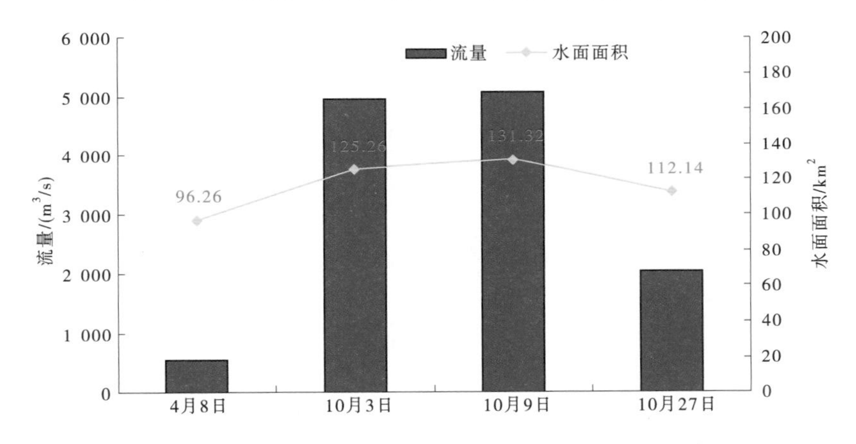

图 5.1-6　泺口以下河段水面面积与利津流量站变化过程

结合查勘数据分析对比，白鹤至神堤河段的秋汛期主流线与 2021 年汛前相比基本无变化，主流流路一致(见图 5.1-7、图 5.1-8)。

神堤至花园口河段有两处控导工程附近的主流线较汛前发生了变化。一是金沟控导工程，汛前，金沟控导工程全线紧靠大河主流，秋汛期间，主流北移，出张王庄工程下首后仍向东走，直至金沟控导工程末端，才开始向南走，该段主流线与规划流路不一致。二是驾部控导工程，驾部控导的迎流段临河侧约 2 000 m 处有一个河心滩，汛前主流绝大部分是顺着河心滩北侧走，南侧只是一条串沟，但秋汛期主流在河心滩处明显分叉，河心滩北侧 60%主流、南侧 40%主流，该处主流分叉趋势较汛前有明显的加剧。

该河段除上述两处主流较汛前有一定程度的变化外，其他区域基本没有变化，整体来看，白鹤至花园口河段的河势流路与汛前相比变化不大，大部分主流都在规划治导线内(见图 5.1-9、图 5.1-10)。

(2)花园口至东坝头河段。

通过主流线对比分析，花园口至九堡河段的秋汛期主流线与 2021 年汛前基本一致，没有较大变化(见图 5.1-11、图 5.1-12)。

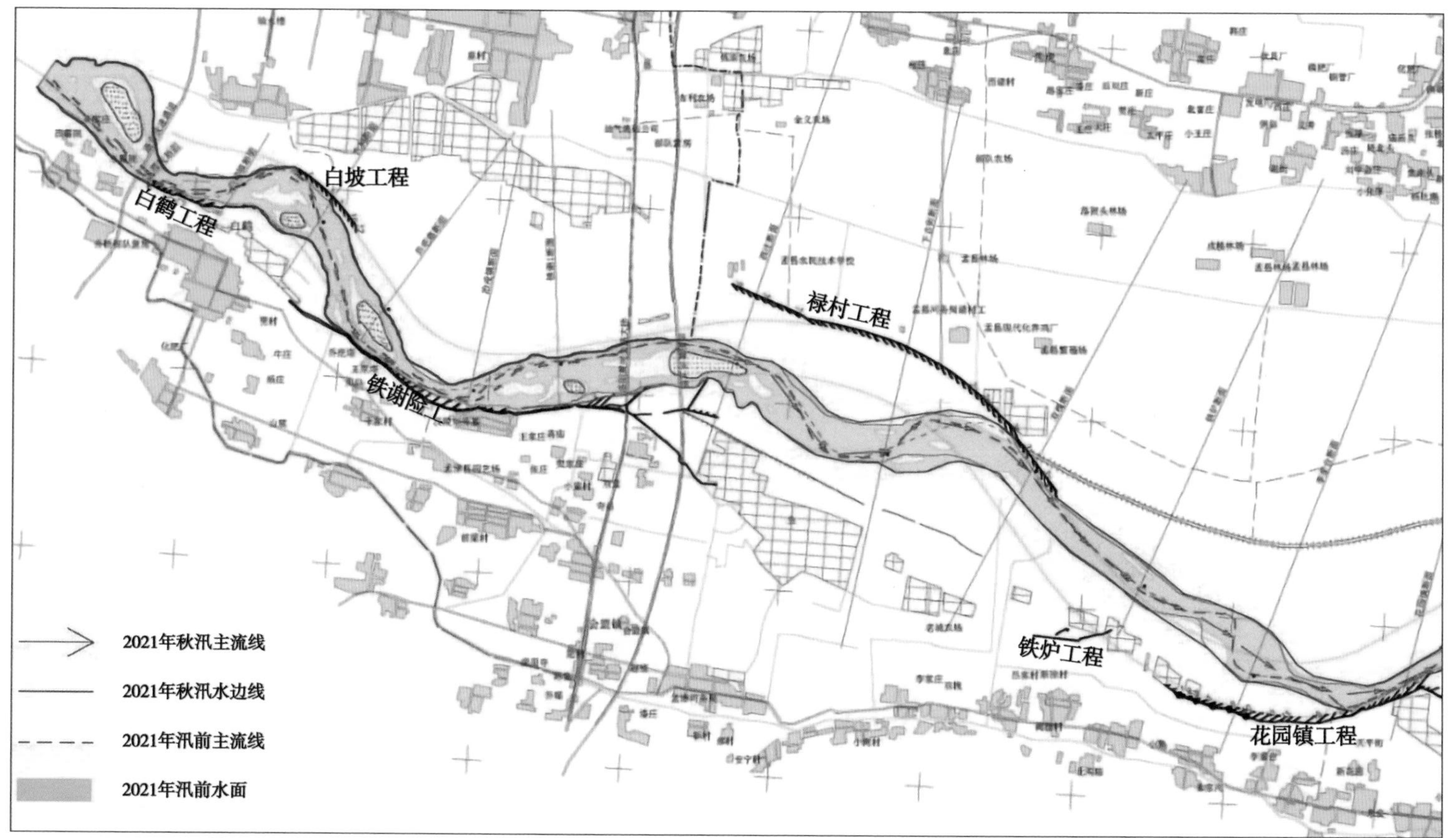

图 5.1-7　白鹤—花园镇河段河势

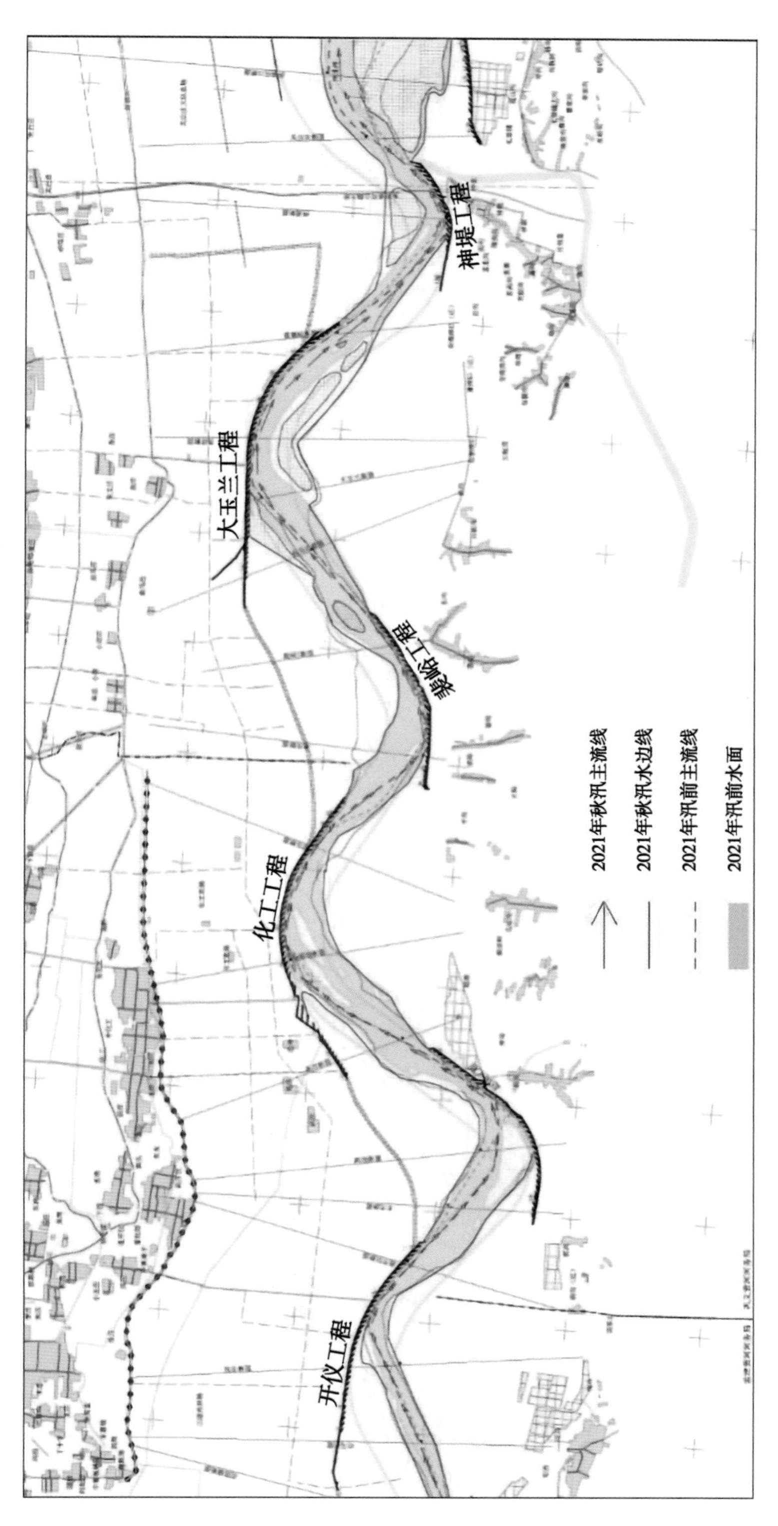

图 5.1-8　开仪—神堤河段河势

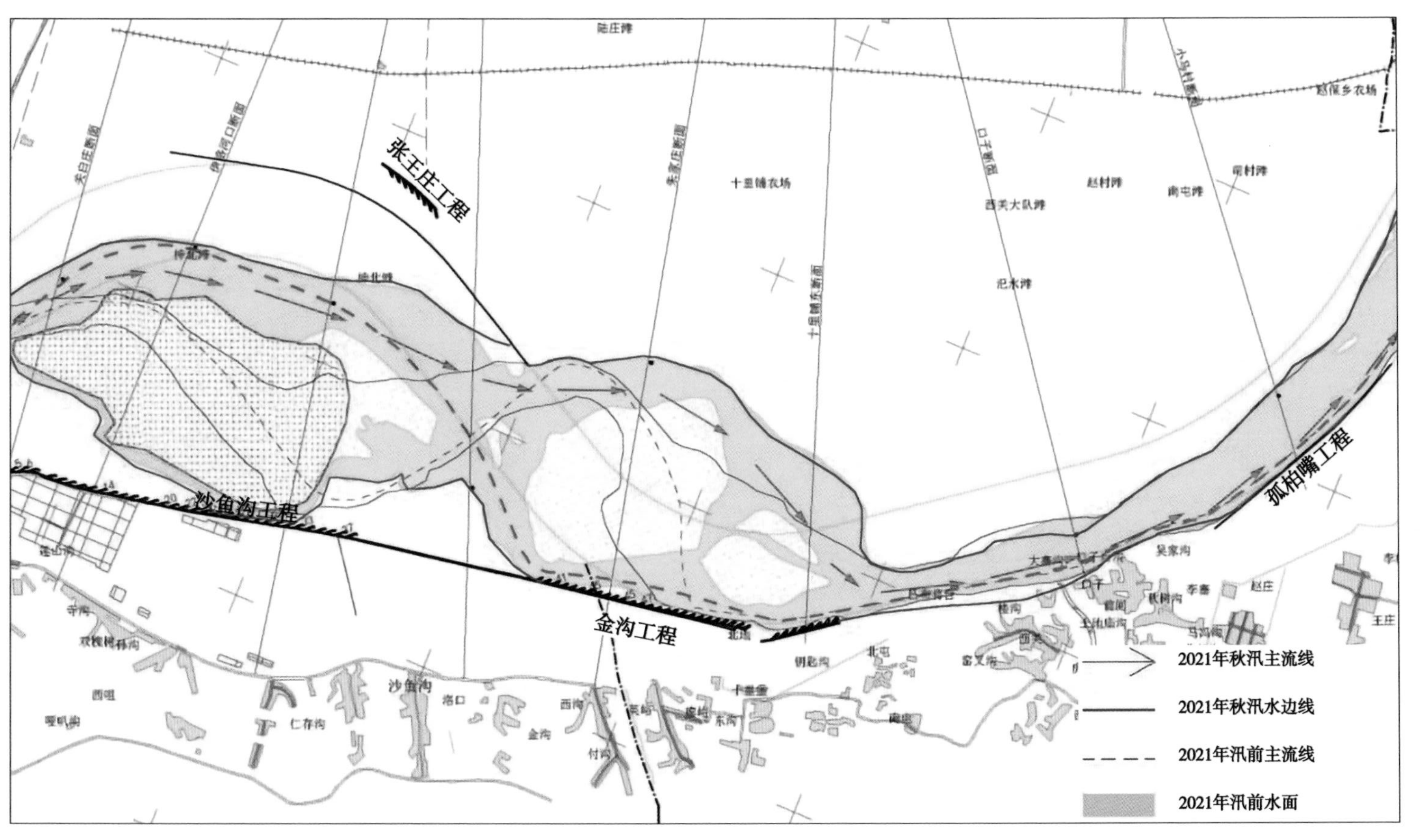

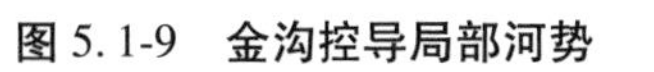
图 5.1-9　金沟控导局部河势

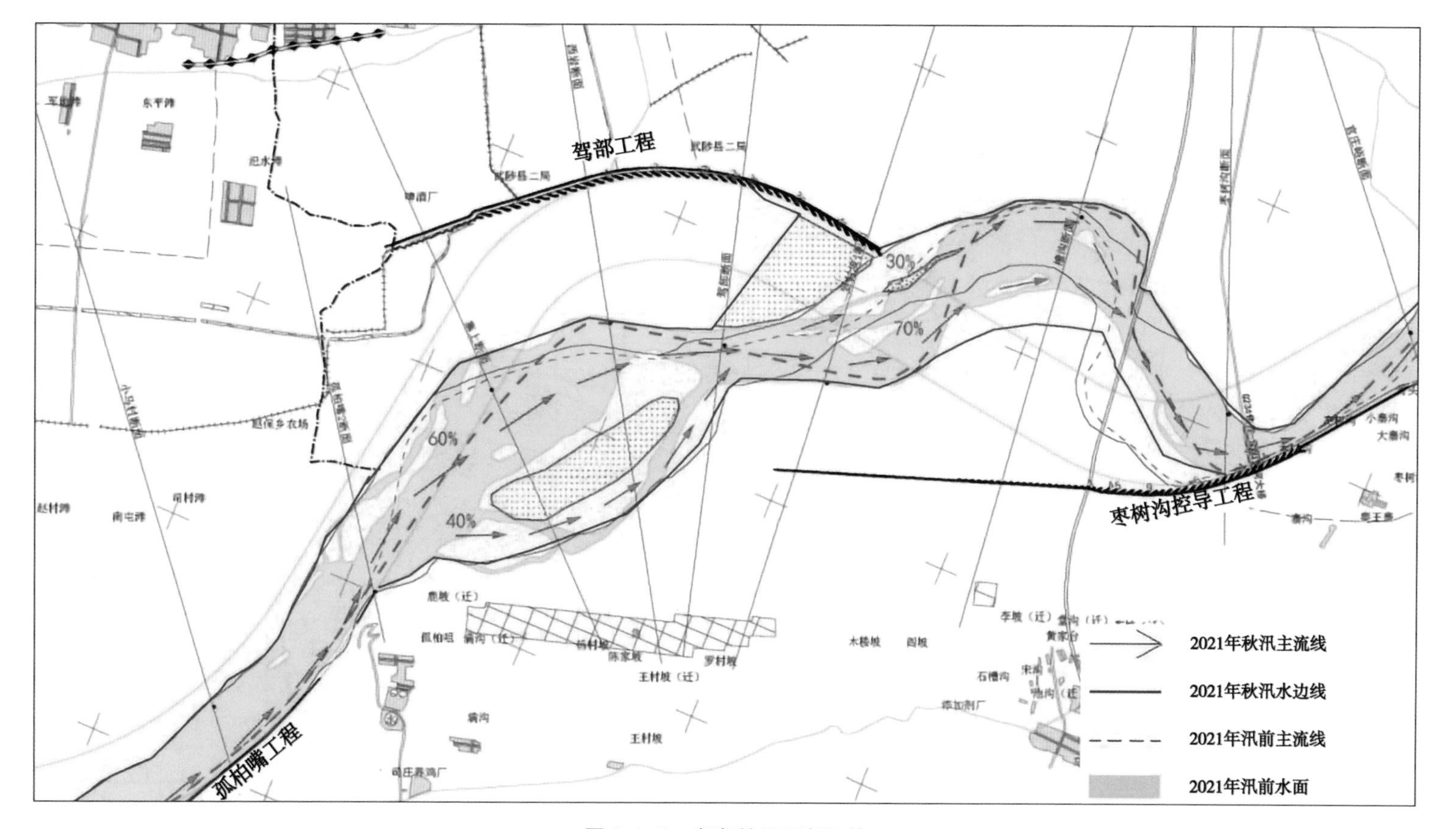

图 5.1-10　驾部控导局部河势

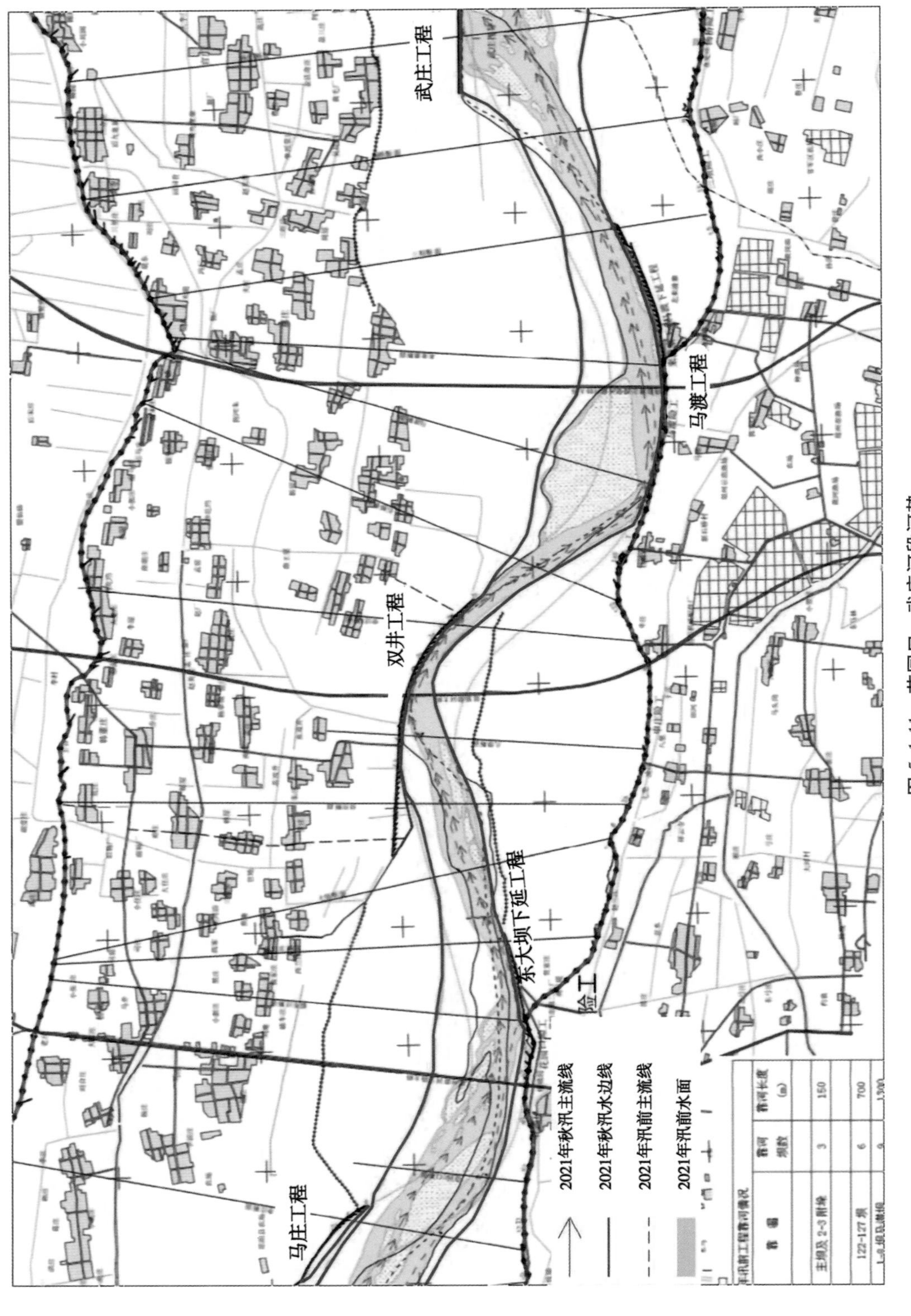

图 5.1-11　花园口—武庄河段河势

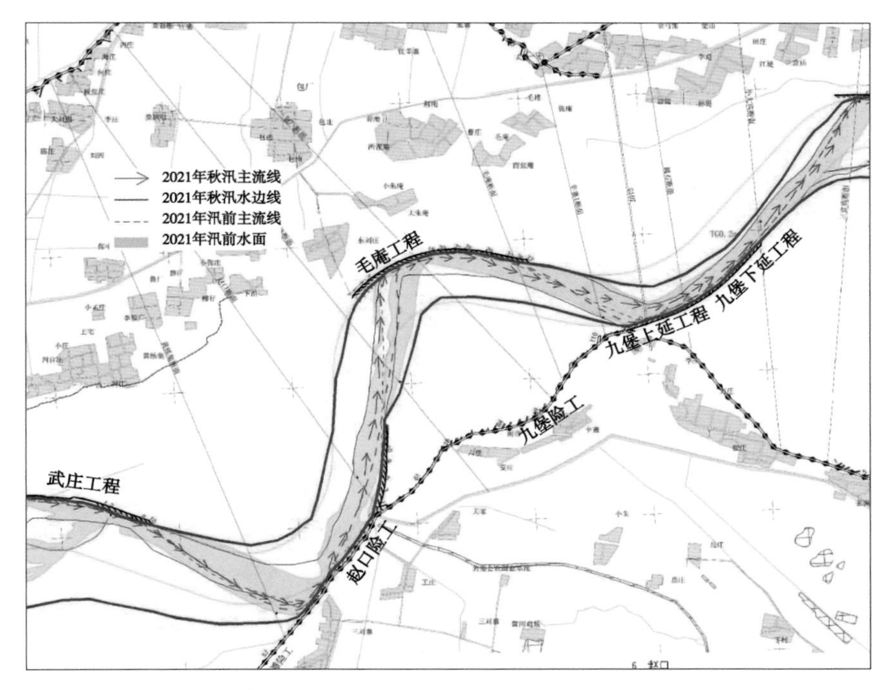

图 5.1-12　武庄—九堡河段河势

三官庙至黑岗口河段仍存在畸形河势的问题。2021 年汛前，三官庙全线靠河并未发生主流分叉，主流经三官庙工程后送流至韦滩工程导流段上端，韦滩工程导流段靠河情况良好，但在导流段末端主流 90°直角向北拐弯，向北顶冲仁村堤护滩工程上首，主流靠仁村堤出流后又向南发育，致使仁村堤下游的徐庄和大张庄工程不靠河，局部呈“S”形河湾。秋汛期该河段主流发生了几点变化：一是主流在三官庙导流段临河侧的河心滩处发生了分叉，但是大部分主流仍在河心滩的北侧靠着控导走；二是韦滩控导导流段末端发生了分叉，80%的主流仍然按汛前的畸形河湾流路走，不过该条主流在北岸仁村堤护滩工程的靠河位置发生了下挫，畸形程度有所缓解，另外 20%的主流顺着韦滩工程送溜段按规划流路向下送流，对岸大张庄工程末端靠河（见图 5.1-13）。

黑岗口至东坝头河段主流较汛前没变化，基本都在规划流路内，该河段河势相对平稳（见图 5.1-14、图 5.1-15）。

整体来看，大部分主流都在规划流路内，同时该河段的畸形河势也呈现好转的趋势，开始向规划流路变化。

（3）东坝头至高村河段。

通过主流线对比分析，东坝头至于林段主流线没有发生明显变化，三合村至青庄弯道主流向北偏移，三合村和青庄工程基本全线靠河，青庄险工下首靠主流（见图 5.1-16、图 5.1-17）。

（4）高村至陶城铺河段。

结合查勘数据分析对比，高村至陶城铺河段的秋汛期主流线较汛前相比基本无变化，主流流路整体一致（见图 5.1-18、图 5.1-19）。

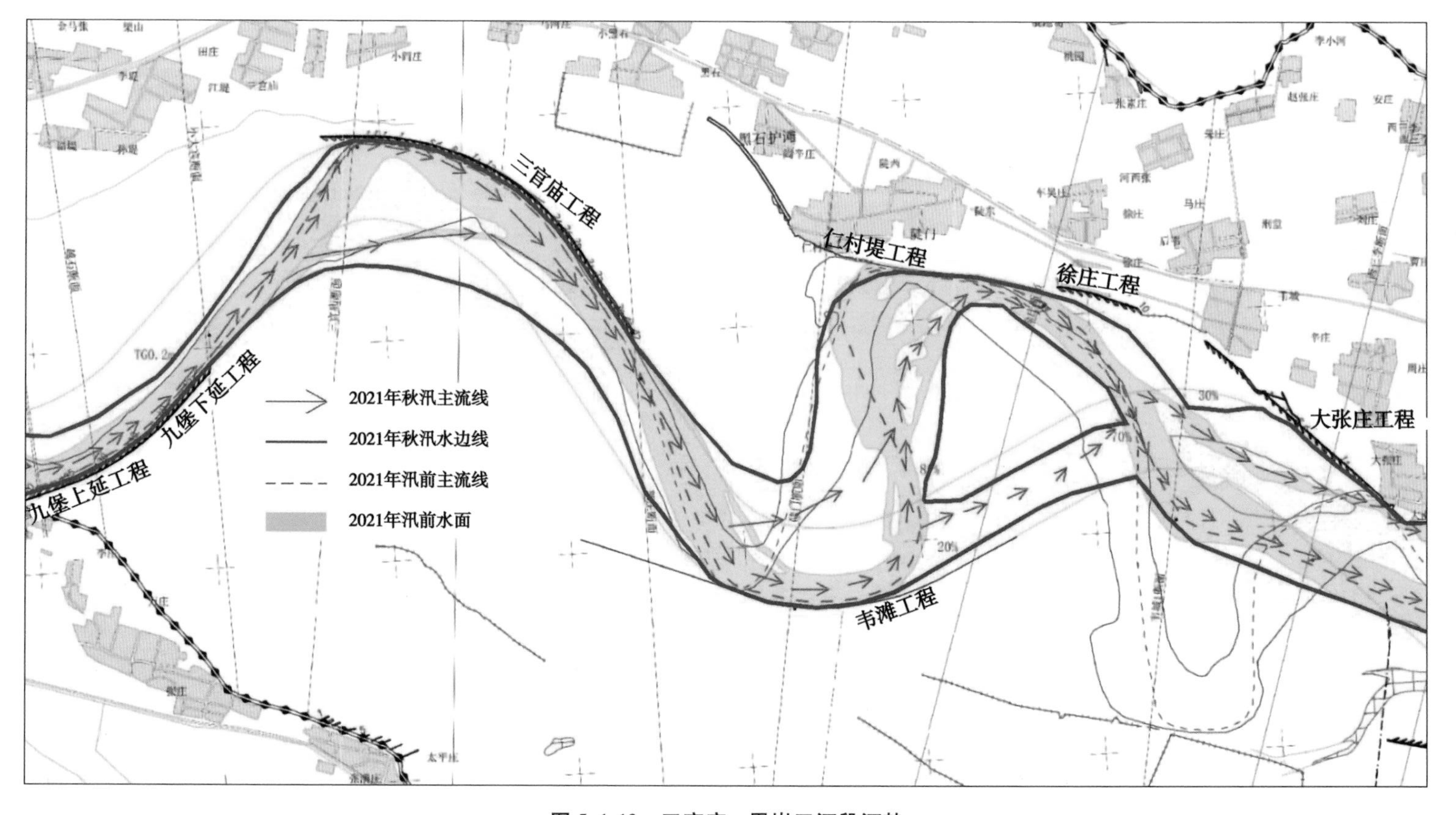

图 5.1-13　三官庙—黑岗口河段河势

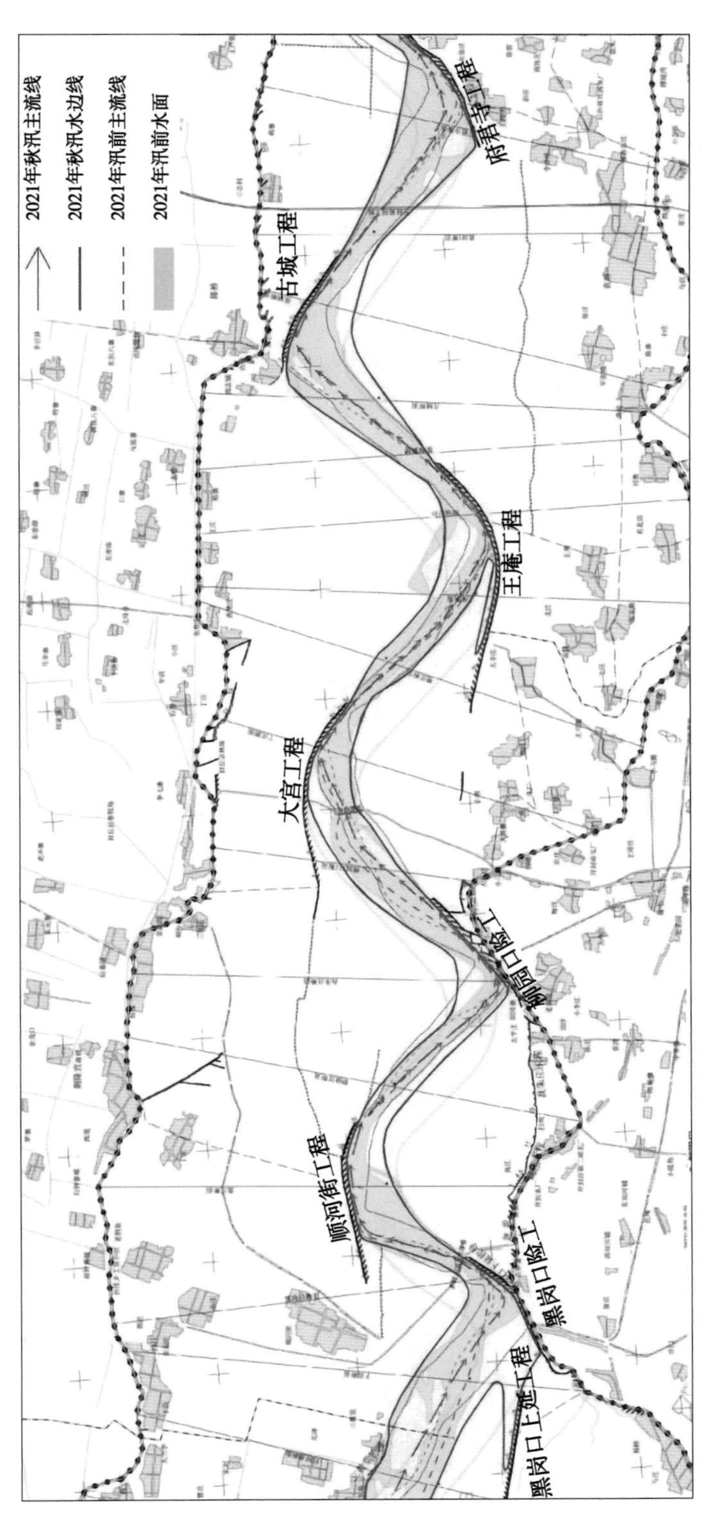

图 5.1-14　黑岗口—府君寺河段河势

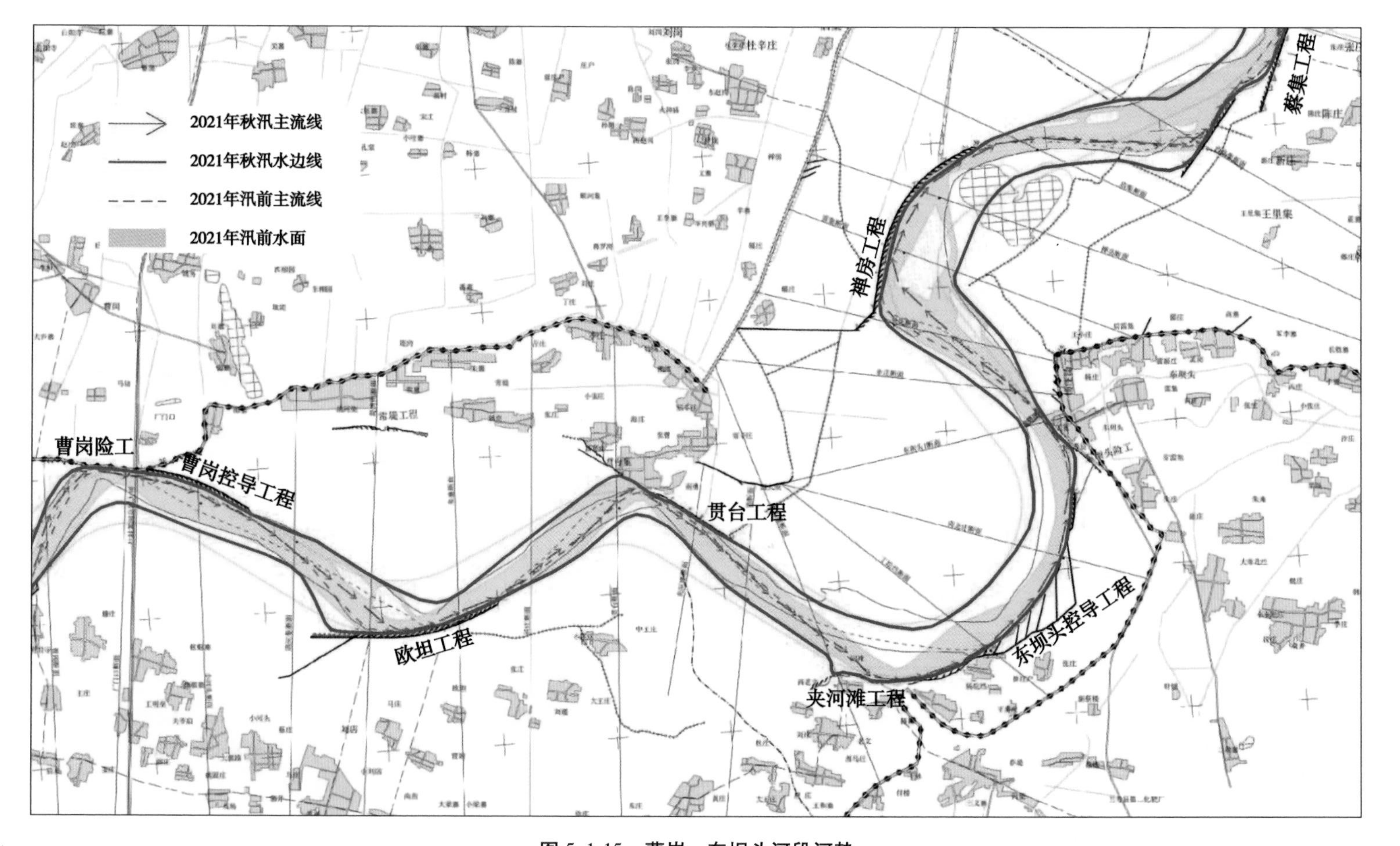

图 5.1-15　曹岗—东坝头河段河势

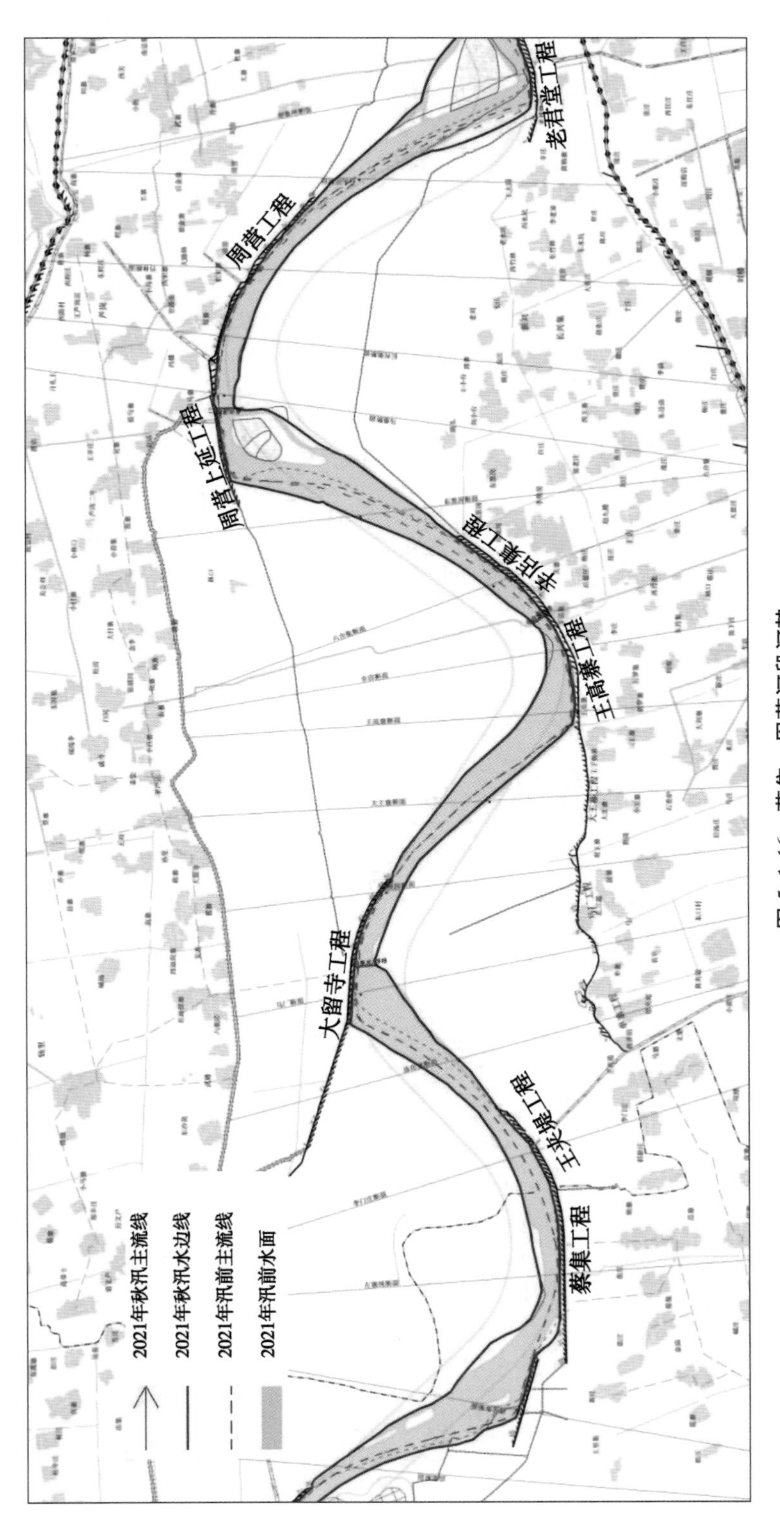

图 5.1-16　蔡集—周营河段河势

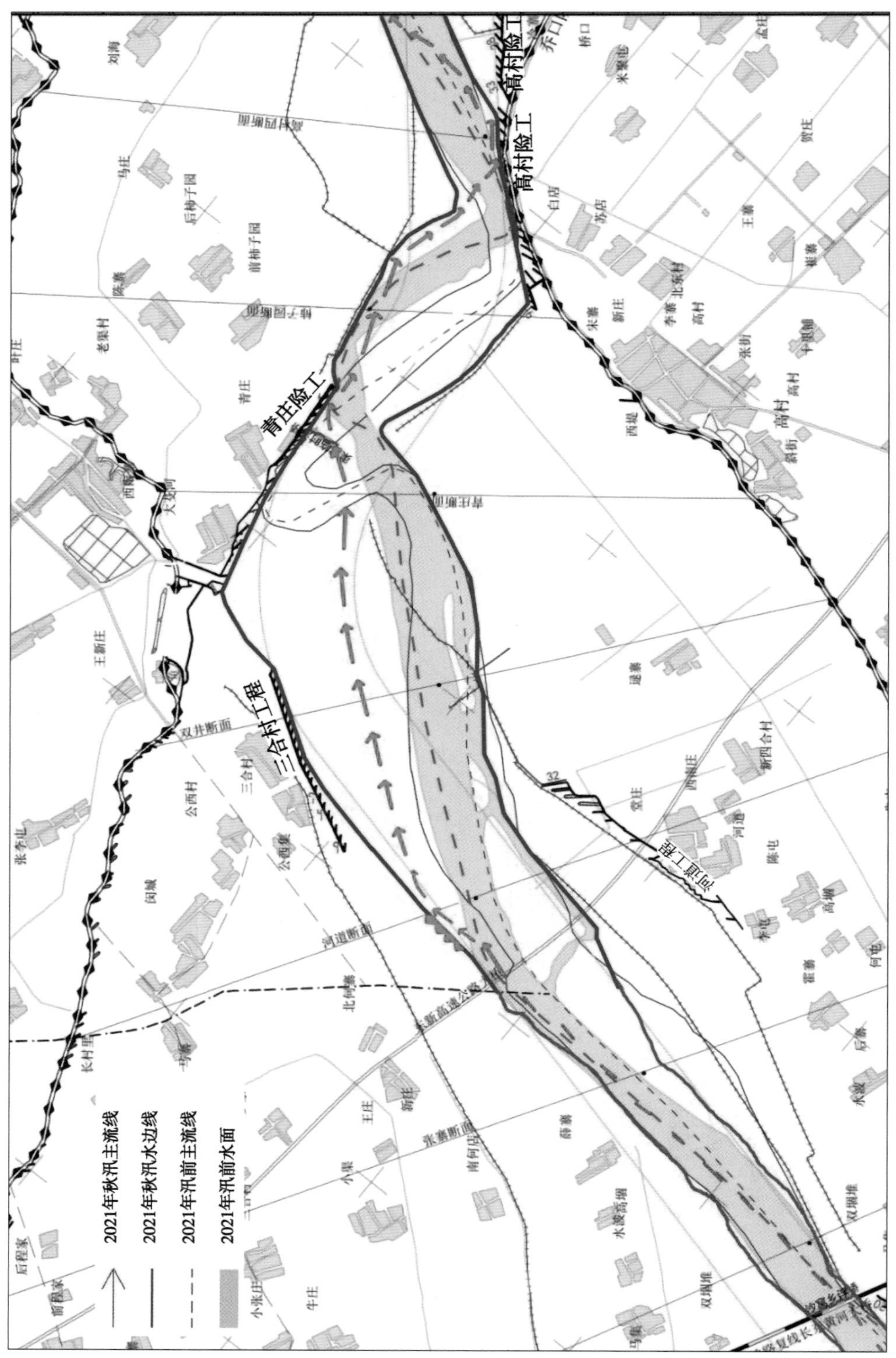

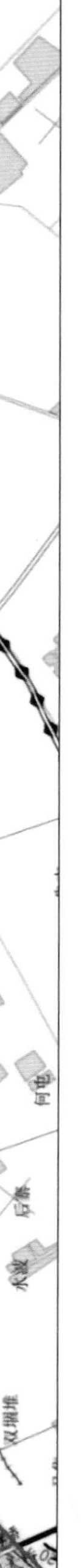
图 5.1-17　三合村—青庄弯道局部河势

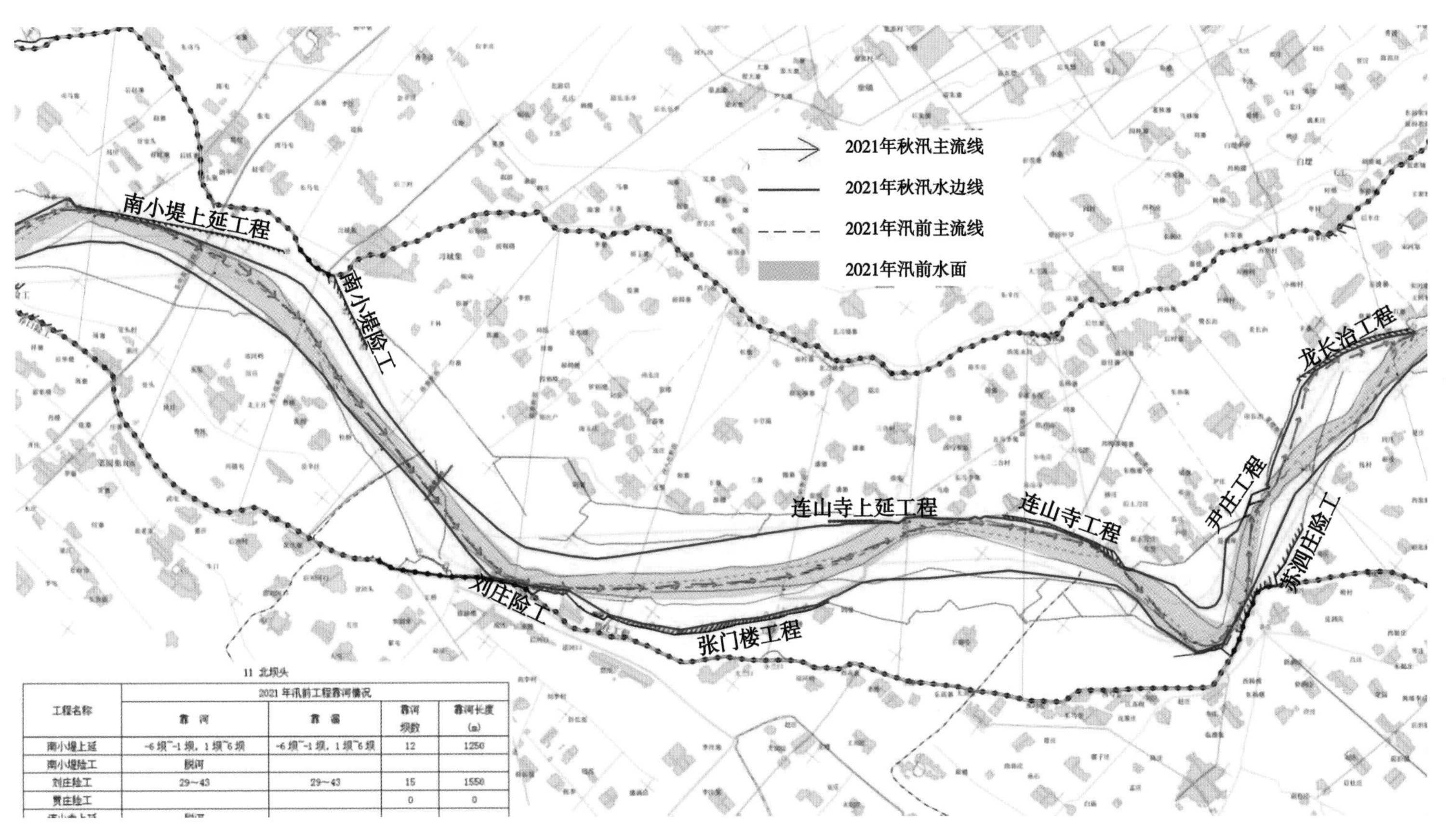

工程名称	2021 年汛前工程靠河情况			
	靠河	靠溜	靠河坝数	靠河长度(m)
南小堤上延	-6 坝~-1 坝，1 坝~6 坝	-6 坝~-1 坝，1 坝~6 坝	12	1250
南小堤险工	脱河			
刘庄险工	29~43	29~43	15	1550
贾庄险工			0	0

图 5.1-18　南小堤—龙长治河段河势

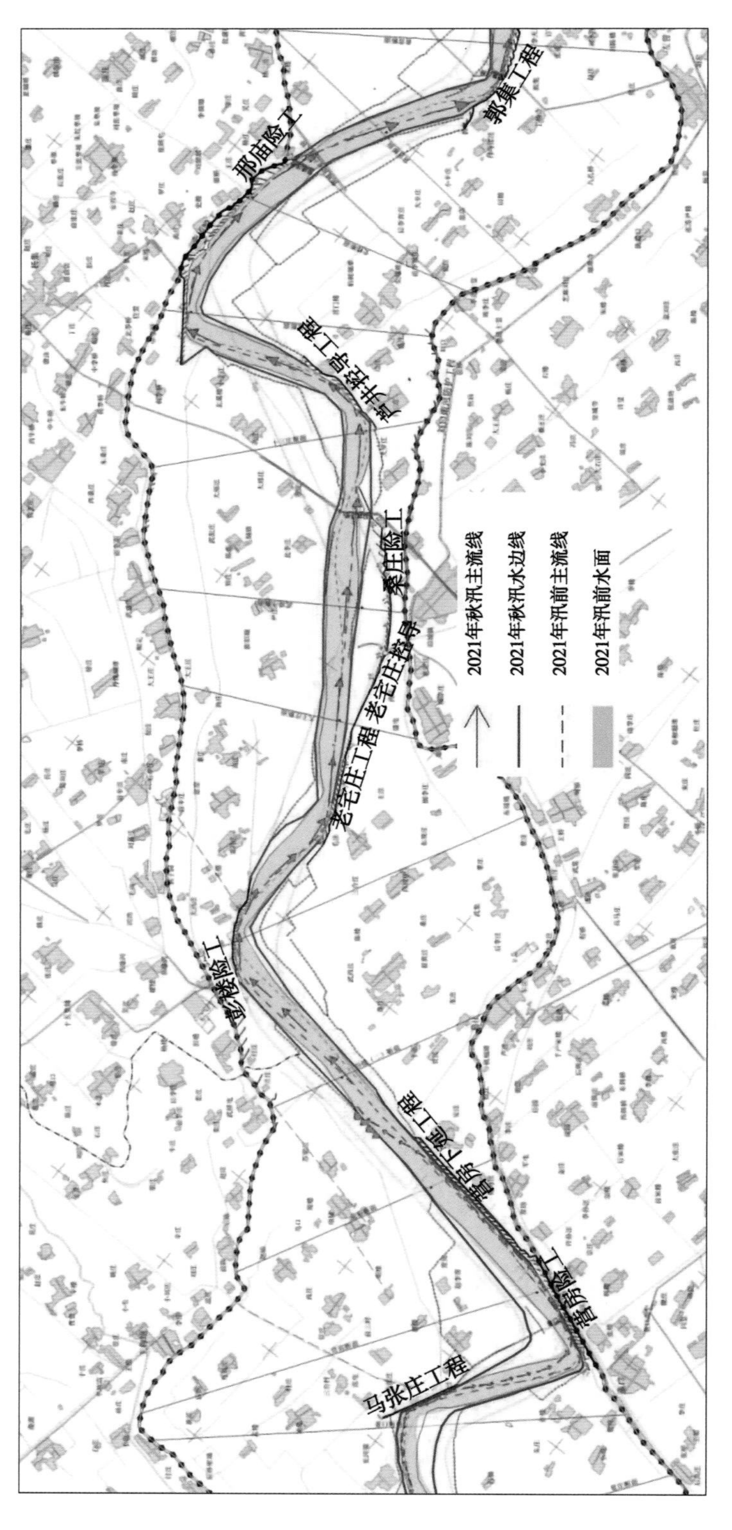

图 5.1-19　马张庄—邢庙河段河势

5.2　河势变化

5.2.1　河势变化总体趋势

2021 年,黄河下游经历了大流量、高水位、长时间的秋汛洪水过程,河势基本稳定,部分河段的河势、工程靠河靠溜和滩区岸线发生了明显变化。为了更好地研究黄河河势变化规律,利用卫星和无人机等遥感技术开展了黄河汛前低水位期、秋汛洪水高水位期和秋汛洪水退水期河势监测,动态跟踪了河势变化情况。本次选取西霞院至河口全河段汛前 1 000 m^3/s 流量级(2021 年 4 月 8 日 GF1 多光谱数据)、洪水期 4 800 m^3/s 流量级(10 月 3 日和 7 日 GF3 和 Sentinel-l 雷达数据)和退水期 2 000 m^3/s 流量级(10 月 27 日和 30 日 GF1 和 GF6 多光谱数据),同时结合河势动态跟踪和现场查勘情况,分河段分析河道主溜、工程靠河靠溜、滩区岸线等河势变化。

整体来看,本次秋汛洪水过程中下游工程对水流控制能力强、河势平稳、河道行洪能力提升。洪水期 4 800 m^3/s 流量级,河道整体水面展宽,心滩消失或减小,河势整体变得顺直,工程靠水坝垛增加,局部畸形河湾消失。退水期 2 000 m^3/s 流量级,整体河势稳定,工程靠水靠溜状况良好,部分畸形河湾消失,主槽下切束窄。

(1)河道工程靠溜条件改善,与 2002 年汛后相比,河南游荡性河段靠溜坝垛数由 934 个增加至 1 552 个,增加了 63.0%(见图 5.2-1),靠溜工程长度由 85.5 km 增加至 151.7 km,增加了 77.5%(见图 5.2-2),工程对河势的控导能力增强。

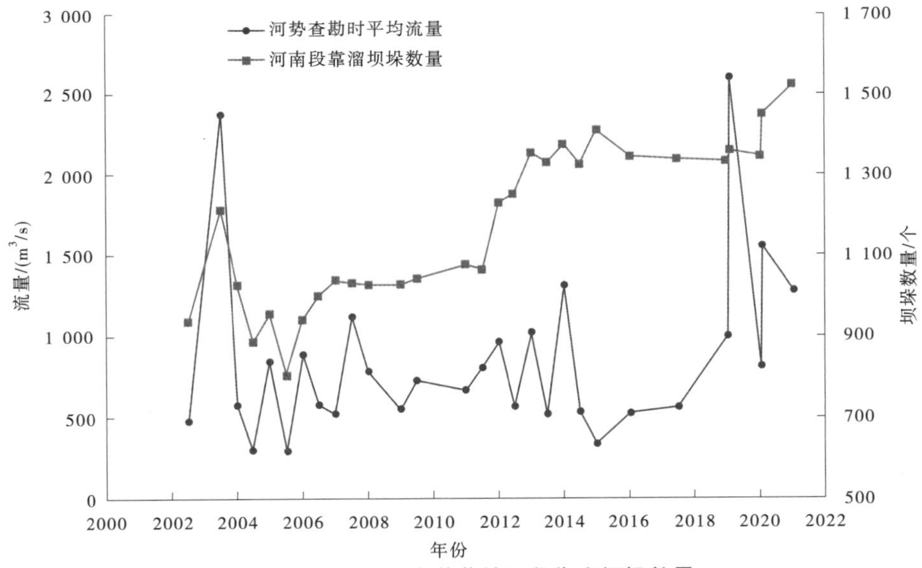

图 5.2-1　河南游荡性河段靠溜坝垛数量

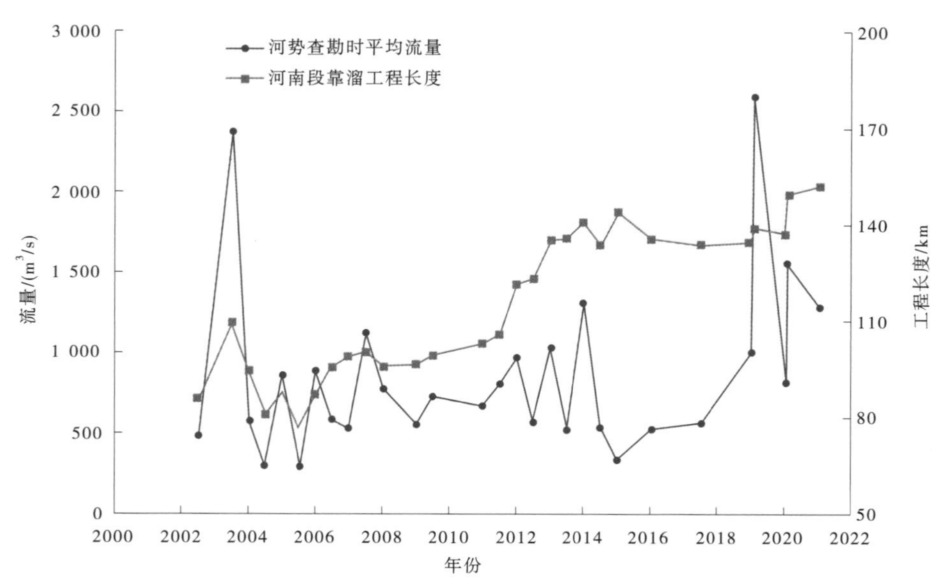

图 5.2-2　河南游荡性河段靠溜工程长度

(2)河道断面形态改善,河相系数减小,河床稳定性增大。

①高村以上河段典型断面河相系数由 17.9~29.6 下降至 7.1~14.3(见图 5.2-3、图 5.2-4)。

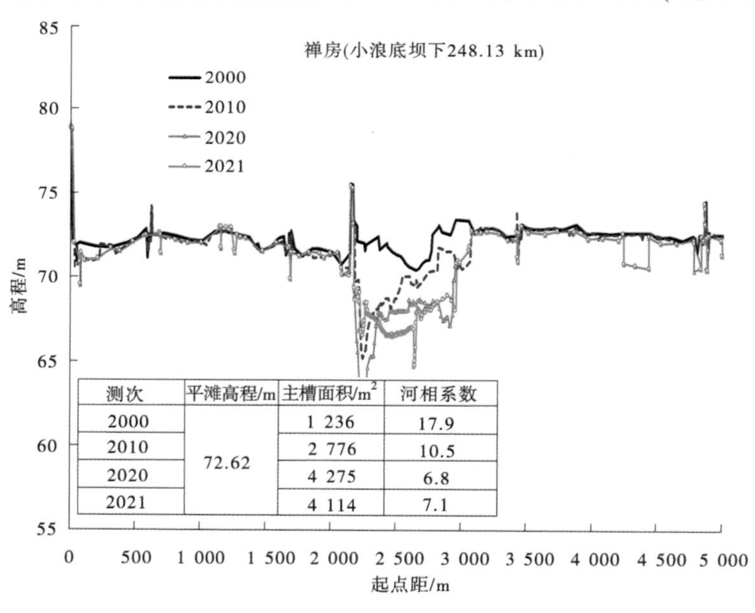

测次	平滩高程/m	主槽面积/m²	河相系数
2000	72.62	1 236	17.9
2010		2 776	10.5
2020		4 275	6.8
2021		4 114	7.1

图 5.2-3　禅房断面地形套绘

②高村至陶城铺河段典型断面河相系数由 14.8~18.4 下降至 5.0~8.0(见图 5.2-5、图 5.2-6)。

③陶城铺以下典型断面河相系数由 9.7~11.0 下降至 3.5~5.7,断面形态趋于稳定(见图 5.2-7、图 5.2-8)。

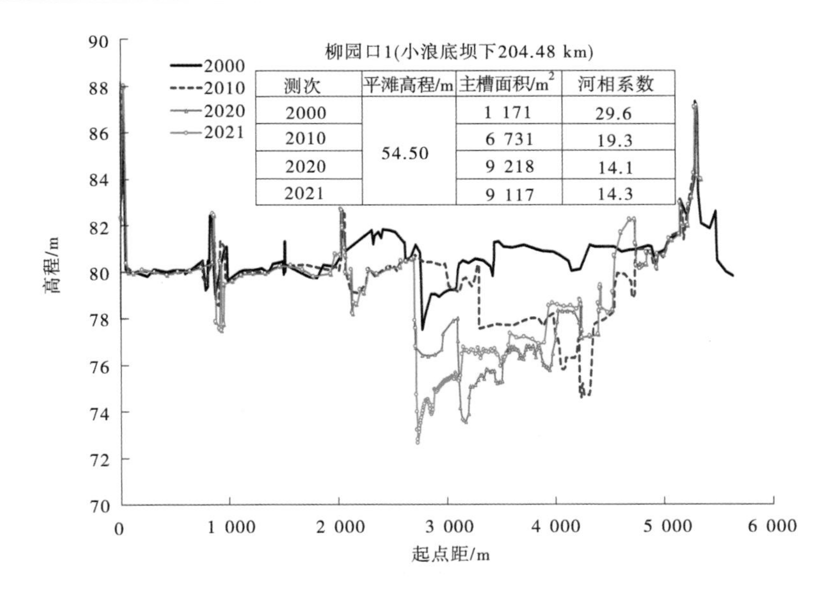

图 5.2-4　**柳园口 1 断面地形套绘**

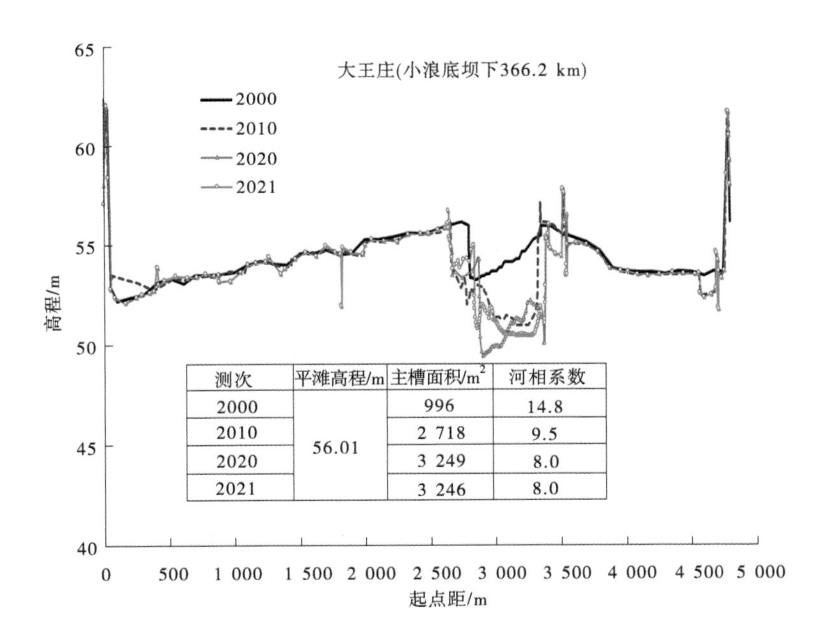

图 5.2-5　**大王庄断面地形套绘**

(3)塌滩面积少。立足抢早抢小,有效地控制了河势摆动和上提下挫的范围,与 2020 年汛期相比,塌滩塌岸段数减少 55.1%,面积减少 66.7%(见表 5.2-1),确保了洪水“不漫滩”。

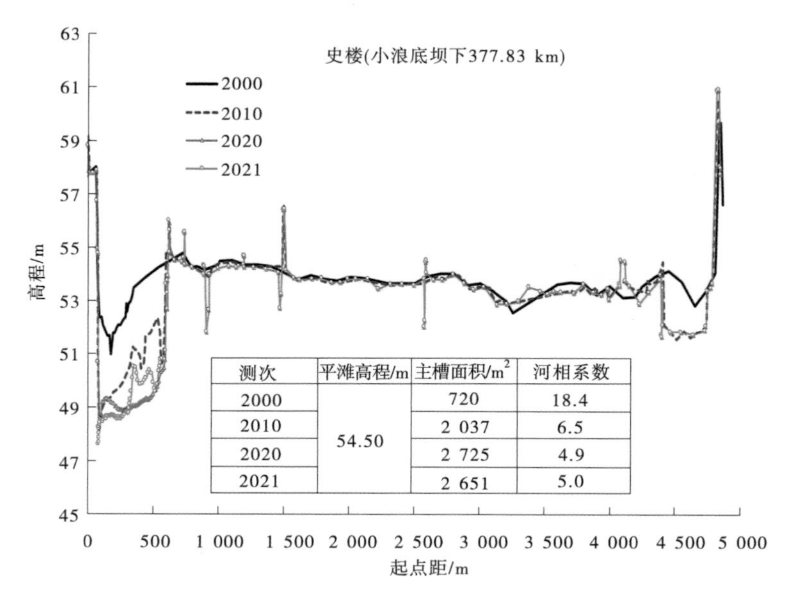

图 5.2-6　史楼断面地形套绘

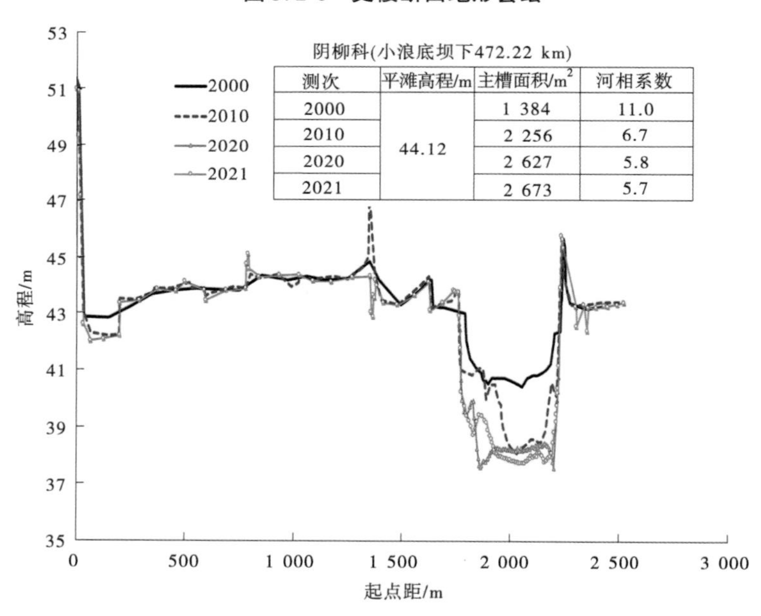

图 5.2-7　阴柳科断面地形套绘

表 5.2-1　2020 年与 2021 年塌滩塌岸情况对比

年份	塌滩塌岸	
	段数	面积/亩
2020 年①	49	243.2
2021 年②	22	81.05
②-①	-27	-162.15
[(②-①)/①]/%	-55.1	-66.7

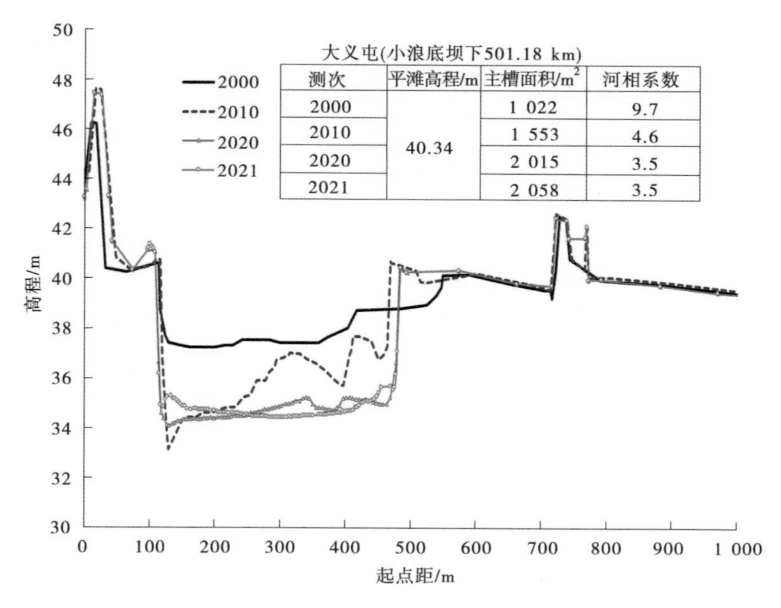

大义屯(小浪底坝下501.18 km)

测次	平滩高程/m	主槽面积/m^2	河相系数
2000	40.34	1 022	9.7
2010		1 553	4.6
2020		2 015	3.5
2021		2 058	3.5

图 5.2-8　大义屯断面地形套绘

5.2.2　西霞院至京广铁路桥河段

该河段河势平稳演进,工程迎送溜较为稳定,大部分工程靠河情况没有发生明显变化,局部位置河势有不同程度的上提下挫,个别工程不靠河。与汛前相比,河势总体平稳且趋势向好,河势更为顺直,心滩变化较大,局部心滩变边滩,河道束紧,工程靠水靠溜坝垛数量稍有增加,工程对河流的控导作用加大,河势向着治导线规划的趋势逐步发展。

花园镇控导工程河床下切,工程着溜下移,工程挑流效果不明显,大河出 29 号坝后主溜仍靠南岸,送溜至开仪工程不力。由于张王庄工程靠河情况不理想,送流能力弱,金沟控导工程的靠溜点下挫明显。孤柏嘴河段最窄处约 500 m,最宽处约 1 200 m,该河段灌注桩坝全部靠河靠主溜。山体滑坡造成南岸主河道内大量渣土堆积,致使主溜比以前有所上提,但主要还是在南岸坐弯,主溜在受到王村滩区嫩滩的影响下逐渐向北岸靠拢,驾部控导部分工程靠河靠溜。保合寨工程全线脱河;马庄控导工程汛前脱河,秋汛期 24 号垛至潜坝靠河,退水后再次脱河。

(1)白鹤工程—逯村工程

洪水期与汛前相比:白鹤工程和铁谢险工河势稳定,变化较小;白坡工程靠溜坝垛增加,坝前心滩消失或减小;逯村工程靠河长度增加,心滩消失,靠溜坝垛上提,迎溜角度变大,主溜顶冲 28~30 号坝垛(见图 5.2-9)。

退水期与汛前相比:河势整体稳定,心滩减少或缩小,主溜整体趋直(见图 5.2-10)。

(2)铁炉工程—裴峪工程。

洪水期与汛前相比:①铁炉工程脱河,花园镇工程至开仪工程河段洪水期较汛前相比主溜趋直,工程靠水靠溜坝垛基本稳定,河面局部展宽,河势变化不大;②赵沟工程洪水期较汛前河势变化较大,工程靠溜坝垛上提并增加,工程对河流控导作用加强,工程前心滩

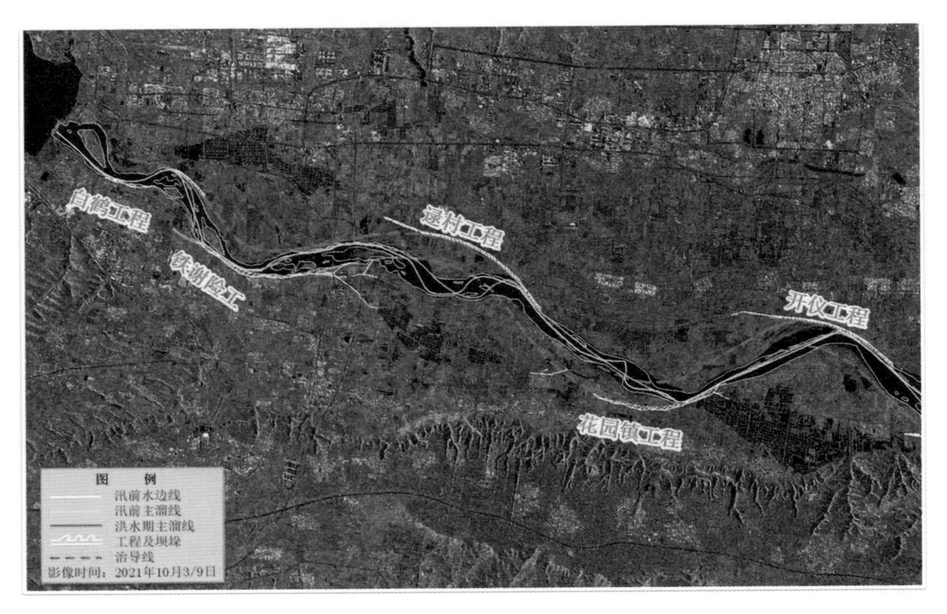

图 5.2-9　白鹤工程—逯村工程河段洪水期与汛前河势变化情况对比

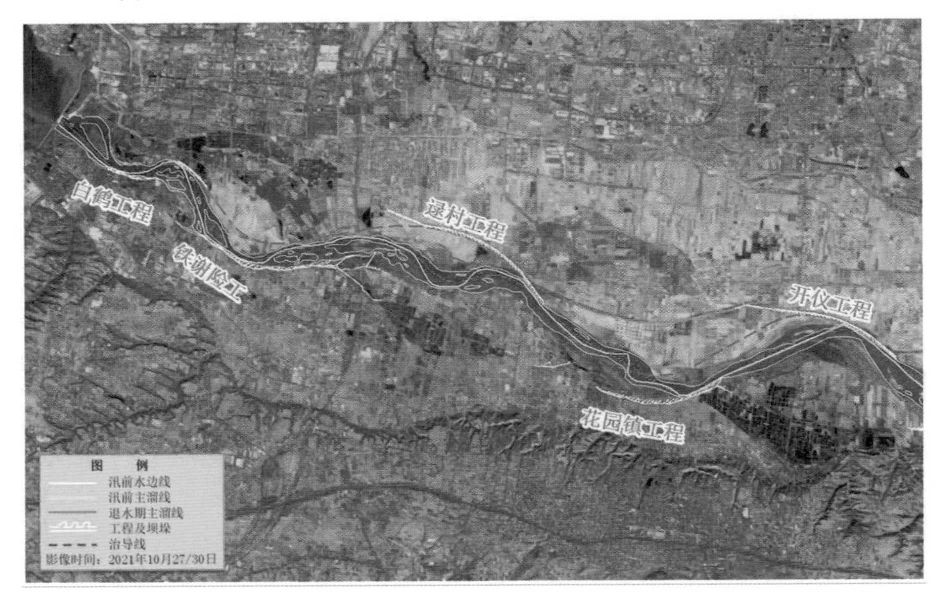

图 5.2-10　白鹤工程—逯村工程河段退水期与汛前河势变化情况对比

消失，左岸水面稍有展宽；③化工工程和裴峪工程河势稳定，靠河靠溜坝垛变化不大，心滩消失，裴峪工程左岸水面展宽明显（见图 5.2-11）。

退水期与汛前相比：①铁炉工程脱河，花园镇工程至开仪工程河段河势趋直，工程靠水靠溜坝垛基本稳定，河面局部展宽，河势变化不大。②赵沟工程河势变化较大，经过大水期的冲刷和心滩淤积变化，整体主溜向左岸摆动，工程靠溜坝垛减少，河势下挫；③化工工程和裴峪工程整体河势下挫，靠溜坝垛减少，坝前心滩淤积位置和大小变化较大，河道主槽刷深明显，主溜趋直，滩区岸线变化较大（见图 5.2-12）。

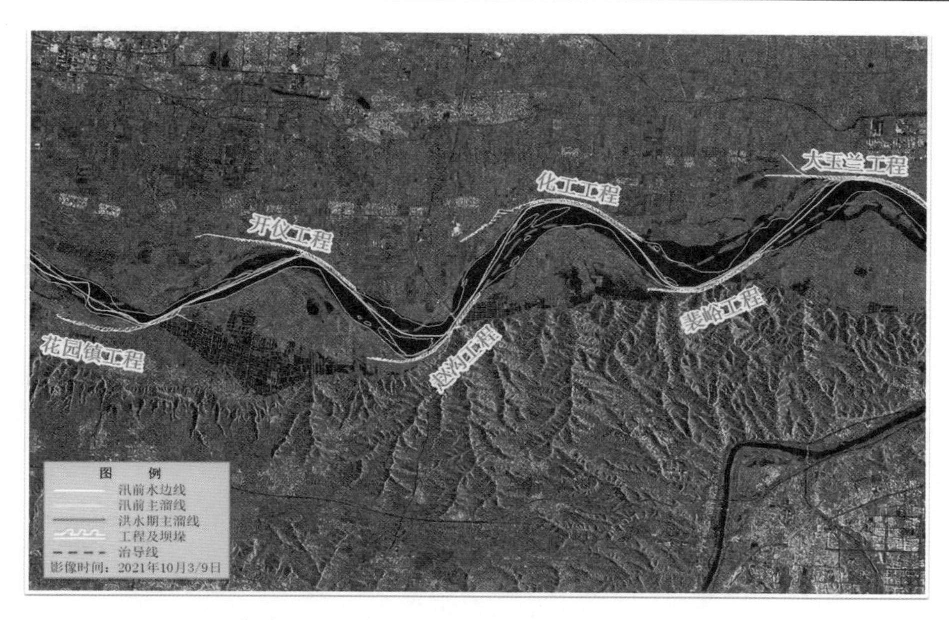

图5.2-11　赵沟工程—裴峪工程河段洪水期与汛前河势变化情况对比

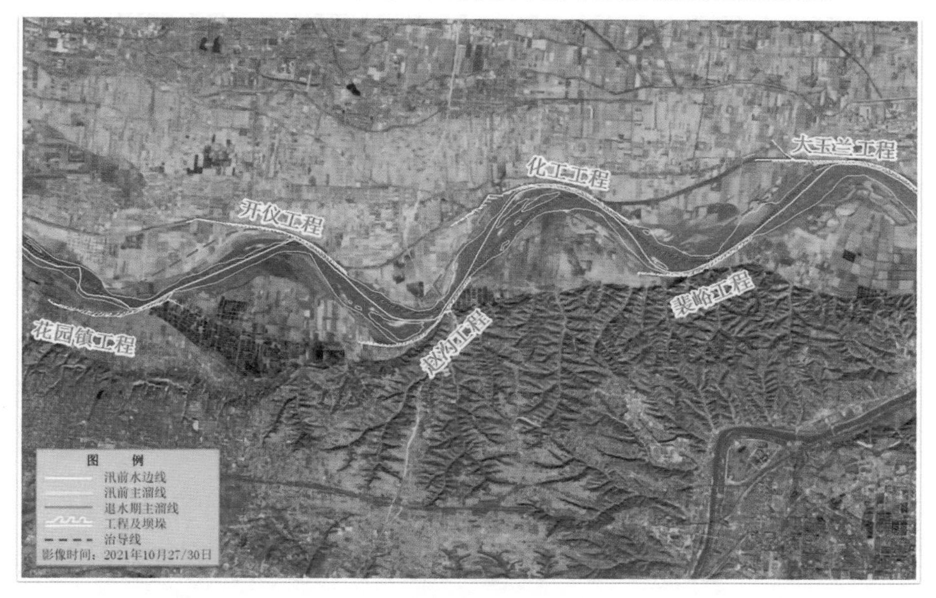

图5.2-12　赵沟工程—裴峪工程河段退水期与汛前河势变化情况对比

(3)大玉兰工程—张王庄工程。

洪水期与汛前相比：①大玉兰工程河势稳定，基本无变化；②神堤工程靠水靠溜坝垛基本无变化，左岸水面展宽较多；③张王庄工程由汛前50~52号坝靠河靠溜变为靠河，51号和52号坝垛靠水，水面展宽明显；④金沟工程洪水期较汛前河势下挫，主溜趋直，心滩缩小(见图5.2-13)。

退水期与汛前相比：①大玉兰工程和神堤工程河势稳定；②张王庄工程坝前心滩大小和位置变化较大，河势较为散乱，有向右岸摆动的趋势；③金沟工程经过大水冲刷，心滩变化较大,河势下挫,工程靠溜坝垛减少(见图 5.2-14)。

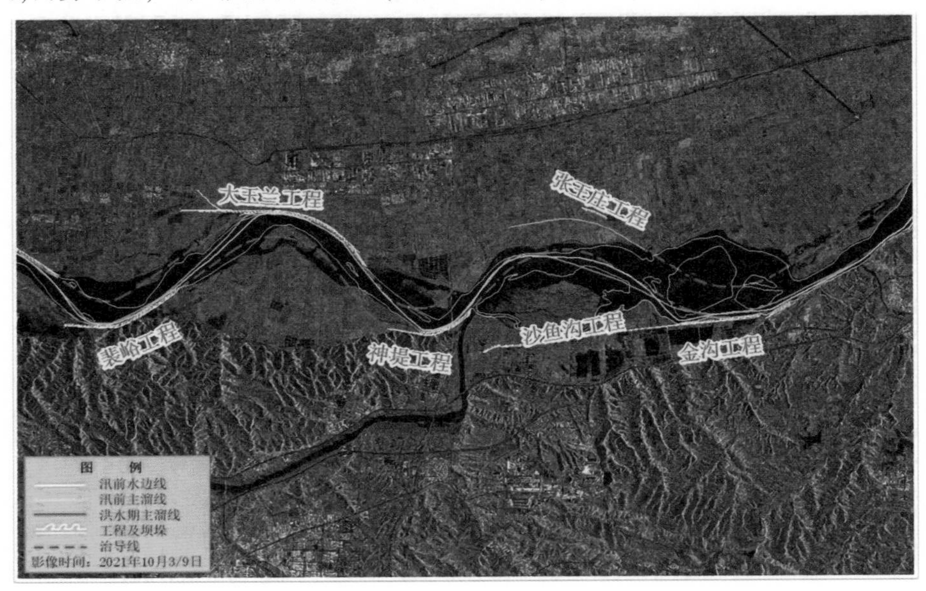

图 5.2-13　神堤工程—金沟工程河段洪水期与汛前河势变化情况对比

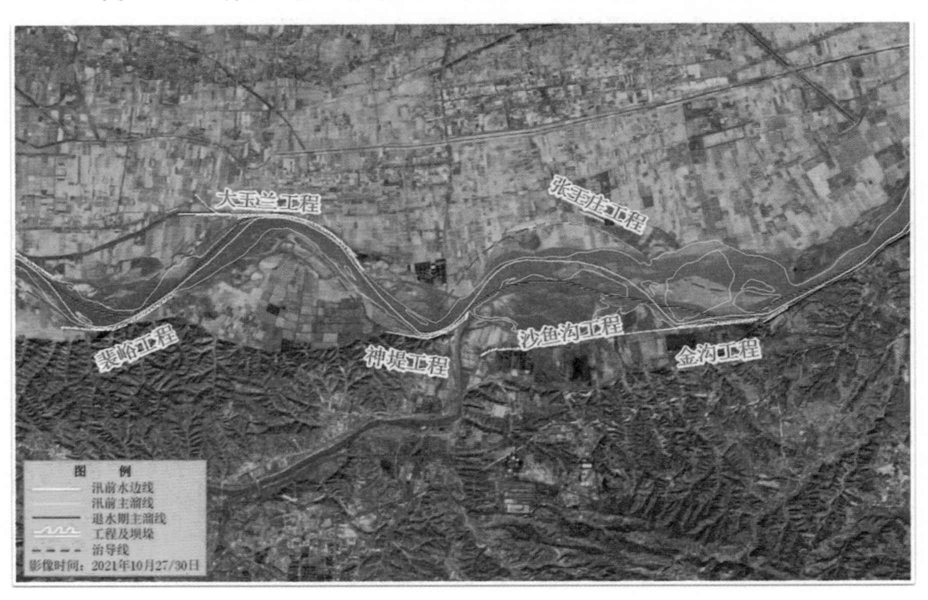

图 5.2-14　神堤工程—金沟工程河段退水期与汛前河势变化情况对比

(4)孤柏嘴工程—桃花峪工程。

洪水期与汛前相比:①孤柏嘴工程全线靠水靠溜,河势稳定;②驾部工程由汛前完全脱河脱溜变为工程尾部靠河靠溜,水面展宽,工程挑溜作用明显,河势上提趋直;③枣树沟控导工程至桃花峪工程河势上提,工程靠溜坝垛增加,河道束紧,河势更为顺直,枣树沟控导 18 号坝大溜顶冲(见图 5.2-15)。

退水期与汛前相比:①孤柏嘴工程全线靠水靠溜,河势稳定;②驾部工程经过大洪水的冲刷，河势得到明显改善，主溜靠向左岸，河势上提，工程尾部靠河靠溜，河势顺直，河道束紧，特别是工程下游的兴阳线焦郑黄河大桥处已形成的"U"形河湾得到较大改善，边滩增大；③枣树沟控导工程至桃花峪工程整体靠溜坝垛增加，河道束紧，河势更为顺直（见图 5.2-16）。

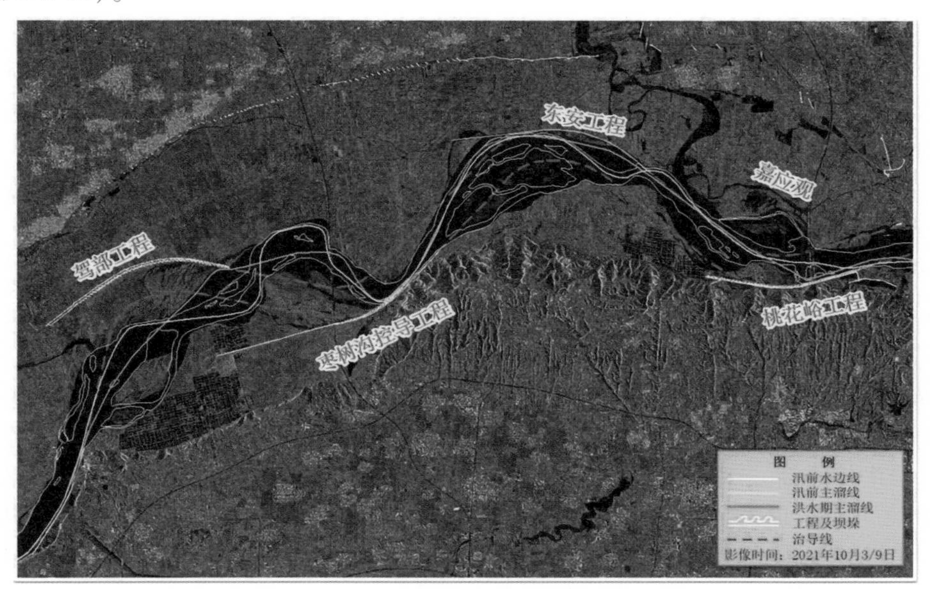

图 5.2-15　驾部工程河段洪水期与汛前河势变化情况对比

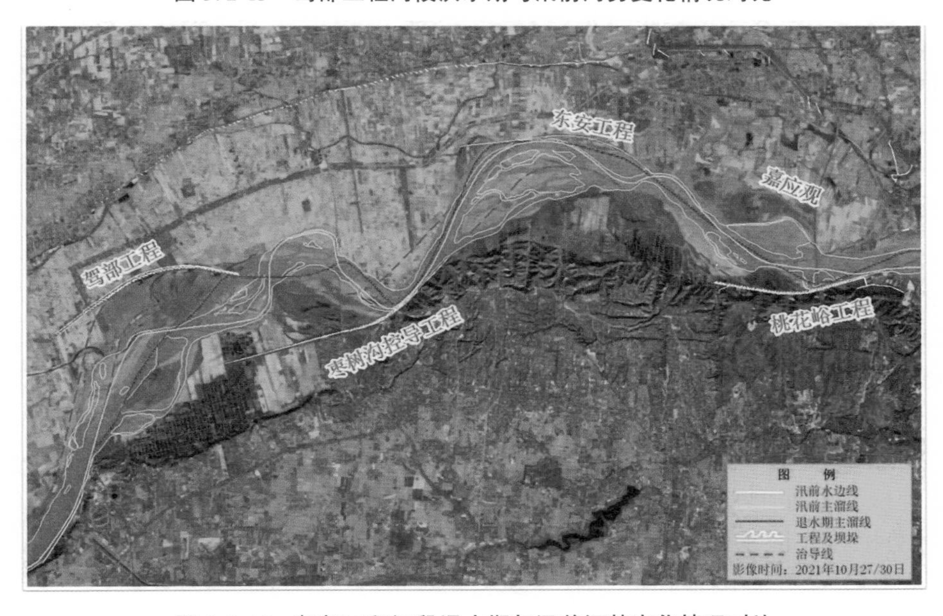

图 5.2-16　驾部工程河段退水期与汛前河势变化情况对比

5.2.3　京广铁路桥至东坝头河段

京广铁路桥至东坝头河段与汛前相比，河势总体发展趋势向好，主溜更为顺直，心滩减少,局部心滩变边滩,河道束紧,部分河段河势有不同程度的上提下挫。尤其是武庄险工、韦滩工程至大张庄工程“S”形畸形河湾消失,黑岗口上延工程受上游河势变化影响,工程前滩岸受主溜冲刷,滩岸下切,岸线向工程坝前不断靠近,需重点关注该河段上下河势发展变化趋势。该河段共有 34 处工程。

河势流路趋于稳定,与秋汛前相比河道过洪断面变宽,畸形河势有所改善,局部河段河势存在上提或下挫现象,河势变化基本符合“小水上提,大水下挫”的河势演变规律。

双井控导工程河势上提 1 道坝(由 7~33 号坝靠溜转为 8~33 号坝靠溜)。武庄控导工程河势下挫 16 座垛(由 9 号垛—护岸、1~10 号坝靠溜转为 25~30 号垛、护岸—10 号坝靠溜)。毛庵控导工程河势变化不大(6~37 号坝靠溜)。三官庙控导工程河势无变化(-6~42 号坝靠主溜)。大张庄控导工程靠边溜坝垛减少 3 道坝(1~7 号垛靠主溜、8~15 号坝靠边溜转为 1~7 号垛靠主溜、11~15 号坝靠边溜)。仁村堤护滩工程由汛前的 19 号垛以下 0+000~2+200 转为脱河,秋汛期间仁村堤“畸形”河势流路仍然存在。退水期随着大河流量的减少,水位下降,仁村堤护滩工程河势由靠溜转为靠静水,主溜移至右岸,畸形河势有较大改善。三教堂靠溜坝垛减少 5 座垛(由 1~3 号垛靠边溜、4~9 号垛靠主溜转为 6~9 号垛靠边溜)。顺河街控导工程河势下挫 11 道坝(由 7~37 号潜坝靠溜转为 18~37 号潜坝靠溜),大宫控导工程河势变化不大(23~34 号坝靠溜),古城控导工程河势下挫 10 道坝(由 17 号垛、1~26 号坝靠溜转为 10~26 号坝靠溜),曹岗控导工程靠边溜坝垛增加 10 道坝(由 10~23 号坝靠边溜转为 1~23 号坝靠边溜),曹岗险工河势下挫 2 道坝(由 24~32 号坝靠溜转为 26~32 号坝靠溜),贯台控导工程河势变化不大(上延 12~21 号垛、1~15 号垛靠溜)。

(1)老田庵工程—马庄工程。

洪水期与汛前相比:①老田庵工程洪水期较汛前靠河靠溜坝垛基本没变,河势稳定,由于心滩的存在,水流在此分两股,主溜偏南,右岸岸线后退明显,河面展宽较多;②保合寨控导工程和南裹头工程汛前脱河脱溜,此次洪水期由于水面展宽,保合寨控导下首 41 号坝垛有靠河趋势;③马庄工程水面展宽,心滩消失,工程依旧脱河脱溜,河势变化不大(见图 5.2-17)。

退水期与汛前相比:①老田庵工程河势比较稳定,靠河靠溜坝垛基本没变,经过大水冲刷和心滩淤积位置变化,主溜向左岸摆动;②保合寨控导工程和南裹头工程与洪水期河势变化不大,局部出现心滩;③马庄工程心滩减少,水流规顺,河势稳定基本无变化(见图 5.2-18)。

(2)花园口工程—赵口控导工程。

该河段洪水期河势变化与汛前相比,花园口险工、双井工程到马渡险工的靠河部位变化不大,河势相对稳定,水面展宽明显;来潼寨和马渡下延工程河势趋好,工程全线着河靠溜,河中间心滩消失,整个工程对河势的控导效果明显加强。武庄工程前河势变化相对较大,汛前河势呈现出一个小“S”形畸形河湾,主溜顶冲工程上首坝垛;洪水期由于马渡下延工程出溜角度的趋直,使得武庄工程的迎溜角度逐步减小,河势下挫,“S”形畸形河湾消失,流路逐步规顺。相应地,赵口险工前河中的心滩消失,工程靠溜部位下挫至 6 号坝垛,6~48 号坝垛全线靠河靠溜,下首的赵口控导工程全线靠溜(见图 5.2-19、图 5.2-20)。

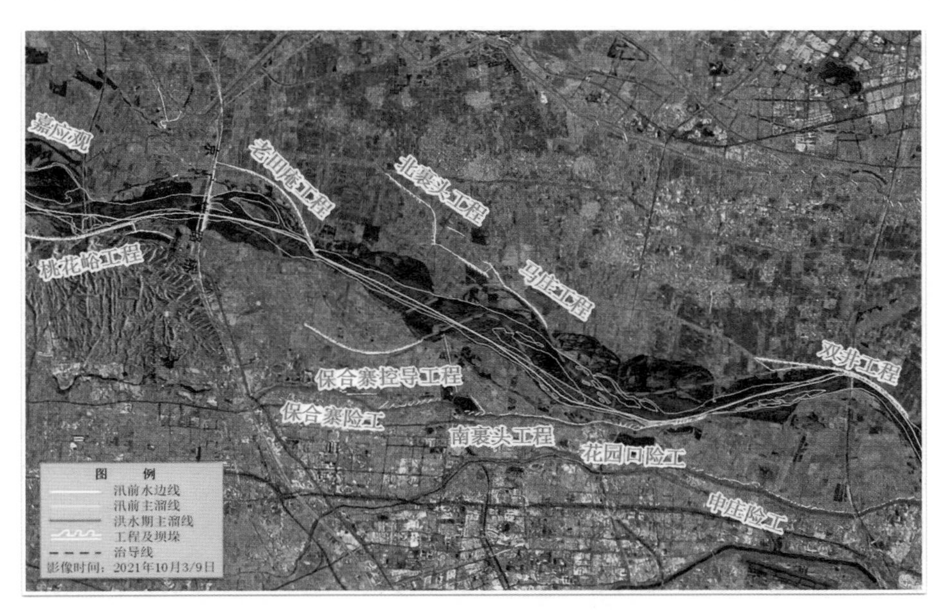

图 5.2-17　老田庵工程—马庄工程河段洪水期与汛前河势变化情况对比

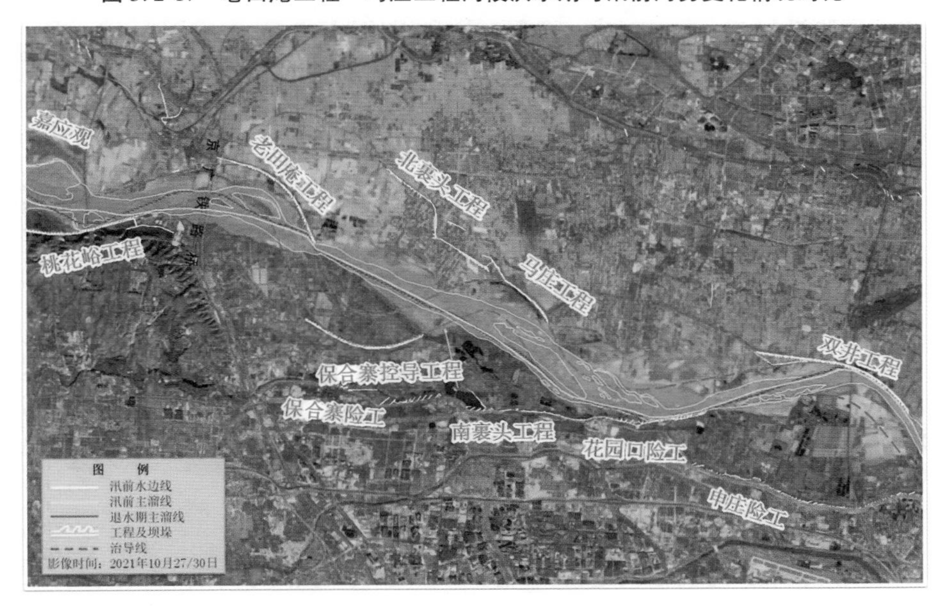

图 5.2-18　老田庵工程—马庄工程河段退水期与汛前河势变化情况对比

需要说明的是，在秋汛过后至 11 月下旬，马渡险工附近的河势发生调整，导致 21 垛迎水面至坝头区，于 2021 年 11 月 22 日 21 时 15 分，发生根石墩蛰和坦石坍塌的较大险情，累计抢险用石 24 288 m^3（见图 5.2-21、图 5.2-22）。发生这一重大险情的原因是双井工程至马渡险工之间的过渡河段，河势发生了较大变化。秋汛洪水过后，大河水位回落，河道中间出现一个较大的心滩，主流从双井工程过来后，马渡险工 19 号坝垛着溜，直接顶冲 21 号坝垛；受心滩岸壁的约束，心滩至 19 号坝垛之间的河道束窄（出现类似河脖的河势），水流集中，流速较快，而且导致该处入溜角度增大，直接顶冲淘刷坝跟。秋汛高水位的长期浸泡和落水期持续大溜顶冲的共同作用，造成根石坍塌，并快速发展，进而出现了较大险情。

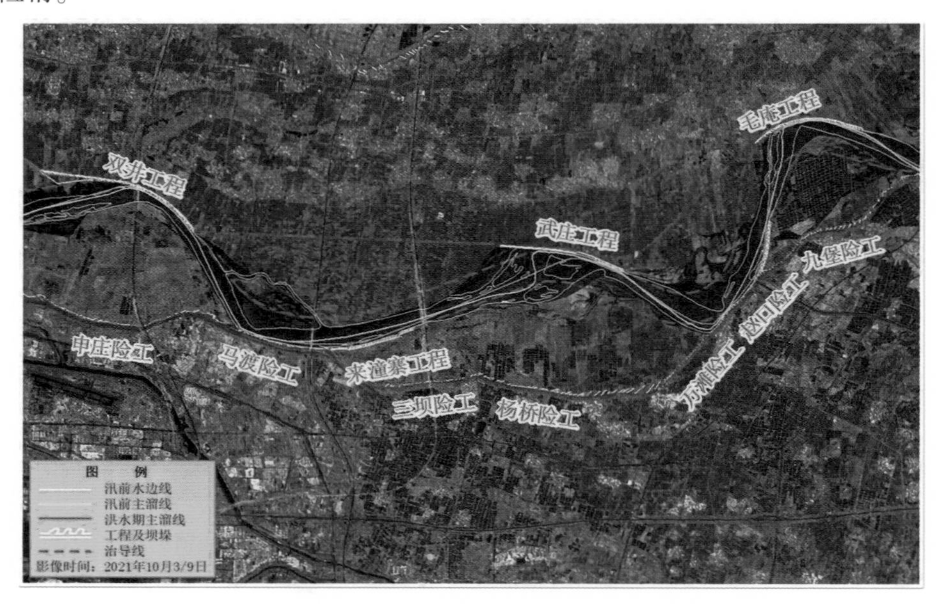

图 5.2-19　来潼寨工程—赵口险工河段洪水期与汛前河势变化情况对比

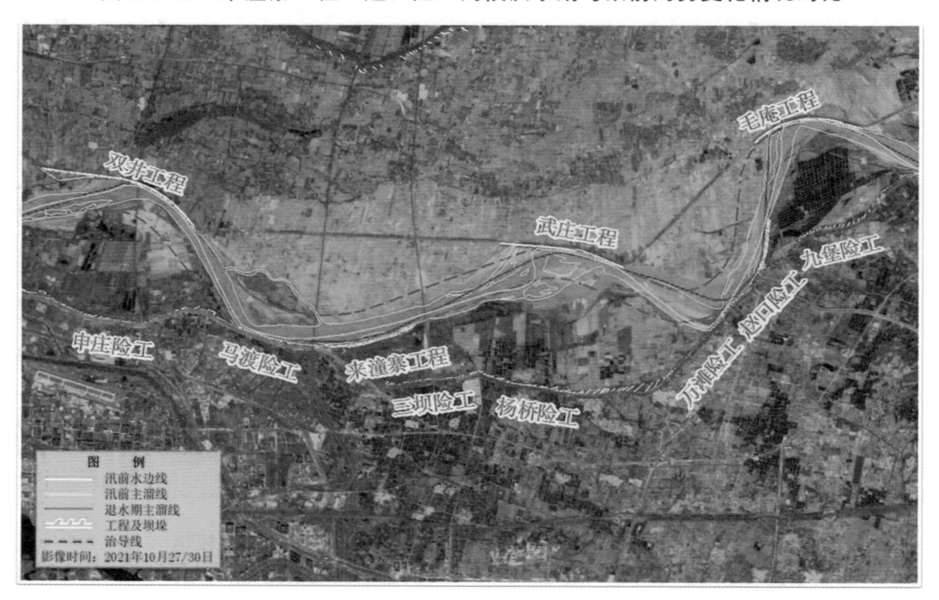

图 5.2-20　来潼寨工程—赵口险工河段退水期与汛前河势变化情况对比

赵口险工在大流量下 8～24 号坝、43～45 号坝靠主溜，秋汛过后主流下挫至 17～45 号坝。九堡控导工程前，主溜由 120～121 号坝下挫至 121～128 号坝，秋汛过后主流维持在 124～127 号坝。韦滩控导工程处的畸形河势大为改观，呈两股河分别沿原流路和沿规划流路下行，直接顶冲仁村堤工程的畸形河湾着溜点明显下挫。

(3)毛庵工程—顺河街工程。

图 5.2-21　马渡工程出险时坍塌情况(2021 年 11 月 22 日 21 时 15 分)

图 5.2-22　马渡工程二次出险土胎外露位置(2021 年 11 月 23 日 1 时 30 分)

洪水期与汛前相比:①毛庵工程至三官庙工程河势变化不大,工程靠河靠溜坝垛增加,局部心滩变小,水面展宽;②韦滩工程至大张庄工程汛前呈现“S”形畸形河湾,河道弯曲狭窄,洪水水面展宽幅度较大,汛前心滩消失,韦滩工程靠溜坝垛增加,河势顺直,主溜出韦滩工程,直接挑溜送至大张庄工程下首,河势趋直;③经大张庄工程挑溜作用,黑岗口上延工程逐渐从汛前的脱河开始靠河,黑岗口险工靠河靠溜坝垛增加,靠溜位置上提至 33 号坝垛,黑岗口下延控导全线靠河靠溜,心滩消失,河面展宽;④顺河街工程洪水期较汛前变化不大(见图 5.2-23)。

图 5.2-23　三官庙工程—顺河街工程河段洪水期与汛前河势变化情况对比

退水期与汛前相比：①毛庵工程至三官庙工程河势变化不大；②韦滩工程至大张庄工程河势趋好，“S”形畸形河湾消失，河道束紧，河势摆向右岸，仁村堤护滩、徐庄工程全部脱河脱溜，河势经过韦滩工程顺直到达大张庄工程下首位置，大张庄工程靠河靠溜坝垛上提至 10 号坝垛，工程控导作用加强；③黑岗口上延工程前滩岸受主溜冲刷，滩岸下切，岸线向工程坝前不断靠近，形成冲蚀凹陷滩岸；④顺河街工程河势下挫，主溜更为顺直，边滩加大，心滩变小，河道束紧（见图 5.2-24）。

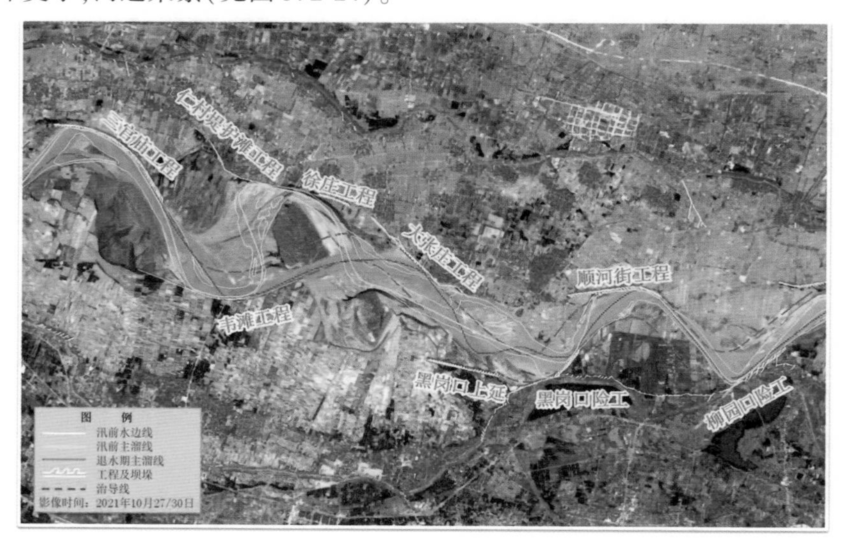

图 5.2-24　三官庙工程—顺河街工程河段退水期与汛前河势变化情况对比

黑上延控导工程由脱河变为 7~23 号坝漫水；黑岗口险工河势无太大变化；黑下延控导工程河势下挫，8~13 号坝受大溜顶冲严重。柳园口险工工程河势略有下挫。王庵控导工程靠河坝垛变化较大，靠主溜坝垛由 18~22 号坝下挫至 21~35 号坝，靠主溜坝垛增加 10 道,靠边溜坝垛 23~35 号坝变为 17~20 号坝,靠边溜坝增加 9 道,-2~5 号坝由脱河变为漫水,6~16 号坝由旱坝变为漫水,河势变化较大。府君寺工程靠河坝垛不变,靠主溜坝垛由 14~24 号坝下挫至 19~29 号坝,靠边溜坝垛上延 9~13 号坝、25~29 号坝变为 2 号垛~18 号坝,靠边溜坝减少 10 道,漫水上延 9~1 号垛,河势变化较大。欧坦控导工程靠河坝垛增加 8 道,靠大溜坝垛从 15~20 号坝变为至 18~37 号坝,主溜下挫 17 道坝;靠边溜从 13~14 号坝、21~37 号坝变为 13~17 号坝,靠边溜坝垛减少 14 道坝,5~12 号坝漫水不变,河势变化较大。

(4)柳园口工程—东坝头工程。

洪水期与汛前相比:①柳园口险工和大宫工程靠河靠溜坝垛变化不大,局部水面展宽,心滩消失;②王庵工程至曹岗险工河势稍有上提,靠溜坝垛增加,心滩消失(见图 5.2-25;③欧坦工程至东坝头控导工程河势稳定)。

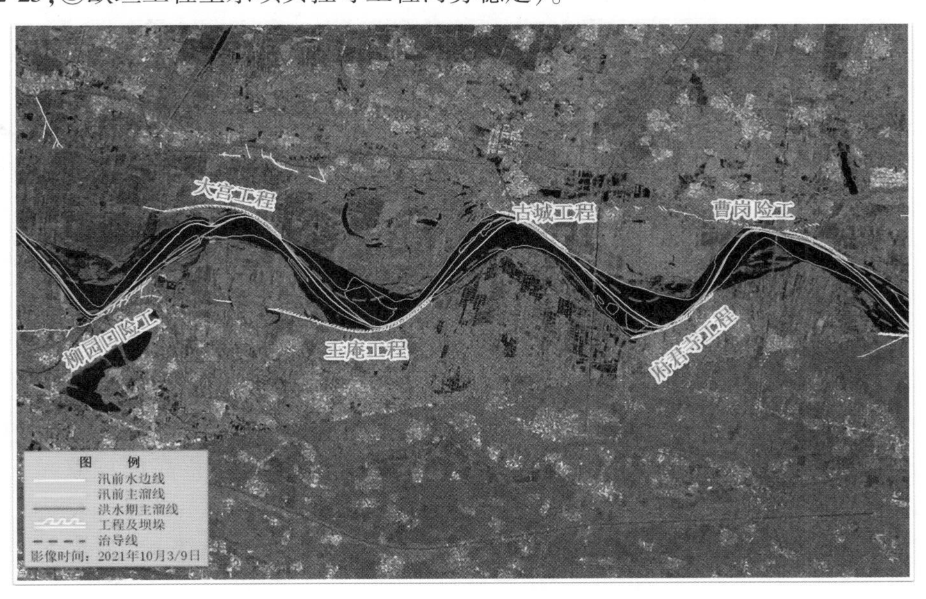

图 5.2-25　王庵工程—曹岗险工河段洪水期与汛前河势变化情况对比

退水期与汛前相比:①柳园口险工和大宫工程河势稳定;②王庵工程至曹岗险工河势整体下挫,靠溜坝垛减少,河势趋直,河道束紧(见图 5.2-26);③欧坦工程至东坝头控导工程河势稳定。

5.2.4　东坝头至陶城铺河段

东坝头至陶城铺河段河势整体比较稳定,无大变化,局部水面稍有展宽、主溜趋直,河道工程至高村险工汛前河势呈现小“S”形畸形河湾消失,河势向好。该河段共有 47 处工程。

河势流路趋于稳定,与秋汛前相比,河道过洪断面变宽,主流沿主河槽演进,仅局部河段河势存在上提或下挫现象,河势变化基本符合“小水上提,大水下挫”的河势演变规律。禅房控导工程河势变化不大(6~39 号坝靠溜);大留寺控导工程河势下挫 2 道坝(由 23~

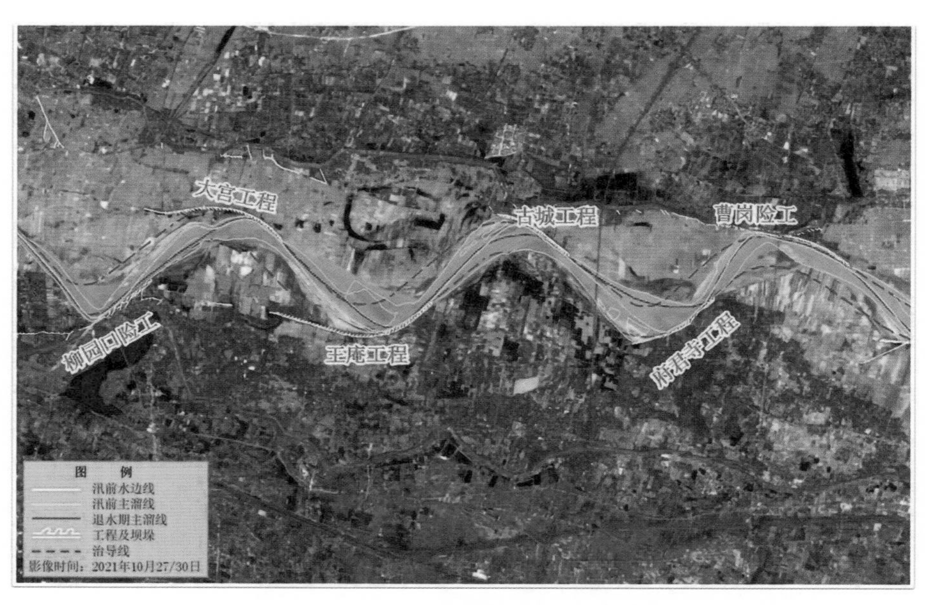

图 5.2-26　王庵工程—曹岗险工河段退水期与汛前河势变化情况对比

50 号坝靠溜转为 25~50 号坝靠溜)；周营上延控导工程主溜上提 2 道坝(由 8~10 号坝靠主溜转为 6~8 号坝靠主溜)；周营控导工程靠溜增加 1 道坝(由 1~29 号、31~39 号坝靠溜转为 1~29 号、31~40 号坝靠溜)；于林控导工程靠溜增加 4 道坝(由 18~35 号坝靠溜转为 18~39 号坝靠溜)。三合村—青庄弯道主溜向北偏移，青庄工程基本全线靠河，青庄险工下首靠主溜。夹河滩护滩工程靠河工程坝垛护岸增加 13 道，主溜上提 3 道坝；东坝头控导工程靠主溜不变；东坝头险工河势靠河数增加 4 道，靠主溜不变；蔡集工程靠河有所增加，上段工程 63~65 号坝开始靠河，靠河增加 3 道坝，下段工程靠河坝数无变化，但靠主溜坝数有所增加，主溜下挫 14 道坝。

本次洪水过程河势演变基本符合“大水趋中、小水坐弯”“大水下挫、小水上提”的特点。除青庄险工、杨楼控导工程、孙楼控导工程主溜略有上提外，其余工程均出现不同程度下挫；如南上延控导工程主溜位置由-6~-2 号坝下挫至-2~1 号坝，吴老家控导工程主溜位置由 7~28 号坝下挫至 16~29 号坝，枣包楼控导主溜位置由 10~19 号坝下挫至 12~20 号坝等。洪水过后青庄险工下首、南上延控导上首河势有所改善，但尹庄控导工程、孙楼控导等河段河势持续上提，危及滩区及工程安全。

(1)东坝头控导工程—高村险工。

洪水期与汛前相比：①杨庄险工—于林工程河势稳定，靠河靠溜坝垛无大变化，心滩消失或缩小，水面局部展宽；②河道工程—高村险工汛前河势呈现小“S”形畸形河湾，洪水期水面展宽明显，心滩消失，青庄险工河势上提，靠河靠溜坝垛增加，挑溜作用加大，主溜顺直，高村险工整体河势下挫，28 号坝以下多年不靠水的 29~31 号坝岸靠水靠主溜(见图 5.2-27)。

退水期与汛前相比：①杨庄险工至于林工程河势整体稳定，于林工程河势下挫、河道束紧、向右岸摆动；②河道工程至高村险工汛前河势呈现小“S”形畸形河湾消失，主溜趋直,高村险工河势下挫明显,靠溜坝垛下移至 31 号坝垛(见图 5.2-28)。

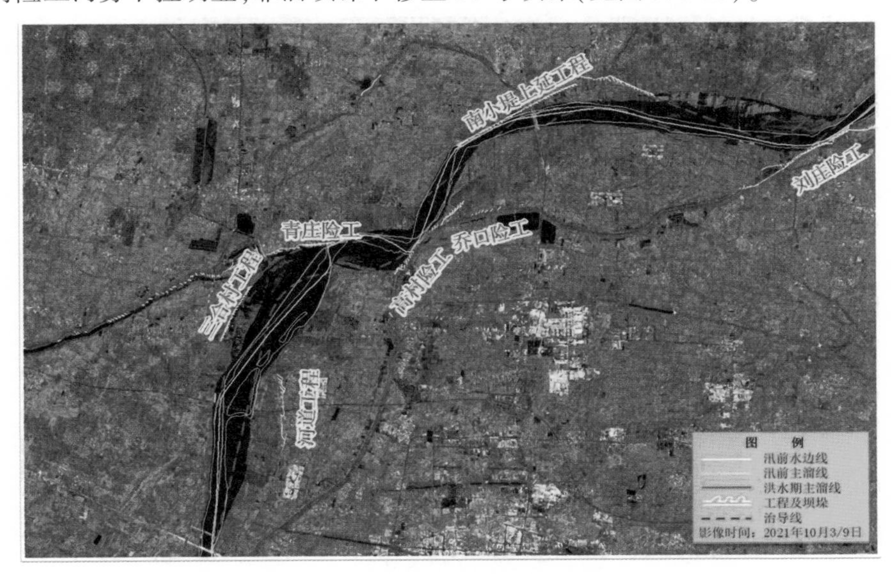

图 5.2-27　青庄险工洪水期与汛前河势变化情况对比

图 5.2-28　青庄险工退水期与汛前河势变化情况对比

(2)高村险工—陶城铺。

洪水期与汛前相比:南小堤上延工程至张闫楼工程河势整体稳定,左岸水面展宽较多;龙长治工程水面展宽较多,工程全线靠水,19 号坝垛以下靠溜(见图 5.2-29);牡丹刘庄险工河势上提,脱河多年的 28 号坝岸重新靠河。

退水期与汛前相比:南小堤上延工程至张闫楼工程河势整体稳定;苏泗庄险工河势变化较大,经过洪水期的冲刷,24~29 号坝垛对岸发生塌岸,河势整体下挫,工程靠溜坝垛下移(见图 5.2-30);龙长治工程河势稳定。

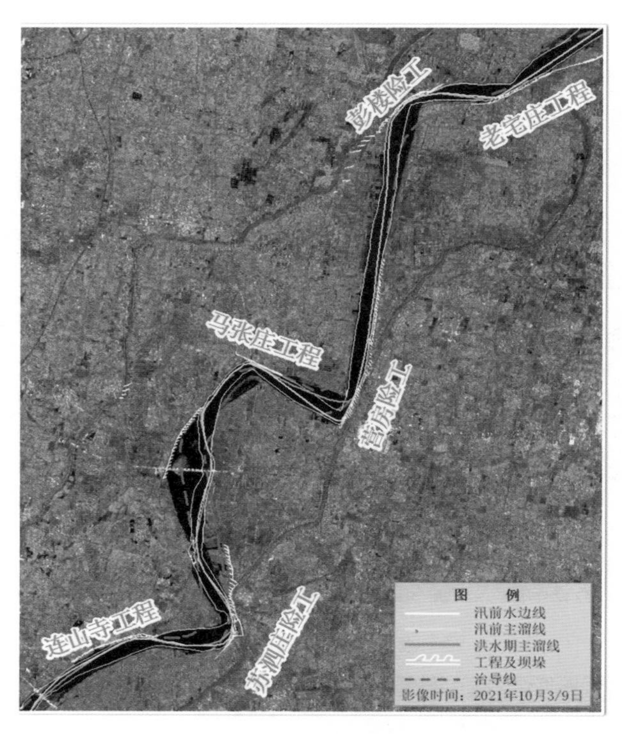

图 5.2-29　苏泗庄险工—龙长治工程洪水期与汛前河势变化情况对比

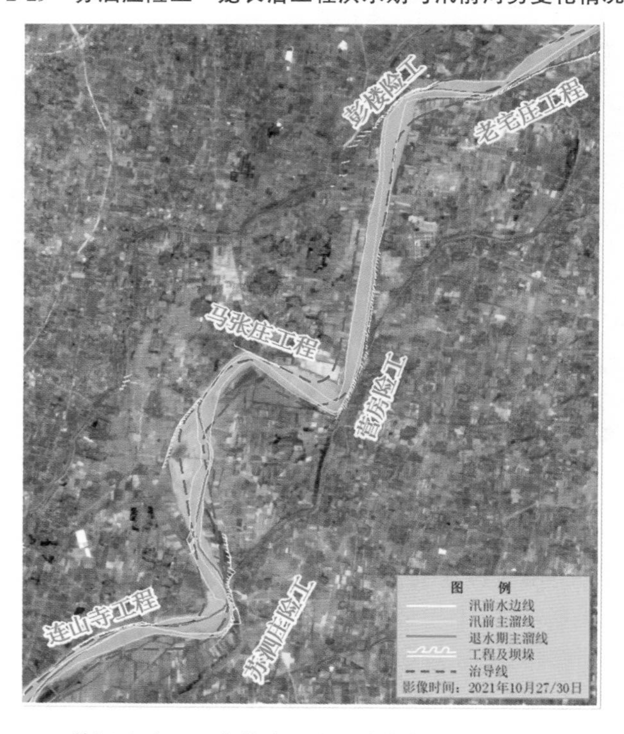

图 5.2-30　苏泗庄险工—龙长治工程退水期与汛前河势变化情况对比

5.2.5　陶城铺以下河段

陶城铺以下河段河势比较稳定，变化不大，局部河势略有上提下挫，主溜更加顺直，与2020 年防御大洪水实战演练期间最大流量靠溜情况相比，部分河段河势变化较明显：一是脱河多年的工程重新靠河，包括东阿艾山控导工程、平阴苏桥控导工程、平阴凌庄控导工程、平阴石庄控导工程、历城埝头控导工程、高青新徐控导工程、滨城龙王崖控导工程、利津张滩险工、利津张滩控导工程、东营打渔张险工。二是部分河段河势上提，如长清桃园控导工程靠溜坝号由 6~7 号、9~14 号坝上提到 1 号、4~5 号、12~13 号坝。三是部分河段河势下挫，如东阿陶嘴控导工程靠溜坝号由 0~16 号坝下挫至 15 号、16 号坝，东平姜沟控导工程靠溜坝号由 4~11 号坝下挫至 7~11 号坝，齐河程官庄险工靠溜坝号由 3~53 号坝下挫至 9~53 号坝，高青段王控导工程靠溜坝号由 1~20 号坝下挫至 6~20 号坝，滨城大高控导工程靠溜坝号由+2~5 号坝下挫至 0~11 号坝。

洪水期与汛前相比：长清桃园控导工程河势上提（见图 5.2-31）；王庄险工河势上提，靠河靠溜坝垛长度增加，心滩消失，工程下首河段水面展宽较大（见图 5.2-33）；崔家控导工程河势左移上提，西河口控导工程局部河势下挫。崔家控导至西河口控导工程水面展宽较多，河势顺直（见图 5.2-35）；口门河段水面展宽较多，主汊呈正北方向，与汛前相比顺时针偏转 21°，河长延伸约 2.1 km，河势更为顺直（见图 5.2-37）。

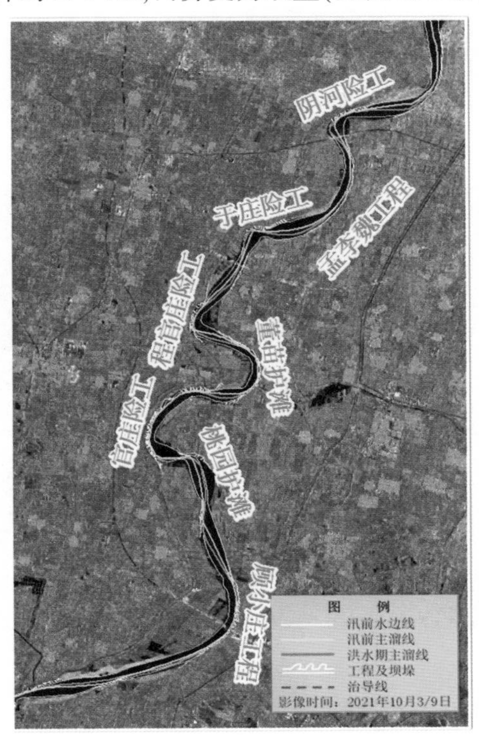

图 5.2-31　桃园控导工程洪水期与汛前河势变化情况对比

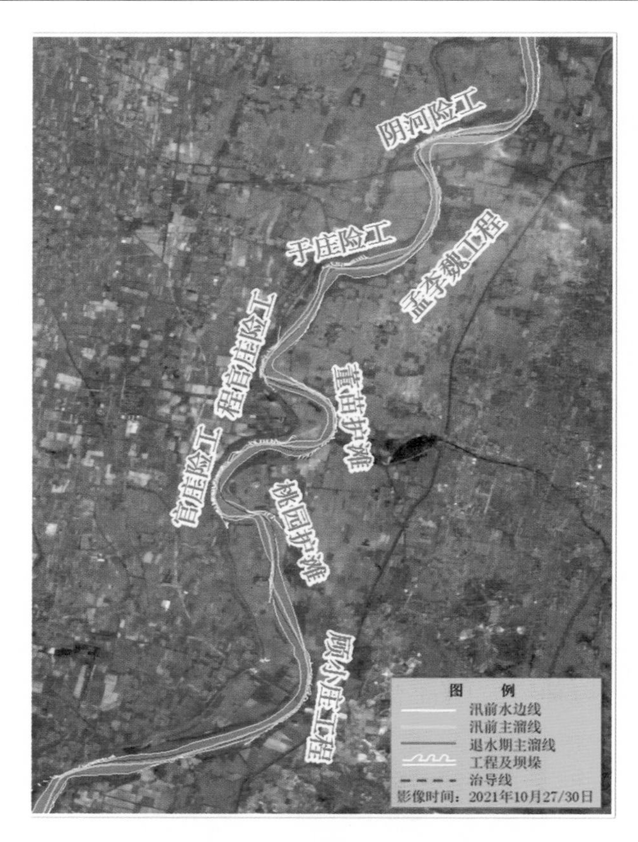

图 5. 2-32　桃园护滩退水期与汛前河势变化情况对比

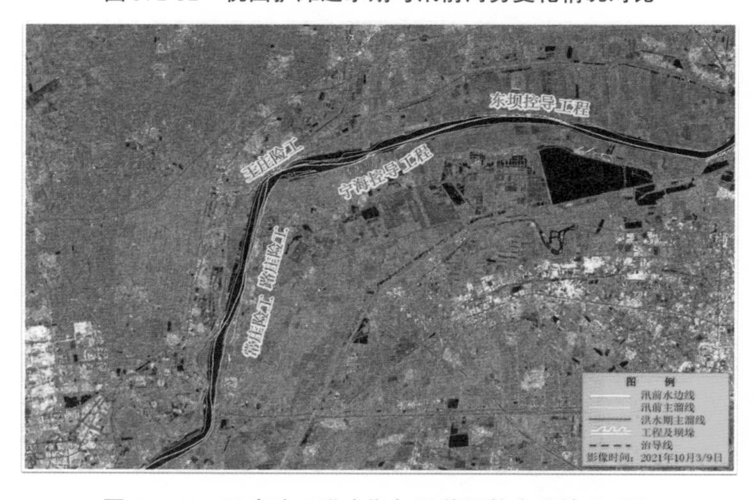

图 5. 2-33　王庄险工洪水期与汛前河势变化情况对比

图 5.2-34　王庄险工退水期与汛前河势变化情况对比

图 5.2-35　崔家控导工程至西河口控导工程洪水期与汛前河势变化情况对比

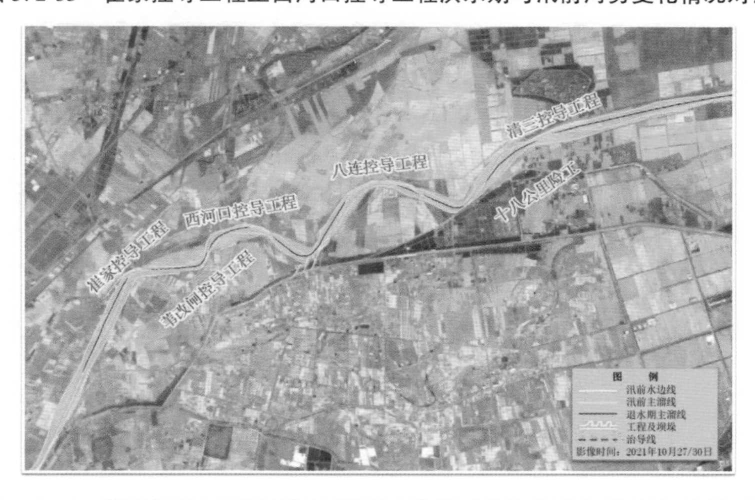

图 5.2-36　崔家控导工程至西河口控导工程退水期与汛前河势变化情况对比

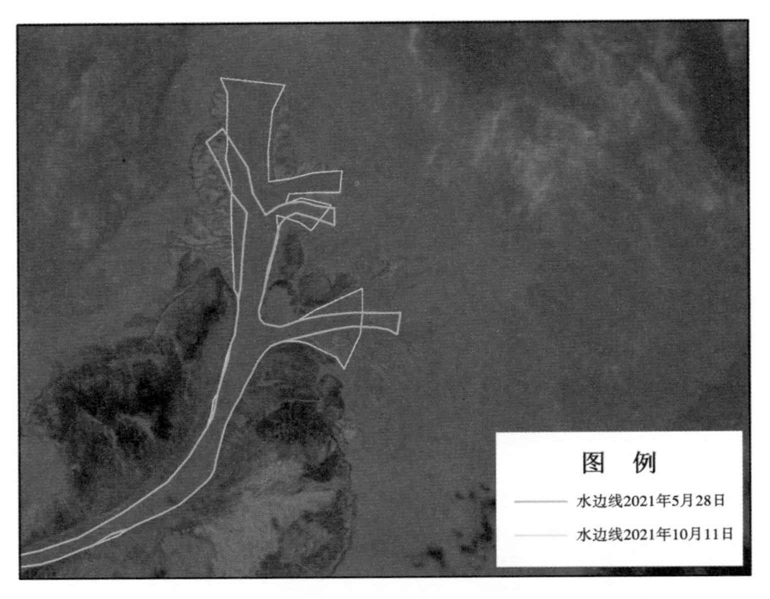

图 5.2-37　河口口门段洪水期与汛前河势变化情况对比

退水期与汛前相比：长清水坡控导工程至桃园控导工程河势稍有上提（见图 5.2-32）；王庄险工、崔家控导工程、西河口控导工程与洪水期相比河势变化不大（见图 5.2-34、图 5.2-36）。口门河段主汊向北偏东方向调整，与汛前相比沿顺时针偏转了 47°，沙嘴与洪水期相比出现蚀退，河长延伸约 1.4 km（见图 5.2-38）。

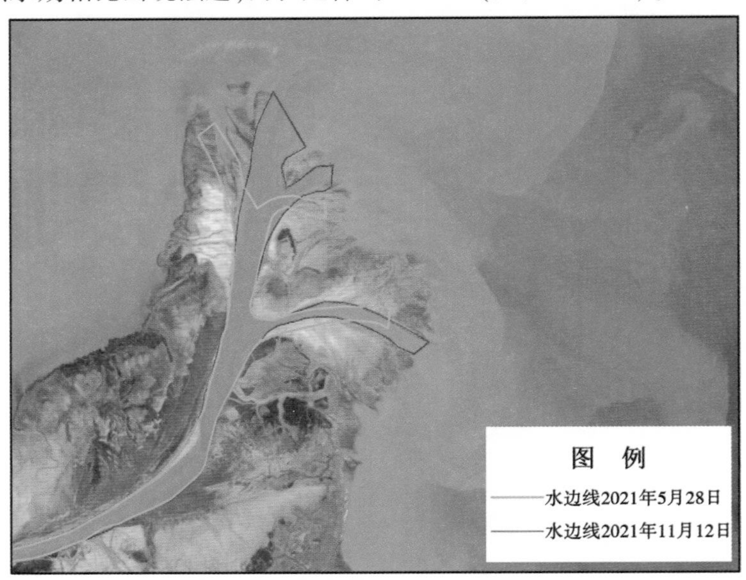

图 5.2-38　河口口门段退水期与汛前河势变化情况对比

5.3　畸形河势演变过程

近年来,黄河下游畸形河势主要分布在神堤—枣树沟、三官庙—黑岗口和河道工程—高村河段,在分河段河势遥感监测与分析基础上,利用多年卫星遥感影像对畸形河段河势演变过程进行分析,重点分析了本次秋汛洪水对河势演变的影响。

5.3.1　神堤—枣树沟河段

近 2 年来,神堤工程—枣树沟控导工程河段,连续多年主溜频繁摆动,心滩、边滩变化较大,河势较不稳定,本次秋汛洪水后主溜趋顺直,河势趋好(见图 5.3-1),具体分析如下:

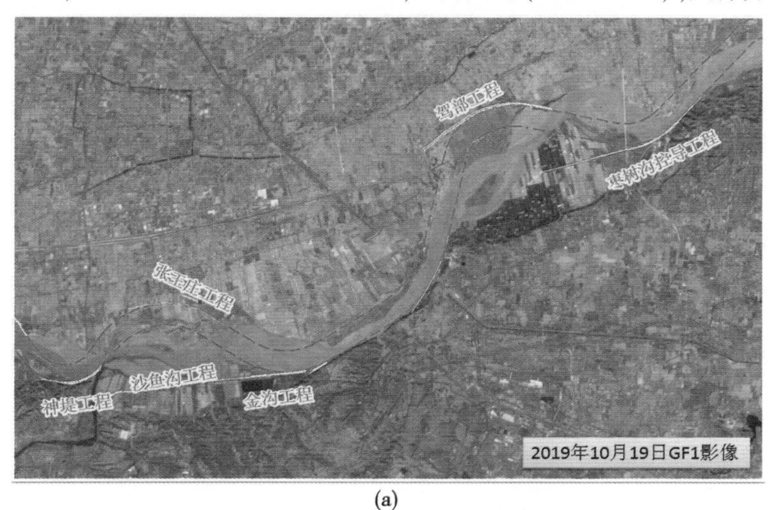

(a)

(b)

图 5.3-1　2019—2021 年神堤工程—枣树沟控导工程河势演变情况

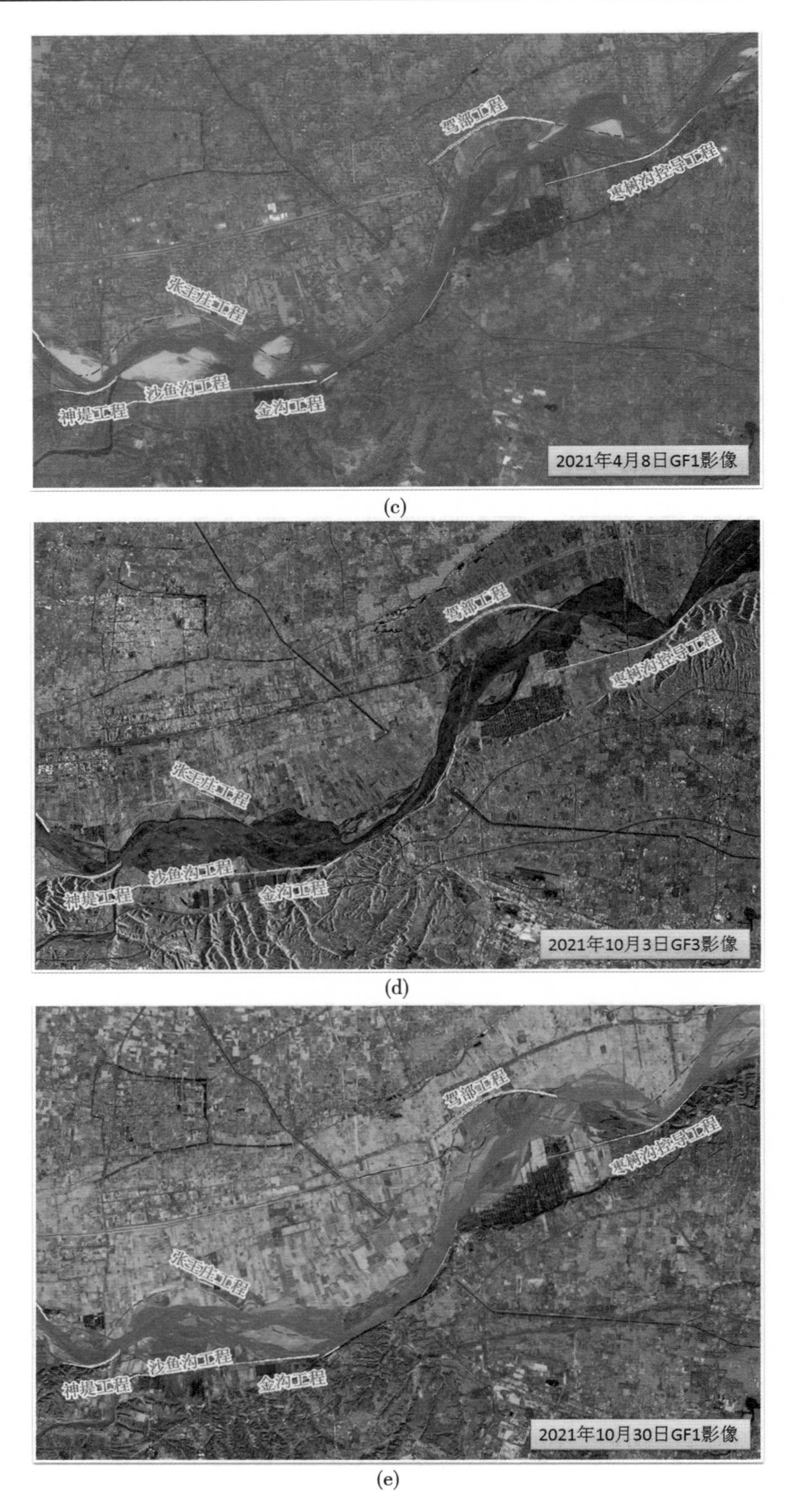
驾部工程
枣树沟控导工程
张王庄工程
沙鱼沟工程
神堤工程
金沟工程
2021年4月8日GF1影像
(c)
驾部工程
枣树沟控导工程
张王庄工程
沙鱼沟工程
神堤工程
金沟工程
2021年10月3日GF3影像
(d)
驾部工程
枣树沟控导工程
张王庄工程
沙鱼沟工程
神堤工程
金沟工程
2021年10月30日GF1影像
(e)

图续 5.3-1

(1)2019 年 10 月,沙鱼沟工程下首靠河,张王庄工程脱河,金沟工程下首靠河,主溜在南北岸摆动,河道弯曲,驾部工程脱河脱溜。

(2)2020 年 10 月,主溜摆向对岸,沙鱼沟工程主溜摆向北岸导致工程脱河,张王庄工程仍然脱河,金沟工程上首靠河,河道弯曲,驾部工程下首主溜左弯,兴阳线焦郑黄河大桥处形成“U”形河湾加剧,左岸不断后退。

(3)2021 年 4 月,神堤工程送溜力度加大,金沟工程河道心滩加大,主溜分为两股送往驾部工程,驾部工程下首“U”形河湾进一步加剧。

(4)2021 年 10 月,在本次持续大洪水过程作用下,河道心滩、边滩发生较大变化,主溜趋于顺直,驾部工程河势上提,尾部靠水靠溜,工程挑溜作用明显,河势顺直,河道束紧,兴阳线焦郑黄河大桥处已形成的“U”形河湾得到较大改善,边滩增大;洪水期枣树沟控导工程受主溜持续顶冲,工程出险,随着驾部工程逐步靠河靠溜,该段河势逐渐趋好。

(5)近年来孤柏嘴控导工程送溜能力较弱,致使河出孤柏嘴控导工程后摆严重(见图 5.3-2),驾部控导工程靠河位置持续下挫,右岸滩地不断坐弯冲刷,在本次秋汛洪水前驾部控导工程基本脱河,洪水期河面变宽,河势稍有上提,工程下首 3 道坝靠河,同时在工程下首左岸坐弯,形成不利于行洪的畸形河势(见图 5.3-3)。黄河下游“十四五”可研中安排驾部控导下延 700 m,可有效提高驾部工程控导能力,稳定驾部至枣树沟河段河势。

图 5.3-2　孤柏嘴控导工程下首畸形河势

图 5.3-3　驾部控导工程下首畸形河势

5.3.2　三官庙—黑岗口河段

近 2 年来,三官庙工程—黑岗口险工河段畸形河湾发育,河势频繁变化,是洪水防御重点河段。本次秋汛洪水后韦滩工程河段畸形河湾逐渐消失,主溜趋顺直,河势趋好(见图 5.3-4),具体分析如下:

(1)2019 年 10 月,韦滩工程至黑岗口险工呈现连续畸形河湾,韦滩工程基本属于脱河脱溜状态,仁村堤护滩工程主溜顶冲坝垛,大张庄工程前形成较深的“V”形河湾,工程尾部靠河靠溜。

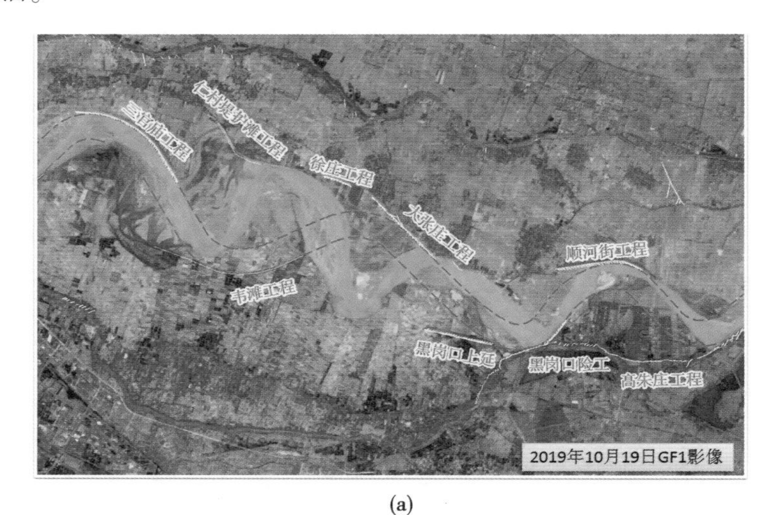

(a)

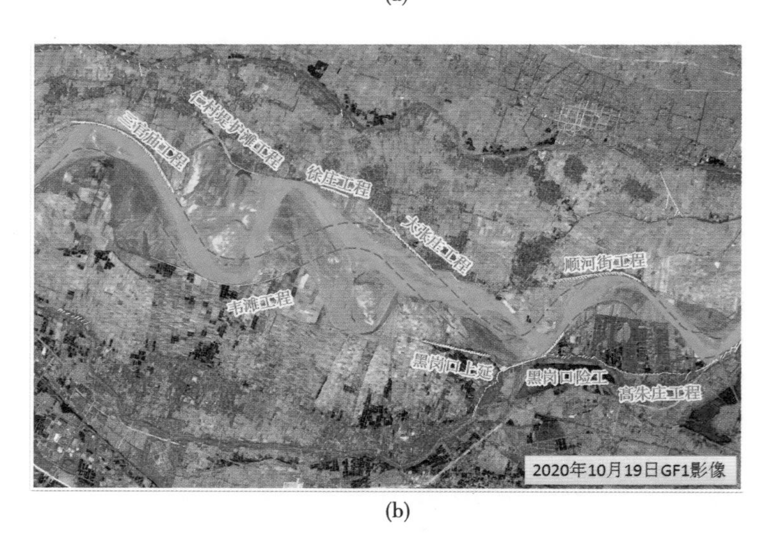

(b)

图 5.3-4　2019—2021 年韦滩工程—黑岗口工程河势演变情况

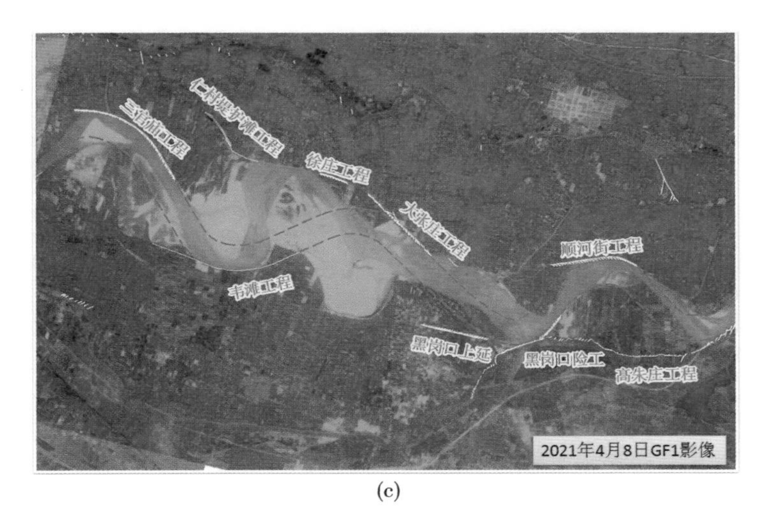
仁村堤护滩工程
三官庙工程
徐庄工程
大张庄工程
顺河街工程
韦滩工程
黑岗口上延
黑岗口险工
高朱庄工程
2021年4月8日GF1影像

(c)

(d)

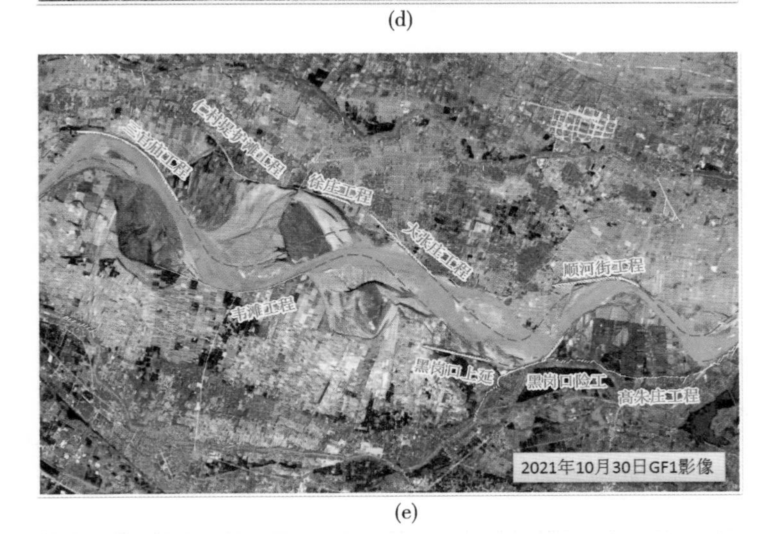
仁村堤护滩工程
三官庙工程
徐庄工程
大张庄工程
顺河街工程
韦滩工程
黑岗口上延
黑岗口险工
高朱庄工程
2021年10月30日GF1影像

(e)

续图 5. 3-4

(f)

续图 5.3-4

(2)2020 年 10 月,经大洪水实战演练洪水过程,韦滩工程靠河靠溜长度增加,仁村堤护滩工程河势下挫,主溜出工程直达大张庄工程,大张庄工程前“V”形河湾消失,河道趋直。

(3)2021 年 10 月,经秋汛洪水过程,韦滩工程前“S”形畸形河湾基本消失,河道束紧,河势摆向右岸,仁村堤护滩、徐庄工程全部脱河脱溜,河势经过韦滩工程顺直到达大张庄工程下首位置,大张庄工程靠河靠溜坝垛上提至 10 号坝垛,工程控导作用加强;黑岗口上延工程前滩岸受主溜冲刷,滩岸下切,岸线向工程坝前不断靠近,形成冲蚀凹陷滩岸,仍需重点关注该河段上下河势发展变化趋势。

(4)本次秋汛洪水期间韦滩控导工程河段的河势变化过程见图 5.3-5,从图上可以看出,洪水前期河势呈明显的“S”形河湾,主溜 3 次通过安罗高速施工栈桥,持续冲刷韦滩控导工程前滩地,对仁村堤呈顶冲之势;洪水期河面展宽,韦滩控导工程前滩地不断缩小,工程的靠河长度不断增加,同时在工程下首漫滩过流,逐渐形成行洪通道(见图 5.3-6);秋汛洪水后,当大河流量降至 2 000 m^3/s 流量时,韦滩控导工程前滩地消失,工程全部靠河,左岸仁村堤位置河道过流基本停止,畸形河势得到彻底改善,基本沿规划流路行河,主溜直接至对岸大张庄工程,黄河下游“十四五”防洪工程可研报告安排大张庄控导上延 1 100 m,下延 500 m,可有效提高工程迎送溜能力,规顺河势。但需要注意的是,由于韦滩控导工程为透水桩结构,其送溜能力较弱,送溜距离较短,易出现后败坐弯现象,引起下游河势不稳定。

5.3.3 河道工程—高村河段

近 2 年来,受河道工程—青庄险工右岸滩岸坍塌影响,青庄险工有脱河趋势,工程前河势呈现小“S”形畸形河湾,主要是由于堡城险工—青庄险工的直河段长达十余千米,工程送溜能力不足。三合村工程脱河,青庄险工的靠河位置也持续下挫,仅下首 19~20 号垛靠边溜,工程下首 1 800~2 060 m 处生产堤长时间偎水,最大偎水深度 1.2 m。本次洪水后青庄险工下首滩地持续坍塌,主溜趋直,高村险工靠河位置下挫(见图 5.3-7),高村

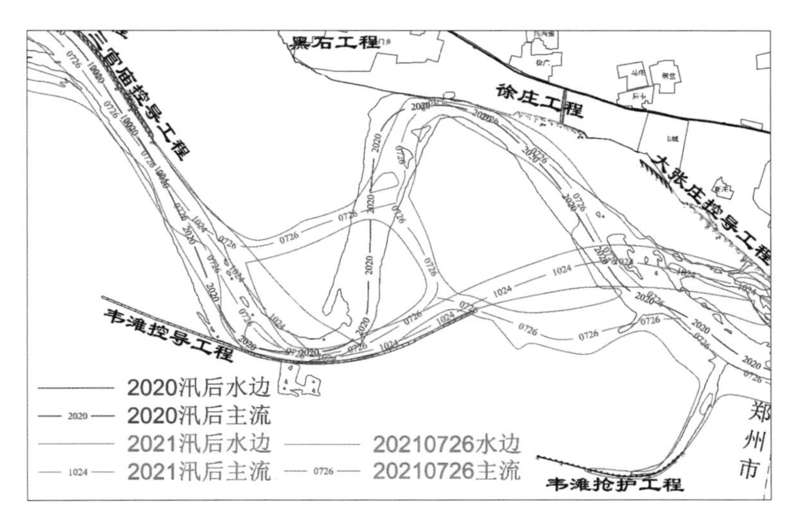

图 5.3-5　韦滩控导工程河段河势变化过程

图 5.3-6　韦滩下首行洪通道逐渐形成

险工下首滩地持续坍塌,具体分析如下:

(1)2019 年 10 月,三合村工程心滩发育,河道工程至青庄险工右岸滩岸坍塌后退,青庄险工前河势呈现小“S”形畸形河湾。

(2)2020 年 10 月,河道工程至青庄险工的右岸滩岸坍塌后退,青庄险工右岸滩岸后退,河势下挫,主溜顺直,青庄险工靠水靠溜坝垛减少,有脱河脱流趋势。

(3)2021 年 10 月,经过大洪水冲刷,河道工程至青庄险工主溜居中行洪,青庄险工前“S”形畸形河湾消失,河势趋直。

(4)洪水期青庄险工下游左岸滩地坍塌严重,河势趋直,当地政府主导在青庄险工下游左岸修筑防护垛 17 道,其中 2020 年汛期修筑 7 道,2021 年秋汛洪水期间顺延修筑 10 道。高村险工靠河位置下挫,由原顶冲 16~18 号坝变为现在顶冲 27~29 号坝,高村险工 34 号坝下游右岸滩地坍塌严重,滩岸坍塌长度约 950 m,最大坍塌宽度约 73 m,坍塌面积 44 亩。

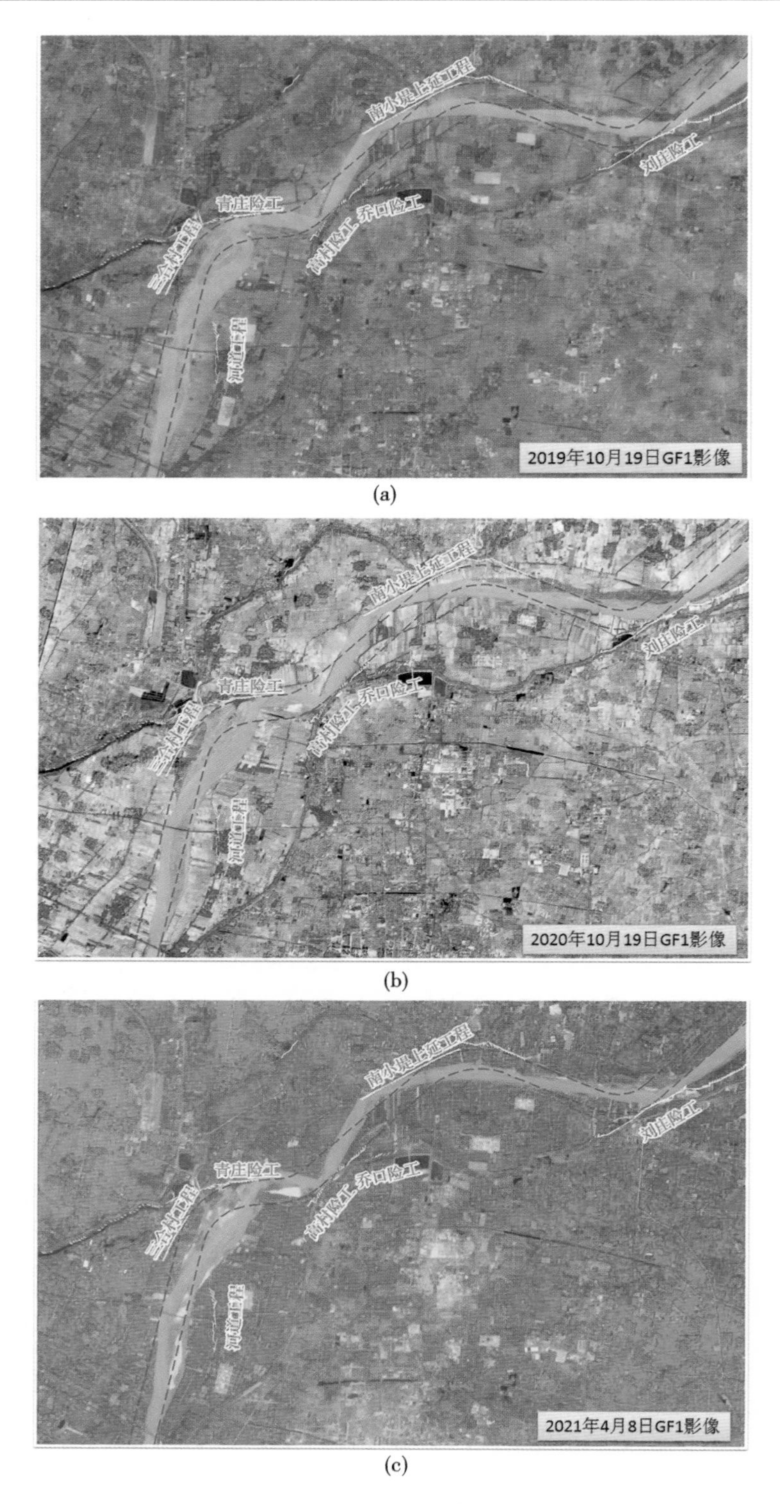

图 5.3-7　2019—2021 年河道工程—高村工程河势演变情况

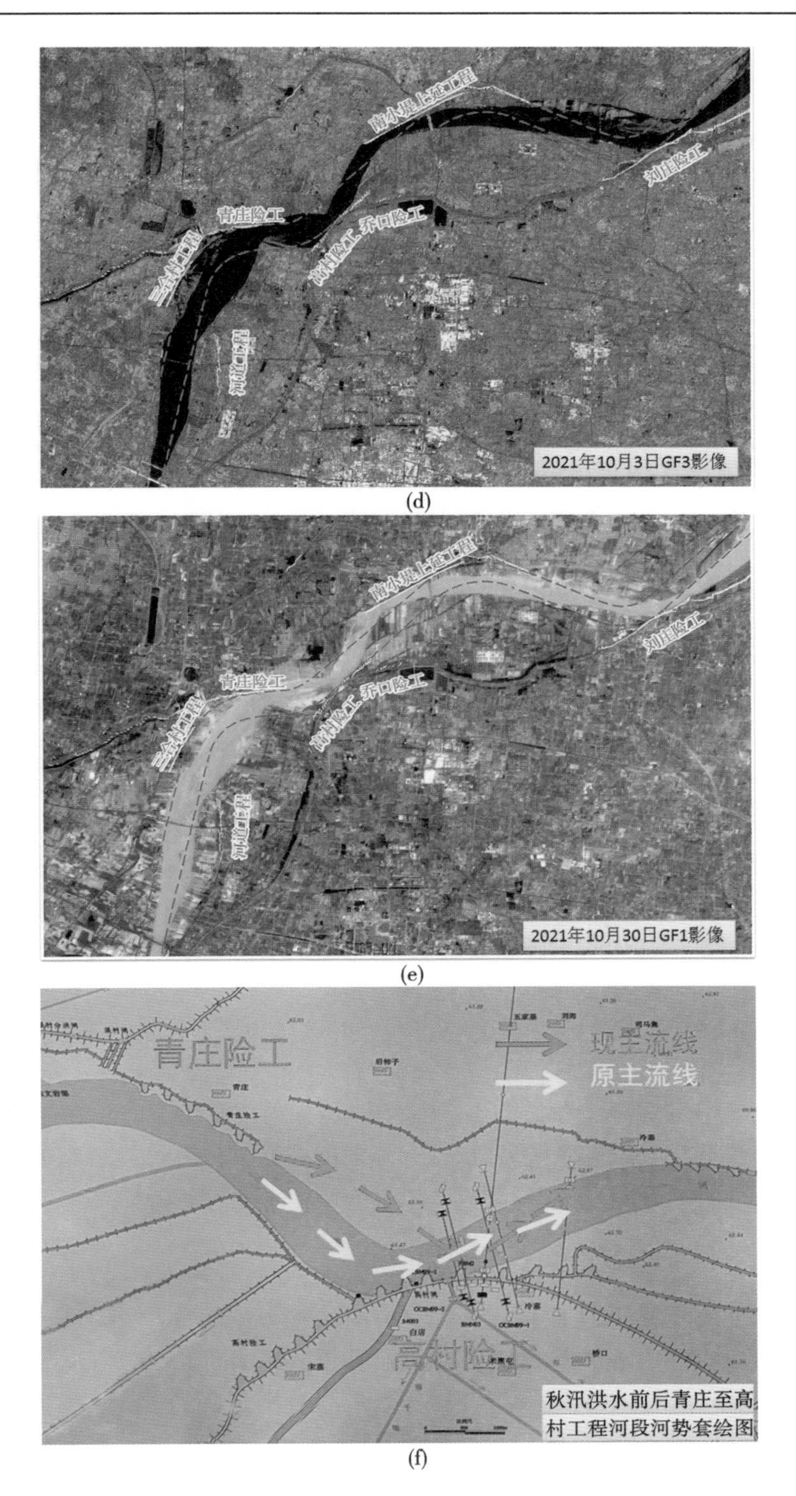
南小堤上延工程
刘庄险工
青庄险工
三合村工程
高村险工、乔口险工
2021年10月3日GF3影像
(d)
南小堤上延工程
刘庄险工
青庄险工
三合村工程
高村险工、乔口险工
2021年10月30日GF1影像
(e)
青庄险工
现主流线
原主流线
高村险工
秋汛洪水前后青庄至高
村工程河段河势套绘图
(f)

续图 5.3-7

5.4　典型工程河势变化

在本次秋汛洪水过程中，对重点工程位置的河势变化进行了实时观测和记录，对分析工程易出险部位、出险原因等具有重要意义，为今后的工程预加固提供参考依据。

5.4.1　刘庄险工

高村险工—刘庄险工河段河道长约 15 km，右岸无工程控制，控溜能力不足。自 2006 年 6 月以来，刘庄险工上首滩地不断坍塌后退，2014 年汛期至 2019 年汛前坍塌基本无发展，2019 年大流量期间又发生小规模坍塌，2020 年防御大洪水实战演练期间，主溜靠右岸行走，坍塌迅速发展至生产堤位置，生产堤后 300 m 处是东明黄河滩区居民迁建工程菜园集镇 2 号村台，为确保村台安全，地方政府采取抛柳枕、土袋和覆盖塑料布等措施对滩岸坍塌重点部位予以防护，此次秋汛洪水期间未发生坍塌。截至 2021 年 10 月 27 日，东明北滩滩岸坍塌上界已至左岸南小堤险工对面，累计坍塌长约 1 500 m，最大坍塌宽度约 400 m，坍塌面积达 48 hm^2，致使刘庄险工河势不断上提，脱河多年的 29 号、28 号坝分别于 2020 年洪水期间、2021 年调水调沙期间重新靠水着溜，靠溜坝段也由 2016 年汛前 40~43 号坝上提至 28~43 号坝。目前，该河段在小水情况下不再发展，汛期如发生较大洪水，滩岸靠溜行洪，将严重威胁滩内菜园集镇 2 号村台安全。

5.4.2　苏泗庄控导工程

受上游河段工程布局影响，龙长治工程失去控溜作用，而尹庄控导工程位置超出治导线，三段坝过长，挑溜能力强，将溜直接挑至右岸滩地，致使董口滩滩岸坍塌严重。自 2013 年 8 月以来，苏泗庄工程下首董口滩张村段不断坍塌后退，2017 年 11 月以来坍塌速度加剧。截至 2021 年 10 月 27 日，滩岸坍塌上界位于左岸尹庄控导工程 2 号坝对面，累计坍塌长约 4 690 m，最大坍塌宽度约 1 031 m，坍塌面积约 220 hm^2，滩区内原来部分生产堤及道路已坍塌入河，2021 年汛前董口滩张村附近群众自发修建的 6 处碎砖垛除 1 处外，其他 5 处全部坍塌入河，严重威胁到滩区安全。如果现有的 1 处群众自发修建的碎砖垛坍塌入河后，董口滩滩岸坍塌将快速发展，马张庄控导工程有被抄后路的危险，引起营坊险工以下工程溜势发生紊乱。

5.4.3　朱丁庄控导工程

自 2005 年汛末以来，朱丁庄控导工程河段河势逐步上提右移，工程上首滩岸不断坍塌，靠溜坝段由 2005 年汛后 10~28 号坝上提至秋汛洪峰期间 1~28 号坝。特别是受 2018 年以来大流量洪水冲刷，该河段河槽右侧刷深，主溜右移，河势上提，工程上首滩岸坍塌，坝裆受回溜淘刷，坍塌后退，已威胁联坝路安全；本次秋汛洪水期间，该工程 33 处坝段和坝裆发生坍塌险情。如遇大流量冲刷，工程上首滩岸可能继续坍塌，危及工程安全。

5.4.4　王平口控导工程

王平口控导工程于1970年全部脱溜,1976年大水后淤埋在滩内,一直未再靠水着溜,直至2018年大流量期间,因河势左移,滩岸坍塌发展迅速,坝前原有宽100 m左右的滩地全部坍塌入水,王平口控导7号、8号坝和大崔险工新1号至新5号坝重新靠水着溜,由于该2处工程已脱河多年,基础薄弱,工程出险较多。王平口控导工程上首滩岸坍塌尚未完全得到控制,5~8号坝均靠水。如在长时间大流量冲刷下,淤埋于滩内的工程坝段可能重新靠水着溜,发生坦石坍塌、漫溢等险情。

5.4.5　苇改闸控导工程

苇改闸控导工程河段河势从2011年汛末开始右移上提,工程重新靠水着溜,2018年大流量期间15号坝开始靠水着回溜,2019年汛前14号坝靠水靠边溜。2013年以来,工程连年出险,累计出险43次,其中2013年汛期18~19号坝累计出险5次,2014年汛期下首连坝路出险1次,2015年汛期17~19号坝累计出险11次,2016年汛期16~17号坝累计出险6次,2018年汛期15~19号坝累计出险9次,2019年汛期15~16号坝累计出险3次,2020年19号坝出险1次,2021年汛期15~19号坝累计出险7次。此次秋汛洪水14~19号坝均靠溜,19号坝发生坦石坍塌险情3次。如果任其受水流冲刷,大洪水期间可能再次发生坦石坍塌等险情。

5.5　重点部位流场监测

在本次秋汛洪水过程中,黄科院与黄委水文局合作采用先进的监测技术和设备,对部分工程利用无人机、无人船等设备进行了水深和流场测量,对分析工程易出险部位、出险原因等具有重要意义,为今后的工程预加固提供了参考依据。

5.5.1　韦滩控导工程

秋汛洪水期间,黄河下游表现最为明显的畸形河势河段为韦滩控导工程河段,该河段河势散乱,畸形河势频发,偏离规划流路较多。2018年以前,韦滩控导工程基本不靠河,造成大面积滩地塌蚀,据统计,2018年汛后滩地坍塌长度约为4 000 m、平均宽度约为250 m,坍塌面积约为100 hm^2。2008—2011年累计塌滩面积360多hm^2。

在黄河大流量持续作用下,韦滩段河道发生自然裁弯,畸形河势得到缓解,韦滩控导实现长距离靠河,靠水上端距工程上首约1 800 m。此时主溜出现在韦滩控导透水桩坝左侧,部分透水桩坝右侧塌滩形成缓流区,塌岸距离工程约20 m。受透水桩坝影响,缓流区流速降至1 m/s,有效减缓了塌滩速度,透水桩坝起到了良好的护岸作用。图5.5-1为韦滩工程下首10月20日无人机实测流场。10月24日8时,夹河滩水位站实测流量2 140 m^3/s,黄河流量下降,水位回落,小浪底、西霞院水库按1 200 m^3/s下泄开展联合调度。安罗高速施工栈桥上游左岸回淤形成滩地,韦滩左岸流路全部堵塞,该河段结束了28年的畸形河势,再次归入设计的规划治导线内(见图5.5-2)。

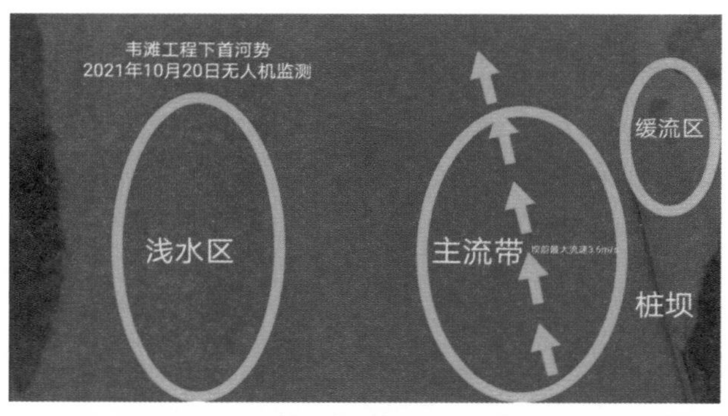

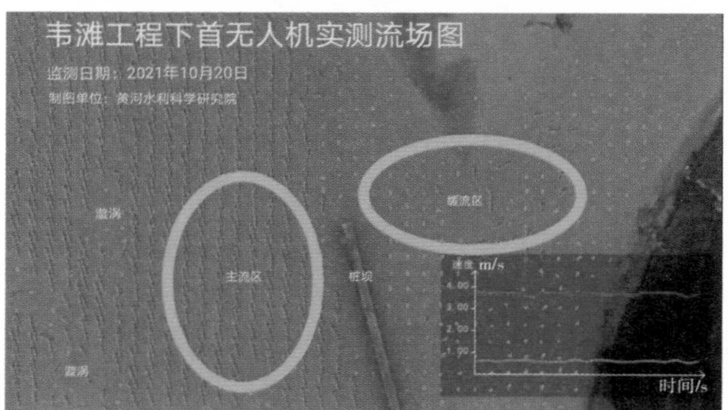

图 5.5-1　韦滩工程下首 10 月 20 日无人机实测流场

图 5.5-2　韦滩河势 10 月 24 日无人机监测

5.5.2　黑岗口下延控导工程

秋汛期间，经河势查勘及无人机航拍，黑岗口下延控导 1~7 号坝靠边溜，8~13 号坝靠主溜，大河在黑岗口下延控导河段形成了上宽下窄的“卡口”河势（宽约 150 m），坝前流速大、冲刷力强，10 月 21 日，工程上首 1 km 处形成河心滩，将主河道分为两股，一股靠 4~6 号坝，另一股靠 10~11 号坝。

在秋汛防御期间，黑岗口河段随着大河主溜持续淘刷黑岗口下延控导对岸滩地，流量增加，河势持续下挫，黑岗口下延控导下首工程受到主溜顶冲及回溜淘刷，险情持续发生。流量减小时，大河主溜河势上提，该工程上首受到主溜顶冲，汛期多次出险。

10 月 18 日，在黑岗口下延工程，利用无人船携带测深仪对 10~13 号坝间的水下地形进行测量。10 号坝坝前最大水深 26.3 m，距离坝头 40 m；11 号坝坝前最大水深 26.2 m，距离坝头 38 m；12 号坝坝前最大水深 26.7 m，距离坝头 46 m；13 号坝坝前最大水深 26.3 m，距离坝头 37 m。图 5.5-3 为黑岗口下延工程实测水深流场图，从图中可以看出，11～13 号坝坝前顶冲最为剧烈，最大水深达到 26.7 m。采用无人机正向摄影 9～11 号坝，高速主溜顶冲坝头、坝身，回溜淘刷坝裆，弯道顶部最大流速达 3.2 m/s，缓流区流速 1.0 m/s 左右。

图 5.5-3　黑岗口下延工程 10 月 18 日无人机实测水深、流场

10 月 25 日，夹河滩站实测流量 2 050 m^3/s，随着水位下降，坝裆开始落淤，左岸大片滩地露出。采用无人机正向摄影 11~13 号坝(见图 5.5-4),通过粒子图像测速技术计算得到最大流速为 2.6 m/s,相比 10 月 18 日流速降低 0.6 m/s。

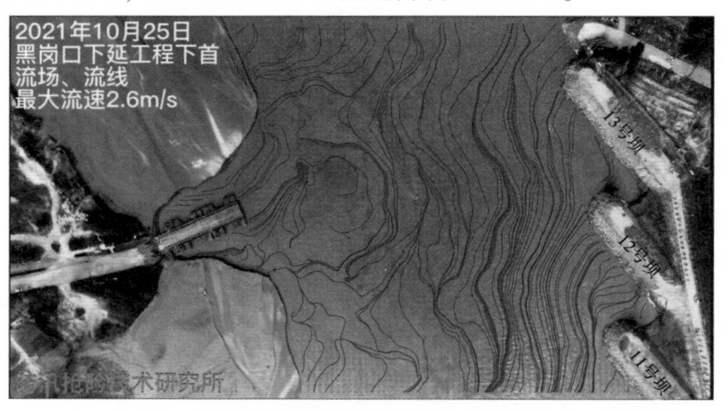

图 5.5-4　黑岗口下延工程 10 月 25 日无人机实测流场

5.5.3　霍寨险工

霍寨险工受上游工程影响河势持续上提,逐渐由 2011 年汛前的 12~16 号坝靠溜上提到现在的 8~16 号坝,致使工程上首滩岸长期受回溜或边溜淘刷,坍塌严重。2011 年汛前 12 号坝靠水着溜;2013 年汛前 11 号坝靠水着溜;2014 年汛前 10 号坝靠水着溜;2019 年 4 月,9 号坝靠水着溜;2020 年 4 月,8 号坝靠水着溜,工程险情频发。本次秋汛洪水期间,对两坝坝裆进行了抛石防护,坝裆不再坍塌,但 8 号坝上首滩岸仍持续坍塌,共坍塌 14.4 亩,致使 7^{+1} 号坝至 8 号坝坝裆发生坍塌后溃险情,经抛石抢护,坝裆坍塌不再继续发展。根据目前河势,若小水情况下河势上提,将会造成霍寨险工上首滩地坍塌继续,甚至可能出现横河现象。

10 月 20 日在霍寨险工 8~14 号坝前进行了流场和地形测量,测量包括表面流场、水下 2.4 m 流场、水下 4.0 m 流场、水下 6.4 m 流场、水下 8.0 m 流场和水下地形(见图 5.5-5~图 5.5-10)。

图 5.5-5　10 月 20 日霍寨险工坝前表面流场情况

图 5.5-6　10 月 20 日霍寨险工坝前水下 2.4 m 流场情况

图 5.5-7　10 月 20 日霍寨险工坝前水下 4.0 m 流场情况

图 5.5-8　10 月 20 日霍寨险工坝前水下 6.4 m 流场情况

图 5.5-9　10 月 20 日霍寨险工坝前水下 8.0 m 流场情况

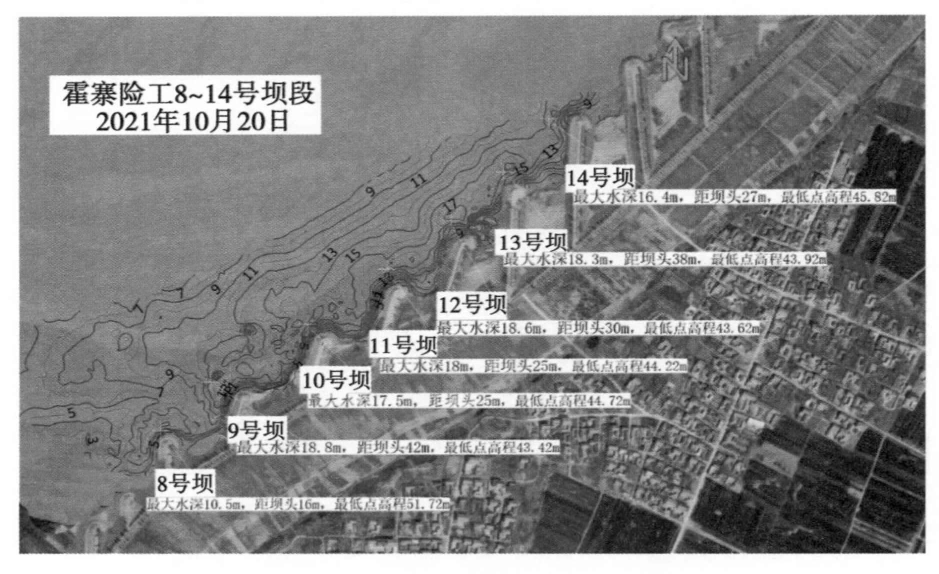

图 5.5-10　10 月 20 日霍寨险工坝前水下地形情况

通过计算分析，9～10 号坝表面最大流速 3.0 m/s，回流区最大流速 1.5 m/s；10～11 号坝表面最大流速 2.5 m/s，回流区最大流速 1.0 m/s；11～12 号坝表面最大流速 2.5 m/s，回流区最大流速 1.3 m/s；12～13 号坝表面最大流速 2.2 m/s，回流区最大流速 1.2 m/s。

水下 2.4 m 位置最大流速 4.49 m/s，平均流速 1.56 m/s；水下 4.0 m 位置最大流速 4.21 m/s，平均流速 1.53 m/s；水下 6.4 m 位置最大流速 4.04 m/s，平均流速 1.51 m/s；水下 8.0 m 位置最大流速 3.73 m/s，平均流速 1.51 m/s。

根据 8～14 号坝段坝前水深的测量成果，距 9 号坝头 42 m 位置最大水深达 18.8 m，最低点高程 43.42 m，9～13 号坝段前最大水深均超过 18.0 m。

10 月 26 日又一次测量了流场和地形，测量包括表面流场、水下 2.4 m 流场、水下 4.0 m 流场、水下 6.4 m 流场、水下 8.0 m 流场和水下地形（见图 5.5-11～图 5.5-16）。

图 5.5-11　10 月 26 日霍寨险工坝前表面流场情况

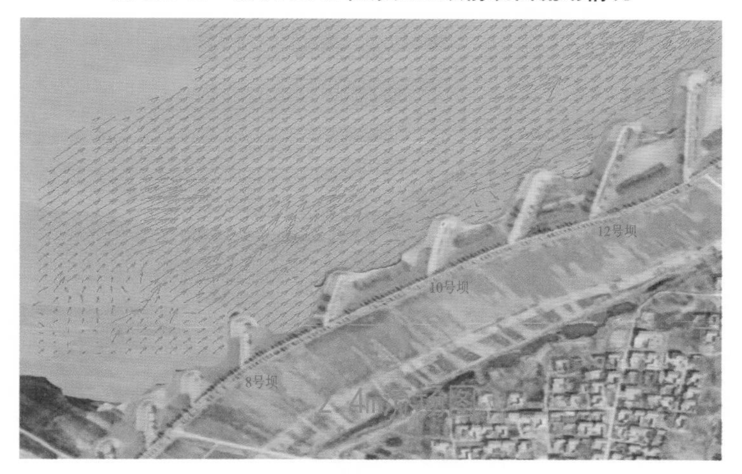

图 5.5-12　10 月 26 日霍寨险工坝前水下 2.4 m 流场情况

图 5.5-13　10 月 26 日霍寨险工坝前水下 4.0 m 流场情况

图 5.5-14　10 月 26 日霍寨险工坝前水下 6.4 m 流场情况

图 5.5-15　10 月 26 日霍寨险工坝前水下 8.0 m 流场情况

图 5.5-16　10 月 26 日霍寨险工坝前水下地形情况

10 月 26 日表面最大流速 3.65 m/s,平均流速 1.40 m/s;水下 2.4 m 位置最大流速 3.73 m/s,平均流速 1.19 m/s;水下 4.0 m 位置最大流速 3.88 m/s,平均流速 1.18 m/s;水下 6.4 m 位置最大流速 4.15 m/s,平均流速 1.14 m/s;水下 8.0 m 位置最大流速 4.23 m/s,平均流速 1.12 m/s。

同 10 月 20 日测量的坝前水深情况对比,水位回落,坝前水深明显减小,其中 11 号坝前 40 m 位置最大水深达到 17.6 m,8 号坝前 16 m 位置最大水深仅 7.5 m,从最深点高程对比来看,整体上呈现回淤态势。

5.6　入海流路

1996 年现行流路实施清八人工改汊入海,利用 1997—2021 年历年黄河口卫星遥感影像现行流路岸线解译成果(见图 5.6-1),以清八人工改汊处为起点,分析现行流路河长变化和流动摆动情况。整体上,受入海水沙变化影响,现行入海流路岸线部分年份淤进、部分年份蚀退,整体呈淤进趋势,不断向前淤积延伸,河道长度增加,1997—2021 年河长共增加 11 km;河道向前淤积延伸至一定程度发生出汊摆动,整体上由东向北摆动。入海流路伸退变化与来水来沙量变化趋势基本一致(见图 5.6-2)。

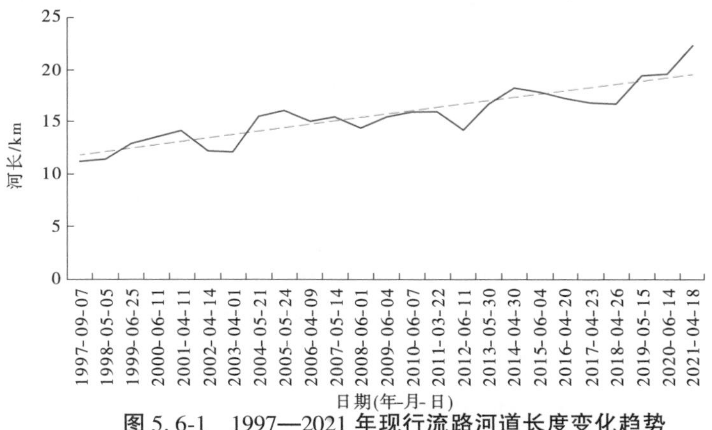

图 5.6-1　1997—2021 年现行流路河道长度变化趋势

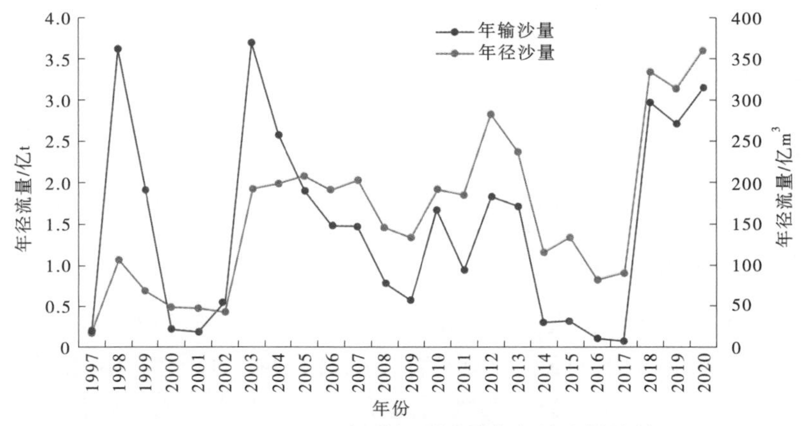

图 5.6-2　1997—2020 年黄河利津站年径流和输沙情况

5.6.1　历年流路演变过程

(1)1997 年 9 月—2007 年 5 月。

1996 年行河流路由清八人工改汊后,1997 年汛后至 2007 年汛前,大部分年份河道向前淤进,其中 2001—2003 年、2005—2006 年稍有蚀退,河长共计增加了 4.14 km,平均每年延伸 0.41 km。河道摆动较小,河势相对平稳,整体向东淤进延伸(见图 5.6-3)。

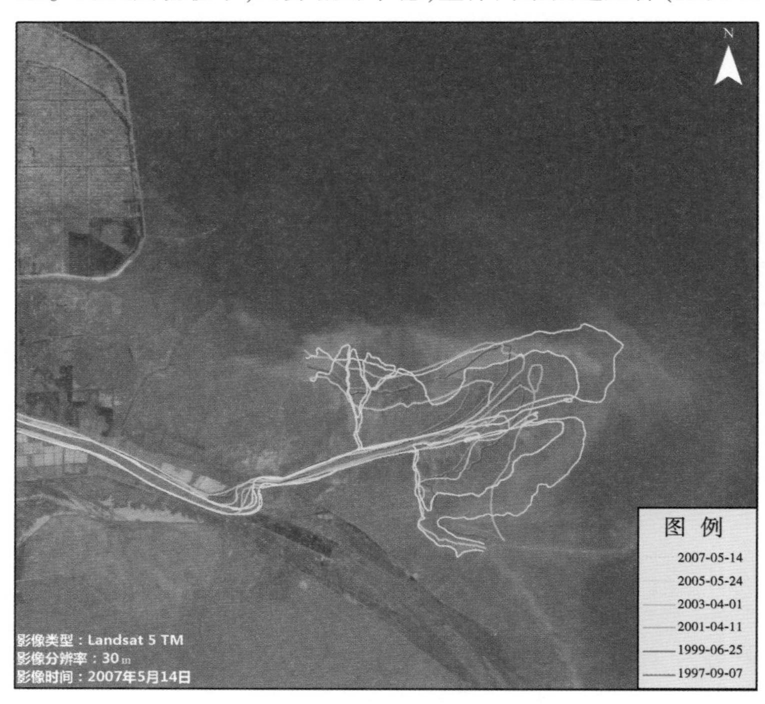

图 5.6-3　1997—2007 年清八改汊以下河段河道变化

(2)2007 年 5 月—2013 年 5 月。

2007 年汛期行河流路出汊,河道由东向北摆动。2007—2008 年、2010—2012 年河道向后蚀退,其他年份河道向前淤进,2007 年汛前至 2013 年汛前共计淤进 1.21 km,平均每年延伸 0.2 km,淤进速度有所减缓,与入海口来水来沙量变化基本一致(见图 5.6-4)。

(3)2013 年 5 月—2021 年 4 月。

2013 年汛期行河流路向东出汊,水流分两股入海,入海口拦门沙不断发育。2013 年汛前至 2021 年汛前,河道先蚀退再淤进,整体向前淤进 5.7 km,平均每年延伸 0.71 km,淤进速度稍有增加。流路变化情况与入海口来水来沙量变化基本一致(见图 5.6-5)。

5.6.2　2021 年流路变化

2021 年汛前(4 月 8 日),水流分三股入海,将拦门沙切割得较为零散,向东汊流为入海主流,向北汊流河道淤积明显、心滩发育,且有向西摆动趋势。调水调沙后(8 月 25 日),较大流量过程使得入海流路较为规顺,由汛前的三股水流入海调整为流向北与东两

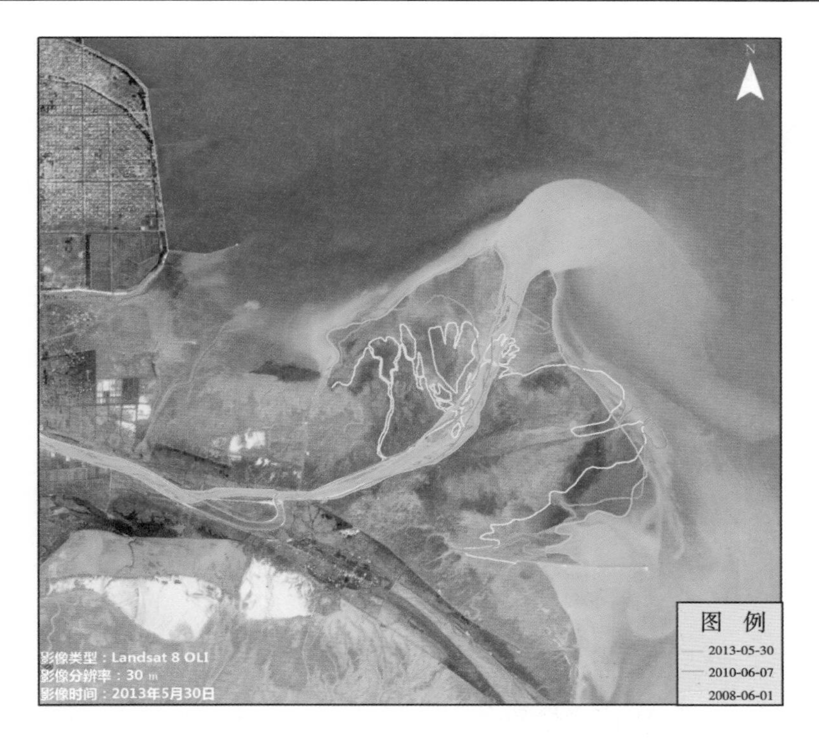

图 5.6-4　2008—2013 年清八改汊以下河段河道变化

图 5.6-5　2014—2020 年清八改汊以下河段河道变化

汊,拦门沙也由零散变得规整。流向北股汊河淤积有所改善,河道更为顺直,两股水流水面宽度相当。秋汛洪水退水期(10 月 27 日),流向北股汊流发育为主流,且有向东摆动趋势;流向东汊流与洪水前相比向南摆动(见图 5.6-6)。

图 5.6-6 2021 年清八改汊以下河段河道变化

5.7 小 结

本章重点分析本次秋汛洪水期间的水面特性、河势变化和局部河势演变,小结如下:

(1)从水面展宽变化来看,总体上与河道特性基本一致,西霞院至东坝头河段,洪水期水面展宽明显;东坝头至陶城铺河段,洪水期水面展宽较游荡性河道小;陶城铺以下河段,洪水期水面展宽最小。

(2)从主流线变化来看,下游河道的河势流路与汛前基本保持一致,大部分河段主溜都在规划治导线内,局部河段主溜线摆动幅度较大,如金沟控导工程、驾部控导工程、韦滩控导工程、三合村控导工程等。

(3)从河势的整体变化来看,本次秋汛洪水过程中下游工程对水流控制能力较强,河势基本平稳,河道行洪能力有所提升。洪水期花园口站 4 800 m^3/s 流量级时,河道整体水面展宽,心滩消失或减小,河势整体变得顺直,工程靠水坝垛增加,局部畸形河湾消失。退水期花园口站 2 000 m^3/s 流量级时,整体河势稳定,工程靠水靠溜状况良好,部分畸形河湾消失,主槽下切束窄。

(4)从畸形河势变化来看,总体上畸形河势得到较大改善。神堤至枣树沟控导工程河段,连续多年主溜频繁摆动,心滩、边滩变化较大,河势较不稳定,本次秋汛洪水后主溜趋顺直,河势趋好,但仍偏离规划流路,建议下延驾部控导工程 700 m,以有效提高驾部工程控导能力,稳定驾部至枣树沟河段河势;三官庙至黑岗口险工河段畸形河湾发育,河势频繁变化,是洪水防御重点河段,本次秋汛洪水后韦滩工程河段畸形河湾逐渐消失,主溜趋向规划流路,河势逐步规顺;三合村工程至青庄险工河段畸形河湾在经过大洪水冲刷后,主溜摆向左岸,青庄险工前“S”形畸形河湾基本消失,河势趋直,但造成青庄险工靠河长度减小,高村险工靠河位置下挫,需重点防护。

(5)从对重点工程的监测来看,通过新技术、新方法分析了工程易出险部位、出险原因等,可为今后的工程抢险和预加固提供参考依据。

(6)从河势变化的总体趋势上看,河道工程靠溜条件有所改善,与 2020 年汛后相比,游荡性河段靠溜坝垛数由 934 个增加至 1 552 个,增加 63.0%,靠溜工程长度由 85.5 km 增加至 151.7 km,增加了 77.5%,工程对河势的控导能力增强;河道断面形态改善,河相系数减小,河床稳定性增大,高村以上河段由 17.9~29.6 减小至 7.1~14.3,高村至陶城铺河段由 14.8~18.4 减小至 5.0~8.0,陶城铺以下由 9.7~11.0 减小至 3.5~5.7,断面形态趋于稳定;塌滩面积少,有效控制了河势摆动和上提下挫范围,与 2020 年汛期相比,塌滩塌岸段数减少 55.1%,面积减少了 66.7%,确保了洪水“不漫滩”。

(7)受入海水沙变化影响,入海流路岸线或淤进或蚀退,整体呈淤进趋势,河道长度增加,以清八人工改汊处为起点,1996 年至 2021 年河长共增加 11 km。2021 年汛前(4 月 8 日),拦门沙较零散,水流分散入海。至 8 月 25 日后,水流分北、东两股入海,两股水流水面相当。2021 年秋汛后,流向北股汊河发育为主流,且有向东摆动趋势;流向东股汊流与秋汛前相比向南摆动。

第 6 章　工程安全监测

2021 年黄河秋汛防御措施从被动抢险到主动前置，提前预置力量，集结专群队伍，落实抢险物资和机械设备，提前预判重要坝段和易出险区域，实施“预加固”“预抢险”，把隐患当作险情处置，巡坝查险人员进行“蹲守”巡查，做到“早发现、早报告、早处置”，切实做到险情的“抢早、抢小、抢住”，守住局部、保全整体，确保了水库、堤防、蓄滞洪区等各类防洪工程安全度汛，实现了“人员不伤亡、滩区不漫滩、工程不跑坝”的防御目标。

6.1　水库安全监测

2021 年秋汛洪水防御实施黄河中下游小浪底水库、三门峡水库、陆浑水库、故县水库、河口村水库五座水库和东平湖联合调度。小浪底水库出现建库以来最高水位 273.50 m，逼临 275.00 m 设计水位，陆浑、故县水库最高蓄水接近移民水位，河口村水库蓄水位创历史新高，东平湖最高水位接近 42.73 m。调度过程中，黄委和各水库管理单位加密观测分析，预筹各项防御措施，确保了各水库的安全运行。

6.1.1　小浪底水库

自启动黄河下游Ⅲ级预警响应开始，小浪底水库按照土石坝水库高水位运行管理要求，加密主坝、副坝、西沟坝、进水塔、进水口边坡、左岸山体洞群、中部区、开关站上游侧边坡、地下厂房、右岸山体、出水口及泄水渠等区域巡检，频次从每日 1 次到每日 6 次；同时，加密坝体、坝基、两岸坝肩和泄洪、发电系统各水工建筑物、泄水渠岸坡、库区漂浮物，以及近坝区滑坡体等影响枢纽安全区域的观测，安排专人专职负责枢纽原型观测、泥沙监测、地震监测等工作，发现异常情况及时分析会商，依据会商结果妥善应对，保障枢纽运行安全。

根据小浪底水库工程安全监测规程，在水位突破 268 m 时启动高水位加密监测，在水位超过 270 m 时启动突破历史高水位加密监测，关键部位自动化监测仪器频次加密到每天 3~24 次。库水位超过 268 m 时，对小浪底主坝上下游 283 视准线 7 对关键测点和排水洞渗水量人工观测从每月 1~2 次加密为每周 1 次；库水位超过 270 m 时加密为每周 2~3 次。进水口高边坡和近坝滑坡体人工观测加密为每周 1 次，1、2 号滑坡体加密为每周 1 次，大柿树滑坡体加密为每周 1~2 次。高水位期间小浪底 3 893 个观测项目日观测数据近万条，数据量是平时的 2~3 倍。

通过大坝安全监测管理平台对监测数据和观测情况进行每日 2 次排查，对自动化观测设备故障和数据采集异常的第一时间报警，对监测设施受强降雨影响、观测网络通信中断、供电故障等异常及时抢修处置，必要时安排人工观测进行数据核对补充，确保高水位期间全面、准确、完整采集有关监测数据，及时召开大坝安全会商，第一时间报告关键监测数据和出库水体含沙量变化,为枢纽安全运用提供科学决策依据。

秋汛期间,水库运行水位创历史新高,最高到达 273. 50 m,比此前最高运用水位 270. 11 m 高出 3. 39 m;且高水位运行时间较长,其中 270 m 以上运用近 18 d。同时,整个汛期小浪底水库库区范围内发生了持续强降雨,7 月、8 月、9 月三个月降雨量分别为 259. 3 mm、275. 4 mm、374. 6 mm,合计达到 909. 3 mm。截至 2021 年 10 月 30 日累计降雨量达到 1 131 mm,远超年均降雨量 616 mm。

结合小浪底工程大坝自身的特点,大坝观测设有变形、渗流、应力应变及地震反应等监测项目,并以渗流、变形监测为重点。本次强降雨叠加高水位运行期间,观测数据表明小浪底和西霞院工程大坝安全监测设施运行正常,人工观测和自动化观测系统正常。从渗流、变形、应力应变等内外观测数据综合分析,小浪底工程大坝及主要水工建筑物处于正常运行状态。

(1)渗流渗压监测。

小浪底大坝主要布置了三个监测横断面,分别是 A—A、B—B、C—C,其中 A—A 监测断面位于 F1 断层破碎带处,F1 断层位于河床右岸心墙下部,规模较大,结构设计和处理措施较为复杂,是大坝安全监测的重点部位;B—B 监测断面位于最大坝高处,此处覆盖层深约 70 m,是大坝的典型监测断面;C—C 监测断面位于左岸,该断面防渗体基本上处于岩石基础和河床覆盖层的交界部位。大坝监测断面位置及基础渗压计布置见图 6. 1-1。

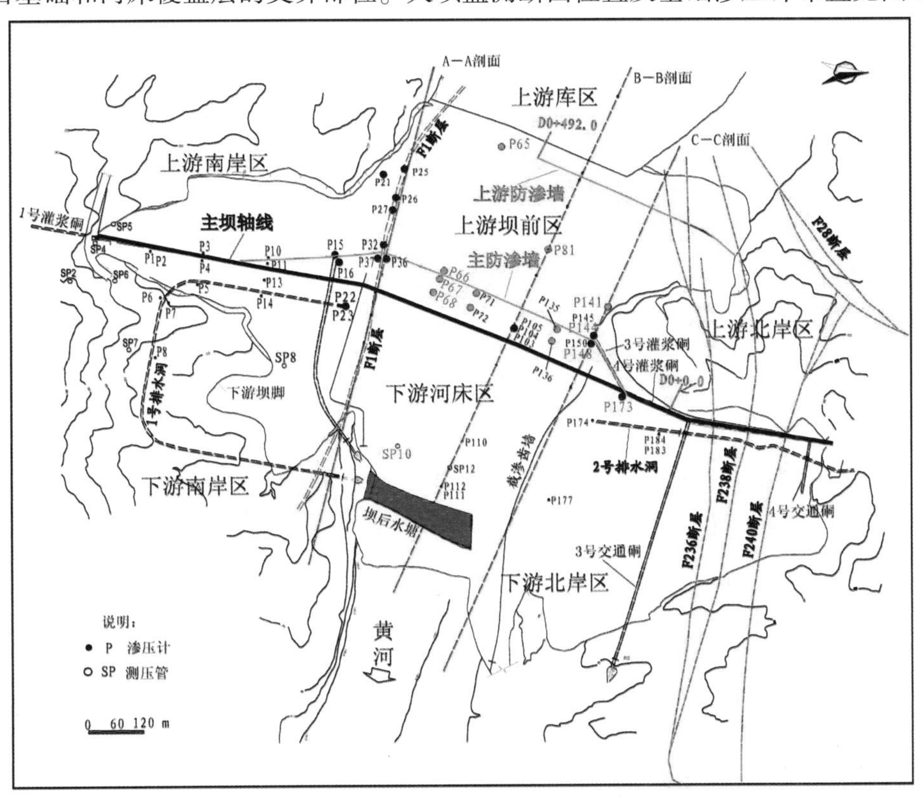

图 6. 1-1　大坝监测断面位置及基础渗压计布置

高水位运行期间，坝体内、河床坝基及两坝肩现存的所有渗压计测值变化均平稳，无突升、突降情况；坝基渗漏量、左坝肩渗漏量和右坝肩渗漏量均都有所增加，但增加幅度不大，没有出现突变现象，且现场观察渗水清澈，大坝渗流是安全的。综合分析大坝防渗体系工作正常。

(2)变形监测。

主坝坝体主要在大坝上下游坡布置8条视准线进行水平位移监测，对布设在视准线观测墩上的沉陷监测标志进行坝体垂直位移监测，8条视准线共有120个监测点。本次高水位运行从10月8日开始对主坝中部测点每两天1次加密观测。

由于2021年水位最高升至273.5 m，且高水位运行时间长，坝顶水平位移较以前增加稍大，垂直位移与往年基本持平，各标点的变形平稳，变形速率无突然增大现象。

(3)左岸山体及地下厂房监测。

左岸山体和地下厂房的渗流、变形和应力等监测值均在警戒值范围内，测值变化符合一般规律，高水位运行期间未见异常变化，左岸山体和地下厂房工作性态正常。

(4)泄洪排沙建筑物监测。

各泄洪排沙建筑物渗流、变形和应力应变等监测值在警戒值范围内，测值变化符合一般规律，高水位运行期间未见异常变化，泄洪排沙建筑物工作性态正常。

(5)滑坡体监测。

小浪底水库库区发现有规模不同的滑坡44处，目前监测的主要是对大坝安全和枢纽运用有影响的近坝1号滑坡体、2号滑坡体、大柿树变形体和上游阳门坡滑坡体，以及下游东苗家滑坡体。

1号滑坡体距大坝3 km，前后缘高程分别为120 m、305 m，滑体长650 m、宽400 m，总体积约1 100万m^3，1999年5月开始监测，9个变形监测点高水位期间人工每周观测1次，变形速率0.76 mm/月，远小于设计警戒值10 mm/d，河床滩地淤积高程已经达到206 m，无整体滑移迹象。

2号滑坡体在1号滑坡体下游，距大坝约2.8 km，前后缘高程分别为150 m、300 m。滑体长约750 m、宽约200 m，总体积约410万m^3。6个变形监测点人工每周观测1次，变形速率0.29 mm/月，远小于设计警戒值10 mm/d，河床滩地淤积高程已经达到203 m，位移速率缓慢，无滑移迹象。

大柿树变形体距小浪底大坝约6 km，高程约320 m，总体积约450万m^3。各裂缝缝宽及裂缝两侧高差2004年9月以来均呈缓慢递增变化，2015年后变化趋缓，目前没有异常趋势性变化。

阳门坡滑坡体距坝95 km，前后缘高程分别为230 m、550 m，变形体长1 500 m、宽800 m，体积约4 900万m^3。目前14个自动化变形监测点2016年来监测的位移变化为80 mm左右(前期人工观测累计约380 mm)，9月18日以后两个测点呈持续向河道方向位移，最大为27 mm，最大沉降15.8 mm，初步认为可能是测点基础受雨水冲刷影响造成的，目前滑坡体整体稳定。

东苗家滑坡体位于主坝下游右岸，正对泄水渠与原河道相接处，为一牵引式蠕滑变形破坏为主的大型基岩古滑坡。滑坡体东西宽约350 m、南北长约400 m，总体积约500万

m^3。东苗家滑坡体布设有 27 个外部变形监测点,1 支正常观测的内部变形测斜管、2 支渗压计。东苗家滑坡体受近期连续降雨影响,发生局部塌陷或局部冲刷,滑坡体整体稳定。

受 2021 年 7—9 月连续强降雨影响,近坝区的 1、2 号和东苗家滑坡体区域黄土边坡出现大面积的局部滑塌,导致监测点基础周边地面发生沉陷、裂缝以及监测道路出现坍塌中断等现象,造成部分监测点被破坏,无法进行正常监测。

2021 年 10 月 4 日,小浪底水库水位约 270.4 m,HH2—HH3 断面左岸(距坝 2.5~3.5 km,见图 6.1-2)因库水位抬升,浸泡导致塌岸(见图 6.1-3~图 6.1-7),塌岸量 2 000~4 000 m^3。

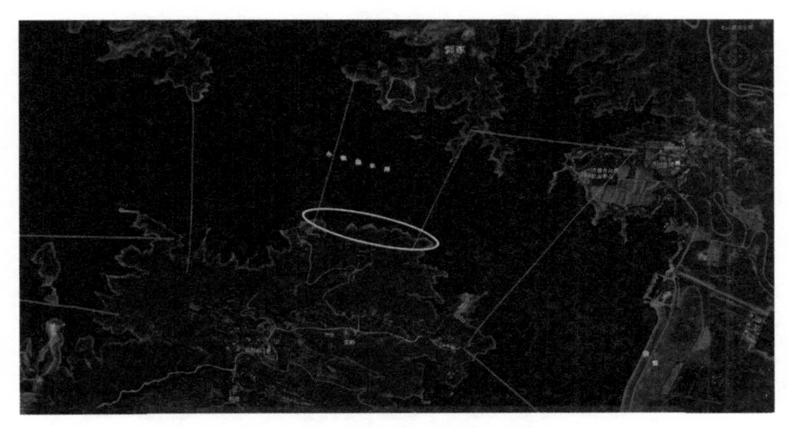

图 6.1-2　HH2—HH3 断面右岸塌岸位置

图 6.1-3　HH2 断面右岸上游约 100 m 处

2021 年 10 月 2 日,小浪底水库水位约 271 m,垣渑高速(距坝约 61 km,见图 6.1-8)黄河桥左右岸均发生不同程度的塌岸(见图 6.1-9~图 6.1-12),主要是桥梁施工对两岸破坏所致,塌岸量 1 000~2 000 m^3。

2021 年 10 月 3 日,小浪底水库水位约 270.7 m,库区上游白浪浮桥(距坝约 95 km,见图 6.1-13)两岸右局部塌岸(见图 6.1-14~图 6.1-16),主要是修建浮桥道路对岸边有所削切,造成边岸陡立,加上高水位浸泡所致,塌岸量约 1 000 m^3。

图 6. 1-4　HH2 断面右岸上游约 180 m 处

图 6. 1-5　HH2 断面右岸上游约 400 m 处

图 6. 1-6　HH3 断面右岸附近

6. 1. 2　三门峡水库

9 月 1 日—10 月 31 日，三门峡水库最高库水位 317. 99 m，大坝未出现险情。现有主要监测项目，含大坝水平位移、垂直位移、坝基扬压力、渗流量、接缝开合度等，测值变化符

图 6.1-7　HH3 断面右岸上游约 100 m 处

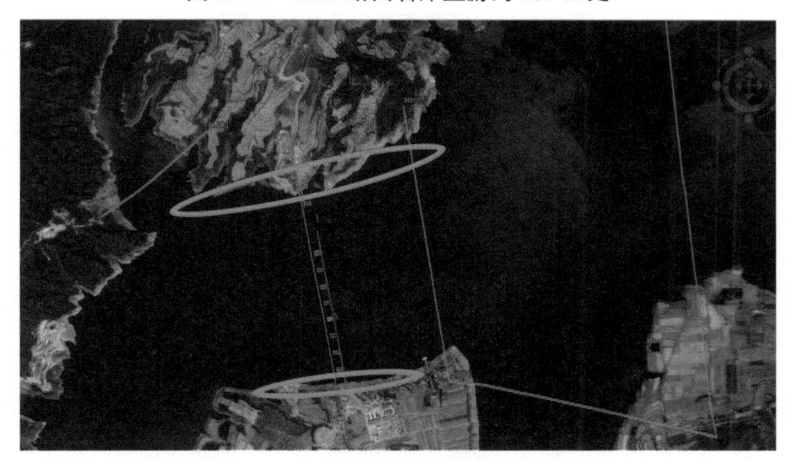

图 6.1-8　垣渑高速黄河桥两岸塌岸位置

图 6.1-9　垣渑高速黄河桥左岸上游

合一般规律,未见明显异常。

通过对监测数据分析,存在以下现象:

(1)9 月 1 日—10 月 31 日,大坝变形整体向下游偏移,最大变幅 5.87 mm,在历史观

图 6. 1-10　垣渑高速黄河桥左岸下游

图 6. 1-11　垣渑高速黄河桥右岸上游

图 6. 1-12　垣渑高速黄河桥右岸下游

测值范围内。

(2)9 月 1 日—10 月 31 日,大坝渗流量较往年同期呈增大趋势,最大 265. 075 m^3/d,变幅 254. 361 m^3/d,为自 2016 年 7 月恢复大坝渗流监测以来最大值。

图 6.1-13　白浪浮桥附近塌岸位置

图 6.1-14　白浪浮桥左岸

图 6.1-15　白浪浮桥右岸上游

(3)9 月 1 日—10 月 31 日,坝基扬压力变幅在历史观测值范围内。电站坝 D5-29 扬压水头增幅相对较大,考虑到扬压力变化的滞后性,持续关注该部位的扬压力变化情况。

(4)电站坝 7 号与 8 号坝段接缝、张公岛看台两侧裂缝、左岸隧洞工作闸门井壁裂缝

图 6.1-16　白浪浮桥右岸下游

较往年同期无明显变化。

(5)人工巡查过程中,廊道湿度较往年同期呈增大趋势,高程 350.2 m 廊道安装场坝段、高程 315 m 廊道溢流坝Ⅷ段出现底板积水现象。

考虑大坝变形、渗流等效应量存在一定滞后性,继续加强了重点监测项目以及关键部位的人工巡查和监测。

6.1.3　河口村水库

(1)山体渗水情况。

9 月 29 日,巡查过程中发现小电站厂房(位于大坝与溢洪道之间山体的下游侧)附近的岩体边坡在一定范围内出现少量渗水,现场排查未发现明显的集中渗漏通道。以后几天,虽然水库仍维持高水位运行,但坡面渗水情况逐渐好转,坡面明流逐步消失。

根据地质资料,该处边坡岩体较完整且透水性微弱,局部分布有裂隙,施工期已进行喷锚支护。初步判断是受水库持续高水位运行影响,库水向左坝肩山体长时间渗流运移导致岩体裂隙内饱水,在此处因岩体节理裂隙发育汇集而溢出,对小电站厂房边坡的稳定基本无影响。之后几天,坡面渗水情况逐渐减少,明流消失,判断是岩隙水随着渗水外流逐步疏干所致,印证了之前无渗水集中通道,渗水与库水没有直接连通的判断。建议水库管理单位今后在降雨期和高水位运行期对此处加强观测。

(2)量水堰工作情况。

水库泄洪设施持续大流量下泄,导致量水堰下游受回水影响水位涌高,部分时段坝后量水堰被淹没,导致工作人员无法掌握坝体渗流情况。在量水堰未被淹没时段,由于河水库附近地形地质水文情况特殊,导致量水堰内所测得的渗流量组成复杂,渗流量不仅来自过坝渗流和两岸绕坝渗流,还受坝后右岸峪铁沟引沁干渠弃水及坝后沟谷的自身集雨汇流的影响,导致量水堰监测数据只能被当作“相对值”来参考,用于其增减情况间接判断大坝的渗流安全性。

(3)金滩大桥。

10 月 8 日,水库管理范围内用于防汛交通的坝后 2 号道路的金滩大桥,桥梁伸缩缝明显变宽。当天下午,桥梁专业人员对大桥进行检查检测,经检测,桥面高程与理论计算值接近,伸缩缝两侧桥面高差较小,初步判断大桥桥墩未发生明显的沉降和倾斜。伸缩缝间隙变大,初步判断是桥梁使用日久蠕变,以及近期气温骤降结构收缩导致。结合桥梁设计和检测人员的意见,建议汛后应对大桥情况进行全面检测,修复因洪水冲刷受损的邻近设施,加强对过桥车辆的限载管理。

6.1.4 故县水库

9月2日—10月14日,高水位运行期间故县水库库水位最高抬升至537.79 m,增幅达10.17 m,大坝未出现险情。

通过对监测数据的分析,发现以下问题:

(1)高水位运行期间,大坝变形整体呈向下游增大的趋势,目前最大累计位移量8.51 mm,变幅2.91 mm。

(2)高水位运行期间,大坝渗流量呈增大趋势,最大258.19 m^3/d,增幅73.75 m^3/d,但未超历史极值363.16 m^3/d(2020年11月26日)。

(3)高水位运行期间,河床坝段的坝基扬压力抬升不明显,基本在1 m以内,表明帷幕防渗效果良好。岸坡坝段(1号、2号、19号)及F5断层部位的扬压水头增幅相对较大,考虑到扬压力变化的滞后性,建议持续关注该部位的扬压力变化情况。

(4)本次人工巡查过程中发现3~4号坝段横缝高程521 m新增渗漏点;高程515 m水平缝长期渗水,且有析出物出现;10~11号坝段横缝高程520 m以上渗水明显,应加强巡查和监测。

根据大坝的特点梳理出重点监测项目,如大坝水平位移、垂直位移、坝基扬压力、渗流量、接缝开合度等。测值变化符合一般规律,均在设计允许值范围内,未见明显异常。考虑大坝变形、渗流等效应量存在一定滞后性,建议加强重点监测项目以及关键部位的人工巡查和监测。

6.1.5 陆浑水库

高水位运行期间,大坝、左右岸、溢洪道监测数据无异常,建筑物性态正常,未出现险情。根据大坝特点梳理出重点监测项目,包括大坝水平位移、垂直位移、坝基扬压力、渗流量等。监测值变化符合一般规律,未见明显异常。具体情况如下:

(1)陆浑水库安全监测项目设置、测点布置较合理;监测设施齐全,观测方法、频率满足规范要求;监测资料较为完善;自动化监测系统运行良好。

(2)大坝表面变形设施齐全,无异常。

(3)在不同水位作用下,坝体测压管水位与库水位相关性较好,坝体浸润线和坝基渗流均在正常范围内运行,符合渗流规律。

(4)左坝肩近上游库区测压管水位受库水位影响较大,下游侧测压管水位基本稳定,受水位影响较小。

(5)右坝肩测压管水位与库水位相关性较好,测压管水位测值无异常,实测资料表明坝体及两岸坝肩是稳定的。

(6)大部分监测仪器能够反映溢洪道底板扬压力的变化情况，个别监测仪器测值平缓，初步分析可能淤堵或出现故障，具体原因需进一步分析。

6.1.6　东平湖水库

在本次历史罕见秋汛期间，东平湖承受着来自大汶河与黄河洪水的双重考验，防洪工程在长时间高水位运用下，黄委所辖东平湖工程未发生险情，仅发现了 2 处渗水现象。具体情况为：东平湖二级湖堤 19+500 及 20+150 桩号发现 2 处渗水现象，出水位置离背水坡脚分别约为 20 m 和 15 m，渗水量小，且为清水，局部冒小气泡。随着东平湖水位的降低，渗水现象也逐渐减弱。

建议汛期过后对此两段堤防进行一次安全检测和评价，根据检测和评价情况决定是否做加固处理。

6.2　河道整治工程险情

2021 年秋汛洪水防御坚持“人员不伤亡、滩区不漫滩、工程不跑坝”的目标，贯彻“从减少灾害损失向减轻灾害风险转变”的要求，推进河道工程防御措施主动前置，预判出险部位抛石加固，预置抢险料物，预置抢险力量，把隐患当险情、小险当大险重视。秋汛洪水期间，黄委派出 33 个专业技术指导组、工作组不间断巡回督导；按照 1∶3的比例组织的专群队伍，24 h 巡坝查险，最多时达到 3.3 万人，有效控制了险情演化。

2021 年 8 月 20 日—10 月 31 日黄河秋汛期间，黄河中下游 239 处工程累计发生险情 3 648 坝次，抢险用石 88.06 万 m^3，见表 6.2-1。

表 6.2-1　秋汛期间黄河中下游险情统计

河段	工程数/处	出险次数/坝次	抢险用石/万 m^3
小北干流	11	49	1.46
三门峡库区	10	41	4.23
黄河下游河南段	67	2 406	51.91
黄河下游山东段	138	1 099	29.37
沁河下游	13	53	1.09
黄河(沁河)下游	218	3 558	82.37
黄河中下游	239	3 648	88.06

6.2.1　小北干流

6.2.1.1　河道工程险情及塌岸情况

小北干流河段共有 11 处工程发生险情 49 次，其中一般险情 48 次、较大险情 1 次，累计抢险用石 1.46 万 m^3。山西河段共有 4 处工程发生一般险情 19 次；陕西河段共有 7 处工程 27 道坝发生险情 30 次，其中一般险情 29 次、较大险情 1 次，抢险用石 1.46 万 m^3。

秋汛期间,滩岸坍塌全部在山西侧,累计 3 处滩区坍塌,坍塌面积总计 76.67 hm^2。其中,禹门口工程与清涧湾调弯工程之间河段塌滩面积约 30 hm^2,地方管理舜帝工程前塌滩面积约 22.67 hm^2,永济城西工程前塌滩面积约 24 hm^2。

6.2.1.2　重点工程险情抢护

1. 山西侧工程险情抢护

(1)河津禹门口工程。

9 月 17 日 14 时 33 分,龙门站出现 2 880 m^3/s 洪峰流量。受黄河主流顶冲淘刷影响,9 月 17—19 日,河津禹门口工程 5 号坝接连发生根石坍塌险情,累计出险 3 坝次、长度 122 m,坍塌石方约 2 786 m^3。

9 月,受持续强降雨影响,河津禹门口工程背水侧遮马峪河河水暴涨,漫溢洪水冲刷造成工程 3+160—3+275 段坝顶路面塌陷及迎水侧坦石坍塌,累计出险 3 坝次、长度 225 m,损失石方 201 m^3、土方 763 m^3 等。险情发生后,采取了交通限行、临时抢护等措施。

(2)万荣西范工程 39~46 号坝。

10 月 12—15 日,万荣西范工程 39~46 号坝相继发生根石坍塌险情,累计出险 9 坝次、长度 168 m,坍塌石方约 1 175 m^3。因险情稳定,没有组织抢护。

(3)万荣庙前工程。

10 月 9 日 8 时 24 分,汾河河津站流量达 985 m^3/s,为 1964 年以来最大。受汾河主流顶冲影响,10 月 14 日、17 日,万荣庙前工程 1 号坝接连发生根石坍塌险情,累计出险 2 坝次、长度 20 m,坍塌石方约 110 m^3,因险情稳定,没有组织抢护。

(4)永济舜帝下延工程 7~8 号坝。

受上游来水及强降雨影响,9 月 17 日 8 时,龙门站流量为 2 810 m^3/s,受黄河主流持续顶冲淘刷,永济舜帝下延工程 7~8 号坝相继出现根石坍塌,累计出险 2 坝次、长度 69 m,损失石方约 2 087 m^3。因龙门站后续流量小,险情稳定,没有组织抢护。

2. 陕西侧工程险情抢护

(1)南谢工程。

10 月 8 日,该工程 2 号坝、4 号坝、17~18 号坝裆、18 号坝、24 号坝、25 号坝和 29 号坝及其防汛路 0+580—0+780 发生根石、坦石坍塌、高岸滑坡的一般险情,出险次数 7 次、长度 353 m,损失石方 3 200 m^3。抢险共用石 1 980 m^3,铅丝 9.2 t,人工 320 工日,使用机械 399 台时。

(2)榆林下延续建工程。

10 月 7 日,该工程 13~14 号坝发生根石走失、坡石整体塌陷的一般险情,出险次数 1 次、长度 25 m,损失石方 200 m^3。

(3)华原工程。

10 月 8 日,该工程 82~84 号坝发生根石、坦石坍塌的一般险情,出险次数 2 次、长度 139 m,损失石方 2 811 m^3。抢险共用石 760 m^3,铅丝 1.3 t,人工 110 工日,使用机械 96 台时。

(4)雨林下延工程。

10 月 7 日,该工程 17 号坝发生根石、坦石坍塌的一般险情,次数 1 次、出险长度 22

m,损失石方 456 m³。抢险共用石 450 m³,铅丝 0.75 t,人工 60 工日,使用机械 80 台时。

(5)牛毛湾工程。

10 月 7 日,该工程 1 号坝发生根石、坦石坍塌的一般险情(见图 6.2-1),出险次数 1 次、长度 65 m,损失石方 1 189 m³。抢险用石方 854 m³,铅丝 1.5 t,人工 40 工日,使用机械 72 台时(见图 6.2-2);10 月 8 日,该工程 9~13 号坝发生根石、坦石坍塌的一般险情,出险次数 3 次、长度 165 m,损失石方 949 m³。抢险共用石 690 m³,铅丝 0.6 t,人工 50 工日,使用机械 48 台时。

图 6.2-1　牛毛湾工程 1 号坝上首根石、坦石坍塌险情

图 6.2-2　牛毛湾工程 1 号坝上首抛石抢险

(6)黄渭分离工程。

9 月 9 日—10 月 20 日,该工程临渭侧 0+160—0+255、0+410—0+460、0+605—0+637、0+640—0+700 段发生根石坍塌的一般险情,0+460—0+544 段发生根石坍塌的较大险情(见图 6.2-3),出险次数 7 次,其中一般险情 6 次,较大险情 1 次,出险长度 381 m,损

失石方 14 618 m³。抢险共用石 5 510 m³,铅丝 10.2 t,人工 268 工日,使用机械 11 272 台时(见图 6.2-4)。

图 6.2-3　黄渭分离工程 0+460—0+544 段根石坍塌

图 6.2-4　黄渭分离工程 0+460—0+544 段抛石抢险

(7)潼河口工程。

9 月 29 日—10 月 10 日,该工程 7~12 号坝、16 号坝相继发生根石、坦石坍塌一般险情(见图 6.2-5),出险次数 8 次、长度 258 m,损失石方 10 486 m³。抢险共用石 4 374 m³,铅丝 9.38 t,人工 285 工日,使用机械 633 台时(见图 6.2-6)。

6.2.1.3　工程靠河情况

秋汛期间小北干流河段总体河势平稳,工程迎送溜较为稳定,仅局部河段出现上提下挫和摆动。

图 6.2-5　潼河口控导工程 9~10 号坝裆根石、坦石坍塌

图 6.2-6　潼河口控导工程 9 号坝机械配合抢险

1. 山西侧工程靠河情况

秋汛洪水期间，黄河小北干流山西侧有 12 处防洪工程靠流。具体情况为：河津禹门口工程 1~5 号坝靠主流；万荣庙前工程 1~8 号坝靠汾河主流、18~32 号坝靠黄河汊流，西范工程 1~65 号坝靠汾河串流；临猗吴王工程 1~6 号坝靠主流，吴王上延工程-1~-3 号坝靠主流、-4~-6 号坝靠边流，浪店工程 1~2 号、7~11 号坝靠边流；永济地方管理舜帝工程 10~30 号坝靠主流，舜帝下延工程 1~12 号坝靠主流，城西工程 0~26 号靠汊流；凤凰嘴工程 1~5 号坝全线靠主流，凤凰嘴控导上延工程 1~14 坝靠漫滩流，匼河工程 2~4 号坝靠主流。

洪水过后，黄河小北干流山西侧共有 9 处防洪工程靠流。具体情况为：河津禹门口工程 1~5 号坝靠主流；庙前工程 1~8 号坝靠汾河主流、18~32 号坝靠黄河汊流；临猗吴王工程 1~3 号坝靠汊流、4~6 号坝靠主流，吴王上延工程-1~-3 号坝靠汊流，浪店工程 1~2、

7~11 号坝靠边流；永济地方管理舜帝工程 10~30 号坝靠主流，舜帝下延工程 1~12 号坝靠主流；芮城凤凰嘴工程 2~5 号坝靠主流，匼河工程 2~4 号坝靠边流。

2. 陕西侧工程靠河情况

秋汛洪水期间，黄河小北干流陕西侧有 15 处工程靠流。

小北干流陕西侧靠河情况变化大的工程主要有：①汛前桥南上延工程脱流，汛后桥南上延工程 8~14 号坝靠流；②汛前新兴工程 3~13 号坝靠流，汛后新兴工程 1~13 号坝靠流；③汛前华原工程 80~90 号坝靠主流，汛后华原工程 80~88 号坝靠主流；④汛前华原下延工程脱流，汛后华原下延工程 9~20 号坝靠主流；⑤汛前牛毛湾工程 11~25 号坝靠主流，汛后牛毛湾工程抢 1 号坝、1~25 号坝靠主流；⑥汛前黄渭分离工程临渭侧 0+200—0+600 段靠流，汛后 0+100—0+700 段靠流。其他工程靠流情况无变化。

6.2.1.4　工程洪水位表现

1. 山西侧工程洪水位表现

秋汛洪水期间，山西侧防洪工程坝前水位明显上涨，河津至永济河段水位涨幅 0.65~1.2 m，芮城凤凰嘴工程坝前水位受渭河来水影响，最大涨幅约 1.95 m。具体为：河津禹门口工程 1 号坝前最高水位 379.04 m（10 月 6 日 17 时 40 分），涨幅约 1.1 m；万荣庙前工程 21 号坝前最高水位 358.26 m（10 月 6 日 16 时），涨幅约 0.91 m；临猗吴王工程-3 号坝前最高水位 349.97 m（10 月 6 日 19 时 3 分），涨幅约 1.20 m；永济城西工程 8 号坝前最高水位 336.78 m（10 月 6 日 21 时 20 分），涨幅约 0.65 m；芮城凤凰嘴工程 5 号坝前最高水位 327.87 m（10 月 7 日 11 时），涨幅约 1.95 m。

2. 陕西侧工程洪水位表现

秋汛洪水期间，陕西侧防洪工程，桥南上延工程 9 号坝最高水位 378.00 m（10 月 6 日 10 时 30 分）；桥南工程 0 号坝最高水位 376.50 m（10 月 6 日 10 时 40 分）；下峪口工程 36 号坝最高水位 373.30 m（10 月 6 日 11 时 10 分）；南谢工程 15 号坝最高水位 362.50 m（10 月 6 日 12 时 40 分）；榆林工程 2 号坝最高水位 355.27 m、20 号坝最高水位 354.34 m（10 月 6 日 10 时 30 分）；华原工程 86 号坝最高水位 337.42 m（10 月 6 日 23 时）；雨林工程 13 号坝最高水位 332.42 m（10 月 7 日 2 时 30 分）；牛毛湾工程 14 号坝最高水位 331.95 m（10 月 7 日 3 时）；桥南上延工程最高水位 378.00 m（10 月 6 日 10 时 30 分）；黄渭分离工程 0+200 处最高水位 329.88 m（10 月 7 日 11 时）；潼河口工程 16 号坝最高水位 329.88 m（10 月 7 日 11 时）；七里村工程最高水位 325.61 m（10 月 7 日 11 时 30 分）。

6.2.2　黄河下游

6.2.2.1　河道工程险情及塌滩情况

随着近几年河道整治工程布局的逐步完善，小浪底至陶城铺河段河势的游荡范围得到进一步控制。2021 年秋汛期间，黄河下游河段主流基本在两岸工程间运行，特别是经过 2018 年、2019 年和 2020 年汛期 4 000 m^3/s 以上流量长时间冲刷，局部河势得到调整，畸形河势有所改善，但仍有部分河段流路与规划治导线存在差异。在 2021 年秋汛长历时 4 800 m^3/s 左右流量作用下，主流顶冲、回流区及靠边溜部位工程多有险情发生。

2021 年 8 月 20 日—10 月 31 日黄河秋汛期间，黄河下游河段共有 205 处工程 1 552

道坝出险 3 505 次，均为一般险情，并得到及时抢护，抢险合计用石 81.28 万 m^3。其中，河南河段共有 67 处工程 666 道坝出险 2 406 次，抢险用石 51.91 万 m^3；山东河段共有 138 处工程 886 道坝出险 1 099 次，抢险用石 29.37 万 m^3。

秋汛期间，黄河下游滩岸坍塌全部在山东河段，累计 16 处滩区发生 24 段坍塌，坍塌长度 9 708 m，最大坍塌宽度 92 m，坍塌面积总计 10.36 hm^2。最大坍塌段为邹平台子滩 106+200—108+800 处，坍塌长度 2 600 m，最大坍塌宽度 21 m，坍塌面积 2.09 hm^2。

1. 河南河段工程险情总体情况

2021 年 8 月 20 日—10 月 31 日，黄河下游河南河段累计共有 67 处工程出险，出险次数 2 406 次，均为一般险情，出险体积 523 304 m^3，抢险用石 519 054 m^3、铅丝 1 258 716 kg、人工 120 454 工日、装载机 10 163 台时、挖掘机 14 893 台时、自卸车 29 234 台时、推土机 319 台时（见表 6.2-2、图 6.2-7）。

其中，8 月 20 日—9 月 15 日，总计有 10 处工程 29 道坝出险次数 34 次，均为一般险情，出险体积 6 660 m^3，抢险用石 6 555 m^3、铅丝 3 636 kg、人工 1 129 工日、装载机 142 台时、挖掘机 165 台时、自卸车 466 台时。

9 月 16—26 日，累计有 17 处工程 27 道坝出险次数 55 次，均为一般险情，出险体积 10 764 m^3。抢险用石 10 728 m^3、铅丝 12 090 kg、人工 1 728 工日、装载机 245 台时、挖掘机 229 台时、自卸车 805 台时。

9 月 27 日—10 月 3 日，累计有 45 处工程 150 道坝出险 217 次，均为一般险情，出险体积 40 053 m^3。抢险用石 39 081 m^3、铅丝 68 054 kg、人工 5 824 工日、装载机 578 台时、挖掘机 1 155 台时、自卸车 1 480 台时、推土机 15 台时。

10 月 4—20 日，累计有 58 处工程 515 道坝出险 1 793 次，均为一般险情，出险体积 405 274 m^3。抢险用石 402 915 m^3、铅丝 1 074 911 kg、人工 97 213 工日、装载机 7 581 台时、挖掘机 12 322 台时、自卸车 24 103 台时、推土机 242 台时。

10 月 21—31 日，累计有 37 处工程 138 道坝出险 307 次，抢险用石 59 774 m^3、铅丝 100 025 kg、人工 14 560 工日、装载机 1 637 台时、挖掘机 1 022 台时、自卸车 2 380 台时、推土机 61 台时。

总体看，本次秋汛期间河南河段工程出险主要呈现几大特点：从时间上，出现在 10 月 4—20 日，抢险次数占总抢险次数的 74%，抢险用石占总用石量的 78%，抢险用铅丝笼占本次总用铅丝笼量的 85%。从出险数量上，河南河段各工程坝次共计出险 2 406 次，其中大溜冲刷造成出险 1 327 次，占总出险次数的 55%；大溜顶冲造成出险 524 次，占总出险次数的 22%；回溜淘刷造成出险 368 次，占总出险次数的 15%；边溜冲刷造成出险 187 次，占总出险次数的 8%。从单一工程出险频度上，河南河段出险次数最多的是黑岗口下延控导工程，达到 200 次，抢险所抛石量 32 588 m^3，抢险用铅丝笼 43 828 kg；于林控导工程、枣树沟控导工程、禅房控导工程出险次数也较多，分别为 160 次、128 次和 103 次，所用抢险用石分别为 37 410 m^3、32 458 m^3 和 27 080 m^3，所用铅丝笼分别为 77 964 kg、65 602 kg、95 083 kg。

表 6.2-2　2021 年秋汛黄河下游河南段工程险情统计

时段（年-月-日）	工程/处	坝垛/道	次数/次	险情级别	出险体积/m^3	抢险料物						
						抢险用石/m^3	铅丝/kg	人工/工日	装载机/台时	挖掘机/台时	自卸车/台时	推土机/台时
2021-08-20—2021-09-15	10	29	34	一般	6 660	6 555	3 636	1 129	142	165	466	
2021-09-16—2021-09-26	17	27	55	一般	10 764	10 728	12 090	1 728	245	229	805	
2021-09-27—2021-10-03	45	150	217	一般	40 053	39 081	68 054	5 824	578	1 155	1 480	15
2021-10-04—2021-10-20	58	515	1 793	一般	405 274	402 915	1 074 911	97 213	7 581	12 322	24 103	242
2021-10-21—2021-10-31	37	138	307	一般	60 553	59 774	100 025	14 560	1 637	1 022	2 380	61
2021-08-20—2021-10-31	67	666	2 406	一般	523 304	519 054	1 258 716	120 454	10 166	14 893	29 234	318

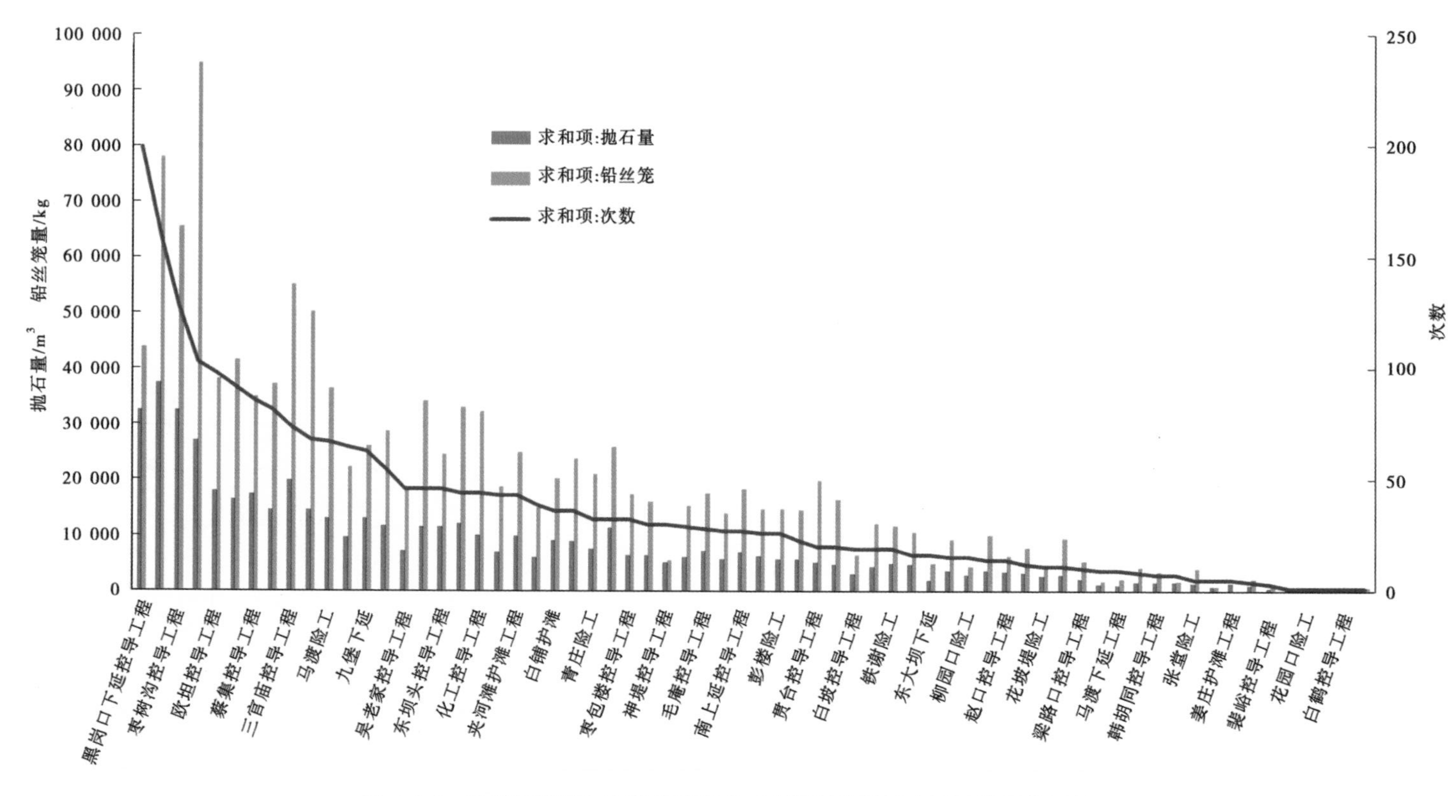

图 6.2-7　秋汛期间黄河下游河南段各工程出险次数及主要抢险料物用量

2. 山东河段工程险情总体情况

2021 年 8 月 20 日—10 月 31 日，黄河下游山东段累计有 138 处工程 886 道坝出险 1 099 次，均为一般险情，累计抢险用石 29.37 万 m^3（见表 6.2-3）。

表 6.2-3　2021 年秋汛黄河下游山东段工程险情统计

时段（年-月-日）	工程/处	坝垛/道	次数/次	险情级别	抢险用石/万 m^3
2021-08-20—2021-09-15	4	7	7	一般险情	0.42
2021-09-16—2021-09-26	2	2	2	一般险情	0.16
2021-09-27—2021-10-03	51	191	199	一般险情	4.15
2021-10-04—2021-10-20	115	674	734	一般险情	19.17
2021-10-21—2021-10-31	60	153	157	一般险情	5.47
2021-08-20—2021-10-31	138	886	1 099	一般险情	29.37

累计抢险用石 29.37 万 m^3、土方 3.52 万 m^3、铅丝 488.32 t、柳料 361.55 t、土工布 12.66 万 m^2、人工 70 678 工日、机械 51 719 台时。山东河段共有 8 处控导工程漫顶，24 处控导工程采取防漫顶防护措施。

其中，8 月 20 日—9 月 15 日，共有 4 处工程 7 道坝出险 7 次，均为一般险情，抢险用石 0.42 万 m^3。

9 月 16—26 日，共有 2 处工程 2 道坝出险 2 次，均为一般险情，抢险用石 0.16 万 m^3。

9 月 27 日—10 月 3 日，共有 51 处工程 191 道坝出险 199 次，均为一般险情，抢险用石 4.15 万 m^3。

10 月 4—20 日，共有 115 处工程 674 道坝出险 734 次，均为一般险情，抢险用石 19.17 万 m^3。

10 月 21—31 日，共有 60 处工程 153 道坝出险 157 次，均为一般险情，抢险用石 5.47 万 m^3。

总体来看，本次秋汛期间山东河段工程出险主要呈现几大特点：从时间上看，山东河段工程出险主要发生在 10 月 4—20 日，抢险次数占总抢险次数的 67%，抢险用石占总用石量的 65%。从出险类型看，山东河段工程共计出险体积 30.91 万 m^3，其中根石走失出险 18.59 万 m^3，占总出险体积的 60%；坦石坍塌出险 5.93 万 m^3，占总出险体积的 19%；漫溢造成出险 2.55 万 m^3，占总出险体积的 8%；坝裆后溃出险 1.42 万 m^3，占总出险体积的 5%。从单一工程险情严重程度看，利津东坝 3 号坝抢险用石最多，达 2 477 m^3；牡丹刘庄险工 28~29 号坝坝裆后溃抢险用石 1 251 m^3；郓城伟庄险工 1 号坝、1 号垛抢险用石分别为 1 730 m^3、1 880 m^3，杨集险工 13 号坝抢险用石 1 790 m^3；东平徐巴士控导工程 12^{+1} 护岸抢险用石 1 962 m^3；梁山路那里险工 20 号坝抢险用石 1 393 m^3，程那里险工 10~12 号坝抢险用石分别为 1 622 m^3、1 716 m^3、1 662 m^3。

3. 工程险情剖析

2021 年 9 月 30 日—10 月 21 日黄河下游 5 000 m^3/s 高水位运行，工程险情频发；10 月 21 日黄河下游水位逐渐回落，工程险情依然严峻。为此，分别在 10 月 11—15 日和 10 月 21—25 日两个阶段，对黄河下游小浪底至陶城铺河段左、右岸工程险情进行了两次系统跟踪查勘，查勘的内容包括工程靠河位置、主流顶冲位置、出险加固位置、出险形式、出险原因等。

(1)2021 年 10 月 11—15 日工情险情。

2021 年 10 月 11—15 日花园口站日均流量 4 860 m^3/s 左右，小浪底至陶城铺河段总体河势平稳，工程迎送溜较为稳定，5 000 m^3/s 流量已持续 10 d 左右，经过长时间的水流淘刷，该河段工程出险次数也达到了顶峰(见图 6.2-8)。

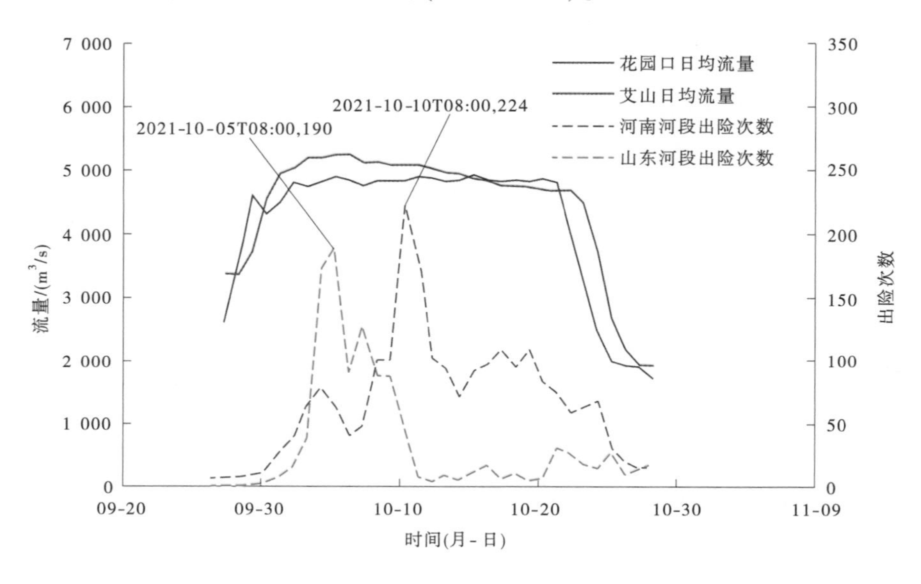

图 6.2-8　2021 年秋汛下游日均流量及出险次数变化

2021 年 10 月 11—15 日时段为高水位平水期，小浪底至陶城铺河段整体靠河稳定，主流顶冲位置均发生不同程度的根石走失，出险和预加固位置基本与主流顶冲位置一致。为预防工程出险，在部分靠大溜位置也进行了预加固，如花园镇控导工程 28 号、29 号坝，化工控导工程 28～33 号坝等。工程出险多发生在上跨角和迎水面，如：赵口 9 号坝、三官庙-1～-5 号坝、禅房 9～11 号坝等(见图 6.2-9)。险情主要表现为：①主流顶冲工程迎水面，致工程迎水面、上跨角根石、坦石坍塌，如三官庙-1～-5 号坝、禅房 10 号坝险情(见图 6.2-9)；②坝裆回溜淘刷，致坝裆土体坍塌，如马渡险工 22 号垛上跨角根石走失险情(见图 6.2-10)、柳园口 37～38 号坝坝裆后溃险情等(见图 6.2-11)。各防洪工程主流顶冲部位及出险加固部位见表 6.2-4～表 6.2-8。

图6.2-9　主流顶冲禅房10号坝致其上跨角坦石坍塌

图6.2-10　马渡险工大溜顶冲、坝裆回流淘刷致22号垛上跨角根石走失

图6.2-11　柳园口37～38号坝裆回流淘刷致坝裆后溃

表6.2-4 京广铁桥以上河段工程靠河出险情况(2021年10月15日)

序号	岸别	工程名称	靠河位置	主流顶冲位置	出险加固位置
1	右岸	白鹤控导工程	全靠	无	无
2	左岸	白坡控导工程	0~8号	0~4号	0~3号、6号
3	右岸	铁谢险工	全靠	填湾2~填湾4号	填湾2~填湾4号
4	左岸	逯村控导工程	29~40号	30~34号	无
5	右岸	花园镇控导工程	20~29号 (27号不靠)	20~23号	21~24号、 28号、29号
6	左岸	开仪控导工程	20~37号	21~24号	21~23号、 25~27号
7	右岸	赵沟控导工程	-9~18号	-5号	-5号
8	左岸	化工控导工程	8~41号	9~15号、 28~32号靠大溜	28~33号
9	右岸	裴峪控导工程	-3~26号	12~15号	无
10	左岸	大玉兰控导工程	6~44号	20~25号	7号、9号、19号、 21~25号
11	右岸	神堤控导工程	13~28号	27号、28号	无
12	左岸	张王庄透水桩	不靠河	无	无
13	右岸	沙鱼沟控导工程	不靠河	无	无
14	右岸	金沟控导工程	1~6号、13~16号、 27~34号	4号靠边溜	无
15	右岸	孤柏嘴透水桩	1 300 m之后	1 500~1 800 m	无
16	左岸	驾部控导工程	43~45号	43~45号	43~45号
17	右岸	枣树沟控导工程	8~37号	16~20号	16~19号
18	左岸	东安透水桩	上首约1 000 m、 尾部约1 000 m	上首约1 000 m、 尾部约500 m	无
19	右岸	桃花峪控导工程	21~39号	26~29号	29~33号
20	左岸	老田庵控导工程	31~35号	无	33~35号

表 6.2-5　花园口—夹河滩河段工程靠河出险情况(2021 年 10 月 11 日)

序号	岸别	工程名称	靠河位置	主流顶冲位置	出险加固位置
1	右岸	保合寨控导工程	不靠河	无	无
2	右岸	花园口险工	118~125 号	无	无
3	右岸	东大坝控导工程	全线靠河	无	无
4	左岸	双井控导工程	4~33 号	11~19 号	11~19 号
5	右岸	马渡工程	20 号之后	20~27 号	20~27 号
6	右岸	马渡下延工程	全线靠河	无	无
7	左岸	武庄控导工程	15~30 号垛、护岸、1~10 号	25 号垛	25 号垛
8	右岸	赵口险工	2 号以后	8 号、9 号	9 号
9	左岸	毛庵控导工程	3~37 号	20~31 号	7 号、29 号
10	右岸	九堡工程	115~148 号	124~126 号	124~126 号
11	左岸	三官庙控导工程	-6~42 号	-1~-5 号	-1~-5 号
12	左岸	仁村堤	靠边流	6~8 号垛(边流)	无
13	右岸	韦滩透水桩	全靠河	1 000~1 200 m	无
14	左岸	徐庄控导工程	不靠河	无	无
15	左岸	大张庄控导工程	4~15 号坝、1~7 号垛	4~7 号垛	无
16	右岸	黑岗口上延工程	不靠河	无	无
17	右岸	黑岗口险工	18~39 号	靠溜	无
18	右岸	黑岗口下延工程	全靠河	9~13 号	9~13 号
19	左岸	顺河街控导工程	9~31 号	9~13 号、25~27 号	9~13 号、25~27 号
20	右岸	柳园口险工	25~39-7 号	35~38 号	37 号、38 号
21	左岸	大宫控导工程	19~34 号	26~30 号	26~30 号
22	右岸	王庵控导工程	5~35 号	23~25 号	24 号
23	左岸	古城控导工程	1~26 号坝	19~20 号坝	18~24 号坝、26 号坝
24	右岸	府君寺控导工程	全靠河	4~6 号	4 号、5 号
25	左岸	曹岗险工	21~31 号	25~28 号	25~28 号
26	左岸	曹岗控导工程	下延 1~23 号	无	无
27	右岸	欧坦控导工程	全靠河	26~28 号	28 号
28	左岸	贯台控导工程	护滩 13~21 号垛、控导 1~15 号垛	护滩 14~16 号垛	护滩 15~16 号垛

表 6.2-6　夹河滩—高村河段工程靠河出险情况(2021 年 10 月 12 日)

序号	岸别	工程名称	靠河位置	主流顶冲位置	出险加固位置
1	右岸	夹河滩护滩工程	24~1 号	15~16 号	15~19 号
2	右岸	东坝头控导工程	全靠	6~7 号	无
3	右岸	东坝头险工	10~28 号	18 号	无
4	右岸	杨庄险工	不靠河	无	无
5	左岸	禅房控导工程	4~39 号	9~11 号、33~35 号	9 号、35~37 号
6	右岸	蔡集上延工程	67~49 号	49 号、50 号	49~55 号
7	右岸	蔡集控导工程	全靠	27 号、28 号	26~28 号
8	右岸	王夹堤控导工程	全靠	无	无
9	左岸	大留寺控导工程	23~50 号	29~32 号	40~42 号
10	右岸	王高寨控导工程	10~1 号	15 号	无
11	右岸	辛店集控导工程	全靠	5~6 号	无
12	左岸	周营上延工程	5~17 号	8~15 号	11 号
13	左岸	周营控导工程	1~43 号	全线靠大溜	无
14	右岸	老君堂控导工程	7~32 号	10~12 号	10 号、11 号
15	左岸	于林控导工程	18~38 号	20~37 号	29~37 号
16	右岸	霍寨险工	8~16 号	16 号	9 号、10 号、16 号
17	右岸	堡城险工	1~10 号	无	无
18	左岸	三合村控导工程	不靠河	无	无
19	左岸	青庄险工	10~20 号	不靠溜	无
20	右岸	高村险工	11~33 号	28 号、29 号	27~29 号

表 6.2-7　高村—苏阁河段工程靠河出险情况(2021 年 10 月 13 日)

序号	岸别	工程名称	靠河位置	主流顶冲位置	出险加固位置
1	左岸	南小堤上延工程	-6~11 号	-1~-6 号	无
2	左岸	南小堤险工	不靠	无	无
3	右岸	刘庄险工	27~43 号	28 号、29 号	28 号
4	右岸	贾庄险工	不靠河	无	无
5	右岸	张闫楼控导工程	不靠河	无	无
6	左岸	连山寺上延工程	全线靠河	不靠溜	无
7	左岸	连山寺控导工程	全线靠河	不靠溜	无
8	右岸	苏泗庄上延工程	1~10 号	10 号	7 号、10 号

续表 6.2-7

序号	岸别	工程名称	靠河位置	主流顶冲位置	出险加固位置
9	右岸	苏泗庄险工	24~33 号	24 号	24 号
10	右岸	苏泗庄下延工程	不靠河	无	无
11	左岸	尹庄控导工程	1~3 号	1~3 号靠大溜	1 号、2 号
12	左岸	龙长治控导工程	不靠溜	无	无
13	左岸	马张庄控导工程	8~23 号	9~13 号	8~12 号
14	右岸	营坊险工	12~46 号	25 号、26 号	无
15	右岸	营坊险工下延工程	全靠	无	无
16	左岸	彭楼险工	12~35 号	19~24 号	24 号
17	右岸	老宅庄控导工程	新 1~7 号坝	新 1 号坝、新 2 号坝	无
18	右岸	桑庄险工	20 号坝~潜坝	潜坝	无
19	右岸	芦井控导工程	1~12 号	3 号	3 号
20	左岸	李桥控导工程	26~40 号	30~34 号	30~34 号
21	左岸	李桥险工	41~56 号	靠溜稳定	无
22	左岸	邢庙险工	1~15 号	靠溜稳定	无
23	右岸	郭集控导工程	5~29 号	17 号	17 号
24	左岸	吴老家控导工程	7~32 号	靠溜稳定	
25	右岸	苏阁险工	9~22 号	11~14 号	12 号

表 6.2-8　苏阁—陶城铺河段工程靠河出险情况(2021 年 10 月 13 日)

序号	岸别	工程名称	靠河位置	主流顶冲位置	出险加固位置
1	左岸	杨楼控导工程	-4~23 号	3~23 号靠大溜	-4~-1 号、2 号、7 号
2	左岸	孙楼控导工程	1~24 号	1~7 号、20 号	1、2、6~13 号
3	右岸	杨集上延工程	5~13 号	6~9 号	10 号
4	右岸	杨集险工	7~16 号	8 号	10 号、13 号
5	左岸	韩胡同控导工程	-7~15 号	-2~5 号	-2~-3 号
6	右岸	伟庄险工	-7~6 号	-1~2 号	-1 号、1 号
7	右岸	程那里险工	6~13 号	10~12 号	10~12 号
8	左岸	梁路口控导工程	上延 13~38 垛	上延 3~2 垛	上延 3 号、8 号
9	右岸	蔡楼控导工程	全靠	13 号垛	无
10	左岸	影堂险工	-1~16 号	5~9 号	1~3 号
11	右岸	朱丁庄控导工程	全靠	靠边溜	无
12	左岸	枣包楼控导工程	9~28 号	19~21 号	无
13	右岸	路那里险工	18~24 号	20~23 号	21 号

续表 6. 2-8

序号	岸别	工程名称	靠河位置	主流顶冲位置	出险加固位置
14	右岸	国那里险工	26~34 号	26 号	无
15	左岸	张堂险工	1~8 号	6~7 号	无
16	右岸	丁庄控导工程	4~6 号	无	无
17	右岸	战屯控导工程	1~3 号	无	无
18	右岸	肖庄控导工程	1~8 号	6~7 号	无
19	右岸	徐巴士控导工程	1~12 号	3~5 号	3~5 号
20	左岸	陶城铺险工	1~19 号	5~9 号	无

(2)2021 年 10 月 21—25 日工情险情。

2021 年 10 月 21—25 日黄河下游河道处于落水期,花园口站日均流量由 4 030 m^3/s 左右降至 1 910 m^3/s,小浪底至陶城铺河段总体河势平稳,工程迎送溜较前期平水期上提下挫,经过长时间高水位,水位骤降,受高水位渗入坝体内的水又反向河道内渗出等影响,该时段工程出险次数虽相较于前期高水位有所减少,但日均出险数量仍维持在 80 次左右。工程出险多为主流顶冲、边溜淘刷、回流淘刷等致工程上跨角和迎水面裹护段坦石坍塌、根石走失等,如:黑岗口下延 10 号坝迎水面出现裂缝、黑岗口下延 11 号坝迎水面滑塌,东坝头控导工程 6 号坝迎水面滑塌,王夹堤 10 号坝迎水面轻微墩蛰,芦井 3 号迎水面墩蛰,程那里险工 12 号迎水面根石坍塌(见图 6. 2-12~图 6. 2-17);个别坝的非裹护段出现土体滑塌,如黑岗口下延 11 号、13 号坝,夹河滩护滩 17 号坝等(见图 6. 2-13、图 6. 2-18、图 6. 2-19)。

图 6. 2-12　黑岗口下延 10 号坝迎水面出现裂缝

图 6.2-13　黑岗口下延 11 号坝迎水面滑塌非裹护段土体滑塌

图 6.2-14　东坝头控导工程 6 号坝迎水面滑塌

图 6.2-15　王夹堤 10 号坝迎水面轻微墩蛰

图 6.2-16　芦井 3 号迎水面墩蛰

图 6.2-17　程那里险工 12 号迎水面根石坍塌

图 6.2-18　黑岗口下延 13 号坝非裹护段土体滑塌

图6.2-19 夹河滩护滩17号坝非裹护段坍塌

落水期小浪底至陶城铺河段整体河势稳定，与平水期高水位相比，靠河长度减少，河势上提下挫，主流顶冲部位相应上提下挫，出险部位也相应变化。例如，大玉兰工程主流顶冲部位由平水期20~25号上提至14~18号，落水期新增出险13号、17号和18号坝。各防洪工程主流顶冲部位及出险加固部位见表6.2-9~表6.2-13。

表6.2-9 京广铁桥以上河段工程靠河出险情况(2021年10月21—22日)

序号	岸别	工程名称	靠河位置	主流顶冲位置	出险加固位置
1	右岸	白鹤控导工程	全靠	3、4、5、8号靠溜但不顶冲	3号
2	左岸	白坡控导工程	0~3号	不靠主流	0~3号、6号
3	右岸	铁谢险工	全靠	无	62垛
4	左岸	逯村控导工程	29~40号	30~34号	33~36号
5	右岸	花园镇控导工程	20~29号(27不靠)	21~23号靠主流	新增24号
6	左岸	开仪控导工程	20~37号	26~30号靠大溜	新增22号
7	右岸	赵沟控导工程	-9~18号	-5号	无新增
8	左岸	化工控导工程	10~41号	14~17号	无新增
9	右岸	裴峪控导工程	-3~26号	无	无新增
10	左岸	大玉兰控导工程	8~44号	14~18号	增加13号、17~18号
11	右岸	神堤控导工程	13~28号	27号、28号靠边溜	无
12	左岸	张王庄透水桩	不靠河	无	无
13	右岸	沙鱼沟控导工程	不靠河	无	无
14	右岸	金沟控导工程	1~5号、13~16号、27~34号	无	无

续表 6.2-9

序号	岸别	工程名称	靠河位置	主流顶冲位置	出险加固位置
15	右岸	孤柏嘴透水桩	350 m 之后	无	无
16	左岸	驾部控导工程	43~45 号	43~45 号	无新增
17	右岸	枣树沟控导工程	8 号坝~37 号垛	16~20 号	新增 18 号
18	左岸	东安透水桩	上首约 1 000 m、尾部约 1 000 m	上首约 1 000 m、尾部不靠主流	无
19	右岸	桃花峪控导工程	29~31 号靠边溜	无	无新增
20	左岸	老田庵控导工程	31~35 号	33~35 号	无新增

表 6.2-10　花园口—夹河滩河段工程靠河出险情况(2021 年 10 月 22—23 日)

序号	岸别	工程名称	靠河位置	主流顶冲位置	出险加固位置
1	右岸	保合寨控导工程	不靠河	无	无
2	右岸	花园口险工	121~125 号	无	新增 128 号预加固
3	右岸	东大坝控导工程	全靠	无	无
4	左岸	双井控导工程	9~33 号	10~12 号	新增 9~10 号
5	右岸	马渡工程	20 号之后	21~23 号	新增 23 号
6	右岸	马渡下延工程	全线靠河	无	新增 105 号
7	左岸	武庄控导工程	30 号垛、护岸、1~10 号坝	护岸、1~10 号靠大溜	新增 5 号、7~9 号
8	右岸	赵口险工	3 号之后	无	无新增
9	左岸	毛庵控导工程	6~37 号	9~12 号	新增 6 号、14~15 号、18~19 号、27~28 号、31~34 号
10	右岸	九堡工程	115~148 号	124~127 号	新增 126 号
11	左岸	三官庙控导工程	−6~42 号	−5~−3 号	新增 1~9 号、12 号
12	左岸	仁村堤工程	不靠	无	无
13	右岸	韦滩透水桩	不变	不变	无
14	左岸	徐庄控导工程	不靠	无	无
15	左岸	大张庄控导工程	12~7 垛	12~7 垛靠大溜	新增 3 垛
16	右岸	黑岗口上延工程	不靠	无	无
17	右岸	黑岗口险工	不靠	无	无

续表 6.2-10

序号	岸别	工程名称	靠河位置	主流顶冲位置	出险加固位置
18	右岸	黑岗口下延工程	4 号之后	7~10 号	新增 8 号、10 号、11 号
19	左岸	顺河街控导工程	18~31 号	19~21 号	新增 18~19 号、21~23 号、25~31 号
20	右岸	柳园口险工	28 号之后	35 号	新增 39-1 号
21	左岸	大宫控导工程	22~34 号	22~34 号靠溜稳定	22~34 号
22	右岸	王庵控导工程	21 号之后	27~29 号靠边溜	无新增
23	左岸	古城控导工程	9~26 号	16~19 号	新增 16~17 号
24	右岸	府君寺控导工程	上延 6 号之后	10~11 号	无新增
25	左岸	曹岗险工	23~33 号	23~33 靠河稳定	无新增
26	左岸	曹岗控导工程	1~23 号	1~23 号靠河稳定	无
27	右岸	欧坦控导工程	12 号之后	18~21 号	新增 18~21 号
28	左岸	贯台控导工程	护滩 12~21 号垛，控导 1~15 号垛	护滩 13~14 号垛	新增护滩 13 号

表 6.2-11　夹河滩—高村河段工程靠河出险情况(2021 年 10 月 23—24 日)

序号	岸别	工程名称	靠河位置	主流顶冲位置	出险加固位置
1	右岸	夹河滩护滩工程	22~1 号	13~17 号	新增 13~15 号
2	右岸	东坝头控导工程	全靠	6 号	新增 6 号
3	右岸	东坝头险工	10~28 号	无	无
4	右岸	杨庄险工	不靠河	无	无
5	左岸	禅房控导工程	6~39 号	7~9 号、35~37 号	新增 6 号、8~12 号、15~39
6	右岸	蔡集上延工程	61~49 号	55~56 号	新增 56 号
7	右岸	蔡集控导工程	28~1 号	25~27 号	无新增
8	右岸	王夹堤控导工程	全靠	9~10 号	新增 10~19 号
9	左岸	大留寺控导工程	26~50 号	靠溜稳定	新增 24~27 号、29 号、32 号
10	右岸	王高寨控导工程	10~1 号	无	无新增
11	右岸	辛店集控导工程	全靠	无	无新增
12	左岸	周营上延工程	5~17 号	7~9 号	无新增
13	左岸	周营控导工程	1~43 号	全线靠大溜	无
14	右岸	老君堂控导工程	9~32 号	8~9 号	无新增
15	左岸	于林控导工程	24~38 号	26~28 号	新增 26~28 号、38 号
16	右岸	霍寨险工	8~16 号	11 号靠溜	新增 12 号

续表 6.2-11

序号	岸别	工程名称	靠河位置	主流顶冲位置	出险加固位置
17	右岸	堡城险工	不靠河	无	无
18	左岸	三合村控导工程	不靠河	无	无
19	左岸	青庄险工	17~20 号	17~20 号靠大溜	18~20 号
20	右岸	高村险工	16~33 号	29~30 号	新增 30 号

表 6.2-12 高村—苏阁河段工程靠河出险情况(2021 年 10 月 23—24 日)

序号	岸别	工程名称	靠河位置	主流顶冲位置	出险加固位置
1	左岸	南小堤上延工程	-6~11 号	-1~2 号	3 垛
2	左岸	南小堤险工	不靠	无	无
3	右岸	刘庄险工	28~43 号	29~30 号靠溜稳定	新增 29 号
4	右岸	贾庄险工	不靠河	无	无
5	右岸	张闫楼控导工程	不靠河	无	无
6	左岸	连山寺上延工程	6~27 垛	17~27 号垛靠大溜	8 号垛、27 号垛
7	左岸	连山寺控导工程	36~47 号	36~47 号垛靠溜稳定	无
8	右岸	苏泗庄上延工程	1~10 号	无	无新增
9	右岸	苏泗庄险工	24~32 号	26~27 号	无新增
10	右岸	苏泗庄下延工程	不靠河	无	无
11	左岸	尹庄控导工程	1~3 号	靠边溜	无新增
12	左岸	龙长治控导工程	21~23 号	靠溜稳定	21~23 号加固完成
13	左岸	马张庄控导工程	9~23 号	10~11 号	13~17 号加固完成
14	右岸	营坊险工	14~32 号	18~19 号靠溜	新增 31 号
15	右岸	营坊险工下延工程	全靠河	无	无
16	左岸	彭楼险工	12~35 号	靠溜稳定	27~30 号加固完成
17	右岸	老宅庄控导工程	新 1~6 号	3~4 号靠边溜	新增 3 号、4 号预加固
18	右岸	桑庄险工	不靠河	无	无
19	右岸	芦井控导工程	1~10 号	3 号靠边溜	3 号坝迎水面坦石轻微坍塌
20	左岸	李桥控导工程	28~40 号	31~35 号靠大溜、36~40 号靠边溜	28~29 号加固完成
21	左岸	李桥险工	41~56 号	靠边溜	无
22	左岸	邢庙险工	12~15 号	靠边溜	13~15 号加固完成
23	右岸	郭集控导工程	5~29 号	17 号靠溜	17 号、26 号坝迎水面坍塌
24	左岸	吴老家控导工程	7~32 号	靠溜稳定	7~32 号预加固完成
25	右岸	苏阁险工	9~21 号	11~12 号	新增 11 号

表 6.2-13　苏阁—陶城铺河段工程靠河出险情况(2021 年 10 月 24—25 日)

序号	岸别	工程名称	靠河位置	主流顶冲位置	出险加固位置
1	左岸	杨楼控导工程	-4~23 号	-2~2 号靠大溜、3~23 号靠溜稳定	1~2 号、8~11 号、14~23 号加固完成
2	左岸	孙楼控导工程	1~23 号	3~6 号	14~19 号加固完成
3	右岸	杨集上延工程	-2~13 号	4~5 号	无新增
4	右岸	杨集险工	7~16 号	8 号	无新增
5	左岸	韩胡同控导工程	-6~14 号	靠溜稳定	无新增
6	右岸	伟庄险工	-6~6 号	-3~2 号靠溜	新增 2 号
7	右岸	程那里险工	9~12 号	11 号	12 号
8	左岸	梁路口控导工程	上延 7~38 号	上延 3~1 号	上延 5 号~上延 4 号加固完成
9	右岸	蔡楼控导工程	-5~32 号	无	无
10	左岸	影堂险工	1~16 号	3~4 号	无新增
11	右岸	朱丁庄控导工程	全靠	无	10~28 号预加固
12	左岸	枣包楼控导工程	10~28 号	11~28 号靠溜稳定	11~21 号、24 号加固完成
13	右岸	路那里险工	16~24 号	18~20 号	18~22 号
14	右岸	国那里险工	26~29 号	无	无
15	左岸	张堂险工	8 号	不靠溜	1~2 号加固完成
16	右岸	丁庄控导工程	不靠河	无	无
17	右岸	战屯控导工程	全靠	无	无
18	右岸	肖庄控导工程	全靠	5~8 号	4^{+1} 护岸、8^{+1} 护岸
19	右岸	徐巴士控导工程	7~12 号	1 号	12^{+1} 护岸
20	左岸	陶城铺险工	1~19 号	5~7 号靠大溜、7~19 号靠边溜	无

4. 险情特点和出险原因

1) 险情特点

2021 年秋汛黄河下游防洪工程险情主要具有以下特点:

(1)2021 年秋汛,基本没有发生重大和较大险情。2021 年秋汛期间黄河下游险情均为一般险情。这主要是 2021 年秋汛期间,一方面对主流顶冲、靠大溜部位等可能发生险情的防洪工程进行预加固;另一方面按照大洪水运行机制全员上岗到位,充实一线力量,逐坝、逐段落实巡查防守责任制,落实巡查防守责任制,加强控导工程 24 h 巡查防守,860 名机动抢险队员集结待命,预置抢险设备和物料;督促山东、河南两省落实群防队伍,确保了险情早发现、早处置,抢早、抢小。

(2)山东河段险情次数峰值较河南河段早。这与本年度的水情有很大关系,2021 年秋汛期间，渭河、伊洛河和大汶河同时涨水，形成了黄河上下较大型的洪水，经中游小浪底水库、陆浑水库、故县水库和河口村水库拦洪调蓄后，平水期花园口站日均流量维持在4 800 m^3/s左右，但经过金堤河、大汶河等支流加水，艾山日均流量维持在5 100 m^3/s左右，即山东河段平均流量较河南段大，因此山东河段险情次数峰值较河南河段早。

(3)河势调整引发险情。2021年秋汛期间，韦滩河段畸形河势逐步得到改善，大张庄控导工程靠河情况好转，前期主流工程顶冲尾部4~7号垛，落水期12号坝至7号垛靠大溜，受长时间水流冲刷，导致该工程3号垛出险加固。黑岗口下延工程处河势下挫，大河在此段形成"卡口"河势，7~13坝受大溜顶冲及回溜严重淘刷，险情频发。2021年秋汛期间，黑岗口下延工程有8道坝出险，共发生险情200次，其中11号坝险情最多，出险36次。

(4)黄河河道险情落水期较涨水期易发生。如2021年秋汛涨水期9月25—29日，河南河段共出险35次，日均出险7次；而落水期10月23—28日，河南河段共出险210次，日均出险35次。这主要是由于在高水位时，工程浸泡饱和，坝体含水，重量增大，抗剪强度减低，以致当水位骤降土体失去了外水的顶托力时，高水位时渗入坝体内的水又反向河道内渗出，促使坝体滑脱坍塌。

(5)险情的发生位置较为普遍，很多工程的多处坝段多次发生险情。如2021年秋汛期间，河南河段75处工程637道坝出险2 312次，平均每道坝出险3.6次；山东河段138处工程871道坝出险1 064次，平均每道坝出险1.2次。黑岗口下延工程8道坝出险200次，其中黑岗口下延11号坝出险36次。欧坦控导工程19道坝共发生险情98次，其中21坝出险21次。于林控导工程14道坝出现一般险情160次。枣树沟控导工程共有9道坝发生险情128次，其中17号坝34次险情、18号坝31次险情。

2)出险原因

发生险情的原因主要有以下三点：

(1)大溜顶冲或冲刷往往会使坝垛发生险情。

河道水流的流速横向分布为主溜区大、边溜区小，而河岸泥沙的冲刷强度与水流的流速有关，流速越大，泥沙的冲刷强度就越大。由此可见，大溜顶冲的冲刷强度要大于边溜冲刷的强度。另外，2021年秋汛期间，河势基本稳定，主溜顶冲工程位置稳定，长时间淘刷滩地和险工坝头，造成工程迎水面及上跨角位置极易发生根石走失、坦石下蛰等险情。例如，本次秋汛期间黑岗口下延13号坝受大溜冲刷，迎水面非裹护段至上跨角部位发生坦石滑塌的险情。

(2)边溜冲刷也是坝垛发生险情的主要原因。

持续的边溜冲刷对治河工程的破坏作用也非常大，能够引起工程险情的发生。边溜冲刷是由于洪水在演进过程中，受临近水流部位工程的阻碍作用，水流的速度和方向会发生改变，引起环流，淘刷坝根河床，在坝根形成河床冲刷坑，使坝垛根石临空下蛰而走失。边溜冲刷强度虽然没有大溜顶冲的冲刷强度那样大，但持续的边溜冲刷强度也是非常大的，这就是边溜冲刷也能引发险情的原因。如老宅庄控导3~4号受边溜冲刷，上跨角部位发生坦石滑塌的险情。

(3)新修或根基薄弱致使坝段发生险情。

根据坝垛稳定计算及实际运用经验，丁坝的根石深度在12~15 m、垛的根石深度10~

13 m、护岸的根石在 8～11 m 相对稳定。而黄河现在坝垛根石深度大多达不到设计冲深要求,另外,黄河下游河道整治工程多为土石结构,修建时基础浅,一处工程常常经过多次抢险才能使坝垛基础逐渐稳定。因此,旱地施工的新修工程或靠河概率小的工程,坝垛根石深度往往不够。当根基薄弱的治河工程遭受水溜顶冲或发生淘刷的时候,很有可能会引起险情的发生。

6.2.2.2　控导工程漫顶情况

秋汛洪水洪峰期间,控导工程漫顶全部发生在山东段,共有 8 处控导工程漫顶,详情如下:

(1)长清局。下巴控导工程-2、-1 号坝,10 月 2—7 日最大漫顶高度 0.1 m,工程后有生产堤。

(2)惠民局。王平口控导工程 5、7、8 号坝,10 月 2 日漫顶,10 月 7 日最大漫顶高度 0.25 m,采取土袋子埝加高加固;五甲杨控导工程 2、3 号坝,10 月 2 日漫顶,10 月 8 日漫顶最大为 0.46 m,采取土袋子埝加高加固。

(3)滨城局。麻家控导工程 4～12 号坝,10 月 2 日漫顶,10 月 7 日最大漫顶高度为 0.2 m,采取土袋子埝加高加固;大高控导工程+1 号、0～3 号、7 号、8 号坝,10 月 2 日漫顶,+5～+2 号、4～6 号、9～11 号坝,10 月 6 日漫顶,10 月 7 日最大漫顶高度为 0.12 m,采取土袋子埝加高加固;翟里孙控导工程 10～13 号坝,10 月 3 日漫顶,10 月 7 日最大漫顶高度为 0.05 m,采取土袋子埝加高加固;王大夫控导工程 34～36 号坝,10 月 3 日漫顶,6～33 号、37～38 号、42 号坝,10 月 7 日漫顶,10 月 8 日最大漫顶高度为 0.11 m,采取土袋子埝加高加固;韩墩控导工程 1～14 号坝,10 月 6 日漫顶,10 月 7 日最大漫顶高度为 0.02 m,采取土袋子埝加高加固。

(4)利津局。丁家控导工程 8～15 号坝,10 月 3 日漫顶,10 月 4 日最大漫顶高度为 0.2 m。采取加固坝后生产堤和抛石挑溜方式。五庄控导工程 1 号、新 1 号、新 2 号坝的坝顶与河道水面齐平,采用对五庄控导新 1 号上跨至下跨抛石,2 号、新 1 号、新 2 号坝坝顶土石结合处修筑子埝,铺设土工布及盖压土袋。其他控导工程坝顶最小出水高度超过 1 m 的还有丁家控导 16 号坝、宫家控导。

(5)垦利局。清四控导工程坝顶与水面齐平,对清四控导 7～11 号坝防漫溢采用子堰结合土工布的方式进行抢护,计划长度 1 600 m,全部完成。最小出水高度超过 1 m 的还有十八户(新)控导、护林控导的部分坝段。

秋汛洪水以来,山东河段采取防漫顶防护措施的控导工程 24 处,为东阿局位山控导,长清局西兴隆、燕刘宋、姚河门控导,平阴局田山控导,齐河局谯庄控导,滨开局纸坊控导,惠民局王平口、五甲杨、大崔、簸箕李、齐口控导,滨城局大高、麻家、王大夫、翟里孙、韩墩控导,利津局丁家、五庄、崔庄控导,垦利局清四控导,河口局西河口、清三、八连控导工程。

6.2.2.3　工程靠河情况

8 月 20 日—9 月 15 日,河南黄河河段河势平稳演进,工程迎送溜较为稳定。花园口站平均流量达到 2 000 m^3/s 时,工程靠河 75 处,靠河坝数 1 547 道,靠河长度 151 512 m。

9 月 15 日—10 月 20 日,河南黄河河段各河段河势平稳演进,工程迎送溜较为稳定,花园口站平均流量 4 800 m^3/s 时,工程靠河 80 处,靠河坝数 1 878 道,靠河长度 181 186 m。

与汛前河势查勘相比,新增马庄控导、九堡险工、黑岗口上延、三合村控导及连山寺上延 5 处靠河工程,新增 409 道靠河坝、垛及护岸,靠河长度相应增加 33 726 m,靠河坝数增加 27.8%,靠河长度增加 22.9%。

10 月 21—31 日,河南黄河河段各河段河势平稳演进,工程迎送溜较为稳定,花园口站平均流量 2 000 m^3/s 时,工程靠河 77 处,靠河坝数 1 606 道,靠河长度 152 998 m。

图 6.2-20 点绘了 2021 年 9 月 27 日—10 月 27 日黄河下游工程靠河情况,具体数据见表 6.2-14。可以看出,该时段黄河下游工程靠河坝垛数量及靠河长度总体随大河流量的增加而增加。10 月 4 日花园口站日均流量本年度最大,达 4 890 m^3/s,洪水向下游演进,10 月 5 日艾山站日均流量本年度最大,达 5 250 m^3/s,其中 10 月 8 日黄河下游工程靠河处数最大,达 300 处,靠河坝数最多,为 6 747 道,工程靠水总长度 504.7 km。秋汛期间河南段靠河工程数最大达 75 处,靠河坝数最多达 1 889 道坝,靠水长度最长达 186 km;山东段靠河工程数最大达 225 处,靠河坝数最多达 4 866 道坝,靠水长度最长达 319.8 km。

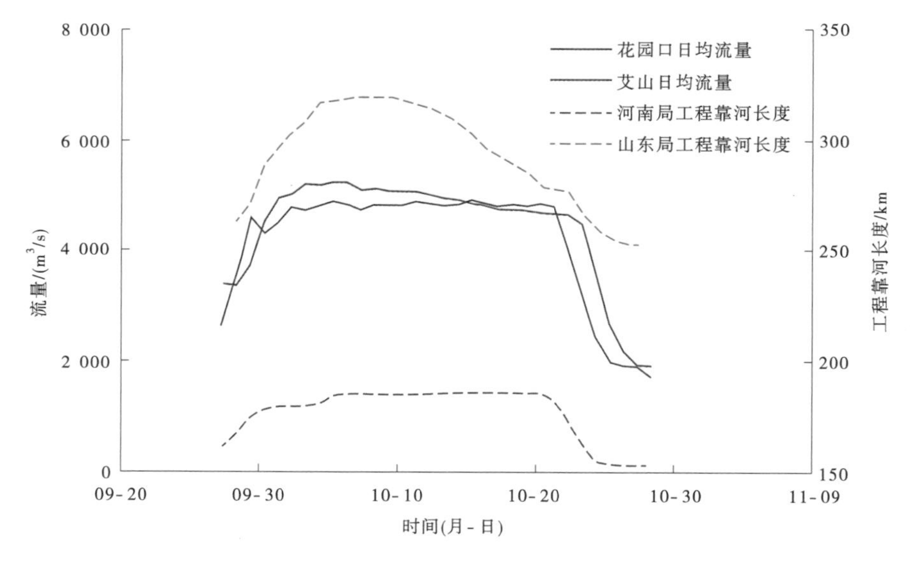

图 6.2-20　2021 年 9 月 27 日—10 月 27 日黄河下游工程靠河情况

表 6.2-14　2021 年 9 月 27 日—10 月 27 日黄河下游靠河情况统计

序号	时间(年-月-日)	下游合计			河南段			山东段		
		工程靠河处数/处	坝垛数/道	靠河长度/km	工程靠河处数/处	坝垛数/道	靠河长度/km	工程靠河处数/处	坝垛数/道	靠河长度/km
1	2021-09-27				73	1 639	161.4			
2	2021-09-28	282	5 720	430.4	73	1 702	167.4	209	4 018	263.0
3	2021-09-29	285	5 922	445.0	74	1 780	174.0	211	4 142	271.0
4	2021-09-30	289	6 114	467.0	75	1 826	178.0	214	4 288	289.0

续表 6. 2-14

序号	时间（年-月-日）	下游合计			河南段			山东段		
		工程靠河处数/处	坝垛数/道	靠河长度/km	工程靠河处数/处	坝垛数/道	靠河长度/km	工程靠河处数/处	坝垛数/道	靠河长度/km
5	2021-10-01	292	6 348	474.0	75	1 835	179.0	217	4 513	295.0
6	2021-10-02	297	6 452	482.9	75	1 843	179.9	222	4 609	303.0
7	2021-10-03	298	6 568	488.9	75	1 854	180.9	223	4 714	308.0
8	2021-10-04	298	6 651	497.5	75	1 854	180.9	223	4 797	316.6
9	2021-10-05	298	6 694	498.4	75	1 858	181.4	223	4 836	317.0
10	2021-10-06	300	6 734	503.9	75	1 883	184.9	225	4 851	319.0
11	2021-10-07	300	6 737	504.0	75	1 883	184.9	225	4 854	319.1
12	2021-10-08	300	6 747	504.7	75	1 881	184.9	225	4 866	319.8
13	2021-10-09	300	6 741	504.1	75	1 881	184.9	225	4 860	319.2
14	2021-10-10	300	6 723	503.0	75	1 883	184.9	225	4 840	318.0
15	2021-10-11	299	6 693	501.0	75	1 884	185.1	224	4 809	315.9
16	2021-10-12	299	6 674	499.4	75	1 884	185.0	224	4 790	314.4
17	2021-10-13	299	6 629	496.7	75	1 888	185.5	224	4 741	311.3
18	2021-10-14	298	6 576	493.8	75	1 889	185.6	223	4 687	308.2
19	2021-10-15	298	6 458	488.1	75	1 889	185.6	223	4 569	302.5
20	2021-10-16	294	6 358	481.8	75	1 889	185.6	219	4 469	296.2
21	2021-10-17	293	6 310	478.6	75	1 889	185.6	218	4 421	293.0
22	2021-10-18	293	6 247	474.3	75	1 889	185.6	218	4 358	288.7
23	2021-10-19	293	6 181	471.2	75	1 889	185.6	218	4 292	285.6
24	2021-10-20	293	6 086	464.4	75	1 889	185.6	218	4 197	278.8
25	2021-10-21	293	6 038	460.3	75	1 846	182.0	218	4 192	278.3
26	2021-10-22	292	5 987	449.8	74	1 811	172.7	218	4 176	277.1
27	2021-10-23	284	5 776	431.2	73	1 707	163.4	211	4 069	267.8
28	2021-10-24	281	5 572	414.1	72	1 621	154.5	209	3 951	259.6
29	2021-10-25	280	5 468	408.7	72	1 613	153.7	208	3 855	255.0
30	2021-10-26	279	5 411	405.5	72	1 606	153.0	207	3 805	252.5
31	2021-10-27	279	5 406	405.1	72	1 606	153.0	207	3 800	252.1
最大值		300	6 747	504.7	75	1 889	185.6	225	4 866	319.8

6. 2. 2. 4　工程洪水位表现

1. 水位表现总体情况

9 月 27 日以来,黄河干流沿程河道整治工程水位超过近 3 年最高值,最大出现在 10 月 2 日,位于山东聊城东阿—周门前险工,水位 39. 4 m,比近 3 年历史最高水位 38. 25 m 高出 1. 15 m,见表 6. 2-15。

表 6. 2-15　黄河下游河道整治工程沿程水位与近 3 年历史最高水位差值统计

序号	时间(年-月-日)	超过近 3 年历史最高水位处数/处	河南河段			山东河段		
			处数/处	最大值/m	位置	处数/处	最大值/m	位置
1	2021-09-27	0						
2	2021-09-28	0						
3	2021-09-29	24	11	0. 30	府君寺险工	13	2. 12	张辛险工
4	2021-09-30	32	21	0. 19	南上延控导工程	11	0. 47	田山控导工程
5	2021-10-01	63	12	0. 32	马庄控导工程	51	0. 93	周门前工程、田山控导工程
6	2021-10-02	100	21	0. 34	贯台控导工程	79	1. 15	周门前工程
7	2021-10-03	112	23	0. 30	贯台控导工程、马庄控导工程	89	0. 98	田山控导工程
8	2021-10-04	112	25	0. 31	贯台控导工程、马庄控导工程	87	1. 05	田山控导工程
9	2021-10-05	110	24	0. 31	贯台控导工程、马庄控导工程	86	1. 04	田山控导工程
10	2021-10-06	106	24	0. 31	贯台控导工程	82	1. 03	田山控导工程
11	2021-10-07	105	18	0. 31	马庄控导工程	87	1. 03	田山控导工程
12	2021-10-08	100	16	0. 31	马庄控导工程	84	1. 05	田山控导工程
13	2021-10-09	97	15	0. 31	马庄控导工程	82	0. 97	田山控导工程
14	2021-10-10	112	15	0. 34	马庄控导工程	97	0. 94	田山控导工程
15	2021-10-11	98	15	0. 34	马庄控导工程	83	0. 89	田山控导工程
16	2021-10-12	101	18	0. 32	贯台控导工程	83	0. 80	田山控导工程
17	2021-10-13	98	16	0. 34	马庄控导工程	82	0. 77	田山控导工程

续表 6. 2-15

序号	时间（年-月-日）	超过近 3 年历史最高水位处数/处	河南河段			山东河段		
			处数/处	最大值/m	位置	处数/处	最大值/m	位置
18	2021-10-14	77	10	0. 39	马庄控导工程	67	0. 64	田山控导工程
19	2021-10-15	77	10	0. 39	马庄控导工程	67	0. 64	胡家岸险工
20	2021-10-16	71	10	0. 39	马庄控导工程	61	0. 55	田山控导工程
21	2021-10-17	64	7	0. 36	马庄控导工程	57	0. 55	田山控导工程
22	2021-10-18	57	6	0. 36	马庄控导工程	51	0. 48	田山控导工程
23	2021-10-19	56	8	0. 35	马庄控导工程	48	0. 50	田山控导工程
24	2021-10-20	51	7	0. 38	马庄控导工程	44	0. 39	胡家岸险工
25	2021-10-21	39	5	0. 34	马庄控导工程	34	0. 42	田山控导工程
26	2021-10-22	34	3	0. 24	马庄控导工程	31	0. 39	田山控导工程
27	2021-10-23	29	0			29	0. 24	胡家岸险工
28	2021-10-24	0	0			0		
29	2021-10-25	0	0			0		
30	2021-10-26	0	0			0		
31	2021-10-27	0	0			0		
最大值		112	25	0. 39		97	2. 12	

2. 河南宽河段水位表现

河南段白鹤—陶城铺河段沿程各险工和控导工程设置有人工或自记水尺，以花园口站洪峰出现时间为节点，分别统计相应洪峰前后不同流量级时水位，具体统计结果见表 6. 2-16。可以看出，同流量下，夹河滩站以上河段，除毛庵、大张庄、贯台 3 处控导工程水尺峰后水位大于峰前水位外，其他沿程工程水尺的表现均为峰后水位小于峰前水位，河床整体呈冲刷趋势；夹河滩站以下河段，沿程工程水尺的表现水位有增有减，多为峰后水位大于峰前水位，河床整体呈淤积趋势，其中尹庄以下河段水尺水位多表现为淤积（见图 6. 2-21）。

表 6.2-16　2021 年秋汛洪峰前后 4 000 m^3/s 沿程水位对比表

单位:m,大沽高程

序号	水尺	峰前	峰后	峰后-峰前	序号	水尺	峰前	峰后	峰后-峰前
1	白鹤	122.12	121.98	-0.14	31	欧坦	73.99	73.76	-0.23
2	白坡	120.18	120.03	-0.15	32	贯台	72.78	72.95	0.17
3	铁谢	116.22	116.05	-0.17	33	夹河滩	72.38	72.34	-0.04
4	逯村	113.05	112.77	-0.28	34	三义寨闸	72.27	72.01	-0.26
5	花园镇	111.98	111.67	-0.31	35	东控导	71.38	71.38	0.00
6	开仪	110.77	110.67	-0.09	36	东坝头	71.13	71.20	0.07
7	赵沟	110.15	109.87	-0.28	37	禅房	70.43	70.36	-0.07
8	化工	109.32	109.05	-0.27	38	蔡集	68.76	68.40	-0.36
9	裴峪	108.24	107.91	-0.33	39	大留寺	68.11	68.22	0.11
10	大玉兰	107.15	106.64	-0.51	40	周营上延	66.13	65.90	-0.23
11	神堤	105.78	105.46	-0.32	41	周营	65.14	65.22	0.08
12	花园口站	92.05	91.66	-0.39	42	于林	63.98	63.75	-0.23
13	双井	90.69	90.44	-0.25	43	青庄	61.52	61.23	-0.29
14	马渡	89.05	88.87	-0.18	44	高村站	61.13	60.93	-0.20
15	武庄	87.99	87.46	-0.53	45	南上延	60.59	60.50	-0.09
16	赵口控导	86.80	86.06	-0.74	46	连山寺	57.65	57.52	-0.13
17	毛庵	86.40	86.67	0.27	47	尹庄	56.88	57.18	0.30
18	九堡下延	84.58	84.33	-0.25	48	马张庄	56.20	56.25	0.05
19	三官庙	83.95	83.74	-0.21	49	彭楼	54.80	54.88	0.08
20	大张庄	81.16	81.17	0.01	50	邢庙	52.56	52.61	0.05
21	黑岗口	80.62	79.99	-0.63	51	吴老家	51.62	51.59	-0.03
22	黑岗口下延	80.54	79.99	-0.55	52	杨楼	50.63	50.63	0.00
23	顺河街	79.65	79.35	-0.30	53	孙楼	50.15	50.25	0.10
24	柳园口	79.29	78.95	-0.34	54	韩胡同	48.95	49.33	0.38
25	大宫	78.14	78.01	-0.13	55	梁路口	47.59	47.61	0.02
26	王庵	77.32	77.10	-0.22	56	孙口站	47.41	47.58	0.17
27	古城	76.37	76.06	-0.31	57	影唐	46.80	46.94	0.14
28	府君寺	75.48	75.09	-0.39	58	枣包楼	45.90	46.00	0.10
29	曹岗	74.35	74.10	-0.25	59	邵庄	44.76	44.69	-0.07
30	夹河滩站	74.39	74.20	-0.19	60	张庄闸	44.25	44.12	-0.13

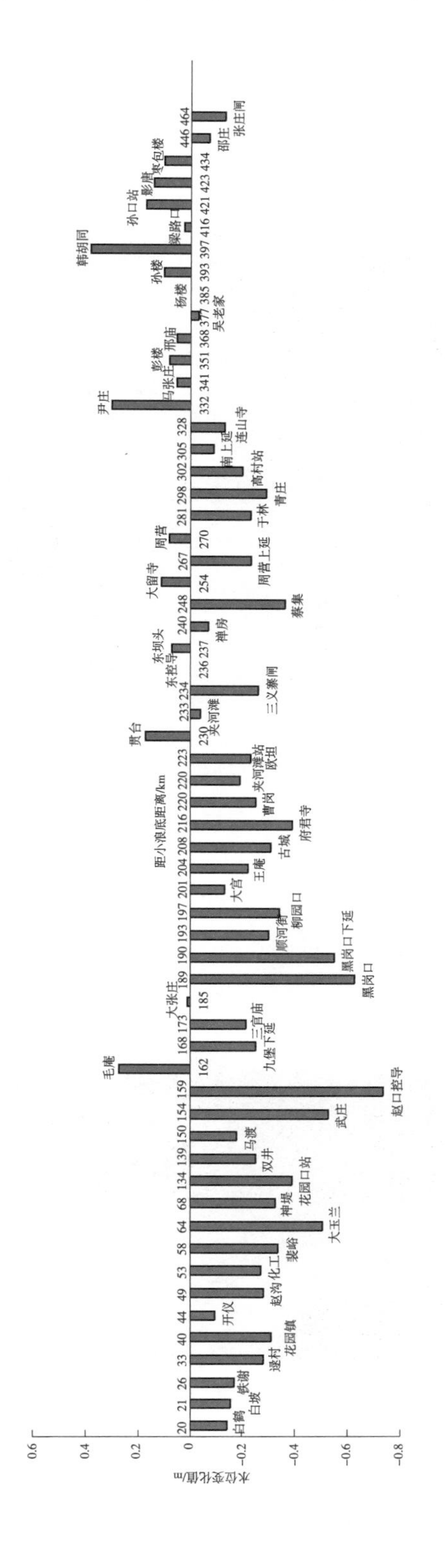

图 6.2-21　2021 年秋汛洪峰前后 4 000 m^3/s 沿程水尺水位变化情况

6.2.3　北洛河

朝邑围堤位于黄河小北干流、渭河、北洛河三河汇流区(见图 6.2-22),主要作用为防止黄河洪水漫滩淹没滩区,保护大荔县黄河滩区 20 万亩土地和范家镇、赵渡镇近 4 万群众安全。

图 6.2-22　朝邑围堤位置

10 月 2—7 日,陕西省发生持续强降水过程,受持续强降雨影响,黄河、渭河、北洛河三河同时涨水,朝邑围堤北洛河段发生两处决口,即紫阳村决口和乐合村决口(见图 6.2-23、图 6.2-24),乐合村决口位于紫阳村决口下游 1.5 km 处。

图 6.2-23　朝邑围堤紫阳村决口

10 月 7 日 23 时,北洛河左岸大荔县朝邑镇紫阳村朝邑围堤出现决口,决口宽度约 45 m,决口处水深 7~8 m,流量约 150 m^3/s。10 月 9 日 2 时 30 分,北洛河左岸大荔县赵渡镇乐合村朝邑围堤发生漫堤决口,决口宽度约 60 m,决口处水深 7~8 m,流量约 120 m^3/s。

10 月 8 日凌晨,朝邑围堤紫阳段险情开始抢险,共计投入各类机械 96 辆,投劳 180

余人,拉运石方 1.88 万 m^3,土方 13 600 m^3,编织袋装土 20 000 袋,投放梢料 1 500 捆,沉车 5 辆,于 12 日 17 时 36 分封堵成功。

图 6.2-24　朝邑围堤乐合村决口

12 日乐合段围堤开始抢堵,收集编织袋装土 10 000 袋,梢料 3 车,动用挖机、铲车 6 台,运输车辆 30 辆,民工 60 人,民兵 65 人,累计拉运渣土 10 400 m^3,备防石 1.53 万 m^3,于 13 日 16 时 35 分封堵成功。

经初步分析,本次洪水导致朝邑围堤决口,主要原因是来水时间较为集中,受渭河、黄河洪水顶托,北洛河洪水下泄不畅;朝邑围堤工程基础薄弱,降雨和长时间高水位运行使堤身土方含水量接近饱和,抗洪能力不足;北洛河滩区设施农业大棚种植玉米、冬枣高秆作物形成滞洪;洛河多年未来大水,水患意识弱,提前预置抢险力量不足等。

6.2.4　汾河

10 月 2—6 日,山西多地遭遇历时长、范围广、强度大的降雨天气,汾河干流及一级支流磁窑河、二级支流乌马河等堤防发生决口险情,汾河干流河津段采取了扒口分洪措施。干支流堤防发生许多裂缝、堤身滑坡崩塌等险情,多处穿堤建筑物发生渗漏险情。

6.2.4.1　汾河新绛段决口、堵复情况

10 月 7 日 15 时,汾河干流新绛段流量达到 1 120 m^3/s。汾河新绛县桥东村段右岸堤防发生决口,决口长度约 20 m。10 月 8 日 16 时 30 分,决口顺利堵复(见图 6.2-25)。

(a)堵复前　(b)堵复后

图 6.2-25　汾河新绛段堤防决口堵复前后(桥东村)

6.2.4.2　乌马河与象峪河清徐段决口、堵复情况

10 月 5 日下午，受庞庄水库开敞式溢洪道自然泄洪影响，乌马河 G208 国道公路桥下游侧小武村段右岸堤防发生 3 处漫溢决口；6 日凌晨 2 时开始，G208 国道公路桥两侧右岸堤防累计发生 5 处漫溢决口，随着水势上涨，决口部位相继贯通，总长度 1 050 m。乌马河支流象峪河东罗村—闫家营村段两岸堤防共发生 6 处漫溢决口，总长度 160 m。

10 月 15 日前，乌马河与象峪河所有决口已全部堵复(见图 6.2-26～图 6.2-28)。

(a)堵复前

(b)堵复后

图 6.2-26　乌马河清徐段堤防决口堵复前后(小武村，G208 公路桥下游)

(a)堵复前

(b)堵复后

图 6.2-27　乌马河清徐段堤防决口堵复后(小武村，G208 公路桥上游)

(a)堵复前

(b)堵复后

图 6.2-28　象峪河清徐段堤防决口堵复前后(X241 公路桥上游)

6.2.4.3　磁窑河汾阳、孝义与介休段决口、堵复情况

10 月 7 日上午 10 时 30 分左右，磁窑河汾阳市演武镇与平遥县香乐乡交界的左岸河

堤决口,长 7 m 左右。10 月 8 日凌晨 3 时,决口已顺利堵复(见图 6.2-29)。

(a)堵复前

(b)堵复后

图 6.2-29　磁窑河汾阳段堤防决口堵复前后(演武村)

10 月 8 日凌晨 2 时 29 分,当地有关部门通过无人机对磁窑河孝义段进行全线巡视,在河道右岸发现 4 处决口,每处长 10~20 m。14 日下午,4 处决口已顺利堵复。10 月 8 日上午 10 时左右,磁窑河介休段与孝义市交界处出现 1 处决堤,长 20 m 左右。14 日之前利用决口进行回流排涝,15—16 日完成决口封堵(见图 6.2-30~图 6.2-34)。

(a)堵复前

(b)堵复后

图 6.2-30　磁窑河孝义段堤防 1 号决口堵复前后

(a)堵复前

(b)堵复后

图 6.2-31　磁窑河孝义段堤防 2 号决口堵复前后

(a)堵复前　　(b)堵复后

图 6.2-32　磁窑河孝义段堤防 3 号决口堵复前后

(a)堵复前　　(b)堵复后

图 6.2-33　磁窑河孝义段堤防 4 号决口堵复前后

(a)堵复前　　(b)堵复后

图 6.2-34　磁窑河介休段堤防决口堵复前后

6.2.4.4　汾河河津段扒口分洪、堵复情况

10 月 9 日 7 时，汾河河津段洪峰流量达到 985 m^3/s，为 1963 年以来最大值。为减小汾河上游城市段堤防行洪压力，7 时 40 分河津市在连伯村附近右岸堤段桩号 100+700 处

采取扒口分洪措施，分洪口长度 150 m，启用黄河连伯滩区蓄滞洪水。10 月 20 日上午 9 时 38 分，分洪口已成功合龙（见图 6.2-35）。

(a)合龙前

(b)合龙后

图 6.2-35　汾河河津段扒口合龙前后（连伯村）

6.2.5　沁河下游

秋汛期间，沁河下游共有 13 处工程出险 53 次，共计抛石总量 10 889 m^3，共用铅丝笼 21 713 kg（见表 6.2-17、图 6.2-36）。出险次数最多的是大小岩险工，出险 9 次，其次是马铺险工出险 7 次，水南关险工、东关险工和亢村险工均出险 5 次；马铺险工、大小岩险工和新村险工抛石总量较多，总抛石量分别为 1 900 m^3、1 834 m^3 和 1 007 m^3；马铺险工、大小岩险工和东关险工铅丝笼用量较多，分别为 3 666 m^3、3 574 m^3、3 397 m^3，均超过 3 000 m^3。从时间上看，本次秋汛期间，沁河下游工程出险主要出现在 10 月 4—20 日，抢险次数占总抢险次数的 62%，抢险用石占总用石量的 57%，抢险用铅丝笼占总用量的 79%。

表 6.2-17　2021 年秋汛沁河下游工程险情统计

时段（年-月-日）	次数/次	抢险用石/m^3	铅丝笼/kg	大溜冲刷/次	边溜冲刷/次	回流淘刷/次
2021-08-20—2021-09-15	0	0	0	0	0	0
2021-09-16—2021-09-26	4	930	503	2	2	0
2021-09-27—2021-10-03	16	3 703	4 028	7	7	2
2021-10-04—2021-10-20	33	6 256	17 182	3	26	4
2021-10-21—2021-10-31	0	0	0	0	0	0
合计	53	10 889	21 713	12	35	6

从出险原因上看，本次秋汛期间，沁河下游工程共计出险 53 次，其中大溜冲刷出险 12 次，占总出险次数的 23%；边溜冲刷出险 35 次，占总出险次数的 66%；回流淘刷出险 6 次，占总出险次数的 11%。

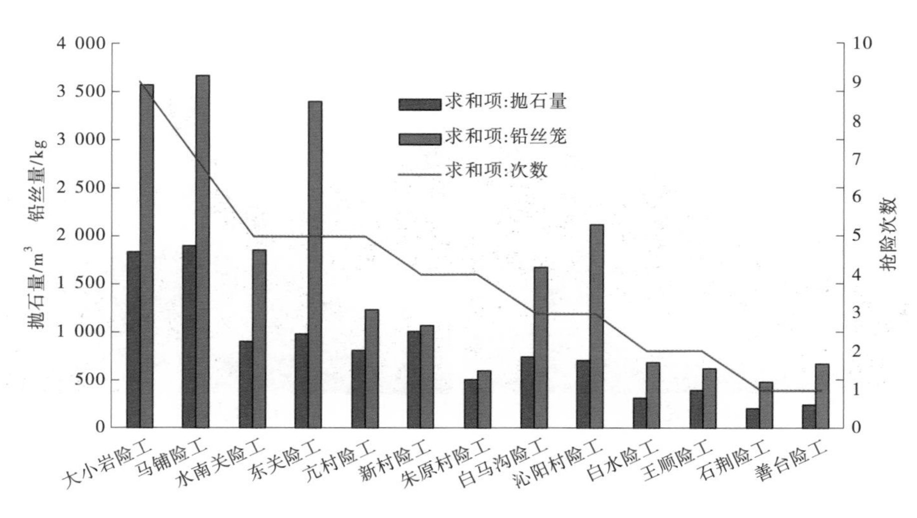

图 6.2-36　秋汛期间沁河各工程出险次数及主要抢险料物用量

6.3　下游大堤与生产堤偎水

6.3.1　黄河大堤偎水情况

秋汛洪水期间,黄河干流偎堤均位于山东河段。最大偎堤长度 24.31 km,时间为 10 月 8 日,共有 22 处堤防偎水,其中东阿 9 处、槐荫 6 处、历城 2 处、济阳 5 处;最大偎堤水深 2.8 m,地点位于济南槐荫段,大堤桩号 1+800,单处最大偎水长度 3.5 km,地点位于济南济阳段,大堤桩号 193+000—196+500。堤防开始偎水时,附近泺口站流量 5 100 m^3/s。堤防偎水具体情况见表 6.3-1。

表 6.3-1　黄河下游堤防偎水情况统计

序号	时间（月-日）	偎水处数/处	偎水总长度/km	最大偎水深度/m	单处最大偎水长度/km	单处最大偎水河段
1	10-07	21	23.41	2.80	3.50	济阳大堤桩号 193+000—196+500 处
2	10-08	22	24.31	2.60	3.50	济阳大堤桩号 193+000—196+500 处
3	10-09	20	23.86	2.60	3.50	济阳大堤桩号 193+000—196+500 处
4	10-10	20	23.86	2.60	3.50	济阳大堤桩号 193+000—196+500 处
5	10-11	20	23.31	2.80	3.50	济阳大堤桩号 193+000—196+500 处

续表 6.3-1

序号	时间(月-日)	偎水处数/处	偎水总长度/km	最大偎水深度/m	单处最大偎水长度/km	单处最大偎水河段
6	10-12	16	20.98	2.80	3.50	济阳大堤桩号193+000—196+500 处
7	10-13	16	20.88	2.80	3.50	济阳大堤桩号193+000—196+500 处
8	10-14	15	20.56	2.40	3.50	济阳大堤桩号193+000~196+500 处
9	10-15	6	11.39	2.30	3.20	槐荫大堤桩号 1+800
10	10-16	4	7.70	2.30	3.20	槐荫大堤桩号 1+800
11	10-17	2	5.10	2.20	3.20	槐荫大堤桩号 1+800
12	10-18	1	3.20	2.10	3.20	槐荫大堤桩号 1+800
13	10-19	1	3.20	1.80	3.20	槐荫大堤桩号 1+800
14	10-20	1	3.20	1.60	3.20	槐荫大堤桩号 1+800
最大值		22	24.31	2.80	3.50	

秋汛洪水期间,北金堤最大偎水长度出现在 10 月 1 日,偎水长度 44.4 km,其中平工段偎堤 25.6 km,最大偎堤水深 2.8 m;险工段偎堤 18.8 km,最大偎堤水深 2.8 m。

6.3.2　生产堤偎水情况

秋汛洪水期间,黄河下游生产堤偎水长度 176.55 km。生产堤出水高度最大 3.8 m(10 月 23—24 日),位于濮阳连山寺上首 800~2 100 m;出水高度最小 0.25 m(10 月 7 日),位于滨城局代家滩。生产堤偎水水深最大 3.20 m(10 月 11—14 日),位于齐河曹营滩区。

河南段生产堤偎水主要发生在濮阳市境内。9 月 27 日,濮阳青庄险工下首处生产堤(串沟水)最早开始偎水,高村站流量 27 日 14 时 2 770 m^3/s;最长偎水长度发生在 10 月 6 日,高村站流量 4 800 m^3/s,濮阳市境内共有 12 处(19 段)生产堤偎水,偎水长度 17.65 km;最小出水高度为 0.65 m,发生在 10 月 3—5 日,位于台前县十里井村黄河滩区至银河浮桥左岸桥头处,对应高村站流量 4 990 m^3/s。

山东段生产堤偎水,9 月 28 日上午利津南宋滩区最先开始偎水(28 日 8 时利津站流量 3 280 m^3/s),滨州纸坊滩也在 28 日上午开始偎水,29 日傍晚东平湖梁山蔡楼滩开始偎水(29 日 18 时孙口站流量 4 520 m^3/s)。偎水长度最长出现在 10 月 9 日,为 158.9 km,共有 103 处,其中垦利寿合滩偎水长度最长,达 7.87 km,高青五合庄滩次之,偎水长度 5.6 km。当日共有 60 处生产堤偎水长度超过 1 km,包括梁山于楼滩、蔡楼滩,平阴滩区(4 处),长清滩区(3 处),章丘传辛滩区,济阳任岸滩区、铁匠滩区、邢家渡滩区,齐河孔官滩区、水坡滩区(2 处)、刘庄滩区、联五滩区,高青大郭家滩、孟口滩(5 处)、五合庄滩、堰里贾滩,邹平码头滩、台子滩,惠民薛王邵滩、潘家滩、齐口滩、董口滩,滨城蒲城滩、翟里孙滩、董家集滩、代家滩、朱全滩(2 处),滨开纸坊滩(2 处),博兴蔡寨滩、乔庄滩,东营老于滩(3 处)、赵家滩(3 处),垦利纪冯滩、寿合滩(2 处)、前左滩,利津蒋庄滩区、南宋滩区(2 处)、东关滩区、王庄滩区、付窝滩区(3 处)。

6.3.3 生产堤偎水抗洪能力评估

生产堤偎水后的抗洪能力评估是评判水库调度过程中应对短时间超平滩流量运行可行性的基本依据。为此,我们采用土石坝渗流稳定性分析方法对生产堤偎水后的抗洪能力进行了评估。渗流模型采用饱和-非饱和三维瞬态渗流计算微分方程,结合黄河下游防洪工程及岸滩稳定边界条件,采用有限元方法求解,在计算单元刚度阵时,采用高斯点数值积分法,求解域不但包括自由面以下的饱和区,而且包括自由面以上的非饱和区。利用所构建的渗流模型,计算秋汛洪水期间不同水位降幅下坝体、滩岸稳定安全系数,用以判断不同水位下降速度坝坡内渗水压力流场变化趋势,据此计算双侧坝坡稳定性。

6.3.3.1 生产堤概化

生产堤自下而上分为基底密实粉土层、坝体粉土填筑层,概化模型堤顶宽度为 3.1 m,堤基宽度为 7.8 m,堤高 1.6 m,堤前偎水高度为 0.5 m。渗流计算生产堤计算网格布置如图 6.3-1 所示。

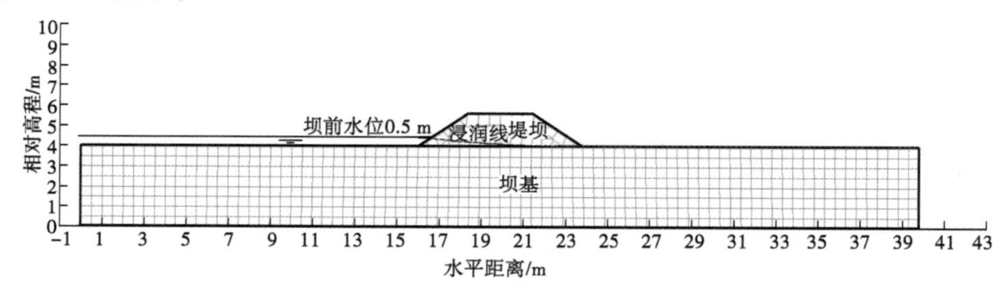

图 6.3-1　生产堤偎水稳定性计算概化图

6.3.3.2 参数及工况选取

利用渗流模型开展水位不同下降速率下坝体稳定安全系数计算,评价双侧坝坡稳定性。

(1)参数选取。

生产堤自下而上分为基底密实粉土层、坝体粉土填筑层,概化模型坝体为粉土,渗透系数取 1.0×10^{-4} cm/s,坝基为密实粉土,渗透系数取 1.0×10^{-5} cm/s(见图 6.3-1、表 6.3-2)。

表 6.3-2　生产堤计算模型渗透系数参数

土体类型	坝体(粉土)	坝基(密实粉土)
渗透系数/(cm/s)	1.0×10^{-4}	1.0×10^{-5}

(2)计算工况。

生产堤前偎水 0~0.5 m,历时 1 d;持续偎水时间为 7 d。

6.3.3.3 生产堤偎水稳定性计算

模拟 24 h 内生产堤前水深 0~0.5 m,形成稳定浸润线 2~3 d,浸润线以下为土体饱和区,堤前偎水 0.5 m,7 d 后浸润线如图 6.3-2 所示,距堤脚 0.67 m 坝体浸润线以下为饱和区。

偎水 0.5 m 时,坡脚最大水力坡降为 0.20;偎水 1 m 时,坡脚最大水力坡降为 0.41,计算结果如图 6.3-3 所示。

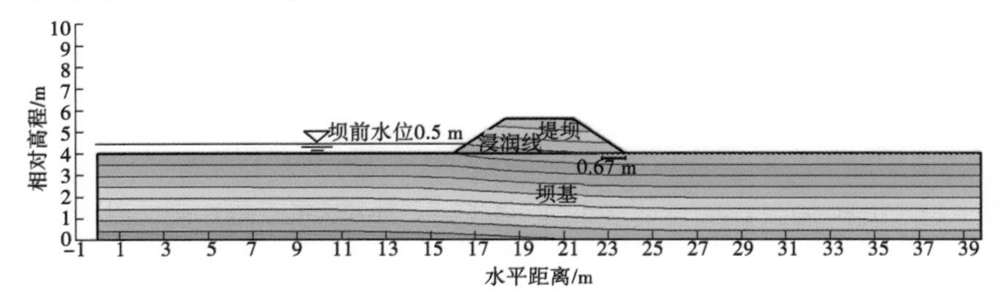

图 6.3-2　偎水 0.5 m 水位的生产堤偎水渗流饱和区

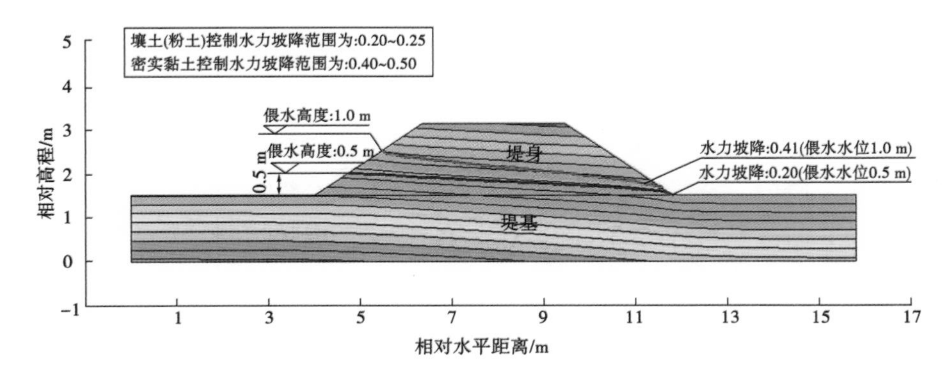

图 6.3-3　不同水位的生产堤偎水稳定性计算模型

6.3.3.4　生产堤抗洪能力评估

计算方法及判别标准同上,黄河下游高村至艾山河段滩区不同外形尺寸的生产堤,具体数据如表 6.3-3 所示。可以看出,该河段生产堤自然状况下最大允许偎水深度仅 0.6~1.2 m。本次秋汛洪水期,黄河下游偎水生产堤均采用土工布、沙袋等进行了防护(见图 6.3-4),偎水生产堤偎水水深最大达 3.2 m,这说明采取防护措施可以提高生产堤的稳定性。

大刘家左岸　　贾家左岸　　王旺庄左岸

图 6.3-4　黄河下游生产堤防护情况

表 6.3-3　黄河下游高村—艾山河段滩区生产堤最大允许偎水深度

生产堤位置	高度/m	顶宽/m	底宽/m	路面是否硬化	最大允许偎水深度/m
高村险工上首	3.9	6.7	24.0	无硬化	1.2
青庄险工下首	2.7	5.9	17.7	无硬化	1.0
南小堤险工下首	2.6	6.4	16.8	部分硬化	0.9
张闫楼工程下首	2.2	5.1	10.5	无硬化	0.7
尹庄控导工程上下首	3.7	6.3	18.8	部分硬化	1.0
苏泗庄险工下首	2.3	4.4	13.7	部分硬化	0.8
马张庄控导工程上下首	3.4	5.5	18.9	部分硬化	1.0
彭楼控导工程上下首	3.6	5.4	11.5	硬化	0.7
老宅庄控导工程上首	2.2	4.5	12.7	无硬化	0.8
郭集控导工程上首	1.8	5.0	12.4	部分硬化	0.8
李桥险工上首	1.9	5.3	12.9	无硬化	0.8
邢庙险工下首	2.7	5.8	15.9	部分硬化	0.9
苏阁险工上首	3.4	4.3	12.7	无硬化	0.8
杨集上延工程上首	1.8	4.5	11.5	部分硬化	0.7
杨楼控导工程上首	2.6	4.8	20.5	部分硬化	1.1
杨集险工下首生产堤	2.2	3.3	10.9	无硬化	0.7
伟庄险工下首生产堤	2.7	6.0	15.8	无硬化	0.9
孙楼控导工程下首	3.1	5.0	15.7	硬化	0.9
韩胡同控导工程下首	1.6	3.1	7.8	无硬化	0.6
程那里险工下首	2.5	4.7	15.4	部分硬化	0.9
蔡楼控导工程下首	3.7	8.4	22.2	硬化	1.2
梁路口控导工程上下首	1.4	4.4	10.0	部分硬化	0.7
路那里险工上首	2.8	9.0	21.7	硬化	1.2
影唐险工下首	2.3	6.3	14.4	硬化	0.8
后店子险工上首	2.1	6.8	14.0	硬化	0.8
姜庄护滩工程下首	3.1	5.3	15.9	部分硬化	0.9
张堂险工下首	1.6	3.1	10.3	无硬化	0.7
徐巴士护滩下首	2.5	4.3	12.8	无硬化	0.8
柳荫棵护滩工程下首	1.6	12.5	18.6	无硬化	1.0
桃园护滩工程上首	1.3	11.4	16.2	硬化	0.9
王小庄护滩工程下首	2.0	10.4	20.3	无硬化	1.1

6.4 小　结

本章重点介绍了此次秋汛洪水期间水库、河道整治工程的安全监测及黄河下游大堤及生产堤偎水情况，小结如下：

(1)黄河中下游小浪底水库、三门峡水库、陆浑水库、故县水库、河口村水库在调度运用过程中，水库大坝、发电机组及泄水建筑物运行状况良好，水库运行安全，仅水库库周存在少量的地质灾害，不影响水库安全运行。东平湖承受着来自大汶河与黄河洪水的双重考验，防洪工程在长时间高水位运用下，黄委所辖东平湖工程未发生险情。

(2)黄河中下游 239 处工程累计发生险情 3 648 坝次，抢险用石 87.51 万 m^3。其中，小北干流河段共有 11 处工程发生险情 49 次，其中一般险情 48 次、较大险情 1 次，累计抢险用石 1.46 万 m^3。黄河下游共有 205 处工程 1 552 道坝出险 3 505 次，均为一般险情，抢险合计用石 81.28 万 m^3。沁河下游共有 13 处工程累计出险 53 次，均为一般险情，共计抛石总量 1.09 万 m^3。

(3)黄河下游防洪工程险情均为一般险情，具有山东河段险情次数峰值较河南河段早、河势调整引发险情、落水期较涨水期易发生险情、险情的发生位置较为普遍且多处坝段多次发生险情等特点；大溜顶冲或冲刷、边溜冲刷、根石深度不足等是发生险情主要原因。

(4)小北干流河段工程靠河共 27 处，其中山西侧 12 处，陕西侧 15 处。黄河下游工程靠河 300 处，靠河坝数 6 747 道，工程靠水总长度 504.7 km。

(5)在龙门站、潼关站最大洪水行洪期间，黄河小北干流防洪工程坝前水位明显上涨，河津至永济河段水位涨幅 0.65~1.2 m，芮城凤凰嘴工程坝前水位受渭河来水影响，最大涨幅约 1.95 m。黄河干流沿程河道整治工程水位表现高，夹河滩站以上河段，河床整体呈冲刷趋势；夹河滩站以下河段，沿程工程水尺的表现水位有增有减，多为峰后水位大于峰前水位，河床整体呈淤积趋势。

(6)黄河小北干流滩岸坍塌全部在山西侧，累计 3 处滩区坍塌，坍塌面积总计 76.67 hm^2。黄河下游滩岸坍塌全部在山东河段，累计 16 处滩区发生 24 段坍塌，坍塌长度 9 708 m，坍塌面积总计 10.36 hm^2。

(7)北洛河段朝邑围堤北洛河段发生两处决口，即紫阳村决口和乐合村决口，乐合村决口位于紫阳村决口下游 1.5 km 处。汾河干流新绛段及一级支流磁窑河、二级支流乌马河等堤防发生决口险情，干流河津段采取了扒口分洪措施；干支流堤防多处发生裂缝、堤身滑坡崩塌等险情，多处穿堤建筑物发生渗漏险情。

(8)泺口站流量 5 100 m^3/s，黄河干流大堤山东河段开始偎水。最大偎堤长度 24.31 km，最大偎堤水深 2.8 m，济南济阳段最大堤防偎水长度 3.5 km。黄河下游生产堤偎水长度最大 176.55 km，土工布、沙袋等生产堤防护措施提高了生产堤的稳定性。

第 7 章　生态环境调查监测

黄河两岸分布有多个国家级自然保护区和省级自然保护区，生态安全地位重要。2021 年黄河历史罕见的秋汛洪水，持续约 20 d 的高流量过程不但塑造了良好的河势，同时也向两岸湿地补充了充足的水量，进一步扩大了黄河河流生态系统的水域空间，抬升了临近区域地下水位，向近海水域提供了丰富的饵料资源和淡水资源，对黄河下游生态系统修复起到了积极作用。鉴于生态系统修复效果的显现需要一个过程，在短期内难以直接观察到生物有机体及其生境的变化，本次生态环境调查和监测以最直接的地表水环境、地下水、湿地尤其是水体面积、补水量和近海冲淡水范围为主，同时辅以典型区植被调查来反映本次秋汛洪水的生态效果。

7.1　水环境

7.1.1　地表水环境

小浪底以下河段取水口较为密集，分布有多个全国重要集中式饮用水水源地。为跟踪秋汛洪水期间黄河小浪底以下河段水质状况，于 2021 年 9 月 30 日—10 月 30 日开展 6 次典型断面水质现场采样监测，根据流量变化状况，采样频率为 5～10 d 一次。布设黄河干流神堤、伊洛河入黄口下游、沁河入黄口下游、花园口、开封大桥、高村 6 个干流监测点以及支流伊洛河黑石关、沁河武陟 2 个监测点，共计 8 个监测点位，监测点位见图 7.1-1。

监测因子包括《地表水环境质量标准》(GB 3838—2002)基本项目水温、pH、溶解氧、高锰酸盐指数、化学需氧量、五日生化需氧量、氨氮、总磷、总氮、铜、锌、氟化物、硒、砷、汞、镉、六价铬、铅、氰化物、挥发酚、石油类、阴离子表面活性剂、硫化物、粪大肠菌群 24 项，采样后由实验室分析。

7.1.1.1　水质达标评价

对 2021 年 10 月 15—30 日 4 次监测均值进行单因子评价(除水温、总氮、粪大肠菌群以外的 21 项指标)。结果表明，监测范围内黄河干支流水质优良，总体为Ⅱ～Ⅲ类水质，无Ⅳ类～劣Ⅴ类水质。其中，Ⅱ类水质河长 281.4 km，占评价总河长的 82.86%；Ⅲ类水质河长 58.2 km，占评价总河长的 17.14%。干流Ⅱ类水质河长占 80.78%，Ⅲ类水质河长占 19.22%。支流伊洛河入黄口、沁河入黄口水质为Ⅱ类。水功能区个数和河长达标率均为 100%。黄河监测河段各类河长水质比例见图 7.1-2，2021 年秋汛期间水质类别评价结果见表 7.1-1。

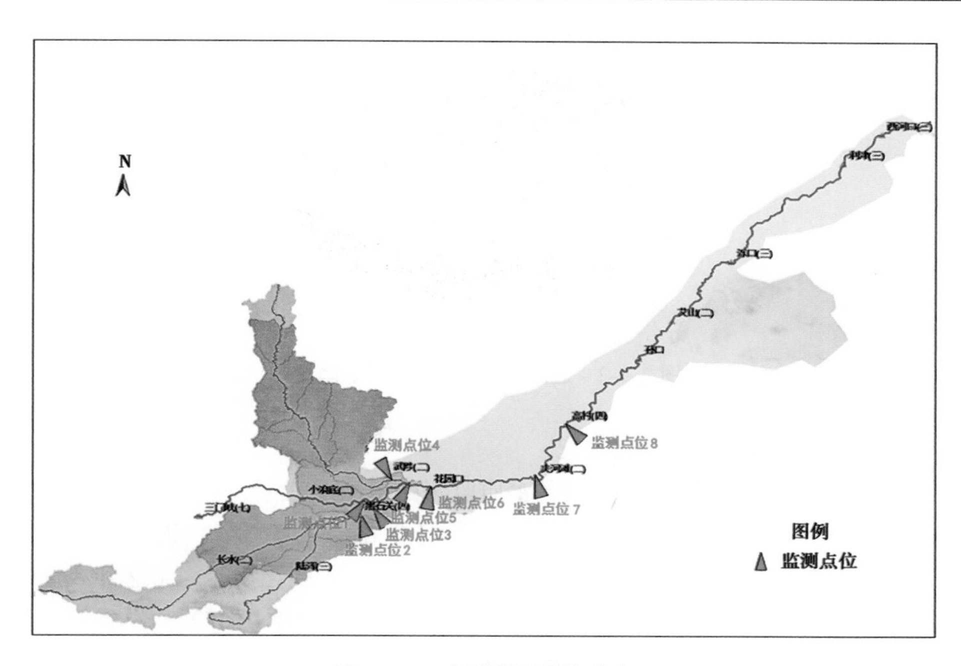

图 7.1-1　水质监测点位分布

表 7.1-1　2021 年秋汛期间水质类别评价

一级水功能区	二级水功能区	代表断面	长度/km	水质目标	水功能区河长/km	水质类别				
						第一次	第二次	第三次	第四次	平均
洛河卢氏、巩义开发利用区	洛河巩义过渡区	伊洛河入黄河口	10.0	Ⅳ	10.0	Ⅱ	Ⅱ	Ⅱ	Ⅱ	Ⅱ
沁河济源、焦作开发利用区	沁河武陟过渡区	武陟	26.8	Ⅳ	26.8	Ⅲ	Ⅱ	Ⅱ	Ⅱ	Ⅱ
黄河河南开发利用区	黄河郑州、新乡饮用、工业用水区	花园口	110	Ⅲ	110	Ⅱ	Ⅱ	Ⅱ	Ⅱ	Ⅱ
	黄河开封饮用、工业用水区	开封大桥	58.2	Ⅲ	58.2	Ⅲ	Ⅲ	Ⅱ	Ⅱ	Ⅲ
	黄河濮阳饮用、工业用水区	高村	134.6	Ⅲ	134.6	Ⅱ	Ⅲ	Ⅱ	Ⅱ	Ⅱ

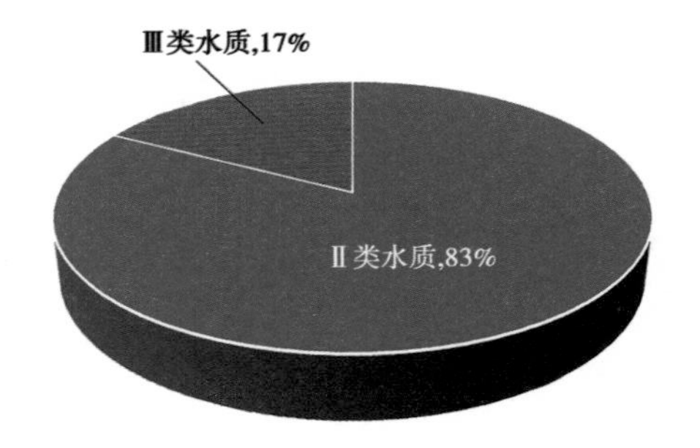

图7.1-2　监测河段各类河长水质比例

7.1.1.2　主要水质指标时空变化状况

分析9月30日—10月30日期间各水质监测因子浓度表明,秋汛期间黄河干支流各监测断面溶解氧、高锰酸盐指数、化学需氧量、五日生化需氧量、氨氮、铜、锌、氟化物、硒、砷、汞、镉、六价铬、铅、氰化物、挥发酚、阴离子表面活性剂、硫化物等因子达到或优于Ⅲ类标准要求。由监测结果可知,秋汛期间总氮浓度随时间呈逐渐增加趋势,总磷及石油类浓度呈先增后减趋势,其中,总磷浓度逐渐升高,在10月4日达到最大值,随后浓度逐渐下降,至10月25日已恢复到Ⅱ类水平。在降雨过程中,土壤中的磷受雨水冲刷及水体浸泡作用影响,不断析出并达到峰值,随上游暴雨产流过程结束及河流自净作用而逐渐降低,并恢复至Ⅱ类水平;石油类浓度在10月9日达到最高水平,随后浓度下降,这可能由于石油类主要来自于城市面源,随地表径流结束迅速减少。

从空间而言,污染物浓度沿程基本呈先上升后下降趋势,随着支流入汇,各污染物浓度出现一定程度的增高现象,随后随河流自净而降低;从污染程度来看,沁河大于伊洛河,伊洛河又大于黄河干流。

7.1.2　地下水位

黄河流域地表、地下水力联系复杂,相互转化频繁。下游"地上悬河"一直以来都是黄河水补给地下水,据河南中牟万滩试验,平均单宽黄河侧渗补给量3 344 m^3/a·km,丰水年为3 800 m^3/a·km,枯水年为2 000 m^3/a·km,根据同位素、数值模拟和地下水动态资料等分析,黄河侧渗影响范围达3~20 km。

为了解秋汛洪水期河道对两侧地下水的补给作用,选取黄河下游国控监测一期地下水监测井中距离河道7~15 km以内的8眼井开展秋汛实时水位跟踪观测,同时选取距离河道35 km的1眼井进行同步观测,通过监测井2021年9月、10月洪水期水位变化,分析地表水对不同距离地下水的补给作用大小。地下水监测井基本信息见表7.1-2,9眼地下水监测井位置分布见图7.1-3。

表 7.1-2　地下水监测井基本信息

编号	测站名称	站类	所在地市	浅层/深层	距离黄河距离/km
1	国豫焦武陟 14 号	水利国家站	焦作市	浅层	7.3(紧邻沁河)
2	国豫开兰考 1 号	水利国家站	开封市	浅层	10.1
3	国豫濮范县 8 号	水利国家站	濮阳市	深层	10.5
4	国豫新封丘 2 号	水利国家站	新乡市	浅层	11.5(紧邻天然文岩渠)
5	410823210002	自然资源国家站	焦作市	浅层	11.7(紧邻沁河)
6	410823210004	自然资源国家站	焦作市	浅层	12.3(紧邻沁河)
7	国豫开兰考 3 号	水利国家站	开封市	浅层	15.2
8	410928210010	自然资源国家站	濮阳市	深层	17.1
9	国豫新新乡 7 号	水利国家站	新乡市	浅层	35.1(紧邻金堤河)

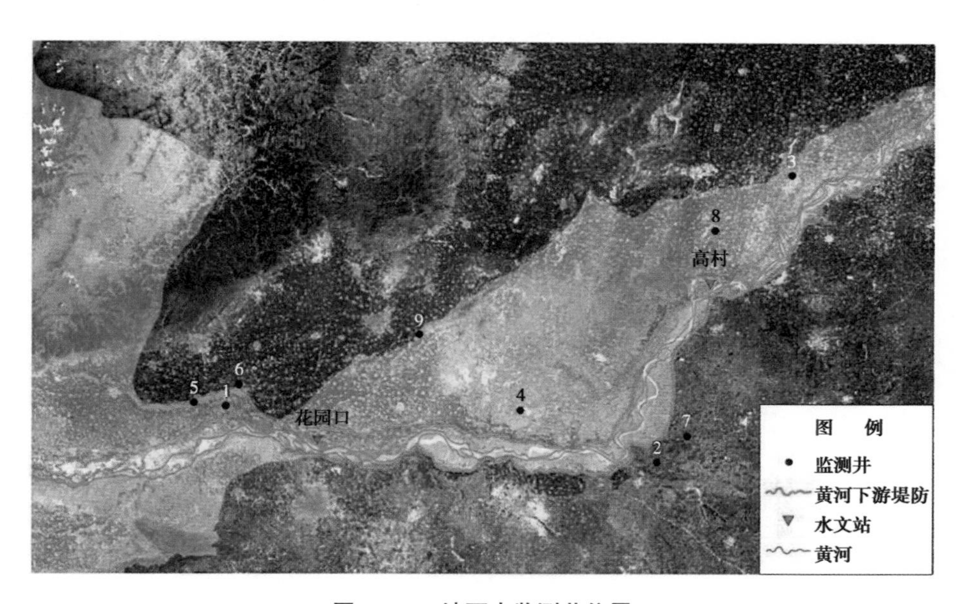

图 7.1-3　地下水监测井位置

从 2021 年 9 月初至 10 月底 9 眼地下水井逐日埋深监测数据分析，除 2 号、8 号井外，其他监测井埋深均呈上升趋势，2 个月期间埋深变幅最高为距离河道最近的 1 号井，水位上升 3.68 m；5 号、6 号井水位上升近 3 m；4 号水位上升最小，为 0.70 m，距离黄河河道最远的 9 号井水位上升 1.50 m。2 号监测井水位先上升再略有下降，总体上升 1 m 左右；8 号井监测过程中出现几次水位上下变动，总体上升 0.35 m。

9 眼井 2021 年 9—10 月逐日埋深趋势见图 7.1-4~图 7.1-13。

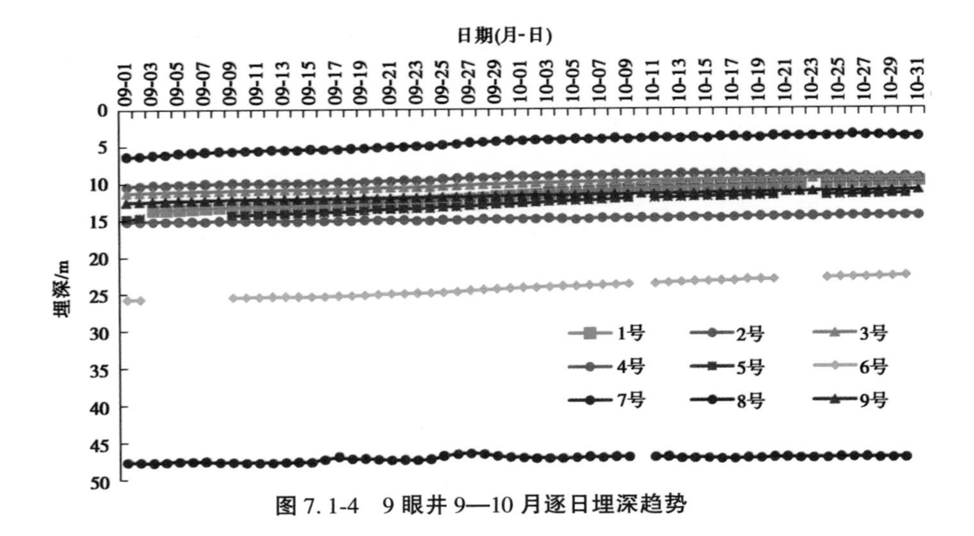

图 7.1-4　9 眼井 9—10 月逐日埋深趋势

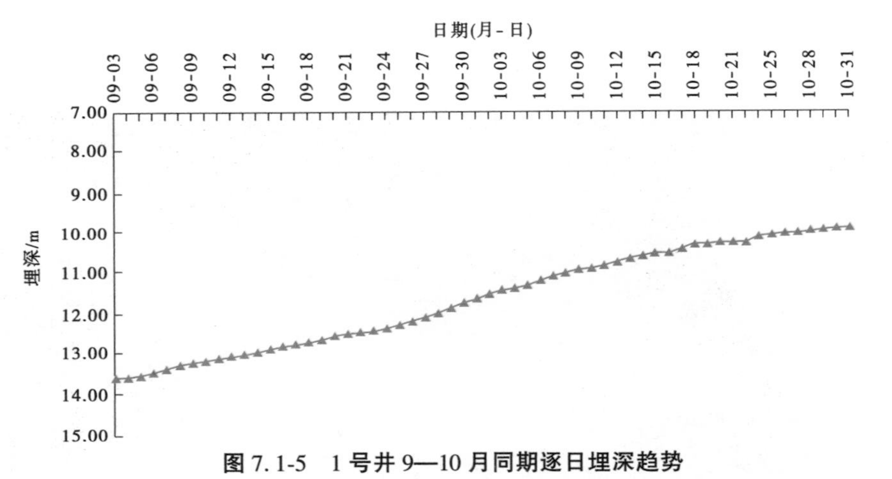

图 7.1-5　1 号井 9—10 月同期逐日埋深趋势

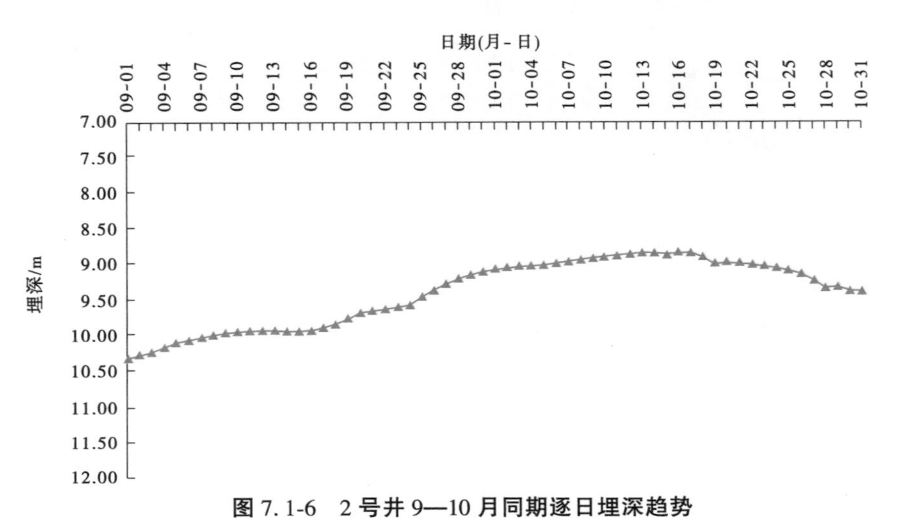

图 7.1-6　2 号井 9—10 月同期逐日埋深趋势

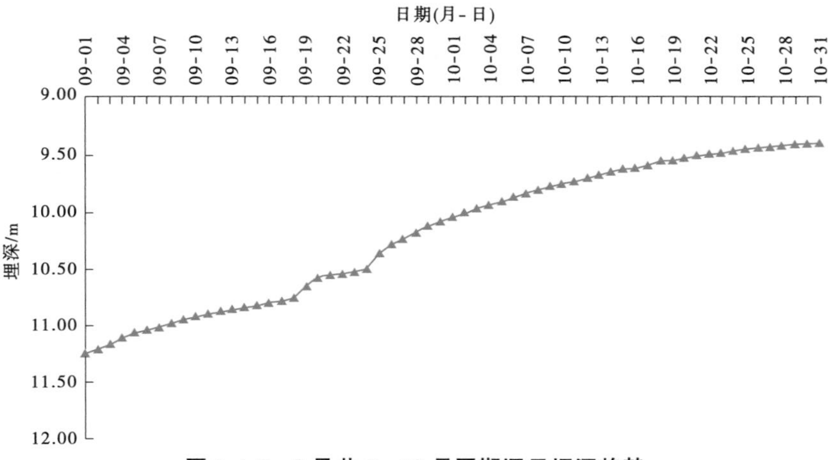

图 7.1-7　3 号井 9—10 月同期逐日埋深趋势

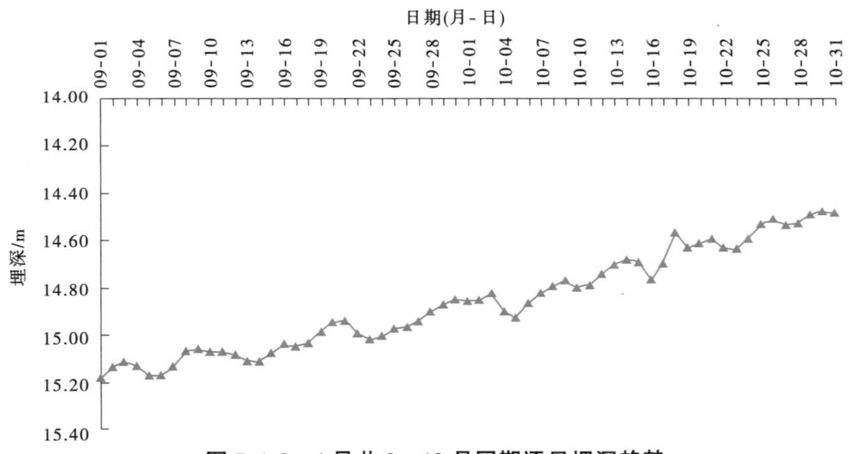

图 7.1-8　4 号井 9—10 月同期逐日埋深趋势

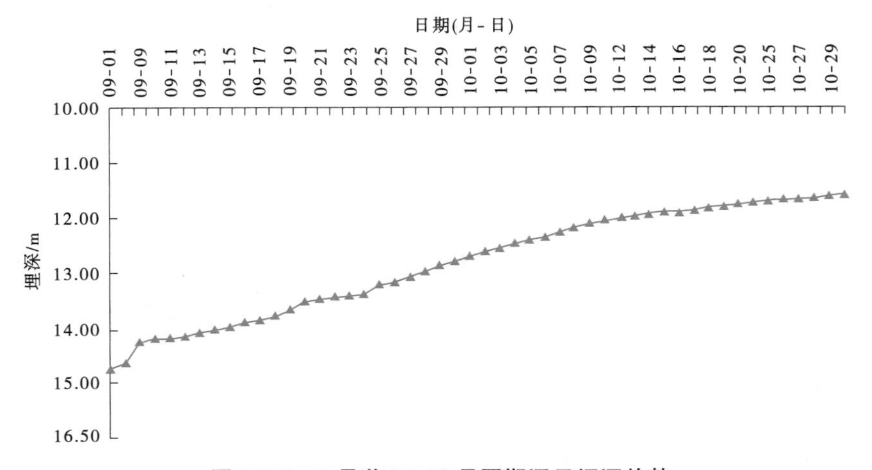

图 7.1-9　5 号井 9—10 月同期逐日埋深趋势

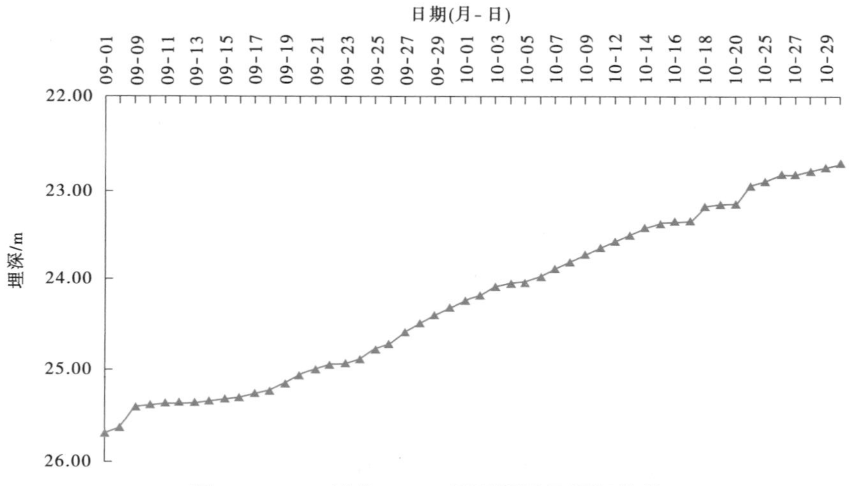

图 7.1-10　6 号井 9—10 月同期逐日埋深趋势

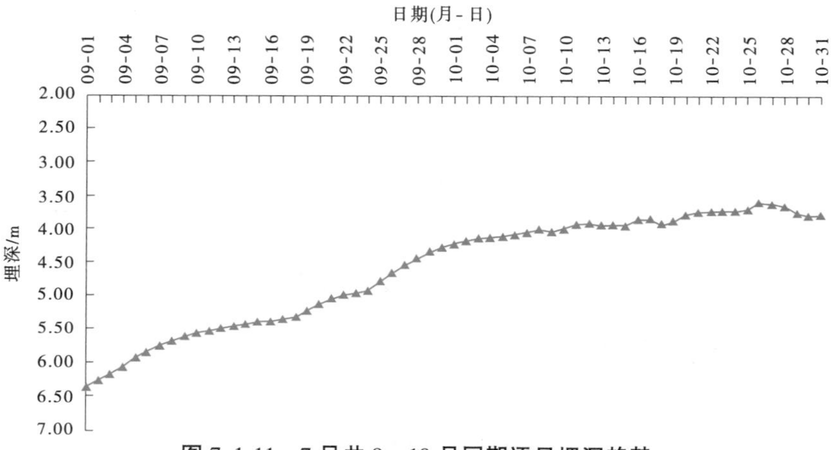

图 7.1-11　7 号井 9—10 月同期逐日埋深趋势

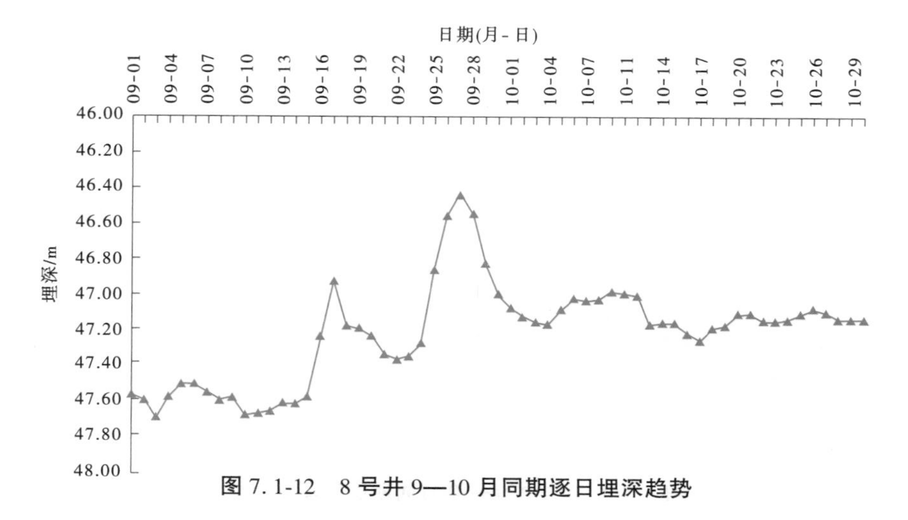

图 7.1-12　8 号井 9—10 月同期逐日埋深趋势

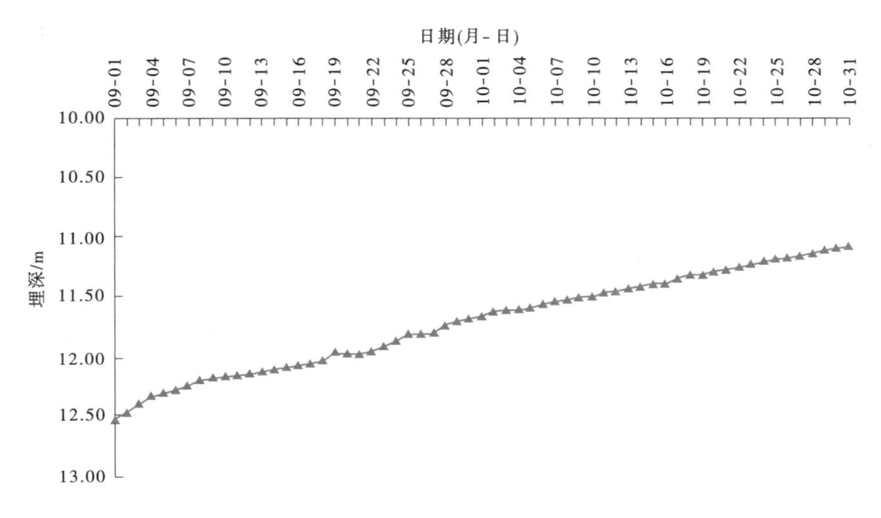

图 7.1-13　9 号井 9—10 月同期逐日埋深趋势

7.2　土壤环境

为了解滩区农业面源污染对河流水质的影响,2021 年 10 月 20 日选取支流沁河入黄口、干流开封河段滩区 2 个点位,开展了农田土壤环境现状监测。根据《土壤环境质量农用地土壤污染风险管控标准(试行)》(GB 15618—2018)确定本次监测因子,包括 pH、镉、汞、砷、铅、铬、镍、锌、六六六总量、滴滴涕总量、苯并[α]芘。采用单因子污染指数法和内梅罗污染指数法进行评价,以反映大洪水期间黄河滩区土壤环境质量。从结果可以看出,所有土壤样品的监测项目单因子污染指数均小于 1,表明采样点范围内黄河滩区土壤环境质量较好,污染风险低。依据内梅罗污染指数法评价结果,2 个点位各项土壤监测值综合污染指数均小于 0.7,土壤处于清洁水平,各项监测因子污染风险的顺序为:砷>铬>锌>镉>镍>铅>苯并[α]芘>滴滴涕总量>汞>六六六总量。

7.3　河流湿地

2021 年秋汛洪水花园口站、利津站流量长时段保持在 4 800 m^3/s 以上,对下游河道和河口近海补充了充足的淡水资源。本次主要通过跟踪监测小浪底以下河段湿地面积、滩区植被变化来分析秋汛洪水的生态系效应。

7.3.1　下游湿地面积

黄河下游河流湿地面积连续广泛分布,尤以河南段为主,约占下游湿地总面积的 60%以上,是众多珍稀濒危鸟类和土著鱼类的重要栖息地。秋汛洪水对河南黄河湿地面积变化的影响对冬季湿地内各类迁徙、越冬鸟类栖息、繁殖具有重要意义。

本次河流湿地评价采用遥感解译方法，对黄河下游典型河段河流湿地面积变化进行对比分析。受天气影响，黄河秋汛前中后期卫星遥感影像质量不佳，多数云层遮盖面积过大，经多期多卫星影像资料对比分析，确定选择黄河下游黑石断面至禅房断面之间河段开展秋汛对河流湿地影响调查，该河段也是新乡黄河鸟类国家级自然保护区和开封柳园口省级自然保护区的核心区及缓冲区分布河段，河流过水面积变化对秋冬季鸟类栖息地质量的改善具有显著意义。

本次调查选择 2020 年 10 月 24 日同期黄河下游黑石至禅房段 Landsat 8 卫星影像作为本底，选择 2021 年 10 月 2 日高分一号影像、10 月 13 日高分二号影像进行秋汛期间河流水面变化分析。

黄河下游黑石断面至禅房断面 2020 年 10 月 Landsat 8 遥感影像见图 7. 3-1，当日花园口断面日均流量为 980 m^3/s，当日河流水面范围解译结果见图 7. 3-2，计算水面面积为 54. 00 km^2。

图 7. 3-1　2020 年 10 月黄河下游典型河段遥感影像

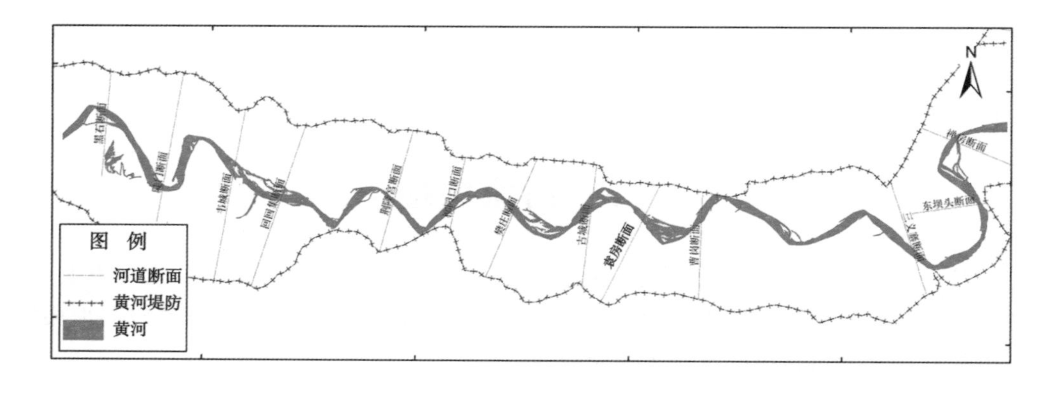

图 7. 3-2　2020 年 10 月黄河下游典型河段河流水面解译结果

2021 年 10 月高分一号、高分二号遥感影像拼接图见图 7. 3-3，10 月 2 日花园口断面日均流量为 4 700 m^3/s，10 月 13 日花园口断面日均流量为 4 840 m^3/s，当日河流水面范围解译结果见图 7. 3-4，计算水面面积增大为 115. 59 km^2。

图 7.3-3　2021 年 10 月黄河下游典型河段遥感影像

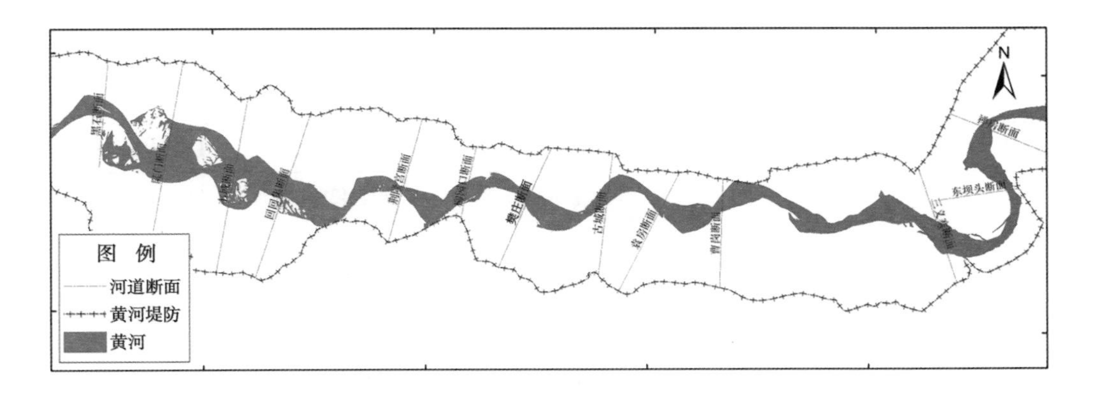

图 7.3-4　2021 年 10 月黄河下游典型河段河流水面解译结果

7.3.2　陆生植被

调查黄河下游植被种类，分析植被盖度、植被生物量等特点，对黄河下游湿地生物多样性保护具有重要的作用。本次在秋汛洪水后对下游陆生植被进行了生态调查，调查具体点位所在位置见表 7.3-1。

7.3.2.1　物种丰富度及科属组成

本次植被调查样方及样方外共有 47 种植物，分属 20 科 45 属。其中菊科 10 种，禾本科 9 种，豆科 4 种，萝藦科 2 种，杨柳科 2 种，其余各科种数均为 1 种，详见表 7.3-2。根据此次调查结果，植被物种丰富度及科属组成见表 7.3-3。

由表 7.3-3 可知，黄河下游湿地调查区物种菊科和禾本科最多，达到 8 种以上；其次是豆科 4 种、杨柳科和萝藦科均为 2 种，柽柳科、葡萄科、柳叶菜科、桑科、酢浆草科、伞形科、茜草科、木贼科、苋科等物种数量都为 1 种。

表 7.3-1　黄河下游湿地生态监测调查点位坐标

编号	点位位置	点位名称	纬度/(°)	经度/(°)
1	新乡市曹岗乡厂口村	新乡 1#-1	34.924 047 08	114.586 501 12
2		新乡 1#-2	34.924 416 54	114.586 806 89
3		新乡 1#-3	34.925 089 49	114.587 048 29
4		新乡 2#-1	34.922 929 89	114.591 414 93
5		新乡 2#-2	34.923 501 69	114.591 608 05
6		新乡 2#-3	34.924 407 75	114.592 080 12
7		新乡 3#-1	34.921 539 99	114.595 266 58
8		新乡 3#-2	34.922 041 41	114.595 749 38
9	开封市柳园口	开封 1#-1	34.903 257 85	114.354 624 15
10		开封 1#-2	34.902 932 29	114.354 473 95
11		开封 1#-3	34.901 533 25	114.353 953 60
12		开封 2#-1	34.904 428 10	114.356 936 22
13		开封 2#-2	34.906 865 33	114.359 886 65
14		开封 2#-3	34.903 530 62	114.356 625 08

表 7.3-2　黄河下游湿地样方调查植物物种统计

科名	属名	种名	拉丁名
禾本科	拂子茅属	假苇拂子茅	*Calamagrostis pseudophragmites*
	荻属	荻	*Triarrhena sacchariflora*
	白茅属	白茅	*Imperata cylindrica*
	雀稗属	雀稗	*Paspalum thunbergii* Kunth *ex steud.*
	马唐属	马唐	*Digitaria sanguinalis*（L.）Scop.
		紫色马唐	*Digitaria violascens* Link.
	狗尾草属	狗尾草	*Setaria viridis*
		金狗尾草	*Setaria glauca*
	芦苇属	芦苇	*Phragmites australis*
	䅟属	牛筋草	*Eleusine indica*
	狗牙根属	狗牙根	*Cynodon dact*

续表 7.3-2

科名	属名	种名	拉丁名
菊科	蒿属	野艾蒿	*Artemisia lavandulaefolia*
		黄花蒿	*Artemisia annua*
	黄鹌菜属	黄鹌菜	*Youngia japonica*
	紫菀属	钻叶紫菀	*Aster subulatus* Michx.
	小苦荬属	小苦荬	*Ixeridium* (A. Gray) Tzvel.
	旋覆花属	旋覆花	*Inula japonica* Thunb.
	鬼针草属	小花鬼针草	*Bidens parviflora* Willd
	蓟属	刺儿菜	*Sonchus brachyotus*
	苦苣菜属	苣荬菜	*Sonchus brachyotus*
		苦苣菜	*Sonchus brachyotus*
		长裂苦苣菜	*Sonchus uliginosus* M. B
	苍耳属	苍耳	*Xanthium sibiricum* Patrin ex Widder
	白酒草属	小蓬草	*Conyza canadensis*
豆科	苜蓿属	小苜蓿	*Medicago minima*
	大豆属	野大豆	*Glycine soja*
	黄芪属	糙叶黄芪	*Astragalus scaberrimus* Bunge
	豇豆属	绿豆	*Vigna radiata* (Linn.) Wilczek
杨柳科	杨属	杨树	*Populus hopeiensis*
	柳属	柳树	*Salix matsudana*
苋科	苋属	绿穗苋	*Digitaria violascens*
柽柳科	柽柳属	柽柳	*Tamarix chinensis* Lour.
唇形科	夏至草属	夏至草	*Lagopsis supina*
酢浆草科	酢浆草属	酢浆草	*Oxalis corniculata* L.
葡萄科	乌蔹莓属	乌蔹莓	*Cayratia japonica*
木贼科	木贼属	节节草	*Equisetum ramosissimum*
桑科	葎草属	葎草	*Humulus scandens*
茜草科	茜草属	茜草	*Rubia cordifolia*
柳叶菜科	山桃草属	小花山桃草	*Gaura parviflora*
藜科	猪毛菜属	猪毛菜	*Alsola collina*
萝藦科	萝藦属	萝藦	*Metaplexis japonica*
	鹅绒藤属	地稍瓜	*Cynanchum thesiodes*
伞形科	水芹属	水芹	*Oenanthe javanica*
旋花科	牵牛属	牵牛花	*Pharbitis nil*
大戟科	大戟属	地绵草	*Euphorbia humifusa Willd*
玄参科	地黄属	地黄	*Rehm, annia glutinosa* Libosch
蔷薇科	萎陵菜属	三叶萎陵菜	*Potentilla freyniana* Bomm.

表 7.3-3　黄河下游生态植物群落物种丰度及科属组成

科属	物种数	科属	物种数	科属	物种数
禾本科	9	藜科	1	伞形科	1
菊科	10	葡萄科	1	茜草科	1
豆科	4	柳叶菜科	1	木贼科	1
萝藦科	2	桑科	1	苋科	1
柽柳科	1	酢浆草科	1	杨柳科	2

7.3.2.2　植被盖度分析

1. 新乡曹岗植被盖度分析

新乡曹岗不同样带陆生草本植物盖度分布概况见表 7.3-4。各样地相比，平均盖度最高的样地是 1#-1，达到 100%，可能原因是 1#-1 样点处于大堤内侧，紧邻河道，水分充足，植物生长较好。平均盖度最低的样地是 3#-2 号，平均盖度仅有 35%，这是由于 3#-2 样地处是一片人工杨树林，林下植物相对稀疏，且大部分枯萎，因此盖度相对较小。

表 7.3-4　新乡曹岗不同样带陆生草本植物盖度分布概况

样带编号	样地号	平均盖度/%	说明
1 号样带	1#-1	100	
	1#-2	80	人工柳树林
	1#-3	60	人工杨树林
2 号样带	2#-1	70	
	2#-2	95	人工柳树林
	2#-3	50	人工杨树林
3 号样带	3#-1	90	
	3#-2	35	人工柳树林

新乡曹岗不同样带陆生乔木植物的郁闭度见表 7.3-5。由表 7.3-5 可知，5 个样地中 1#-2 的柳树郁闭度最大，此处位于黄河大堤内侧，相对水量充足，柳树枝叶生长茂盛，故其相对郁闭度最大。

表 7.3-5　新乡曹岗不同样带陆生乔木植物郁闭度分布概况

样点编号	植物种类	郁闭度	样点编号	植物种类	郁闭度
新乡 1#-2	柳树	0.45	新乡 1#-3	杨树	0.30
新乡 2#-2	柳树	0.40	新乡 3#-2	杨树	0.20
新乡 2#-3	杨树	0.30			

2. 开封柳园口植被盖度分析

开封柳园口不同样带陆生草本植物盖度分布概况见表 7. 3-6。由表 7. 3-6 可知，开封柳园口的两个样带植被平均盖度差异并不显著，除 1#-1 样地平均盖度仅有 80%外，其余各样地的平均盖度相对都较大，其中 1#-2、2#-1 和 2#-3 三个样地的平均盖度都达到了 100%。

表 7. 3-6　开封柳园口不同样带陆生草本植物盖度分布概况

样带编号	样地号	平均盖度/%	说明
1 号样带	1#-1	80	
	1#-2	100	
	1#-3	85	
2 号样带	2#-1	100	样点处为人工柳树林
	2#-2	90	
	2#-3	100	

开封柳园口 2#-1 样地生长有柳树，其他监测点均为草本样方。该样方内柳树共有 10 株，郁闭度为 0. 2(见表 7. 3-7)。

表 7. 3-7　开封柳园口不同样带陆生乔木植物郁闭度分布概况

样点编号	植物种类	郁闭度	说明
开封 2#-1	柳树	0. 2	10 株

7. 3. 2. 3　植被生物量分析

1. 新乡曹岗植被生物量分析

新乡曹岗不同样带陆生草本植物生物量分布概况见表 7. 3-8。由表 7. 3-8 可以看出，3 号样带的平均生物量最大，3#-1 样地平均生物量最高，达到 745. 2 g/m^2，3#-2 样地平均生物量最低，只有 254. 4 g/m^2。除去外在因素的影响，新乡曹岗不同样地草本植物生物量的差异主要由植被种类、株数、植株高度等差异引起。

表 7. 3-8　新乡曹岗不同样带陆生草本植物生物量分布概况

样带编号	样地号	平均生物量/(g/m^2)	说明
1 号样带	1#-1	389. 2	
	1#-2	332. 4	样点处为人工柳树林
	1#-3	502. 3	样点处为人工杨树林
2 号样带	2#-1	542. 9	
	2#-2	470. 8	样点处为人工柳树林
	2#-3	335. 6	样点处为人工杨树林
3 号样带	3#-1	745. 2	
	3#-2	254. 4	样点处为人工杨树林

2. 开封柳园口植被生物量分析

开封柳园口不同样带陆生草本植物生物量分布概况见表 7.3-9。由表 7.3-9 可知,开封柳园口各样带的平均生物量要远大于新乡曹岗,其生物量的分布规律与盖度基本相似,其中 1 号样带中 1#-2 样地的生物量最小,仅有 431.6 g/m^2,2#-1 样地平均生物量最大,达到 1 363.2 g/m^2。整体从分布上看,离河道越远,植物的平均生物量越大。1#-3、2#-3 样地位于黄河大堤外侧,相对离河道远,优势种为猪毛菜、乌蔹莓等,猪毛菜植株高大,乌蔹莓攀爬在其他植株上,密度大,故此两处样地植物的平均生物量相对较大。原 2#-1 样地被淹没,此次生态调查 2#-1 位于原样地附近,优势种为芦苇,长势较好,且植株数量较多,故此次 2#-1 样点生物量也相对较大。

表 7.3-9 开封柳园口不同样带陆生草本植物生物量分布概况

样带编号	样地号	平均生物量/(g/m^2)	说明
1 号样带	1#-1	752.4	1#-3 位于大堤外侧
	1#-2	431.6	
	1#-3	1 033.2	
2 号样带	2#-1	1 363.2	2#-3 位于大堤外侧
	2#-2	843.2	
	2#-3	1 159.6	

7.4 河口生态环境

黄河三角洲是黄河流域生态保护和高质量发展重点区域之一,拥有我国暖温带最广阔、最完整、最年轻的原生湿地生态系统,生态价值巨大。黄河是河口黄河三角洲的主要塑造者,黄河水资源对河口生态系统演替起到关键作用。20 世纪末,随着黄河来水量日趋减少,河口生态系统受损严重。随着 2008 年黄河生态调度和生态补水工作开展,黄河三角洲淡水湿地生态系统得到显著修复。本次秋汛洪水期间,通过刁口河生态分洪和清水沟流路漫溢补水,对黄河河口淡水湿地规模扩大和生物多样性提高起到积极作用。

7.4.1 生态补水

2021 年秋汛洪水期间,通过罗家屋子闸向刁口河流路实施分洪,利用分洪流量向刁口河流路实施了秋季生态补水,为本年度第二次向黄河三角洲国家级自然保护区自然湿地恢复区生态补水。根据黄河口管理局实测数据,刁口河流路从 9 月 30 日 10 时开始生态分洪补水,至 10 月 26 日 9 时 30 分停止,共历时 26 d(10 月 7 日 2 时至 10 月 8 日 10 时停止引水),平均日引水流量为 20.1 m^3/s,其中最大日均引水流量为 28.8 m^3/s,最小日均引水流量为 9.18 m^3/s,总分洪补水量为 3 981 万 m^3。补水过程见图 7.4-1。

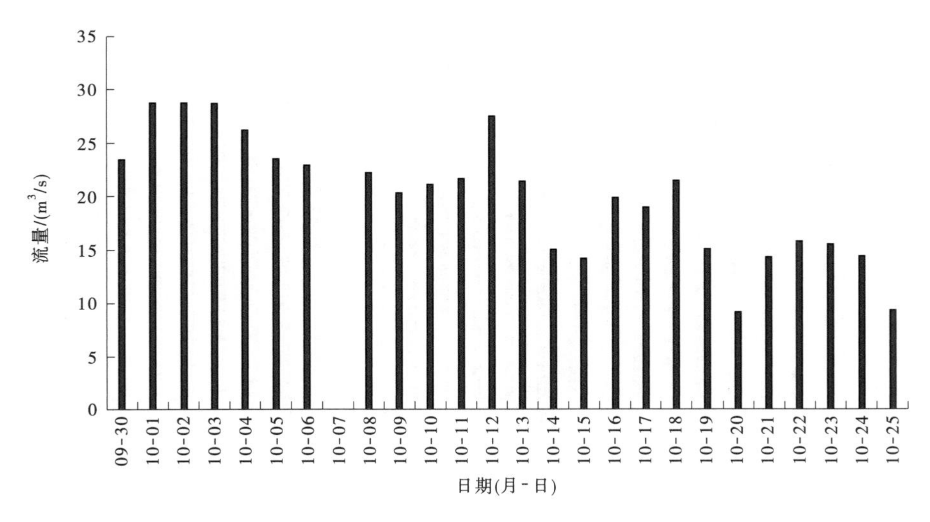

图 7.4-1　2021 年秋汛期间刁口河流路生态分洪补水过程

经过刁口河流路过流,10 月 1 日 10 时 30 分,水头经过桩埕路进入黄河三角洲国家级自然保护区北部一千二分区,至 10 月 26 日 10 时停止过流,共历时 25 d,平均日过水流量为 10.5 m^3/s,其中最大日均引水流量为 20.3 m^3/s,最小日均引水流量为 4.4 m^3/s,累积引水量 2 292 万 m^3。补水过程见图 7.4-2。

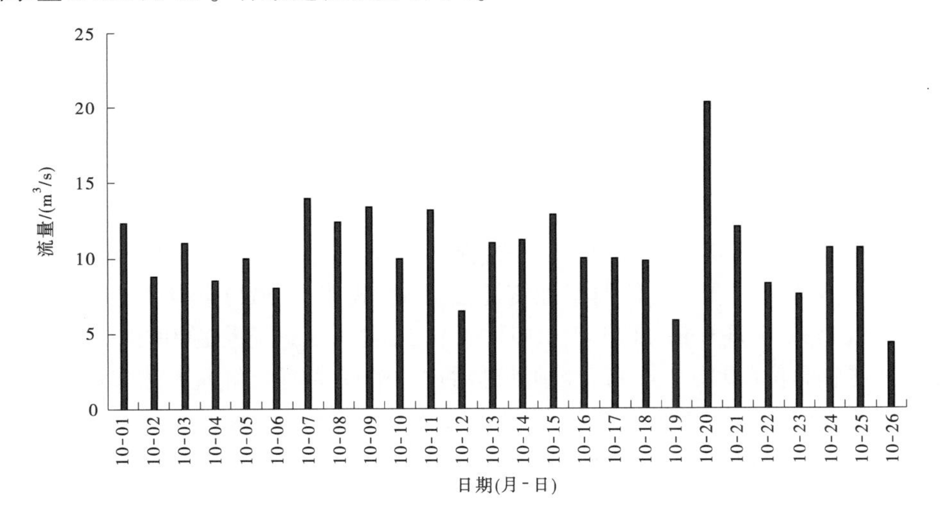

图 7.4-2　2021 年秋汛期间刁口河分洪入一千二分区补水过程

从 10 月 1 日 14 时至 10 月 26 日 15 时,水流通过刁口河尾闾飞雁滩节制闸排泄入海,实现全流路全程过流,共历时 25 d,平均入海流量为 6.67 m^3/s,其中最大日均入海流量为 8.79 m^3/s,最小日均入海流量为 4.42 m^3/s,累计入海水量 1 374 万 m^3。入海水量过程见图 7.4-3。

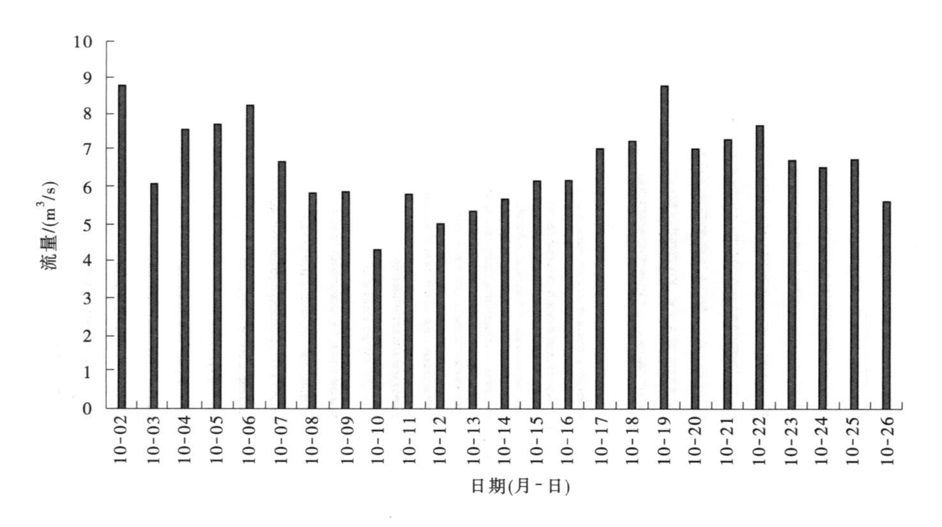

图 7.4-3　2021 年秋汛期间刁口河分洪入海水量过程

7.4.2　天然湿地

黄河三角洲由黄河泥沙落淤逐渐而成，三角洲湿地是典型的陆海两相生态系统。黄河是黄河三角洲生态环境及典型生态界面的塑造者，因此也是黄河三角洲湿地生态系统演替的首要因素和根本动力。充足的黄河淡水泥沙资源，一方面提供了植物生长所必需的养分；另一方面不断形成和维持三角洲新生湿地土地，为生态系统提供了必要的生态空间。为遏制黄河三角洲湿地生态环境不断恶化的趋势，黄委先后开始了黄河水量统一调度、调水调沙及生态调度、三角洲生态补水等实践，对三角洲湿地生态系统保护与修复起到了促进作用。

2021 年黄河秋汛基于“不伤亡、不漫滩、不跑坝”的防汛原则，黄河干流内最大流量不超过 5 300 m^3/s，黄河河口地区未发生漫滩、跑坝现象，仅在清 8 断面以下向两侧滩区分流入海。为评估本次秋汛对三角洲湿地资源的影响，收集了 2020 年 7 月 20 日、2020 年 10 月 24 日、2021 年 9 月 9 日、2021 年 10 月 11 日 Landsat 8 遥感影像和 2021 年 10 月 17 日高分一号遥感影像（见图 7.4-4），经预处理后比对解译黄河三角洲天然湿地面积变化，尤其是天然湿地过水面积变化，分析本次洪水对黄河三角洲天然湿地的影响。

7.4.2.1　刁口河尾闾修复区明水面变化

根据遥感解译结果（见图 7.4-5），2021 年 9 月 9 日，刁口河尾闾桩埕路以北天然湿地内共有水面面积 7.50 km^2，其中刁口河尾闾河道内 3.82 km^2，湿地修复区内水面面积 3.13 km^2，其余水面面积 0.55 km^2。经过保护区内引水后，2021 年 10 月 24 日，刁口河尾闾桩埕路以北天然湿地内共有水面面积 8.29 km^2，其中刁口河尾闾河道内 5.46 km^2，湿地修复区内水面面积 2.04 km^2，其余水面面积 0.79 km^2。湿地水面面积扩大 0.79 km^2，增加 10.5%；其中河道内水面面积扩大 1.64 km^2，增加 42.9%；湿地修复区内减少 1.09 km^2，降低 34.8%，主要为原存于修复区的水量放流入海所致；其他水面增加 0.24 km^2，增加了 43.6%。

(a)2020年10月24日Landsat 8卫星影像

(b)2021年9月9日Landsat 8卫星影像

(c)2021年10月11日Landsat 8卫星影像

(d)2021年10月17日高分1号卫星影像

图 7.4-4　黄河三角洲遥感影像

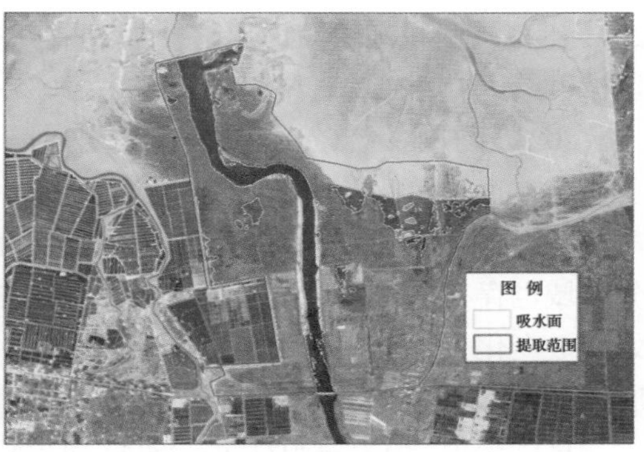

图 7.4-5　2021 年秋汛前、中期三角洲保护区北部区明水面对比

7.4.2.2　清水沟流路尾闾过水面积

由于 2021 年 9 月 9 日清水沟流路 Landsat 8 卫星影像被云层遮盖[见图 7.4-4(b)]，机器难以提取水体特征。为更好地调查湿地过水面积，首先采用 2021 年 10 月卫星影像[见图 7.4-4(c)、(d)]，与 2020 年 10 月同期卫星影像[见图 7.4-4(a)]对比，得出 2021 年新增水面面积，然后再以目视辨译为主，识别 2021 年 10 月水面与 9 月过水水面变化(见图 7.4-6)。

(a)2020年10月

(b)2021年10月

图 7.4-6　清水沟流路 2021 年秋汛新增过水面积

比对分析表明，2021 年秋汛期间，黄河清水沟流路湿地恢复区内水面与汛期相比变化不大，但清 8 断面以下河道两侧均出现漫滩，过流面积约 40.01 km^2，其中河左岸新增过水面积 17.32 km^2，河右岸新增过水面积 22.69 km^2。

7.4.3　植被变化

黄河三角洲自然植被生长情况是评估生态补水成效的重要指标之一。由于补水生态效益表现有一定的滞后性，本书以自然植被为主要监测对象，暂以植被覆盖度为指标分析黄河三角洲湿地补水区植被的影响。

以黄河三角洲自然补水区自然植被为主要监测对象，利用遥感影像监测 2020 年和 2021 年植被面积和覆盖度评估补水效果。将黄河补水区自然植被覆盖区分为 3 级，即低植被覆盖区(0~30%)、中植被覆盖区(30%~60%)、高植被覆盖区(60%~100%)。

2021 年补水区自然植被面积为 241.13 km^2(见表 7.4-1)，中、高植被覆盖度的区域主要分布在黄河两侧及内陆，低植被覆盖度的区域主要分布在滨海和潮间带区域。

东部自然保护区植被变化主要是由无植被覆盖到低/中/高植被覆盖度发展，同时部分区域也存在植被覆盖度变低或变为无植被覆盖。北部自然保护区东侧及刁口河入海口处植被变化大部分是由无植被覆盖到低/中植被覆盖度以及低植被覆盖度到中植被覆盖度(见图 7.4-7)。

总体来说，2020—2021 年经过湿地植物群落的发育演替，由无植被和低植被覆盖的滩涂演变为先锋植物生长的盐沼，发育为草本沼泽和灌丛等，提升了植被覆盖度。同时，受益于自然保护区生态修复工程和 2020 年的生态补水措施，改善了湿地土壤水盐环境，为喜水植物、沼生植物的生长提供了良好的环境条件，促进了香蒲、芦苇等高植被覆盖度群落扩张，取代了部分水面或者低植被覆盖度区，间接提高了植被覆盖度。2021 年大洪水期自然保护区得到了大流量的漫溢补水，其后续的生态效益及对湿地演替的影响还有待评估。

表 7.4-1　2020—2021 年河口自然保护区植被覆盖度面积变化统计　单位：km^2

自然保护区	植被覆盖	面积		
		2020 年	2021 年	变化量
北部自然保护区	低植被覆盖度	7.88	10.70	2.82
	中植被覆盖度	18.36	20.77	2.41
	高植被覆盖度	15.95	19.29	3.34
	小计	42.19	50.76	8.57
东部自然保护区	低植被覆盖度	21.5	31.33	9.83
	中植被覆盖度	37.21	43.19	5.98
	高植被覆盖度	114.51	115.85	1.34
	小计	173.22	190.37	17.15
合计		215.41	241.13	25.72

7.4.4　河嘴口门

黄河口属弱潮河口，每年入海泥沙约 2/3 堆积在近岸海域，仅有约 1/3 随潮扩散至外海。河嘴口门是黄河尾闾淤积最早、最快，也是最先摆动的区域。观察河嘴口门变化对判断本次秋汛对黄河尾闾影响具有最显著和直观的作用。

卫星影像（见图 7.4-8、图 7.4-9）显示，2020 年 10 月，河嘴口门呈楔形北向突入内海，前端略偏西；口门根部东侧有两汊河，形成主流路向北、汊河向东的入海局面；整体上外形轮廓清晰，陆相连续饱满，保持相对稳定［见图 7.4-8(a)］。经测量，东汊整体长度 5.13 km，主流长度 8.32 km，河面宽 750~775 m。

2021 年 10 月 11 日影像显示，经过连续 10 d 大流量入海过程，河嘴口门前段向北继续延展，东汊流路同步延伸、扩大；口门前端由略偏西回正向北；沙嘴两侧整体全部漫溢，左侧漫溢呈规律性密布排列，右侧以两汊河为主扩大；整体上外形轮廓破碎，陆相与水相交错，岸线向北、向东整体延伸，但海陆界限不清晰［见图 7.4-8(b)］。经测量，沙嘴主河道河槽水面扩大至 1 300~1 450 m，主流和东汊长度均有 400 m 左右延伸。

2021 年 10 月 17 日影像显示，与 1 周前相比，河嘴口门前段向北迅速延展，东汊流路大幅扩增；北向流路流量萎缩，河槽部分显露，前端恢复偏西；东汊两河过流能力互换，河道主流以沙嘴中部东汊河行河为主；整体上沙嘴面积向北和向东扩大，外形轮廓趋于清晰，陆相经泥沙沉积后趋于饱满，但仍有部分破碎化，主流发生变更［见图 7.4-8(c)］。经固定点位测量，沙嘴东侧整体长度增加至 6.76 km，外扩了 1.63 km；沙嘴北向增加至 9.67 km，延伸了 1.35 km。

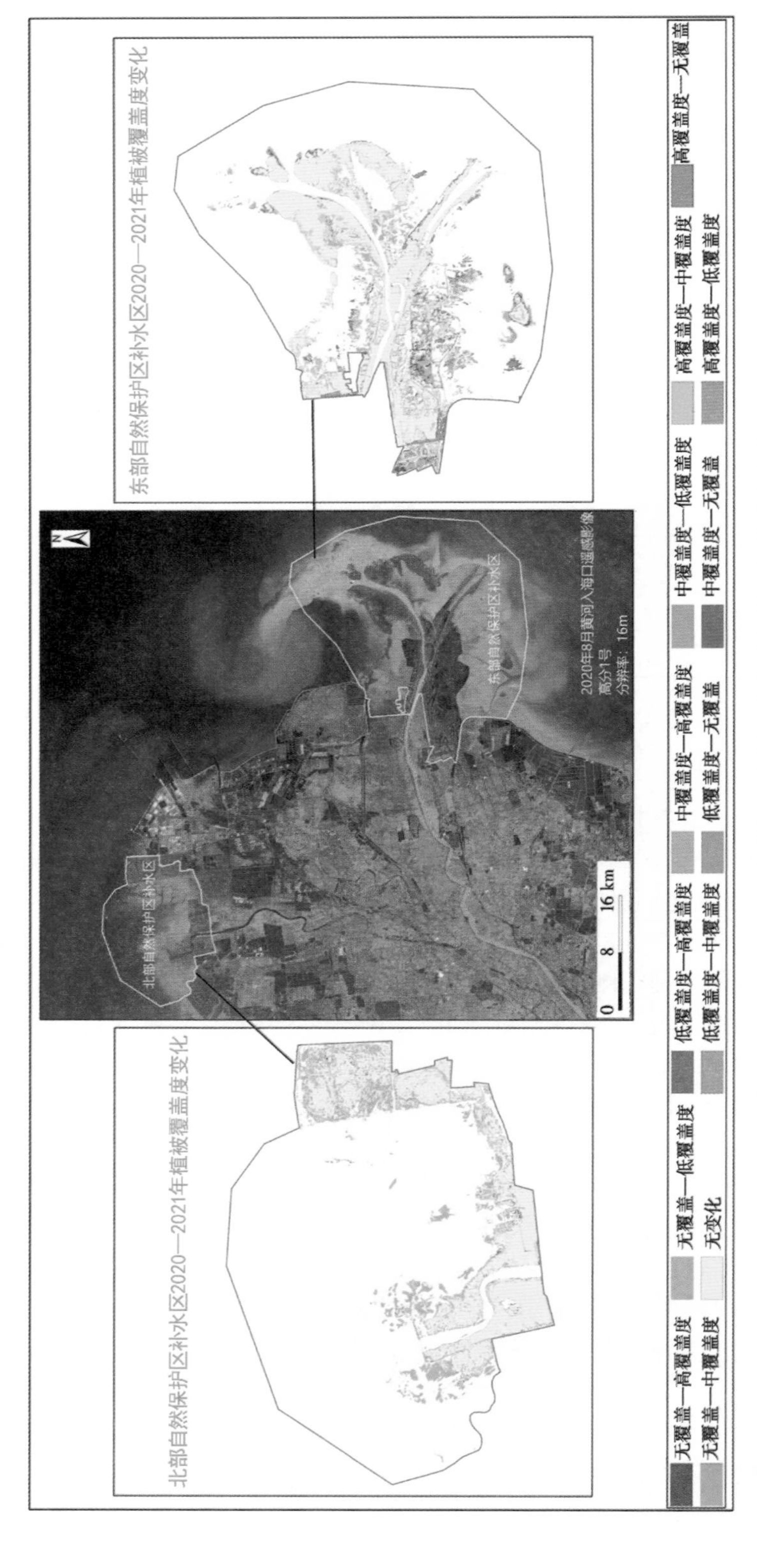

图 7.4-7　2020—2021 年黄河三角洲国家自然保护区自然植被变化

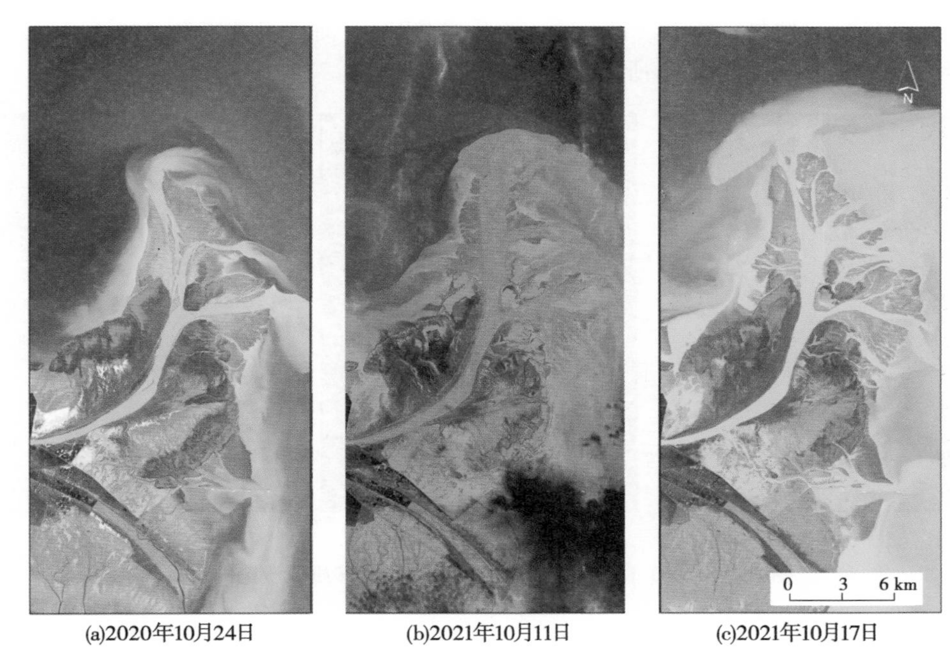

(a)2020年10月24日　(b)2021年10月11日　(c)2021年10月17日

图 7.4-8　黄河河嘴口门卫星影像对比

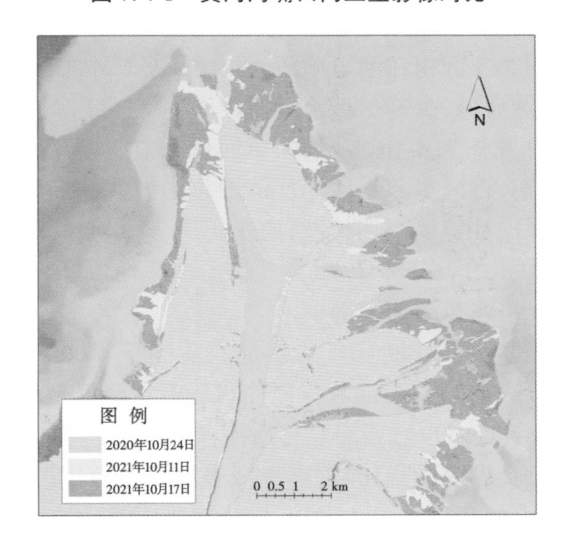

图 7.4-9　2020 年和 2021 年同期黄河河嘴口门范围变动解译对比

7.4.5　近海水域

黄河径流是维持渤海较低盐度的重要水源，是维持近海区域生态平衡、提供丰富营养饵料资源的重要保证。2021 年 9 月 25 日至 10 月 24 日，大量淡水和泥沙进入近海，扩散至莱州湾，极大地影响了近海水域生态环境。本次采用遥感影像方法，对 2020 年 10 月 24 日 Landsat 8、2021 年 10 月 17 日高分 1 号和 2021 年 11 月 12 日 Landsat 8 影像组合计算,以近海区域表层悬移质泥沙扩散范围为标准,反演黄河入海径流表层冲淡水对近海生态系统影响,结果如图 7.4-10 所示。

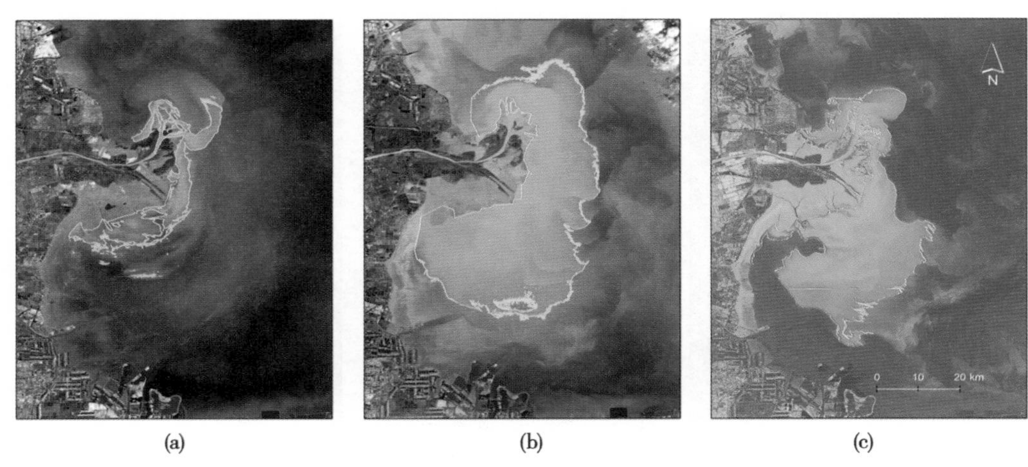

图 7.4-10　2021 年秋汛期前后近海表层悬移质泥沙范围对比

2020 年 10 月 24 日[见图 7.4-10(a)],黄河利津断面当日流量为 1 040 m^3/s,河口近海水域冲淡水区域范围较小,主要集中环绕现河口及老河口靠岸分布,面积约 310.53 km^2,其中河口以南近岸部分面积远大于河嘴口门附近,表明受惯性力、潮流及波浪沿岸流作用,黄河入海泥沙约 2/3 沉积在河口附近,约 1/3 进入外海,其中大部又由河口呈羽状飘移输送至西南莱州湾海域,少部扩散至渤海内海。

2021 年 10 月 17 日[见图 7.4-10(b)],为黄河秋汛中期,河口地区已接纳大量淡水泥沙,受大河、潮流双重影响,近海水域表层泥沙范围急剧扩大,河口蓝黄交界线向北推移约 3 km,表层高浓度悬移质泥沙宽度整体扩散,向东扩展 7~14 km,向南扩展 8~13 km,总体如“耳”状悬于渤海,总面积约 1 668.10 km^2。此外,从影像可知,莱州湾整体受到黄河入海淡水影响,泥沙范围几乎遍布海湾全部。

2021 年 10 月 24 日,黄河利津断面日均流量回落低于 4 000 m^3/s 后,黄河对近海影响逐渐减低。2021 年 11 月 12 日,黄河利津断面日均流量降低至 2 420 m^3/s,当日卫星影像[见图 7.4-10(c)]显示,近海水域表层悬移质泥沙面积已显著减少,其中河嘴口门处影像较小,仍维持较远河海交界线,但口门东侧海域表层泥沙范围已回缩至近岸,老河口以南莱州湾内部仍维持较大的悬移质泥沙面积,但分布范围已开始逐渐向内坍缩。此外,受潮流影响,中层泥沙向莱州湾西部扩散。

7.5　小　结

本章重点介绍了此次秋汛洪水期间开展的黄河下游及黄河口生态环境监测情况,小结如下:

(1)跟踪监测了伊洛河、沁河以及黄河干流小浪底以下河南段的水质状况,黄河干流整个监测期间水样的平均值结果显示,黄河干支流水质总体为Ⅱ~Ⅲ类;同时开展了地下水位的跟踪观测，根据实测资料分析可得，本次秋汛洪水对 10 km 以内周边地下水补给效果相对明显，对距离黄河河道 10~20 km 以内地下水位有一定补给作用。

(2)对 10 月 20 日监测的支流沁河入黄口、干流开封河段滩区 2 个点位的农田土壤环境结果表明：秋汛期采样点范围内黄河滩区土壤环境质量较好，污染风险低；依据内梅罗污染指数法评价结果，2 个点位各项土壤监测值综合污染指数均小于 0.7，土壤处于清洁水平。

(3)黄河下游河槽全面过水，河流水面区域扩展约 1 倍以上，对黄河下游河漫滩湿地水分进行了充分补给。在湿地面积方面，提取的卫星影像资料显示河流水面范围由 2020 年 10 月的 54 km^2 增加至 116 km^2；在陆生植被方面，湿地调查区内物种菊科和禾本科最多，从新乡曹岗及开封柳园口采集的 14 个样地中，10 个样地的平均盖度均大于 80%，开封柳园口的平均盖度及平均生物量普遍高于新乡曹岗，其生物量的分布规律与盖度基本相似。

(4)通过刁口河生态分洪和清水沟流路漫溢补水，对黄河三角洲淡水湿地规模扩大和生物多样性提高起到了积极作用。经统计，秋汛期共向刁口河流路生态分洪 3 981 万 m^3，向黄河三角洲国家级自然保护区北部湿地修复区补水 2 292 万 m^3，向刁口河口近海水域补水 1 374 万 m^3。此外，向黄河三角洲国家级自然保护区南部核心区实现自然漫溢，共新增补水范围约 40 km^2。从植被生长情况上看，黄河三角洲自然补水区的自然植被的面积和覆盖度都明显增加，植被块面积增加了 25.7 km^2。

(5)经过连续秋汛期 10 d 大流量入海过程，2021 年 10 月 11 日影像显示，沙嘴主河道河槽水面扩大至 1 300~1 450 m，主流和东汊长度均有 400 m 左右延伸。1 周后，受来水影响，黄河口门迅速推进，沙嘴东侧外扩了 1.6 km，沙嘴北向延伸了 1.35 km，同时近海表层冲淡水面积由约 310 km^2 扩展至约 1 670 km^2，增长约 5 倍，显示出黄河入海径流对河口海域的显著控制作用。

第 8 章　认识与建议

8.1　认　识

（1）2021 年秋天发生了新中国成立以来最严重的秋汛洪水。

近年来，随着全球气候变化，黄河流域极端天气事件多发频发，2021 年发生了新中国成立以来最严重的秋汛洪水。据统计，8 月下旬至 10 月上旬，黄河中游地区累积面雨量较常年同期偏多 1.8 倍，列 1961 年有实测资料以来同期第一位。9 月 27 日之后的 9 d 时间内，干流 3 场编号洪水接踵而至。其中，潼关站 2 次编号洪水历时共 28 d，总水量达 92.9 亿 m^3；10 月 7 日洪峰流量达 8 360 m^3/s，为 1979 年以来最大值。支流多站出现建站以来最大流量，渭河、伊洛河、沁河发生 9 月同期最大洪水，汾河、北洛河发生 10 月同期最大洪水。

本次秋汛还原洪水峰高量大。其中，潼关站、花园口站还原洪峰流量分别为 9 060 m^3/s、12 500 m^3/s，重现期为 20～30 年一遇；黑石关站还原洪峰流量为 3 750 m^3/s，重现期近 5 年一遇，武陟站还原洪峰流量为 2 320 m^3/s，重现期 10～20 年一遇。

（2）先进的测报技术在秋汛洪水防御中发挥了重要作用。

近些年陆续建设运行的先进测报技术与装备，空、天、地、水下有机结合，秋汛洪水期间实现了水情、工情、险情多要素全方位实时监测。在水文测报方面，黄河干流站及主要支流把口站，走航式 ADCP、雷达在线测流系统、自动报汛平台等先进仪器、软件的应用，大幅度提高了报汛频次，也大大降低了测验成本。及时的信息反馈，使得整个调度过程干支流各站水位、流量、含沙量控制良好，全部测站水情报汛精度均在 96%以上，为科学调度提供强有力的基础信息支撑。

在河势、工程险情原型观测方面，利用卫星、无人机、无人船等观测手段，记录了整个秋汛洪水发生、发展、消退的时空变化过程；黄科院首次利用“水沙床全息化监测系统”开展了黑岗口、霍寨等重点工程出险过程中的水深、流场、水下地形监测，开展了黄河口流路与口门变化等数据采集，为秋汛防御决策和多部门联动防御大洪水积累了宝贵的第一手资料。

（3）“预警、预报、预演、预案”链式洪水防御机制基本形成。

秋汛期间，黄委充分利用数学模型、实体模型等技术手段，全面落实洪水防御的“预警、预报、预演、预案”四预措施。黄委逐日开展雨水情滚动会商研判，洪水期间加密会商，通过密切监视天气形势，滚动分析雨水情变化趋势，对未来 10 d 小浪底以上及小花区间来水形势进行预估，科学预报了黄河干流 3 场编号洪水，洪峰流量预报合格率达到 84.3%，提前 20 h 预报出潼关水文站将出现 8 000 m^3/s 左右的洪峰流量，峰现时间预报误差仅为 1 h，洪峰流量预报误差为 4.3%。在调度上下足“绣花”功夫，精细控制花园口站流量 4 800 m^3/s 左右，在确保水库安全和滩区不漫滩的前提下，充分发挥水库拦蓄洪功能和下游河道排洪能力，科学处置了秋汛各种复杂汛情。在工程防守上，根据黄科院实体模型试验结果，提前预置防守力量，对可能出险的工程或部位实施“预加固”“预抢险”，为下游防洪工程险情控制在一般险情奠定了基础。

（4）水库群联合调控精细调度确保秋汛洪水防控目标全面实现。

面对严峻的秋汛防御形势，水利部提出了“系统、统筹、科学、安全”的黄河秋汛洪水调度原则和要求，以及“人员不伤亡、滩区不漫滩、工程不跑坝”的防御目标。在确保防洪安全前提下，黄委利用上中游干流水库群（龙羊峡、刘家峡、海勃湾、万家寨）联合调控，压减基流过程；精细调度中游干支流水库群（三门峡、小浪底、西霞院、故县、陆浑、河口村）发挥滞洪、削峰、错峰作用；在秋汛的不同时期，适时调整调度指标，做足“绣花功夫”，以 2 h 为单位调整调度方案，实现了优化洪水过程的精准时空对接。

干流洪水经三门峡、小浪底水库调蓄后最大削峰率 85%，故县、陆浑、河口村水库最大削峰率 59%~91%。小浪底、故县、河口村水库最高运用水位分别达到 273.5 m、537.75 m、279.89 m，均创历史最高水位，陆浑水库最高运用水位达到 319.39 m。下游防洪控制断面花园口站的削峰率达 58%，有效避免了下游滩区大量人员转移和耕地受淹。三门峡水库进行多次敞泄运用，库区冲刷 0.886 亿 t，小浪底水库主要采用蓄水运用和高水位运用，库区淤积 2.090 亿 t。东平湖滞洪区综合考虑大汶河、黄河、金堤河来水情况，在补偿泄洪入黄运用的基础上，利用南水北调东线工程加大向胶东地区和华北地区送水，向南四湖排水，保障了黄河艾山以下河道滩区安全和东平湖防洪安全。

（5）长历时洪水持续冲刷造成的河道工程频发险情不容忽视。

持续的长历时秋汛洪水使黄河下游共冲刷泥沙 0.913 亿 t。冲刷主要集中在高村以上河段，占小浪底—利津冲刷量的 92.1%。与秋汛初期相比，秋汛末黄河下游各水文站平滩流量均不同程度增大。秋汛期黄河下游局部不利河势得到明显调整，韦滩等典型河段畸形河湾得到改善，但仍有一些工程靠溜部位、靠河长度与规划流路存在一定差别。尤其是长历时洪水持续冲刷造成河道工程险情频发，虽然均为一般险情，但潜在的危险不容忽视。经统计，秋汛期间黄河下游共有 205 处工程 1 552 道坝出险 3 505 次，抢险合计用石 81.28 万 m^3。累计 16 处滩区发生 24 段坍塌，坍塌长度 9 708 m，坍塌面积总计 155.47 亩。山东黄河干流大堤最大偎水长度 24.31 km，最大偎堤水深 2.8 m。黄河下游生产堤偎水长度最大 176.55 km，生产堤最小出水高度 0.25 m。

（6）黄河下游河道与河口生态环境得到进一步改善。

秋汛洪水期间水质监测结果表明，黄河干支流水质总体为Ⅱ~Ⅲ类，干流部分时段出现水质超标现象，主要超标污染物为 TN、TP 和石油类。洪水期间，黄河下游河槽全面过水，河流水面区域扩展 1 倍以上，对黄河下游河漫滩湿地水分给予充分补给，为冬季候鸟迁徙栖息提供了丰富的饵料资源，同时对 10 km 以内周边地下水补给效果相对明显，对距离黄河河道 10~20 km 以内地下水位也有一定补给作用。

对黄河河口湿地生态系统监测结果表明，补水期间共向刁口河流路生态分洪 3 981 万 m^3，向黄河三角洲国家级自然保护区北部湿地修复区补水 2 292 万 m^3，增加了修复区内淡水水面面积；向刁口河口近海水域补水 1 374 万 m^3，为近海水域补充了丰富的淡水资源。受来水影响，黄河口门迅速推进，1 周时间向海内推进约 1.6 km，东部陆域推进约

1.3 km,同时近海表层淡水面积由约 310 km^2 扩展至约 1 668 km^2,增长 4 倍多,显现出黄河入海径流对河口海域的水沙资源补充效应。

8.2 建 议

针对秋汛洪水防御过程中反映出来的问题,包括水文泥沙预测-预报-监测的现代化水平、极端天气情势下水库调度的应对能力、工程安全预警预报抢护的防控能力、数学模型与实体模型预演-预警的数字孪生水平等,对标对表水利部洪水防御的“四预”要求,建议如下:

(1)完善水文监测-预测-预报-预警系统,提升水文现代化精准化水平。

进一步完善黄河流域天空地一体化水文监测现代化感知网络系统,加强卫星遥感、无人机、无人船、走航式 ADCP、雷达在线测流、自动报汛系统等先进技术整体效能在水文测报中的发挥;完善水文预报-预警模拟系统,提升水文气象、降雨产流产沙预报、气象-降雨-洪水等水文精准化预警技术水平与能力。

(2)加快黄河水沙联合调度系统研发,提升极端天气情势应对能力。

黄河流域系统的水沙联合调度系统还没有完全建立,以系统性调度应对流域性水灾害,以机动性调度应对突发性水灾害的能力难以满足现实需求。因此,全方位开展水库大坝安全监测与评估,在确保水库本身安全运行的前提下,整合构建黄河流域水沙联合调度系统,提升水库群联合调度技术水平和极端天气情势应对能力,为实时优化水库群调度预案和决策方案提供支撑。

(3)构建野外精细化观测体系,提升防洪预警-预演-预案及抢险水平。

系统开展跟踪性野外观测监测,增加原型测验及报汛频次,为水情预报、水沙演进、河势演变等基本规律研究提供基础资料,构建河道防洪工程安全监控系统,持续开展典型河段河势跟踪观测,三条黄河联动,充分发挥实体模型、数学模型、原型分析等技术优势,预演河势演变及可能出现的河道工程险情,对可能出险的工程或部位实施“预加固”“预抢险”,研究河道工程出险快速、高效抢险技术,提高险情抢护水平和能力。

(4)推进数字孪生黄河建设,增强流域水安全管理智慧化水平。

以数字孪生黄河建设为抓手,围绕构建数字化场景,健全完善流域水安全监测网络体系,强化对涉水信息全要素动态监测和科学分析,推进数据资源跨地区跨部门互通共享,将各类数学模型和黄河流域水沙联合调控系统有机融入黄河流域水利“一张图”,通过原型黄河、模型黄河全要素的数字化映射,实现多维度、多时空尺度智慧化模拟,进一步完善黄河智能中枢,加快构建具有“四预”功能的“2+N”智能业务应用体系,为实现精准化决策奠定基础。

(5)加强产流产沙-水沙运移机制研究,提升黄河防洪的理论技术支撑作用。

加强气象、降雨、产流、汇流规律与机制研究,提升水文泥沙实时预报的理论与技术水平;开展水沙运移规律与机制研究,提升黄河流域水沙联合调控和极端天气事件应对的理论与技术水平;开展游荡性河道河势演变规律、工程出险过程与机制研究,提升河道工程险情预测预报和抢护水平,确保黄河防洪安全和人民生命财产安全。

附　表

附表 1　2021 年秋汛期间河南段工程靠河着溜情况与 2021 年汛前比较

序号	工程名称	工程长度/m	坝垛及护岸/道	2021 年汛前工程靠河情况（花园口站平均流量 1 000 m^3/s）				2021 年秋汛期间工程靠河情况（花园口站平均流量 4 800 m^3/s）			
				靠河坝号		靠河坝数/道	靠河长度/mm	靠河坝号		靠河坝数/道	靠河长度/m
				靠河	靠溜			靠河	靠溜		
合计	87	315 930	3 465			1 469	147 460.4			1 888	183 971
1	南陈护滩	605	5	脱河		0	0	脱河		0	0
2	高家庄护滩	900	14	1 号垛	1 号垛	1	100	1~6 号垛、6 号护岸	1 号垛	7	500
3	白鹤控导	980	11	0~5 号坝、6~7 号垛、8~10 号坝	0~5 号坝、6~7 号垛、8~10 号坝	11	980	0~5 号坝、8~10 号坝、6 号垛、7 号垛	0~5 号坝、8~10 号坝、6 号垛、7 号垛	11	980
4	白坡控导	1 400	14	潜坝、0~6 号坝	潜坝、0~6 号坝	8	800	潜坝、0 号坝、1~7 号坝	潜坝、0 号坝、1~7 号坝	9	900
5	铁谢险工	7 600	135	4 号护岸、1~5 号坝、填湾-5~-1 号坝、填湾 2~7 号坝、10 号坝、12 号坝、下延 4 号坝、下延 5 号坝、下延 5 号坝潜坝、15 号坝下延潜坝	4 号护岸、1~5 号坝、填湾-5~-1 号坝、填湾 2~7 号坝、10 号坝、12 号坝、下延 4 号坝、下延 5 号坝、下延 5 号坝潜坝、15 号坝下延潜坝	23	6 000	1 号坝、12 号坝,填湾 2~4 号坝,填湾-1~-4 号坝,下延 5 号坝潜坝,15 号坝下延潜坝,4 号护岸、2~5 号坝、填湾-5 号坝、填湾 5~7 号坝,10 号坝、下延 4~5 号坝	1 号坝、12 号坝,填湾 2~4 号坝,填湾-1~-4 号坝,下延 5 号坝潜坝,15 号坝下延潜坝,4 号护岸、2~5 号坝、填湾-5 号坝、填湾 5~7 号坝,10 号坝、下延 4~5 号坝	23	5 300

续附表 1

序号	工程名称	工程长度/m	坝垛及护岸/道	2021 年汛前工程靠河情况（花园口站平均流量 1 000 m^3/s）				2021 年秋汛期间工程靠河情况（花园口站平均流量 4 800 m^3/s）			
				靠河坝号		靠河坝数/道	靠河长度/mm	靠河坝号		靠河坝数/道	靠河长度/m
				靠河	靠溜			靠河	靠溜		
6	逯村控导	5 860	61	32~40 号坝	32~40 号坝	9	1 080	28~40 号坝	28~40 号坝	13	1 560
7	铁炉护滩	500	2	脱河		0	0	脱河		0	0
8	花园镇控导	3 900	31	20~26、28~29 号坝	20~26、28~29 号坝	9	1 100	20~26、28~29 号坝	20~26、28~29 号坝	9	1 000
9	开仪控导	5 190	65	20~37 号坝	20~37 号坝	18	2 160	20~37 号坝	23~37 号坝	18	2 160
10	赵沟控导	4 210	38	上延 9~18 号坝	上延 9~18 号坝	31	3 360	上延 9~18 号坝	上延 9~18 号坝	31	3 360
11	化工控导	6 070	51	9~41 号坝	9~41 号坝	33	3 960	8~41 号坝	8~41 号坝	34	4 080
12	裴峪控导	3 934	36	上延 1~26 号坝	上延 1~26 号坝	27	3 000	上延 3~26 号坝	上延 3~26 号坝	29	3 240
13	大玉兰控导	6 400	68	10~44 号坝	10~44 号坝	35	3 960	6~44 号坝	6~44 号坝	39	4 460
14	神堤控导	2 879	31	14~28 号坝	14~28 号坝	15	1 800	13~28 号坝	14~28 号坝	16	1 920
15	张王庄控导	5 000	50	50~52 号坝		3	300	51~52 号坝	51~52 号坝	2	200
16	金沟控导	3 000	26	1~5、13~34 号坝	1~5、13~34 号坝	27	3 000	1~5、13~34 号坝	13~34 号坝	27	3 000
17	孤柏嘴透水桩坝							全部靠河靠溜			

续附表 1

序号	工程名称	工程长度/m	坝垛及护岸/道	2021 年汛前工程靠河情况（花园口站平均流量 1 000 m^3/s）				2021 年秋汛期间工程靠河情况（花园口站平均流量 4 800 m^3/s）			
				靠河坝号		靠河坝数/道	靠河长度/mm	靠河坝号		靠河坝数/道	靠河长度/m
				靠河	靠溜			靠河	靠溜		
18	驾部控导	6 370	70	35~37、40~45 号坝		9	1 080	33~37、39~45 号坝	35~37、41~45 号坝	12	1 440
19	枣树沟控导	5 911	64	7~37 号护岸	13~37 号护岸	31	3 100	-18 号垛~37 号护岸	18~37 号护岸	55	5 260
20	东安控导	5 800	58	24~58 号坝	51~58 号坝	35	3 500	-10~8，16~58 号坝	-1 号坝、-2 号坝、8 号坝、1~7 号坝、45~58 号坝	61	6 066
21	桃花峪控导	4 800	48	21~39 号坝	22~39 号坝	19	1 900	20~39 号坝	29~39 号坝	20	2 000
22	老田庵控导	4 500	43	32~35 号坝	33~35 号坝	4	400	20~35 号坝	33~35 号坝	16	1 600
23	保合寨控导	4 000	41	脱河		0	0	脱河		0	0
24	南裹头险工	2 244	8	主坝及 2~3 号附垛	主坝及 2~3 号附垛	3	150	主坝及附垛	主坝及附垛	8	350
25	马庄	5 358	52	脱河		0	0	24 号垛及潜坝		13	1 260
26	花园口险工	10 075	152	122~127 号坝	122~127 号坝	6	700	120~127 号坝及 127 号坝附 1 护至附 15 护	120~127 号坝及 127 号坝附 1 护至附 15 护	23	950

续附表 1

序号	工程名称	工程长度/m	坝垛及护岸/道	2021 年汛前工程靠河情况（花园口站平均流量 1 000 m^3/s）				2021 年秋汛期间工程靠河情况（花园口站平均流量 4 800 m^3/s）			
				靠河坝号		靠河坝数/道	靠河长度/mm	靠河坝号		靠河坝数/道	靠河长度/m
				靠河	靠溜			靠河	靠溜		
27	东大坝下延	1 300	8	1~8 号坝及潜坝	1~8 号坝及潜坝	9	1 300	1~8 号坝及潜坝	1~8 号坝及潜坝	9	1 480
28	双井	8 722	51	10~33 号坝	10~33 号坝	24	2 400	−5~33 号坝	11~33 号坝	38	3 800
29	马渡险工	3 864	85	20~85 号坝	20~85 号坝	66	3 300	1 号坝~84 号垛及 85 号坝 1 号护岸至 12 号垛	1 号坝~84 号垛及 85 号坝 1 号护岸至 12 号垛	100	3 864
30	马渡下延	2 600	22	86~106 号坝及潜坝	86~106 号坝及潜坝	22	2 600	86~106 号坝及潜坝	86~106 号坝及潜坝	22	2 700
31	武庄	4 182	41	9 号垛~10 号坝	9 号垛~10 号坝	33	3 622	1 号垛~10 号坝	1~10 号坝	41	4 032
32	杨桥险工	4 546	58	脱河		0	0	脱河		0	0
33	万滩险工	4 849	50	脱河		0	0	脱河		0	0
34	赵口险工	4 457	82	2~45 号坝	2~45 号坝	50	2 487	2~45 号坝	2~45 号坝	50	2 487
35	赵口控导	1 640	14	1~14 号坝	1~14 号坝	14	1 640	1~14 号坝	1~14 号坝	14	1 640
36	毛庵	3 700	37	6~37 号坝	6~37 号坝	32	3 200	3~37 号坝	16~35 号坝	34	2 275
37	九堡险工	4 450	52	脱河		0	0	117~118 号坝	117~118 号坝	2	157

续附表 1

序号	工程名称	工程长度/m	坝垛及护岸/道	2021 年汛前工程靠河情况（花园口站平均流量 1 000 m³/s）				2021 年秋汛期间工程靠河情况（花园口站平均流量 4 800 m³/s）			
				靠河坝号		靠河坝数/道	靠河长度/mm	靠河坝号		靠河坝数/道	靠河长度/m
				靠河	靠溜			靠河	靠溜		
38	九堡控导	3 562	31	119~148 号坝及潜坝	119~148 号坝及潜坝	35	3 562	119~148 号坝及潜坝	119~148 号坝及潜坝	35	3 562
39	三官庙	4 200	42	−6~42 号坝	−6~42 号坝	48	4 800	−6~42 号坝	−6~42 号坝	48	4 800
40	韦滩控导	6 000	60	11~20、52 号坝	11~20、52 号坝	11	1 100	11~41、51~52 号坝		33	3 300
41	黑石	3 348.6	33	脱河		0	0	脱河		0	0
42	仁村堤	1 116	19	19 号垛~19 号垛以下护村堤 0+000—1+700	19 号垛~19 号垛以下护村堤 0+000—1+700	1	1 765	19 号垛以下 0+000—1+700		1	2 200
43	大张庄	4 301	30	1~7 号垛	1~7 号垛	7	455	8 号坝~7 号垛	1~7 号垛	10	655
44	三教堂	665.4	9	1~9 号垛	1~9 号垛	9	665.4	1~9 号垛	4~9 号垛	9	585
45	黑岗口上延	2 500	26	脱河		0	0	7~23 号坝		17	1 700
46	黑岗口险工	5 696	85	29~41 号坝	29~41 号坝	13	1 200	18~41 号坝	30~41 号坝	24	2 400
47	黑岗口下延	1 200	13	1~13 号坝	1~13 号坝	13	1 200	1~13 号坝	1~13 号坝	13	1 300
48	顺河街控导	4 030	38	8~37 号潜坝	8~25、26~37 号坝	30	3 000	7~37 号潜坝	7~37 号潜坝	31	3 100

续附表1

序号	工程名称	工程长度/m	坝垛及护岸/道	2021年汛前工程靠河情况（花园口站平均流量1 000 m^3/s）				2021年秋汛期间工程靠河情况（花园口站平均流量4 800 m^3/s）			
				靠河坝号		靠河坝数/道	靠河长度/mm	靠河坝号		靠河坝数/道	靠河长度/m
				靠河	靠溜			靠河	靠溜		
49	柳园口险工	4 287	47	27~39号坝 7号支坝	27~39号坝 7号支坝	20	1 900	25~39号坝 7号支坝	25~39号坝 7号支坝	22	2 200
50	大宫控导	4 815	43	23~34号坝	23~34号坝	12	1 200	19~34号坝	20~34号坝	16	1 600
51	王庵	5 960	55	18~35号坝	18~35号坝	18	2 120	−2~35号坝	17~35号坝	37	4 140
52	古城控导	3 863	54	17号垛、1~26号坝	17号垛、1~26号坝	27	2 700	上延17号垛、 1~26号坝	上延17号垛、 1~26号坝	27	2 700
53	府君寺控导	3 418	41	上延9~29号坝	上延9~29号坝	38	3 148	上延9~29号坝	2~29号坝	38	3 310
54	曹岗险工	5 260	105	21~32号坝	22~32号坝	12	1 200	21~32号坝	25~32号坝	12	1 200
55	曹岗控导	2 300	23	9~23号坝	9~23号坝	15	1 500	1~23号坝	1~23号坝	23	2 300
56	欧坦控导	5 566	59	5~37号坝	13~37号坝	33	3 742	5~37号坝	13~37号坝	33	3 740
57	贯台控导	3 869	53	1~15号垛、 上延13~21号垛	1~15号垛、 上延13~21号垛	24	2 400	上延0~2、12~21、 1~15号垛	12~21、1~15号垛	28	2 800
58	夹河滩工程	3 466	34	10~21号护岸		18	1 190	1号护岸~31号坝	1号护岸~21号坝	31	3 166
59	东坝头控导	2 625	14	新1号坝~13号坝	新1号坝~13号坝	14	2 625	新1号坝~13号坝	新1号坝~13号坝	14	2 625
60	东坝头险工	1 513	29	16号垛~28号坝	18号垛~28号坝	12	962	12号垛~28号坝	16号垛~28号坝	17	1 023

续附表 1

序号	工程名称	工程长度/m	坝垛及护岸/道	2021 年汛前工程靠河情况（花园口站平均流量 1 000 m^3/s）				2021 年秋汛期间工程靠河情况（花园口站平均流量 4 800 m^3/s）			
				靠河坝号		靠河坝数/道	靠河长度/mm	靠河坝号		靠河坝数/道	靠河长度/m
				靠河	靠溜			靠河	靠溜		
61	蔡集控导	6 700	54	1~28、49~62 号坝	15~28、49~58 号坝	42	4 200	1~28、49~65 号坝	1~27、49~63 号坝	45	4 500
62	禅房控导	4 379	39	6~39 号坝	6~39 号坝	34	3 400	3~39 号坝	6~39 号坝	37	3 700
63	大留寺	5 656	50	24~50 号坝	24~50 号坝	27	2 890	23~50 号坝	23~50 号坝	28	3 000
64	周营上延	1 915	17	5~17 号坝	5~17 号坝	13	1 450	5~17 号坝	5~17 号坝	13	1 450
65	周营	4 870	43	1~29、31~39 号坝	1~29、31~39 号坝	38	4 350	1~40 号坝	1~40 号坝	40	4 570
66	于林	5 179	44	10~35 号坝	19~35 号坝	26	3 014	10~38 号坝	18~38 号坝	29	3 344
67	三合村控导	2 054	21	脱河		0	0	2~13 号坝	—	12	1 200
68	青庄险工	3 221	26	12~18、19~20 号垛	19~20 号垛	9	900	1~18、19~20 号垛	16~19、19~20 号垛	20	3 221
69	南上延控导	4 440	53	−6~−1、1~6 号坝	−6~−1、1~6 号坝	12	1 250	−8~−7 号垛，−6~−1、1~6 号坝	−7 号垛，−6~−1、1~11 号坝	19	1 900

续附表 1

序号	工程名称	工程长度/m	坝垛及护岸/道	2021 年汛前工程靠河情况（花园口站平均流量 1 000 m³/s）				2021 年秋汛期间工程靠河情况（花园口站平均流量 4 800 m³/s）			
				靠河坝号		靠河坝数/道	靠河长度/mm	靠河坝号		靠河坝数/道	靠河长度/m
				靠河	靠溜			靠河	靠溜		
70	南小堤险工	3 595	28	脱河		0	0	脱河		0	0
71	连山寺上延	980	10	脱河		0	0	-2~4 号垛	—	6	600
72	连山寺控导	3 018	54	35~46 号坝	37~46 号坝	12	1 100	11~47 号坝	35~47 号坝	37	2 400
73	尹庄控导	499	4	1~3 号坝	1~3 号坝	3	270	1 号坝上护岸，1~3 号坝	1 号坝上护岸，1~3 号坝	4	499
74	龙长治控导	2 647	23	23 号坝	23 号坝	1	100	3~23 号坝	3~7、21~23 号坝	21	2 450
75	马张庄控导	1 581	23	8~23 号坝	8~23 号坝	16	1 250	7~23 号坝	7~23 号坝	17	1 350
76	彭楼险工	3 330	33	12~31、32 号护岸	18~31、32 号护岸	21	1 260	12~31、32 号护岸	12~31、32 号护岸	21	1 260
77	李桥控导	1 200	13	28~34 号坝	29~34 号坝	7	600	22~34 号坝	28~34 号坝	13	1 300
78	李桥险工	2 110	25	36~41、46~48、54~56 号坝	36~39、46~48 号坝	12	910	36~41、46~56 号坝	36~39、46~48 号坝	17	1 234

续附表 1

序号	工程名称	工程长度/m	坝垛及护岸/道	2021 年汛前工程靠河情况（花园口站平均流量 1 000 m^3/s）				2021 年秋汛期间工程靠河情况（花园口站平均流量 4 800 m^3/s）			
				靠河坝号		靠河坝数/道	靠河长度/mm	靠河坝号		靠河坝数/道	靠河长度/m
				靠河	靠溜			靠河	靠溜		
79	邢庙险工	1 786	15	2~4、7~15 号坝	4、12~15 号坝	12	1 446	1~4、7~15 号坝	13~15 号坝	13	1 586
80	吴老家控导	2 320	29	6~32 号坝	14~32 号坝	27	2 080	6~32 号坝	7~32 号坝	27	2 080
81	杨楼控导	2 284	27	-4~-1、1~23 号坝	1~20 号坝	27	2 284	-4~-1、1~23 号坝	1~20 号坝	27	2 284
82	孙楼控导	3 580	49	1~18、20~24 号坝	1~18、20~24 号坝	23	2 219	1~18、20~24 号坝	1~18、20~24 号坝	23	2 219
83	韩胡同控导	4 850	66	-6~3 号坝	-5~3 号坝	9	698	-10~3、12~16 号坝	-5~7、12~16 号坝	22	1 707
84	梁路口控导	3 330	51	-7~-4 号垛，-3~8、15~38 号坝	-7~-4 号垛，-3~8、15~38 号坝	39	2 446	-13~-4 号垛，-3~8、15~38 号坝	-8~-4 号垛，-3~8、15~38 号坝	45	3 480
85	影唐险工	2 019	20	-1~16 号坝	7~12 号坝	17	1 460	-1~16 号坝	4~12 号坝	17	1 460
86	枣包楼控导	2 120	23	10~26 号坝	11~20 号坝	17	1 560	7~28 号坝	10~26 号坝	22	1 840
87	张堂险工	910	8	1~8 号坝	1~8 号坝	8	910	1~8 号坝	1~8 号坝	8	910

附表 2　2021 年秋汛期间山东段工程靠河着溜情况统计

查勘时间（月-日 T 时）	附近水文站流量/(m^3/s)	县局	岸别	工程名称	靠水坝号	靠溜坝号	靠水坝岸/段	靠溜坝岸/段	靠水长度/m
					合计		4 865	3 595	321 749
10-03T08	高村 4 890	东明	右	王夹堤控导工程	1~19 号坝	1~19 号坝	19	19	1 900
10-03T08	高村 4 890	东明	右	王高寨控导工程	8~24 号坝	10~24 号坝	17	15	1 700
10-03T08	高村 4 890	东明	右	辛店集控导工程	1~29 号坝	1~29 号坝	29	29	2 900
10-03T08	高村 4 890	东明	右	老君堂控导工程	7~34 号坝	8~34 号坝	29	27	2 900
10-03T08	高村 4 890	东明	右	霍寨险工	8~16 号坝	8~16 号坝	10	10	900
10-03T08	高村 4 890	东明	右	堡城险工	工$^{+1}$~2、8~11 号坝	工$^{+1}$~2、8~11 号坝	8	8	800
10-03T08	高村 4 890	东明	右	高村险工	10~31 号坝	23~31 号坝	33	13	1 900
10-03T08	高村 4 890	牡丹	右	刘庄险工	28~43 号坝	28~43 号坝	16	16	1 650
10-06T08	高村 4 890	牡丹	右	贾庄险工	21~26 号坝		6	0	410
10-06T08	高村 4 890	牡丹	右	张闫楼控导工程	1~5 号坝		5	0	360
10-03T08	高村 4 890	鄄城	右	苏泗庄上延	1~10 号坝	9~10 号坝	10	2	950
10-03T08	高村 4 890	鄄城	右	苏泗庄险工	24、26、27、29~32 号坝	24、26、27、29~32 号坝	7	7	800
10-03T08	高村 4 890	鄄城	右	营坊险工	14~39 号坝	22~39 号坝	26	18	2 300
10-03T08	高村 4 890	鄄城	右	营坊下延	48~68 号坝	48~68 号坝	21	21	2 000
10-03T08	高村 4 890	鄄城	右	桑庄险工	20 号坝		1	0	80
10-03T08	高村 4 890	鄄城	右	桑庄控导	21 号坝	21 号坝	1	1	582

续附表 2

查勘时间（月-日 T 时）	附近水文站流量/(m^3/s)	县局	岸别	工程名称	靠水坝号	靠溜坝号	靠水坝岸/段	靠溜坝岸/段	靠水长度/m
10-03T08	高村 4 890	鄄城	右	老宅庄控导	新 1~6 号坝	新 1~6 号坝	8	8	620
10-03T08	高村 4 890	鄄城	右	芦井控导	1~12 号坝	1~10 号坝	12	10	1 300
10-03T08	高村 4 890	鄄城	右	郭集控导	7~28 号坝	7~28 号坝	20	20	2 594
10-03T08	高村 4 890	郓城	右	苏阁险工	9~21 号坝	新 9~21 号坝	15	14	1 527
10-03T08	高村 4 890	郓城	右	杨集上延	−5 号垛~13 号坝	6~13 号坝	18	8	1 310
10-03T08	高村 4 890	郓城	右	杨集险工	7~16 号坝	7~16 号坝	13	13	1 505
10-03T08	高村 4 890	郓城	右	伟庄险工	7 号垛~6 号坝	2~5 号坝	13	4	1 465
10-05T08	孙口 4 970	阳谷	左	陶城铺控导	陶城铺控导	陶城铺控导	1	1	460
10-05T08	孙口 4 970	阳谷	左	陶城铺险工	1、3、5、7、9、11~15、17、19 号坝	1、3、5、7、9、11、13、15 号坝	12	8	1 050
10-05T08	艾山 5 210	东阿	左	位山险工	3~29、31 号坝	8~29、31 号坝	42	35	1 800
10-05T08	艾山 5 210	东阿	左	位山控导	1~3 号坝	1~3 号坝	3	3	170
10-05T08	艾山 5 210	东阿	左	范坡险工	9^{+1}~47 号坝	9^{+1}~47 号坝	61	61	1 750
10-05T08	艾山 5 210	东阿	左	鱼山控导	1~4 号坝		4	0	1 286
10-05T08	艾山 5 210	东阿	左	南桥控导	1~18 号坝		16		620
10-05T08	艾山 5 210	东阿	左	南桥险工	1~9 号坝	1~9 号坝	14	14	477

续附表 2

查勘时间（月-日 T 时）	附近水文站流量/(m^3/s)	县局	岸别	工程名称	靠水坝号	靠溜坝号	靠水坝岸/段	靠溜坝岸/段	靠水长度/m
10-05T08	艾山 5 210	东阿	左	于庄控导	1~35 号坝	21 号坝	61	1	2 173
10-05T08	艾山 5 210	东阿	左	旧城险工	1~13、19、23~38 号坝	36^{-1}~38^{+3} 号坝	44	11	1 500
10-05T08	艾山 5 210	东阿	左	旧城控导	1~19 号坝		10	0	860
10-05T08	艾山 5 210	东阿	左	丁口控导	1~36^{-7} 号坝	老 14~35 号坝	72	17	3 050
10-05T08	艾山 5 210	东阿	左	艾山控导	1、2 号坝		2	0	244
10-05T08	艾山 5 210	东阿	左	井圈险工	0~59、63^{+6}~83、85~91 号坝	0~37、49^{+1}~59、63^{+6}~83 号坝	119	97	5 800
10-05T08	艾山 5210	东阿	左	毕庄控导	1~16 号坝	1~16 号坝	21	21	520
10-05T08	艾山 5 210	东阿	左	毕庄险工	1、3、5、于窝大坝号坝	1、3、5 号坝	4	3	1 565
10-05T08	艾山 5 210	东阿	左	杨庄控导	0^{-1}~3、新 1~新 8 号坝	1~3、新 1~新 8 号坝	14	11	2 767
10-05T08	艾山 5 210	东阿	左	康口险工	1、5、7、9、11 号坝	1、5、7、9、11 号坝	21	15	1 326
10-05T08	艾山 5 210	东阿	左	周门前险工	3~27 号坝	13、16~19、23~27 号坝	25	13	2 260
10-05T08	艾山 5 210	东阿	左	周门前控导	1~10^{-4} 号坝	1 号坝	26	1	700
10-05T08	艾山 5 210	东阿	左	朱圈险工	0^{-1}~11 号坝	0^{-3}、2^{-2}、3~10 号坝	17	9	1 210
10-05T08	艾山 5 210	东阿	左	陶嘴控导	新 0~16 号坝	15、16 号坝	18	2	1 150

续附表 2

查勘时间（月-日 T 时）	附近水文站流量/(m^3/s)	县局	岸别	工程名称	靠水坝号	靠溜坝号	靠水坝岸/段	靠溜坝岸/段	靠水长度/m
10-05T08	艾山 5 210	东阿	左	陶邵险工	1~43 号坝	1~43 号坝	46	46	1 758
10-05T08	艾山 5 210	东阿	左	李营险工	1、3、5、7、9、10^{-1}~10^{-3} 号坝	7、9、10^{-1}~10^{-3} 号坝	8	5	1 116
10-08T08	孙口 4 830	梁山	右	程那里险工	6~12 号坝	10~12 号坝	7	3	1 260
10-08T08	孙口 4 830	梁山	右	路那里险工	12~24、26~29 号坝	16~24、26~29 号坝	17	13	2 230
10-08T08	孙口 4 830	梁山	右	蔡楼控导	（−10）~28、30~32 号坝	（−5）~28、30~32 号坝	41	36	3 257
10-08T08	孙口 4 830	梁山	右	朱丁庄控导	1~28 号坝	1~28 号坝	28	28	2 700
10-08T08	孙口 4 830	梁山	右	国那里险工	30、31、32、33、34 号坝	31、32、33、34 号坝	5	4	780
10-08T08	孙口 4 830	东平	右	十里堡险工	35、39、41~42、47~53、56~59 号坝	35、39 号坝	15	2	3 500
10-08T08	孙口 4 830	东平	右	丁庄控导	4~5 号坝		2		200
10-08T08	孙口 4 830	东平	右	战屯控导	1~3 号坝	1~3 号坝	3	3	460
10-08T08	孙口 4 830	东平	右	肖庄控导	1~8 号坝	1~8 号坝	8	8	1 594
10-08T08	孙口 4 830	东平	右	徐巴士控导	1~4、7~12 号坝	1~4、7~12 号坝	10	10	3 369
10-08T08	孙口 4 830	东平	右	黄庄控导	1~7 号坝	6~7 号坝	7	2	700
10-08T08	孙口 4 830	东平	右	荫柳科控导	−3~10、12~35 号坝	−3~10、12~35 号坝	37	37	3 213
10-08T08	孙口 4 830	东平	右	姜沟控导	1~11 号坝	7~11 号坝	11	5	1 688

续附表 2

查勘时间(月-日 T 时)	附近水文站流量/(m³/s)	县局	岸别	工程名称	靠水坝号	靠溜坝号	靠水坝岸/段	靠溜坝岸/段	靠水长度/m
10-05T08	艾山 5 210	齐河	左	潘庄险工	1~13、17、21~29、31、33~35、37、39、41、43 号坝	1~13、17、21~29、31、33~35 号坝	31	27	1 584
10-05T08	艾山 5 210	齐河	左	水坡控导	1~15 号坝	3~15 号坝	15	13	1 348
10-05T08	艾山 5 210	齐河	左	官庄险工	3~74 号坝	16~74 号坝	58	48	2 619
10-05T08	艾山 5 210	齐河	左	韩刘险工	1~34 号坝	1~34 号坝	24	24	1 199
10-05T08	艾山 5 210	齐河	左	程官庄险工	1~54 号坝	9~53 号坝	51	42	2 103
10-05T08	艾山 5 210	齐河	左	于庄险工	31~64 号坝	31~64 号坝	20	20	1 160
10-05T08	艾山 5 210	齐河	左	阴河险工	39~75 号坝	39~75 号坝	30	30	1 380
10-05T08	艾山 5 210	齐河	左	谯庄控导	1~10 号坝	1~10 号坝	10	10	350
10-05T08	艾山 5 210	齐河	左	谯庄险工	1、3、5、7~38 号坝	1、3、5、7~38 号坝	35	35	1 010
10-05T08	艾山 5 210	齐河	左	豆腐窝险工	33~50、52~67 号坝	33~50、52~67 号坝	34	34	958
10-05T08	艾山 5 210	齐河	左	大庞控导	1~7 号坝	1~7 号坝	7	7	534
10-05T08	艾山 5 210	齐河	左	南坦控导	1~4 号坝	1~4 号坝	4	4	110
10-05T08	艾山 5 210	齐河	左	南坦险工	72~115 号坝	72~115 号坝	44	44	1 256
10-05T08	艾山 5 210	齐河	左	王庄险工	7~50 号坝	7~50 号坝	43	43	1 556
10-05T08	艾山 5 210	齐河	左	席道口险工	22~59 号坝	22~59 号坝	35	35	1 316

续附表 2

查勘时间（月-日 T 时）	附近水文站流量/(m^3/s)	县局	岸别	工程名称	靠水坝号	靠溜坝号	靠水坝岸/段	靠溜坝岸/段	靠水长度/m
10-05T08	艾山 5 210	齐河	左	李家岸险工	2~37 号坝	2~37 号坝	28	28	1 110
10-05T08	艾山 5 210	齐河	左	赵庄险工	1~20 号坝	1~20 号坝	20	20	775
10-06T09	泺口 5 170	平阴	右	铁杨控导	1~6 号坝	1~6 号坝	6	6	632
10-06T09	泺口 5 170	平阴	右	苏桥控导	2~5 号坝		4	0	485
10-06T09	泺口 5 170	平阴	右	桃园控导	1~22 号坝	18~22 号坝	22	5	1 654
10-06T09	泺口 5 170	平阴	右	丁口控导	1~11 号坝	1、10~11 号坝	11	3	1 060
10-06T09	泺口 5 170	平阴	右	王小庄控导	1~14 号坝	5~9 号坝	14	5	1 261
10-06T09	泺口 5 170	平阴	右	外山控导	1~7 号坝	7 号坝	7	1	618
10-06T09	泺口 5 170	平阴	右	张洼控导	1~15 号坝	11 ~13 号坝	15	3	1 458
10-06T09	泺口 5 170	平阴	右	凌庄控导	1~14 号坝		14 号坝	0	1 011
10-06T09	泺口 5 170	平阴	右	田山控导	新 1~新 6 号坝	新 4~新 6 号坝	6	3	602
10-06T09	泺口 5 170	平阴	右	石庄控导	1~2 号坝		2	0	638
10-06T09	泺口 5 170	平阴	右	刘官控导	1~19 号坝	8 ~19 号坝	19	12	1 513
10-06T09	泺口 5 170	平阴	右	望口山控导	1~7 号坝	1~7 号坝	7	7	612
10-06T09	泺口 5 170	平阴	右	胜利控导	1~9 号坝	5 ~6 号坝	9	2	908
10-06T09	泺口 5 170	长清	右	燕刘宋控导	1 号坝上延~21 号坝	1 号坝上延~16 号坝	22	17	3 248

续附表 2

查勘时间（月-日 T 时）	附近水文站流量/（m^3/s）	县局	岸别	工程名称	靠水坝号	靠溜坝号	靠水坝岸/段	靠溜坝岸/段	靠水长度/m
10-06T09	泺口 5 170	长清	右	许道口控导	1~8 号坝	1~8 号坝	8	8	695
10-06T09	泺口 5 170	长清	右	姚河门控导	1~9 号坝	1~5 号坝	9	5	962
10-06T09	泺口 5 170	长清	右	王坡控导	1~6 号坝	3~4 号坝	6	2	542
10-06T09	泺口 5 170	长清	右	下巴控导	（-2）~27 号坝	（-2）~1、12~18、20~23 号坝	29	14	2 893
10-06T09	泺口 5 170	长清	右	顾小庄控导	1~14 号坝	2、7、12~14 号坝	14	5	1 098
10-06T09	泺口 5 170	长清	右	桃园控导	（-4）~14 号坝	1、4~5、12~13 号坝	18	5	1 736
10-06T09	泺口 5 170	长清	右	董苗控导	1~38 号坝	1~26、29~33、36~38 号坝	38	34	3 822
10-06T09	泺口 5 170	长清	右	贾庄控导	1~22 号坝	7~22 号坝	22	16	1 538
10-06T09	泺口 5 170	长清	右	孟李魏控导	-2~35 号坝	-1~35 号坝	39	38	3 964
10-06T09	泺口 5 170	长清	右	西兴隆控导	1~42 号坝	1~42 号坝	42	42	3 662
10-06T09	泺口 5 170	长清	右	小侯控导	1~21 号坝	1~18 号坝	21	18	2 198
10-06T09	泺口 5 170	长清	右	老李郭控导	1~35 号坝	2~35 号坝	35	34	3 104
10-06T09	泺口 5 170	长清	右	潘庄控导	（-3）~22 号坝	1~22 号坝	25	22	2 393
10-06T09	泺口 5 170	长清	右	红庙控导	1~7 号坝	1~7 号坝	7	7	511
10-06T09	泺口 5 170	长清	右	娘娘店控导	1~14 号坝	1~14 号坝	14	14	986
10-06T09	泺口 5 170	槐荫	右	北店子险工	1~5、8~13 号坝	2~5、8~13 号坝	11	11	374

续附表 2

查勘时间(月-日 T 时)	附近水文站流量/(m^3/s)	县局	岸别	工程名称	靠水坝号	靠溜坝号	靠水坝岸/段	靠溜坝岸/段	靠水长度/m
10-06T09	泺口 5 170	槐荫	右	曹家圈险工	1^{+1}~25、27、29、31、33、35、37 号坝	5~25、27、29、31、33、35、37 号坝	32	27	1 647
10-06T09	泺口 5 170	槐荫	右	杨庄险工	10~18、21~30、32、34、36、38、40、42 号坝	11~18、21~30 号坝	25	18	1 250
10-06T09	泺口 5 170	天桥	右	老徐庄险工	6~11、13~29 号坝	13~27 号坝	23	15	895
10-06T09	泺口 5 170	天桥	右	泺口险工	1~29、65~82 号坝	4~29、65~82 号坝	47	44	1 781
10-06T09	泺口 5 170	天桥	左	赵庄险工	22~41、50、51、59~61、63~67 号坝	22~41 号坝	30	20	1 434
10-06T09	泺口 5 170	天桥	左	王窑险工	25~44 号坝	25~42、44 号坝	20	19	943
10-06T09	泺口 5 170	天桥	左	大王庙险工	1~12、16~35、36^{+1}~36^{+4}、37~46 号坝	1~12、16~35、36^{+1}~36^{+4}、37~46 号坝	46	46	2 368
10-06T09	泺口 5 170	天桥	左	大王庙控导	0、-1~-8 号坝		9	0	1 088
10-06T09	泺口 5 170	天桥	左	鹊山东控导	1~6、新 1~新 4 号坝	1~6、新 1~新 4 号坝	10	10	1 164
10-06T09	泺口 5 170	天桥	左	八里控导	1~48 号坝	1~48 号坝	48	48	2 319
10-06T09	泺口 5 170	历城	右	盖家沟险工	22~51 号坝	22~51 号坝	30	30	1 427
10-06T09	泺口 5 170	历城	右	后张险工	1~13 号坝	1~13 号坝	13	13	447
10-06T09	泺口 5 170	历城	右	付家庄险工	3~17、20 号坝	3~17、20 号坝	16	16	1 206
10-06T09	泺口 5 170	历城	右	霍家溜险工	10~23、28~43 号坝	10~23、28~43 号坝	30	30	1 200

续附表 2

查勘时间（月-日 T 时）	附近水文站流量/(m^3/s)	县局	岸别	工程名称	靠水坝号	靠溜坝号	靠水坝岸/段	靠溜坝岸/段	靠水长度/m
10-06T09	泺口 5 170	历城	右	陈孟圈险工	11～21、24、26、28～31、33、36、38、40、41、43 号坝	11～21、24、26、28～31、33、36、38、40、41、43 号坝	23	23	668
10-06T09	泺口 5 170	历城	右	王家梨行险工	1～8、10、12～22、24、26、27、30	1～8、10、12～22、24、26、27、30	24	24	853
10-06T09	泺口 5 170	历城	右	张褚窝控导	2～10 号坝	2～10 号坝	9	9	852
10-06T09	泺口 5 170	历城	右	埝头控导	新 1～7、9～12、14～20 号坝		19		1 327
10-06T09	泺口 5 170	历城	右	秦家道口控导	1～15 号坝	4～15 号坝	15	12	1 124
10-06T09	泺口 5 170	历城	右	云家控导	1～2 号坝	1～2 号坝	2	2	255
10-06T09	泺口 5 170	章丘	右	胡家岸险工	新 1～33、35～58 号坝	15～33、35～58 号坝	58	43	1 179
10-06T09	泺口 5 170	章丘	右	土城子险工	新 1、1～3 号坝	新 1、1～3 号坝	4	4	509
10-06T09	泺口 5 170	章丘	右	刘家园险工	1～4 号坝	1～4 号坝	4	4	1 050
10-06T09	泺口 5 170	章丘	右	蒋家控导	1～30 号坝	1～30 号坝	30	30	3 477
10-06T09	泺口 5 170	章丘	右	河王控导	1～11 号坝	1～4 号坝	11	4	853
10-06T09	泺口 5 170	章丘	右	马家控导	1～7 号坝	1～7 号坝	7	7	576
10-06T09	泺口 5 170	章丘	右	王家圈控导	新 1～新 4、1～13 号坝	新 1～新 4、1～13 号坝	17	17	1 326
10-06T09	泺口 5 170	章丘	右	范家园控导	1～7 号坝	1～7 号坝	7	7	352

续附表 2

查勘时间（月-日 T 时）	附近水文站流量/(m^3/s)	县局	岸别	工程名称	靠水坝号	靠溜坝号	靠水坝岸/段	靠溜坝岸/段	靠水长度/m
10-06T09	泺口 5 170	济阳	左	大柳店险工	1、3~14 号坝	1、3~9 号坝	13	8	800
10-06T09	泺口 5 170	济阳	左	沟杨险工	1~10、15、17~38、40~42、44、46~58、60、62、64、66 号坝	6、10、15、17~23、25、27、29、31、33、35~38、40、41 号坝	54	21	2 460
10-06T09	泺口 5 170	济阳	左	葛店险工	3~40、43~52、54、60~66 号坝	3~40、43~46、52、64~66 号坝	56	46	1 550
10-06T09	泺口 5 170	济阳	左	张辛险工	1~15、20~66、68、70、72、74、76、78 号坝	2~15、20~27 号坝	68	22	2 450
10-06T09	泺口 5 170	济阳	左	小街险工	1、3、5、7、9、11、13、15、17、19、20、21、23、25、27、29、31~36 号坝	21、23、25、27、29、31~36 号坝	22	11	1 430
10-06T09	泺口 5 170	济阳	左	邢家渡控导	1−29 号坝	1−29 号坝	29	29	1 800
10-06T09	泺口 5 170	济阳	左	周孟控导	1−14 号坝	1−10 号坝	14	10	850
10-06T09	泺口 5 170	济阳	左	史家坞控导	新 1~新 3、+2~16 号坝	新 1~新 3、+2、+1、−1、1~8 号坝	22	14	1 800
10-06T09	泺口 5 170	济阳	左	大柳店控导	−6~5 号坝	−6~5 号坝	12	12	1 060
10-06T09	泺口 5 170	济阳	左	代家控导	22~29 号坝	23~29 号坝	8	7	420

续附表 2

查勘时间（月-日 T 时）	附近水文站流量/(m^3/s)	县局	岸别	工程名称	靠水坝号	靠溜坝号	靠水坝岸/段	靠溜坝岸/段	靠水长度/m
10-06T09	泺口 5 170	济阳	左	张辛控导	1~4 号坝		4	0	350
10-06T09	泺口 5 170	济阳	左	小街控导	6~29 号坝	6~29 号坝	24	24	1 320
10-08T08	泺口 5 190	高青	右	大郭家控导	1~26 号坝	2~26 号坝	26	25	2 700
10-08T08	泺口 5 190	高青	右	马扎子险工	1~13 号坝	1~13 号坝	7	7	898
10-08T08	泺口 5 190	高青	右	孟口控导	+8~30 号坝	+8~30 号坝	44	44	3 980
10-08T08	泺口 5 190	高青	右	北杜控导	1~22 号坝	4~6、9~22 号坝	22	17	1 792
10-08T08	泺口 5 190	高青	右	新徐控导	1~16 号坝		16	0	1 300
10-08T08	泺口 5 190	高青	右	段王控导	1~20 号坝	6~20 号坝	20	15	1 600
10-08T08	泺口 5 190	高青	右	刘春家险工	5~44 号坝	8~44 号坝	30	27	1 493
10-08T08	泺口 5 190	高青	右	堰里贾控导	1~10 号坝	3~10 号坝	10	8	870
10-08T08	泺口 5 190	高青	右	翟里孙控导	+6~3 号坝	+6~3 号坝	9	9	822
10-08T08	泺口 5 190	邹平	右	张桥控导	新 1、+4~+1、1~12、-12、13~26 号坝	新 1、+4~+1、1~12、13~26 号坝	32	31	3 010
10-08T08	泺口 5 190	邹平	右	梯子坝险工	1 号坝	1 号坝	1	1	150
10-08T08	泺口 5 190	邹平	右	官道控导	1~30 号坝	1~21、29~30 号坝	30	23	2 360

续附表 2

查勘时间（月-日 T 时）	附近水文站流量/(m^3/s)	县局	岸别	工程名称	靠水坝号	靠溜坝号	靠水坝岸/段	靠溜坝岸/段	靠水长度/m
10-08T08	泺口 5 190	邹平	右	旧城控导	1~13 号坝	6~13 号坝	13	8	1 000
10-08T08	泺口 5 190	惠民	左	簸箕李控导	1、2、3 号坝	2 号坝	3	1	250
10-08T08	泺口 5 190	惠民	左	簸箕李险工	新 7~新 5、新 3~7、9、10~21、39~47、49~76、78、80、82~94 号坝	新 6~新 5、新 3~7、9 号坝	78	13	3250
10-08T08	泺口 5 190	惠民	左	崔常险工	11~37、39、41、43、44、45、47、49 号坝	21~37、39、41、43、44、45、47、49 号坝	34	24	1165
10-08T08	泺口 5 190	惠民	左	位台控导	1~9 号坝	1~9 号坝	9	9	870
10-08T08	泺口 5 190	惠民	左	归仁险工	1~32、34~66 号坝	3~32、34~44 号坝	65	41	2 004
10-08T08	泺口 5 190	惠民	左	王集险工	21~55 号坝	30~55 号坝	35	26	1 320
10-08T08	泺口 5 190	惠民	左	齐口控导	新 5~8 号坝	新 3~8 号坝	13	11	1 260
10-08T08	泺口 5 190	惠民	左	白龙湾险工	3~16、18~55 号坝	14~16、18~53 号坝	52	39	2 406
10-08T08	泺口 5 190	惠民	左	王平口控导	5、6、7、8 号坝	6、7、8 号坝	4	3	371
10-08T08	泺口 5 190	惠民	左	大崔险工上延	1~5 号坝		5	0	500
10-08T08	泺口 5 190	惠民	左	大崔险工	新 1~新 5、1、3~8 号坝	新 1~新 5 号坝	12	5	792

续附表 2

查勘时间（月-日 T 时）	附近水文站流量/(m^3/s)	县局	岸别	工程名称	靠水坝号	靠溜坝号	靠水坝岸/段	靠溜坝岸/段	靠水长度/m
10-08T08	泺口 5 190	惠民	左	五甲杨控导	2、3 号坝		2	0	140
10-08T08	泺口 5 190	惠民	左	五甲杨险工	1~18、20、22、24、25、26、28 号坝	1~18、20、22 号坝	24	20	982
10-08T08	泺口 5 190	滨开	左	兰家险工	1~118 号坝	1~48、68~118 号坝	88	74	4 443
10-08T08	泺口 5 190	滨开	左	纸坊控导	1~18 号坝	1~18 号坝	18	18	1 542
10-08T08	泺口 5 190	滨开	左	张肖堂险工	2~42 号坝	4~42 号坝	40	38	1 130
10-08T08	泺口 5 190	滨城	左	小街控导	+1~+4、1~18 号坝	+1~+4、1~9 号坝	23	13	1 988
10-08T08	泺口 5 190	滨城	左	户家控导	1~10 号坝		10	0	740
10-08T08	泺口 5 190	滨城	左	赵寺勿控导	1~11 号坝	2~5 号坝	11	4	685
10-08T08	泺口 5 190	滨城	左	大高控导	+5~11 号坝	0~11 号坝	17	12	1 678
10-08T08	泺口 5 190	滨城	左	韩墩控导	1~14 号坝	1~2 号坝	14	2	1 571
10-08T08	泺口 5 190	滨城	左	龙王崖控导	3~8 号坝		6	0	380
10-08T08	泺口 5 190	滨城	左	王大夫控导	8~42 号坝	23~32 号坝	25	10	2 020
10-08T08	泺口 5 190	滨城	右	翟里孙控导	4~17 号坝	4~17 号坝	14	14	1 180
10-08T08	泺口 5 190	滨城	右	大道王险工	+1~44 号坝	+1~3、5~40 号坝	23	21	1 440

续附表 2

查勘时间（月-日 T 时）	附近水文站流量/(m^3/s)	县局	岸别	工程名称	靠水坝号	靠溜坝号	靠水坝岸/段	靠溜坝岸/段	靠水长度/m
10-08T08	泺口 5 190	滨城	右	麻家控导	1~14 号坝	4~14 号坝	14	11	1 138
10-08T08	泺口 5 190	滨城	右	道旭险工	1~44 号坝	1~32 号坝	44	31	1 550
10-08T08	泺口 5 190	博兴	右	王旺庄险工	3~42 号坝	5~15、21~41 号坝	40	32	1 969
10-08T08	利津 5 210	利津	左	丁家控导	8~16（9）号坝	8~16（9）号坝	9	9	1 135
10-08T08	利津 5 210	利津	左	五庄控导	1~12、新 1~新 10(22)号坝	1~12、新 1~新 8(20)	22	20	2 430
10-08-08	利津 5 210	利津	左	宫家险工	18~58(41)号坝	20~58(39)号坝	41	39	1 651
10-08T08	利津 5 210	利津	左	宫家控导	2~12(11)号坝	2~12(11)号坝	11	11	1 200
10-08T08	利津 5 210	利津	左	张滩险工	9~18(10)号坝		10	0	400
10-08T08	利津 5 210	利津	左	张滩控导	3~13(11)号坝		11	0	1 170
10-08T08	利津 5 210	利津	左	东关控导	1~16(16)号坝	3~16(14)号坝	16	14	1 791
10-08T08	利津 5 210	利津	左	綦嘴险工	1~24(24)号坝		24	0	893
10-08T08	利津 5 210	利津	左	刘夹河险工	新 1~13(14)号坝	6~13(8)号坝	14	8	850
10-08T08	利津 5 210	利津	左	小李险工	新 2、新 3、1~22(25)号坝	1~22(23)号坝	25	23	1 013
10-08T08	利津 5 210	利津	左	王庄险工	1~65、67、77、79(68)号坝	13~47、51~53、57、63(40)号坝	68	40	1 980

续附表 2

查勘时间（月-日 T 时）	附近水文站流量/(m^3/s)	县局	岸别	工程名称	靠水坝号	靠溜坝号	靠水坝岸/段	靠溜坝岸/段	靠水长度/m
10-08T08	利津 5 210	利津	左	东坝控导	1~5、+1~+20(25)号坝	1~5、+1~+3、+8~+10、+12~+16(18)号坝	25	18	3 474
10-08T08	利津 5 210	利津	左	中古店控导	1~21(21)号坝	1~21(21)号坝	21	21	2 097
10-08T08	利津 5 210	利津	左	崔庄控导	17~23(7)号坝	17~23(7)号坝	7	7	760
10-08T08	利津 5 210	河口	左	西河口控导	4~14 号坝	4~14 号坝	11	11	1 670
10-08T08	利津 5 210	河口	左	八连控导	05~01、1~22 号坝	05~01、1~22 号坝	27	27	2 766
10-08T08	利津 5 210	河口	左	清三控导	1~26 号坝	1~11、25~26 号坝	26	13	2 600
10-08T08	利津 5 210	垦利	右	罗家险工	3~8 号坝	3~8 号坝	7	7	314
10-08T08	利津 5 210	垦利	右	卞庄险工	1~18 号坝	1~18 号坝	18	18	492
10-08T08	利津 5 210	垦利	右	胜利险工	1~19 号坝	1~19 号坝	19	19	688
10-08T08	利津 5 210	垦利	右	常庄险工	新 1~37 号坝	28~37 号坝	39	10	1 630
10-08T08	利津 5 210	垦利	右	路庄险工	1~57 号坝	1~57 号坝	57	57	1 698
10-08T08	利津 5 210	垦利	右	宋庄控导	3~18 号坝	$3\sim11^{+1}$ 号坝	18	10	1 685
10-08T08	利津 5 210	垦利	右	宁海控导	老 1~老 4、新 1~新 9 号坝	老 1~老 4、新 1~新 7 号坝	13	11	1 050
10-08T08	利津 5 210	垦利	右	纪冯险工	老 1~老 3、新 1~新 3 号坝	老 1~老 3、新 1~新 2 号坝	6	5	415

续附表 2

查勘时间（月-日 T 时）	附近水文站流量/（m^3/s）	县局	岸别	工程名称	靠水坝号	靠溜坝号	靠水坝岸/段	靠溜坝岸/段	靠水长度/m
10-08T08	利津 5 210	垦利	右	义和险工	新 1~15 号坝	新 1~15 号坝	71	71	2 470
10-08T08	利津 5 210	垦利	右	十八户应急防护工程	-3~10 号坝	-3~10 号坝	13	13	2 500
10-08T08	利津 5 210	垦利	右	十八户老控导	1~6 号坝	1~6 号坝	6	6	720
10-08T08	利津 5 210	垦利	右	十八户新控导	1~20 号坝	13~20 号坝	20	8	2 000
10-08T08	利津 5 210	垦利	右	苇改闸控导	13~19 号坝	14~19 号坝	7	6	610
10-08T08	利津 5 210	垦利	右	生产村控导	1~7 号坝	1~7 号坝	7	7	320
10-08T08	利津 5 210	垦利	右	护林控导	1~6 号坝	3~6 号坝	23	21	990
10-08T08	利津 5 210	垦利	右	十四公里	12~22 号坝	12~22 号坝	11	11	660
10-08T08	利津 5 210	垦利	右	清四控导	1~11 号坝	7~11 号坝	11	5	2 200
10-08T08	利津 5 210	东营	右	南坝头险工	$1^{+3+2+1-2-3-4-5}$、$2^{+1-2-3-4-5-6}$、3~8 号坝	$2^{+1-2-3-4-5-6}$、3~8 号坝	19	12	1 243
10-08T08	利津 5 210	东营	右	麻湾险工	1、3、5、7~11、$12^{+1+2+3+4}$、13、15^{+1+2}、19^{+1+2}、22^{+1+2+3}、23、24、$25^{+1+2+3+4}$、$27^{+1+2-2-3-4}$、28、29、31、33 号坝	1、3、5、7、8、9、10、11、$12^{+1+2+3+4}$、15^{+1+2}、19^{+1+2}、22^{+1+2+3}、24、$25^{+1+2+3+4}$、$27^{+1+2-2-3-4}$、28、29、31、33 号坝	35	33	1912
10-08T08	利津 5 210	东营	右	打渔张险工	12~16 号坝		5	0	111

附表 3　秋汛期山东段黄河工程靠河着溜情况与 2020 年防御大洪水实战演练期比较

工程名称	2020 年防御大洪水实战演练查勘				2021 年黄河中下游秋汛洪水跟踪洪峰河势查勘				靠河增加坝数/个	靠河增加长度/m
	靠河坝号		靠河坝数/个	靠河长度/m	靠河坝号		靠河坝数/个	靠河长度/m		
	靠河	靠溜			靠河	靠溜				
合计			4 310	285 571.6			4 865	321 950.75	555	36 379.15
王夹堤	1~19 号坝	1~19 号坝	19	1 900	1~19 号坝	1~19 号坝	19	1 900	0	0
王高寨	10~24 号坝	15~24 号坝	15	1 500	8~24 号坝	10~24 号坝	17	1 700	2	200
辛店集	1~29 号坝	1~29 号坝	29	2 900	1~29 号坝	1~29 号坝	29	2 900	0	0
老君堂	10~34 号坝	10~34 号坝	25	2 500	7~34 号坝	8~34 号坝	29	2 900	4	400
霍寨	8~16 号坝	8~16 号坝	9	900	8~16 号坝	8~16 号坝	10	900	1	0
堡城	1^{+1}~2、8~11 号坝	1^{+1}~2、8~11 号坝	8	1 100	工$^{+1}$~2、8~11 号坝	工$^{+1}$~2、8~11 号坝	8	800	0	-300
高村	11~28 号坝	16~28 号坝	29	1 650	10~31 号坝	23~31 号坝	33	1 900	4	250
刘庄	29~43 号坝	30~37 号坝	15	1 550	28~43 号坝	28~43 号坝	16	1 650	1	100
贾庄	23~26 号坝		4	280	21~26 号坝		6	410	2	130
张闫楼	1 号坝		1	65	1~5 号坝		5	360	4	295
苏泗庄上延	1~10 号坝	1~10 号坝	10	950	1~10 号坝	9~10 号坝	10	950	0	0
苏泗庄险工	24、26~27、29~32 号坝	24、26~27、29~32 号坝	7	800	24、26、27、29~32 号坝	24、26、27、29~32 号坝	7	800	0	0
营坊险工	14~39 号坝	19~39 号坝	26	2 400	14~39 号坝	22~39 号坝	26	2 300	0	-100
营坊下延	48~68 号坝	48~68 号坝	21	2 000	48~68 号坝	48~68 号坝	21	2 000	0	0

续附表 3

工程名称	2020 年防御大洪水实战演练查勘				2021 年黄河中下游秋汛洪水跟踪洪峰河势查勘				靠河增加坝数/个	靠河增加长度/m
	靠河坝号		靠河坝数/个	靠河长度/m	靠河坝号		靠河坝数/个	靠河长度/m		
	靠河	靠溜			靠河	靠溜				
桑庄险工	20 号坝		1	80	20 号坝	无	1	80	0	0
桑庄下延	21 号坝	21 号坝	1	580	21 号坝	21 号坝	1	582	0	2
老宅庄	新 1~6 号坝	新 1~6 号坝	8	900	新 1~6 号坝	新 1~6 号坝	8	620	0	−280
芦井	1~12 号坝	1~10 号坝	12	1 400	1~12 号坝	1~10 号坝	12	1 300	0	−100
郭集	7~27 号坝	8~27 号坝	19	2 494	7~28 号坝	7~28 号坝	20	2 594	1	100
苏阁	9~21 号坝	9~21 号坝	15	1 527	9~21 号坝	新 9~21 号坝	15	1 527	0	0
杨集上延	−5 号垛~13 号坝	4~13 号坝	18	1 310	−5 号垛~13 号坝	6~13 号坝	18	1 310	0	0
杨集险工	7~16 号坝	7~16 号坝	13	1 505	7~16 号坝	7~16 号坝	13	1 505	0	0
伟庄	8 号垛~6 号坝	−2~5 号坝	14	1 692	7 号垛~6 号坝	2~5 号坝	13	1 465	−1	−227
陶城铺控导	1 号坝	1 号坝	1	460	陶城铺控导	陶城铺控导	1	460	0	0
陶城铺险工	1~19 号坝	1~19 号坝	10	1 050	1、3、5、7、9、11~15、17、19 号坝	1、3、5、7、9、11、13、15 号坝	12	1 050	2	0
位山险工	7~29、31 号坝	7~29、31 号坝	36	1 500	3~29、31 号坝	8~29、31 号坝	42	1 800	6	300
位山控导	1~3 号坝	1~3 号坝	3	100	1~3 号坝	1~3 号坝	3	170	0	70
范坡险工	9^{+1}~47 号坝	9^{+1}~47 号坝	61	1 750	9^{+1}~47 号坝	9^{+1}~47 号坝	61	1 750	0	0
鱼山控导	1~4 号坝		4	1 286	1~4 号坝		4	1 286	0	0

续附表 3

工程名称	2020 年防御大洪水实战演练查勘				2021 年黄河中下游秋汛洪水跟踪洪峰河势查勘				靠河增加坝数/个	靠河增加长度/m
	靠河坝号		靠河坝数/个	靠河长度/m	靠河坝号		靠河坝数/个	靠河长度/m		
	靠河	靠溜			靠河	靠溜				
鱼山险工								0	0	0
南桥控导	1~15 号坝	1~15 号坝	14	450	1~18 号坝		16	620	2	170
南桥险工	1~9 号坝	1、3、5、5^{+1}、5^{+2}、5^{+3}、6^{-1}、6^{-2}、7^{-1}、7、7^{+1}、9^{+1}、9 号坝	14	477	1~9 号坝	1~9 号坝	14	477	0	0
于庄控导	1~35 号坝		61	2 173	1~35 号坝	21 号坝	61	2 173	0	0
旧城险工	1~13、19^{+2}~19、35^{+1}~38 号坝	1~13、19^{+2}~19、35^{+1}~38 号坝	31	840	1~13、19、23~38 号坝	36^{-1}~38^{+3} 号坝	44	1 500	13	660
旧城控导	1~19 号坝		10	860	1~19 号坝		10	860	0	0
丁口控导	1~36^{-7} 号坝	13~36^{-7} 号坝	72	3 050	1~36^{-7} 号坝	老 14~35 号坝	72	3 050	0	0
艾山控导					1、2 号坝		2	244	2	244
井圈险工	0^{-1}~31、51~59、63^{+6}~83 号坝	0^{-1}~31、51~59、63^{+6}~83 号坝	81	4 500	0~59、63^{+6}~83、85~91 号坝	0~37、49^{+1}~59、63^{+6}~83 号坝	119	5 800	38	1 300
毕庄控导	1~16 号坝	1~16 号坝	21	520	1~16 号坝	1~16 号坝	21	520	0	0
毕庄险工	1、3、5 号坝	1、3、5 号坝	3	110	1、3、5 号坝，于窝大坝	1、3、5 号坝	4	1 565	1	1 455
杨庄控导	0^{-1}~0^{-3}、1、2、3、新 1~新 8 号坝	0^{-1}~0^{-3}、1、2、3、新 1~新 8 号坝	14	2 767	0^{-1}~3、新 1~新 8 号坝	1~3、新 1~新 8 号坝	14	2 767	0	0

续附表 3

工程名称	2020 年防御大洪水实战演练查勘				2021 年黄河中下游秋汛洪水跟踪洪峰河势查勘				靠河增加坝数/个	靠河增加长度/m
	靠河坝号		靠河坝数/个	靠河长度/m	靠河坝号		靠河坝数/个	靠河长度/m		
	靠河	靠溜			靠河	靠溜				
康口险工	$1\sim11^{+1}$ 号坝	$1\sim11^{+1}$ 号坝	21	1 326	1、5、7、9、11 号坝	1、5、7、9、11 号坝	21	1 326	0	0
周门前险工	$5^{+1}\sim27$ 号坝	9~19、21~27 号坝	22	1 750	3~27 号坝	13、16~19、23~27 号坝	25	2 260	3	510
周门前控导	$1\sim10^{-4}$ 号坝	1 号坝	26	700	$1\sim10^{-4}$ 号坝	1 号坝	26	700	0	0
朱圈险工	$0^{-1}\sim10$ 号坝	0^{-2}、0^{-3}、1、2^{-1}、2^{-2}、2^{-4}、3、5、7、8 号坝	16	1 210	$0^{-1}\sim11$ 号坝	0^{-3}、2^{-2}、3~10 号坝	17	1 210	1	0
陶嘴控导	$0^{-1}\sim16$ 号坝	0~16 号坝	20	1 350	新 0~16 号坝	15、16 号坝	18	1 350	−2	0
陶邵险工	1~43 号坝	1~43 号坝	46	1 760	1~43 号坝	1~43 号坝	46	1 760	0	0
付岸控导							0	0	0	0
李营险工	$7\sim10^{-3}$ 号坝	$7\sim10^{-3}$ 号坝	5	420	1、3、5、7、9、$10^{-1}\sim10^{-3}$ 号坝	7、9、$10^{-1}\sim10^{-3}$ 号坝	8	1 116	3	696
程那里险工	6~12 号坝	9~12 号坝	7	1 260	6~12 号坝	10~12 号坝	7	1 260	0	0
路那里险工	12~24、26~29 号坝	16~24、26~29 号坝	17	2 200	12~24、26~29 号坝	16~24、26~29 号坝	17	2 230	0	30
蔡楼控导	−6~28、30~32 号坝	−5~32 号坝	37	2 950	(−10)~28、30~32 号坝	(−5)~28、30~32 号坝	41	3 257	4	307

续附表 3

工程名称	2020 年防御大洪水实战演练查勘				2021 年黄河中下游秋汛洪水跟踪洪峰河势查勘				靠河增加坝数/个	靠河增加长度/m
	靠河坝号		靠河坝数/个	靠河长度/m	靠河坝号		靠河坝数/个	靠河长度/m		
	靠河	靠溜			靠河	靠溜				
朱丁庄控导	1~28 号坝	5~28 号坝	28	2 700	1~28 号坝	1~28 号坝	28	2 700	0	0
国那里险工	30~34 号坝	31^{+1}~34 号坝	7	890	30~34 号坝	31~34 号坝	5	780	−2	−110
十里堡险工	35、39、41、42 号坝	35、39 号坝	4	315	35、39、41~42、47~53、56~59 号坝	35、39 号坝	15	3 500	11	3 185
丁庄控导工程	4、5 号坝		2	160	4~5 号坝		2	200	0	40
战屯控导工程	1~3 号坝	1~3 号坝	3	460	1~3 号坝	1~3 号坝	3	460	0	0
肖庄控导工程	1~8 号坝	1~8 号坝	8	1 594	1~8 号坝	1~8 号坝	8	1 594	0	0
徐巴士控导工程	1~4、7~12 号坝	1~4、7~12 号坝	10	3 360	1~4,7~12 号坝	1~4,7~12 号坝	10	3 369	0	9
黄庄控导工程	1~7 号坝	4~7 号坝	7	1 311	1~7 号坝	6~7 号坝	7	700	0	−611
荫柳科控导工程	−3~10、12~35 号坝	−3~10、12~35 号坝	37	3 213	−3~10、12~35 号坝	−3~10、12~35 号坝	37	3 213	0	0
姜沟控导工程	4~11 号坝	4~11 号坝	8	960	1~11 号坝	7~11 号坝	11	1 688	3	728
潘庄险工	1~39 号坝	1~39 号坝	29	1 444	1~13、17、21~29、31、33~35、37、39、41、43 号坝	1~13、17、21~29、31、33~35 号坝	31	1 584	2	140
水坡控导	4~15 号坝	4~15 号坝	12	1 180	1~15 号坝	3~15 号坝	15	1 348	3	168

续附表 3

工程名称	2020 年防御大洪水实战演练查勘				2021 年黄河中下游秋汛洪水跟踪洪峰河势查勘				靠河增加坝数/个	靠河增加长度/m
	靠河坝号		靠河坝数/个	靠河长度/m	靠河坝号		靠河坝数/个	靠河长度/m		
	靠河	靠溜			靠河	靠溜				
官庄险工	7~74 号坝	16~74 号坝	56	2 374	3~74 号坝	16~74 号坝	58	2 619	2	245
韩刘险工	1~34 号坝	1~34 号坝	24	1 199	1~34 号坝	1~34 号坝	24	1 199	0	0
程官庄险工	3~53 号坝	3~53 号坝	46	1 944	1~54 号坝	9~53 号坝	51	2 103	5	159
于庄险工	33~64 号坝	33~64 号坝	19	1 130	31~64 号坝	31~64 号坝	20	1 160	1	30
阴河险工	41~75 号坝	41~75 号坝	28	1 350	39~75 号坝	39~75 号坝	30	1 380	2	30
谯庄控导	1~10 号坝	1~10 号坝	10	350	1~10 号坝	1~10 号坝	10	350	0	0
谯庄险工	1~38 号坝	1~38 号坝	35	1 010	1、3、5、7~38 号坝	1、3、5、7~38 号坝	35	1 010	0	0
豆腐窝险工	33~67 号坝	33~67 号坝	34	958	33~50、52~67	33~50、52~67	34	958	0	0
大庞控导	1~7 号坝	1~7 号坝	7	534	1~7 号坝	1~7 号坝	7	534	0	0
南坦控导	1~4 号坝	1~4 号坝	4	110	1~4 号坝	1~4 号坝	4	110	0	0
南坦险工	72~115 号坝	72~115 号坝	44	1 256	72~115 号坝	72~115 号坝	44	1 256	0	0
王庄险工	8~46 号坝	8~46 号坝	38	1 458	7~50 号坝	7~50 号坝	43	1 556	5	98
席道口险工	22~59 号坝	22~59 号坝	35	1 356	22~59 号坝	22~59 号坝	35	1 316	0	-40
李家岸险工	2~37 号坝	2~37 号坝	28	1 080	2~37 号坝	2~37 号坝	28	1 110	0	30
赵庄险工	1~20 号坝	1~20 号坝	20	775	1~20 号坝	1~20 号坝	20	775	0	0

续附表 3

工程名称	2020年防御大洪水实战演练查勘				2021年黄河中下游秋汛洪水跟踪洪峰河势查勘				靠河增加坝数/个	靠河增加长度/m
	靠河坝号		靠河坝数/个	靠河长度/m	靠河坝号		靠河坝数/个	靠河长度/m		
	靠河	靠溜			靠河	靠溜				
铁杨控导	1~6号坝	1、5号坝	6	632	1~6号坝	1~6号坝	6	632	0	0
苏桥控导	不靠水				2~5号坝		4	485	4	485
桃园控导	16~22号坝	18~22号坝	7	643	1~22号坝	18~22号坝	22	1 654	15	1 011
丁口控导	1~11号坝	1、3、6~11号坝	11	1 060	1~11号坝	1、10~11号坝	11	1 060	0	0
王小庄控导	4~14号坝	6、9号坝	11	896	1~14号坝	5~9号坝	14	1 261	3	365
外山控导	1~7号坝		7	617.5	1~7号坝	7号坝	7	618	0	0.5
张洼控导	2~15号坝	3、6、10~13号坝	14	1 358	1~15号坝	11~13号坝	15	1 458	1	100
凌庄控导	不靠水				1~14号坝		14	1 011	14	1 011
田山控导	新1~新6号坝	新2~新6号坝	6	602	新1~新6号坝	新4~新6号坝	6	602	0	0
石庄控导	不靠水				1~2号坝		2	638	2	638
刘官控导	8~19号坝	8~14、17~19号坝	12	875	1~19号坝	8~19号坝	19	1 513	7	638
望口山控导	1~7号坝	1~7号坝	7	612	1~7号坝	1~7号坝	7	612	0	0
胜利控导	1~9号坝	3~9号坝	9	908	1~9号坝	5~6号坝	9	908	0	0
燕刘宋控导	1上延~20号坝	1上延~17号坝	21	3 136	1上延~21号坝	1上延~16号坝	22	3 248	1	112
许道口控导	1~8号坝	1~8号坝	8	695	1~8号坝	1~8号坝	8	695	0	0

续附表 3

工程名称	2020 年防御大洪水实战演练查勘				2021 年黄河中下游秋汛洪水跟踪洪峰河势查勘				靠河增加坝数/个	靠河增加长度/m
	靠河坝号		靠河坝数/个	靠河长度/m	靠河坝号		靠河坝数/个	靠河长度/m		
	靠河	靠溜			靠河	靠溜				
姚河门控导	1~9 号坝	1~9 号坝	9	962	1~9 号坝	1~5 号坝	9	962	0	0
王坡控导	1~6 号坝		6	542	1~6 号坝	3~4 号坝	6	542	0	0
下巴控导	(−2)~18、20~27 号坝	(−2)~4、6~8、10~18、20~22、25、27 号坝	28	2 875	(−2)~27 号坝	(−2)~1、12~18、20~23 号坝	29	2 893	1	18
顾小庄控导	1~14 号坝	1~14 号坝	14	1 098	1~14 号坝	2、7、12~14 号坝	14	1 098	0	0
桃园控导	(−2)~14 号坝	6~7、9~14 号坝	16	1 434	(−4)~14 号坝	1、4~5、12~13 号坝	18	1 736	2	302
董苗控导	1~38 号坝	1~38 号坝	38	3 822	1~38 号坝	1~26、29~33、36~38 号坝	38	3 822	0	0
贾庄控导	1~22 号坝	5~22 号坝	22	1 538	1~22 号坝	7~22 号坝	22	1 538	0	0
孟李魏控导	(−2)~35 号坝	3~35 号坝	39	3 964	−2~35 号坝	−1~35 号坝	39	3 964	0	0
西兴隆控导	1~42 号坝	1~ 42 号坝	42	3 662	1~42 号坝	1~42 号坝	42	3 662	0	0
小侯控导	1~21 号坝	1~21 号坝	21	2 132	1~21 号坝	1~18 号坝	21	2 198	0	66
老李郭控导	1~35 号坝	2~35 号坝	35	3 104	1~35 号坝	2~35 号坝	35	3 104	0	0
潘庄控导	(−3)~22 号坝	(−1)~22 号坝	25	2 393	(−3)~22 号坝	1~22 号坝	25	2 393	0	0
红庙控导	1~7 号坝	1~7 号坝	7	511	1~7 号坝	1~7 号坝	7	511	0	0

续附表 3

工程名称	2020 年防御大洪水实战演练查勘				2021 年黄河中下游秋汛洪水跟踪洪峰河势查勘				靠河增加坝数/个	靠河增加长度/m
	靠河坝号		靠河坝数/个	靠河长度/m	靠河坝号		靠河坝数/个	靠河长度/m		
	靠河	靠溜			靠河	靠溜				
娘娘店控导	1~14 号坝	1~14 号坝	14	986	1~14 号坝	1~14 号坝	14	986	0	0
北店子险工	1~5、8~13 号坝	1~5、8~13 号坝	11	374	1~5、8~13 号坝	2~5、8~13 号坝	11	374	0	0
曹家圈险工	1^{+1}~37 号坝	1~37 号坝	32	1 647	1^{+1}~25、27、29、31、33、35、37 号坝	5~25、27、29、31、33、35、37 号坝	32	1 647	0	0
杨庄险工	10~18、21~30、32、34、36、38、40、42 号坝	11~18、21~30 号坝	25	1 250	10~18、21~30、32、34、36、38、40、42 号坝	11~18、21~30 号坝	25	1 250	0	0
老徐庄险工	8~11、13~29 号坝	11、13~29 号坝	21	788.8	6~11、13~29 号坝	13~27 号坝	23	895.4	2	106.6
泺口险工	1~29、65~82 号坝	4~29、65~82 号坝	47	1 781.5	1~29、65~82 号坝	4~29、65~82 号坝	47	1 781.25	0	-0.25
赵庄险工	22~41 号坝	22~41 号坝	20	901.3	22~41、50、51、59~61、63~67 号坝	22~41 号坝	30	1 434	10	532.7
王窑险工	25~44 号坝	25~42、44 号坝	20	943.2	25~44 号坝	25~42、44 号坝	20	943.2	0	0
大王庙险工	1~12、16~29、31、33、35、36^{+2}~36^{+4}、37~46 号坝	5~12、16~29、31、33、35、36^{+2}、36^{+4}、37~46 号坝	40	1 926	1~12、16~35、36^{+1}~36^{+4}、37~46 号坝	1~12、16~35、36^{+1}~36^{+4}、37~46 号坝	46	2 368	6	442
大王庙控导	0 号坝		1	167.2	0、-1~-8 号坝		9	10 88.2	8	921
鹊山东控导	1~6、新 1~新 4 号坝	1~6、新 1~新 4 号坝	10	1 164	1~6、新 1~新 4 号坝	1~6、新 1~新 4 号坝	10	1 163.6	0	-0.4

续附表 3

工程名称	2020 年防御大洪水实战演练查勘				2021 年黄河中下游秋汛洪水跟踪洪峰河势查勘				靠河增加坝数/个	靠河增加长度/m
	靠河坝号		靠河坝数/个	靠河长度/m	靠河坝号		靠河坝数/个	靠河长度/m		
	靠河	靠溜			靠河	靠溜				
八里控导	1~48 号坝	1~48 号坝	48	2 319	1~48 号坝	1~48 号坝	48	2 318.8	0	-0.2
盖家沟险工	24~52 号坝	24~52 号坝	29	1 373.9	22~51 号坝	22~51 号坝	30	1 426.9	1	53
后张险工	1~13 号坝	1~13 号坝	13	446.5	1~13 号坝	1~13 号坝	13	446.5	0	0
付家庄险工	3~20、22 号坝	3~20、22 号坝	19	1 316.4	3~17、20 号坝	3~17、20 号坝	16	1 206.4	-3	-110
霍家溜险工	11~23、28~43 号坝	11~23、28~43 号坝	29	1 165.2	10~23、28~43 号坝	10~23、28~43 号坝	30	1 200.4	-1	-35.2
陈孟圈险工	11~21、24、26、28~31、33、36、38、40、41、43 号坝	11~21、24、26、28~31、33、36、38、40、41、43 号坝	23	667.5	11~21、24、26、28~31、33、36、38、40、41、43 号坝	11~21、24、26、28~31、33、36、38、40、41、43 号坝	23	667.5	0	0
王家梨行险工	1~8、10、12~22、24、26、27、30 号坝	1~8、10、12~22、24、26、27、30 号坝	24	852.5	1~8、10、12~22、24、26、27、30 号坝	1~8、10、12~22、24、26、27、30 号坝	24	852.5	0	0
张褚窝控导	2~10 号坝	2~10 号坝	9	852.3	2~10 号坝	2~10 号坝	9	852.3	0	0
埝头控导					新 1~7、9~12、14~20 号坝		19	1 327.0	19	1 327
秦家道口控导	1~15 号坝	1~15 号坝	15	1 123.5	1~15 号坝	4~15 号坝	15	1 123.5	0	0
云家控导	1、2 号坝	1、2 号坝	2	255.3	1~2 号坝	1~2 号坝	2	255.3	0	0

续附表 3

工程名称	2020 年防御大洪水实战演练查勘				2021 年黄河中下游秋汛洪水跟踪洪峰河势查勘				靠河增加坝数/个	靠河增加长度/m
	靠河坝号		靠河坝数/个	靠河长度/m	靠河坝号		靠河坝数/个	靠河长度/m		
	靠河	靠溜			靠河	靠溜				
胡家岸险工	10~33、35~59 号坝	15~33、35~58 号坝	49	930	新 1~33、35~58 号坝	15~33、35~58 号坝	58	1 179	9	249
土城子险工	新 1、1~3 号坝	新 1、1~3 号坝	4	509	新 1、1~3 号坝	新 1、1~3 号坝	4	509	0	0
刘家园险工	1~4 号坝	1~4 号坝	4	1 050	1~4 号坝	1~4 号坝	4	1 050	0	0
蒋家控导	1~30 号坝	1~30 号坝	30	3 477	1~30 号坝	1~30 号坝	30	3 477	0	0
河王控导	1~11 号坝	1~11 号坝	11	853	1~11 号坝	1~4 号坝	11	853	0	0
马家控导	1~7 号坝	1~7 号坝	7	576	1~7 号坝	1~7 号坝	7	576	0	0
王家圈控导	新 1~新 4、1~13 号坝	新 1~新 4、1~13 号坝	17	1 326	新 1~新 4、1~13 号坝	新 1~新 4、1~13 号坝	17	1 326	0	0
范家园控导	1~7 号坝	1~7 号坝	7	352	1~7 号坝	1~7 号坝	7	352	0	0
大柳店险工	1、3~14 号坝	1、3~13 号坝	13	800	1、3~14 号坝	1、3~9 号坝	13	800	0	0
沟杨险工	1~10、15、17~38、40~42、44、46~58 号坝	6、10、15、17~38、40~42、44、46~58 号坝	50	2 100	1~10、15、17~38、40~42、44、46~58、60、62、64、66 号坝	6、10、15、17~23、25、27、29、31、33、35~38、40、41 号坝	54	2 460	4	360
葛店险工	3~40、43~47、52、64~66 号坝	3~40、43~47、52、64~66 号坝	47	1 330	3~40、43~52、54、60~66 号坝	3~40、43~46、52、64~66 号坝	56	1 550	9	220

续附表 3

工程名称	2020 年防御大洪水实战演练查勘				2021 年黄河中下游秋汛洪水跟踪洪峰河势查勘				靠河增加坝数/个	靠河增加长度/m
	靠河坝号		靠河坝数/个	靠河长度/m	靠河坝号		靠河坝数/个	靠河长度/m		
	靠河	靠溜			靠河	靠溜				
张辛险工	1~15、20~64 号坝	1~15、20~53 号坝	60	2 250	1~15、20~66、68、70、72、74、76、78 号坝	2~15、20~27 号坝	68	2 450	8	200
小街险工	21、23、25、27、29、31~36 号坝	21、23、25、27、29、31~36 号坝	11	800	1、3、5、7、9、11、13、15、17、19、20、21、23、25、27、29、31~36 号坝	21、23、25、27、29、31~36 号坝	22	1 430	11	630
邢家渡控导	1~29 号坝	1~29 号坝	29	1 800	1~29 号坝	1~29 号坝	29	1 800	0	0
周孟控导	1~14 号坝	1~10 号坝	14	850	1~14 号坝	1~10 号坝	14	850	0	0
史家坞控导	新 1~新 3、+2、+1、-1、1~16 号坝	新 1~新 3、+2、+1、-1、1~15 号坝	22	1 800	新 1~新 3、+2~16 号坝	新 1~新 3、+2、+1、-1、1~8 号坝	22	1 800	0	0
大柳店控导	-6~5 号坝	-5~5 号坝	12	1 060	-6~5 号坝	-6~5 号坝	12	1 060	0	0
代家控导	23~29 号坝	25~29 号坝	7	440	22~29 号坝	23~29 号坝	8	420	1	-20
张辛控导	1~4 号坝	1~4 号坝	4	350	1~4 号坝		4	350	0	0
小街控导	6~27 号坝	6~27 号坝	22	1 200	6~29 号坝	6~29 号坝	24	1 320	2	120
大郭家控导	2~26 号坝	4~20、22~26 号坝	25	2 617	1~26 号坝	2~26 号坝	26	2 700	1	83
马扎子险工	1~13 号坝	1~11 号坝	7	898	1~13 号坝	1~13 号坝	7	898	0	0

续附表 3

工程名称	2020 年防御大洪水实战演练查勘				2021 年黄河中下游秋汛洪水跟踪洪峰河势查勘				靠河增加坝数/个	靠河增加长度/m
	靠河坝号		靠河坝数/个	靠河长度/m	靠河坝号		靠河坝数/个	靠河长度/m		
	靠河	靠溜			靠河	靠溜				
孟口控导	+8~30 号坝	+7~30 号坝	44	3 750	+8~30 号坝	+8~30 号坝	44	3 980	0	230
北杜控导	1~22 号坝	5~6、9~22 号坝	22	1 792	1~22 号坝	4~6、9~22 号坝	22	1 792	0	0
新徐控导	16 号坝	无	1	98	1~16 号坝	0 号坝	16	1 300	15	1 202
段王控导	1~20 号坝	1~20 号坝	20	1 600	1~20 号坝	6~20 号坝	20	1 600	0	0
刘春家险工	5~44 号坝	5~28、30~44 号坝	30	1 493	5~44 号坝	8~44 号坝	30	1 493	0	0
堰里贾控导	2~10 号坝	3~10 号坝	8	740	1~10 号坝	3~10 号坝	10	870	2	130
翟里孙控导	+6~3 号坝	1~3 号坝	10	822	+6~3 号坝	+6~3 号坝	9	822	−1	0
张桥控导	新 1、+4~+1、1~12、13~26 号坝	新 1、+4~+1、1~12、13~26 号坝	31	3 000	新 1、+4~+1、1~12、−12、13~26 号坝	新 1、+4~+1、1~12、13~26 号坝	32	3 010	1	10
梯子坝险工	1 号坝	1 号坝	1	150	1 号坝	1 号坝	1	150	0	0
官道控导	1~21、26、29 号坝	1~21 号坝	23	1 750	1~30 号坝	1~21、29~30 号坝	30	2 360	7	610
旧城控导	1~13 号坝	6~13 号坝	13	1 000	1~13 号坝	6~13 号坝	13	1 000	0	0
簸箕李控导	1 号坝		1	80	1、2、3 号坝	2 号坝	3	250	2	170

续附表 3

工程名称	2020 年防御大洪水实战演练查勘				2021 年黄河中下游秋汛洪水跟踪洪峰河势查勘				靠河增加坝数/个	靠河增加长度/m
	靠河坝号		靠河坝数/个	靠河长度/m	靠河坝号		靠河坝数/个	靠河长度/m		
	靠河	靠溜			靠河	靠溜				
簸箕李险工	新 7~新 5、新 3~新 1、1~7、9 号坝	新 6、新 5、新 3~新 1、1~5 号坝	14	1 200	新 7~新 5、新 3~7、9、10~21、39~47、49~76、78、80、82~94 号坝	新 6~新 5、新 3~7、9 号坝	78	3 250	64	2 050
崔常险工	11~35、37、39、41、43、45、47、49 号坝	19~35、37、39、41、43、45、47、49 号坝	32	1 160	11~37、39、41、43、44、45、47、49 号坝	21~37、39、41、43、44、45、47、49 号坝	34	1 165	2	5
位台控导	1~9 号坝	1~9 号坝	9	870	1~9 号坝	1~9 号坝	9	870	0	0
归仁险工	2、3、4~6、7~26、27~28、29~32、34~44 号坝	3、4~6、7~26、27~28、29~32、34~44 号坝	42	1 290	1~32、34~66 号坝	3~32、34~44 号坝	65	2 004	23	714
杨房险工							0	0	0	0
王集险工	30~51、53、55 号坝	31~51、53 号坝	24	880	21~55 号坝	30~55 号坝	35	1 320	11	440
齐口控导	新 5~新 1、1~8 号坝	新 2、新 1、1~8 号坝	13	1 210	新 5~8 号坝	新 3~8 号坝	13	1 260	0	50
白龙湾险工	1、3~16、18~53 号坝	13~16、18~53 号坝	51	2 240	3~16、18~55 号坝	14~16、18~53 号坝	52	2 406	1	166
薛王邵险工							0	0	0	0
王平口控导	5~8 号坝	6~8 号坝	4	278	5、6、7、8 号坝	6、7、8 号坝	4	371	0	93

续附表3

工程名称	2020年防御大洪水实战演练查勘				2021年黄河中下游秋汛洪水跟踪洪峰河势查勘				靠河增加坝数/个	靠河增加长度/m
	靠河坝号		靠河坝数/个	靠河长度/m	靠河坝号		靠河坝数/个	靠河长度/m		
	靠河	靠溜			靠河	靠溜				
大崔险工上延	1~5号坝	1~2号坝	5	500	1~5号坝		5	500	0	0
大崔险工	新1~新5号坝	新1~新5号坝	5	450	新1~新5、1、3~8号坝	新1~新5号坝	12	792	7	342
五甲杨控导	3号坝		1	60	2、3号坝		2	140	1	80
五甲杨险工	1~18、20、22、24、26、28号坝	1、3、5、7~18、20、22号坝	23	951	1~18、20、22、24、25、26、28号坝	1~18、20、22号坝	24	982	1	31
兰家险工	1~118号坝	1~50、67~118号坝	88	4 443	1~118号坝	1~48、68~118号坝	88	4 443	0	0
纸坊控导	1~18号坝	1~18号坝	18	1 542	1~18号坝	1~18号坝	18	1 542	0	0
张肖堂险工	2~42号坝	6~42号坝	40	1 130	2~42号坝	4~42号坝	40	1 130	0	0
小街控导	+4~18号坝	+4~9、+10、10号坝	23	1 988	+1~+4、1~18号坝	+1~+4、1~9号坝	23	1 988	0	0
户家控导	1~10号坝		10	740	1~10号坝		10	740	0	0
赵寺勿控导	1~11号坝	3~5、7、9、11号坝	11	685	1~11号坝	2~5号坝	11	685	0	0
大高控导	+5~11号坝	+2~5号坝	17	1 678	+5~11号坝	0~11号坝	17	1 678	0	0
韩墩控导	1~13号坝	1~5号坝	13	1 459	1~14号坝	1~2号坝	14	1 571	1	112
龙王崖控导					3~8号坝		6	380	6	380
王大夫控导	8~42号坝	25~32号坝	25	2 020	8~42号坝	23~32号坝	25	2 020	0	0

续附表 3

工程名称	2020 年防御大洪水实战演练查勘				2021 年黄河中下游秋汛洪水跟踪洪峰河势查勘				靠河增加坝数/个	靠河增加长度/m
	靠河坝号		靠河坝数/个	靠河长度/m	靠河坝号		靠河坝数/个	靠河长度/m		
	靠河	靠溜			靠河	靠溜				
翟里孙控导	4~17 号坝	4~17 号坝	14	1 180	4~17 号坝	4~17 号坝	14	1 180	0	0
大道王险工	+1~44 号坝	11~40 号坝	23	1 440	+1~44 号坝	+1~3、5~40 号坝	23	1 440	0	0
王家庄子险工									0	0
麻家控导	4~14 号坝	8~14 号坝	11	894	1~14 号坝	4~14 号坝	14	1 138	3	244
道旭险工	1~27 号坝	1~27 号坝	26	915	1~44 号坝	1~32 号坝	44	1 550	18	635
王旺庄险工	5~42 号坝	5~14、21~41 号坝	38	1 894	3~42 号坝	5~15、21~41 号坝	40	1 969	2	75
丁家控导	8~16 号坝	9~16 号坝	9	1 135	8~16(9)号坝	8~16 (9)号坝	9	1 135	0	0
五庄控导	新 8~新 2、1~12 号坝	新 8~新 2、1~12 号坝	19	2 260	1~12、新 1~新 10 (22)号坝	1~12、新 1~新 8 (20)号坝	22	2 430	3	170
宫家险工	18~58 号坝	18~58 号坝	41	1 650	18~58(41)号坝	20~58(39)号坝	41	1 651	0	1
宫家控导	2~12 号坝	2~4、11~12 号坝	11	1 200	2~12(11)号坝	2~12(11)号坝	11	1 200	0	0
张滩险工					9~18 (10)号坝		10	400	10	400
张滩控导					3~13 (11)号坝		11	1 170	11	1 170
东关控导	1~16 号坝	4~16 号坝	16	1 791	1~16(16)号坝	3~16(14)号坝	16	1 791	0	0
綦嘴险工	11~21 号坝		11	416	1~24(24)号坝		24	893	13	477

续附表 3

工程名称	2020 年防御大洪水实战演练查勘				2021 年黄河中下游秋汛洪水跟踪洪峰河势查勘				靠河增加坝数/个	靠河增加长度/m
	靠河坝号		靠河坝数/个	靠河长度/m	靠河坝号		靠河坝数/个	靠河长度/m		
	靠河	靠溜			靠河	靠溜				
刘夹河险工	新 1、1~13 号坝	6~13 号坝	14	850	新 1~13(14)号坝	6~13(8)号坝	14	850	0	0
小李险工	新 3、1~23 号坝	1、6~10、20~22 号坝	25	1 013	新 2、新 3、1~22(25)号坝	1~22(23)号坝	25	1 013	0	0
王庄险工	13~65 号坝	13~65 号坝	53	1 378	1~65、67、77、79(68)号坝	13~47、51~53、57、63(40)号坝	68	1 980	15	602
东坝控导	+20~+7、+4~+1、1~5 号坝	+16~+12、+4~+1、1~5 号坝	23	3 077	1~5、+1~+20(25)号坝	1~5、+1~+3、+8~+10、+12~+16(18)号坝	25	3 474	2	397
中古店控导	3~21 号坝	3~15、18~21 号坝	19	1 930	1~21(21)号坝	1~21(21)号坝	21	2 097	2	167
崔家控导	17~23 号坝	19~23 号坝	7	760	17~23(7)号坝	17~23(7)号坝	7	760	0	0
西河口控导	1~14 号坝	1~14 号坝	11	1 670	4~14 号坝	4~14 号坝	11	1 670	0	0
八连控导	05~01,1~22 号坝	05~01、1~22 号坝	27	2 766	05~01、1~22 号坝	05~01、1~22 号坝	27	2 766	0	0
清三控导	1~22 号坝	1~17、21~26 号坝	26	2 600	1~26 号坝	1~11、25~26 号坝	26	2 600	0	0
罗家险工	7~8 号坝	7~8 号坝	2	43	3~8 号坝	3~8 号坝	7	314	5	271
卞庄险工	1~18 号坝	1~18 号坝	18	492	1~18 号坝	1~18 号坝	18	492	0	0
胜利险工	1~19 号坝	1~19 号坝	19	688	1~19 号坝	1~19 号坝	19	688	0	0

续附表 3

工程名称	2020 年防御大洪水实战演练查勘				2021 年黄河中下游秋汛洪水跟踪洪峰河势查勘				靠河增加坝数/个	靠河增加长度/m
	靠河坝号		靠河坝数/个	靠河长度/m	靠河坝号		靠河坝数/个	靠河长度/m		
	靠河	靠溜			靠河	靠溜				
王院险工	无	无	0	0			0	0	0	0
常庄险工	21~37 号坝	28~37 号坝	17	625	新 1~37 号坝	28~37 号坝	39	1 630	22	1 005
路庄险工	1~57 号坝	1~57 号坝	57	1 698	1~57 号坝	1~57 号坝	57	1 698	0	0
宋庄控导	3~11^{+1} 号坝	3~11^{+1} 号坝	10	580	3~18 号坝	3~11^{+1} 号坝	18	1 685	8	1 105
宁海控导	新 1~新 7、老 1~老 4 号坝	新 1~新 7、老 1~老 4 号坝	11	894	老 1~老 4 新 1~新 9 号坝	老 1~老 4 新 1~新 7 号坝	13	1 050	2	156
纪冯险工	新 1~新 2、老 1~老 3 号坝	新 1~新 2、老 1~老 3 号坝	5	357	老 1~老 3 新 1~新 3 号坝	老 1~老 3 新 1~新 2 号坝	6	415	1	58
义和险工	新 1~15 号坝	新 1~15 号坝	71	2 470	新 1~15 号坝	新 1~15 号坝	71	2 470	0	0
十八户应急	−3~10 号坝	−3~10 号坝	13	2 500	−3~10 号坝	−3~10 号坝	13	2 500	0	0
十八户老控导	1~6 号坝	1~6 号坝	6	720	1~6 号坝	1~6 号坝	6	720	0	0
十八户新控导	10~20 号坝	13~20 号坝	11	1 100	1~20 号坝	13~20 号坝	20	2 000	9	900
苇改闸控导	14~19 号坝	14~19 号坝	6	568	13~19 号坝	14~19 号坝	7	610	1	42
生产护岸	1~7 号坝	1~7 号坝	7	325	1~7 号坝	1~7 号坝	7	320	0	−5
护林控导	3~6 号坝	3~6 号坝	21	885	1~6 号坝	3~6 号坝	23	990	2	105

续附表 3

工程名称	2020 年防御大洪水实战演练查勘				2021 年黄河中下游秋汛洪水跟踪洪峰河势查勘				靠河增加坝数/个	靠河增加长度/m
	靠河坝号		靠河坝数/个	靠河长度/m	靠河坝号		靠河坝数/个	靠河长度/m		
	靠河	靠溜			靠河	靠溜				
十四公里险工	12~22 号坝	12~22 号坝	11	670	12~22 号坝	12~22 号坝	11	660	0	-10
十八公里险工			0	0			0	0	0	0
清四控导	7~11 号坝	7~11 号坝	5	1 165	1~11 号坝	7~11 号坝	11	2 200	6	1 035
南坝头险工	$2^{+1-2-3-4-5-6}$、3~8 号坝	$2^{+1-2-3-4-5-6}$、3~8 号坝	12	1 050	$1^{+3+2+1-2-3-4-5}$、$2^{+1-2-3-4-5-6}$、3~8 号坝	$2^{+1-2-3-4-5-6}$、3~8 号坝	19	1 243	7	193
麻湾险工	1、3、5、7~11、$12^{+1+2+3+4}$、15^{+1+2}、19^{+1+2}、22^{+1+2}、24、$25^{+1+2+3+4}$、$27^{+1+2-2-3-4}$、28、29、31、33 号坝	1、3、5、7~11、$12^{+1+2+3+4}$、15^{+1+2}、19^{+1+2}、22^{+1+2}、24、$25^{+1+2+3+4}$、$27^{+1+2-2-3-4}$、28、29、31、33 号坝	32	1 860	1、3、5、7~11、$12^{+1+2+3+4}$、13、15^{+1+2}、19^{+1+2}、22^{+1+2+3}、23、24、$25^{+1+2+3+4}$、$27^{+1+2-2-3-4}$、28、29、31、33 号坝	1、3、5、7~11、$12^{+1+2+3+4}$、15^{+1+2}、19^{+1+2}、22^{+1+2+3}、24、$25^{+1+2+3+4}$、$27^{+1+2-2-3-4}$、28、29、31、33 号坝	35	1 912	3	52
打渔张险工			0	0	12~16 号坝		5	111	5	111

附表 4　秋汛期山东段黄河工程靠河着溜与 2021 年调水调沙期比较

工程名称	2021 年调水调沙查勘				2021 年黄河中下游秋汛洪水跟踪洪峰河势查勘				靠河增加坝数/个	靠河增加长度/m
	靠河坝号		靠河坝数/个	靠河长度/m	靠河坝号		靠河坝数/个	靠河长度/m		
	靠河	靠溜			靠河	靠溜				
合计			4 069	269 991.6			4 865	321 950.75	796	51 959.15
王夹堤	1~19 号坝	1~19 号坝	19	1 900	1~19 号坝	1~19 号坝	19	1 900	0	0
王高寨	10~24 号坝	10~24 号坝	15	1 500	8~24 号坝	10~24 号坝	17	1 700	2	200
辛店集	1~29 号坝	1~29 号坝	29	2 900	1~29 号坝	1~29 号坝	29	2 900	0	0
老君堂	8~34 号坝	8~34 号坝	27	2 800	7~34 号坝	8~34 号坝	29	2 900	2	100
霍寨	8~16 号坝	8~16 号坝	10	900	8~16 号坝	8~16 号坝	10	900	0	0
堡城	工$^{+1}$~2、8~11 号坝	工$^{+1}$~2、8~11 号坝	8	800	工$^{+1}$~2、8~11 号坝	工$^{+1}$~2、8~11 号坝	8	800	0	0
高村	11~29 号坝	21~29 号坝	30	1 700	10~31 号坝	23~31 号坝	33	1 900	3	200
刘庄	28~43 号坝	28~43 号坝	16	1 650	28~43 号坝	28~43 号坝	16	1 650	0	0
贾庄	22~26 号坝		5	350	21~26 号坝		6	410	1	60
张闫楼	1 号坝		1	60	1~5 号坝		5	360	4	300
苏泗庄上延	1~10 号坝	6~10 号坝	10	950	1~10 号坝	9~10 号坝	10	950	0	0
苏泗庄险工	24、26、27、29~32 号坝	24、26、27、29~32 号坝	7	800	24、26、27、29~32 号坝	24、26、27、29~32 号坝	7	800	0	0

续附表 4

工程名称	2021年调水调沙查勘				2021年黄河中下游秋汛洪水跟踪洪峰河势查勘				靠河增加坝数/个	靠河增加长度/m
	靠河坝号		靠河坝数/个	靠河长度/m	靠河坝号		靠河坝数/个	靠河长度/m		
	靠河	靠溜			靠河	靠溜				
营坊险工	15~39号坝	20~39号坝	25	2 300	14~39号坝	22~39号坝	26	2 300	1	0
营坊下延	47~68号坝	47~68号坝	22	2 100	48~68号坝	48~68号坝	21	2 000	-1	-100
桑庄险工	20号坝	无	1	40	20号坝	无	1	80	0	40
桑庄下延	21号坝	21号坝	1	582	21号坝	21号坝	1	582	0	0
老宅庄	新1~6号坝	1~6号坝	8	900	新1~6号坝	新1~6号坝	8	620	0	-280
芦井	1~11号坝	1~10号坝	11	1 200	1~12号坝	1~10号坝	12	1 300	1	100
郭集	7~26号坝	7~26号坝	18	2 394	7~28号坝	7~28号坝	20	2 594	2	200
苏阁	9~21号坝	9~21号坝	15	1 527	9~21号坝	新9~21号坝	15	1 527	0	0
杨集上延	-5号垛~13号坝	5~13号坝	18	1 310	-5号垛~13号坝	6~13号坝	18	1 310	0	0
杨集险工	7~16号坝	7~16号坝	13	1 505	7~16号坝	7~16号坝	13	1 505	0	0
伟庄	-6~6号坝	1号垛~5号坝	13	1 345	7号垛~6号坝	2~5号坝	13	1 465	0	120
陶城铺控导	1号坝	1号坝	1	460	陶城铺控导	陶城铺控导	1	460	0	0
陶城铺险工	1~19号坝	1~15号坝	10	1 050	1、3、5、7、9、11~15、17、19号坝	1、3、5、7、9、11、13、15号坝	12	1 050	2	0

续附表 4

工程名称	2021 年调水调沙查勘				2021 年黄河中下游秋汛洪水跟踪洪峰河势查勘				靠河增加坝数/个	靠河增加长度/m
	靠河坝号		靠河坝数/个	靠河长度/m	靠河坝号		靠河坝数/个	靠河长度/m		
	靠河	靠溜			靠河	靠溜				
位山险工	8~29、31 号坝	8~29 号坝	35	1 490	3~29、31 号坝	8~29、31 号坝	42	1 800	7	310
位山控导	1~3 号坝	1~3 号坝	3	170	1~3 号坝	1~3 号坝	3	170	0	0
范坡险工	9^{+1}~47 号坝	9^{+1}~47 号坝	61	1 750	9^{+1}~47 号坝	9^{+1}~47 号坝	61	1 750	0	0
鱼山控导	1、2、4 号坝		3	650	1、2、3、4 号坝		4	1 286	1	636
鱼山险工								0	0	0
南桥控导	1~15 号坝	1~15 号坝	14	450	1~18 号坝		16	620	2	170
南桥险工	1~9 号坝	1~9 号坝	14	477	1~9 号坝	1~9 号坝	14	477	0	0
于庄控导	$1~10^{-1}$、$12~16^{-1}$、19~24 号坝	21 号坝	25	698	1~35 号坝	21 号坝	61	2 173	36	1 475
旧城险工	1~13、35^{+1}~38 号坝	35^{+1}~38 号坝	27	830	1~13、19、23~38 号坝	36^{-1}~38^{+3} 号坝	44	1 500	17	670
旧城控导					1~19 号坝		10	860	10	860
丁口控导	老 14~老 16、31~36^{-7} 号坝	老 14~老 16、31~36^{-7} 号坝	41	2 095	1~36^{-7} 号坝	老 14~35 号坝	72	3 050	31	955
艾山控导					1、2 号坝		2	244	2	244

续附表 4

工程名称	2021 年调水调沙查勘				2021 年黄河中下游秋汛洪水跟踪洪峰河势查勘				靠河增加坝数/个	靠河增加长度/m
	靠河坝号		靠河坝数/个	靠河长度/m	靠河坝号		靠河坝数/个	靠河长度/m		
	靠河	靠溜			靠河	靠溜				
井圈险工	0~31、51~61、63^{+6}~83 号坝	1~31、51~61、63^{+6}~83 号坝	81	4 500	0~59、63^{+6}~83、85~91 号坝	0~37、49^{+1}~59、63^{+6}~83 号坝	119	5 800	38	1 300
毕庄控导	1~16 号坝	1~16 号坝	21	520	1~16 号坝	1~16 号坝	21	520	0	0
毕庄险工	1、3、5 号坝	1、3、5 号坝	3	110	1、3、5 号坝，于窝大坝	1、3、5 号坝	4	1 565	1	1 455
杨庄控导	0^{-1}~3、新 1~新 8 号坝	1~3、新 1~新 8 号坝	14	2 767	0^{-1}~3、新 1~新 8 号坝	1~3、新 1~新 8 号坝	14	2 767	0	0
康口险工	1~11^{+1} 号坝	1~11^{+1} 号坝	21	1 920	1、5、7、9、11 号坝	1、5、7、9、11 号坝	21	1 326	0	-594
周门前险工	9~27 号坝	9~27 号坝	20	1 650	3~27 号坝	13、16~19、23~27 号坝	25	2 260	5	610
周门前控导	1~10^{-4} 号坝	1、7、9 号坝	26	700	1~10^{-4} 号坝	1 号坝	26	700	0	0
朱圈险工	0~9 号坝	0~9 号坝	14	1 114	0^{-1}~11 号坝	0^{-3}、2^{-2}、3~10 号坝	17	1 210	3	96
陶嘴控导	新 0~16 号坝	新 0~16 号坝	18	1 150	新 0~16 号坝	15、16 号坝	18	1 350	0	200
陶邵险工	1~43 号坝	1~43 号坝	46	1 758	1~43 号坝	1~43 号坝	46	1 760	0	2
付岸控导							0	0	0	0
李营险工	7、9、10 号坝	7、9、10 号坝	5	420	1、3、5、7、9、10^{-1}~10^{-3} 号坝	7、9、10^{-1}~10^{-3} 号坝	8	1 116	3	696

续附表 4

工程名称	2021 年调水调沙查勘				2021 年黄河中下游秋汛洪水跟踪洪峰河势查勘				靠河增加坝数/个	靠河增加长度/m
	靠河坝号		靠河坝数/个	靠河长度/m	靠河坝号		靠河坝数/个	靠河长度/m		
	靠河	靠溜			靠河	靠溜				
程那里险工	6~12 号坝	10~12 号坝	7	1 260	6~12 号坝	10~12 号坝	7	1 260	0	0
路那里险工	12~24、26~29 号坝	16~24、26~29 号坝	17	2 200	12~24、26~29 号坝	16~24、26~29 号坝	17	2 230	0	30
蔡楼控导	-5~28、30~32 号坝	-5~28、30~32 号坝	36	2 900	(-10)~28、30~32 号坝	(-5)~28、30~32 号坝	41	3 257	5	357
朱丁庄控导	1~28 号坝	1~28 号坝	28	2 700	1~28 号坝	1~28 号坝	28	2 700	0	0
国那里险工	31~34 号坝	31^{+1}~34 号坝	6	760	30~34 号坝	31~34 号坝	5	780	-1	20
十里堡险工	35、39 号坝	35、39 号坝	2	185	35、39、41、42、47~53、56~59 号坝	35、39 号坝	15	3 500	13	3 315
丁庄控导工程			0	70	4~5 号坝		2	200	2	130
战屯控导工程	1~3 号坝	1~3 号坝	3	460	1~3 号坝	1~3 号坝	3	460	0	0
肖庄控导工程	1~8 号坝	1~8 号坝	8	1 594	1~8 号坝	1~8 号坝	8	1 594	0	0
徐巴士控导工程	1~4、7~12 号坝	1~4、7~12 号坝	10	3 360	1~4、7~12 号坝	1~4、7~12 号坝	10	3 369	0	9
黄庄控导工程	1~7 号坝		7	800	1~7 号坝	6~7 号坝	7	700	0	-100
荫柳科控导工程	-3~10、12~35 号坝	-3~10、12~35 号坝	37	3 213	-3~10、12~35 号坝	-3~10、12~35 号坝	37	3 213	0	0
姜沟控导工程	4~11 号坝	4~11 号坝	8	960	1~11 号坝	7~11 号坝	11	1 688	3	728

续附表 4

工程名称	2021 年调水调沙查勘				2021 年黄河中下游秋汛洪水跟踪洪峰河势查勘				靠河增加坝数/个	靠河增加长度/m
	靠河坝号		靠河坝数/个	靠河长度/m	靠河坝号		靠河坝数/个	靠河长度/m		
	靠河	靠溜			靠河	靠溜				
潘庄险工	1~35 号坝	1~35 号坝	27	1 284	1~13、17、21~29、31、33~35、37、39、41、43 号坝	1~13、17、21~29、31、33~35 号坝	31	1 584	4	300
水坡控导	3~15 号坝	3~15 号坝	13	1 229	1~15 号坝	3~15 号坝	15	1 348	2	119
官庄险工	17~74 号坝	17~74 号坝	47	2 336	3~74 号坝	16~74 号坝	58	2 619	11	283
韩刘险工	1~34 号坝	1~34 号坝	24	1 199	1~34 号坝	1~34 号坝	24	1 199	0	0
程官庄险工	10、12~53 号坝	10、12~53 号坝	39	1 693	1~54 号坝	9~53 号坝	51	2 103	12	410
于庄险工	33~64 号坝	33~64 号坝	19	1 130	31~64 号坝	31~64 号坝	20	1 160	1	30
阴河险工	39~75 号坝	39~75 号坝	30	1 380	39~75 号坝	39~75 号坝	30	1 380	0	0
谯庄控导	1~10 号坝	1~10 号坝	10	350	1~10 号坝	1~10 号坝	10	350	0	0
谯庄险工	1~38 号坝	1~38 号坝	35	1 010	1、3、5、7~38 号坝	1、3、5、7~38 号坝	35	1 010	0	0
豆腐窝险工	33~67 号坝	33~67 号坝	34	958	33~50、52~67 号坝	33~50、52~67 号坝	34	958	0	0
大庞控导	1~7 号坝	1~7 号坝	7	534	1~7 号坝	1~7 号坝	7	534	0	0
南坦控导	1~4 号坝	1~4 号坝	4	110	1~4 号坝	1~4 号坝	4	110	0	0
南坦险工	72~115 号坝	72~115 号坝	44	1 256	72~115 号坝	72~115 号坝	44	1 256	0	0

续附表 4

工程名称	2021 年调水调沙查勘				2021 年黄河中下游秋汛洪水跟踪洪峰河势查勘				靠河增加坝数/个	靠河增加长度/m
	靠河坝号		靠河坝数/个	靠河长度/m	靠河坝号		靠河坝数/个	靠河长度/m		
	靠河	靠溜			靠河	靠溜				
王庄险工	7~50 号坝	7~50 号坝	43	1 556	7~50 号坝	7~50 号坝	43	1 556	0	0
席道口险工	22~52 号坝	22~52 号坝	30	1 150	22~59 号坝	22~59 号坝	35	1 316	5	166
李家岸险工	2~37 号坝	2~37 号坝	28	1 080	2~37 号坝	2~37 号坝	28	1 110	0	30
赵庄险工	1~20 号坝	1~20 号坝	20	775	1~20 号坝	1~20 号坝	20	775	0	0
铁杨控导	1~6 号坝	1~6 号坝	6	632	1~6 号坝	1~6 号坝	6	632	0	0
苏桥控导					2~5 号坝		4	485	4	485
桃园控导	16~22 号坝	18~22 号坝	7	643	1~22 号坝	18~22 号坝	22	1 654	15	1 011
丁口控导	1~11 号坝	1、3、6~11 号坝	11	1 060	1~11 号坝	1、10~11 号坝	11	1 060	0	0
王小庄控导	5~14 号坝	5~14 号坝	10	780	1~14 号坝	5~9 号坝	14	1 261	4	481
外山控导	1~7 号坝	1~7 号坝	7	618	1~7 号坝	7 号坝	7	618	0	0
张洼控导	1~15 号坝	11~13 号坝	15	1 458	1~15 号坝	11~13 号坝	15	1 458	0	0
凌庄控导					1~14 号坝		14	1 011	14	1 011
田山控导	新 1~新 6 号坝	新 3~新 4、6 号坝	6	602	新 1~新 6 号坝	新 4~新 6 号坝	6	602	0	0
石庄控导					1~2 号坝		2	638	2	638

续附表 4

工程名称	2021 年调水调沙查勘				2021 年黄河中下游秋汛洪水跟踪洪峰河势查勘				靠河增加坝数/个	靠河增加长度/m
	靠河坝号		靠河坝数/个	靠河长度/m	靠河坝号		靠河坝数/个	靠河长度/m		
	靠河	靠溜			靠河	靠溜				
刘官控导	8~19 号坝	12~14 号坝	12	875	1~19 号坝	8~19 号坝	19	1 513	7	638
望口山控导	1~7 号坝	5~7 号坝	7	612	1~7 号坝	1~7 号坝	7	612	0	0
胜利控导	1~9 号坝	4~9 号坝	9	908	1~9 号坝	5~6 号坝	9	908	0	0
燕刘宋控导	1 上延~16 号坝	1 上延~15 号坝	17	2 741	1 上延~21 号坝	1 上延~16 号坝	22	3 248	5	507
许道口控导	1~8 号坝	1~8 号坝	8	695	1~8 号坝	1~8 号坝	8	695	0	0
姚河门控导	1~9 号坝	1~5 号坝	9	962	1~9 号坝	1~5 号坝	9	962	0	0
王坡控导	1~6 号坝	4~6 号坝	6	542	1~6 号坝	3~4 号坝	6	542	0	0
下巴控导	(−2)~8、12~18、20~27 号坝	(−2)~8、12~18、20~27 号坝	25	2 555	(−2)~27 号坝	(−2)~1、12~18、20~23 号坝	29	2 893	4	338
顾小庄控导	1~14 号坝	1~14 号坝	14	1 098	1~14 号坝	2、7、12~14 号坝	14	1 098	0	0
桃园控导	(−1)~14 号坝	10~14 号坝	15	1 334	(−4)~14 号坝	1、4~5、12~13 号坝	18	1 736	3	402
董苗控导	1~38 号坝	1~38 号坝	38	3 822	1~38 号坝	1~26、29~33、36~38 号坝	38	3 822	0	0
贾庄控导	1~22 号坝	6~22 号坝	22	1 538	1~22 号坝	7~22 号坝	22	1 538	0	0
孟李魏控导	1~35 号坝	1~9、15~35 号坝	37	3 772	−2~35 号坝	−1~35 号坝	39	3 964	2	192

续附表 4

工程名称	2021 年调水调沙查勘				2021 年黄河中下游秋汛洪水跟踪洪峰河势查勘				靠河增加坝数/个	靠河增加长度/m
	靠河坝号		靠河坝数/个	靠河长度/m	靠河坝号		靠河坝数/个	靠河长度/m		
	靠河	靠溜			靠河	靠溜				
西兴隆控导	1~42 号坝	4~31 号坝	42	3 662	1~42 号坝	1~42 号坝	42	3 662	0	0
小侯控导	6~16 号坝	6~16 号坝	11	1 040	1~21 号坝	1~18 号坝	21	2 198	10	1 158
老李郭控导	2~35 号坝	2~35 号坝	34	3 058	1~35 号坝	2~35 号坝	35	3 104	1	46
潘庄控导	1~22 号坝	1~22 号坝	22	2 093	(-3)~22 号坝	1~22 号坝	25	2 393	3	300
红庙控导	1~7 号坝	1~7 号坝	7	511	1~7 号坝	1~7 号坝	7	511	0	0
娘娘店控导	1~14 号坝	1~14 号坝	14	986	1~14 号坝	1~14 号坝	14	986	0	0
北店子险工	2~5、8~13 号坝	2~5、8~13 号坝	10	345	1~5、8~13 号坝	2~5、8~13 号坝	11	374	1	29
曹家圈险工	2~37 号坝	5~37 号坝	30	1 205	1^{+1}~25、27、29、31、33、35、37 号坝	5~25、27、29、31、33、35、37 号坝	32	1 647	2	442
杨庄险工	10~38 号坝	11~18、22~28 号坝	23	1 070	10~18、21~30、32、34、36、38、40、42 号坝	11~18、21~30 号坝	25	1 250	2	180
老徐庄险工	8~11、13~29 号坝	8~11、13~29 号坝	21	788.8	6~11、13~29 号坝	13~27 号坝	23	895.4	2	106.6
泺口险工	1~29、65~82 号坝	4~29、65~82	47	1 781.5	1~29、65~82 号坝	4~29、65~82 号坝	47	1 781.25	0	-0.25
赵庄险工	22~41 号坝	22~41 号坝	20	901.3	22~41、50、51、59~61、63~67 号坝	22~41 号坝	30	1 434	10	532.7
王窑险工	25~44 号坝	25~42、44 号坝	20	943.2	25~44 号坝	25~42、44 号坝	20	943.2	0	0

续附表 4

工程名称	2021 年调水调沙查勘				2021 年黄河中下游秋汛洪水跟踪洪峰河势查勘				靠河增加坝数/个	靠河增加长度/m
	靠河坝号		靠河坝数/个	靠河长度/m	靠河坝号		靠河坝数/个	靠河长度/m		
	靠河	靠溜			靠河	靠溜				
大王庙险工	1~12、16~35、36^{+1}~36^{+4}、37~46 号坝	1~12、16~29、31、33、35、36^{+2}、37~46 号坝	46	2 368	1~12、16~35、36^{+1}~36^{+4}、37~46 号坝	1~12、16~35、36^{+1}~36^{+4}、37~46 号坝	46	2 368	0	0
大王庙控导	0		1	167.2	0、-1~-8 号坝		9	1 088.2	8	921
鹊山东控导	1~6、新 1~新 4 号坝	1~6、新 1~新 4 号坝	10	1 164	1~6、新 1~新 4 号坝	1~6、新 1~新 4 号坝	10	1 163.6	0	-0.4
八里控导	1~48 号坝	1~48 号坝	48	2 319	1~48 号坝	1~48 号坝	48	2 318.8	0	-0.2
盖家沟险工	25~50 号坝	25~50 号坝	26	1 224.7	22~51 号坝	22~51 号坝	30	1 426.9	4	202.2
后张险工	1~13 号坝	1~13 号坝	13	446.5	1~13 号坝	1~13 号坝	13	446.5	0	0
付家庄险工	4~17、20 号坝	4~17、20 号坝	15	1 167.9	3~17、20 号坝	3~17、20 号坝	16	1 206.4	1	38.5
霍家溜险工	11~23、28~43 号坝	11~23、28~43 号坝	29	1 165.2	10~23、28~43 号坝	10~23、28~43 号坝	30	1 200.4	1	35.2
陈孟圈险工	11~21、24、26、28~31、33、36、38、40、41、43 号坝	11~21、24、26、28~31、33、36、38、40、41、43 号坝	23	667.5	11~21、24、26、28~31、33、36、38、40、41、43 号坝	11~21、24、26、28~31、33、36、38、40、41、43 号坝	23	667.5	0	0
王家梨行险工	1~8、10、12~22、24、26、27、30 号坝	1~8、10、12~22、24、26、27、30 号坝	24	852.5	1~8、10、12~22、24、26、27、30 号坝	1~8、10、12~22、24、26、27、30 号坝	24	852.5	0	0

续附表 4

工程名称	2021 年调水调沙查勘				2021 年黄河中下游秋汛洪水跟踪洪峰河势查勘				靠河增加坝数/个	靠河增加长度/m
	靠河坝号		靠河坝数/个	靠河长度/m	靠河坝号		靠河坝数/个	靠河长度/m		
	靠河	靠溜			靠河	靠溜				
张褚窝控导	2~10 号坝	2~10 号坝	9	852.3	2~10 号坝	2~10 号坝	9	852.3	0	0
埝头控导					新 1~7、9~12、14~20 号坝		19	1 327	19	1 327
秦家道口控导	4~15 号坝	4~15 号坝	12	675.7	1~15 号坝	4~15 号坝	15	1 123.5	3	447.8
云家控导	1~2 号坝	1~2 号坝	2	255.3	1~2 号坝	1~2 号坝	2	255.3	0	0
胡家岸险工	11~33、35~58 号坝	15~33、35~58 号坝	47	890	新 1~33、35~58 号坝	15~33、35~58 号坝	58	1 179	11	289
土城子险工	新 1、1~3 号坝	新 1、1~3 号坝	4	509	新 1、1~3 号坝	新 1、1~3 号坝	4	509	0	0
刘家园险工	1~4 号坝	1~4 号坝	4	1 050	1~4 号坝	1~4 号坝	4	1 050	0	0
蒋家控导	1~30 号坝	1~30 号坝	30	3 477	1~30 号坝	1~30 号坝	30	3 477	0	0
河王控导	1~11 号坝	1~11 号坝	11	853	1~11 号坝	1~4 号坝	11	853	0	0
马家控导	1~7 号坝	1~7 号坝	7	576	1~7 号坝	1~7 号坝	7	576	0	0
王家圈控导	新 1~新 4、1~13 号坝	新 4、1~13 号坝	17	1 326	新 1~新 4、1~13 号坝	新 1~新 4、1~13 号坝	17	1 326	0	0
范家园控导	1~7 号坝	1~7 号坝	7	352	1~7 号坝	1~7 号坝	7	352	0	0

续附表 4

工程名称	2021 年调水调沙查勘				2021 年黄河中下游秋汛洪水跟踪洪峰河势查勘				靠河增加坝数/个	靠河增加长度/m
	靠河坝号		靠河坝数/个	靠河长度/m	靠河坝号		靠河坝数/个	靠河长度/m		
	靠河	靠溜			靠河	靠溜				
大柳店险工	1、3~14 号坝	1、3~9 号坝	13	800	1、3~14 号坝	1、3~9 号坝	13	800	0	0
沟杨险工	1~10、15、17~38、40~42、44、46~58 号坝	6、10、15、17~23、25、27、29、31、33、35~38、40、41 号坝	50	2 100	1~10、15、17~38、40~42、44、46~58、60、62、64、66 号坝	6、10、15、17~23、25、27、29、31、33、35~38、40、41 号坝	54	2 460	4	360
葛店险工	3~40、43~45、52、64~66 号坝	3~40、43~45、52、64~66 号坝	45	1 200	3~40、43~52、54、60~66 号坝	3~40、43~46、52、64~66 号坝	56	1 550	11	350
张辛险工	1~15、20~54	1~15、20~26	50	1 850	1~15、20~66、68、70、72、74、76、78 号坝	2~15、20~27 号坝	68	2 450	18	600
小街险工	21、23、25、27、29、31~36 号坝	21、23、25、27、29、31~36 号坝	11	800	1、3、5、7、9、11、13、15、17、19、20、21、23、25、27、29、31~36 号坝	21、23、25、27、29、31~36 号坝	22	1 430	11	630
邢家渡控导	1~29 号坝	1~29 号坝	29	1 800	1~29 号坝	1~29 号坝	29	1 800	0	0
周孟控导	1~14 号坝	1~10 号坝	14	850	1~14 号坝	1~10 号坝	14	850	0	0
史家坞控导	新 1~新 3、+2、+1、-1、1~16 号坝	新 1~新 3、+2、+1、1~15 号坝	22	1 800	新 1~新 3、+2~16 号坝	新 1~新 3、+2、+1、-1、1~8 号坝	22	1 800	0	0
大柳店控导	-6~5 号坝	-6~5 号坝	12	1 060	-6~5 号坝	-6~5 号坝	12	1 060	0	0
代家控导	25~29 号坝	25~29 号坝	5	260	22~29 号坝	23~29 号坝	8	420	3	160

续附表 4

工程名称	2021 年调水调沙查勘				2021 年黄河中下游秋汛洪水跟踪洪峰河势查勘				靠河增加坝数/个	靠河增加长度/m
	靠河坝号		靠河坝数/个	靠河长度/m	靠河坝号		靠河坝数/个	靠河长度/m		
	靠河	靠溜			靠河	靠溜				
张辛控导	1~4 号坝	1~4 号坝	4	350	1~4 号坝		4	350	0	0
小街控导	6~23 号坝	6~23 号坝	18	980	6~29 号坝	6~29 号坝	24	1 320	6	340
大郭家控导	2~20、22~26 号坝	2~20、22~26 号坝	24	2 525	1~26 号坝	2~26 号坝	26	2 700	2	175
马扎子险工	1~13 号坝	1~11 号坝	7	898	1~13 号坝	1~13 号坝	7	898	0	0
孟口控导	+8~30 号坝	+8~30 号坝	44	3 750	+8~30 号坝	+8~30 号坝	44	3 980	0	230
北杜控导	1~22 号坝	5~6、9~22 号坝	22	1 792	1~22 号坝	4~6、9~22 号坝	22	1 792	0	0
新徐控导			0	0	1~16 号坝	0	16	1 300	16	1 300
段王控导	1~20 号坝	1~20 号坝	20	1 600	1~20 号坝	6~20 号坝	20	1 600	0	0
刘春家险工	5~44 号坝	8~44 号坝	30	1 493	5~44 号坝	8~44 号坝	30	1 493	0	0
堰里贾控导	2~10 号坝	3~10 号坝	8	670	1~10 号坝	3~10 号坝	10	870	2	200
翟里孙控导	+6~3 号坝	1~3 号坝	9	822	+6~3 号坝	+6~3 号坝	9	822	0	0
张桥控导	新 1、+4~+1、1~12、13~26 号坝	新 1、+4~+1、1~12、13~26 号坝	31	3 000	新 1、+4~+1、1~12、-12、13~26 号坝	新 1、+4~+1、1~12、13~26 号坝	32	3 010	1	10
梯子坝险工	1 号坝	1 号坝	1	150	1 号坝	1 号坝	1	150	0	0

续附表 4

工程名称	2021 年调水调沙查勘				2021 年黄河中下游秋汛洪水跟踪洪峰河势查勘				靠河增加坝数/个	靠河增加长度/m
	靠河坝号		靠河坝数/个	靠河长度/m	靠河坝号		靠河坝数/个	靠河长度/m		
	靠河	靠溜			靠河	靠溜				
官道控导	1~21、29~30 号坝	1~21 号坝	23	1 750	1~30 号坝	1~21、29~30 号坝	30	2 360	7	610
旧城控导	1~13 号坝	6~13 号坝	13	1 000	1~13 号坝	6~13 号坝	13	1 000	0	0
簸箕李控导	1 号坝		1	80	1、2、3 号坝	2 号坝	3	250	2	170
簸箕李险工	新 7~新 5、新 3~7、9 号坝	新 7~新 5、新 3~7、9 号坝	14	1 150	新 7~新 5、新 3~7、9、10~21、39~47、49~76、78、80、82~94 号坝	新 6~新 5、新 3~7、9 号坝	78	3 250	64	2 100
崔常险工	17~37、39、41、43、45、47、49 号坝	17~37、39、41、43、45、47、49 号坝	27	985	11~37、39、41、43、44、45、47、49 号坝	21~37、39、41、43、44、45、47、49 号坝	34	1 165	7	180
位台控导	1~9 号坝	1~9 号坝	9	870	1~9 号坝	1~9 号坝	9	870	0	0
归仁险工	3~32、34~44 号坝	3~32、34~44 号坝	41	1 255	1~32、34~66 号坝	3~32、34~44 号坝	65	2 004	24	749
杨房险工			0	0			0	0	0	0
王集险工	31~55 号坝	31~55 号坝	25	950	21~55 号坝	30~55 号坝	35	1 320	10	370
齐口控导	新 3~8 号坝	新 3~8 号坝	11	1 086	新 5~8 号坝	新 3~8 号坝	13	1 260	2	174
白龙湾险工	13~16、18~53 号坝	14~16、18~53 号坝	40	1 976	3~16、18~55 号坝	14~16、18~53 号坝	52	2 406	12	430
薛王邵险工			0	0			0	0	0	0

续附表 4

工程名称	2021 年调水调沙查勘				2021 年黄河中下游秋汛洪水跟踪洪峰河势查勘				靠河增加坝数/个	靠河增加长度/m
	靠河坝号		靠河坝数/个	靠河长度/m	靠河坝号		靠河坝数/个	靠河长度/m		
	靠河	靠溜			靠河	靠溜				
王平口控导	6、7、8 号坝	6、7、8 号坝	3	243	5、6、7、8 号坝	6、7、8 号坝	4	371	1	128
大崔险工上延	1~5 号坝		5	500	1~5 号坝		5	500	0	0
大崔险工	新 1~新 5 号坝	新 1~新 5 号坝	5	412	新 1~新 5、1、3~8 号坝	新 1~新 5 号坝	12	792	7	380
五甲杨控导	1 号坝		1	25	2、3 号坝		2	140	1	115
五甲杨险工	1~18、20、22、24、26、28 号坝	1~18、20、22 号坝	23	951	1~18、20、22、24、25、26、28 号坝	1~18、20、22 号坝	24	982	1	31
兰家险工	1~48、68~110、116~118 号坝	1~48、68~110、116~118 号坝	72	3 635	1~118 号坝	1~48、68~118 号坝	88	4 443	16	808
纸坊控导	1~18 号坝	1~18 号坝	18	1 542	1~18 号坝	1~18 号坝	18	1 542	0	0
张肖堂险工	2~42 号坝	4~42 号坝	40	1 150	2~42 号坝	4~42 号坝	40	1 130	0	-20
小街控导	+1~+4、1~10、+10、11~17 号坝	+1~+4、1~9 号坝	22	1 830	+1~+4、1~18 号坝	+1~+4、1~9 号坝	23	1 988	1	158
户家控导			0	0	1~10 号坝		10	740	10	740
赵寺勿控导	1~7 号坝	4、7 号坝	7	525	1~11 号坝	2~5 号坝	11	685	4	160
大高控导	+5~11 号坝	0~5 号坝	17	1 600	+5~11 号坝	0~11 号坝	17	1 678	0	78
韩墩控导	1~8、11 号坝		9	870	1~14 号坝	1~2 号坝	14	1 571	5	701

续附表 4

工程名称	2021 年调水调沙查勘				2021 年黄河中下游秋汛洪水跟踪洪峰河势查勘				靠河增加坝数/个	靠河增加长度/m
	靠河坝号		靠河坝数/个	靠河长度/m	靠河坝号		靠河坝数/个	靠河长度/m		
	靠河	靠溜			靠河	靠溜				
龙王崖控导	3~8 号坝		6	380	3~8 号坝		6	380	0	0
王大夫控导	8~42 号坝	25~32 号坝	25	2 020	8~42 号坝	23~32 号坝	25	2 020	0	0
翟里孙控导	4~17 号坝	4~17 号坝	14	1 180	4~17 号坝	4~17 号坝	14	1 180	0	0
大道王险工	+1~44 号坝	+1~40 号坝	23	1 440	+1~44 号坝	+1~3、5~40 号坝	23	1 440	0	0
王家庄子险工			0	0			0	0	0	0
麻家控导	9~14 号坝	9~14 号坝	6	280	1~14 号坝	4~14 号坝	14	1 138	8	858
道旭险工	1~27 号坝	1~27 号坝	26	1 100	1~44 号坝	1~32 号坝	44	1 550	18	450
王旺庄险工	5~41 号坝	5~15、21~41 号坝	37	1 832	3~42 号坝	5~15、21~41 号坝	40	1 969	3	137
丁家控导	8~16 号坝	9~16 号坝	9	1 135	8~16（9）号坝	8~16（9）号坝	9	1 135	0	0
五庄控导	1~12、新 1~新 8 号坝	1~12、新 1~新 8 号坝	20	2 310	1~12、新 1~新 10(22)号坝	1~12、新 1~新 8（20）号坝	22	2 430	2	120
宫家险工	20~58 号坝	20~58 号坝	39	1 606	18~58(41)号坝	20~58(39)号坝	41	1 651	2	45
宫家控导	2~4、6~12 号坝	2~4、9~12 号坝	10	1 150	2~12(11)号坝	2~12(11)号坝	11	1 200	1	50
张滩险工					9~18（10)号坝		10	400	10	400
张滩控导					3~13（11)号坝		11	1 170	11	1 170

续附表 4

工程名称	2021 年调水调沙查勘				2021 年黄河中下游秋汛洪水跟踪洪峰河势查勘				靠河增加坝数/个	靠河增加长度/m
	靠河坝号		靠河坝数/个	靠河长度/m	靠河坝号		靠河坝数/个	靠河长度/m		
	靠河	靠溜			靠河	靠溜				
东关控导	3~16 号坝	3~16 号坝	14	1 530	1~16(16)号坝	3~16(14)号坝	16	1 791	2	261
綦嘴险工	11~19 号坝		9	320	1~24(24)号坝		24	893	15	573
刘夹河险工	5~13 号坝	6~13 号坝	9	600	新 1~13(14)号坝	6~13(8)号坝	14	850	5	250
小李险工	新 2、新 3、1~23 号坝	新 2、新 3、1~23 号坝	26	1 033	新 2、新 3、1~22(25)号坝	1~22(23)号坝	25	1 013	−1	−20
王庄险工	13~57、60~61、63、65 号坝	13~47、51~57、63 号坝	49	1 173	1~65、67、77、79(68)号坝	13~47、51~53、57、63(40)号坝	68	1 980	19	807
东坝控导	1~5、+1~+5、+7~+20 号坝	1~5、+1~+5、+8~+10、+12~+16 号坝	24	2 890	1~5、+1~+20(25)号坝	1~5、+1~+3、+8~+10、+12~+16(18)号坝	25	3 474	1	584
中古店控导	3~21 号坝	3~15、18~21 号坝	19	1 930	1~21(21)号坝	1~21(21)号坝	21	2 097	2	167
崔家控导	17~23 号坝	18~23 号坝	7	760	17~23(7)号坝	17~23(7)号坝	7	760	0	0
西河口控导	4~14 号坝	4~14 号坝	11	1 670	4~14 号坝	4~14 号坝	11	1 670	0	0
八连控导	05~01、1~22 号坝	05~01、1~22 号坝	27	2 766	05~01、1~22 号坝	05~01、1~22 号坝	27	2 766	0	0
清三控导	1~17、21~26 号坝	1~17、21~26 号坝	23	2 300	1~26 号坝	1~11、25~26 号坝	26	2 600	3	300

续附表4

工程名称	2021年调水调沙查勘				2021年黄河中下游秋汛洪水跟踪洪峰河势查勘				靠河增加坝数/个	靠河增加长度/m
	靠河坝号		靠河坝数/个	靠河长度/m	靠河坝号		靠河坝数/个	靠河长度/m		
	靠河	靠溜			靠河	靠溜				
罗家险工	7~8号坝	7~8号坝	2	48	3~8号坝	3~8号坝	7	314	5	266
卞庄险工	1~18号坝	1~18号坝	18	492	1~18号坝	1~18号坝	18	492	0	0
胜利险工	1~19号坝	1~19号坝	19	688	1~19号坝	1~19号坝	19	688	0	0
王院险工			0	0			0	0	0	0
常庄险工	28~37号坝	28~37号坝	10	375	新1~37号坝	28~37号坝	39	1 630	29	1 255
路庄险工	1~57号坝	1~57号坝	57	1 698	1~57号坝	1~57号坝	57	1 698	0	0
宋庄控导	$3\sim11^{+1}$号坝	$3\sim11^{+1}$号坝	10	580	3~18号坝	$3\sim11^{+1}$号坝	18	1 685	8	1 105
宁海控导	老1~老4、新1~新7号坝	老1~老4、新1~新7号坝	11	894	老1~老4、新1~新9号坝	老1~老4、新1~新7号坝	13	1 050	2	156
纪冯险工	老1~老3、新1~新2号坝	老1~老3、新1~新2号坝	5	357	老1~老3、新1~新3号坝	老1~老3、新1~新2号坝	6	415	1	58
义和险工	新1~15号坝	新1~15号坝	71	2 470	新1~15号坝	新1~15号坝	71	2 470	0	0
十八户应急	−3~10号坝	−3~10号坝	13	2 500	−3~10号坝	−3~10号坝	13	2 500	0	0
十八户老控导	1~6号坝	1~6号坝	6	720	1~6号坝	1~6号坝	6	720	0	0
十八户新控导	11~20号坝	13~20号坝	10	1 000	1~20号坝	13~20号坝	20	2 000	10	1 000

续附表 4

工程名称	2021 年调水调沙查勘				2021 年黄河中下游秋汛洪水跟踪洪峰河势查勘				靠河增加坝数/个	靠河增加长度/m
	靠河坝号		靠河坝数/个	靠河长度/m	靠河坝号		靠河坝数/个	靠河长度/m		
	靠河	靠溜			靠河	靠溜				
苇改闸控导	14~19 号坝	14~19 号坝	6	550	13~19 号坝	14~19 号坝	7	610	1	60
生产护岸	1~7 号坝	1~7 号坝	7	320	1~7 号坝	1~7 号坝	7	320	0	0
护林控导	3~6 号坝	3~6 号坝	21	890	1~6 号坝	3~6 号坝	23	990	2	100
十四公里险工	12~22 号坝	12~22 号坝	11	660	12~22 号坝	12~22 号坝	11	660	0	0
十八公里险工			0	0			0	0	0	0
清四控导	7~11 号坝	7~11 号坝	5	1 200	1~11 号坝	7~11 号坝	11	2 200	6	1 000
南坝头险工	$2^{+1-2-3-4-5-6}$、3~8 号坝	$2^{+1-2-3-4-5-6}$、3~8 号坝	12	920	$1^{+3+2+1-2-3-4-5}$、$2^{+1-2-3-4-5-6}$、3~8 号坝	$2^{+1-2-3-4-5-6}$、3~8 号坝	19	1 243	7	323
麻湾险工	1、3、5、7~11、$12^{+1+2+3+4}$、15^{+1+2}、19^{+1+2}、22^{+1+2}、24、$25^{+1+2+3+4}$、$27^{+1+2-2-3-4}$、28、29、31、33 号坝	1、3、5、7~11、$12^{+1+2+3+4}$、15^{+1+2}、19^{+1+2}、22^{+1+2}、24、$25^{+1+2+3+4}$、$27^{+1+2-2-3-4}$、28、29、31、33 号坝	32	1 565	1、3、5、7、8、9、10、11、$12^{+1+2+3+4}$、13、15^{+1+2}、19^{+1+2}、22^{+1+2+3}、23、24、$25^{+1+2+3+4}$、$27^{+1+2-2-3-4}$、28、29、31、33 号坝	1、3、5、7、8、9、10、11、$12^{+1+2+3+4}$、15^{+1+2}、19^{+1+2}、22^{+1+2+3}、24、$25^{+1+2+3+4}$、$27^{+1+2-2-3-4}$、28、29、31、33 号坝	35	1 912	3	347
打渔张险工					12~16 号坝		5	111	5	111

附表 5　秋汛期河南段黄河工程不同时段出险情况统计

市局	工程	起始时间（年-月-日）	终止时间（年-月-日）	次数	抛石量/m^3	铅丝笼/kg	原因	次数	原因	次数	原因	次数	原因	次数
豫西河务局	铁谢险工	2021-08-20	2021-09-15	0	0	0	大溜顶冲	0	大溜冲刷	0	边溜冲刷	0	回溜淘刷	0
		2021-09-16	2021-09-27	0	0	0	大溜顶冲	0	大溜冲刷	0	边溜冲刷	0	回溜淘刷	0
		2021-09-28	2021-10-03	0	0	0	大溜顶冲	0	大溜冲刷	0	边溜冲刷	0	回溜淘刷	0
		2021-10-04	2021-10-20	19	5 015	11 742	大溜顶冲	1	大溜冲刷	9	边溜冲刷	6	回溜淘刷	3
		2021-10-21	2021-10-31	0	0	0	大溜顶冲	0	大溜冲刷	0	边溜冲刷	0	回溜淘刷	0
	白坡控导	2021-08-20	2021-09-15	0	0	0	大溜顶冲	0	大溜冲刷	0	边溜冲刷	0	回溜淘刷	0
		2021-09-16	2021-09-27	0	0	0	大溜顶冲	0	大溜冲刷	0	边溜冲刷	0	回溜淘刷	0
		2021-09-28	2021-10-03	3	331	600	大溜顶冲	3	大溜冲刷	0	边溜冲刷	0	回溜淘刷	0
		2021-10-04	2021-10-20	15	2 492	5 499	大溜顶冲	12	大溜冲刷	0	边溜冲刷	3	回溜淘刷	0
		2021-10-21	2021-10-31	1	191	433	大溜顶冲	0	大溜冲刷	0	边溜冲刷	1	回溜淘刷	0
	花园镇控导	2021-08-20	2021-09-15	0	0	0	大溜顶冲	0	大溜冲刷	0	边溜冲刷	0	回溜淘刷	0
		2021-09-16	2021-09-27	0	0	0	大溜顶冲	0	大溜冲刷	0	边溜冲刷	0	回溜淘刷	0
		2021-09-28	2021-10-03	2	550	1 012	大溜顶冲	0	大溜冲刷	0	边溜冲刷	1	回溜淘刷	1
		2021-10-04	2021-10-20	12	3 701	8 338	大溜顶冲	3	大溜冲刷	1	边溜冲刷	4	回溜淘刷	4
		2021-10-21	2021-10-31	2	508	1 242	大溜顶冲	0	大溜冲刷	0	边溜冲刷	1	回溜淘刷	1
	白鹤控导	2021-08-20	2021-09-15	0	0	0	大溜顶冲	0	大溜冲刷	0	边溜冲刷	0	回溜淘刷	0
		2021-09-16	2021-09-27	0	0	0	大溜顶冲	0	大溜冲刷	0	边溜冲刷	0	回溜淘刷	0
		2021-09-28	2021-10-03	0	0	0	大溜顶冲	0	大溜冲刷	0	边溜冲刷	0	回溜淘刷	0
		2021-10-04	2021-10-20	1	231	552	大溜顶冲	0	大溜冲刷	0	边溜冲刷	0	回溜淘刷	1
		2021-10-21	2021-10-31	0	0	0	大溜顶冲	0	大溜冲刷	0	边溜冲刷	0	回溜淘刷	0

续附表 5

市局	工程	起始时间（年-月-日）	终止时间（年-月-日）	次数	抛石量/m^3	铅丝笼/kg	原因	次数	原因	次数	原因	次数	原因	次数
豫西河务局	坡头护滩工程	2021-08-20	2021-09-15	0	0	0	大溜顶冲	0	大溜冲刷	0	边溜冲刷	0	回溜淘刷	0
		2021-09-16	2021-09-27	0	0	0	大溜顶冲	0	大溜冲刷	0	边溜冲刷	0	回溜淘刷	0
		2021-09-28	2021-10-03	0	0	0	大溜顶冲	0	大溜冲刷	0	边溜冲刷	0	回溜淘刷	0
		2021-10-04	2021-10-20	1	86	0	大溜顶冲	0	大溜冲刷	0	边溜冲刷	1	回溜淘刷	0
		2021-10-21	2021-10-31	0	0	0	大溜顶冲	0	大溜冲刷	0	边溜冲刷	0	回溜淘刷	0
焦作河务局	大玉兰控导	2021-08-20	2021-09-15	0	0	0	大溜顶冲	0	大溜冲刷	0	边溜冲刷	0	回溜淘刷	0
		2021-09-16	2021-09-27	2	279	0	大溜顶冲	0	大溜冲刷	1	边溜冲刷	0	回溜淘刷	1
		2021-09-28	2021-10-03	17	2 811	5 759	大溜顶冲	1	大溜冲刷	6	边溜冲刷	0	回溜淘刷	10
		2021-10-04	2021-10-20	64	11 961	33 027	大溜顶冲	29	大溜冲刷	18	边溜冲刷	0	回溜淘刷	17
		2021-10-21	2021-10-31	9	1 396	2 860	大溜顶冲	6	大溜冲刷	1	边溜冲刷	0	回溜淘刷	2
	花坡堤险工	2021-08-20	2021-09-15	0	0	0	大溜顶冲	0	大溜冲刷	0	边溜冲刷	0	回溜淘刷	0
		2021-09-16	2021-09-27	0	0	0	大溜顶冲	0	大溜冲刷	0	边溜冲刷	0	回溜淘刷	0
		2021-09-28	2021-10-03	6	1 500	1 740	大溜顶冲	0	大溜冲刷	6	边溜冲刷	0	回溜淘刷	0
		2021-10-04	2021-10-20	5	1 195	2 763	大溜顶冲	0	大溜冲刷	5	边溜冲刷	0	回溜淘刷	0
		2021-10-21	2021-10-31	0	0	0	大溜顶冲	0	大溜冲刷	0	边溜冲刷	0	回溜淘刷	0
	化工控导	2021-08-20	2021-09-15	0	0	0	大溜顶冲	0	大溜冲刷	0	边溜冲刷	0	回溜淘刷	0
		2021-09-16	2021-09-27	0	0	0	大溜顶冲	0	大溜冲刷	0	边溜冲刷	0	回溜淘刷	0
		2021-09-28	2021-10-03	8	2 001	2 738	大溜顶冲	0	大溜冲刷	5	边溜冲刷	1	回溜淘刷	2
		2021-10-04	2021-10-20	34	7 696	28 405	大溜顶冲	0	大溜冲刷	25	边溜冲刷	0	回溜淘刷	9
		2021-10-21	2021-10-31	2	272	1 183	大溜顶冲	0	大溜冲刷	0	边溜冲刷	0	回溜淘刷	2

续附表 5

市局	工程	起始时间（年-月-日）	终止时间（年-月-日）	次数	抛石量/m^3	铅丝笼/kg	原因	次数	原因	次数	原因	次数	原因	次数
焦作河务局	驾部控导	2021-08-20	2021-09-15	0	0	0	大溜顶冲	0	大溜冲刷	0	边溜冲刷	0	回溜淘刷	0
		2021-09-16	2021-09-27	0	0	0	大溜顶冲	0	大溜冲刷	0	边溜冲刷	0	回溜淘刷	0
		2021-09-28	2021-10-03	1	100	229	大溜顶冲	0	大溜冲刷	1	边溜冲刷	0	回溜淘刷	0
		2021-10-04	2021-10-20	26	5 668	13 751	大溜顶冲	3	大溜冲刷	15	边溜冲刷	0	回溜淘刷	8
		2021-10-21	2021-10-31	0	0	0	大溜顶冲	0	大溜冲刷	0	边溜冲刷	0	回溜淘刷	0
	开仪控导	2021-08-20	2021-09-15	0	0	0	大溜顶冲	0	大溜冲刷	0	边溜冲刷	0	回溜淘刷	0
		2021-09-16	2021-09-27	0	0	0	大溜顶冲	0	大溜冲刷	0	边溜冲刷	0	回溜淘刷	0
		2021-09-28	2021-10-03	4	712	680	大溜顶冲	0	大溜冲刷	0	边溜冲刷	4	回溜淘刷	0
		2021-10-04	2021-10-20	14	3 501	13 325	大溜顶冲	0	大溜冲刷	5	边溜冲刷	3	回溜淘刷	6
		2021-10-21	2021-10-31	2	573	2 489	大溜顶冲	0	大溜冲刷	0	边溜冲刷	2	回溜淘刷	0
	老田庵控导	2021-08-20	2021-09-15	0	0	0	大溜顶冲	0	大溜冲刷	0	边溜冲刷	0	回溜淘刷	0
		2021-09-16	2021-09-27	0	0	0	大溜顶冲	0	大溜冲刷	0	边溜冲刷	0	回溜淘刷	0
		2021-09-28	2021-10-03	4	820	1 102	大溜顶冲	0	大溜冲刷	0	边溜冲刷	4	回溜淘刷	0
		2021-10-04	2021-10-20	15	3 551	11 090	大溜顶冲	0	大溜冲刷	0	边溜冲刷	11	回溜淘刷	4
		2021-10-21	2021-10-31	0	0	0	大溜顶冲	0	大溜冲刷	0	边溜冲刷	0	回溜淘刷	0
	逯村控导	2021-08-20	2021-09-15	0	0	0	大溜顶冲	0	大溜冲刷	0	边溜冲刷	0	回溜淘刷	0
		2021-09-16	2021-09-27	0	0	0	大溜顶冲	0	大溜冲刷	0	边溜冲刷	0	回溜淘刷	0
		2021-09-28	2021-10-03	0	0	0	大溜顶冲	0	大溜冲刷	0	边溜冲刷	0	回溜淘刷	0
		2021-10-04	2021-10-20	11	2 843	9 566	大溜顶冲	0	大溜冲刷	8	边溜冲刷	0	回溜淘刷	3
		2021-10-21	2021-10-31	0	0	0	大溜顶冲	0	大溜冲刷	0	边溜冲刷	0	回溜淘刷	0

续附表 5

市局	工程	起始时间（年-月-日）	终止时间（年-月-日）	次数	抛石量/m^3	铅丝笼/kg	原因	次数	原因	次数	原因	次数	原因	次数
郑州河务局	东大坝下延	2021-08-20	2021-09-15	0	0	0	大溜顶冲	0	大溜冲刷	0	边溜冲刷	0	回溜淘刷	0
		2021-09-16	2021-09-27	0	0	0	大溜顶冲	0	大溜冲刷	0	边溜冲刷	0	回溜淘刷	0
		2021-09-28	2021-10-03	2	195	424	大溜顶冲	0	大溜冲刷	2	边溜冲刷	0	回溜淘刷	0
		2021-10-04	2021-10-20	13	1 379	3 547	大溜顶冲	0	大溜冲刷	9	边溜冲刷	0	回溜淘刷	4
		2021-10-21	2021-10-31	1	276	903	大溜顶冲	0	大溜冲刷	1	边溜冲刷	0	回溜淘刷	0
	花园口险工	2021-08-20	2021-09-15	0	0	0	大溜顶冲	0	大溜冲刷	0	边溜冲刷	0	回溜淘刷	0
		2021-09-16	2021-09-27	0	0	0	大溜顶冲	0	大溜冲刷	0	边溜冲刷	0	回溜淘刷	0
		2021-09-28	2021-10-03	0	0	0	大溜顶冲	0	大溜冲刷	0	边溜冲刷	0	回溜淘刷	0
		2021-10-04	2021-10-20	1	232	511	大溜顶冲	0	大溜冲刷	1	边溜冲刷	0	回溜淘刷	0
		2021-10-21	2021-10-31	0	0	0	大溜顶冲	0	大溜冲刷	0	边溜冲刷	0	回溜淘刷	0
	金沟控导工程	2021-08-20	2021-09-15	0	0	0	大溜顶冲	0	大溜冲刷	0	边溜冲刷	0	回溜淘刷	0
		2021-09-16	2021-09-27	0	0	0	大溜顶冲	0	大溜冲刷	0	边溜冲刷	0	回溜淘刷	0
		2021-09-28	2021-10-03	4	422	609	大溜顶冲	0	大溜冲刷	4	边溜冲刷	0	回溜淘刷	0
		2021-10-04	2021-10-20	3	410	1 143	大溜顶冲	3	大溜冲刷	0	边溜冲刷	0	回溜淘刷	0
		2021-10-21	2021-10-31	2	420	0	大溜顶冲	0	大溜冲刷	2	边溜冲刷	0	回溜淘刷	0
	九堡下延	2021-08-20	2021-09-15	8	1 151	0	大溜顶冲	0	大溜冲刷	0	边溜冲刷	5	回溜淘刷	3
		2021-09-16	2021-09-27	1	234	0	大溜顶冲	0	大溜冲刷	0	边溜冲刷	0	回溜淘刷	1
		2021-09-28	2021-10-03	1	240	914	大溜顶冲	0	大溜冲刷	1	边溜冲刷	0	回溜淘刷	0
		2021-10-04	2021-10-20	46	9 939	25 178	大溜顶冲	31	大溜冲刷	8	边溜冲刷	0	回溜淘刷	7
		2021-10-21	2021-10-31	7	1 442	0	大溜顶冲	1	大溜冲刷	0	边溜冲刷	0	回溜淘刷	6

续附表 5

市局	工程	起始时间（年-月-日）	终止时间（年-月-日）	次数	抛石量/m³	铅丝笼/kg	原因	次数	原因	次数	原因	次数	原因	次数
郑州河务局	马渡下延	2021-08-20	2021-09-15	0	0	0	大溜顶冲	0	大溜冲刷	0	边溜冲刷	0	回溜淘刷	0
		2021-09-16	2021-09-27	0	0	0	大溜顶冲	0	大溜冲刷	0	边溜冲刷	0	回溜淘刷	0
		2021-09-28	2021-10-03	0	0	0	大溜顶冲	0	大溜冲刷	0	边溜冲刷	0	回溜淘刷	0
		2021-10-04	2021-10-20	9	917	2 100	大溜顶冲	0	大溜冲刷	0	边溜冲刷	9	回溜淘刷	0
		2021-10-21	2021-10-31	0	0	0	大溜顶冲	0	大溜冲刷	0	边溜冲刷	0	回溜淘刷	0
	马渡险工	2021-08-20	2021-09-15	0	0	0	大溜顶冲	0	大溜冲刷	0	边溜冲刷	0	回溜淘刷	0
		2021-09-16	2021-09-27	0	0	0	大溜顶冲	0	大溜冲刷	0	边溜冲刷	0	回溜淘刷	0
		2021-09-28	2021-10-03	4	540	696	大溜顶冲	0	大溜冲刷	0	边溜冲刷	0	回溜淘刷	4
		2021-10-04	2021-10-20	60	11 952	34 027	大溜顶冲	11	大溜冲刷	7	边溜冲刷	21	回溜淘刷	21
		2021-10-21	2021-10-31	3	525	1 730	大溜顶冲	1	大溜冲刷	1	边溜冲刷	0	回溜淘刷	1
	裴峪控导工程	2021-08-20	2021-09-15	0	0	0	大溜顶冲	0	大溜冲刷	0	边溜冲刷	0	回溜淘刷	0
		2021-09-16	2021-09-27	0	0	0	大溜顶冲	0	大溜冲刷	0	边溜冲刷	0	回溜淘刷	0
		2021-09-28	2021-10-03	0	0	0	大溜顶冲	0	大溜冲刷	0	边溜冲刷	0	回溜淘刷	0
		2021-10-04	2021-10-20	3	482	881	大溜顶冲	0	大溜冲刷	3	边溜冲刷	0	回溜淘刷	0
		2021-10-21	2021-10-31	0	0	0	大溜顶冲	0	大溜冲刷	0	边溜冲刷	0	回溜淘刷	0
	神堤控导工程	2021-08-20	2021-09-15	0	0	0	大溜顶冲	0	大溜冲刷	0	边溜冲刷	0	回溜淘刷	0
		2021-09-16	2021-09-27	1	128	163	大溜顶冲	0	大溜冲刷	1	边溜冲刷	0	回溜淘刷	0
		2021-09-28	2021-10-03	0	0	0	大溜顶冲	0	大溜冲刷	0	边溜冲刷	0	回溜淘刷	0
		2021-10-04	2021-10-20	28	4 915	5 420	大溜顶冲	0	大溜冲刷	28	边溜冲刷	0	回溜淘刷	0
		2021-10-21	2021-10-31	1	130	0	大溜顶冲	0	大溜冲刷	1	边溜冲刷	0	回溜淘刷	0

续附表 5

市局	工程	起始时间（年-月-日）	终止时间（年-月-日）	次数	抛石量/m^3	铅丝笼/kg	原因	次数	原因	次数	原因	次数	原因	次数
郑州河务局	桃花峪控导工程	2021-08-20	2021-09-15	0	0	0	大溜顶冲	0	大溜冲刷	0	边溜冲刷	0	回溜淘刷	0
		2021-09-16	2021-09-27	0	0	0	大溜顶冲	0	大溜冲刷	0	边溜冲刷	0	回溜淘刷	0
		2021-09-28	2021-10-03	1	216	272	大溜顶冲	1	大溜冲刷	0	边溜冲刷	0	回溜淘刷	0
		2021-10-04	2021-10-20	6	1 248	1 382	大溜顶冲	6	大溜冲刷	0	边溜冲刷	0	回溜淘刷	0
		2021-10-21	2021-10-31	0	0	0	大溜顶冲	0	大溜冲刷	0	边溜冲刷	0	回溜淘刷	0
	枣树沟控导工程	2021-08-20	2021-09-15	0	0	0	大溜顶冲	0	大溜冲刷	0	边溜冲刷	0	回溜淘刷	0
		2021-09-16	2021-09-27	0	0	0	大溜顶冲	0	大溜冲刷	0	边溜冲刷	0	回溜淘刷	0
		2021-09-28	2021-10-03	4	750	870	大溜顶冲	4	大溜冲刷	0	边溜冲刷	0	回溜淘刷	0
		2021-10-04	2021-10-20	102	26 221	59 940	大溜顶冲	102	大溜冲刷	0	边溜冲刷	0	回溜淘刷	0
		2021-10-21	2021-10-31	22	5 487	4 792	大溜顶冲	22	大溜冲刷	0	边溜冲刷	0	回溜淘刷	0
	赵沟控导工程	2021-08-20	2021-09-15	0	0	0	大溜顶冲	0	大溜冲刷	0	边溜冲刷	0	回溜淘刷	0
		2021-09-16	2021-09-27	0	0	0	大溜顶冲	0	大溜冲刷	0	边溜冲刷	0	回溜淘刷	0
		2021-09-28	2021-10-03	0	0	0	大溜顶冲	0	大溜冲刷	0	边溜冲刷	0	回溜淘刷	0
		2021-10-04	2021-10-20	3	614	751	大溜顶冲	0	大溜冲刷	3	边溜冲刷	0	回溜淘刷	0
		2021-10-21	2021-10-31	2	250	0	大溜顶冲	0	大溜冲刷	2	边溜冲刷	0	回溜淘刷	0
	赵口控导	2021-08-20	2021-09-15	0	0	0	大溜顶冲	0	大溜冲刷	0	边溜冲刷	0	回溜淘刷	0
		2021-09-16	2021-09-27	0	0	0	大溜顶冲	0	大溜冲刷	0	边溜冲刷	0	回溜淘刷	0
		2021-09-28	2021-10-03	0	0	0	大溜顶冲	0	大溜冲刷	0	边溜冲刷	0	回溜淘刷	0
		2021-10-04	2021-10-20	11	2 829	6 305	大溜顶冲	11	大溜冲刷	0	边溜冲刷	0	回溜淘刷	0
		2021-10-21	2021-10-31	3	671	0	大溜顶冲	3	大溜冲刷	0	边溜冲刷	0	回溜淘刷	0

续附表 5

市局	工程	起始时间（年-月-日）	终止时间（年-月-日）	次数	抛石量/m^3	铅丝笼/kg	原因	次数	原因	次数	原因	次数	原因	次数
新乡河务局	于林控导工程	2021-08-20	2021-09-15	1	228	220	大溜顶冲	1	大溜冲刷	0	边溜冲刷	0	回溜淘刷	0
		2021-09-16	2021-09-27	13	2 687	2 800	大溜顶冲	8	大溜冲刷	5	边溜冲刷	0	回溜淘刷	0
		2021-09-28	2021-10-03	8	1 536	3 203	大溜顶冲	2	大溜冲刷	1	边溜冲刷	2	回溜淘刷	3
		2021-10-04	2021-10-20	111	26 320	65 065	大溜顶冲	53	大溜冲刷	17	边溜冲刷	26	回溜淘刷	15
		2021-10-21	2021-10-31	27	6 639	6 675	大溜顶冲	14	大溜冲刷	0	边溜冲刷	12	回溜淘刷	1
	大宫控导工程	2021-08-20	2021-09-15	0	0	0	大溜顶冲	0	大溜冲刷	0	边溜冲刷	0	回溜淘刷	0
		2021-09-16	2021-09-27	0	0	0	大溜顶冲	0	大溜冲刷	0	边溜冲刷	0	回溜淘刷	0
		2021-09-28	2021-10-03	2	420	525	大溜顶冲	0	大溜冲刷	2	边溜冲刷	0	回溜淘刷	0
		2021-10-04	2021-10-20	47	10 018	26 465	大溜顶冲	0	大溜冲刷	46	边溜冲刷	0	回溜淘刷	1
		2021-10-21	2021-10-31	6	1 315	1 691	大溜顶冲	0	大溜冲刷	5	边溜冲刷	0	回溜淘刷	1
	禅房控导工程	2021-08-20	2021-09-15	0	0	0	大溜顶冲	0	大溜冲刷	0	边溜冲刷	0	回溜淘刷	0
		2021-09-16	2021-09-27	0	0	0	大溜顶冲	0	大溜冲刷	0	边溜冲刷	0	回溜淘刷	0
		2021-09-28	2021-10-03	5	902	4 375	大溜顶冲	0	大溜冲刷	3	边溜冲刷	0	回溜淘刷	2
		2021-10-04	2021-10-20	82	21 976	85 394	大溜顶冲	0	大溜冲刷	23	边溜冲刷	0	回溜淘刷	59
		2021-10-21	2021-10-31	16	4 202	5 314	大溜顶冲	0	大溜冲刷	3	边溜冲刷	2	回溜淘刷	11
	古城控导工程	2021-08-20	2021-09-15	0	0	0	大溜顶冲	0	大溜冲刷	0	边溜冲刷	0	回溜淘刷	0
		2021-09-16	2021-09-27	1	0	0	大溜顶冲	0	大溜冲刷	0	边溜冲刷	0	回溜淘刷	1
		2021-09-28	2021-10-03	3	610	625	大溜顶冲	0	大溜冲刷	3	边溜冲刷	0	回溜淘刷	0
		2021-10-04	2021-10-20	42	8 488	34 551	大溜顶冲	0	大溜冲刷	38	边溜冲刷	1	回溜淘刷	3
		2021-10-21	2021-10-31	22	5 443	15 202	大溜顶冲	0	大溜冲刷	21	边溜冲刷	1	回溜淘刷	0

续附表 5

市局	工程	起始时间（年-月-日）	终止时间（年-月-日）	次数	抛石量/m^3	铅丝笼/kg	原因	次数	原因	次数	原因	次数	原因	次数
新乡河务局	顺河街控导工程	2021-08-20	2021-09-15	0	0	0	大溜顶冲	0	大溜冲刷	0	边溜冲刷	0	回溜淘刷	0
		2021-09-16	2021-09-27	0	0	0	大溜顶冲	0	大溜冲刷	0	边溜冲刷	0	回溜淘刷	0
		2021-09-28	2021-10-03	5	1 003	1 625	大溜顶冲	0	大溜冲刷	5	边溜冲刷	0	回溜淘刷	0
		2021-10-04	2021-10-20	38	10 107	32 251	大溜顶冲	0	大溜冲刷	38	边溜冲刷	0	回溜淘刷	0
		2021-10-21	2021-10-31	3	543	270	大溜顶冲	0	大溜冲刷	3	边溜冲刷	0	回溜淘刷	0
	贯台控导工程	2021-08-20	2021-09-15	0	0	0	大溜顶冲	0	大溜冲刷	0	边溜冲刷	0	回溜淘刷	0
		2021-09-16	2021-09-27	0	0	0	大溜顶冲	0	大溜冲刷	0	边溜冲刷	0	回溜淘刷	0
		2021-09-28	2021-10-03	1	240	932	大溜顶冲	1	大溜冲刷	0	边溜冲刷	0	回溜淘刷	0
		2021-10-04	2021-10-20	19	4 989	18 897	大溜顶冲	4	大溜冲刷	15	边溜冲刷	0	回溜淘刷	0
		2021-10-21	2021-10-31	0	0	0	大溜顶冲	0	大溜冲刷	0	边溜冲刷	0	回溜淘刷	0
	大留寺控导工程	2021-08-20	2021-09-15	0	0	0	大溜顶冲	0	大溜冲刷	0	边溜冲刷	0	回溜淘刷	0
		2021-09-16	2021-09-27	0	0	0	大溜顶冲	0	大溜冲刷	0	边溜冲刷	0	回溜淘刷	0
		2021-09-28	2021-10-03	1	18	80	大溜顶冲	0	大溜冲刷	0	边溜冲刷	0	回溜淘刷	1
		2021-10-04	2021-10-20	38	5 985	14 865	大溜顶冲	0	大溜冲刷	0	边溜冲刷	35	回溜淘刷	3
		2021-10-21	2021-10-31	0	0	0	大溜顶冲	0	大溜冲刷	0	边溜冲刷	0	回溜淘刷	0
	毛庵控导工程	2021-08-20	2021-09-15	0	0	0	大溜顶冲	0	大溜冲刷	0	边溜冲刷	0	回溜淘刷	0
		2021-09-16	2021-09-27	3	770	1 300	大溜顶冲	3	大溜冲刷	0	边溜冲刷	0	回溜淘刷	0
		2021-09-28	2021-10-03	2	414	550	大溜顶冲	0	大溜冲刷	0	边溜冲刷	0	回溜淘刷	2
		2021-10-04	2021-10-20	20	5 504	14 190	大溜顶冲	0	大溜冲刷	16	边溜冲刷	0	回溜淘刷	4
		2021-10-21	2021-10-31	3	611	1 540	大溜顶冲	0	大溜冲刷	3	边溜冲刷	0	回溜淘刷	0

续附表 5

市局	工程	起始时间（年-月-日）	终止时间（年-月-日）	次数	抛石量/m^3	铅丝笼/kg	原因	次数	原因	次数	原因	次数	原因	次数
新乡河务局	双井控导工程	2021-08-20	2021-09-15	0	0	0	大溜顶冲	0	大溜冲刷	0	边溜冲刷	0	回溜淘刷	0
		2021-09-16	2021-09-27	0	0	0	大溜顶冲	0	大溜冲刷	0	边溜冲刷	0	回溜淘刷	0
		2021-09-28	2021-10-03	0	0	0	大溜顶冲	0	大溜冲刷	0	边溜冲刷	0	回溜淘刷	0
		2021-10-04	2021-10-20	44	12 055	33 120	大溜顶冲	34	大溜冲刷	4	边溜冲刷	2	回溜淘刷	4
		2021-10-21	2021-10-31	0	0	0	大溜顶冲	0	大溜冲刷	0	边溜冲刷	0	回溜淘刷	0
	三官庙控导工程	2021-08-20	2021-09-15	0	0	0	大溜顶冲	0	大溜冲刷	0	边溜冲刷	0	回溜淘刷	0
		2021-09-16	2021-09-27	7	1 613	3 750	大溜顶冲	7	大溜冲刷	0	边溜冲刷	0	回溜淘刷	0
		2021-09-28	2021-10-03	5	1 342	3 200	大溜顶冲	5	大溜冲刷	0	边溜冲刷	0	回溜淘刷	0
		2021-10-04	2021-10-20	62	16 901	48 070	大溜顶冲	62	大溜冲刷	0	边溜冲刷	0	回溜淘刷	0
		2021-10-21	2021-10-31	2	538	1 340	大溜顶冲	2	大溜冲刷	0	边溜冲刷	0	回溜淘刷	0
	武庄控导工程	2021-08-20	2021-09-15	0	0	0	大溜顶冲	0	大溜冲刷	0	边溜冲刷	0	回溜淘刷	0
		2021-09-16	2021-09-27	0	0	0	大溜顶冲	0	大溜冲刷	0	边溜冲刷	0	回溜淘刷	0
		2021-09-28	2021-10-03	2	390	600	大溜顶冲	0	大溜冲刷	0	边溜冲刷	0	回溜淘刷	2
		2021-10-04	2021-10-20	12	3 241	8 590	大溜顶冲	0	大溜冲刷	2	边溜冲刷	6	回溜淘刷	4
		2021-10-21	2021-10-31	1	60	150	大溜顶冲	0	大溜冲刷	0	边溜冲刷	0	回溜淘刷	1
	周营控导工程	2021-08-20	2021-09-15	4	666	690	大溜顶冲	3	大溜冲刷	0	边溜冲刷	1	回溜淘刷	0
		2021-09-16	2021-09-27	0	0	0	大溜顶冲	0	大溜冲刷	0	边溜冲刷	0	回溜淘刷	0
		2021-09-28	2021-10-03	0	0	0	大溜顶冲	0	大溜冲刷	0	边溜冲刷	0	回溜淘刷	0
		2021-10-04	2021-10-20	22	5 664	14 165	大溜顶冲	0	大溜冲刷	22	边溜冲刷	0	回溜淘刷	0
		2021-10-21	2021-10-31	0	0	0	大溜顶冲	0	大溜冲刷	0	边溜冲刷	0	回溜淘刷	0

续附表 5

市局	工程	起始时间(年-月-日)	终止时间(年-月-日)	次数	抛石量/m^3	铅丝笼/kg	原因	次数	原因	次数	原因	次数	原因	次数
新乡河务局	三教堂护滩工程	2021-08-20	2021-09-15	1	110	0	大溜顶冲	0	大溜冲刷	0	边溜冲刷	1	回溜淘刷	0
		2021-09-16	2021-09-27	0	0	0	大溜顶冲	0	大溜冲刷	0	边溜冲刷	0	回溜淘刷	0
		2021-09-28	2021-10-03	0	0	0	大溜顶冲	0	大溜冲刷	0	边溜冲刷	0	回溜淘刷	0
		2021-10-04	2021-10-20	11	3 076	7 730	大溜顶冲	0	大溜冲刷	11	边溜冲刷	0	回溜淘刷	0
		2021-10-21	2021-10-31	0	0	0	大溜顶冲	0	大溜冲刷	0	边溜冲刷	0	回溜淘刷	0
	大张庄控导工程	2021-08-20	2021-09-15	0	0	0	大溜顶冲	0	大溜冲刷	0	边溜冲刷	0	回溜淘刷	0
		2021-09-16	2021-09-27	0	0	0	大溜顶冲	0	大溜冲刷	0	边溜冲刷	0	回溜淘刷	0
		2021-09-28	2021-10-03	0	0	0	大溜顶冲	0	大溜冲刷	0	边溜冲刷	0	回溜淘刷	0
		2021-10-04	2021-10-20	0	0	0	大溜顶冲	0	大溜冲刷	0	边溜冲刷	0	回溜淘刷	0
		2021-10-21	2021-10-31	1	240	600	大溜顶冲	0	大溜冲刷	0	边溜冲刷	0	回溜淘刷	1
开封河务局	黑下延控导	2021-08-20	2021-09-15	6	1 061	1 134	大溜顶冲	0	大溜冲刷	1	边溜冲刷	0	回溜淘刷	5
		2021-09-16	2021-09-27	6	1 371	1 323	大溜顶冲	0	大溜冲刷	6	边溜冲刷	0	回溜淘刷	0
		2021-09-28	2021-10-03	16	3 548	4 158	大溜顶冲	0	大溜冲刷	14	边溜冲刷	0	回溜淘刷	2
		2021-10-04	2021-10-20	116	21 194	30 873	大溜顶冲	0	大溜冲刷	113	边溜冲刷	0	回溜淘刷	3
		2021-10-21	2021-10-31	56	5 414	6 340	大溜顶冲	0	大溜冲刷	52	边溜冲刷	0	回溜淘刷	4
	欧坦控导	2021-08-20	2021-09-15	4	1 120	312	大溜顶冲	0	大溜冲刷	1	边溜冲刷	0	回溜淘刷	3
		2021-09-16	2021-09-27	2	330	0	大溜顶冲	0	大溜冲刷	2	边溜冲刷	0	回溜淘刷	0
		2021-09-28	2021-10-03	9	1 090	1 560	大溜顶冲	0	大溜冲刷	7	边溜冲刷	0	回溜淘刷	2
		2021-10-04	2021-10-20	49	8 544	22 308	大溜顶冲	0	大溜冲刷	42	边溜冲刷	0	回溜淘刷	7
		2021-10-21	2021-10-31	34	6 816	14 040	大溜顶冲	0	大溜冲刷	32	边溜冲刷	0	回溜淘刷	2

续附表 5

市局	工程	起始时间（年-月-日）	终止时间（年-月-日）	次数	抛石量/m^3	铅丝笼/kg	原因	次数	原因	次数	原因	次数	原因	次数
开封河务局	府君寺控导	2021-08-20	2021-09-15	0	0	0	大溜顶冲	0	大溜冲刷	0	边溜冲刷	0	回溜淘刷	0
		2021-09-16	2021-09-27	3	492	390	大溜顶冲	0	大溜冲刷	0	边溜冲刷	0	回溜淘刷	3
		2021-09-28	2021-10-03	2	193	312	大溜顶冲	0	大溜冲刷	2	边溜冲刷	0	回溜淘刷	0
		2021-10-04	2021-10-20	48	7 313	18 512	大溜顶冲	0	大溜冲刷	24	边溜冲刷	0	回溜淘刷	24
		2021-10-21	2021-10-31	12	1 694	3 198	大溜顶冲	0	大溜冲刷	11	边溜冲刷	0	回溜淘刷	1
	蔡集控导	2021-08-20	2021-09-15	2	308	470	大溜顶冲	0	大溜冲刷	1	边溜冲刷	0	回溜淘刷	1
		2021-09-16	2021-09-27	1	94	0	大溜顶冲	0	大溜冲刷	0	边溜冲刷	0	回溜淘刷	1
		2021-09-28	2021-10-03	4	466	563	大溜顶冲	0	大溜冲刷	1	边溜冲刷	0	回溜淘刷	3
		2021-10-04	2021-10-20	48	10 710	23 659	大溜顶冲	1	大溜冲刷	42	边溜冲刷	0	回溜淘刷	5
		2021-10-21	2021-10-31	31	5 910	10 337	大溜顶冲	0	大溜冲刷	29	边溜冲刷	0	回溜淘刷	2
	王庵控导	2021-08-20	2021-09-15	0	0	0	大溜顶冲	0	大溜冲刷	0	边溜冲刷	0	回溜淘刷	0
		2021-09-16	2021-09-27	3	306	234	大溜顶冲	0	大溜冲刷	0	边溜冲刷	0	回溜淘刷	3
		2021-09-28	2021-10-03	1	200	312	大溜顶冲	0	大溜冲刷	1	边溜冲刷	0	回溜淘刷	0
		2021-10-04	2021-10-20	73	13 510	35 322	大溜顶冲	0	大溜冲刷	57	边溜冲刷	0	回溜淘刷	16
		2021-10-21	2021-10-31	5	529	1 404	大溜顶冲	0	大溜冲刷	4	边溜冲刷	0	回溜淘刷	1
	夹河滩护滩工程	2021-08-20	2021-09-15	0	0	0	大溜顶冲	0	大溜冲刷	0	边溜冲刷	0	回溜淘刷	0
		2021-09-16	2021-09-27	0	0	0	大溜顶冲	0	大溜冲刷	0	边溜冲刷	0	回溜淘刷	0
		2021-09-28	2021-10-03	2	438	916	大溜顶冲	1	大溜冲刷	0	边溜冲刷	0	回溜淘刷	1
		2021-10-04	2021-10-20	40	9 178	23 835	大溜顶冲	0	大溜冲刷	39	边溜冲刷	0	回溜淘刷	1
		2021-10-21	2021-10-31	1	168	299	大溜顶冲	0	大溜冲刷	1	边溜冲刷	0	回溜淘刷	0

续附表 5

市局	工程	起始时间（年-月-日）	终止时间（年-月-日）	次数	抛石量/m^3	铅丝笼/kg	原因	次数	原因	次数	原因	次数	原因	次数
开封河务局	东坝头控导	2021-08-20	2021-09-15	3	716	352	大溜顶冲	0	大溜冲刷	3	边溜冲刷	0	回溜淘刷	0
		2021-09-16	2021-09-27	3	600	0	大溜顶冲	0	大溜冲刷	3	边溜冲刷	0	回溜淘刷	0
		2021-09-28	2021-10-03	0	0	0	大溜顶冲	0	大溜冲刷	0	边溜冲刷	0	回溜淘刷	0
		2021-10-04	2021-10-20	26	6 604	17 767	大溜顶冲	2	大溜冲刷	24	边溜冲刷	0	回溜淘刷	0
		2021-10-21	2021-10-31	14	3 697	6 479	大溜顶冲	0	大溜冲刷	14	边溜冲刷	0	回溜淘刷	0
	柳园口险工	2021-08-20	2021-09-15	0	0	0	大溜顶冲	0	大溜冲刷	0	边溜冲刷	0	回溜淘刷	0
		2021-09-16	2021-09-27	0	0	0	大溜顶冲	0	大溜冲刷	0	边溜冲刷	0	回溜淘刷	0
		2021-09-28	2021-10-03	0	0	0	大溜顶冲	0	大溜冲刷	0	边溜冲刷	0	回溜淘刷	0
		2021-10-04	2021-10-20	10	1 612	2 437	大溜顶冲	0	大溜冲刷	9	边溜冲刷	0	回溜淘刷	1
		2021-10-21	2021-10-31	5	1 174	1 960	大溜顶冲	0	大溜冲刷	4	边溜冲刷	0	回溜淘刷	1
濮阳河务局	马张庄控导	2021-08-20	2021-09-15	1	81	131	大溜顶冲	1	大溜冲刷	0	边溜冲刷	0	回溜淘刷	0
		2021-09-16	2021-09-27	1	90	0	大溜顶冲	1	大溜冲刷	0	边溜冲刷	0	回溜淘刷	0
		2021-09-28	2021-10-03	2	379	420	大溜顶冲	0	大溜冲刷	2	边溜冲刷	0	回溜淘刷	0
		2021-10-04	2021-10-20	30	7 818	21 593	大溜顶冲	14	大溜冲刷	7	边溜冲刷	4	回溜淘刷	5
		2021-10-21	2021-10-31	2	526	1 749	大溜顶冲	1	大溜冲刷	1	边溜冲刷	0	回溜淘刷	0
	李桥控导	2021-08-20	2021-09-15	0	0	0	大溜顶冲	0	大溜冲刷	0	边溜冲刷	0	回溜淘刷	0
		2021-09-16	2021-09-27	0	0	0	大溜顶冲	0	大溜冲刷	0	边溜冲刷	0	回溜淘刷	0
		2021-09-28	2021-10-03	9	1 728	3 515	大溜顶冲	0	大溜冲刷	9	边溜冲刷	0	回溜淘刷	0
		2021-10-04	2021-10-20	20	4 362	11 897	大溜顶冲	0	大溜冲刷	20	边溜冲刷	0	回溜淘刷	0
		2021-10-21	2021-10-31	0	0	0	大溜顶冲	0	大溜冲刷	0	边溜冲刷	0	回溜淘刷	0

续附表 5

市局	工程	起始时间（年-月-日）	终止时间（年-月-日）	次数	抛石量/m³	铅丝笼/kg	原因	次数	原因	次数	原因	次数	原因	次数
濮阳河务局	孙楼控导	2021-08-20	2021-09-15	0	0	0	大溜顶冲	0	大溜冲刷	0	边溜冲刷	0	回溜淘刷	0
		2021-09-16	2021-09-27	0	0	0	大溜顶冲	0	大溜冲刷	0	边溜冲刷	0	回溜淘刷	0
		2021-09-28	2021-10-03	9	1 248	1 799	大溜顶冲	0	大溜冲刷	6	边溜冲刷	0	回溜淘刷	3
		2021-10-04	2021-10-20	21	5 236	14 301	大溜顶冲	0	大溜冲刷	21	边溜冲刷	0	回溜淘刷	0
		2021-10-21	2021-10-31	0	0	0	大溜顶冲	0	大溜冲刷	0	边溜冲刷	0	回溜淘刷	0
	尹庄控导	2021-08-20	2021-09-15	4	1 114	327	大溜顶冲	3	大溜冲刷	0	边溜冲刷	0	回溜淘刷	1
		2021-09-16	2021-09-27	4	1 220	1 286	大溜顶冲	3	大溜冲刷	0	边溜冲刷	0	回溜淘刷	1
		2021-09-28	2021-10-03	4	960	1 820	大溜顶冲	1	大溜冲刷	3	边溜冲刷	0	回溜淘刷	0
		2021-10-04	2021-10-20	17	7 226	20 012	大溜顶冲	10	大溜冲刷	3	边溜冲刷	0	回溜淘刷	4
		2021-10-21	2021-10-31	3	873	2 442	大溜顶冲	2	大溜冲刷	0	边溜冲刷	0	回溜淘刷	1
	韩胡同控导	2021-08-20	2021-09-15	0	0	0	大溜顶冲	0	大溜冲刷	0	边溜冲刷	0	回溜淘刷	0
		2021-09-16	2021-09-27	0	0	0	大溜顶冲	0	大溜冲刷	0	边溜冲刷	0	回溜淘刷	0
		2021-09-28	2021-10-03	2	369	273	大溜顶冲	0	大溜冲刷	2	边溜冲刷	0	回溜淘刷	0
		2021-10-04	2021-10-20	5	1 123	3 237	大溜顶冲	0	大溜冲刷	5	边溜冲刷	0	回溜淘刷	0
		2021-10-21	2021-10-31	0	0	0	大溜顶冲	0	大溜冲刷	0	边溜冲刷	0	回溜淘刷	0
	青庄险工	2021-08-20	2021-09-15	0	0	0	大溜顶冲	0	大溜冲刷	0	边溜冲刷	0	回溜淘刷	0
		2021-09-16	2021-09-27	0	0	0	大溜顶冲	0	大溜冲刷	0	边溜冲刷	0	回溜淘刷	0
		2021-09-28	2021-10-03	4	499	1 095	大溜顶冲	0	大溜冲刷	3	边溜冲刷	0	回溜淘刷	1
		2021-10-04	2021-10-20	26	6 691	18 644	大溜顶冲	5	大溜冲刷	7	边溜冲刷	13	回溜淘刷	1
		2021-10-21	2021-10-31	2	446	1 243	大溜顶冲	0	大溜冲刷	1	边溜冲刷	1	回溜淘刷	0

续附表 5

市局	工程	起始时间（年-月-日）	终止时间（年-月-日）	次数	抛石量/m^3	铅丝笼/kg	原因	次数	原因	次数	原因	次数	原因	次数
濮阳河务局	南上延控导	2021-08-20	2021-09-15	0	0	0	大溜顶冲	0	大溜冲刷	0	边溜冲刷	0	回溜淘刷	0
		2021-09-16	2021-09-27	1	78	0	大溜顶冲	0	大溜冲刷	0	边溜冲刷	0	回溜淘刷	1
		2021-09-28	2021-10-03	2	322	0	大溜顶冲	0	大溜冲刷	2	边溜冲刷	0	回溜淘刷	0
		2021-10-04	2021-10-20	23	6 507	17 958	大溜顶冲	2	大溜冲刷	9	边溜冲刷	0	回溜淘刷	12
		2021-10-21	2021-10-31	1	155	436	大溜顶冲	0	大溜冲刷	0	边溜冲刷	0	回溜淘刷	1
	枣包楼控导	2021-08-20	2021-09-15	0	0	0	大溜顶冲	0	大溜冲刷	0	边溜冲刷	0	回溜淘刷	0
		2021-09-16	2021-09-27	0	0	0	大溜顶冲	0	大溜冲刷	0	边溜冲刷	0	回溜淘刷	0
		2021-09-28	2021-10-03	5	621	1 177	大溜顶冲	0	大溜冲刷	5	边溜冲刷	0	回溜淘刷	0
		2021-10-04	2021-10-20	27	5 933	16 203	大溜顶冲	0	大溜冲刷	27	边溜冲刷	0	回溜淘刷	0
		2021-10-21	2021-10-31	0	0	0	大溜顶冲	0	大溜冲刷	0	边溜冲刷	0	回溜淘刷	0
	梁路口控导	2021-08-20	2021-09-15	0	0	0	大溜顶冲	0	大溜冲刷	0	边溜冲刷	0	回溜淘刷	0
		2021-09-16	2021-09-27	0	0	0	大溜顶冲	0	大溜冲刷	0	边溜冲刷	0	回溜淘刷	0
		2021-09-28	2021-10-03	2	180	338	大溜顶冲	0	大溜冲刷	2	边溜冲刷	0	回溜淘刷	0
		2021-10-04	2021-10-20	8	1 856	5 069	大溜顶冲	0	大溜冲刷	8	边溜冲刷	0	回溜淘刷	0
		2021-10-21	2021-10-31	0	0	0	大溜顶冲	0	大溜冲刷	0	边溜冲刷	0	回溜淘刷	0
	龙长治控导	2021-08-20	2021-09-15	0	0	0	大溜顶冲	0	大溜冲刷	0	边溜冲刷	0	回溜淘刷	0
		2021-09-16	2021-09-27	2	194	343	大溜顶冲	2	大溜冲刷	0	边溜冲刷	0	回溜淘刷	0
		2021-09-28	2021-10-03	4	697	709	大溜顶冲	0	大溜冲刷	3	边溜冲刷	0	回溜淘刷	1
		2021-10-04	2021-10-20	16	4 720	12 960	大溜顶冲	14	大溜冲刷	1	边溜冲刷	0	回溜淘刷	1
		2021-10-21	2021-10-31	1	180	491	大溜顶冲	0	大溜冲刷	1	边溜冲刷	0	回溜淘刷	0

续附表 5

市局	工程	起始时间（年-月-日）	终止时间（年-月-日）	次数	抛石量/m^3	铅丝笼/kg	原因	次数	原因	次数	原因	次数	原因	次数
濮阳河务局	白铺护滩	2021-08-20	2021-09-15	0	0	0	大溜顶冲	0	大溜冲刷	0	边溜冲刷	0	回溜淘刷	0
		2021-09-16	2021-09-27	0	0	0	大溜顶冲	0	大溜冲刷	0	边溜冲刷	0	回溜淘刷	0
		2021-09-28	2021-10-03	16	3 968	7 924	大溜顶冲	0	大溜冲刷	14	边溜冲刷	2	回溜淘刷	0
		2021-10-04	2021-10-20	20	5 082	12 241	大溜顶冲	0	大溜冲刷	20	边溜冲刷	0	回溜淘刷	0
		2021-10-21	2021-10-31	0	0	0	大溜顶冲	0	大溜冲刷	0	边溜冲刷	0	回溜淘刷	0
	吴老家控导	2021-08-20	2021-09-15	0	0	0	大溜顶冲	0	大溜冲刷	0	边溜冲刷	0	回溜淘刷	0
		2021-09-16	2021-09-27	0	0	0	大溜顶冲	0	大溜冲刷	0	边溜冲刷	0	回溜淘刷	0
		2021-09-28	2021-10-03	13	1 199	2 480	大溜顶冲	0	大溜冲刷	13	边溜冲刷	0	回溜淘刷	0
		2021-10-04	2021-10-20	33	6 039	16 007	大溜顶冲	0	大溜冲刷	33	边溜冲刷	0	回溜淘刷	0
		2021-10-21	2021-10-31	0	0	0	大溜顶冲	0	大溜冲刷	0	边溜冲刷	0	回溜淘刷	0
	彭楼险工	2021-08-20	2021-09-15	0	0	0	大溜顶冲	0	大溜冲刷	0	边溜冲刷	0	回溜淘刷	0
		2021-09-16	2021-09-27	0	0	0	大溜顶冲	0	大溜冲刷	0	边溜冲刷	0	回溜淘刷	0
		2021-09-28	2021-10-03	8	1 256	2 736	大溜顶冲	0	大溜冲刷	8	边溜冲刷	0	回溜淘刷	0
		2021-10-04	2021-10-20	18	4 448	12 115	大溜顶冲	0	大溜冲刷	18	边溜冲刷	0	回溜淘刷	0
		2021-10-21	2021-10-31	0	0	0	大溜顶冲	0	大溜冲刷	0	边溜冲刷	0	回溜淘刷	0
	姜庄护滩	2021-08-20	2021-09-15	0	0	0	大溜顶冲	0	大溜冲刷	0	边溜冲刷	0	回溜淘刷	0
		2021-09-16	2021-09-27	0	0	0	大溜顶冲	0	大溜冲刷	0	边溜冲刷	0	回溜淘刷	0
		2021-09-28	2021-10-03	2	498	0	大溜顶冲	0	大溜冲刷	2	边溜冲刷	0	回溜淘刷	0
		2021-10-04	2021-10-20	3	784	0	大溜顶冲	0	大溜冲刷	3	边溜冲刷	0	回溜淘刷	0
		2021-10-21	2021-10-31	0	0	0	大溜顶冲	0	大溜冲刷	0	边溜冲刷	0	回溜淘刷	0

续附表 5

市局	工程	起始时间（年-月-日）	终止时间（年-月-日）	次数	抛石量/m^3	铅丝笼/kg	原因	次数	原因	次数	原因	次数	原因	次数
濮阳河务局	影唐险工	2021-08-20	2021-09-15	0	0	0	大溜顶冲	0	大溜冲刷	0	边溜冲刷	0	回溜淘刷	0
		2021-09-16	2021-09-27	0	0	0	大溜顶冲	0	大溜冲刷	0	边溜冲刷	0	回溜淘刷	0
		2021-09-28	2021-10-03	4	970	2 180	大溜顶冲	0	大溜冲刷	4	边溜冲刷	0	回溜淘刷	0
		2021-10-04	2021-10-20	0	0	0	大溜顶冲	0	大溜冲刷	0	边溜冲刷	0	回溜淘刷	0
		2021-10-21	2021-10-31	0	0	0	大溜顶冲	0	大溜冲刷	0	边溜冲刷	0	回溜淘刷	0
	杨楼控导	2021-08-20	2021-09-15	0	0	0	大溜顶冲	0	大溜冲刷	0	边溜冲刷	0	回溜淘刷	0
		2021-09-16	2021-09-27	0	0	0	大溜顶冲	0	大溜冲刷	0	边溜冲刷	0	回溜淘刷	0
		2021-09-28	2021-10-03	2	189	409	大溜顶冲	0	大溜冲刷	2	边溜冲刷	0	回溜淘刷	0
		2021-10-04	2021-10-20	40	6 630	17 727	大溜顶冲	0	大溜冲刷	40	边溜冲刷	0	回溜淘刷	0
		2021-10-21	2021-10-31	1	196	534	大溜顶冲	0	大溜冲刷	1	边溜冲刷	0	回溜淘刷	0
	邢庙险工	2021-08-20	2021-09-15	0	0	0	大溜顶冲	0	大溜冲刷	0	边溜冲刷	0	回溜淘刷	0
		2021-09-16	2021-09-27	0	0	0	大溜顶冲	0	大溜冲刷	0	边溜冲刷	0	回溜淘刷	0
		2021-09-28	2021-10-03	0	0	0	大溜顶冲	0	大溜冲刷	0	边溜冲刷	0	回溜淘刷	0
		2021-10-04	2021-10-20	8	1 525	4 153	大溜顶冲	0	大溜冲刷	8	边溜冲刷	0	回溜淘刷	0
		2021-10-21	2021-10-31	0	0	0	大溜顶冲	0	大溜冲刷	0	边溜冲刷	0	回溜淘刷	0
	邵庄护滩	2021-08-20	2021-09-15	0	0	0	大溜顶冲	0	大溜冲刷	0	边溜冲刷	0	回溜淘刷	0
		2021-09-16	2021-09-27	0	0	0	大溜顶冲	0	大溜冲刷	0	边溜冲刷	0	回溜淘刷	0
		2021-09-28	2021-10-03	0	0	0	大溜顶冲	0	大溜冲刷	0	边溜冲刷	0	回溜淘刷	0
		2021-10-04	2021-10-20	1	293	643	大溜顶冲	0	大溜冲刷	1	边溜冲刷	0	回溜淘刷	0
		2021-10-21	2021-10-31	0	0	0	大溜顶冲	0	大溜冲刷	0	边溜冲刷	0	回溜淘刷	0

续附表 5

市局	工程	起始时间（年-月-日）	终止时间（年-月-日）	次数	抛石量/m^3	铅丝笼/kg	原因	次数	原因	次数	原因	次数	原因	次数
濮阳河务局	连山寺控导	2021-08-20	2021-09-15	0	0	0	大溜顶冲	0	大溜冲刷	0	边溜冲刷	0	回溜淘刷	0
		2021-09-16	2021-09-27	0	0	0	大溜顶冲	0	大溜冲刷	0	边溜冲刷	0	回溜淘刷	0
		2021-09-28	2021-10-03	0	0	0	大溜顶冲	0	大溜冲刷	0	边溜冲刷	0	回溜淘刷	0
		2021-10-04	2021-10-20	14	3 635	10 050	大溜顶冲	10	大溜冲刷	0	边溜冲刷	1	回溜淘刷	3
		2021-10-21	2021-10-31	0	0	0	大溜顶冲	0	大溜冲刷	0	边溜冲刷	0	回溜淘刷	0
	张堂险工	2021-08-20	2021-09-15	0	0	0	大溜顶冲	0	大溜冲刷	0	边溜冲刷	0	回溜淘刷	0
		2021-09-16	2021-09-27	0	0	0	大溜顶冲	0	大溜冲刷	0	边溜冲刷	0	回溜淘刷	0
		2021-09-28	2021-10-03	0	0	0	大溜顶冲	0	大溜冲刷	0	边溜冲刷	0	回溜淘刷	0
		2021-10-04	2021-10-20	5	1 446	3 951	大溜顶冲	0	大溜冲刷	5	边溜冲刷	0	回溜淘刷	0
		2021-10-21	2021-10-31	0	0	0	大溜顶冲	0	大溜冲刷	0	边溜冲刷	0	回溜淘刷	0
合计				2 406	519 053	1 258 717	大溜顶冲	524	大溜冲刷	1 325	边溜冲刷	187	回溜淘刷	368

附表 6　秋汛期河南段黄河工程防汛抢险情况统计

序号	单位	工程名称	坝数	次数	出险体积/ m^3	抢险用石/ m^3	铅丝/ kg	装载机/ 台时	挖掘机/ 台时	自卸车/ 台时	人工/ 工日
河南局		68	666	2 406	523 304	519 054	1 258 716	10 163	14 893	29 234	120 454
一	濮阳局	20	173	446	101 645	101 590	254 616	417	5 452	5 870	8 002
1	濮一局	6	48	164	44 411	44 411	113 709	0	2 565	2 446	3 503
		青庄险工	7	32	7 635. 88	7 636	20 983	0	446	540	615
		南上延控导	10	27	7 062	7 062	18 394	0	409	637	561
		连山寺控导	9	14	3 635	3 635	10 050	0	213	207	292
		尹庄控导	3	32	11 393	11 393	25 888	0	649	410	875
		龙长治控导	6	23	5 791	5 791	14 502	0	334	398	455
		马张庄控导	13	36	8 894	8 894	23 893	0	514	253	705
2	范县局	5	82	152	27 572	27 572	71 573	0	1 599	1 990	2 187
		李桥险工	8	29	6 090	6 090	15 413	0	352	546	481
		彭楼险工	18	26	5 704	5 704	14 851	0	331	405	452
		吴老家控导	26	46	7 238	7 238	18 486	0	419	283	570
		邢庙险工	3	8	1 525	1 525	4 153	0	89	153	124
		杨楼控导	27	43	7 015	7 015	18 670	0	408	604	560
3	台前局	9	43	130	29 662	29 607	69 334	417	1 288	1 434	2 312
		孙楼控导	13	30	6 484	6 484	16 099	0	374	452	509
		韩胡同控导	3	7	1 492	1 492	3 510	46	34	57	115
		梁路口控导	6	10	2 036	2 036	5 406	15	102	83	161

续附表 6

序号	单位	工程名称	坝数	次数	出险体积/m^3	抢险用石/m^3	铅丝/kg	装载机/台时	挖掘机/台时	自卸车/台时	人工/工日
		白铺护滩	1	36	9 105	9 050	20 164	244	282	313	717
		姜庄护滩	1	5	1 282	1 282		31	40	0	77
		邵庄护滩	1	1	293	293	643	7	8	8	22
		枣包楼控导	14	32	6 554	6 554	17 380	74	309	376	521
		张堂险工	1	5	1 446	1 446	3 951	0	84	145	116
		影唐险工	3	4	970	970	2 180		55		74
二	新乡局	15	172	693	168 910	166 864	460 611	4 951	4 632	16 331	55 951
1	封丘局	5	60	292	70 534	70 256	228 118	2 861	2 468	5 830	31 854
		禅房控导	16	103	27 080	27 080	95 083	1 369	1 295	4 530	13 823
		大宫控导	12	55	11 757	11 753	28 682	309	355	250	4 150
		古城控导	14	68	14 815	14 541	50 378	765	77	67	6 641
		贯台控导	7	20	5 229	5 229	19 829	169	325	803	2 475
		顺河街控导	11	46	11 653	11 653	34 146	249	416	180	4 765
2	原阳局	6	56	176	46 937	46 865	124 730	1 098	531	2 784	4 753
		大张庄控导	1	1	240	240	600	5	3	15	24
		三官庙控导	9	76	20 394	20 394	56 360	462	240	785	2 064
		毛庵控导	17	28	7 299	7 299	17 580	175	80	378	740
		三教堂护滩	5	12	3 201	3 186	7 730	77	34	337	325
		双井控导	14	44	12 055	12 055	33 120	295	130	993	1 220

续附表6

序号	单位	工程名称	坝数	次数	出险体积/m^3	抢险用石/m^3	铅丝/kg	装载机/台时	挖掘机/台时	自卸车/台时	人工/工日
		武庄控导	10	15	3 748	3 691	9 340	84	44	276	380
3	长垣局	4	56	225	51 439	49 743	107 763	992	1 633	7 717	19 344
		大留寺控导	16	39	6 333	6 003	14 945	113	231	760	2 618
		于林控导	14	160	38 776	37 410	77 963	764	1 178	6 303	14 161
		周营控导	22	22	5 664	5 664	14 165	97	214	542	2 408
		周营上延控导	4	4	666	666	690	18	10	112	157
三	焦作局	7	77	224	47 477	46 879	130 707	340	742	1 009	6 390
1	武陟一局	1	4	19	4 371	4 371	12 192	23	64	96	539
		老田庵控导	4	19	4 371	4 371	12 192	23	64	96	539
2	武陟二局	2	7	38	8 503	8 463	18 483	147	215	297	1 342
		花坡堤险工	3	11	2 695	2 695	4 503	44	61	88	345
		驾部控导	4	27	5 808	5 768	13 980	103	154	208	997
3	孟州局	3	35	75	18 156	17 598	58 386	86	365	309	2 441
		化工控导	18	44	10 458	9 969	32 326	49	240	213	1 368
		开仪控导	11	20	4 786	4 786	16 494	24	80	67	646
		逯村控导	6	11	2 912	2 843	9 566	13	44	30	427
4	温县局	1	31	92	16 447	16 447	41 646	84	98	306	2 068
		大玉兰控导	31	92	16 447	16 447	41 646	84	98	306	2 068
四	开封局	8	121	635	117 853	116 400	230 806	3 813	2 492	3 962	38 355

续附表 6

序号	单位	工程名称	坝数	次数	出险体积/m^3	抢险用石/m^3	铅丝/kg	装载机/台时	挖掘机/台时	自卸车/台时	人工/工日
1	开封一局	2	14	215	36 691	35 374	48 225	791	1 327	879	9 508
		黑下延控导	8	200	33 665	32 588	43 828	735	1 206	807	8 684
		柳园口险工	6	15	3 026	2 786	4 397	56	121	72	824
2	开封二局	3	45	245	42 242	42 137	97 904	1 725	519	1 526	9 929
		府君寺控导	17	65	9 692	9 692	22 412	398	101	295	2 264
		欧坦控导	19	98	17 900	17 900	38 220	732	203	604	4 015
		王庵控导	9	82	14 650	14 545	37 272	595	215	627	3 650
3	兰考局	3	62	175	38 920	38 889	84 677	1 297	646	1 558	18 918
		蔡集控导	36	86	17 488	17 488	35 029	583	291	575	8 275
		东坝头控导	7	46	11 617	11 617	24 598	387	194	517	5 598
		夹河滩护滩	19	43	9 815	9 784	25 050	327	161	465	5 045
五	郑州局	13	94	352	74 313	74 215	152 559	645	1 105	1 544	8 996
1	巩义局	4	19	44	7 361	7 361	7 824	27	93	51	496
		赵沟控导	3	5	864	864	751		11		47
		裴峪控导	3	3	482	482	881	1	5		52
		神堤控导	11	30	5 173	5 173	5 583	15	65	26	351
		金沟控导	2	6	842	842	609	12	12	25	46
2	荥阳局	3	15	138	34 430	34 332	68 399	440	507	954	4 031
		金沟控导	3	3	410	410	1 143	4	6	9	65

续附表 6

序号	单位	工程名称	坝数	次数	出险体积/m^3	抢险用石/m^3	铅丝/kg	装载机/台时	挖掘机/台时	自卸车/台时	人工/工日
		桃花峪控导	3	7	1 464	1 464	1 654	24	22	50	107
		枣树沟控导	9	128	32 556	32 458	65 602	412	479	895	3 859
3	惠金局	4	45	93	16 016	16 016	43 939	145	233	313	2 552
		花园口险工	1	1	232	232	511		5	5	30
		东大坝下延控导	8	16	1 850	1 850	4 874	14	26	30	285
		马渡险工	27	67	13 017	13 017	36 454	128	189	273	2 114
		马渡下延控导	9	9	917	917	2 100	3	13	6	123
4	中牟局	2	15	77	16 506	16 506	32 397	32	272	225	1 917
		九堡下延控导	10	63	13 006	13 006	26 092	30	205	172	1 539
		赵口控导	5	14	3 500	3 500	6 305	2	67	53	378
六	豫西局	5	29	56	13 106	13 106	29 417	0	469	522	2 760
	孟津局	3	23	36	10 005	10 005	22 886	0	376	445	2 113
		白鹤控导	1	1	231	231	552		12	12	50
		铁谢险工	16	19	5 015	5 015	11 742		163	149	1 068
		花园镇控导	6	16	4 759	4 759	10 592		201	284	995
	吉利局	1	5	19	3 015	3 015	6 531	0	91	77	624
		白坡控导	5	19	3 015	3 015	6 531		91	77	624
	济源局	1	1	1	86	86	0	0	2	0	23
		坡头护滩工程	1	1	86	86			2		23

附表7　秋汛期山东段黄河工程出险抢险情况统计

序号	单位（河务局）	险情类别	险情级别	工程名称、坝号或桩号	出险时间（月-日T时:分）	出险体积/m^3	累计完成													
							抢险材料					用工/工日	机械台时							
							石料/m^3	铅丝/t	土方/m^3	柳秸料/万kg	土工布/m^2		机动翻斗车（1 t）	自卸车	长臂挖掘机	装载机	吊车	推土机	挖掘机	小计
	山东黄河河务局					309 105	287 879	483	35 195	36.15	126 619	69 938.6	2 178	31 860	2 556	2 869	719	1 364	9 372	51 127
1	郓城	坝裆后溃	一般	苏阁险工工程12~13号坝	10-01T17:40	244		0.009	244	0.045	2 048	188								
2	郓城	根石坍塌	一般	杨集险工10号坝	10-03T14:40	535	560	1.085				317				3			7	10
3	郓城	根石坍塌	一般	杨集险工13号坝	10-07T09:30	564	590	1.143				334				4			8	12
4	郓城	根石坍塌	一般	苏阁险工12号坝	10-07T15:30	927	970	1.911				693		86		32		13	12	143
5	郓城	根石坍塌	一般	伟庄险工1号坝	10-07T15:30	774	810	1.566				572		69		26		11	11	117
6	郓城	根石坍塌	一般	杨集上延10号坝	10-07T15:30	726	760	1.472				522		58		19		7	10	94
7	郓城	根石坍塌	一般	伟庄险工1号垛	10-07T15:40	927	970	1.917				709		95		35		15	12	157
8	郓城	根石坍塌	一般	伟庄险工5号垛	10-07T15:50	794	830	1.604				582		68		26		10	11	115
9	郓城	根石坍塌	一般	杨集险工13号坝	10-07T15:52	354	370	0.727				282		43		15		7	5	70
10	郓城	根石坍塌	一般	伟庄险工3号垛	10-07T15:55	746	780	1.51				542		61		24		9	11	105
11	郓城	根石坍塌	一般	杨集险工10号坝	10-07T15:55	249	260	0.507				198		30		11		5	3	49
12	郓城	根石坍塌	一般	伟庄险工1号坝	10-10T08:10	880	920	1.838				193		108		33		17	12	170
13	郓城	根石坍塌	一般	杨集险工13号坝	10-10T08:30	794	830	1.694				176		97		30		15	11	153
14	郓城	根石坍塌	一般	伟庄险工1号垛	10-10T08:20	871	910	1.844				192		107		33		16	12	168
15	鄄城	根石坍塌	一般	芦井控导3号坝	10-03T14:50	162	167					2		43	13	2		1		59
16	鄄城	根石坍塌	一般	郭集控导17号坝	10-03T16:30	630	649					7.6		51	21	7		4		83
17	鄄城	根石坍塌	一般	老宅庄控导1号坝	10-06T17:30	209	215					7		21	7	9		4		41
18	鄄城	根石坍塌	一般	苏泗庄险工24号坝	10-07T10:45	536	579	3.51				126		198	20	7		3		228
19	鄄城	根石坍塌	一般	苏泗庄上延8号坝	10-07T13:10	789	825	1.55				160		294	27	9		5		335

续附表 7

序号	单位（河务局）	险情类别	险情级别	工程名称、坝号或桩号	出险时间（月-日T时:分）	出险体积/m^3	累计完成													
							抢险材料					用工/工日	机械台时							
							石料/m^3	铅丝/t	土方/m^3	柳秸料/万kg	土工布/m^2		机动翻斗车（1 t）	自卸车	长臂挖掘机	装载机	吊车	推土机	挖掘机	小计
20	鄄城	根石坍塌	一般	老宅庄控导 2 号坝	10-07T17:10	344	354					50		11	12	2		1		26
21	鄄城	根石坍塌	一般	苏泗庄上延 10 号坝	10-07T17:40	938	980	1.98				190		349	32	11		6		398
22	鄄城	根石坍塌	一般	苏泗庄上延 9 号坝	10-07T17:40	941	984	1.84				192		350	32	11		6		399
23	鄄城	根石坍塌	一般	老宅庄控导 4 号坝	10-08T11:20	472	486					67			16					16
24	鄄城	根石坍塌	一般	老宅庄控导 3 号坝	10-08T11:40	242	249					34			8					8
25	鄄城	根石坍塌	一般	苏泗庄上延 7 号坝	10-08T14:10	896	923					134		341	30	11		5		387
26	鄄城	根石坍塌	一般	苏泗庄险工 24 号坝	10-08T14:20	345	362	0.97				76		154	12	4		2		172
27	牡丹	根石坍塌	一般	刘庄险工 28 号坝	10-03T08:10	320	330					45			11					11
28	牡丹	根石坍塌	一般	刘庄险工 29 号坝	10-04T08:18	794	818					124		76	26			9	18	129
29	牡丹	根石坍塌	一般	刘庄险工 28 号坝	10-07T10:30	549	565					91		66	18			8	15	107
30	东明	根石坍塌	一般	霍寨工程 9 号坝	09-30T09:20	456	470					63			15					15
31	东明	根石坍塌	一般	辛店集控导工程 4 号坝	10-01T11:20	817	842					125		51	27				16	94
32	东明	根石坍塌	一般	辛店集控导工程 5 号坝	10-03T08:10	618	637					99		71	20				18	109
33	东明	根石坍塌	一般	霍寨工程 8 号坝	10-03T15:10	702	723					113		85	23				20	128
34	东明	根石坍塌	一般	王夹堤控导工程 11 号坝	10-04T08:10	260	268					39		11	8				4	23
35	东明	根石坍塌	一般	王夹堤控导工程 12 号坝	10-04T11:10	300	309					41			10					10
36	东明	根石坍塌	一般	王夹堤控导工程 16 号坝	10-04T11:20	671	691					92			22					22

续附表 7

序号	单位（河务局）	险情类别	险情级别	工程名称、坝号或桩号	出险时间（月-日T时:分）	出险体积/m^3	累计完成													
							抢险材料					用工/工日	机械台时							
							石料/m^3	铅丝/t	土方/m^3	柳秸料/万kg	土工布/m^2		机动翻斗车（1 t）	自卸车	长臂挖掘机	装载机	吊车	推土机	挖掘机	小计
37	东明	根石坍塌	一般	王夹堤控导工程18号坝	10-04T11:30	743	765					102			24					24
38	东明	根石坍塌	一般	王夹堤控导工程19号坝	10-04T11:40	571	588					79			19					19
39	东明	根石坍塌	一般	王夹堤控导工程17号坝	10-04T11:50	605	623					83			20					20
40	东明	根石坍塌	一般	堡城险工1号坝	10-04T15:10	930	958					128			30					30
41	东明	根石坍塌	一般	堡城险工工字坝	10-04T17:15	520	536					84		44	17				15	76
42	东明	根石坍塌	一般	霍寨险工12号坝	10-05T08:15	448	461					72		44	15				13	72
43	东明	根石坍塌	一般	老君堂控导工程12号坝	10-05T10:05	535	551					86		67	17				15	99
44	东明	根石坍塌	一般	老君堂控导工程15号坝	10-06T10:50	683	703					104		52	22				12	86
45	东明	根石坍塌	一般	霍寨险工13号坝	10-06T11:50	503	518					74		20	16				7	43
46	东明	根石坍塌	一般	王夹堤控导工程14号坝	10-06T11:05	194	200					27			6					6
47	东明	根石坍塌	一般	王夹堤控导工程15号坝	10-06T11:40	688	709					95			22					22
48	东明	根石坍塌	一般	王高寨11~12号坝坝裆	10-07T08:30	595	613					96		52	19				17	88
49	东明	根石坍塌	一般	辛店集3~4号坝坝裆	10-07T09:20	784	808					126		98	25				22	145
50	东明	根石坍塌	一般	高村险工27~28坝坝裆	10-07T13:15	397	409					64		50	13				11	74
51	东明	根石坍塌	一般	高村险工28~29坝坝裆	10-07T13:20	588	606					95		74	19				17	110
52	东明	根石坍塌	一般	老君堂控导工程10号坝	10-07T14:38	783	806					126		98	25				22	145
53	东明	根石坍塌	一般	高村险工25号垛	10-07T16:50	792	816					127		99	26				23	148

续附表 7

序号	单位（河务局）	险情类别	险情级别	工程名称、坝号或桩号	出险时间（月-日T时:分）	出险体积/m^3	累计完成													
							抢险材料					用工/工日	机械台时							
							石料/m^3	铅丝/t	土方/m^3	柳秸料/万kg	土工布/m^2		机动翻斗车（1 t）	自卸车	长臂挖掘机	装载机	吊车	推土机	挖掘机	小计
54	东明	根石坍塌	一般	高村险工 20 号坝	10-07T17:00	392	404					63		49	13				11	73
55	东明	根石坍塌	一般	老君堂控导工程 11 号坝	10-07T17:40	885	912					143		111	29				25	165
56	东明	根石坍塌	一般	高村险工 26^{-1} 护岸	10-07T18:05	906	933					146		114	29				26	169
57	东明	根石坍塌	一般	辛店集控导 2~3 坝坝裆	10-07T18:10	502	517					81		63	16				14	93
58	东明	根石坍塌	一般	霍寨险工 16 号坝	10-07T18:15	581	598					80			19					19
59	东明	根石坍塌	一般	霍寨险工 16^{+1} 号坝	10-08T15:25	166	171					23			5					5
60	东明	根石坍塌	一般	高村险工 31 号坝	10-13T08:20	408	430	1.11				99		52	14				12	78
61	东明	根石坍塌	一般	高村险工 30 号坝	10-15T08:10	434	458	1.18				94		0	14				0	14
62	东明	根石坍塌	一般	高村险工 29 号坝	10-15T04:20	840	887	2.285				198		79	28				18	125
63	东明	坝裆后溃	一般	霍寨险工 7^{+1}~8 号坝	10-17T11:20	472	486					76		59	15				13	87
64	鄄城	根石坍塌	一般	苏泗庄险工 27 号坝	10-19T00:50	530	559	1.87				127		191	13	6		3		213
65	东明	根石坍塌	一般	高村险工 34 号坝	10-19T04:10	795	845	2.883				212		103	27				23	153
66	牡丹	坝裆后溃	一般	刘庄险工 28~29 号坝坝裆	10-21T09:30	1 215	1 251					196		167				17	51	235
67	鄄城	坦石坍塌	一般	郭集控导 26 号坝	10-21T06:30	262	276	0.922				67		26	28					54
68	鄄城	坦石坍塌	一般	郭集控导 17 号坝	10-24T07:30	306	326	1.511				84		25	11	4		2		42
69	郓城	根石坍塌	一般	苏阁险工 11 号坝	10-23T03:20	113	120	0.405				26							1	1
70	东明	根石坍塌	一般	王夹堤控导工程 10 号坝	10-24T08:10	467	497	1.697				114			16					16

续附表 7

序号	单位(河务局)	险情类别	险情级别	工程名称、坝号或桩号	出险时间(月-日T时:分)	出险体积/m³	累计完成													
							抢险材料					用工/工日	机械台时							
							石料/m³	铅丝/t	土方/m³	柳秸料/万kg	土工布/m²		机动翻斗车(1 t)	自卸车	长臂挖掘机	装载机	吊车	推土机	挖掘机	小计
71	郓城	根石坍塌	一般	伟庄险工 2 号坝	10-24T05:30	898	925					127							12	12
72	东明	根石坍塌	一般	王夹堤控导工程 2 号坝	10-25T08:50	406	432	1.474				99			13					13
73	东明	根石坍塌	一般	老君堂控导工程 9 号坝	10-25T09:10	870	925	3.155				233		113	29				26	168
74	东明	根石坍塌	一般	霍寨险工 12 号坝	10-25T04:30	280	298	1.017				72		10	9				3	22
75	东明	坝裆后溃	一般	高村险工 28~29 号坝坝裆	10-26T03:30	221	228					35		28					9	37
76	鄄城	根石坍塌	一般	芦井控导 3 号坝	10-26T02:10	193	202	0.412				40		41	7	2		1		51
77	东明	坦石坍塌	一般	辛店集控导工程 4 号坝	10-30T07:40	372	196					30		24	6				5	35
78	梁山	根石预加固	一般	路那里险工 20 号坝	10-02T23:35	731	764	1				142		25	10				8	43
79	梁山	根石预加固	一般	路那里险工 16 号坝	10-04T18:00	907	948	2				175		25	13				8	46
80	梁山	根石预加固	一般	朱丁庄控导 21、25、28 号坝	10-03T08:00	536	552					74							7	7
81	梁山	根石预加固	一般	朱丁庄控导 24 号坝	10-03T17:00	405	417					61		19					11	30
82	梁山	根石预加固	一般	朱丁庄控导 7 号坝、8 号坝、9 号坝、12 号坝、14 号坝、22~23 号坝、25~26 号坝	10-04T18:00	3 729	3 851	1				628		425					148	573
83	梁山	根石坍塌	一般	朱丁庄控导 15 号坝、16 号坝、20 号坝	10-07T06:00	1 349	1 389					206		241		29		14	17	301
84	梁山	根石坍塌	一般	朱丁庄控导 22 号坝、23 号坝、26 号坝	10-07T06:00	1 380	1 432	1				240		248		30		15	18	311
85	梁山	根石预加固	一般	程那里险工 10、11 号坝	10-03T14:00	1 695	1 771	3				314			24					24

续附表 7

序号	单位（河务局）	险情类别	险情级别	工程名称、坝号或桩号	出险时间（月-日T时:分）	出险体积/m^3	累计完成													
							抢险材料					用工/工日	机械台时							
							石料/m^3	铅丝/t	土方/m^3	柳秸料/万kg	土工布/m^2		机动翻斗车（1 t）	自卸车	长臂挖掘机	装载机	吊车	推土机	挖掘机	小计
86	梁山	根石坍塌	一般	程那里险工 12 号坝	10-07T06:00	943	986	2				188		86	13	20		10		129
87	梁山	根石预加固	一般	蔡楼控导 2 号坝、3 号坝、4 号坝	10-04T18:00	1 356	1 397					214		135					52	187
88	梁山	堤坡坝坡滑坡脱坡	一般	黄堤 333+550、330+850，路那里险工 3 号坝背坡、6 号坝背坡、10 号坝临坡两处、10 号坝背坡、11 号坝临坡两处、11 号坝背坡，程那里险工 15 号坝背坡、16 号坝背坡、17 号坝背坡	10-05T08:00						3 600									
89	梁山	堤坡滑坡脱坡	一般	黄堤 333+550、330+850	10-07T08:00	2 698														
90	梁山	根石坍塌	一般	蔡楼控导 1 号坝	10-18T07:00	475	501	2				115		42					20	62
91	梁山	根石坍塌	一般	蔡楼控导 10 号坝	10-18T07:00	481	507	2				116		62					20	82
92	梁山	根石坍塌	一般	程那里险工 10 号坝	10-20T08:00	676	713	2.093				154		62	9	14		7		92
93	梁山	根石坍塌	一般	程那里险工 11 号坝	10-20T08:00	810	854	2.649				188		75	11	17		9		112
94	梁山	根石坍塌	一般	程那里险工 12 号坝	10-20T08:00	640	676	2.093				148		59	8	14		7		88
95	梁山	根石坍塌	一般	程那里险工 12 号坝	10-25T09:50	300	324	2				93		23	4	7		3		37
96	梁山	坝裆联坝坡坍塌	一般	朱丁庄控导 11~12 坝坝裆	10-20T04:00	617	646	1.373				127		139	0	13		7	8	167

续附表7

序号	单位(河务局)	险情类别	险情级别	工程名称、坝号或桩号	出险时间(月-日T时:分)	出险体积/m³	累计完成													
							抢险材料					用工/工日	机械台时							
							石料/m³	铅丝/t	土方/m³	柳秸料/万kg	土工布/m²		机动翻斗车(1 t)	自卸车	长臂挖掘机	装载机	吊车	推土机	挖掘机	小计
97	梁山	坝裆联坝坡坍塌	一般	朱丁庄控导15~16坝坝裆	10-20T04:00	632	662	1.373				129		142		13		7	8	170
98	梁山	坝裆联坝坡坍塌	一般	朱丁庄控导17~18坝坝裆	10-20T05:00	514	538	1.118				105		115		11		5	6	137
99	梁山	坝裆联坝坡坍塌	一般	朱丁庄控导23~24坝坝裆	10-20T05:00	661	692	1.439				135		148		14		7	9	178
100	梁山	坝裆联坝坡坍塌	一般	朱丁庄控导12~13坝坝裆	10-20T05:00	632	662	1.373				129		142		13		7	8	170
101	梁山	根石坍塌	一般	朱丁庄控导6号坝	10-20T05:00	261	282	1.707				81		37		6		3	4	50
102	梁山	坝裆联坝坡坍塌	一般	朱丁庄控导13~14坝坝裆	10-20T05:00	654	684	1.426				134		147		14		7	9	177
103	梁山	坝裆联坝坡坍塌	一般	朱丁庄控导14~15坝坝裆	10-20T05:00	660	691	1.439				135		148		14		7	9	178
104	梁山	坝裆联坝坡坍塌	一般	朱丁庄控导10~11坝坝裆	10-20T05:00	573	599	1.249				118		87		12		6	8	113
105	梁山	根石坍塌	一般	朱丁庄控导17号坝	10-20T05:00	405	437	2.649				126		64		9		4	6	83
106	梁山	根石坍塌	一般	路那里险工21号坝	10-20T06:00	653	705	4.271				204		219	9	14		7		249
107	梁山	根石坍塌	一般	路那里险工19号坝	10-20T06:00	738	797	4.827				230		247	10	16		8		281
108	梁山	根石坍塌	一般	路那里险工18号坝	10-20T06:00	785	848	5.134				244		263	11	17		9		300
109	梁山	根石坍塌	一般	路那里险工20号坝	10-21T11:00	585	629	3.806				181		195	8	13		6		222

续附表 7

序号	单位（河务局）	险情类别	险情级别	工程名称、坝号或桩号	出险时间（月-日T时:分）	出险体积/m^3	累计完成													
							抢险材料					用工/工日	机械台时							
							石料/m^3	铅丝/t	土方/m^3	柳秸料/万 kg	土工布/m^2		机动翻斗车（1 t）	自卸车	长臂挖掘机	装载机	吊车	推土机	挖掘机	小计
110	梁山	根石坍塌	一般	路那里险工 21~22 号坝坝档至 22 号坝 YS+045	10-24T04:20	918	960	2.001				188		67	12	19		10		108
111	梁山	根石坍塌	一般	朱丁庄控导 5 号坝	10-21T11:00	270	292	1.766				84		71		6		3	4	84
112	梁山	根石坍塌	一般	朱丁庄控导 10 号坝	10-21T11:00	282	305	1.844				88		74		6		3	4	87
113	梁山	根石坍塌	一般	朱丁庄控导 13 号坝	10-21T11:00	300	324	1.962				93		78		7		3	4	92
114	梁山	根石坍塌	一般	朱丁庄控导 18 号坝	10-21T11:00	324	350	2.119				101		89		7		4	4	104
115	梁山	根石坍塌	一般	朱丁庄控导 19 号坝	10-21T11:00	343	370	2.243				107		95		8		4	5	112
116	梁山	根石坍塌	一般	朱丁庄控导 27 号坝	10-21T11:00	273	295	1.785				85		75		6		3	4	88
117	东平	根石坍塌	一般	十里堡险工 39 号坝	10-03T14:00	346	361	1				64							4	4
118	东平	根石坍塌	一般	姜沟控导 4 号坝、4^{+1} 号护岸、5 号坝、5^{+1} 号护岸、6 号坝、6^{+1} 号护岸、7 号坝、8 号坝、9 号坝、9^{+1} 号护岸、10 号坝、11 号坝	10-03T19:00	1 476	1 554	4				306							20	20
119	东平	根石坍塌	一般	姜沟控导 6~10 号坝、10^{+1} 号护岸、11 号坝	10-17T16:00	676	720	3				187		71	9	26		14		120
120	东平	根石坍塌	一般	荫柳科控导-3~-1 号坝、1~6 号坝、13~15 号坝、21 号坝、23 号坝、24 号坝、27 号坝、28 号坝	10-03T19:00	2 070	2 173	6				426							22	22

续附表 7

序号	单位（河务局）	险情类别	险情级别	工程名称、坝号或桩号	出险时间（月-日T时:分）	出险体积/m^3	累计完成													
							抢险材料					用工/工日	机械台时							
							石料/m^3	铅丝/t	土方/m^3	柳秸料/万kg	土工布/m^2		机动翻斗车（1 t）	自卸车	长臂挖掘机	装载机	吊车	推土机	挖掘机	小计
121	东平	根石坍塌	一般	荫柳科控导-3 号坝、25~30 号坝	10-04T15:00	1 752	1 805					240							23	23
122	东平	根石坍塌	一般	荫柳科控导 34、35 号坝	10-16T16:00	766	805	2				180		88	10	34		16		148
123	东平	根石坍塌	一般	荫柳科控导 23~27 号坝	10-20T16:00	1 933	2 037	6	386			877		224	25	86		42		506
124	东平	根石坍塌	一般	徐巴士控导 1~4 号坝、7~12 号坝、12^{+1} 号护岸	10-03T19:00	1 168	1 233	4				249							15	15
125	东平	根石坍塌	一般	徐巴士控导 12 号坝	10-04T15:00	283	291					39							4	4
126	东平	根石坍塌	一般	肖庄控导 1~4 号坝、4^{+1} 号护岸、5~8 号坝、8^{+1} 号护岸	10-03T19:00	769	807	2				153							10	10
127	东平	根石坍塌	一般	肖庄控导 4 号坝、4^{+1} 号护岸、5 号坝、7 号坝	10-04T15:00	2 453	2 527					368		146		46		23	32	247
128	东平	根石坍塌	一般	肖庄控导 4^{+1} 号护岸	10-16T16:00	695	751	5				227		102	9	32		16		159
129	东平	根石坍塌	一般	姜沟控导 5 号坝	10-21T16:00	383	400	1				70			6					6
130	东平	根石坍塌	一般	肖庄控导 5 号坝、7~8 号坝、8^{+1} 号护岸	10-21T16:00	1 315	1 374	2				280		186	17	59		30		292
131	东平	根石坍塌	一般	徐巴士控导 12^{+1} 号护岸	10-21T16:00	1 033	1 079	1.96	241			442			14					94
132	东平	根石坍塌	一般	荫柳科控导-1 号坝	10-21T16:00	287	300	1				53			4					4
133	东平	根石坍塌险情	一般	十里堡险工 39 号坝	10-26T19:00	186	201	1				55			3					3

续附表 7

序号	单位（河务局）	险情类别	险情级别	工程名称、坝号或桩号	出险时间（月-日 T时:分）	出险体积 /m³	累计完成													
							抢险材料					用工 /工日	机械台时							
							石料 /m³	铅丝 /t	土方 /m³	柳秸料 /万 kg	土工布 /m²		机动翻斗车（1 t）	自卸车	长臂挖掘机	装载机	吊车	推土机	挖掘机	小计
134	东平	根石坍塌险情	一般	荫柳科控导-3 号坝、34 号坝	10-26T17:00	946	989	2				205		134	12	42		20		208
135	东平	根石坍塌险情	一般	荫柳科控导 24 号坝	10-28T16:00	696	728	1.47				153		91	9	31		15		146
136	东阿	根石坍塌	一般	周门前险工 15 号坝	09-30T21:30	126	130					23				2			9	11
137	东阿	根石坍塌	一般	范坡险工 19 号坝	10-01T11:00	143	150					25		4					8	12
138	东阿	根石坍塌	一般	康口险工 1^{+4} 号坝	10-01T11:05	251	260					47							19	19
139	东阿	漫溢预防护	一般	位山控导	10-02T16:00	173			197		900	71		31				3	7	41
140	东阿	根石坍塌	一般	范坡险工 17 号坝、18^{-1} 号坝	10-03T06:30	947	980	0.327				120	60						88	148
141	东阿	根石坍塌	一般	毕庄险工 3 号坝	10-03T10:00	230	240					40				10			12	22
142	东阿	预加固	一般	康口险工 1 号坝、1^{+3} 号坝	10-03T14:00	867	900	0.327				68		4					61	65
143	东阿	预加固	一般	范坡险工 22 号坝	10-04T12:10	338	350					54		55					30	85
144	东阿	预加固	一般	范坡险工 14^{-3}、15 号坝	10-04T12:40	766	790					18		18					12	30
145	东阿	预加固	一般	李营险工 10 号坝	10-04T13:20	630	650					75			25				30	55
146	东阿	预加固	一般	周门前险工 11 号坝	10-04T14:10	524	540					101		41	40				28	109
147	东阿	预加固	一般	周门前险工 15 号坝	10-04T14:30	320	330					33				11			22	33
148	东阿	预加固	一般	康口险工 6^{-1} 号坝	10-04T15:00	500	520					35							59	59
149	东阿	预加固	一般	康口险工 6^{-2} 号坝	10-04T15:00	294	310					22							35	35

续附表 7

序号	单位（河务局）	险情类别	险情级别	工程名称、坝号或桩号	出险时间（月-日 T时:分）	出险体积/m³	累计完成													
							抢险材料					用工/工日	机械台时							
							石料/m³	铅丝/t	土方/m³	柳秸料/万 kg	土工布/m²		机动翻斗车（1 t）	自卸车	长臂挖掘机	装载机	吊车	推土机	挖掘机	小计
150	东阿	预加固	一般	康口险工 6^{-3} 号坝	10-04T15:00	851	880					30							116	116
151	东阿	预加固	一般	康口险工 6^{-4} 号坝	10-04T15:00	328	340					27							38	38
152	阳谷	预加固	一般	陶城铺险工 9 号坝	10-04T08:10	342	352					30				35	35		28	98
153	东阿	预加固	一般	范坡险工 21 号坝	10-05T08:10	943	980	0.654				83		121	45			10	48	224
154	东阿	预加固	一般	范坡险工 23 号坝	10-05T08:20	884	938	3.637				98		94	64				90	248
155	东阿	预加固	一般	周门前险工 17 号坝	10-05T09:30	870	900	0.654				44			72					72
156	东阿	预加固	一般	丁口控导 15、16 号坝	10-05T12:30	592	612					88		85					96	181
157	东阿	预加固	一般	丁口控导 31、32^{-2} 号坝	10-05T12:30	814	844	0.654				73		88					96	184
158	东阿	预加固	一般	位山险工 13、14 号坝	10-05T13:30	929	960					70		60	47				38	145
159	东阿	预加固	一般	位山险工 15、16 号坝	10-05T13:40	230	240					22			20				12	32
160	东阿	预加固	一般	陶邵险工 22、23 号坝	10-05T17:00	398	430	1.799				84		34	38				20	92
161	东阿	预加固	一般	南桥险工 1 号坝	10-05T15:00	226	240	1.178				30		4	19				2	25
162	东阿	预加固	一般	周门前险工 16 号坝	10-06T08:25	533	550					25			10				12	22
163	东阿	预加固	一般	位山险工 19 号坝	10-06T13:50	494	512					83		24	28	20				72
164	东阿	预加固	一般	位山险工 23~25 号坝	10-08T13:00	517	550	2.289				86		64					64	128
165	东阿	预加固	一般	范坡险工 19 号坝	10-20T15:10	185	200	1.21				70		40					30	70
166	东阿	预加固	一般	范坡险工 18^{-2} 号坝	10-20T15:30	275	300	1.799				100		61					45	106

续附表 7

序号	单位（河务局）	险情类别	险情级别	工程名称、坝号或桩号	出险时间（月-日 T时:分）	出险体积 /m^3	累计完成														
							抢险材料					用工 /工日	机械台时								
							石料 /m^3	铅丝 /t	土方 /m^3	柳秸料 /万 kg	土工布 /m^2		机动翻斗车（1 t）	自卸车	长臂挖掘机	装载机	吊车	推土机	挖掘机	小计
167	东阿	预加固	一般	范坡险工 18^{-1} 号坝	10-20T15:30	184	200	1.21				70		40					30	70
168	东阿	预加固	一般	范坡险工 17 号坝	10-20T15:40	91	100	0.596				36		20					15	35
169	德州	根石坍塌	一般	水坡控导 3、15 号坝	09-29T20:07, 22:02	485	500					80		61					20	81
170	德州	根石坍塌	一般	大庞控导 7 号坝	10-03T12:12	506	529	0.75				105		70		10		6	22	108
171	德州	根石坍塌	一般	水坡控导 9 号坝	10-03T12:21	300	314	0.5				64		36					12	48
172	德州	根石坍塌	一般	赵庄险工 20 号坝	10-03T13:30	881	921	1.31				182		108					36	144
173	德州	根石坍塌	一般	潘庄险工 35 号坝	10-03T15:00	200	209	0.3				41		24					8	32
174	德州	根石坍塌	一般	大庞控导 2 号坝	10-04T14:28	383	400	0.56				79		53		8		4	16	81
175	德州	根石坍塌	一般	谯庄险工 1、33 号坝	10-04T14:45, 23:18	607	632	0.6				116		110		13		6	25	154
176	德州	根石坍塌	一般	阴河险工 39、71、51 号坝	10-04T15:02, 19:14, 21:24	1 099	1 150	1.88				249		140					47	187
177	德州	根石坍塌	一般	水坡控导 4、5、13 号坝	10-04T05:30, 15:40, 16:20	346	360	0.51				75		44					14	58
178	德州	根石坍塌	一般	赵庄险工 18、19、16 号坝	10-04T15:40, 15:40, 22:35	1 006	1 053	1.65				225		128					43	171
179	德州	根石坍塌	一般	潘庄险工 33 号坝	10-04T16:10	97	100					16		12					4	16
180	德州	根石坍塌	一般	南坦险工 75、83、85 号坝	10-04T16:23, 18:36, 18:48	389	400					64		48					16	64

续附表 7

序号	单位（河务局）	险情类别	险情级别	工程名称、坝号或桩号	出险时间（月-日 T 时:分）	出险体积 /m^3	累计完成													
							抢险材料					用工 /工日	机械台时							
							石料 /m^3	铅丝 /t	土方 /m^3	柳秸料 /万 kg	土工布 /m^2		机动翻斗车（1 t）	自卸车	长臂挖掘机	装载机	吊车	推土机	挖掘机	小计
181	德州	根石坍塌	一般	韩刘险工 1 号坝	10-04T17:26	136	140					22		17					6	23
182	德州	根石坍塌	一般	官庄险工 42、60 号坝	10-04T18:37，21:55	398	410					66		50					17	67
183	德州	根石坍塌	一般	程官庄险工 14 号坝	10-04T19:23	388	400					64		49					16	65
184	德州	根石坍塌	一般	于庄险工 37 号坝	10-04T19:31	252	260					42		32					11	43
185	德州	根石坍塌	一般	李家岸险工 18 号坝	10-04T21:22	214	220					35		27					9	36
186	德州	根石坍塌	一般	席道口险工 28 号坝	10-04T22:18	190	200	0.47				48		24					8	32
187	德州	根石坍塌	一般	谯庄控导 8 号坝	10-04T22:45	144	150	0.21				31		18					6	24
188	德州	根石坍塌	一般	水坡控导 12、14 号坝	10-05T08:42，08:52	288	300	0.42				62		36					12	48
189	德州	根石坍塌	一般	韩刘险工 5 号坝	10-05T09:27	229	240	0.42				53		29					10	39
190	德州	根石坍塌	一般	李家岸险工 32 号坝	10-05T09:28	407	430	1.16				109		52					17	69
191	德州	根石坍塌	一般	官庄险工 36、72 号坝	10-05T10:27，11:00	797	830	0.91				164		102					34	136
192	德州	根石坍塌	一般	大庞控导 5 号坝	10-05T10:44	287	300	0.47				61		39		6		3	12	60
193	德州	根石坍塌	一般	南坦险工 81、82 号坝	10-05T10:57，11:21	292	300					48		36					12	48
194	德州	根石坍塌	一般	水坡控导 15、7 号坝	10-05T13:09，16:08	335	350	0.56				74		42					14	56
195	德州	根石坍塌	一般	李家岸险工 22 号坝	10-05T13:26	361	380	0.84				90		46					15	61

续附表 7

序号	单位（河务局）	险情类别	险情级别	工程名称、坝号或桩号	出险时间（月-日 T时:分）	出险体积/m^3	累计完成													
							抢险材料					用工/工日	机械台时							
							石料/m^3	铅丝/t	土方/m^3	柳秸料/万 kg	土工布/m^2		机动翻斗车（1 t）	自卸车	长臂挖掘机	装载机	吊车	推土机	挖掘机	小计
196	德州	根石坍塌	一般	于庄险工 41 号坝	10-05T14:27	408	430	1.02				104		53					18	71
197	德州	根石坍塌	一般	程官庄险工 36 号坝	10-05T14:41	114	120	0.28				29		14					4	18
198	德州	根石坍塌	一般	官庄险工 48 号坝	10-05T15:21	139	145	0.2				30		18					6	24
199	德州	根石坍塌	一般	谯庄控导 10 号坝	10-05T15:24	106	110	0.16				23		13					4	17
200	德州	根石坍塌	一般	南坦控导 1 号坝	10-05T15:31	190	199	0.37				45		24					8	32
201	德州	根石坍塌	一般	韩刘险工 17 号坝	10-05T16:32	277	290	0.51				64		35					12	47
202	德州	根石坍塌	一般	南坦险工 76 号坝	10-05T16:35	143	150	0.23				32		18					6	24
203	德州	根石坍塌	一般	谯庄险工 3、5 号坝	10-05T16:38,16:45	633	670	1.76				162		117		14		7	27	165
204	德州	根石坍塌	一般	大庞控导 3 号坝	10-05T16:50	388	400					60		53		8		4	16	81
205	德州	根石坍塌	一般	席道口险工 38 号坝	10-05T17:31	329	349	1.07				92		42					14	56
206	德州	根石坍塌	一般	程官庄险工 23~24、10 号坝	10-06T08:30,09:15	474	500	1.31				124		61					21	82
207	德州	根石坍塌	一般	阴河险工 57 号坝	10-06T08:31	283	300	0.79				75		37					12	49
208	德州	根石坍塌	一般	官庄险工 40、46 号坝	10-06T09:11,09:20	803	840	1.34				181		102					35	137
209	德州	根石坍塌	一般	程官庄险工 17 号坝	10-06T13:17	282	300	0.93				80		36					12	48
210	德州	根石坍塌	一般	大庞控导 4 号坝	10-06T14:07	379	400	0.93				92		52		8		4	16	80
211	德州	根石坍塌	一般	阴河险工 53 号坝	10-06T14:35	194	200					32		24					8	32

续附表 7

序号	单位（河务局）	险情类别	险情级别	工程名称、坝号或桩号	出险时间（月-日 T时:分）	出险体积/m^3	累计完成													
							抢险材料					用工/工日	机械台时							
							石料/m^3	铅丝/t	土方/m^3	柳秸料/万 kg	土工布/m^2		机动翻斗车（1 t）	自卸车	长臂挖掘机	装载机	吊车	推土机	挖掘机	小计
212	德州	根石坍塌	一般	于庄险工 33 号坝	10-06T15:50	291	310	0.97				83		38					13	51
213	德州	根石坍塌	一般	谯庄险工 35、37 号坝	10-06T17:27,21:18	294	307	0.47				63		47		4		2	12	65
214	德州	根石坍塌	一般	王庄险工 39 号坝	10-06T18:21	210	220	0.4				49		26					9	35
215	德州	根石坍塌	一般	南坦险工 77 号坝	10-06T19:12	97	100					16		12					4	16
216	德州	根石坍塌	一般	谯庄控导 9 号坝	10-06T22:55	142	148	0.21				31		18					6	24
217	德州	根石坍塌	一般	阴河险工 55、49 号坝	10-07T08:39,11:18	545	580	1.86				157		70					23	93
218	德州	根石坍塌	一般	于庄险工 35 号坝	10-07T10:15	256	270	0.65				66		33					11	44
219	德州	根石坍塌	一般	南坦险工 78 号坝	10-07T10:20	93	100	0.47				32		12					4	16
220	德州	根石坍塌	一般	大庞控导 6 号坝	10-07T10:56	282	300	0.93				77		39		6		3	12	60
221	德州	根石坍塌	一般	谯庄险工 31 号坝	10-07T11:01	141	150	0.46				38		26		3		2	6	37
222	德州	根石坍塌	一般	谯庄险工 36、38、34 号坝	10-07T12:25,14:40,23:23	599	633	1.68				157		86		4		2	26	118
223	德州	根石坍塌	一般	潘庄险工 9 号坝	10-07T12:47	291	300					48		37					12	49
224	德州	根石坍塌	一般	王庄险工 23 号坝	10-07T13:47	171	180	0.47				45		22					7	29
225	德州	根石坍塌	一般	程官险工 46 号坝	10-07T16:08	185	200	0.93				64		24					8	32
226	德州	根石坍塌	一般	于庄险工 50、52 号坝	10-07T19:50,08T10:12	345	360	0.51				75		43					14	57

续附表 7

序号	单位（河务局）	险情类别	险情级别	工程名称、坝号或桩号	出险时间（月-日 T时:分）	出险体积 /m^3	累计完成													
							抢险材料					用工 /工日	机械台时							
							石料 /m^3	铅丝 /t	土方 /m^3	柳秸料 /万 kg	土工布 /m^2		机动翻斗车（1 t）	自卸车	长臂挖掘机	装载机	吊车	推土机	挖掘机	小计
227	德州	根石坍塌	一般	席道口险工 43 号坝	10-07T21:25	142	150	0.47				40		18					6	24
228	德州	根石坍塌	一般	官庄险工 62 号坝	10-08T08:50	309	330	1.11				91		40					14	54
229	德州	根石坍塌	一般	谯庄控导 5 号坝	10-08T09:46	136	142	0.2				30		17					6	23
230	德州	防漫溢	一般	谯庄控导 1~10 号坝	10-09T18:30	0			413			476	75	45				3	6	129
231	德州	根石坍塌	一般	谯庄险工 3 号坝	10-13T13:38	193	204	0.47				47		36		4		2	8	50
232	德州	根石坍塌	一般	程官庄险工 53 号坝	10-19T16:45	195	205	0.39				44		18		4		2	3	27
233	德州	根石坍塌	一般	官庄险工 46^{+1} 号坝	10-20T08:15	95	100	0.19				22		9		2		2	2	15
234	德州	根石坍塌	一般	豆腐窝险工 64~67 号坝	10-21T14:20	255	275	1.28				88		33					11	44
235	德州	根石坍塌	一般	程官庄险工 9 号坝	10-22T10:30	429	450	0.84				96		55					18	73
236	德州	根石坍塌	一般	官庄险工 46^{+1} 号坝	10-24T14:09	97	100					16		12					4	16
237	德州	根石坍塌	一般	韩刘险工 20 号坝	10-24T14:25	192	200	0.23				38		24					8	32
238	德州	根石坍塌	一般	官庄险工 48、68 号坝	10-25T12:05，12:15	338	350	0.28				63		42					14	56
239	德州	根石坍塌	一般	程官庄险工 32 号坝	10-25T14:47	136	140					22		17					6	23
240	德州	坝裆后溃	一般	大庞控导 6~7 号坝	10-26T09:10	0	700	0.97	2 080			346		86					28	114
241	德州	根石坍塌	一般	韩刘险工 34 号坝	10-26T12:59	191	200	0.29				40		25					8	33
242	德州	坝裆后溃	一般	阴河险工 39 号坝	10-27T08:23	0	96	0.32		4		128		12					3	15
243	德州	根石坍塌	一般	水坡控导 15 号坝	10-27T14:54	194	200					31		24					8	32

续附表 7

序号	单位（河务局）	险情类别	险情级别	工程名称、坝号或桩号	出险时间（月-日 T 时:分）	出险体积/m^3	累计完成													
							抢险材料					用工/工日	机械台时							
							石料/m^3	铅丝/t	土方/m^3	柳秸料/万 kg	土工布/m^2		机动翻斗车（1 t）	自卸车	长臂挖掘机	装载机	吊车	推土机	挖掘机	小计
244	济阳	坦石坍塌	1	小街控导工程 13 号坝	09-28T08:10	309	318					89		21		8		3	7	39
245	平阴	根石走失	1	田山控导新 2～新 6 号坝	10-03T09:00	2 141	2 216	1.413				170		135		2		1	87	225
246	槐荫	根石走失	1	杨庄险工 11 号坝迎水至前头	10-03T17:00	784	846	5.127				509		151		66		32	21	270
247	历城	根石走失	1	霍家溜险工 30、32、40、42 号坝	10-03T17:00	2 509	2 627	5.297				638		506		222		107	62	897
248	济阳	坦石坍塌	1	小街控导工程 7～21 号坝	10-03T15:30	3 322	3 421					166		544					254	798
249	章丘	根石走失	1	土城子险工 1 号坝	10-03T12:00	423	436					135		48					34	82
250	章丘	根石走失	1	王家圈控导 2、3、4、7、8、9 号坝	10-03T08:00	2 449	2 599	8.239				847		582		57		28	132	799
251	天桥	根石走失	1	赵庄险工 28、32、39 号坝	10-04T11:55	1 037	1 104	4.701				578		213		94		46	27	380
252	天桥	根石走失	1	王窑险工 28～32 号坝	10-04T11:49	1 044	1 075					348		208		92		44	28	372
253	天桥	根石走失	1	大王庙险工 5、7、23、27 号坝	10-04T11:45	1 318	1 390	4.212				639		267		116		56	32	471
254	天桥	根石走失	1	老徐庄险工 17、19、21 号坝	10-04T11:51	820	856	1.576				348		165		73		35	21	294
255	济阳	坦石坍塌	1	史家坞控导+2、+1、1、-1、2、3、4、5、8 号坝	10-04T14:30	5 435	5 596					271		696					434	1 130
256	历城	根石走失	1	盖家沟险工 26、29、42 号坝	10-04T18:00	1 481	1 550	3.132				377		198		131		63	37	429
257	长清	坦石坍塌	1	西兴隆控导工程 7 号坝	10-04T15:00	291	300					2							7	7
258	长清	坦石坍塌	1	潘庄控导工程 14 号坝	10-04T15:00	146	150					1							3	3

续附表 7

序号	单位（河务局）	险情类别	险情级别	工程名称、坝号或桩号	出险时间（月-日T时:分）	出险体积/m^3	累计完成													
							抢险材料					用工/工日	机械台时							
							石料/m^3	铅丝/t	土方/m^3	柳秸料/万kg	土工布/m^2		机动翻斗车（1 t）	自卸车	长臂挖掘机	装载机	吊车	推土机	挖掘机	小计
259	长清	坦石坍塌	1	娘娘店控导工程2号坝	10-04T15:00	243	250					1							6	6
260	长清	坦石坍塌	1	董苗控导工程9、10、23、24、25、33号坝	10-04T15:00	1 628	1 700	2.52				311		243					95	338
261	平阴	根石走失	1	丁口控导9~11号坝	10-04T14:00	728	750					5							18	18
262	平阴	根石走失	1	张洼控导8~15号坝	10-04T14:00	1 613	1 662					10							37	37
263	平阴	根石走失	1	刘官控导9~10、12~14号坝	10-05T09:00	1 748	1 800					12							44	44
264	济阳	坦石坍塌	1	邢家渡控导1、10~11、13~16号坝	10-05T15:30	3 783	3 896					193		771					300	1 071
265	历城	根石走失	1	张褚窝控导5、7、9、10号坝	10-05T14:00	1 822	1 922	5.82				602		333		103		49	46	531
266	章丘	根石坍塌	1	胡家岸险工44、46、48、51、52号坝	10-05T08:00	443	456					142		111					37	148
267	平阴	坝顶漫溢	1	田山控导工程新5号坝	10-04T18:00				370		990	548								
268	章丘	根石坍塌	1	马家控导3、5号坝	10-06T08:00	337	355	1.112				119		68					29	97
269	平阴	根石走失	1	丁口控导5~6号坝	10-06T08:00	777	800					40		152					63	215
270	平阴	根石走失	1	田山控导新4~新6号坝	10-06T08:00	818	842					26		173		33		16	20	242
271	济阳	根石走失	1	葛店险工10号坝	10-07T14:00	292	306	0.654				73		71	6				16	93
272	济阳	根石走失	1	张辛险工9号坝	10-07T14:30	331	347	0.713				79		80	7				18	105
273	平阴	坝头裹护	1	田山控导新1号坝	10-09T13:00				312		835	466								

续附表 7

序号	单位（河务局）	险情类别	险情级别	工程名称、坝号或桩号	出险时间（月-日 T 时:分）	出险体积 /m^3	累计完成													
							抢险材料					用工 /工日	机械台时							
							石料 /m^3	铅丝 /t	土方 /m^3	柳秸料 /万 kg	土工布 /m^2		机动翻斗车 (1 t)	自卸车	长臂挖掘机	装载机	吊车	推土机	挖掘机	小计
274	长清	坝顶漫溢	1	西兴隆控导 4 号坝、5 号坝	10-04T15:00				60			85		8				2	2	12
275	长清	坝顶漫溢	1	姚河门控导 1~6 号坝	10-04T15:00				213		2 700	381		31				6	6	43
276	长清	坝顶漫溢	1	燕刘宋 1 号坝上延	10-04T15:00				320			455		51				4	8	63
277	章丘	根石坍塌	1	土城子险工 1 号坝	10-10T12:00	200	206					64		48					16	64
278	章丘	根石坍塌	1	王家圈控导 5 号坝	10-11T12:00	398	420	1.308				133		93		8		4	21	126
279	章丘	根石坍塌	1	蒋家控导 2、3 号坝	10-11T12:00	305	321	0.797				82		140		10		5	8	163
280	章丘	根石坍塌	1	胡家岸险工 53、54、55 号坝	10-15T08:00	397	429	2.596				252		102					32	134
281	章丘	根石坍塌	1	土城子险工 1、2 号坝	10-15T08:00	512	553	3.348				321		235		14		6	24	279
282	济阳	根石坍塌	1	周孟控导 1~10 号坝	10-16T09:00	2 079	2 143					32		85					76	161
283	章丘	根石坍塌	1	王家圈控导 11、12 号坝	10-20T08:00	295	304					93		73					23	96
284	历城	根石坍塌	1	后张险工 1 号坝护岸	10-21T14:00	536	565	1.707				181		93	14				31	138
285	历城	根石坍塌	1	付家庄险工 7 号坝	10-22T14:00	408	430	1.301				138		71	10				23	104
286	历城	根石坍塌	1	霍家溜险工 12、20 号坝	10-23T08:00	617	650	1.968				180			14					14
287	济阳	坦石坍塌	1	小街控导工程 7~10、12~17 号坝	10-23T14:00	2 235	2 379	10.229				1 031		365					170	535
288	历城	根石坍塌	1	张褚窝控导 8 号坝	10-24T14:00	522	550	1.668				153			12					12
289	章丘	坝裆后溃	1	蒋家控导 2~3、3~4、4~5、7~8、8~9、9~10 号坝坝裆	10-21T08:00	1 963	2 022					632		334					163	497

续附表 7

序号	单位（河务局）	险情类别	险情级别	工程名称、坝号或桩号	出险时间（月-日T时:分）	出险体积/m³	累计完成													
							抢险材料					用工/工日	机械台时							
							石料/m³	铅丝/t	土方/m³	柳秸料/万kg	土工布/m²		机动翻斗车（1 t）	自卸车	长臂挖掘机	装载机	吊车	推土机	挖掘机	小计
290	章丘	坝裆后溃	1	王家圈控导新4~1、1~2、2~3、3~4、4~5号坝坝裆	10-21T08:00	949	977					306		162					79	241
291	章丘	坝裆后溃	1	土城子险工1~2号坝坝裆	10-23T08:00	774	797					249		132					63	195
292	章丘	坝裆后溃	1	马家控导4~5号坝坝裆	10-23T08:00	250	258					13		42					20	62
293	平阴	坦石坍塌	1	外山控导7号坝	10-26T15:00	809	851	2.33				236		175		34		17	20	246
294	长清	根石坍塌	1	桃园控导13、14号坝	10-24T13:30	882	894	1.554				204		216					70	286
295	长清	坝裆后溃	1	桃园控导14号坝下首	10-24T13:30	406	406	0.703				91		98					29	127
296	长清	坦石坍塌	1	董苗控导8、13、18、19、20、31、32号坝	10-24T15:30	4 394	4 539	1.559				356		909					314	1 223
297	长清	坦石坍塌	1	西兴隆控导16、17、18、19号坝	10-26T16:00	3 291	3 421	3.379				450		437					182	619
298	天桥	根石坍塌	1	老徐庄险工19号坝	10-29T09:00	298	307					98		59		26		12	7	104
299	长清	坦石坍塌	1	老李郭27号坝	10-28T15:00	340	350					17		67					27	94
300	济阳	根石坍塌	1	葛店险工10号坝	10-28T16:00	327	337					16		54	8				18	80
301	济阳	根石坍塌	1	张辛险工9号坝	10-28T16:00	298	307					2			7					7
302	济阳	坦石坍塌	1	史家坞控导+2、+1、1、-1、2、3、5、9、10、11号坝	10-29T14:00	3 411	3 513					171		562					268	830
303	济阳	坦石坍塌	1	邢家渡控导16~24号坝	10-29T14:00	2 435	2 509					122		400					189	589
304	高青	根石坍塌险情		大郭家控导工程9、11号坝	09-30T15:00	195	201					6		12					7	19

续附表 7

序号	单位(河务局)	险情类别	险情级别	工程名称、坝号或桩号	出险时间(月-日T时:分)	出险体积/m³	累计完成													
							抢险材料					用工/工日	机械台时							
							石料/m³	铅丝/t	土方/m³	柳秸料/万kg	土工布/m²		机动翻斗车(1 t)	自卸车	长臂挖掘机	装载机	吊车	推土机	挖掘机	小计
305	高青	坝裆后溃		大郭家控导工程12~13号坝坝裆	10-01T09:00	104	31	0.135		1.29		40				3				3
306	高青	坝裆后溃		段王控导工程4~5号坝坝裆	10-01T15:00	62			73			66	11	5		1			1	18
307	高青	根石坍塌		孟口控导工程+7、+6、0、1号坝	10-02T11:00	520	536					12		28					18	46
308	高青	根石坍塌		段王控导工程10、12、15号坝	10-02T13:40	600	618					3							8	8
309	高青	根石坍塌		大郭家控导工程12、24号坝	10-02T15:05	350	361					3		4					6	10
310	高青	根石坍塌		大郭家控导工程9、13号坝	10-03T10:40	576	602	0.942				59		33					19	52
311	高青	根石坍塌		孟口控导工程+4、+1、2、16号坝	10-03T14:20	1 240	1 296	2.027				121		55					32	87
312	高青	根石坍塌		段王控导工程4号坝	10-03T14:20	160	165					1							2	2
313	高青	根石坍塌		段王控导工程13、17、18号坝	10-04T07:30	800	834	1.2				64							11	11
314	高青	根石坍塌		北杜控导工程11、12、22号坝	10-04T08:10	820	857	1.341				73							12	12
315	高青	根石坍塌		孟口控导工程+8、1号坝	10-04T09:50	610	636	0.774				54		60					22	82
316	高青	坝裆后溃		段王控导工程3~4、4~5、5~6号坝坝裆	10-04T12:10	1 480	1 524					26		87					42	129
317	高青	根石坍塌		段王控导工程16号坝	10-04T12:50	150	155					3		10					5	15
318	高青	坝裆后溃		大郭家控导工程12~13、13~14、14~15号坝坝裆	10-04T15:10	1 140	1 175					32		132					47	179
319	高青	根石坍塌		段王控导工程19、20号坝	10-06T10:05,10:10	600	626	0.982				52							8	8

续附表 7

序号	单位（河务局）	险情类别	险情级别	工程名称、坝号或桩号	出险时间（月-日T时:分）	出险体积/m³	累计完成													
							抢险材料					用工/工日	机械台时							
							石料/m³	铅丝/t	土方/m³	柳秸料/万 kg	土工布/m²		机动翻斗车（1 t）	自卸车	长臂挖掘机	装载机	吊车	推土机	挖掘机	小计
320	高青	根石坍塌		北杜控导工程 14、21 号坝	10-06T10:40, 10:50	950	993	1.554				90		40					23	63
321	高青	根石坍塌		翟里孙控导工程 3 号坝	10-06T13:40	100	103					1							1	1
322	高青	根石坍塌		北杜控导工程 13、15 号坝	10-06T14:15, 14:21	1 000	1 045	1.635				101		56					28	84
323	高青	坝裆防漫溢		马扎子险工 1~3 号坝坝裆	10-07T13:50	21			25			22	4							4
324	高青	根石坍塌		孟口控导工程+2 号坝	10-08T07:30	350	365	0.572				31							4	4
325	高青	根石坍塌		孟口控导工程 7、8 号坝	10-08T09:50, 10:05	450	468	0.491				27							7	7
326	高青	根石坍塌		孟口控导工程 9、10 号坝	10-08T10:20, 10:27	750	780	0.818				45							10	10
327	高青	根石坍塌		翟里孙控导工程 3 号坝	10-09T09:20	100	103					1							1	1
328	高青	根石坍塌		北杜控导工程 17 号坝	10-11T08:45	160	165					1							2	2
329	高青	根石坍塌		马扎子险工 9 号坝	10-12T12:25	420	433					2				50	34			84
330	高青	根石坍塌		北杜控导工程 16 号坝、18 号坝	10-13T07:40, 08:05	110	119	0.6				31							2	2
331	高青	根石坍塌		马扎子险工 7 号坝	10-16T08:45	400	416	0.523				25				38	26		1	65
332	高青	根石坍塌		大郭家控导工程 16 号坝	10-16T12:15	100	104	0.131				9		13					5	18
333	高青	根石坍塌		马扎子险工 11 号坝	10-19T14:20	410	424	0.262				13				49	33		1	83
334	高青	根石坍塌		孟口控导工程 0 号坝	10-21T09:30	100	103					1							1	1

续附表 7

序号	单位（河务局）	险情类别	险情级别	工程名称、坝号或桩号	出险时间（月-日 T 时:分）	出险体积/m³	累计完成													
							抢险材料					用工/工日	机械台时							
							石料/m³	铅丝/t	土方/m³	柳秸料/万 kg	土工布/m²		机动翻斗车（1 t）	自卸车	长臂挖掘机	装载机	吊车	推土机	挖掘机	小计
335	高青	根石坍塌		刘春家险工 18 号坝	10-22T10:45	500	515					14		49		60	40		14	163
336	高青	根石坍塌		马扎子险工 1 号坝	10-22T13:37	200	209	0.392				19				24	16		1	41
337	高青	根石坍塌		刘春家险工 20 号坝	10-24T10:35	398	410					11		39		48	32			119
338	高青	根石坍塌		刘春家险工 26 号坝	10-24T13:35	359	370					9		35		43	29		10	117
339	高青	根石坍塌		刘春家险工 32 号坝	10-24T15:45	390	193							22						22
340	高青	根石坍塌		段王控导工程 11 号坝	10-24T16:10	240	251	0.471				22							3	3
341	高青	根石坍塌		段王控导工程 12 号坝	10-25T15:40	144	150	0.281				14							2	2
342	高青	坦石坍塌		大郭家控导工程 9～12 号坝	10-26T08:35, 08:40,08:48, 08:55	700	1 150	0.916				74		139					48	187
343	高青	坦石坍塌		段王控导工程 18 号坝	10-26T09:10	300	312	0.392				19							4	4
344	高青	根石坍塌		孟口控导工程+2.5 号坝	10-26T12:30	342	355	0.445				22							5	5
345	高青	根石坍塌		段王控导工程 16 号坝	10-28T08:35	200	208	0.262				15		24					9	33
346	高青	根石坍塌		大郭家控导工程 10 号坝	10-29T08:50	300	50					2		8					3	11
347	惠民	漫溢预防护	1	王平口控导 5、7、8 号坝	10-01T12:00	947			947			477	51							51
348	惠民	坦石坍塌	1	王平口控导 7 号坝	10-01T12:00	274	282					7		23					11	34
349	惠民	坦石坍塌	1	簸箕李控导 1 号坝	10-02T12:00	150	155					5		13					6	19
350	惠民	坦石坍塌	1	齐口控导新 1～新 3 号坝	10-02T15:00	729	750					3							10	10

续附表 7

序号	单位（河务局）	险情类别	险情级别	工程名称、坝号或桩号	出险时间（月-日T时:分）	出险体积/m^3	累计完成													
							抢险材料					用工/工日	机械台时							
							石料/m^3	铅丝/t	土方/m^3	柳秸料/万kg	土工布/m^2		机动翻斗车(1 t)	自卸车	长臂挖掘机	装载机	吊车	推土机	挖掘机	小计
351	惠民	坦石坍塌	1	王平口控导 7 号坝	10-03T12:00	266	274					7		23					11	34
352	惠民	根石坍塌	1	大崔险工新 5 号坝	10-05T14:00	348	358					56		30					15	45
353	惠民	坦石坍塌	1	王平口控导 5、6、8 号坝	10-05T15:00	938	966					26		118		9			27	154
354	惠民	漫溢预防护	1	大崔险工上延工程 1~5 号坝	10-06T08:00	1 530			1 530		2 610	1 180	183							183
355	惠民	根石坍塌	1	大崔险工新 1~新 4 号坝	10-06T12:30	1 099	1 163	3. 38				128		108					49	157
356	惠民	坦石坍塌	1	大崔险工上延 5 号坝	10-06T13:10	839	886	2. 40				50		96					41	137
357	惠民	坦石坍塌	1	簸箕李控导 1 号坝	10-06T15:00	432	456	1. 25				25		49					22	71
358	惠民	漫溢预防护	1	王平口控导 7~8 号坝	10-08T08:00	660			660			204		153				3	7	163
359	惠民	漫溢预防护	1	簸箕李控导 1~3 号坝	10-08T13:00	749		0. 00	749		1 417	582	90							90
360	惠民	坦石坍塌	1	位台控导 1、5 号坝	10-09T08:00	838	886	2. 51				31							17	17
361	惠民	根石坍塌	1	归仁险工 11、15 号坝	10-09T08:00	695	735	2. 14				76		35	27				17	79
362	惠民	漫溢预防护	1	齐口控导新 1~新 3 号坝	10-09T09:00	760			863		1 632	670	104							104
363	惠民	根石坍塌	1	王集险工 32~39、43~44 号坝	10-14T12:00	2 906	3 072	10. 30				173		255	113				106	474
364	惠民	根石坍塌	1	五甲杨险工 20、22 号坝	10-16T12:30	723	781	4. 73				54		44	29				20	93
365	惠民	坦石坍塌抢险	1	齐口控导新 2~新 3 号坝	10-18T08:10	525	567	3. 43				46		47					30	77
366	惠民	根石坍塌	1	归仁险工 26~27、29~32 号坝	10-22T12:15	1 126	1 188	3. 787				65		98	44				41	183
367	惠民	根石坍塌	1	五甲杨险工 16~18 号坝	10-23T09:35	504	532	1. 720				29		48	19				19	86

续附表 7

序号	单位（河务局）	险情类别	险情级别	工程名称、坝号或桩号	出险时间（月-日 T时:分）	出险体积/m^3	累计完成													
							抢险材料					用工/工日	机械台时							
							石料/m^3	铅丝/t	土方/m^3	柳秸料/万 kg	土工布/m^2		机动翻斗车（1 t）	自卸车	长臂挖掘机	装载机	吊车	推土机	挖掘机	小计
368	惠民	坦石坍塌抢险	1	齐口控导新 1~新 3 号坝	10-24T12:20	1 313	1 376	3.093				64		149					62	211
369	惠民	根石坍塌	1	归仁险工 22、24~25 号坝	10-26T11:25	479	498	0.680				20		46	19				14	79
370	滨城	漫溢预防护	1	大高控导+1、0~1 号坝坝裆、2、3、7、8 号坝	10-02T13:00	1 050			1 050			671	94							94
371	滨城	漫溢预防护	1	麻家控导 4~12 号坝	10-02T13:00	1 202			1 202			769	107							107
372	滨城	漫溢预防护	1	王大夫控导 34、35、36 号坝	10-03T12:00	536			536		1 868	692	48							48
373	滨城	漫溢预防护	1	翟里孙控导 10、11、12、13 号坝	10-03T12:00	718			718		2 504	927	64							64
374	滨城	坦石坍塌	1	大高控导 2、3、6 号坝	10-04T15:00	1 011	1 041					23		90	41				23	154
375	滨城	坦石坍塌抢险	1	王大夫控导 11 号坝	10-05T18:00	450	464					8		21	18				7	46
376	滨城	坦石坍塌	1	翟里孙控导 11、12 号坝	10-05T15:00	1 081	1 123	1.21				16			42				3	45
377	滨城	坦石坍塌	1	小街控导 12~14 号坝	10-06T12:00	303	322	1.32				18		18					12	30
378	滨城	漫溢预防护	1	大高控导+5~+2、0、1、4~6、9~11 号坝	10-06T12:00	1 967			1 967		10 034	1 832	244							244
379	滨城	漫溢预防护	1	王大夫控导 6~33、37、38、42 号坝	10-07T09:00	3 700			3 649		13 431	2 453	326							326
380	滨城	漫溢预防护	1	韩墩控导 1~14 号坝	10-06T12:00	1 483			1 483		7 092	1 295	172							172
381	滨城	根石坍塌预抢护	1	道旭险工 9~13 号坝	10-08T12:00	1 527	1 619	5.99				122		197			102		65	364

续附表 7

序号	单位（河务局）	险情类别	险情级别	工程名称、坝号或桩号	出险时间（月-日 T时:分）	出险体积 /m^3	累计完成													
							抢险材料					用工 /工日	机械台时							
							石料 /m^3	铅丝 /t	土方 /m^3	柳秸料 /万 kg	土工布 /m^2		机动翻斗车（1 t）	自卸车	长臂挖掘机	装载机	吊车	推土机	挖掘机	小计
382	滨城	坦石坍塌预抢护	1	大高控导 0~+3 号坝	10-08T12:00	1 027	1 092	4.47				44							22	22
383	滨城	坦石坍塌预抢护	1	大高控导 11 号坝	10-09T13:00	180	192	0.79				8							4	4
384	滨城	坦石坍塌预抢护	1	赵寺勿控导 3 号坝	10-09T13:00	178	190	0.78				8							4	4
385	滨城	坦石坍塌抢险	1	翟里孙控导 11、13 号坝	10-22T15:00	879	935	3.832				60		82	34				33	149
386	滨开	坦石坍塌	1	纸坊控导 9、10 号坝	10-03T13:00	591	609					16		50					25	75
387	滨开	漫溢预防护	1	纸坊控导 1~18 号坝	10-04T14:00	1 260			1 260		6 441	1 253	208							208
388	滨开	坦石坍塌	1	纸坊控导 9、10、11 号坝	10-06T13:00	901	959	4.34				57		64	34				28	126
389	滨开	根石坍塌抢险	1	兰家险工 17 号坝	10-06T14:00	134	142	0.45				8		14	5				5	24
390	滨开	坦石坍塌	1	纸坊控导 7、8 号坝	10-08T06:00	1 077	1 145	4.63				72		129	42				41	212
391	滨开	根石坍塌抢险	1	兰家险工 9、11、19 号坝	10-10T14:00	1 326	1 411	5.69				89		181	52				51	284
392	滨开	坦石坍塌抢险	1	纸坊控导 8 号坝	10-18T12:00	209	222	0.94				14		18	6				9	33
393	滨开	根石坍塌抢险	1	兰家险工 7、12 号坝	10-22T08:00	982	1 044	4.30				59		55	38				23	116
394	邹平	坦石坍塌	1	旧城控导工程 8 号坝	10-04T14:00	543	570	0.76				65		36	23				12	71
395	邹平	坦石坍塌	1	张桥控导工程+2、+1 号坝	10-05T09:00	1 343	1 420	3.99				27					95		18	113

续附表 7

序号	单位（河务局）	险情类别	险情级别	工程名称、坝号或桩号	出险时间（月-日T时:分）	出险体积/m^3	累计完成													
							抢险材料					用工/工日	机械台时							
							石料/m^3	铅丝/t	土方/m^3	柳秸料/万kg	土工布/m^2		机动翻斗车（1 t）	自卸车	长臂挖掘机	装载机	吊车	推土机	挖掘机	小计
396	邹平	坦石坍塌	1	官道控导13、14号坝	10-06T08:00	836	870	1.01				31		67	34				22	123
397	邹平	坦石坍塌	1	张桥控导工程1、2、8、26号坝	10-06T16:00	1 047	1 105	2.90				166		39	41				18	98
398	邹平	坦石坍塌	1	张桥控导工程+3、+4号坝	10-06T20:00	825	870	2.26				121			32				6	38
399	邹平	坦石坍塌	1	张桥控导3号坝	10-07T13:00	474	500	1.30				80		59	19				17	95
400	邹平	坦石坍塌	1	张桥控导12号坝	10-19T09:00	357	380	1.34				27		17			23		11	51
401	邹平	坦石坍塌	1	官道控导18号坝	10-20T10:00	315	336	1.194				20		15	12				8	35
402	邹平	坦石坍塌	1	官道控导1~2号坝坝裆	10-21T14:00	297	306					3		12					7	19
403	博兴	根石坍塌	1	王旺庄险工5、7号坝	10-06T14:00	410	435	1.49				24					27		6	33
404	东营	根石坍塌		麻湾险工3、7、8、9、27^{+1}号坝	10-05T15:00	548	564.00					32		65				10	12	87
405	东营	根石坍塌		麻湾险工5号坝	10-08T14:00	187	193					14		28				5	6	39
406	东营	根石坍塌		麻湾险工1、29号坝	10-11T15:00	544	560	0.99				71		52		1		10	10	73
407	东营	根石坍塌		南坝头险工2~5号坝	10-16T14:00	590	608					94						50	25	75
408	东营	根石坍塌		南坝头险工4号坝	10-22T14:00	151	163	0.89				50		20					6	26
409	利津	坝前淤土坍塌险情		中古店控导工程1号坝	09-29T09:30	408	122	0.426		5		165							5	5
410	利津	根石坍塌		东坝控导4号坝	09-30T18:00	560	604	3.662				180		74					32	106
411	利津	坝顶防漫溢预防护		丁家控导8~15号坝	09-30T18:00	80			94.4		3 210	133	4							4
412	利津	根石坍塌		中古店控导3、4号坝	10-01T18:30	345	355					2				6				6
413	利津	上游淘刷险情		丁家控导8号坝	10-01T18:40	69		0.069	21	0.87		28								0
414	利津	根石走失		五庄控导1号坝	10-01T18:00	308	317		25		204.37	67		3					4	7

续附表 7

序号	单位（河务局）	险情类别	险情级别	工程名称、坝号或桩号	出险时间（月-日T时:分）	出险体积/m^3	累计完成													
							抢险材料					用工/工日	机械台时							
							石料/m^3	铅丝/t	土方/m^3	柳秸料/万kg	土工布/m^2		机动翻斗车（1 t）	自卸车	长臂挖掘机	装载机	吊车	推土机	挖掘机	小计
415	利津	坝顶防漫溢预防护		崔庄控导 17 号坝	10-01T20:00	25			29.5		171	29	4							4
416	利津	坝顶防漫溢、坦石坍塌预防护		五庄控导 2、新 1、新 2 号坝	10-02T13:00	387	185		244		1 329	238	38						2	40
417	利津	根石走失预防护		五庄控导 1~2、新 1、新 2 号坝	10-03T05:00	788	844	3.542 5				185				1			9	10
418	利津	土坝坡、坝面防冲刷预防护		丁家控导 8 号坝	10-03T13:00	5 798	835	2.189	5 414	14.95	6 688	691		869		5		36	77	987
419	利津	坝面防冲刷、坝顶防漫溢预防护		五庄控导新 3~新 10、3~12 号坝	10-04T09:00	1 053					6 760	1 207	192							192
420	利津	坝顶防漫溢预防护		崔庄控导 17~18、22 号坝	10-04T14:00	316	62		302		1 370	291	47						1	48
421	利津	坝面裂缝险情		五庄控导 5 号坝	10-04T20:00	35			35		187	33		6					2	8
422	利津	坦石坍塌		五庄控导 7~8 号坝	10-04T22:30	424	437					3				4				4
423	利津	根石走失预防护		崔庄控导 23 号坝	10-05T05:30	570	616	3.107				161							8	8
424	利津	坦石坍塌		五庄控导新 6 号坝	10-05T12:30	189	195					1							2	2
425	利津	根石走失预防护		东关控导 10~12 号坝	10-05T14:30	522	522	2.632				136					7			7
426	利津	防风浪淘刷预防护		东坝控导 3~4 号坝裆	10-05T16:00	240	247					2				3				3
427	利津	防风浪淘刷预防护		中古店控导 1 号坝、4~5 号坝坝裆防护	10-05T18:30	102	183			2.4		78		6					3	9

续附表 7

序号	单位（河务局）	险情类别	险情级别	工程名称、坝号或桩号	出险时间（月-日T时:分）	出险体积/m^3	累计完成													
							抢险材料					用工/工日	机械台时							
							石料/m^3	铅丝/t	土方/m^3	柳秸料/万 kg	土工布/m^2		机动翻斗车（1 t）	自卸车	长臂挖掘机	装载机	吊车	推土机	挖掘机	小计
428	利津	根石走失预防护		东坝控导 3、4 号坝	10-06T15:30	784	130	0.706				37							2	2
429	利津	根石走失预防护		中古店控导 3~5 号坝迎水面及坝裆	10-07T08:30	740	787	2.649				180				42			7	49
430	利津	根石坍塌		东坝控导 4 号坝(计划抛 75 个扭工体,已抛 75 个扭工体,折合石料 234 m^3)	10-07T10:10	1 936	2 228					23		103			4		56	163
431	利津	防风浪淘刷预防护		五庄控导 3~10 号坝裆	10-07T13:00	260		0.2	131	2.5		143	11							11
432	利津	根石走失预防护		崔庄控导 19、22 号坝	10-08T10:00	759	820	4.14				214							10	10
433	利津	防风浪淘刷预防护		宫家控导 2~3、3~4 号坝裆	10-08T13:00	360		0.36		4.54	963	159								
434	利津	坦石根石坍塌		东坝控导 3 号坝(计划抛 25 个扭工体,已抛 25 个扭工体,折合石料 78 m^3)	10-09T12:10	1 672	1 866	7.25				382		18			2		28	48
435	利津	根石坍塌		中古店控导 2 号上根	10-09T15:00	104	107	0.005		0.02		3				1				1
436	利津	坦石根石坍塌预防护		五庄控导新 3 号、新 6 号、新 7 号坝迎水面	10-09T20:00	615	655	2.305				120				2			6	8
437	利津	根石坍塌		中古店控导 2 号坝上根	10-12T17:00	106	113	0.507				26				1			1	2
438	利津	根石走失预防护		东坝控导 3~5 号坝	10-14T08:00	671	725	3.657				190							9	9
439	利津	坦石根石坍塌险情		东坝控导 3 号坝	10-16T12:10	569	609	2.463				129							8	8
440	利津	坦石坍塌险情		中古店控导 2 号坝	10-20T14:00	108	115	0.436				24							2	2

续附表7

序号	单位（河务局）	险情类别	险情级别	工程名称、坝号或桩号	出险时间（月-日T时:分）	出险体积/m^3	累计完成													
							抢险材料					用工/工日	机械台时							
							石料/m^3	铅丝/t	土方/m^3	柳秸料/万kg	土工布/m^2		机动翻斗车（1 t）	自卸车	长臂挖掘机	装载机	吊车	推土机	挖掘机	小计
441	利津	坦石坍塌预防护		中古店控导3号坝	10-20T14:00	115	123	0.501				27							2	2
442	利津	根石走失预防护		东坝控导3号坝	10-20T16:00	132	136					1							2	2
443	利津	根石坦石坡坍塌险情		崔庄控导18号坝	10-20T15:30	141	145					1				1				1
444	利津	坦石坍塌险情		中古店控导2号坝	10-25T12:30	135	144	0.545				29							2	2
445	垦利	漫溢预防护		清四控导7~11号坝	09-30T19:30	1 232			1 232		9 856	246		99					35	134
446	垦利	滩岸坍塌预防护		卞庄险工上首滩岸	10-03T19:30	198	207	0.432				43		98					9	107
447	垦利	坝裆坍塌预防护		宁海控导新1~新2号坝坝裆、新1~老1号坝坝裆、老1~老2号坝坝裆、老2~老3号坝坝裆	10-06T08:00	110 m		0.066	4	0.33		9								
448	垦利	根石坍塌预防护		十八户(老)控导2号坝	10-06T08:00	196	212	1.283				58							3	3
449	垦利	根石坍塌预防护		宁海控导老1号坝	10-06T08:00	208	224	1.358				67		19					9	28
450	垦利	根石坍塌预防护		卞庄险工1~2号坝	10-06T12:15	142	153	0.929				45		72					6	78
451	垦利	根石坍塌预防护		宁海控导老3号坝	10-06T15:45	210	226	1.37				67		19					9	28
452	垦利	根石坍塌预防护		十八户(老)控导1号坝	10-07T08:00	112	121	0.732				36		10					5	15
453	垦利	坝裆坍塌预防护		宁海控导新3~新4号坝坝裆、新4~新5号坝坝裆、新5~新6号坝坝裆	10-08T08:00	70 m		0.042	3	0.21		6								

续附表 7

序号	单位(河务局)	险情类别	险情级别	工程名称、坝号或桩号	出险时间(月-日 T时:分)	出险体积/m^3	累计完成													
							抢险材料					用工/工日	机械台时							
							石料/m^3	铅丝/t	土方/m^3	柳秸料/万 kg	土工布/m^2		机动翻斗车(1 t)	自卸车	长臂挖掘机	装载机	吊车	推土机	挖掘机	小计
454	垦利	根石坍塌预防护		宁海控导老 2 号坝	10-08T08:15	257	278	1.681				82		23					11	34
455	垦利	根石坍塌预防护		十八户(老)控导 3 号坝	10-08T09:00	367	396	2.4				112		12					9	21
456	垦利	根石坍塌预防护		苇改闸控导 19 号坝	10-08T12:45	369	399	2.413				119		43					16	59
457	垦利	根石坍塌预防护		十八户(老)控导 1 号坝	10-09T08:00	139	150	0.909				44		12					6	18
458	垦利	根石坍塌预防护		苇改闸控导 19 号坝	10-10T10:30	316	327	1.982				97		35					13	48
459	垦利	根石坍塌预防护		宁海控导新 4 号坝	10-10T14:15	313	338	2.047				101		32					13	45
460	垦利	根石坍塌预防护		宁海控导新 5 号坝	10-11T08:30	213	230	1.393				68		25					9	34
461	垦利	根石坍塌预防护		宁海控导新 6 号坝	10-12T15:00	215	232	1.406				69		31					9	40
462	垦利	根石坍塌预防护		生产村控导 7 号坝	10-12T17:15	139	150	0.909				41							2	2
463	垦利	根石坍塌预防护		义和险工老 1 号坝上跨	10-25T12:15	198	207	0.432				43		39					9	48
464	垦利	根石坍塌险情		十八户(老)控导 1 号坝	10-26T13:15	224	234	0.491				43							3	3
465	垦利	根石坍塌预防护		义和险工新 1 号坝	10-26T13:15	132	139	0.288				28		30					6	36
466	垦利	坦石坍塌险情		苇改闸控导 19 号坝	10-26T13:45	166	173	0.36				31							2	2
467	垦利	坦石坍塌险情		十八户(老)控导 1 号坝	10-27T15:00	139	146	0.307				27							2	2

续附表 7

序号	单位（河务局）	险情类别	险情级别	工程名称、坝号或桩号	出险时间（月-日T时:分）	出险体积/m^3	累计完成													
							抢险材料					用工/工日	机械台时							
							石料/m^3	铅丝/t	土方/m^3	柳秸料/万kg	土工布/m^2		机动翻斗车（1 t）	自卸车	长臂挖掘机	装载机	吊车	推土机	挖掘机	小计
468	垦利	坦石坍塌		八连控导 6~7 号坝坝裆	10-02T23:00	89	92					13							2	2
469	垦利	根石走失		西河口 10 号坝前头至下跨坦石与沿子石之间	10-03T12:00	100	103					14							2	2
470	垦利	根石走失		清三控导 3、5 号坝	10-03T15:00	310	320					43							5	5
471	垦利	坦石坍塌		清三控导 1 号坝上坝根至前头及清三控导上延下坝根	10-04T12：00	567	585					80							8	8
472	垦利	防漫溢抢护		西河口控导 12~14 号坝	10-04T08:30	405			431		3 467	83		5						5
473	垦利	防漫溢抢护		清三控导 1~26 号坝	10-04T10:00	3 563			3 717		20 865	503	24	559				18	70	671
474	垦利	防漫溢抢护		八连控导 13~22 号坝	10-04T08:30	1 440			1 516		10 272	244	12	226				8	29	275
475	垦利	防漫溢抢护		西河口控导 10~11 号坝	10-05T08:00	270			280		2 312	49	2	43				2	6	53
476	垦利	根石加固		清三控导 1~7 号坝	10-06T80:00	805	805					165		39		16		9	14	78
477	垦利	根石加固		八连控导 7~8 号坝	10-06T10:00	338	338					46							5	5
478	垦利	根石加固		西河口控导 13~14 号坝	10-06T10:00	412	412					56							6	6
479	垦利	根石加固		西河口控导 12 号坝	10-07T08:00	197	277.88					52		32			16		3	51
480	垦利	根石加固		八连控导 6、18~22 号坝	10-07T08:00	696	1 333.64					295		264			134		11	409
481	垦利	根石加固		西河口控导 7~9 号坝	10-09T13:00	715	746	1.2				146		62					31	93
482	垦利	根石加固		八连控导工程 03、01、2、4、9、16 号坝	10-09T13:30	810	1 132.52					235		241		36	64	18	14	373
483	垦利	根石加固		八连控导 04、02、1、5、17 号坝	10-09T13:30	1 342	1 428	5.54				365		194		61		30	23	308
484	垦利	前头溃膛		八连控导 7 号坝	10-09T14:30	190	22	0.010	168		863	39	3			2		1	3	9
485	垦利	坦石坍塌		八连控导 8 号坝	10-13T13:20	101	105					14							2	2

附表 8　秋汛期沁河工程不同时段出险情况统计

市局	工程	起始时间（年-月-日）	终止时间（年-月-日）	次数	抛石量/m³	铅丝笼/kg	原因	次数	原因	次数	原因	次数
豫西河务局	五龙口险工	2021-08-20	2021-09-15	0	0	0	大溜冲刷	0	边溜冲刷	0	回溜淘刷	0
豫西河务局	五龙口险工	2021-09-16	2021-09-27	2	372	100	大溜冲刷	0	边溜冲刷	2	回溜淘刷	0
豫西河务局	五龙口险工	2021-09-28	2021-10-03	0	0	0	大溜冲刷	0	边溜冲刷	0	回溜淘刷	0
豫西河务局	五龙口险工	2021-10-04	2021-10-20	0	0	0	大溜冲刷	0	边溜冲刷	0	回溜淘刷	0
豫西河务局	五龙口险工	2021-10-21	2021-10-31	0	0	0	大溜冲刷	0	边溜冲刷	0	回溜淘刷	0
焦作河务局	善台险工	2021-08-20	2021-09-15	0	0	0	大溜冲刷	0	边溜冲刷	0	回溜淘刷	0
焦作河务局	善台险工	2021-09-16	2021-09-27	0	0	0	大溜冲刷	0	边溜冲刷	0	回溜淘刷	0
焦作河务局	善台险工	2021-09-28	2021-10-03	0	0	0	大溜冲刷	0	边溜冲刷	0	回溜淘刷	0
焦作河务局	善台险工	2021-10-04	2021-10-20	1	240	666	大溜冲刷	1	边溜冲刷	0	回溜淘刷	0
焦作河务局	善台险工	2021-10-21	2021-10-31	0	0	0	大溜冲刷	0	边溜冲刷	0	回溜淘刷	0
焦作河务局	亢村险工	2021-08-20	2021-09-15	0	0	0	大溜冲刷	0	边溜冲刷	0	回溜淘刷	0
焦作河务局	亢村险工	2021-09-16	2021-09-27	0	0	0	大溜冲刷	0	边溜冲刷	0	回溜淘刷	0
焦作河务局	亢村险工	2021-09-28	2021-10-03	2	408	0	大溜冲刷	2	边溜冲刷	0	回溜淘刷	0
焦作河务局	亢村险工	2021-10-04	2021-10-20	3	405	1 230	大溜冲刷	0	边溜冲刷	3	回溜淘刷	0
焦作河务局	亢村险工	2021-10-21	2021-10-31	0	0	0	大溜冲刷	0	边溜冲刷	0	回溜淘刷	0
焦作河务局	白马沟险工	2021-08-20	2021-09-15	0	0	0	大溜冲刷	0	边溜冲刷	0	回溜淘刷	0
焦作河务局	白马沟险工	2021-09-16	2021-09-27	0	0	0	大溜冲刷	0	边溜冲刷	0	回溜淘刷	0
焦作河务局	白马沟险工	2021-09-28	2021-10-03	0	0	0	大溜冲刷	0	边溜冲刷	0	回溜淘刷	0

续附表 8

市局	工程	起始时间（年-月-日）	终止时间（年-月-日）	次数	抛石量/m^3	铅丝笼/kg	原因	次数	原因	次数	原因	次数
焦作河务局	白马沟险工	2021-10-04	2021-10-20	3	737	1 672	大溜冲刷	0	边溜冲刷	3	回溜淘刷	0
焦作河务局	白马沟险工	2021-10-21	2021-10-31	0	0	0	大溜冲刷	0	边溜冲刷	0	回溜淘刷	0
焦作河务局	白水险工	2021-08-20	2021-09-15	0	0	0	大溜冲刷	0	边溜冲刷	0	回溜淘刷	0
焦作河务局	白水险工	2021-09-16	2021-09-27	0	0	0	大溜冲刷	0	边溜冲刷	0	回溜淘刷	0
焦作河务局	白水险工	2021-09-28	2021-10-03	0	0	0	大溜冲刷	0	边溜冲刷	0	回溜淘刷	0
焦作河务局	白水险工	2021-10-04	2021-10-20	2	309	678	大溜冲刷	0	边溜冲刷	2	回溜淘刷	0
焦作河务局	白水险工	2021-10-21	2021-10-31	0	0	0	大溜冲刷	0	边溜冲刷	0	回溜淘刷	0
焦作河务局	朱原村险工	2021-08-20	2021-09-15	0	0	0	大溜冲刷	0	边溜冲刷	0	回溜淘刷	0
焦作河务局	朱原村险工	2021-09-16	2021-09-27	0	0	0	大溜冲刷	0	边溜冲刷	0	回溜淘刷	0
焦作河务局	朱原村险工	2021-09-28	2021-10-03	2	292	0	大溜冲刷	2	边溜冲刷	0	回溜淘刷	0
焦作河务局	朱原村险工	2021-10-04	2021-10-20	2	210	595	大溜冲刷	2	边溜冲刷	0	回溜淘刷	0
焦作河务局	朱原村险工	2021-10-21	2021-10-31	0	0	0	大溜冲刷	0	边溜冲刷	0	回溜淘刷	0
焦作河务局	马铺险工	2021-08-20	2021-09-15	0	0	0	大溜冲刷	0	边溜冲刷	0	回溜淘刷	0
焦作河务局	马铺险工	2021-09-16	2021-09-27	0	0	0	大溜冲刷	0	边溜冲刷	0	回溜淘刷	0
焦作河务局	马铺险工	2021-09-28	2021-10-03	4	1 136	1 562	大溜冲刷	0	边溜冲刷	4	回溜淘刷	0
焦作河务局	马铺险工	2021-10-04	2021-10-20	3	764	2 104	大溜冲刷	0	边溜冲刷	3	回溜淘刷	0
焦作河务局	马铺险工	2021-10-21	2021-10-31	0	0	0	大溜冲刷	0	边溜冲刷	0	回溜淘刷	0
焦作河务局	大小岩险工	2021-08-20	2021-09-15	0	0	0	大溜冲刷	0	边溜冲刷	0	回溜淘刷	0

续附表 8

市局	工程	起始时间（年-月-日）	终止时间（年-月-日）	次数	抛石量/m^3	铅丝笼/kg	原因	次数	原因	次数	原因	次数
焦作河务局	大小岩险工	2021-09-16	2021-09-27	0	0	0	大溜冲刷	0	边溜冲刷	0	回溜淘刷	0
焦作河务局	大小岩险工	2021-09-28	2021-10-03	4	830	1 068	大溜冲刷	0	边溜冲刷	2	回溜淘刷	2
焦作河务局	大小岩险工	2021-10-04	2021-10-20	5	1 004	2 506	大溜冲刷	0	边溜冲刷	5	回溜淘刷	0
焦作河务局	大小岩险工	2021-10-21	2021-10-31	0	0	0	大溜冲刷	0	边溜冲刷	0	回溜淘刷	0
焦作河务局	沁阳村险工	2021-08-20	2021-09-15	0	0	0	大溜冲刷	0	边溜冲刷	0	回溜淘刷	0
焦作河务局	沁阳村险工	2021-09-16	2021-09-27	0	0	0	大溜冲刷	0	边溜冲刷	0	回溜淘刷	0
焦作河务局	沁阳村险工	2021-09-28	2021-10-03	0	0	0	大溜冲刷	0	边溜冲刷	0	回溜淘刷	0
焦作河务局	沁阳村险工	2021-10-04	2021-10-20	3	699	2 121	大溜冲刷	0	边溜冲刷	1	回溜淘刷	2
焦作河务局	沁阳村险工	2021-10-21	2021-10-31	0	0	0	大溜冲刷	0	边溜冲刷	0	回溜淘刷	0
焦作河务局	东关险工	2021-08-20	2021-09-15	0	0	0	大溜冲刷	0	边溜冲刷	0	回溜淘刷	0
焦作河务局	东关险工	2021-09-16	2021-09-27	0	0	0	大溜冲刷	0	边溜冲刷	0	回溜淘刷	0
焦作河务局	东关险工	2021-09-28	2021-10-03	0	0	0	大溜冲刷	0	边溜冲刷	0	回溜淘刷	0
焦作河务局	东关险工	2021-10-04	2021-10-20	5	982	3 397	大溜冲刷	0	边溜冲刷	3	回溜淘刷	2
焦作河务局	东关险工	2021-10-21	2021-10-31	0	0	0	大溜冲刷	0	边溜冲刷	0	回溜淘刷	0
焦作河务局	王顺险工	2021-08-20	2021-09-15	0	0	0	大溜冲刷	0	边溜冲刷	0	回溜淘刷	0
焦作河务局	王顺险工	2021-09-16	2021-09-27	0	0	0	大溜冲刷	0	边溜冲刷	0	回溜淘刷	0
焦作河务局	王顺险工	2021-09-28	2021-10-03	1	290	332	大溜冲刷	0	边溜冲刷	1	回溜淘刷	0

续附表 8

市局	工程	起始时间（年-月-日）	终止时间（年-月-日）	次数	抛石量/m^3	铅丝笼/kg	原因	次数	原因	次数	原因	次数
焦作河务局	王顺险工	2021-10-04	2021-10-20	1	100	286	大溜冲刷	0	边溜冲刷	1	回溜淘刷	0
焦作河务局	王顺险工	2021-10-21	2021-10-31	0	0	0	大溜冲刷	0	边溜冲刷	0	回溜淘刷	0
焦作河务局	新村险工	2021-08-20	2021-09-15	0	0	0	大溜冲刷	0	边溜冲刷	0	回溜淘刷	0
焦作河务局	新村险工	2021-09-16	2021-09-27	1	260	0	大溜冲刷	1	边溜冲刷	0	回溜淘刷	0
焦作河务局	新村险工	2021-09-28	2021-10-03	3	747	1 066	大溜冲刷	3	边溜冲刷	0	回溜淘刷	0
焦作河务局	新村险工	2021-10-04	2021-10-20	0	0	0	大溜冲刷	0	边溜冲刷	0	回溜淘刷	0
焦作河务局	新村险工	2021-10-21	2021-10-31	0	0	0	大溜冲刷	0	边溜冲刷	0	回溜淘刷	0
焦作河务局	水南关险工	2021-08-20	2021-09-15	0	0	0	大溜冲刷	0	边溜冲刷	0	回溜淘刷	0
焦作河务局	水南关险工	2021-09-16	2021-09-27	1	298	403	大溜冲刷	1	边溜冲刷	0	回溜淘刷	0
焦作河务局	水南关险工	2021-09-28	2021-10-03	0	0	0	大溜冲刷	0	边溜冲刷	0	回溜淘刷	0
焦作河务局	水南关险工	2021-10-04	2021-10-20	4	606	1 451	大溜冲刷	0	边溜冲刷	4	回溜淘刷	0
焦作河务局	水南关险工	2021-10-21	2021-10-31	0	0	0	大溜冲刷	0	边溜冲刷	0	回溜淘刷	0
焦作河务局	石荆险工	2021-08-20	2021-09-15	0	0	0	大溜冲刷	0	边溜冲刷	0	回溜淘刷	0
焦作河务局	石荆险工	2021-09-16	2021-09-27	0	0	0	大溜冲刷	0	边溜冲刷	0	回溜淘刷	0
焦作河务局	石荆险工	2021-09-28	2021-10-03	0	0	0	大溜冲刷	0	边溜冲刷	0	回溜淘刷	0
焦作河务局	石荆险工	2021-10-04	2021-10-20	1	200	476	大溜冲刷	0	边溜冲刷	1	回溜淘刷	0
焦作河务局	石荆险工	2021-10-21	2021-10-31	0	0	0	大溜冲刷	0	边溜冲刷	0	回溜淘刷	0

附表 9　秋汛期黄河堤防偎水情况统计

序号	时间	偎水处数	偎堤长度/m			偎堤水深/m	
			总长度	最大长度	单处最大偎水河段	最大	最大水深处的桩号
1	2021-10-01	6	5 000	1 600	东阿 59+500～62+100	1.5	东阿 60+800
2	2021-10-02	12	8 640	1 600	东阿 59+500～62+100	1.85	东阿 19+300
3	2021-10-03	14	12 500	3 400	槐荫 0+600～4+000	3.5	槐荫 1+800
4	2021-10-04	15	16 910	3 400	槐荫 0+600–4+000	3	槐荫 1+800
5	2021-10-05	22	23 590	3 500	济阳 193+000～196+500	2.8	槐荫 1+800
6	2021-10-06	22	23 850	3 500	济阳 193+000～196+500	2.8	槐荫 1+800
7	2021-10-07	21	23 410	3 500	济阳 193+000～196+500	2.8	槐荫 1+800
8	2021-10-08	22	24 310	3 500	济阳 193+000～196+500	2.6	槐荫 1+800
9	2021-10-09	20	23 860	3 500	济阳 193+000～196+500	2.6	槐荫 1+800
10	2021-10-10	20	23 860	3 500	济阳 193+000～196+500	2.8	槐荫 1+800
11	2021-10-11	20	23 310	3 500	济阳 193+000～196+500	2.8	槐荫 1+800
12	2021-10-12	16	20 980	3 500	济阳 193+000～196+500	2.8	槐荫 1+800
13	2021-10-13	16	20 880	3 500	济阳 193+000～196+500	2.8	槐荫 1+800
14	2021-10-14	15	20 560	3 500	济阳 193+000～196+500	2.4	槐荫 1+800
15	2021-10-15	6	11 390	3 200	槐荫 1+800	2.3	槐荫 1+800
16	2021-10-16	4	7 700	3 200	槐荫 1+800	2.3	槐荫 1+800
17	2021-10-17	2	5 100	3 200	槐荫 1+800	2.2	槐荫 1+800
18	2021-10-18	1	3 200	3 200	槐荫 1+800	2.1	槐荫 1+800
19	2021-10-19	1	3 200	3 200	槐荫 1+800	1.8	槐荫 1+800
20	2021-10-20	1	3 200	3 200	槐荫 1+800	1.6	槐荫 1+800

附表 10 秋汛期黄河生产堤偎水情况统计(10 月 6 日)

序号	单位	位置	开始偎水时间(月-日 T 时:分)	起止桩号	偎堤长度/m	平均偎堤水深/m	最大偎堤水深/m	最大水深处的桩号	出水高度/m	说明
	合计	122 段			176 592	0.04~3	0.1~3.5	76+670 100+891	0.45~3.5	
1	濮阳县	青庄险工下首 1 800~2 060 m	09-27T17:00	53+550—53+810	260	1	1.2	53+550	3	串沟
2		连山寺上首 800~1 100 m	长期偎水	76+520—76+820	300	3	3.5	76+670	2.8	
3		马张庄下首 4 000~6 000 m	长期偎水	100+891—101+500	2 000	3	3.3	100+891	2	
4		马张庄下首 6 000~6 500 m	10-02T20:00	101+500—102+000	500	0.2	0.3	101+600	3.5	串沟
5		马张庄下首 7 500~8 000 m	10-02T20:00	103+391—103+891	500	0.2	0.4	103+800	3.5	串沟
6	范县	彭楼险 4~11 坝前于庄生产堤	09-29T16:00	104+800—105+600	800	0.2	0.3	105+400	2.7	
7		李桥控导 28 坝南 800 m 处	09-30T12:00	120+000	700	0.2	0.3	120+000	2.3	
8		邢庙险工下首	09-30T08:00	125+000—125+500	500	0.25	0.35	125+200	3	
9		杨楼工程上首	09-30T16:00	134+300—137+000	2 700	0.6	0.8	136+800	2	
10		杨楼 23 坝以下 1 500 m	09-30T14:00	138+500—140+000	1 500	0.7	1	139+200	2.8	
11	台前县	梁路口下首至京九浮桥路口	09-30T11:00	162+000—162+300	300	0.5	1	161+900	1.2	
12		梁路口下首至影唐上首	10-02T09:40	164+000—164+100	100	0.8	1	164+050	1.2	
13		影唐至废弃砖厂	09-30T11:00	165+500—166+000	500	0.7	1.1	165+800	1.3	
14		影唐下首至枣包楼上首	09-30T03:00	172+800—175+100	2 300	0.15	0.55	173+820	1.55	
15		林楼村下首至林口浮桥上首 100 m	09-30T08:00	179+600—179+700	600	0.4	1	179+630	3.5	
16		枣包楼 28 号坝至南宋村防洪点东 500 m	09-30T08:00	177+250—178+050	800	0.4	2.6	177+300	2	
17		鑫通浮桥下首至贺洼村下首(房子处)	10-01T08:00	180+050—181+050	1 000	0.5	2.1	180+450	2	
18		十里井村黄河滩区至银河浮桥左岸桥头	09-29T20:00	186+900—188+700	1 800	0.3	0.5	186+900	0.75	
19		金堤河入黄口至下界	09-30T08:00	194+000—194+485	485	0.1	0.2	194+020	1.4	

续附表 10

序号	单位	位置	开始偎水时间（月-日 T 时:分）	起止桩号	偎堤长度/m	平均偎堤水深/m	最大偎堤水深/m	最大水深处的桩号	出水高度/m	说明
20	梁山县	蔡楼滩	09-29T19:30	326+000—326+055	55	0.5	0.8	326+025	1.9	
21	梁山县	蔡楼滩	09-29T20:00	333+450—333+880	430	0.3	0.5	333+008	2.5	
22	梁山县	蔡楼滩	09-29T20:00	333+900—334+350	450	0.5	0.62	334+300	2.25	
23	梁山县	于楼滩	09-29T16:00	313+500—316+000	2 500	0.12	0.22	315+950	2.19	
24	梁山县	蔡楼滩	10-03T09:40	319+330—319+790	460	0.59	0.95	319+500	2.6	
25	梁山县	蔡楼滩	10-03T09:40	320+795—321+000	205	0.48	0.68	320+950	2.76	
26	梁山县	蔡楼滩	10-03T09:10	325+000—326+000	1 000	0.38	0.51	325+800	1.79	
27	东平县	斑鸠店镇东平滩西龙山村	10-02 日下午	对应左岸大堤 15+800—16+700	900	0.25	0.44	对应左岸大堤 16+430	2	
28	平阴县	张洼控导工程下首—凌庄控导工程	10-03T12:00		2 000	0.2	0.6		1.5	
29	平阴县	凌庄工程下首—田山村西	10-03T12:00		4 500	0.3	0.8		1.6	
30	平阴县	翟庄村北—石庄工程上首	10-03T12:00		1 000	0.3	0.6		1.4	
31	平阴县	石庄工程下首—刘官工程上首	10-03T12:00		850	0.1	0.3		2.4	
32	平阴县	刘官工程 8 号坝—刘官工程 9 号坝	10-03T12:00		400	0.1	0.3		1.4	
33	平阴县	柳山头—长平交界	10-04T12:00		1 000	0.1	0.4		2.6	
34	长清区	桃园控导工程下首—董苗控导工程上首	09-29T18:00		3 500	0.45	0.7		2.6	
35	长清区	董苗控导工程下首	09-30T07:00		100	0.35	0.55		1.35	
36	长清区	贾庄控导上首	10-01T11:00		500	0.15	0.55		3.15	
37	长清区	贾庄控导下首—孟李魏控导上首	09-30T11:30		4 000	0.15	0.35		3.35	
38	长清区	姚河门控导下首—王坡控导工程上首	10-01T06:00		2 000	0.3	0.3		3.1	
39	长清区	许道口控导工程上首	10-01T06:30		500	0.2	0.3		2.6	
40	长清区	燕刘宋控导工程下首	10-01T06:00		800	0.3	0.4		2.7	

续附表 10

序号	单位	位置	开始偎水时间（月-日 T 时:分）	起止桩号	偎堤长度/m	平均偎堤水深/m	最大偎堤水深/m	最大水深处的桩号	出水高度/m	说明
41	章丘区	高官寨街道传辛滩区胡家岸浮桥北 350 m	10-03T17:00	66+000—66+400	400	0.25	0.4	66+350	1.2	
42		高官寨街道传辛滩区济阳黄河大桥附近	10-05T07:30	67+500—68+300	800	0.12	0.3	68+000	2	
43		高官寨街道传辛滩区济阳黄河大桥附近	10-05T07:30	68+500—69+350	850	0.15	0.35	69+200	2.2	
44		高官寨街道传辛滩区济阳黄河大桥附近	10-05T07:30	69+500—70+630	1 130	0.2	0.4	70+000	2	
45		黄河街道黄河滩区北赵	10-02T08:30	89+200—91+200	400	1.45	1.6	90+000	1.8	
46		黄河街道黄河滩区王家圈控导10~11号坝附近	10-07T08:00	86+600—86+640	40	0.15	0.2	86+610	0.8	
47	济阳区	任岸滩区	10-02T16:37	163+200—164+288	1 088	0.30	0.67	163+500	2.2	
48		土城子滩区	10-02T17:50	167+600—167+700	100	0.20	0.40	167+650	1.37	
49		铁匠滩区	10-03T17:20	185+700—187+670	1 970	0.50	1.00	185+900	1.45	
50		铁匠滩区	10-03T18:35	188+600—188+640	40	0.60	1.30	188+600	1.45	
51		邢家渡滩区	10-07T06:00	155+200—156+300	1 100	0.05	0.20	155+800	0.5	
52		邢家渡滩区	10-08T06:00	159+000—159+100	100	0.20	0.50	159+050	0.5	
53	齐河县	孔官滩区	09-29T05:00	88+100—89+700	1 600	0.85	1.2	88+500	1.80	
54		曹营滩区	09-30T02:00	104+000—104+300	500	0.35	0.4	104+280	2.05	
55		大庞滩区	09-30T02:00	109+680—109+855	150	0.2	0.5	109+800	1.95	
56		水坡滩区	09-30T02:00	64+100—67+800	3 700	0.5	0.8	67+300	1.3	
57		水坡滩区	09-30T19:00	68+900—71+100	2 200	0.6	0.9	70+500	0.8	
58		水坡滩区	10-01T05:00	73+600—73+630	900	1.1	1.4	72+630	0.8	
59		刘庄滩区	10-02T22:00	78+800—79+280	1 460	0.4	0.7	79+280	2.1	
60		联五滩区	10-04T18:00	96+000—96+200	1 280	0.65	1.1	96+000	1.90	

续附表 10

序号	单位	位置	开始偎水时间（月-日 T 时:分）	起止桩号	偎堤长度/m	平均偎堤水深/m	最大偎堤水深/m	最大水深处的桩号	出水高度/m	说明
61	高青县	大郭家滩	09-30T18:00	114+910—116+730	1 820	0. 27	0. 47	116+670	1. 11	
62		孟口滩	10-04T15:00	128+890—130+000	1 110	0. 1	0. 5	128+890	1. 3	
63		孟口滩	10-04T16:00	130+800—133+200	2 400	0. 15	0. 6	132+800	1. 3	
64		孟口滩	10-04T14:00	134+983—136+600	1 617	0. 05	0. 5	136+500	1. 3	
65		孟口滩	10-04T13:00	137+900—141+600	3 700	0. 1	0. 3	141+100	1. 2	
66		孟口滩	10-01T11:00	146+360—147+550	1 190	0. 3	1. 3	147+500	0. 71	
67		五合庄滩	10-01T14:30	148+600—154+200	5 600	0. 5	0. 8	151+700	0. 67	
68		堰里贾滩	10-03T09:00	155+750—156+200	450	0. 3	0. 4	155+950	0. 95	
69		堰里贾滩	10-02T08:15	157+400—159+200	1 800	0. 3	0. 5	158+750	0. 51	
70	邹平市	码头滩	常年偎水	0+430—0+850	420			0+700	1. 9	
71		码头滩	10-02T14:00	6+400—8+400	2 000	0. 40	0. 6	7+300	1. 3	
72		码头滩	10-04T15:00	0+000—0+050	50	0. 20	0. 3	0+020	1. 8	
73		台子滩	10-01T08:00	11+700—16+700	5 000	0. 6	1. 1	11+750	2. 05	
74	惠民县	刘旺庄滩	10-08T08:00	205+833—206+800	967	0. 04	0. 1	206+300	0. 92	
75		薛王邵滩	10-01T08:00	238+200—238+750	560	1. 46	1. 49	238+340	0. 46	
76		薛王邵滩	10-01T08:00	241+600—242+600	1 000	1. 55	1. 6	242+200	0. 45	
77		潘家滩	10-01T14:00	224+920—225+500	580	0. 46	0. 53	225+350	0. 77	
78		潘家滩	10-01T14:00	227+600—229+100	1 500	0. 65	0. 80	227+650	0. 63	
79		齐口	10-01T14:00	230+800—233+200	2 400	0. 67	0. 7	231+100	0. 51	
80		董口	10-04T12:00	242+700—243+500	800	0. 3	0. 40	243+400	1. 2	
81		董口	10-01T14:00	245+100—248+700	3 600	0. 3	0. 35	246+150	1. 5	
82		于王口滩	10-05T08:00	219+500—219+850	350	0. 18	0. 23	219+650	1. 82	

续附表 10

序号	单位	位置	开始偎水时间（月-日 T 时:分）	起止桩号	偎堤长度/m	平均偎堤水深/m	最大偎堤水深/m	最大水深处的桩号	出水高度/m	说明
83	滨城区	蒲城滩	常年偎水	滩桩号：75+000—79+200	4 200			76+350	2.62	
84		翟里孙滩	09-30T09:00	滩桩号：68+780—70+700	1 920	0.87	1.07	70+100	0.93	
85		董家集滩	10-03T12:00	滩桩号：71+980—73+300	1 320	0.48	0.53	73+100	1.47	
86		代家滩	09-29T14:30	滩桩号：75+800—77+800	2 000	0.8	1.2	76+200	0.45	
87		朱全滩	09-30T14:30	滩桩号：81+200—82+400	1 200	0.80	0.90	81+300	0.50	
88		朱全滩	10-04T15:10	滩桩号：82+400—84+000	1 600	0.45	0.70	83+800	0.80	
89	滨开区	纸坊滩	09-29T08:30	65+200—65+500	300	0.55	1.15	65+400	1.11	
90		纸坊滩	10-01T08:50	64+800—65+100	300	0.45	0.65	64+960	1.23	
91		纸坊滩	10-03T08:00	63+350—64+360	1 010	0.43	1.13	63+390	1.37	
92		纸坊滩	09-28T08:30	66+600—68+760	2 160			67+200	0.9	
93		小街滩	09-30T08:50	69+900—70+200	300	0.80	0.90	70+150	1.10	
94		纸坊滩	10-04T20:30	65+500—66+100	600	0.60	1.60	65+800	1.08	
95	博兴县	蔡寨滩	09-30T17:00	85+000—90+000	5 000	0.50	0.70	88+100	1.10	
96		乔庄滩	10-01T06:00	91+700—96+000	4 300	0.40	0.60	93+300	1.00	

续附表 10

序号	单位	位置	开始偎水时间（月-日 T 时:分）	起止桩号	偎堤长度/m	平均偎堤水深/m	最大偎堤水深/m	最大水深处的桩号	出水高度/m	说明
97	东营区	老于滩	10-01T18:00	94+000—95+000	1 000	0. 27	0. 5	94+000	1. 2	
98	东营区	老于滩	10-01T18:00	95+000—96+000	1 000	0. 29	0. 44	95+730	1. 17	
99	东营区	老于滩	10-01T18:30	96+000—97+000	1 000	0. 79	1. 44	96+940	1. 06	
100	东营区	赵家滩	10-01T08:00	101+000—102+000	1 000	0. 33	0. 52	101+650	1. 67	
101	东营区	赵家滩	10-01T10:00	102+000—103+000	1 000				0. 97	
102	东营区	赵家滩	10-01T18:00	103+000—105+000	2 000	0. 8	1. 43	104+000	1. 35~1. 55	
103	垦利区	纪冯滩	10-01T03:00	123+290—126+560	3 270	0. 28	0. 45	125+100	0. 8-1. 15	
104	垦利区	纪冯滩	10-01T03:00	127+750—128+650	900	0. 31	0. 64	128+600	0. 75~0. 8	
105	垦利区	寿合滩	10-01T03:00	129+130—137+000	7 870	0. 29	0. 38	134+300	0. 7-1. 3	
106	垦利区	寿合滩	10-02T04:00	137+200—139+000	1 800	0. 06	0. 15	138+200	1. 3~1. 5	
107	垦利区	前左滩	10-02T04:00	147+000—150+000	3 000	0. 35	0. 4	149+950	0. 55~0. 85	
108	垦利区	护林滩	10-08T04:00	162+300—163+100	800	0. 10	0. 3	162+600	1. 1	

续附表 10

序号	单位	位置	开始偎水时间（月-日 T 时:分）	起止桩号	偎堤长度/m	平均偎堤水深/m	最大偎堤水深/m	最大水深处的桩号	出水高度/m	说明
109	利津县	蒋庄滩区	常年偎水	318+454—320+250	1 796	0.95	1.15	319+800	0.74	
110		南宋滩区	09-28T06:30	296+900—298+900	2 600	0.74	1.10	297+600	1.28	
111		南宋滩区	09-30T11:00	292+400—295+050	2 600	0.55	0.80	294+100	1.44	
112		南宋滩区	10-01T17:00	291+100—292+100	900	0.45	0.80	291+600(12#)	0.5	
113		大田滩区	10-06T08:00	305+300—305+500	200	0.18	0.34	305+450	1.29	
114		大田滩区	10-01T08:00	306+850—307+200	350	0.72	1.20	307+050	0.9	
115		东关滩区	10-02T06:00	311+875—313+450	1 575	0.57	1.33	312+255	0.77	
116		东关滩区	09-30T08:00	316+150—317+100	950	0.62	0.79	317+100	1.63	
117		王庄滩区	09-30T07:00	321+820—326+774	4 954	0.53	1	322+650	0.85	
118		付窝滩区	10-01T07:00	329+300—330+600	1 300	0.42	0.52	330+600	1.18	
119		付窝滩区	10-01T06:00	332+700—333+200	500	0.43	0.53	333+200	1.42	
120		付窝滩区	10-05T02:00	348+400—350+300	1 900	0.17	0.34	349+000	1.2	
121		付窝滩区	10-05T02:00	345+000—347+000	2 000	0.17	0.35	346+000	0.7	
122		付窝滩区	10-05T02:00	341+800—342+400	600	0.28	0.39	342+400	1.2	

附表 11　秋汛期山东段黄河滩岸坍塌情况统计

序号	单位	滩名	地点	岸别	开始塌滩时间	滩岸坍塌长度/m	滩岸坍塌宽度/m		坍塌面积/亩
							平均	最大	
	山东河务局	16 处	24 段			9 708		92	155
一	菏泽河务局	共 3 处	共 5 段			1 650		92	78.08
1	东明河务局	南滩	176+300—176+500	右	10 月 7 日	200	64	92	19.20
2	东明河务局	西滩	188+300—188+700	右	9 月 29 日	400	24	35	14.40
3	东明河务局	北滩	208+850—209+200	右	10 月 5 日	350	38	73	19.95
4	东明河务局	北滩	213+450—213+550	右	10 月 6 日	100	1.5	3	0.23
5	东明河务局	北滩	208+100—208+700	右	10 月 9 日	600	27	46	24.30
二	德州河务局	共 4 处	共 5 段			1 435		16	10.65
6	齐河河务局	大庞滩区	112+750—112+765	左	9 月 28 日	15	1.5	2	0.03
7	齐河河务局	孔官滩区	89+440—89+700	左	9 月 28 日	260	4.03	10.7	1.57
8	齐河河务局	孔官滩区	89+700—89+740	左	10 月 1 日	40	7.6	16	0.46
9	齐河河务局	联五滩区	96+200	左	9 月 28 日	940	5.9	10.9	8.32
10	齐河河务局	水坡滩区	73+420—73+550	左	10 月 15 日	180	1	3	0.27
三	济南河务局	共 5 处	共 6 段			2 253		15	30.73
11	平阴河务局	长平滩区	刘官控导 8 坝下首	右	9 月 29 日	200	3.2	6.5	0.96

续附表 11

序号	单位	滩名	地点	岸别	开始塌滩时间	滩岸坍塌长度/m	滩岸坍塌宽度/m		坍塌面积/亩
							平均	最大	
12	历城河务局	刘家滩区	56+340—56+460	右	10 月 1 日	150	0. 2	0. 3	0. 045
13	天桥河务局	赵庄滩区	32+000 辅道口下堤滩区	右	10 月 2 日	100	9	10	1. 35
14	天桥河务局	赵庄滩区	32+070—32+073	右	10 月 3 日	3	0. 2	0. 5	0. 000 9
15	章丘河务局	黄河滩区	90+600—91+000	右	10 月 3 日	400	3. 5	5	2. 10
16	天桥河务局	鹊山滩区	137+000	左	10 月 3 日	1 400	12. 5	15	26. 28
四	滨州河务局	共 3 处	共 7 段			4 330		21	34. 96
17	滨城河务局	代家滩	168+200—168+500	右	9 月 28 日	300	3	5	1. 35
18	邹平河务局	码头滩	93+150—93+550	右	9 月 29 日	400	0. 53	1. 3	0. 32
19	邹平河务局	台子滩	111+280—111+430	右	9 月 30 日	150	1. 2	4. 3	0. 27
20	邹平河务局	台子滩	106+200—108+800	右	10 月 1 日	2 600	8. 02	21. 00	31. 28
21	邹平河务局	台子滩	109+730—109+930	右	10 月 1 日	200	3	5. 4	0. 90
22	邹平河务局	码头滩	91+740—92+140	右	10 月 2 日	400	1. 27	1. 8	0. 39
23	邹平河务局	台子滩	112+630—112+910	右	10 月 19 日	280	1. 07	1. 5	0. 45
五	河口管理局	共 1 处	共 1 段			40		3	1. 05
24	利津河务局	付窝滩	147+200—147+240	左	9 月 30 日	40	1. 8	3	1. 05

附表 12　秋汛期金堤河莘县、阳谷段堤防偎水及险工靠水情况统计

管理段	堤防偎堤情况			险工靠水情况				说明
	桩号	深度/m	长度/m	险工名称	桩号	坝前水深/m	长度/m	
莘县								
古云管理段	41+200—41+300	0. 25	100	白庄 1 号坝	41+890—42+200	0. 3	310	
	43+100—43+400	0. 25	300	白庄 2 号坝		0. 95		
	44+700—45+200	0. 3	500	白庄 3 号坝		0. 95		
	45+600—46+200	0. 25	600	白庄 4 号坝		1. 06		
	46+400—47+000	0. 25	600	葛楼 1 号坝	43+450—44+700	0. 95	1 250	
	47+550—47+600	0. 2	50	葛楼 2 号坝		1. 35		
	47+700—50+608	0. 32	2 908	葛楼 3 号坝		1. 56		
				葛楼 4 号坝		1. 62		
				葛楼 5 号坝		1. 56		
				葛楼 6 号坝		0. 95		
				葛楼 7 号坝		1. 25		
小计			5 058				1 560	
樱桃园管理段	50+608—51+000	1	392	道口险工	55+140—55+500	2. 6~2. 8	360	(1~4 号坝)1 号坝最深处
	51+000—53+000	0. 7	2 000	张青营险工	59+890—60+100	1. 3	210	(1~3 号坝)2 号坝最深处
	53+300—55+000	1	1 700	姬楼险工	63+530—64+100	1. 6	570	(1~5 号坝)3 号坝最深处
	55+000—55+500	1. 7~2. 8	500					

续附表 12

管理段	堤防偎堤情况			险工靠水情况				说明
	桩号	深度/m	长度/m	险工名称	桩号	坝前水深/m	长度/m	
	55+500—55+700	1.7	200					
	59+650—60+100	1.3~1.6	450					
	61+400—62+000	1.6	600					
	62+000—63+000	1.1	1 000					
	63+000—63+300	0.6	300					
	63+530—64+100	0.7~1.6	570					
	65+850—65+900	0.6	50					
小计			7 762				1 140	
古城管理段	65+900—69+070	1.01~2.0	3 170	朱楼险工	66+800—69+000	1.9	2 200	1~13 号坝
	69+100—69+330	0.9	230	古城险工	72+100—72+600	1.35~1.84	500	1~2 号坝
	70+300—73+600	1.1~2.0	3 300					
小计			6 700				2 700	
合计			19 520				5 400	

注:10 月 1 日,莘县段部分堤段偎堤,长度总计约 20.492 km,水深 0.2~2.8 m(最深桩号 55+140—55+500)。沿线白庄、葛楼、道口、张青营、姬楼、朱楼、古城险工靠水,坝前水深 0.35~2.8 m(最深处:道口 1 号坝 2.8 m)。险工段偎堤长度 5.4 km,平工段偎堤长度 17.27 km。

续附表 12

管理段	堤防偎堤情况			险工靠水情况				说明
	桩号	深度/m	长度/m	险工名称	桩号	坝前水深/m	长度/m	
阳谷								
明堤管理段	73+604—75+750	1.77	2 146	斗虎店险工 1~6 号坝	73+700—74+350	2.43	650	
	79+250—83+050	1.77	3 800	金斗营险工 1~6 号坝	79+100—80+000	2.18	900	
				莲花池险工 1~3 号坝	82+600—82+800	2.5	200	44.45
小计			5 946				1 750	
寿张管理段	104+400—108+200	1.93	3 800	贾垓险工 2~6 号坝	104+500—106+800	2.03	2 300	
	108+200—108+500	2.25	300	贾垓险工 7 号坝	106+800—107+200	2.45	400	
小计			4 100				2 700	
陶城铺管理段	108+500—120+335、0+000—3+000	2.27	14 835	张秋险工 1~10 号、20 号坝	109+970—118+750	2.27	8 780	43.44
	—	—	—	东堤险工	2+850—3+000	2.27	150	
小计			14 835				8 930	
合计			24 881				13 380	
总计			44 401				18 780	

注:9 月 30 日阳谷北金堤偎堤长度约 24.88 km,偎堤桩号为 73+604—75+750、79+250—83+050、104+400—120+335、0+000—3+000,其中平工段偎堤长度 11.50 km,偎堤深度 1.75~2.1 m,偎堤最深堤段 108+500—120+335、0+000—3+000。险工段偎堤长度 13.38 km,斗虎店、金斗营、莲花池、贾垓、张秋、东堤六处险工靠水,根石台上水深 2.0~2.48 m,险工水深最深处为莲花池险工。